U0877060

石油和化工行业“十四五”规划教材

# 界面化学

何 杰 主编

汪 泉 胡丽芳 副主编

化学工业出版社

·北京·

**内容简介**

《界面化学》共 8 章内容，第 1 章简要介绍了界面化学涵盖的内容、学科交叉领域、技术及其发展概况等；第 2 章介绍液体表面张力、表面能以及由此引起的相关表界面现象等；第 3 章介绍固体表面热力学、固体表面与外来物种间的作用、固体表面的表征技术等；第 4 章液-固界面介绍固体表面的润湿行为以及外场作用下的润湿作用；第 5 章介绍界面双电层结构、电动现象以及电毛细现象等，同时介绍了相关应用，如电池中的界面与安全等；第 6 章介绍表面活性剂的结构特征、作用原理、功能与应用，并介绍了不溶性表面膜；第 7 章介绍了胶体分散系统的特征，凝胶以及缔合胶体等；第 8 章介绍了乳状液、泡沫和气溶胶等。本教材在介绍基本理论与应用的基础上，还介绍了一些重要的技术和方法。

《界面化学》可作为化学、化工、材料、冶金等相关专业高年级本科生和研究生的教材，也可供相关科研人员参考。

**图书在版编目（CIP）数据**

界面化学 / 何杰主编 ； 汪泉，胡丽芳副主编. 北京 ： 化学工业出版社，2025. 7. -- （石油和化工行业“十四五”规划教材）. -- ISBN 978-7-122-48061-3

I. O647.11

中国国家版本馆 CIP 数据核字第 20254KP142 号

责任编辑：宋林青　　文字编辑：王晶晶　师明远

责任校对：李露洁　　装帧设计：关飞

出版发行：化学工业出版社

（北京市东城区青年湖南街 13 号　邮政编码 100011）

印　装：涿州市般润文化传播有限公司

787mm×1092mm　1/16　印张 21¾　字数 545 千字

2026 年 3 月北京第 1 版第 1 次印刷

购书咨询：010-64518888　　售后服务：010-64518899

网　址：http://www.cip.com.cn

凡购买本书，如有缺损质量问题，本社销售中心负责调换。

定　价：68.00 元

# 前言

物质的表界面与本体存在着很大的差异，表界面存在着复杂的物理化学现象。界面科学既与生产、生活密切相关，又与多门学科密切联系。同时，它也是发展最快的研究和应用领域之一。这可以从近二十年来国内外发表的科学论文数量的增加中看出。不少学术期刊专门用于发表这一研究和应用领域的成果，如 *Langmuir*、*Journal of Colloid and Interface Science*、*Advances in Colloid and Interface Science*、*Advanced Materials Interfaces*、*ACS Applied Materials & Interfaces*、*Colloids and Surfaces*、*Colloid and Polymer Science*、*表面技术*等。纳米技术，包括芯片实验室、微流体等技术的出现，进一步促进了界面科学的基础和应用研究。表面活性剂和聚合物产生的自组装系统也越来越引起人们的兴趣，这些系统可以用作制备新材料的模板。同时，纳米颗粒在药物递送和药物靶向方面也具有潜在应用。

在大自然中，动植物的表界面现象深深地吸引着我们。荷叶表面的自洁净现象，植物叶子表面的排水沟，以及蝴蝶、莲花和其他一些昆虫和植物的不粘翅膀和叶子等，为我们设计材料以及工程应用带来了很多启发。界面化学的原理和方法对自然现象的理解以及产品开发和应用提供了很多关注和理论解释。

安徽理工大学从 1997 年开始在研究生课程中开设“表面化学”，此后由于学科与专业发展和变化，先后在研究生课程中开设了“固体表面研究方法”“胶体与表面化学”等，2009 年课程名称修订为“界面物理化学”，并作为相关专业的学位课程。2019 年，“界面物理化学”课程被安徽理工大学列为研究生案例教学课程立项建设。2022 年起在化学工程与技术专业的留学生中开设“界面物理化学”课程。在二十余年开设表界面化学类课程的基础上，结合这些年来表界面领域的发展，我们编写了《界面化学》这本教材，希望能为高校师生提供一本有价值的参考书。该教材入选石油和化工行业“十四五”规划教材。

本书共分 8 章。第 1 章绪论，简要介绍了界面化学涵盖的内容、学科交叉领域、技术及其发展概况等，同时简要介绍了中国界面化学学科的发展；第 2 章液体表面，介绍液体表面张力、表面能以及由此引起的相关表界面现象等；第 3 章固体表面，介绍固体表面热力学、固体表面与外来物种间的作用、固体表面的表征技术等；第 4 章液-固界面，介绍固体表面的润湿行为以及外场作用下的润湿作用，如电润湿、芯片实验室以及微流体等；第 5 章界面电化学，介绍界面双电层结构、电动现象以及电毛细现象等，同时介绍了相关应用，如电池中的界面与安全等；第 6 章表面活性剂和不溶性表面膜，介绍表面活性剂的结构特征、作用原理、功能与应用，并介绍了不溶性表面膜；第 7 章胶体分散系统，介绍了胶体分散系统的特征，并介绍了凝胶以及缔合胶体等；第 8 章乳状液、泡沫和气溶胶，包括微乳液和气凝胶等。本教材在介绍基本理论与应用的基础上，还介绍了一些重要的技术和方法。

本教材由安徽理工大学化工与爆破学院何杰教授担任主编，汪泉教授、胡丽芳副教授担任副主编。第 1～3 章，第 5、6、8 章由何杰编写，第 4 章由胡丽芳编写，第 7 章由汪泉编写。

本教材在各章节列出了部分参考文献。在此对本书编写过程中提供帮助与思维启发的各位同行以及给予支持的单位表示由衷的感谢。

本教材在编写中还存在着一些不足，甚至可能是错误，即使我们进行了交叉审稿，这也是不可避免的。欢迎与我们交流本书中的任何问题，以便我们不断改进（何杰：jhe@aust.edu.cn，汪泉：quanwang@aust.edu.cn，胡丽芳：hulf@aust.edu.cn）。

编者

2026 年 1 月

# 目录

# 第 1 章 绪 论

## 1.1 界面化学简介

### 1.1.1 界面与界面化学

界面是指不同物质或处于不同物理状态的物质占据的两个空间区域之间的边界，表面通常是指物质与空气或物质与真空之间的界面。

界面是“相边界”，即它们界定了物质（相）的可区分区域，并定义了这些区域的形状。如果我们考虑固相、液相和气相，会得到五种界面组合：液-气界面、液-液界面、固-液界面、固-气界面和固-固界面（图 1-1）。若考虑清洁表面，界面通常还包括：固体-真空界面和液体-真空界面。实际上，固体和液体的真空界面几乎不受关注，它们常见于理论推导。

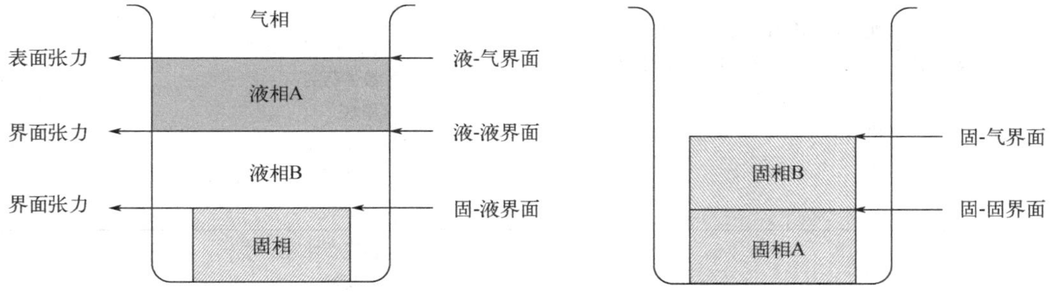


图 1-1 涉及固相、液相和气相的表面和界面（界面厚度为几 Å，1 Å = $10^{-10}$ m）[1]

位于相边界分子的行为与本体相分子不同。界面化学就是研究任何两相之间的界面上发生的物理化学过程的科学，它以多相物系为研究对象，从原子或分子尺度上探讨各种表面和两相之间界面的组成、结构、性质与吸附质的变化过程，研究界面性质随物质本性的变化规律。

通常将界面和胶体一起讨论。胶体是分散相尺寸约为 1 nm～1 μm 的分散系统。胶体和界面密切相关，这是它们有着大的比表面积的直接结果。更准确地说，它们的界面积与体积之比很大，以至于它们的行为几乎完全由界面性质决定。因此，我们可以将胶体系统看作受界面效应而非本体性质支配的系统。这也是界面科学是纳米科学和技术的基础的原因，这个新领域的许多发现都源自界面科学。

虽然界面科学和胶体科学现在被认为是密切相关的，但在它们的发展史上，这两个分支从不同的来源演变而来，且随着控制这两个领域相关现象的基本规律相同而逐步融合。

界面化学是在物理学、化学和计算机科学等领域取得很大进步的基础上发展起来的，与材料科学、生命科学和信息科学等相互交叉和渗透，且在它们之间起着重要的桥梁作用。

界面的重要性取决于系统的类型：比表面积越大，界面的影响就越大。因此，在比表面积比较大的系统中，界面非常重要。

人们观察物体首先看到的是表面（用肉眼或各种探针，例如电子衍射、氦原子散射）。人们可以在表面/界面上观察到许多有趣的现象，但难以在体相中观察到，例如表面激发、表面声子、表面等离子体以及表面重构（表面原子重排）等；又如独特的二维现象，如二维电子气的特性等。

表界面现象也是人们非常熟悉的自然现象，在光的作用下，植物通过叶片表面叶肉中的叶绿素将空气中游离的 $CO_2$ 和 $H_2O$ 转化为碳水化合物和氧气的光合作用就是一个非常有趣的表面反应。人的大脑皮层由 2～3 mm 厚的灰质组成，它是一个比表面积很大的复杂表面，在思维过程中，大脑皮层进行的信息交换和传递被认为是当今自然界中最复杂的界面过程。界面现象的应用渗透到了我们生活的各个方面。例如，肥皂、洗衣粉、去污剂等含有的表面活性剂已是人们生活中必不可少的化学品。对界面现象的深入了解，使食品工业、土壤化学、造纸、印刷和橡胶工业有了很大的发展。界面化学在化工生产、电化学和化学腐蚀以及各种分离膜和生物膜研究中所起的作用越来越明显，界面化学的发展使多相催化化学的面貌发生了根本的变化。表 1-1 中列出了一些涉及界面和胶体现象的人类活动的例子（包括技术和生理活动）。

**表 1-1　工业和自然中界面和胶体现象的一些常见例子[2]**

| 应用分类 | 界面现象 | 胶体现象 |
|---|---|---|
| 作为胶体或界面活性材料制造的产品 | 肥皂和洗涤剂（表面活性剂）<br>乳化剂和稳定剂（非表面活性剂）<br>除草剂和杀虫剂<br>织物柔软剂 | 乳胶漆<br>气溶胶<br>食品（冰淇淋、黄油、蛋黄酱等）<br>化妆品和外用软膏<br>液体药剂<br>墨水<br>油漆、油性涂料<br>石油和天然气添加剂<br>黏合剂 |
| 界面和胶体现象的直接应用 | 润滑<br>黏附<br>泡沫<br>润湿和防水 | 流变特性的控制<br>乳状液<br>乳液聚合和分散聚合<br>钻井泥浆<br>电泳沉积 |
| 用于天然或合成材料的纯化和/或改进 | 三次采油<br>制糖<br>烧结 | 矿物浮选分离<br>研磨<br>污水和废水处理 |

续表

| 应用分类 | 界面现象 | 胶体现象 |
|---|---|---|
| 生理学应用 | 呼吸<br>关节润滑<br>液体传输中的毛细现象<br>动脉硬化 | 血液储运<br>营养素的乳化<br>酶<br>细胞膜 |

## 1.1.2 界面化学研究内容

**（1）理论研究**

位于界面附近或界面处的分子彼此之间的相互作用不同于本体相中的分子。因此，在界面处和本体相中，分子的取向和分子间作用力是不同的。换句话说，在任何界面附近发生的所有过程都将取决于这些分子的取向和相互作用。

界面化学的理论研究内容涉及固体的表面能、表面和界面张力以及界面区域、界面与胶体系统的热力学、双电层理论、吸附聚合物层和空间稳定化、表面能与体相性质之间的关系；两种或两种以上的物质组成的固体表面组成与结构；平衡和动态润湿、扩散过程、黏附、物理吸附、化学吸附和多相催化、表面光谱和光学研究、多孔介质中流体的流动等。

界面化学反应分为两种类型：一类是表面物质参与的化学反应，反应前后表面组成和结构均发生了相应的变化；另一类是借助于表面但反应前后表面未发生变化（不排除反应过程中的结构重排）的化学反应。对于前者的深入研究，大大加强了人们对材料科学、电化学和化学腐蚀机制的认识；而后者的研究则是多相催化反应的基本问题。

多相催化是表面化学研究最为活跃的领域之一。从本质上讲，多相催化就是在催化剂表面上发生的物理化学过程——没有吸附，就没有多相催化。结合纳米尺度上的界面化学过程可研究胶体的多相催化、单原子催化、胶体系统中的表面化学反应和生物反应等。

**（2）应用研究**

现代界面科学是基于分子水平的理解和原理，科技发展对在分子水平上提供各种现象的信息是有用的。海洋覆盖了地球表面的75%，海洋表面的反应对地球上的生命有重大影响。例如，空气中的$CO_2$分布在各种系统中，如：在空气中，在植物中，在海洋、河流和湖泊中（$CO_2$可溶于水）。$CO_2$（空气中的浓度约为350 $cm^3/m^3$）在这些不同的系统中处于平衡状态，这将对污染控制产生影响。海洋、湖泊、河流中的$CO_2$吸附主要是表面现象。因此，仅监测空气中的$CO_2$是不够的，必须了解其他两种系统中（即植物和海洋）的$CO_2$浓度。

在胶体稳定性方面，流体动力学和溶剂化因素、乳液稳定性、微乳状液、多重乳状液、聚结与絮凝理论、泡沫稳定性、破乳和消泡、吸附聚合物对稳定性和絮凝都有影响。同时还包括外力场对表界面性质的影响，以及对纳米空间限域下表界面性质的影响，如电润湿、芯片实验室等——电化学体系的表界面问题是电化学领域的核心和关键。

乳液稳定程度基本上取决于油滴的大小（分散在水中），大油滴稳定性低、小油滴长期稳定、微油滴超长稳定。此外还有其他影响因素，这些因素对于如下不同的系统有着同样的重要性：涂料、水泥、黏合剂、胶卷、污水处理、乳液、造纸和印刷、微电子、肥皂和洗涤剂等。在一些油-表面活性剂-水不同组分中，观察到的液晶（liquid crystal，LC）相称为溶致液晶。溶致液晶是一种包含溶剂化合物在内的由两种或多种化合物形成的液晶，溶液中溶质分子浓度处于一定范围内时会出现液晶相，其突出特征是，它可以在凝胶（半固体）和液晶（液体）的两个相变状态之间自由转变。溶致液晶的应用领域相当广泛，如作为模版用于合成介孔材料与纳米结构薄膜；医学中用溶致液晶包裹的药物，可以通过控制溶致液晶的挤压速度来调节药物的释放速度和在体内的溶解能力；溶致液晶的相平衡是动态平衡，在化学反应中它可为反应物提供一个有序的微环境。

**（3）表界面系统的表征技术**

理想的固体表面原子排布应具有完整的二维周期性。实际上，这种理想表面一般是不存在的，表面原子会按其特有的性质进行重排，最终达到稳定的有序（有一定的周期性）或无序（无一定的周期性）结构。人们把原子的这种沿表面方向的重排称为“重构”，将沿垂直于表面方向的重排称为“弛豫”。吸附质在衬底（吸附剂）表面上的吸附也可能形成有序或无序的表面结构，吸附质分子的结构信息及吸附过程中衬底原子的重排是表面化学研究的一个重要问题。对于表面有序结构的研究，低能电子衍射（LEED）技术是比较成熟与有效的方法之一。

20 世纪 70 年代发展起来的高分辨电子能量损失谱（HREELS）是研究表面吸附物种和表面反应机理的有效方法之一，其原理和已经广泛用于物质结构测定的红外光谱类似。对电子能量损失谱进行仔细的理论分析，辅之以程序升温反应谱（TPRS）能获得较为完整的表面吸附物种的结构和表面反应机理的信息。

# 1.2 界面化学发展简史

## 1.2.1 界面化学发展大事记

界面化学是一门既古老又年轻的科学，有着悠久的历史。有史以前制造的陶器，汉朝利用纤维造的纸，后汉时期发明的墨，豆腐、面食以及药物的制剂等在我国都有悠久的历史，这些制品及其制作过程都与胶体化学密切相关。表 1-2 列出了自 19 世纪以来的胶体与界面科学大事记。

**表 1-2 胶体与界面科学发展大事记**

| 年份 | 事件 |
|---|---|
| 1805 年 | Thomas Young 提出界面张力概念，指出系统中两个相接触的均匀流体，从力学的观点看就像是被一张无限薄的弹性膜所分开，界面张力则存在于这一弹性膜中。Young 还将界面张力概念推广应用于有固体的系统，导出了联系气-液、固-液、固-气界面张力与接触角关系的 Young（杨氏）方程，奠定了液-固润湿作用的基础 |
| 1806 年 | P. S. Laplace 导出弯曲液面两边附加压力与界面张力和曲率半径的关系 |
| 1809 年 | 俄国科学家 Ferdinand Frederic Reuss 发现黏土电渗和电泳现象 |
| 1827 年 | Robert Brown 观察到花粉的运动——布朗运动（Brownian motion） |
| 1861 年 | Thomas Graham 提出了“胶体”的概念，确立了它为一门学科 |
| 1869 年 | John Tyndall 发现胶体分散系统的光散射现象，即 Tyndall（丁铎尔）效应。Tyndall 效应是区分胶体和溶液的一种常用物理方法 |
| | A. Dapre 研究了润湿和黏附现象，将黏附功与界面张力联系起来 |
| 1871 年 | Lord Kelvin 发现了弯曲的液-气界面引起的饱和蒸气压变化，建立了 Kelvin 公式 |
| 1878 年 | 界面热力学奠基人 Josiah Willard Gibbs 提出了界面相厚度为零的吉布斯界面模型，以及吉布斯吸附等温式 |

续表

| 年份 | 事件 |
| --- | --- |
| 1893 年 | van der Waals 认识到在界面层中密度实际上是连续变化的。他应用了局部自由能密度的概念，结合范德华方程，并引入半经验修正，从理论上研究了决定分子间力的状态方程参数与界面张力间的关系 |
| 1902 年 | 德国 Siedentopt 和 Zsigmondy 发明了超显微镜，肯定了溶胶的一个根本问题——系统的多相性 |
| 1902 年 | Zsigmondy《胶体化学》一书出版 |
| 1907 年 | Wilhelm Ostwald 的第一份胶体化学杂志《胶体化学和工业杂志》出版，胶体化学正式成为独立学科，组织了胶体化学家学会，提出了分散系统的概念：粗分散、胶体分散和分子分散 |
| 1909 年 | 德国 Freundlich《毛细管化学》一书出版，提出 Freundlich 方程 |
| 1913～1942 年 | 美国科学家 Langmuir 在界面科学领域做出了杰出的贡献，特别是对吸附、单分子膜的研究尤为突出。Langmuir 于 1932 年获诺贝尔奖，被誉为界面化学的开拓者 |
| 1930 年 | 英国 Adam《表面物理与化学》一书出版 |
| 1935 年 | 美国 Langmuir 和 Blodgett 提出 L-B 膜概念 |
| 1930～1940 年 | Derjaguin、Landau、Vervey 和 Overbeek 提出 DLVO 理论，是研究胶体分散系统稳定性的理论 |
| 1950 年 | Brunauer. Emmett 和 Teller 提出 BET 多分子层吸附理论 |
| 1950 年以后 | 界面现象的统计力学经 F. Buff、Kirkwood、Harasima 等的研究工作，取得了实质性进展 |
| 1950 年 | Terenin 的表面红外光谱，Siegbahn 的 X 射线光电子能谱、俄歇电子能谱，TurrSer 的紫外光电子能谱，Fining 和 Rohorer 的扫描隧道显微镜，Bining 等的原子力显微镜等表征技术为界面化学的研究提供了坚实的理论与实验手段 |
| 1960 年 | 德国 Kuhn 根据 L-B 膜中的能量传递，提出分子工程概念，英国 Roberts 提出 L-B 膜的光电器件概念 |
| 1962 年 | 日本 Kubo 提出量子尺寸效应 |
| 1991 年 | 法国 de Gennes 由于液晶和有序分子组合体的研究获诺贝尔物理学奖 |
| 2007 年 | Gerhard Ertl 获诺贝尔化学奖，以表彰他对气-固界面基本分子过程的深入研究 |

### 1.2.2 我国界面化学的发展

1949 年前，中国胶体与表面化学方面的研究工作已有一些开展，如：在液体的表面张力方面，汪仁寿、刘伯里、严继民、汪佳平等开展了系列工作；在吸附方面，刘遵宪、赵国玺、周乃扶、顾惕人等开展了溶液吸附方面的研究工作，蔡镏生、傅鹰、戴安邦等对固体从溶液中的吸附开展了研究，查全性、赵国玺、孔渝华等对表面活性剂的物理化学性质进行了研究，蔡镏生、虞宏正、傅鹰、张大煜等对气体（蒸气）的吸附进行了研究等；在胶体分散系统方面，戴安邦等对硅酸的胶凝作用做了系统而深入的研究，陈绍澧等研究了胶体的稳定性，钱人元、施良和、倪则埙、钱宁、马惠民等进行了分散系统流变学的研究。1949 年后，胶体化学有了较快发展，有的学校开设了胶体化学、表面化学的选修课。研究工作从零星、无长远计划状态到有了大量的、系统的进行，如色谱、吸附和高分子溶液的研究，胶体电解质、乳状液、泡沫等研究空白逐渐得到了填补。著名的化学家傅鹰院士是我国胶体与界面化学的主要奠基人，他对吸附理论的研究在国际上达到了很高的水平。

虞宏正（1897—1966），我国著名的胶体化学与物理化学家、教育家，中国科学院学部委员。虞宏正长期从事物理化学和土壤化学的教学和研究，专长胶体化学。在表面平衡热力学、电解质在溶液中的吸附、界面平衡热力学、BET 吸附方程的统计本质等方面均有研究成果，在土壤化学和中国土壤的分区等方面尤有建树，后期主要致力于创建西北地区研究机构和科研组织管理工作，对开发和建设中国大西北有较大的贡献。

傅鹰（1902—1979），我国胶体与界面化学的主要奠基人。20 世纪 20 年代，他对吸附作用以及影响固体从溶液中吸附的多种因素进行的综合实验研究和具有指导意义的理论分析，已成为吸附理论的重要组成部分。1954 年他到北京大学化学系主持建立胶体化学教研室，任主任。

赵国玺（1927—2008），我国胶体与界面化学学科的学术带头人，表面活性剂物理化学研究的开创者和奠基人，著名胶体与界面化学家。1949 年毕业于清华大学化学系，1983～1996 年中国化学会胶体化学与界面化学学科组组长。1954 年赵国玺协助傅鹰教授建立了全国第一个胶体化学教研室。1956 年起，他讲授物理化学及胶体化学理论课和实验课，在中国率先开设表面吸附现象、胶体电解质、界面电现象、胶体化学选读、表面活性剂物理化学等专业课和研究生课程，著有《表面活性剂物理化学》，撰有《正离子表面活性剂与负离子表面活性剂在水溶液中的相互作用》《碳氟表面活性剂与碳氢表面活性剂混合水溶液的表面吸附和胶团形成》等论文。

江龙（1933—2022），中国科学院院士。江龙先生长期从事胶体与界面化学研究，是中国科学院胶体与界面科学重点实验室学术委员会主任，俄罗斯胶体杂志国际版和《中国科学》等四家国内杂志的编委。20 世纪 50 年代开始，他研究硅酸凝胶和浓分散系统的结构与流变性质，结合多项国民经济重大任务，在研制航空航天遥感胶片、制备高浓度水煤浆以及强化采油等项目中做出了重要贡献。20 世纪 80 年代以来，他在国内倡导并开展有序分子薄膜及生物分子电子器件的研究，在仿生酶膜、仿视觉薄膜、泡囊仿生传感器以及纳米颗粒制备、组装和纳米颗粒生物效应等研究中做了许多创造性工作。江龙在推动中国胶体与界面化学的研究和发展方面做出了重要贡献，荣获第一届中国胶体与界面化学终身成就奖。

陈绍澧（1925—1968），率先在中国开展了润滑油脂微结构、胶体稳定性和化学性能的研究，提出了许多新概念、新观点，是中国润滑化学、润滑剂作用机理和应用研究的开拓者之一。

顾惕人（1934—），在表面活性剂界面吸附、润湿与接触角、表面膜、乳状液、胶体稳定性等方面取得了一些成果，获国家教委科技进步二等奖（吸附现象研究，1985）和一等奖（表面活性剂在固液界面上的吸附研究，1992）。合作提出的表面球形小胶团模型和理论成功地解释了表面活性剂在固-液界面上的吸附规律。著作包括《奇妙的表面世界》《胶体化学基础》《表面化学》等。

周祖康在表面活性剂胶束形成、转变及胶体系统流变学性质方面，马季铭在分散系统的流变学性质以及基于有序分子组合体模板的生物矿化材料的制备方面，杨孔章在功能性 L-B 膜的制备与应用方面，陈宗淇在分散体系的流变性及胶体的稳定性方面，王果庭在分散系统稳定性与油田化学品方面，李干佐在将表面活性剂应用于三次采油、油田开发方面，陈邦林在界面化学吸附、河口化学理论方面，均做出了突出贡献。

还有许多其他科学家也在此领域做出了卓越贡献，在此不一一列举。

近年来，由于功能材料、仿生学和生物医药等学科的迅速发展，要求在纳米尺寸（胶体）的范围内进行分子组装和材料的排列，制备具有各种功能与结构的有序分子组合体，以进行仿生合成，特别是与生命现象有关的超分子组装、新型表面活性剂有序聚集体的构建和分子间相互作用的研究方兴未艾。在这些领域，我国胶体与界面化学科学家均做出了一些突出的成绩。

# 1.3 界面化学涉及的相关领域

## 1.3.1 界面化学与其他学科的联系

界面化学研究的是从宏观到微观层次的相界面，无论是在基础科学研究还是在工业上均有着极其广泛的应用。图 1-2 简要展示了界面化学与相关学科的联系和应用。

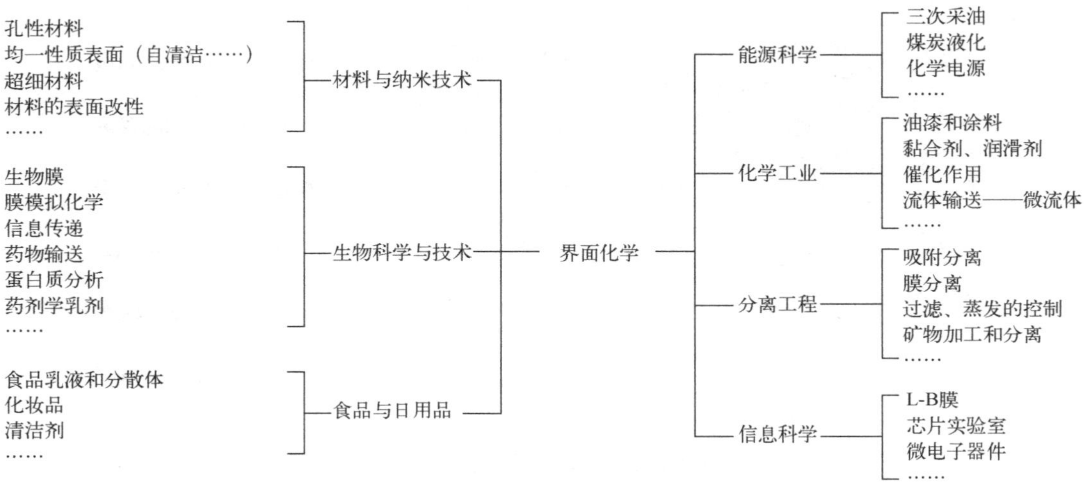


图 1-2 界面化学与相关学科的联系和应用

界面化学在某些领域的前沿研究举例如下：

- 界面化学研究气体、液体和固体之间的化学反应、传输过程和转化。如图 1-3 所示，这些过程对于地球系统科学和气候研究，以及分子和全球层面的生命和健康科学至关重要，能把从纳米以下到数千公里、从不到纳秒到年和千年的广泛时空尺度连接起来。

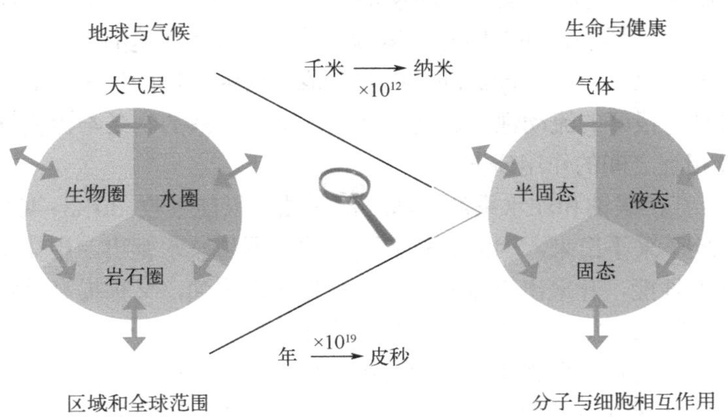


图 1-3 在区域和全球范围内影响地球系统和气候以及生命和公共健康的多阶段过程[3]

- 电极和电解液之间的界面强烈影响电池性能，因为导致电极氧化还原反应的电荷转移开始于该界面。了解电极-电解液界面的结构、电子结构和化学反应是提高电池性能的必要条件

（图 1-4）。然而，界面位于电极和电解质材料之间，阻碍了界面的实验分析，直到现在，人们对其物理性质和化学过程仍知之甚少[4]。

• 半导体光阳极的光电化学（photo electrochemistry，PEC）。水氧化对于可持续的太阳能燃料和化工生产起着基础性作用。先进的表面和界面工程对于开发高效稳定的水氧化光阳极至关重要[5]。

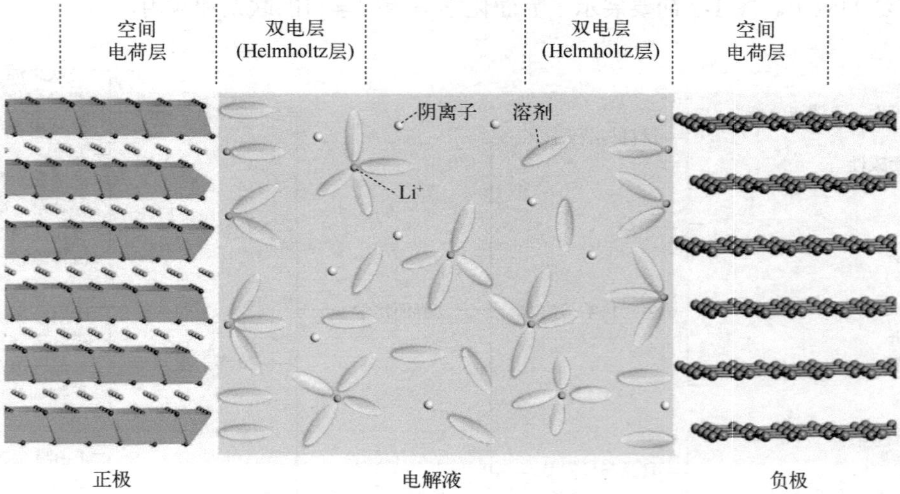


图 1-4 电极和电解液之间界面结构的示意图模型[6]

### 1.3.2 界面化学在其他领域的应用

界面科学是一门理论性与应用性均很强的学科，它的存在与发展离不开社会的需要，而社会的需要又推动了这门学科的基础研究。下面仅就界面化学在能源、信息、环境和医药等领域的应用来举例说明。

**（1）能源**

• 提高煤的燃烧效率。油煤浆与水煤浆是一种高度分散在油或水中的煤粉，流动性能很好，可以经喷嘴射入炉内燃烧，并能用管道运输，是一种极有前途的新型代用能源。一般的煤粉，在含水量为 40%～50%时已不能流动，而要做成能代油燃烧的煤浆，必须使其含水量降到 30%以下，并且要具有很好的流动性，这就涉及高浓度悬浮液的制备与流变性能的研究、颗粒的堆积与排列以及相互之间的作用研究。

• 三次采油。直接采油和注水采油（即二次采油）只能采收 30%～40%的石油储量，即近 2/3 的石油埋在地下采不出来，因为岩石缝隙中的油不易被水驱出。用化学物质来改善油、气、水及岩石之间的性能，开采出更多的石油，称为三次采油，又称提高采收率（enhanced oil recovery，EOR）方法。三次采油利用聚合物、表面活性剂和碱水使石油乳化，表面活性剂和纳米流体在增强渗吸中起着关键作用。对于油湿储层，如一些碳酸盐岩或页岩，表面活性剂可以降低接触角或提高润湿性。表面活性剂中的疏水部分可以吸附在岩石表面，使润湿性从油湿变为水湿。因此，水或压裂液将自发地吸收到基质中，并且可以显著地提高采收率。纳米流体可以通过封堵和调驱，改变岩石表面润湿性、油水界面性质以及提高流体之间的黏度比来提高采收率。

- 电池。电化学系统的表界面问题是电化学领域的核心和关键，也是电化学工业关键材料和核心技术瓶颈要解决的根本问题。例如，工业中的储能材料和器件、电化学能源转换和存储器件等的“卡脖子”问题，其关键技术都是电化学表界面基础问题。电化学表界面基础研究在高端电子制造中发挥着不可或缺的作用，尤其是电子电镀技术，以及表界面微纳米超精细加工成型技术等。
- 氢能。电化学分解水被认为是以氢燃料的形式储存可再生电力的最有吸引力的技术。

材料表面和界面工程为提高催化活性提供了可行的途径。表面工程策略被广泛采用以增强电催化活性（图 1-5）。缺陷是电催化剂的一个重要表面性质，它将显著影响催化活性，导致电荷分布和吸附/解吸行为的改变。表面形貌工程被认为是处理表面特征的另一种有效方法。调整晶面或表面相可以显著影响活性位点的数量和反应性，是提高电催化活性的一个很有前途的策略。

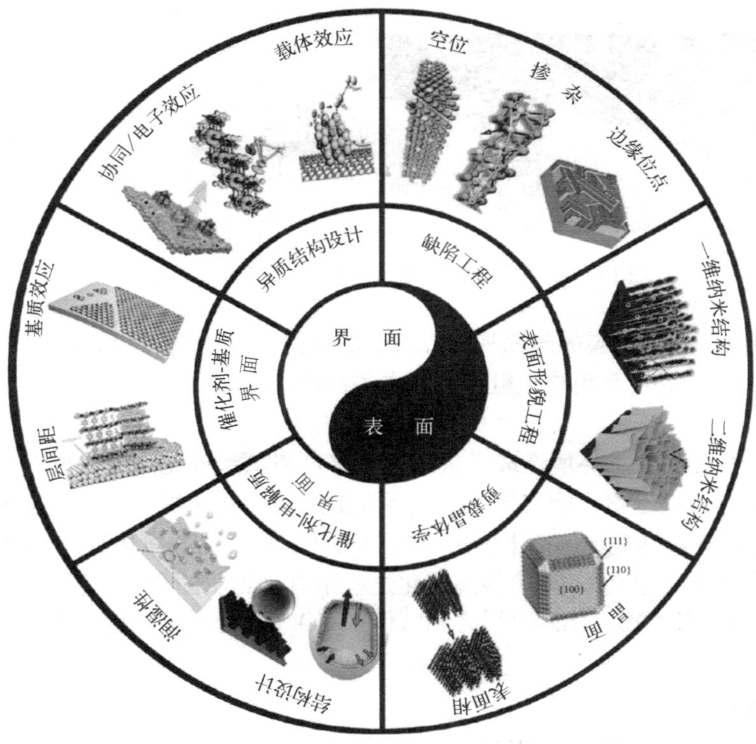


图 1-5 界面/表面工程策略示意，以及高性能 HER（hydrogen evolution reaction）/OER（oxygen evolution reaction）电催化剂的各种有效方法[7]

**（2）信息材料**

传统电子元件制造工艺中遇到的困难主要是：①导线细，放热量大，元件之间的绝缘度大，成品率低等；②高温操作，无法制备生物电路；③不能做成仿视觉级并行数据处理系统。

以分子或纳米尺寸单元组装的方法可取代传统的“切割”工艺，在这一思想的推动下，诞生了分子电子学和纳米电子学，其核心思想就是用“由小到大”来取代“由大到小”来制备计算机元件。这就要研究如何制备纳米颗粒，如何组装分子。胶体科学中的 L-B 膜技术、吸附理论、溶液中有序分子组合体学说都可在这里大展身手。

**(3)医药与仿生**

在医药上应用高分散物质来治疗疾病的案例愈来愈多。选择合适的载体物质或膜(单分子或多分子),能有效地控制药物的释放与靶向。如,用胶态磁流体作为药物的载体,在外磁场作用下将药送到病灶,可使靶区的药物浓度大幅度提高。又如,农药颗粒的缩小有利于改善其水分散度、靶向覆盖率和杀虫活性。此外,农药纳米制剂通过对叶片亲和力修饰增加了水滴在叶片上的黏附和沉积(图1-6)。

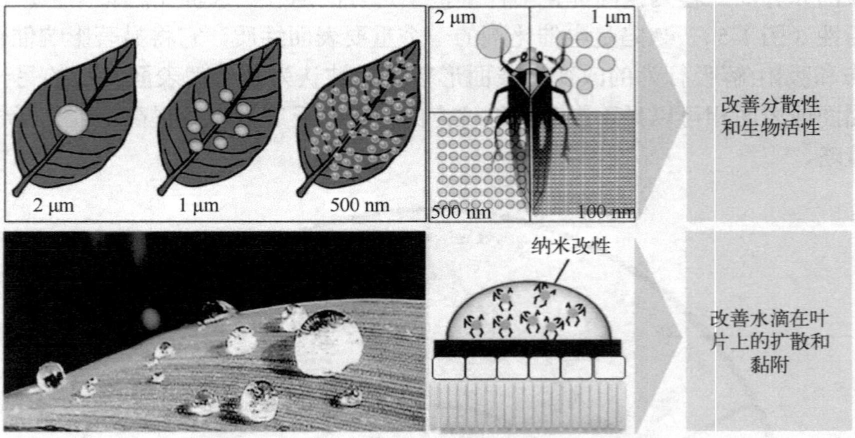


图1-6 农药颗粒的小型化提高了生物利用度和效率[8]

在仿生材料中,仿细胞膜的研究具有特别重要的意义,人们可以利用分子组装的方法来识别各种病毒和DNA,并可利用这一组合体形成各种智能组合体——分子器件或纳米器件。

**(4)环境科学**

废弃塑料对社会和生态环境造成了很大的危害,将塑料催化降解为燃料和有机物单体方面的研究仍不成熟,缺乏聚合物在催化剂表界面的活化与转化机制的认识是该领域的主要瓶颈。环境污染物的吸附净化(包括水体污染物与大气中污染物的净化等),消除已经产生的污染物(环境催化的狭义定义),减少能源转化过程中有害物质的产生(例如天然气催化燃烧,柴油催化脱硫等),将废物转化为有用之物(例如$CO_2$的资源化),这些都需要界面化学的相关知识。

**(5)分析技术**

分析化学领域包括许多方法和技术,其中许多涉及两个相邻相之间的界面或界面环境,以及分析物或信号在这些相之间的传递。例如:①液相色谱(liquid chromatography,LC)中流动相和固定相之间的溶质分配。②将分析物从样品顶部空间提取到微萃取介质中。③表面受限分析物的反射吸收光谱(reflection absorption spectrum,RAS)。④传感器表面的分析物相互作用。在每种情况下,相边界的化学性质及其对溶质或信号传递的影响决定了该方法的有效性。

## 1.3.3 界面化学研究的发展方向

① 重视界面化学研究方法、计算方法和理论创新,进一步理清胶体分散系统结构与相界面的物理本质,重视对分子间作用力及其协同作用的实验测量与定量描述,揭示表界面的动态

结构及其与周围环境的相互作用。

② 发展新型表面活性剂、两亲分子系统，开展以表面活性剂、两亲分子、类两亲分子及其功能系统为主体内容的软界面组装和性能研究，发展软界面研究方法，研究界面现象发生机制，建立功能导向结构明晰的新型表界面系统。

③ 探索和理解生物系统的多级结构和软界面过程，构筑多层次、多组分表界面结构，实现从分子、超分子、微纳乃至更大尺度结构调控跨越到功能（仿生与光电磁功能）调控的转变，拓展仿生界面催化化学研究，丰富软界面催化系统。

④ 深入研究材料、能源、环境与生命等复杂系统中的功能组装和软界面系统，构建材料、能源、环境与生命的功能化组装体；系统研究外场参与调控的催化组装，实现组装过程与结构的精确控制，开展组装体的功能与应用研究。

⑤ 探索软界面的量子限域效应。研究限域系统中的物质定向及有序输运，拓展仿生限域生物合成、限域组装合成、限域酶催化合成、限域 ATP（adenosine triphosphate）合成等。

⑥ 深入探索表界面电化学。建立复杂电化学系统电极、电解质和界面电化学反应新理论；针对不断涌现的新型电化学系统，发展多尺度真实工况条件下的表界面电化学原位先进表征技术和计算方法，设计新型电化学界面；深入研究新型燃料电池（非贵金属催化剂、碱性离子交换膜等）、锂离子/金属电池（锂金属表界面过程，锂-硫、锂-空气电池催化剂等）等电催化能量转化过程中的表界面科学；发挥电催化能量转化的优势，开展电催化碳循环（甲烷活化、$CO_2$ 还原等）、氮循环（氮活化等）表界面过程研究以及电、光、热协同的催化物质转化过程研究，揭示物质和能量转化机制；研究以芯片、集成电路和特种电容器为代表的高端电子制造中的电化学表界面过程，理解微、纳尺度电化学沉积和腐蚀作用机制（电解质添加剂分子作用机制等），发展纳米空间限域系统中的电化学表征方法等。

同时，要进一步发展研究方法学。如：

① 可视化学　界面化学的研究必须由静态转向动态，其最终归宿就是可视化学。动静结合、时空分辨的成像和谱学技术可以使人们将表界面化学反应全程记录存储下来，并可在后期随时随地进行直观呈现，进行细致的理论计算、分析和模拟。

② 极端条件化学　界面化学的自身特点使其在研究极端条件下的物理化学方面有着独特的优势。例如，利用超高真空、高温、超高压和多场（如电场、磁场和力场）等条件，界面化学可模拟研究宇宙化学、生命起源以及化石能源的形成等。此外，燃烧化学、爆炸化学、摩擦化学、芯片化学和低温化学等逐渐进入人们的研究视野，表面化学可以为这些特殊场景下的化学过程研究提供独特的视角和微观图像。

③ 非周期性结构的表面化学　表面化学通常关注周期性晶体结构表面上所进行的化学反应与过程。然而，涉及固体表面的真实系统的许多性质往往与不规则的结构和缺陷密切相关。例如，真实负载型催化剂的金属颗粒表面结构在高温高压反应条件下往往是动态、不规则乃至无序的，如何检测和表征这些动态结构是巨大的挑战。此外，很多物理化学性质强烈依赖于固体表面的缺陷结构，缺陷对材料的光学、电学和催化性能的影响是重要的科学问题。另外，缺陷和不规则结构的化学成分也是复杂多变的，其相应的表面化学的系统研究就更是缺乏；复杂的合金系统中，大量的不同金属原子的排列组合异常丰富，导致其表面的化学反应难以捉摸与控制。

# 1.4 国内外主要研究机构和学术期刊

## 1.4.1 国内主要研究机构

**（1）固体表面物理化学国家重点实验室**

依托厦门大学，实验室于1987年获准建设，1990年建成验收。实验室的首届室主任为田昭武院士，学术委员会主任为蔡启瑞院士。田昭武院士、万惠霖院士、田中群院士、谢兆雄教授和王野教授先后担任实验室主任，蔡启瑞院士、张乾二院士、万惠霖院士和孙世刚院士先后担任学术委员会主任。在老一辈科学家的引领和感召下，实验室形成“敢为先、重细节、合为贵”的科研文化。实验室以固体表面、固-气和固-液界面的结构与功能为主要研究对象，在催化化学、电化学、结构化学、理论化学及相关学科交叉融合的基础上，着重从原子、分子水平和纳米尺度上研究表面和界面的结构与反应机理，设计和合成有关的催化剂和电极材料以及纳米结构系统，进而探索解决与能源、化工、材料、生命、信息和环境等领域关系密切的某些重大科学技术问题。

**（2）中国科学院化学研究所胶体、界面与化学热力学重点实验室**

其前身胶体与界面科学实验室成立于1998年，2003年胶体与界面科学实验室和化学热力学室合并，更名为中国科学院化学研究所胶体、界面与化学热力学重点实验室。实验室以分子或分子结构单元进行有序组装过程中所涉及的基础科学问题为主题，开展有重要前景的胶体、界面与化学热力学的基础研究。重点集中于仿生系统的分子组装与纳米结构系统设计；两亲分子的设计与组装；复杂流体化学热力学；功能胶体微粒的合成与应用；绿色介质系统的基本科学问题与应用。

**（3）山东大学“胶体与界面化学教育部重点实验室”**

该实验室于1993年12月经国家教委批准，在山东大学胶体与界面化学研究所的基础上组建，是国内胶体与界面化学领域研究课题覆盖面较广、理论与实践密切结合的具有一定特色的重要研究基地。实验室定位于应用基础研究，主要研究方向有：界面化学与有序分子膜、分散系统与超细材料和表面活性剂与缔合结构。

**（4）陕西师范大学“应用表面与胶体化学教育部重点实验室”**

于2007年2月经教育部批准立项。实验室有“敏感表界面材料与器件”“表界面化学与文物保护”“表界面化学与能源材料”“功能软物质创制与应用”“催化过程中的表界面化学”等五个特色研究方向。实验室以表界面化学为纽带，通过构建多学科交叉研究平台，进行复杂多相系统中表界面特征和表面物理化学过程的基础与应用基础研究。

**（5）江南大学“合成与生物胶体教育部重点实验室”**

2011年经教育部批准立项建设。实验室以化学、食品、材料等多学科的交叉互融，探索胶体相关领域的重大理论问题及共性关键技术，在国内建成具有特色的日用化学、食品胶体、功能涂层学科方向，为我国胶体的基础理论研究及其开发应用技术做出重要贡献。实验室已形成胶体与界面化学基础、合成胶体的构筑与功能化、生物胶体的制备及应用等3个特色研究方向。

另外还有北京大学物理化学研究所、中国日用化工研究院、中国科学院兰州化学物理研究所、南京大学江苏省界面化学工程技术研究中心、华东理工大学、中国石油大学、扬州大学、天津科技大学、陕西科技大学、上海应用技术大学等单位设置有表界面相关的研究实验室。

### 1.4.2 国外主要研究机构

德国马普协会胶体与界面化学研究所（Max-Planck-Gesellschaft）、德国马普协会高分子研究所，英国剑桥大学的 Ford 实验室与 Pusey 实验室、牛津大学的胶体与界面科学中心、伦敦大学学院的 Weiner 实验室、赫尔大学、布里斯托大学，美国哈佛大学物理系、加州大学戴维斯分校、康奈尔大学、马萨诸塞大学阿默斯特分校，加拿大麦吉尔大学等均有表界面化学研究实验室。

### 1.4.3 界面化学学术期刊

*高等学校化学学报；物理化学学报；中国表面工程；材料保护；胶体与聚合物；表面技术；Langmuir; Advance in Colloid and Interface Science; Colloid and Interface Science Communications; Progress in Surface Science; Surface Science; Colloid and Surfaces A: Physicochemical and Engineering Aspects; Colloid and Surfaces B: Biointerfaces; Surface and Interface Analysis; Journal of Colloid and Interface Science; Progress in Surface and Membrane Science (Book series); Surface and Colloid Technology; Colloid and Surface Chemistry; Colloid & Polymer Science (Kolloid - Zeitschrift und Zeitgchrifi für Polymere); Current Opinion in Colloid & Interface Science; Colloid and Surface Science; Surfaces and Interfaces;* 等等。

## 参考文献

[1] Kontogeorgis G M, Kiil S. Introduction to applied colloid and surface chemistry[M]. John Wiley & Sons Ltd, 2016.

[2] Myers D. Surfaces, interfaces, and colloids: Principles and applications[M]. 2nd ed. John Wiley & Sons Inc, 1999.

[3] Pöschl U, Shiraiwa M. Multiphase chemistry at the Atmosphere-Biosphere interface influencing climate and public health in the anthropocene[J]. Chemical Reviews, 2015, 115(10): 4440-4475.

[4] Xu L, Tang S, Cheng Y, et al. Interfaces in solid-state lithium batteries[J]. Joule, 2018, 2: 1991-2015.

[5] Kuang Y B, Yamada Taro, Domen Kazunari. Surface and interface engineering for photoelectrochemical water oxidation[J]. Joule, 2017, 1: 290-305.

[6] Minato T, Abe T. Surface and interface sciences of Li-ion batteries -Research progress in electrode-electrolyte interface[J]. Progress in Surface Science, 2017, 92: 240-280.

[7] Wang P C, Wang B G. Designing self-supported electrocatalysts for electrochemical water splitting: Surface/Interface engineering toward enhanced electrocatalytic performance[J]. ACS Applied Materials & Interfaces, 2021, 13: 59593-59617.

[8] Zhao X, Cui H X, Wang Y, et al. Development strategies and prospects of nano-based smart pesticide formulation[J]. Journal of Agricultural and Food Chemistry, 2018, 66: 6504-6512.

# 第2章 液体表面

## 2.1 引言

表（界）面具有不同于其块状材料本体的特性。在两种材料之间的任何边界处，存在相互作用力的不平衡，最终影响边界的特性。如，体相内吸引力弱的组分粒子倾向于富集在界面上，而吸引力强的粒子更倾向位于体相。究竟离相界面多远才算是附近，通常难以作出明确的规定。如，当组成液体的物质由共价键形成时，分子间的作用力主要是van der Waals力，这种力的作用范围主要是邻近的分子。在相距几倍分子直径的距离时，分子间的作用力就微不足道了。因此，表面层的厚度只有几个分子尺寸的大小，即在距离相界面$10^{-9}$ m处已为体相的状态。所以，“界面”要能够把具有“界面”性质的一部分区域与具有“体相”性质的区域区分开来。当然，这样的划分是定性的，特别是界面层（界面层的性质随距离发生显著变化）更不具体。由于决定界面位置的分界分子在结构上是不连续的，所以严格地说，难以把数学上的概念应用到相界面上来。

界面区域处于一种非常动荡的状态，体相的液体分子通过界面进入气相，而气相的分子在界面层凝聚。分子在界面层的交换速率很快，分子在界面层的存在时间在十几分之一微秒数量级。

由于分子的热运动引起的扩散作用，界面层分子与邻近液层之间的分子也有交换，其交换速率也是相当快的。所以，界面区实际是一模糊的区域，界面层处于剧烈扰动状态，分子在界面与两边的体相间来来往往。

界面是一个比表面更通用的术语，由于习惯，通常将固-气界面与液-气界面称为表面。

目前，常用于处理界面的模型有两种：

**（1）古根海姆界面相模型**

古根海姆界面相模型是界面热力学中的核心理论之一，由英国物理化学家E. A. Guggenheim提出。其处理界面的出发点是：界面是一个有一定厚度的过渡区，它在体系中自成一相——界面相。界面相是一个既有体积又有物质的不均匀区域。该模型能较客观地反映实际情况但数学处理较复杂。

整个系统由两个体相（设为α和β相）和界面相$S$组成，则系统的广延性质$y$可写作：

$$y = y^{\alpha} + y^{\beta} + y^{s} \tag{2-1}$$

如果考虑垂直于表面的密度 $\rho$（图 2-1），可以观察到，在几个分子的距离中，密度从体相液体的密度降低到其蒸气相的密度，这个距离可以看作是界面厚度。

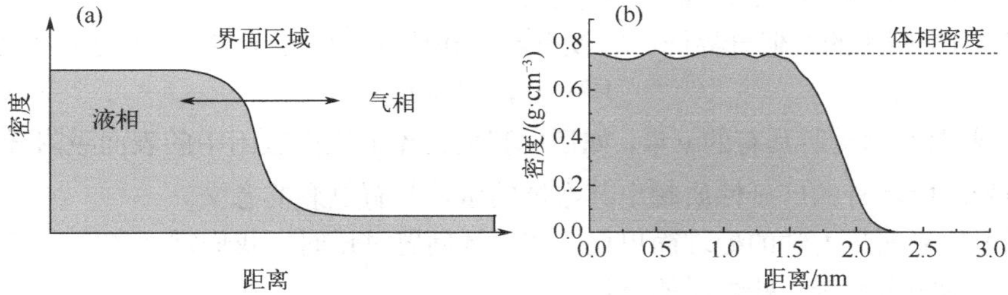


图 2-1　液体密度与垂直于其表面的距离的关系[1]

(a) 示意图；(b) 正十三烷（$C_{13}H_{28}$）300 K 的分子动力学模拟结果

由于正十三烷不易挥发，其气相中的密度可以忽略不计

密度只是定义界面厚度的一个参考标准，另一个可能的参数是分子的方向。例如，表面的水分子倾向于使其负的一侧“向外”朝向气相，该方向会随着与曲面距离的增加而逐渐消失。在大约 1 nm 的距离处，分子再次随机取向。

我们应该使用哪种厚度？需根据具体情况而定。例如，如果我们对水面的密度感兴趣，那么实际界面厚度约为 1 nm。假设水中溶解了一种盐，相对于离子浓度，界面厚度会更大，且随着离子及其浓度的变化而有所变化（由 Debye 长度表征）。在不确定时，选择较大的厚度值更安全一些。

**（2）Gibbs 相界面模型**

Gibbs 相界面模型是吉布斯（J. W. Gibbs）在 19 世纪后期提出的一个处理两相之间界面区域（界面相）的热力学模型。它是界面热力学的基石，为解决实际界面（具有有限厚度和性质梯度的区域）的复杂性提供了一个极其强大而简化的框架。模型将从一个相到另一个相接近时性质逐渐变化的体系设想为一个理想体系，即设 α、β 两相的性质到 $SS'$ 是均匀的，则系统的广延性质 $y$ 的表达式与式（2-1）类似：

$$y = y^{\alpha} + y^{\beta} + y^{\sigma} \tag{2-2}$$

式中，$y^{\alpha}$、$y^{\beta}$ 和 $y^{\sigma}$ 分别是 α、β 和 Gibbs 相界面 σ 的广延性质 $y$ 的量。如：

$$V = V^{\alpha} + V^{\beta} + V^{\sigma} = n^{\alpha}V_{\mathrm{m}}^{\alpha} + n^{\beta}V_{\mathrm{m}}^{\beta} + n^{\sigma}V_{\mathrm{m}}^{\sigma} \tag{2-3}$$

在实际体系中存在着一个过渡区域，如图 2-2 所示。

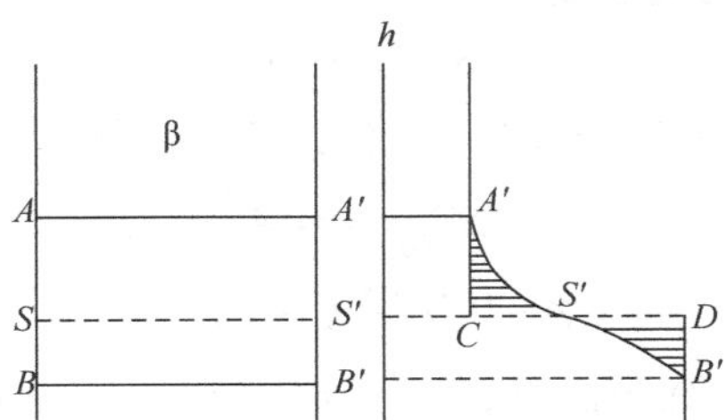


图 2-2　Gibbs 相界面示意[2]

Gibbs 确定 $SS'$ 界面的方法是按其中一个组分的实际含量与所划分出的 α、β 两相含量总和相同来确定的。图 2-2（a）显示了这种相界面的画法。图 2-2（b）显示了系统的密度随高度变化的实际曲线（与图 2-1 类似），曲线与坐标轴所包围的面积代表系统中物质的量。因此，Gibbs 相界面 $SS'$ 应位于 $A'CS'$ 与 $S'DB'$ 面积相等之处。

Gibbs 界面是假想的几何分界面，它没有厚度和体积，而是无限薄的理想界面 $SS'$，即：

$$V^{\sigma}=0，\quad n^{\sigma}=0$$

$y^{\sigma}$ 不是表面上物质所具有的 $y$ 量，如后面我们讨论的表面吸附中的表面吸附量，而是系统单位面积的表面所具有的广延性质超出其本体的量，具有过剩的意义。

该模型可使界面热力学的处理简单化。在后续问题讨论时，我们常不考虑表（界）面层的厚度，但这不影响对系统一些性质的讨论。

# 2.2 表面自由能与表面张力

## 2.2.1 表面自由能

气-液界面层分子受到垂直指向液体内部的吸引力，见图 2-3，即界面相分子比本体相分子具有额外的（表面）势能。要使系统表面积增加，即把分子从体相拉到表面，从能量角度考虑，外界必须对系统做功，此功即为表面功 $W'$。

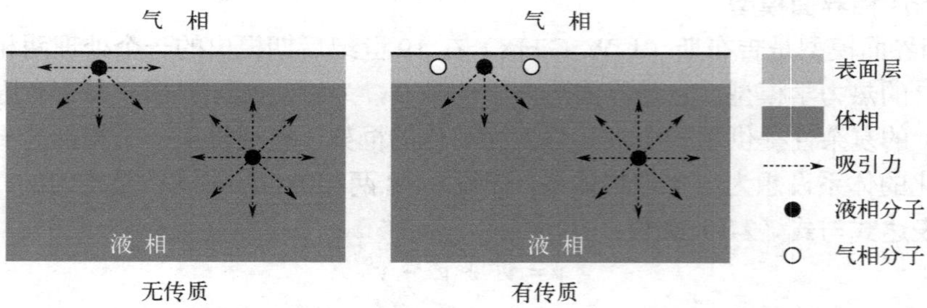


图 2-3　液体表面的原子或分子与体相分子的受力示意

在一定的温度、压力和组成下，可逆地增加系统的界面所做的非体积功 $\delta W_{\mathrm{r}}'$ 应与增加的表面积 $\mathrm{d}A_{\mathrm{s}}$ 成正比。若以 $\gamma$ 表示比例系数，则：

$$\delta W_{\mathrm{r}}'=\gamma \mathrm{d}A_{\mathrm{s}} \tag{2-4}$$

根据热力学基本方程，则 $\mathrm{d}G_{T,p}=\delta W_{\mathrm{r}}'$，故式（2-4）又可表示为：

$$\mathrm{d}G_{T,p}=\gamma \mathrm{d}A_{\mathrm{s}} \tag{2-5}$$

或

$$\gamma=(\partial G/\partial A_{\mathrm{s}})_{T,p,n_{\mathrm{B}}} \tag{2-6}$$

$\gamma$ 称为比表面 Gibbs 函数或比表面 Gibbs 自由能，单位是 $\mathrm{J\cdot m^{-2}}$。其物理意义是：在恒温、恒压及系统组成一定的条件下，增加单位表面积系统所增加的 Gibbs 自由能，即单位表面积上的分子超出相同数量的体相内部的分子的 Gibbs 自由能。

将体系 Gibbs 自由能写为：

$$G=G^{\mathrm{b}}+G^{\mathrm{S}} \tag{2-7}$$

式中，$G^{\mathrm{b}}$ 为所有分子均为体相分子（多相低分散体系成立）时的体系 Gibbs 自由能；$G^{\mathrm{S}}$ 为表面相分子比等量体相分子多出的额外（表面）的 Gibbs 自由能。则：

$$\left(\frac{\partial G}{\partial A}\right)_{T,p,n_{\mathrm{B}}}=\left(\frac{\partial G^{\mathrm{b}}}{\partial A}\right)_{T,p,n_{\mathrm{B}}}+\left(\frac{\partial G^{\mathrm{S}}}{\partial A}\right)_{T,p,n_{\mathrm{B}}} \tag{2-8}$$

因：

$$\left(\frac{\partial G^{\mathrm{b}}}{\partial A}\right)_{T,p,n_{\mathrm{B}}}=0 \tag{2-9}$$

则：

$$\gamma=\left(\frac{\partial G}{\partial A}\right)_{T,p,n_{\mathrm{B}}}=\left(\frac{\partial G^{\mathrm{S}}}{\partial A}\right)_{T,p,n_{\mathrm{B}}} \tag{2-10}$$

即$\gamma$可称为“单位面积表面（额外）自由能”，简称“表面自由能”。

## 2.2.2 表面张力

### 2.2.2.1 表面张力的含义

从力的角度考虑，表面上的分子受到两相分子不同的作用，受力是不对称的，不能相互抵消，有剩余的作用力，这种剩余力称为净吸引力。

首先考虑表面下方左下角的液体内部分子，它与周围的其他液体分子相互作用，形成整体的力平衡，见图 2-3。然而，表面上的分子仅在下方和侧面具有相互作用。由于表面层上方没有液体分子，会出现力的不平衡，这是表面效应的最终原因。

在气-液界面，表面张力（surface tension）是由于液体分子彼此之间（由于内聚力）的吸引力大于空气中分子之间（由于黏附力）的吸引力。净效应是液体表面的向内力，使液体表现得好像其表面覆盖着拉伸的弹性膜。因此，表面受到不平衡的张力，这可能就是“表面张力”一词的由来。

图 2-4 示意的实验有助于我们定义表面科学中最基本的量：表面张力。将液膜横跨在框架上，框架具有移动滑块。薄膜相对较厚，例如 1 μm，因此背面和正面之间的距离足够大，以避免两个界面区域重叠。如果我们通过将滑块向右移动距离 d$x$ 来增加表面积，则必须做功，该功 d$W'$与表面积 d$A$ 的增加成正比。由于薄膜具有正面和背面，表面积增加了 2$b$d$x$。引入比例常数$\gamma$，我们得到：

$$\delta W_{\mathrm{r}}'=f\mathrm{d}x=\gamma\mathrm{d}A \tag{2-11}$$

这也是增加系统表面所做的非体积功。而 $\mathrm{d}A=2b\mathrm{d}x$ ，则：

$$\gamma=f/2b \tag{2-12}$$

表面张力$\gamma$为在液体表面上垂直作用在单位长度线段上的表面应力。

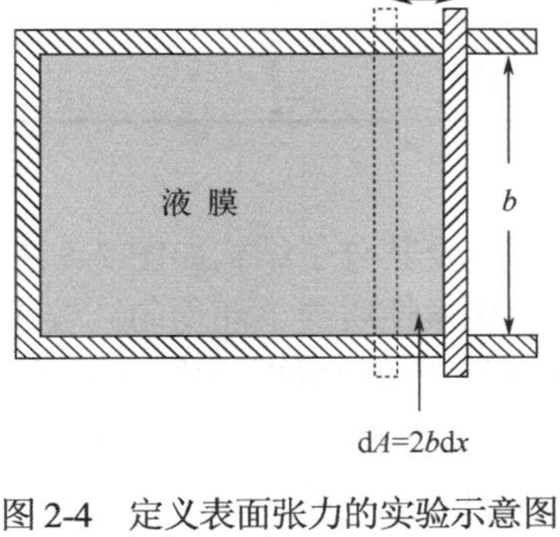


图 2-4 定义表面张力的实验示意图

表面张力的单位为 $N \cdot m^{-1}$。液体的表面张力约为 $0.02 \sim 0.08 N \cdot m^{-1}$（表 2-1）。为方便起见，通常以 $mN \cdot m^{-1}$ 表示。

通常认为表面张力存在于两相之间狭窄的单分子区域。然而，实验表明，第二层、第三层，甚至更深层的分子层都可能会产生贡献。出于这个原因，有时称表面或界面为“区域”，即意味着必须考虑一个以上的分子层。对于固体表面来说，这一点更为合理，我们将在第 4 章中进一步讨论。

净吸引力垂直于界面而指向引力较大的一相的内部，即表面上的分子受到指向引力较大的一相内部的拉力。其结果是表面层的分子有被拉入液体内部的趋势，因而液体表面有自动缩小的倾向。在宏观上，这就表现为界面收缩。液体表面张力就是收缩趋势的表现。

表面张力是液体表面的基本性质。表面张力决定了空气和液体表面的曲率，决定了一些固体在液体表面“漂浮”的能力，也决定了两种不互溶液体之间界面的形状。肺泡表面张力是指在正常情况下，在肺泡上皮内表面分布的极薄的液体层，与肺泡气体形成气-液界面，由于界面液体分子密度大，导致液体分子间的吸引力大于液-气分子间的吸引力，好像一个拉紧的弹性膜，因而产生的表面张力。这种表面张力使液体表面有收缩的倾向，因而使肺泡趋向回缩，是构成肺回缩力的主要因素。

#### 2.2.2.2　影响表面张力的因素

**（1）化学影响**[3]

表面张力大小是液体表面积膨胀所必须克服的内向力的量度。物质不同，分子之间的作用力不同，从而导致液体表面张力也不同。分子间的作用力越大，其表面张力也越大。

表 2-1 列出了一些液-气系统的表面张力。由于水分子氢键网络的相互吸引力相对较强，因此与大多数其他液体相比，水的表面张力更高。

**表 2-1　293.15 K 时一些液-气系统的表面张力**

| 液体 | $\gamma / (mN \cdot m^{-1})$ | 液体 | $\gamma / (mN \cdot m^{-1})$ |
|---|---|---|---|
| 甲醇 | 22.6 | 氯仿 | 27.14 |
| 乙醇 | 22.7 | 四氯化碳 | 26.95 |
| 乙醚 | 17.0 | 苯 | 28.9 |
| 丙酮 | 23.7 | 甲苯 | 28.4 |
| 正丁醇 | 24.6 | 吡啶 | 38.0 |
| 环己烷 | 25.5 | 苯胺 | 42.67 |
| 乙酸 | 27.8 | 苯酸 | 40.9 |
| 乙酸乙酯 | 23.9 | 溴 | 41.5 |
| 丁酸 | 26.5 | 水 | 72.75 |
| 甘油 | 63.4 | 汞 | 486.5 |

① 同系物中链长度的影响

几种烷烃的表面张力（室温下）及其分子结构如图 2-5 所示。对于直链烷烃，表面张力随着链长的增加而增加。因为它们的化学性质简单而均匀，较大的分子在表面更难容纳。

全氟烷烃显示出类似的趋势，但它们的表面张力要低得多。全氟取代物（$—CF_2—$和$—CF_3$）比其相应的氢化物（$—CH_2—$和$—CH_3$）更疏水，对于液体和固体表面都是如此。被密集填充的全氟甲基覆盖的固体表面是已知的最疏水的表面。

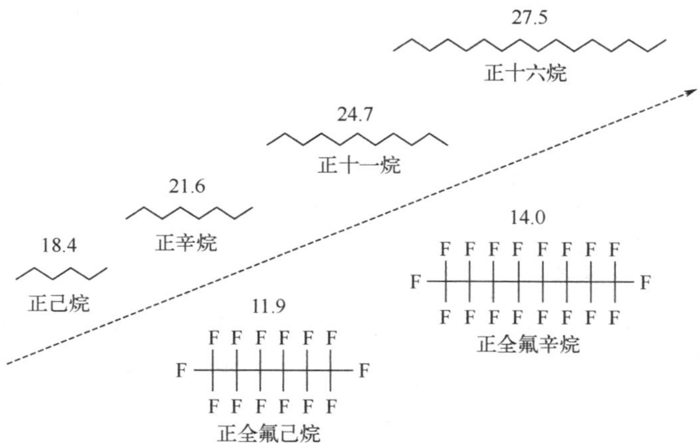


图 2-5　烷烃和全氟烷烃的表面张力（$mN \cdot m^{-1}$）

对于脂肪醇与脂肪酸，其表面张力如图 2-6 所示。

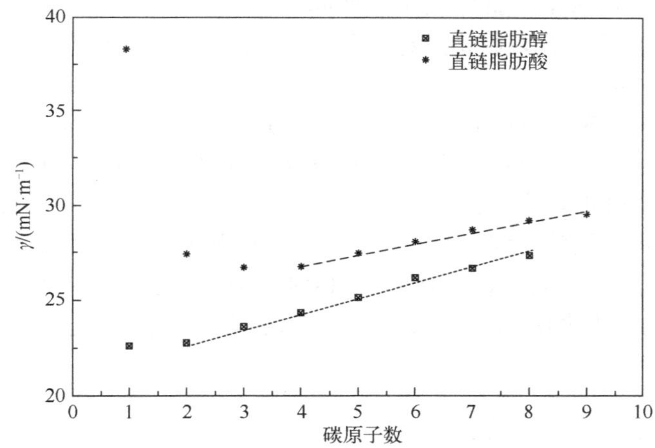


图 2-6　直链脂肪醇与直链脂肪酸的表面张力（293.15 K）随分子中碳原子数变化关系图

从图中可以看出，对于直链脂肪醇，当碳原子数大于 2 时，表面张力随碳链的增长几乎呈线性增加。而对于直链脂肪酸，从甲酸的 37.6 $mN \cdot m^{-1}$ 到乙酸的 27.4 $mN \cdot m^{-1}$，表面张力下降很快，可能是由于甲酸分子间的氢键作用比较明显，在碳原子数大于 4 时，表面张力与碳原子数近似呈线性增加。在相同碳原子数下，直链脂肪酸的表面张力大于直链脂肪醇的表面张力，这是由于羧基与羟基的极性不同。

② 取代基的影响

图 2-6 显示在碳原子数相同的情况下饱和脂肪酸的表面张力大于饱和脂肪醇。图 2-7 显示苯在室温下的表面张力为 28.9 $mN \cdot m^{-1}$，当苯环上的一个氢被另一种元素或基团取代后，会导致液体的表面张力发生显著变化。图的上部趋势显示，取代基的极性越强，表面张力就越高。而图的下部趋势说明了苯环上通过接枝脂肪族链实现的表面张力变化，效果相似，但随链长的变化不那么明显。事实上，在这种情况下，接枝烷基链长度的重要性远低于直链烷烃本身（图 2-5 的上部数据）。

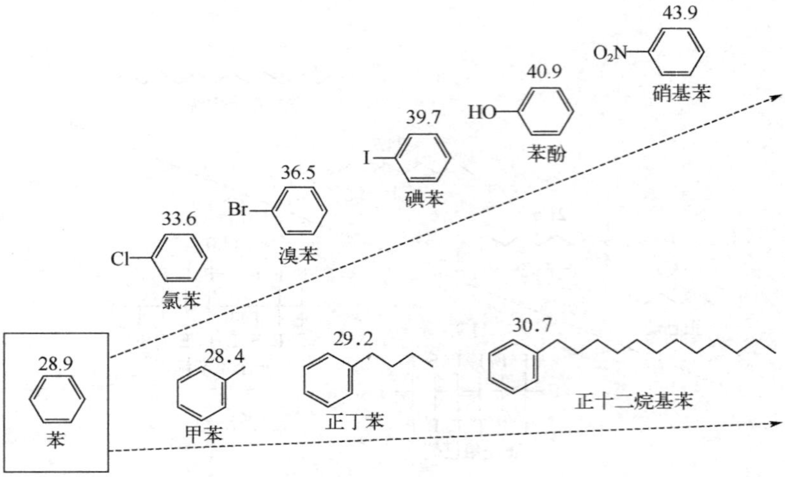


图 2-7 取代苯类化合物的表面张力（$mN\cdot m^{-1}$）

③ 基团取向位置的影响

液体分子可以自由移动，因此它们在表面的取向会随着时间的推移而改变。然而，平均而言，可以存在一个优选的取向，特别是对于不对称分子。为了说明这一点，图 2-8 中显示了几种苯衍生物，并概述为三组。

在组（a）中，我们观察到几乎恒定的表面张力。由此可见，苯环和甲基的疏水性相似，并且贡献相似，因为所有这些分子都是近似对称的。在组（b）中，侧基团的影响是显著的。端羟基是极性和亲水性的，它发挥了强大的作用——将表面张力提高到远高于苯、甲苯值的水平。间隔甲基是次要的，但仍然相关——苯甲醇和苯酚具有明显不同的表面张力。在组（c）中，甲基位于不同的位置，尽管差异相对较小，但表面张力值不同，可用于区分三种异构体。图 2-8 的结果表明，取代基的位置是重要的，表面张力会受到分子结构微小细节的影响。

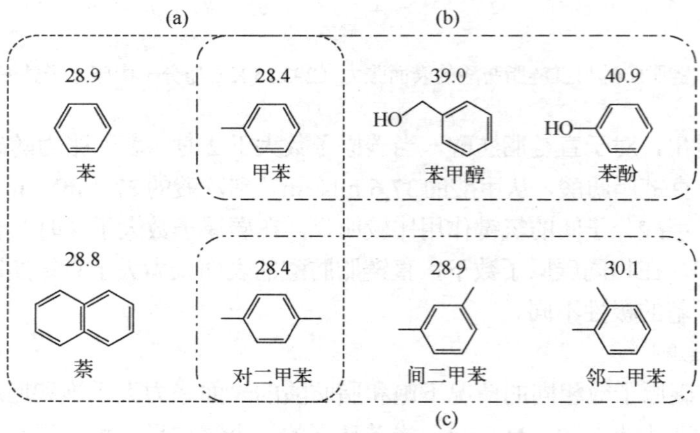


图 2-8 几种苯衍生物的表面张力（$mN\cdot m^{-1}$）

以上的例子说明了表面张力对分子结构的显著敏感性。然而，应该强调的是，这些通常是非特异性的。例如，图 2-9 所示的六种不同化合物的表面张力差异在 $\pm0.4\ mN\cdot m^{-1}$ 范围内。这是一个相当窄的范围，可能会被温度或测量中的一些其他系统误差所掩盖。

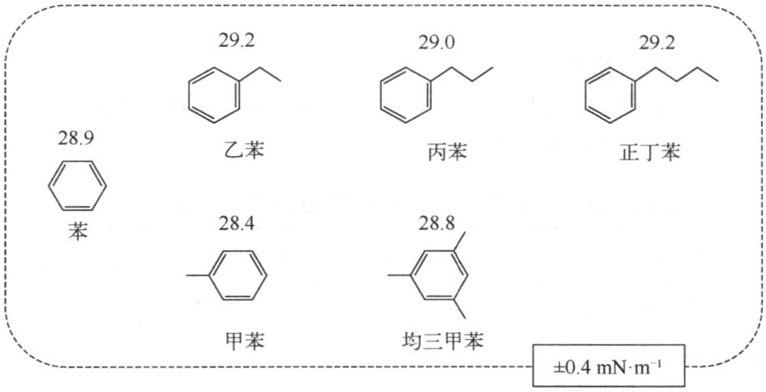


图 2-9　一些烷基苯的表面张力（$mN \cdot m^{-1}$）

④ 经验规则

图 2-10 中有两种截然不同的化合物，但它们具有相同的表面张力。这种相似性表明，作为一级近似，这两种化合物的疏水性大致相同。在这种特定情况下，可以得到以下经验规则：一个 $sp^2$ 碳相当于 3.3 个 $sp^3$ 碳。这是一种简单但稳健的方法，在表面活性剂设计中很有参考价值。

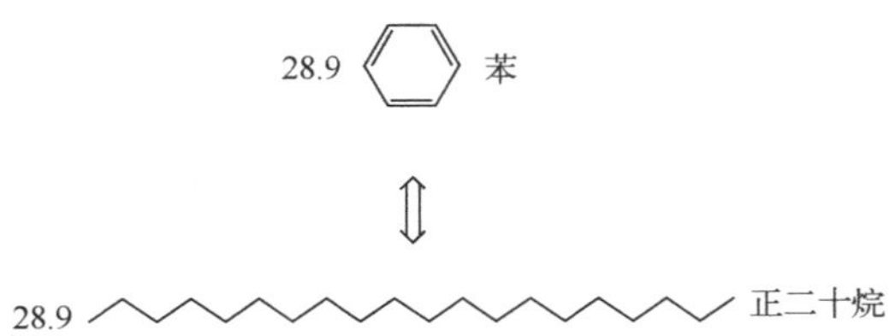


图 2-10　正二十烷（$C_{20}H_{42}$）与苯的表面张力（$mN \cdot m^{-1}$）

**（2）表面（界面）张力与其相接触的另一相的物质性质有关**

通常所说的表面张力是指液体与其自身蒸气相接触的界面张力。当与其相接触的另一相性质发生变化时，则界面张力发生相应变化。表 2-2 为一些液体间界面的界面张力。

**表 2-2　一些液体间界面的界面张力（293.15 K）**

| 界面 | $\gamma / (mN \cdot m^{-1})$ | 界面 | $\gamma / (mN \cdot m^{-1})$ |
|---|---|---|---|
| 水-正辛醇 | 8.5 | 水-硝基苯 | 25.7 |
| 水-正戊醇 | 6.0 | 水-正己烷 | 51.1 |
| 水-正丁醇 | 1.8 | 水-正辛烷 | 50.8 |
| 水-异丁醇 | 2.1 | 水-正癸烷 | 51.2 |
| 水-环己醇 | 4.0 | 水-正十四烷 | 52.0 |
| 水-油酸 | 15.7 | 水-正十六烷 | 53.3 |
| 水-乙醚 | 10.7 | 汞-水 | 375 |
| 水-二硫化碳 | 48.0 | 汞-乙醇 | 389 |
| 水-四氯化碳 | 45.1 | 汞-正己烷 | 378 |
| 水-氯仿 | 32.8 | 汞-乙醚 | 379 |
| 水-苯 | 35.0 | 汞-苯 | 357 |
| 水-苯胺 | 5.8 | | |

一方面，由于与水（汞）相接触的另一相发生变化，分子之间的相互作用方式与大小也发生变化。另一方面，由于两种物质间的溶解，界面处两相本身的性质（化学组成）发生变化，

从而引起界面张力的变化。

**（3）表面张力与温度的关系**

温度升高时，通常表面张力下降。如水、直链脂肪醇和脂肪酸的表面张力与温度的关系见表 2-3（根据表面张力与温度关系实验数据拟合获得）。

**表 2-3　水、直链脂肪醇、脂肪酸的表面张力与温度的关系**

| 化合物 | $\gamma = f(T)$ | 温度范围/K | $R^2$ | $\gamma(T = 298.15\text{K}) / (\text{mN}\cdot\text{m}^{-1})$ |
|---|---|---|---|---|
| $H_2O$ | 119.93−0.1609$T$ | 285～330 | 0.9992 | 71.97 |
| $CH_3OH$ | 49.51−0.09254$T$ | 220～320 | 0.9992 | 21.92 |
| $C_2H_5OH$ | 47.94−0.08807$T$ | 220～320 | 0.9977 | 21.68 |
| 1-$C_3H_7OH$ | 48.20−0.08393$T$ | 240～320 | 0.9992 | 23.18 |
| 1-$C_4H_9OH$ | 48.32−0.08181$T$ | 230～320 | 0.9990 | 23.93 |
| 1-$C_5H_{11}OH$ | 49.03−0.08147$T$ | 240～310 | 0.9960 | 24.74 |
| 1-$C_6H_{13}OH$ | 50.73−0.08381$T$ | 240～320 | 0.9982 | 25.74 |
| 1-$C_7H_{15}OH$ | 50.99−0.08297$T$ | 240～320 | 0.9988 | 26.25 |
| 1-$C_8H_{17}OH$ | 50.15−0.07782$T$ | 255～320 | 0.9981 | 26.95 |
| HCOOH | 69.210−0.108$T$ | 220～325 | 0.9992 | 63.95 |
| $CH_3COOH$ | 56.533−0.0987$T$ | 290～325 | 0.9999 | 27.11 |
| $C_2H_5COOH$ | 55.737−0.0992$T$ | 290～325 | 0.9999 | 26.16 |

注：$T$ 单位为 K。

结果显示，在实验温度范围内，这些物质的表面张力随着温度的升高而线性下降。

然而，有少数物质，如 Cd、Fe、Cu 合金及一些硅酸盐液体，其表面张力随温度升高而升高，这种现象还没有被广泛接受的合理解释。

液体的表面张力 $\gamma$ 可以用类似于范德华方程的形式表示为温度的函数[4]：

$$\gamma=\gamma_0\left(1-\frac{T}{T_C}\right)^n \tag{2-13}$$

式中，$T_C$ 为临界温度，K；$\gamma_0$ 和 $n$ 是用最小二乘法获得的经验常数，由表面张力的实验数据拟合获得。如乙醇与乙酸，其临界温度分别为 516.3 K 和 594.8 K，结合它们不同温度下的表面张力数据，可以得到图 2-11。

当温度达到临界温度 $T_C$ 时，由于界面消失，其表面张力为零，有约特福斯（Eötvös）关系式：

$$\gamma V_m^{2/3} = k\left(T_C - T\right) \tag{2-14}$$

式中，$V_m$ 为液体的摩尔体积；$k$ 为常数，对大多数不缔合非极性液体，$k \approx 2.2\times10^{-7}\ \text{J}\cdot\text{K}^{-1}$。

事实上，当 $T \to T_C$ 时，界面已开始弥散。拉姆齐-希尔兹（Ramsay-Shields）建议改为下列经验公式：

$$\gamma V_m^{2/3} = k\left(T_C - T - 6.0\right) \tag{2-15}$$

该式是求表面张力与温度间关系的较常用的公式。

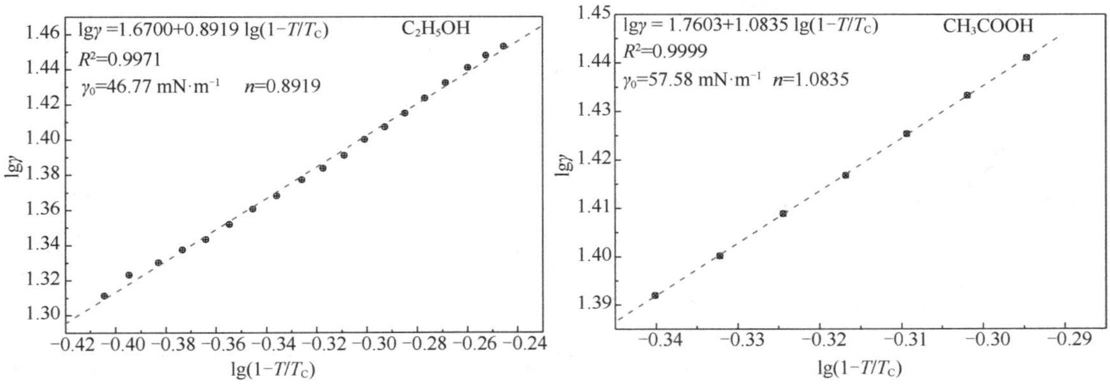


图 2-11 乙醇与乙酸的 $\lg\gamma$ 与 $\lg(1-T/T_C)$ 间的关系

**（4）表面张力与压力的关系**

表面张力与压力关系的实验研究不易进行，因此，压力对表面张力的影响问题要复杂得多。一般情况下，增加体系的压力，必须引入第二种成分，否则不能维持体系的相组成，气-液界面将消失。体系压力增加，气体在液体表面上的吸附和在液体中溶解度增大，因此，表面张力下降。表 2-4 反映了这个结果，通常压力每增加 10 atm（1 atm=101325 Pa），$\gamma$ 约降低 $1\ \mathrm{mN\cdot m^{-1}}$。

**表 2-4 常温（298.15 K）下压力对 $\gamma$ 的影响**

| 成分 | 1.0 atm | 10 atm |
|---|---|---|
| $H_2O$ | $72.1\ \mathrm{mN\cdot m^{-1}}$ | $71.1\ \mathrm{mN\cdot m^{-1}}$ |
| $CCl_4$ | $26.4\ \mathrm{mN\cdot m^{-1}}$ | $25.4\ \mathrm{mN\cdot m^{-1}}$ |

气体在液体表面上的吸附是液体表面张力随压力增加而下降的主要原因[2]。甲烷-壬烷和 $CO_2$-角鲨烷体系在不同温度下的表面张力随压力变化如图 2-12 所示[5]。图中显示，在压力较低的区域，温度越低，表面张力下降得越快。图 2-13 显示，在 373.0 K 和 473.0 K 下甲烷-水体系的界面张力沿着等温线随着压力的增加而降低，在更高的压力下趋于最低值。

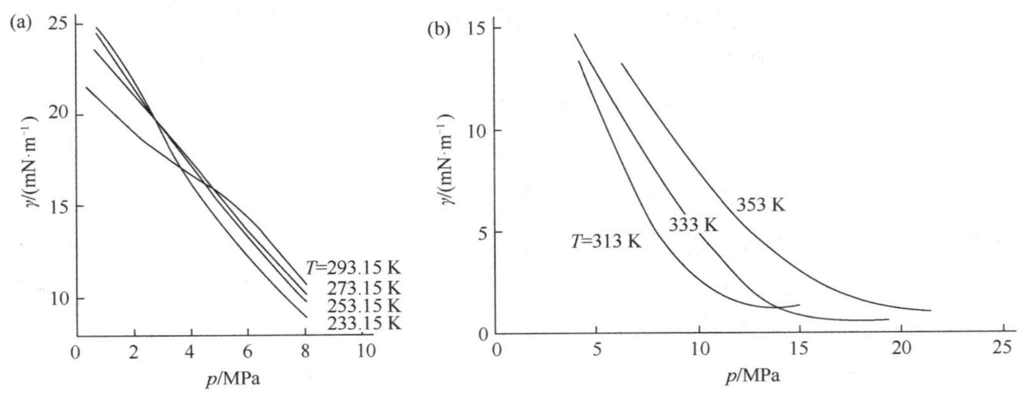


图 2-12 不同温度下甲烷-壬烷系统的表面张力（a）和 $CO_2$-角鲨烷系统的表面张力（b）

液体的表面张力随着压力的增加而降低，这与超临界组分在液体中的溶解增加相对应。图 2-14 显示了不同气体的这种影响。

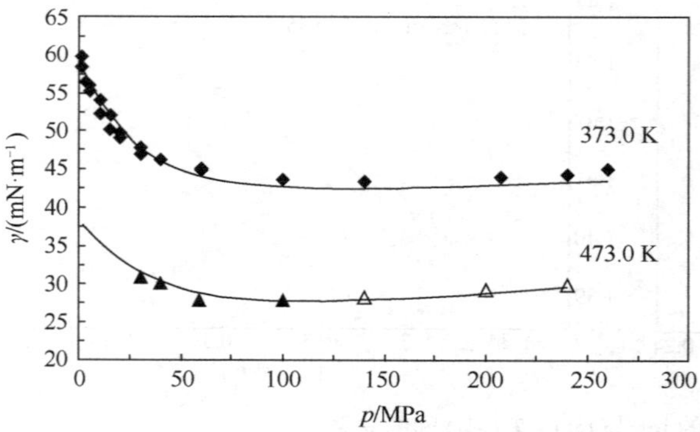


图 2-13　甲烷-水在 373.0 K 和 473.0 K 的界面张力与压力的关系[6]

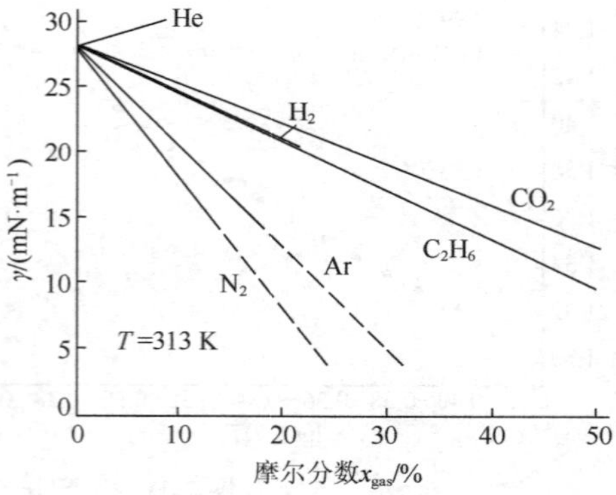


图 2-14　共存液相中界面张力作为气体浓度的函数[7]

## 2.2.3　动态表面张力

对于与其蒸气平衡的纯液体，表面上分子的数量密度和取向将不同于本体分子。当创建新的表面时，可以合理地假设新分子扩散到表面并使系统恢复平衡需要有限的时间。在此期间，时间尽可能短，系统的表面张力将不同于处于平衡状态的系统（图 2-15）。这种“新表面”的表面张力称为动态表面张力。

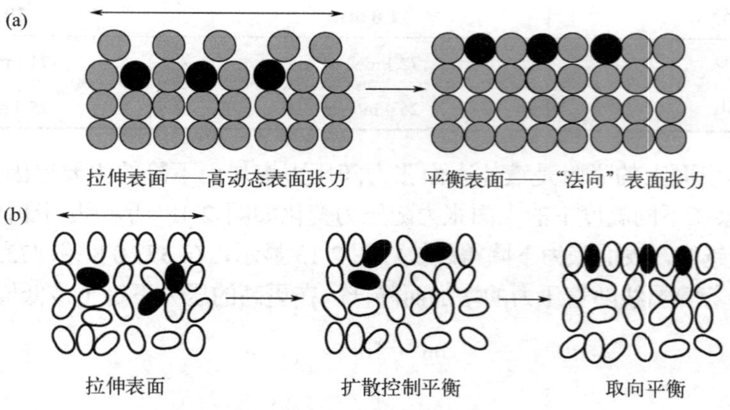


图 2-15　纯液体中的动态表面张力

（a）对于分子形状各向同性的液体，动态表面张力效应由分子从本体扩散到新表面的速率控制；

（b）在极性或各向异性液体中，由于表面分子取向的问题，情况可能会更加复杂

定性地，假设在形成新表面之后达到平衡所需的时间与液体分子扩散到表面的时间有关，即与自扩散常数有关。扩散常数通常约为$10^{-6}\ cm^2 \cdot s^{-1}$。在如此短的时间范围内精确测量表面张力是困难的，因此，对于这种新表面的热力学和动力学处理仍有较大的困难。

Ines M. Hauner 等对水的动态表面张力进行了测量，结果表明，新形成水面的表面张力（约 $90\ mN \cdot m^{-1}$）比平衡条件下（约 $72\ mN \cdot m^{-1}$）更高，松弛过程发生在较长的时间尺度上（约 1 ms）。质子或氢氧根的动态吸附效应可能是这种动态表面张力的起源。然而，改变 pH 并不会

显著改变动态表面张力。在实验中探测到的相对较长的时间尺度上，氢键或偶极取向效应似乎也不太可能发挥任何作用。

动态表面张力效应在表面活性剂溶液的某些应用中尤其重要。在静态溶液中，表面活性剂分子的表面浓度和取向产生平衡表面张力。当快速形成新表面时，如在某些涂覆操作中，表面活性剂分子从本体扩散到新表面需要一定的时间，反映为动态表面张力大于平衡值。如果形成显著的新表面，则表面附近的表面活性剂可能会耗尽，从而产生更大的动态效应。

采用最大气泡压力技术对含氟 Gemini 表面活性剂（将在第 6 章讨论）1,2-双[二甲基-（3-全氟烷基-2-羟丙基）铵]-乙烷溴化物（$C_n^FC_3-2-C_3C_n^F$，其中 $n$ 表示氟碳链长度为 4、6 和 8）的动态表面张力进行测量。$n$=4 和 6 时，动态表面张力随表面寿命的变化如图 2-16 所示。达到平衡表面张力所需的时间随着氟碳链长度的增加而增加，对于 $n$=4，30 s 后的动态表面张力接近平衡表面张力值，而对于 $n$=6，动态表面张力显著大于平衡值。这表明由于长链引起的空间位阻，从溶液内部吸附到空气-水界面很困难。它也意味着具有较短氟碳链的氟化 Gemini 表面活性剂在空气-水界面上扩散更快，吸附更有效。在一些碳氢化合物 Gemini 表面活性剂中也观察到了这种趋势。此外，达到表面张力平衡所需的时间随着表面活性剂浓度的降低而增加，平衡在高于临界胶束浓度（critical micelle concentration，CMC）时比低于 CMC 时更快。

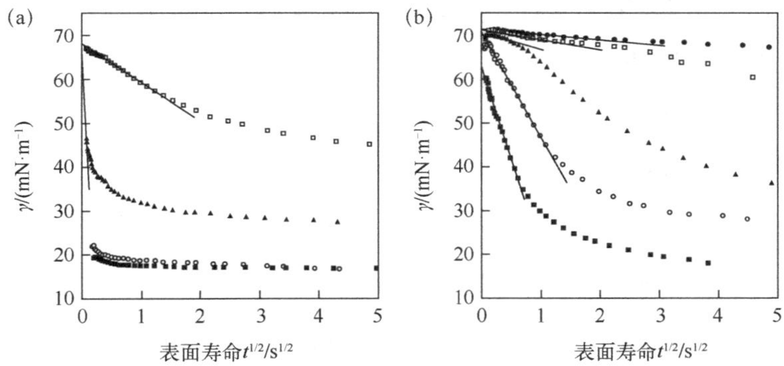


图 2-16　$C_n^FC_3-2-C_3C_n^F$ 水溶液的动态表面张力与表面寿命 $t^{1/2}$ 函数[8]

（a）$n=4$(CMC = 11.3 mmol·dm$^{-3}$)，□—CMC×0.086；▲—CMC×0.43；○—CMC×1.7；■—CMC×3.4；

（b）$n=6$(CMC = 0.172 mmol·dm$^{-3}$)，●—CMC×0.49；□—CMC×0.98；▲—CMC×2.9；○—CMC×4.9；■—CMC×13

若乙醇与水混合不均匀，乙醇浓度较低的区域比乙醇浓度较高的区域对周围流体的拉力更强。其结果是，液体倾向于远离具有较高乙醇浓度的区域。这种现象可以通过将一层水薄膜铺在平滑的表面上，然后让一滴乙醇落在薄膜的中心上来简单而显著地证明。液体会从乙醇滴落的区域冲出来，即出现马兰戈尼（Marangoni）效应，该效应在传质过程中有重要影响。在技术应用中，这种效应可以用来移动水滴。

在洗衣过程的最后一个旋转周期结束时，织物的残余水分含量（residual moisture content，RMC）与织物中残余水分的动态表面张力直接相关。干燥织物所花费的能量（以及所需的时间）取决于洗衣机中旋转循环后织物的 RMC。如果将 RMC 降低 30%，那么我们在烘干织物上花费的能量和时间将减少 30%。研究表明，动态表面张力似乎在织物 RMC 的降低中起着很大作用[9]。

### 2.2.4 离子液体的表面张力

离子液体（ILs）是一种在离室温不远的温度下熔化的盐，是一类相对较新的流体，具有一些独特的结构性质。由于其极低的蒸气压、大的电化学窗口、高的热稳定性和结构可变性，离子液体在多相催化、电化学、分离技术和许多其他领域都有很好的应用前景。Ils 表面层的性质，即 ILs 和气相之间的界面成为一个重要因素，特别是当涉及高表面积系统时。在离子液体的情况下，表面层的组成及其与气体（或真空）边界的结构是与由离子液体复杂分子结构相关的不同类型的短程和长程相互作用的结果; Ils 的表面张力值测量值也是其最小化其表面自由能的趋势的结果。

离子液体表面张力的实验数据非常稀少，目前主要局限于咪唑基离子液体、烷基铵基质子离子液体和一些氨基离子液体，表面张力值在 1.55～65.0 $mN \cdot m^{-1}$ 之间。到目前为止，除了 $[C_4mim][Zn_3Cl_7]$ 的报告值（318 K 时，$\gamma = 78.3\ mN \cdot m^{-1}$）外，表面张力的报告值均低于水（298.15 K 时，$\gamma = 71.97\ mN \cdot m^{-1}$）。但离子液体的表面张力值通常高于许多有机溶剂，其相对较高的表面张力值可以通过离子之间的静电相互作用来合理化[10-12]。

**表 2-5　离子液体在 300.15 K 下的表面张力值[11]**

| 序号 | 阳离子，$[A]^+$ | 阴离子，$[X]^-$ | $\gamma/(mN \cdot m^{-1})$ |
|---|---|---|---|
| 1 | $MeNH_3$ | $HCO_2$ | 43.1 |
| 2 | $EtNH_3$ | $HCO_2$ | 38.2 |
| 3 | $PrNH_3$ | $HCO_2$ | 33.3 |
| 4 | $BuNH_3$ | $HCO_2$ | 31.9 |
| 5 | $C_2mim$ | $BF_4$ | 54.4 |
| 6 | $C_2mim$ | $CH_3BF_3$ | 45.2 |
| 7 | $C_2mim$ | $C_2H_5BF_3$ | 42.5 |
| 8 | $C_2mim$ | $C_3H_7BF_3$ | 38.0 |
| 9 | $C_2mim$ | $C_4H_9BF_3$ | 34.2 |
| 10 | $C_2mim$ | $C_5H_{11}BF_3$ | 33.8 |
| 11 | $C_2mim$ | $CH_2CHBF_3$ | 44.3 |

不同类型离子液体的表面张力变化趋势具有相似的原理。从表 2-5 中可以看出，对于具有类似阴离子的离子液体，表面张力随着咪唑阳离子烷基链长度的增加而降低。而对于具有相同阳离子的离子液体来说，表面张力也随着阴离子中烷基链长的增加而减小。如，对于常见阳离子 $[C_2mim]^+$，表面张力显示为:

$$[BF_4]^- \gg [CH_3BF_3]^- > [CH_2CHBF_3]^- > [C_2H_5BF_3]^- > [C_3H_7BF_3]^- > [C_4H_9BF_3]^- \approx [C_5H_{11}BF_3]^-$$

一个例外是 $[C_4mim][Zn_3Cl_7]$ 的表面张力值高于 $[C_4mim][ZnCl_3]$（但应注意，这两种材料的阴离子不同）。阳离子或阴离子的结构变化对表面张力的影响相似，表明两种离子都存在于表面并影响表面张力。从表面张力随离子大小的变化趋势可以推断，破坏离子液体-空气界面所需的能量与离子-离子相互作用有关：离子越大，它们之间的相互作用就越小。

已有一些研究以经验或半经验的方式将不同离子液体的表面张力与其组成离子的特性相关联，其研究范围从定量结构-性质/活性关系（quantitative structure-property/activity relationship，QSPR/QSAR）方法的使用。然而，开发一个通用框架来解释和预测大量不同离子液体的表面张力趋势似乎很困难，这可能与离子液体的复杂结构性质有关。如 Irving Langmuir[13]指出的那样，流体的表面张力一方面与本体中的分子间相互作用（内聚能）有关，另一方面与表面的分子取向有关。通常，高内聚能有助于高表面张力值。然而，对于表面有序效应可以忽略不计的液体，这种相关性只是一个很好的近似值。因此，在“Langmuir 原理”的框架内，表面张力是“存在于外表面的分子部分叠加的结果”[12]。

Drummond 及其同事研究了 25 种质子型离子液体[14]，以确定结构变化对表面张力的影响，包括羟基、烷基链长度、支化以及无机和有机阴离子之间的差异。研究发现，对于链支化的质子型离子液体，支化降低了表面张力，与单位表面积上更多的碳氢单元一致。因此，2-甲基丙基甲酸铵和 2-甲基丁基甲酸铵的表面张力值低于丁基甲酸铵。羟基具有与烷基相同的效果，并且由于额外氢键的更高内聚能和表面烃基的有效量减少，表面张力显著增加。链末端的羟基比链侧分支的羟基导致更高的表面张力。这表明，甲醇酸乙铵（298.15 K 时为 65.0 $mN \cdot m^{-1}$）和乙醇酸乙铵（298.15 K 时为 49.3 $mN \cdot m^{-1}$）的表面张力分别高于甲醇酸 2-丙铵（298.15 K 时为 46.2 $mN \cdot m^{-1}$）和乳酸乙铵（298.15 K 时的 39.3 $mN \cdot m^{-1}$）。原因是小阴离子对阳离子的表面堆积几乎没有造成干扰，无机阴离子导致相对较高的表面张力。

离子液体的表面张力受温度的影响与前面讨论的类似，随着温度的升高，许多离子液体的表面张力几乎呈线性下降。图 2-17 显示，对于具有$[C_2mim]^+$或$[C_5mim]^+$的离子液体，表面张力的下降趋势非常明显，并且该关系服从 Eötvös 关系式。

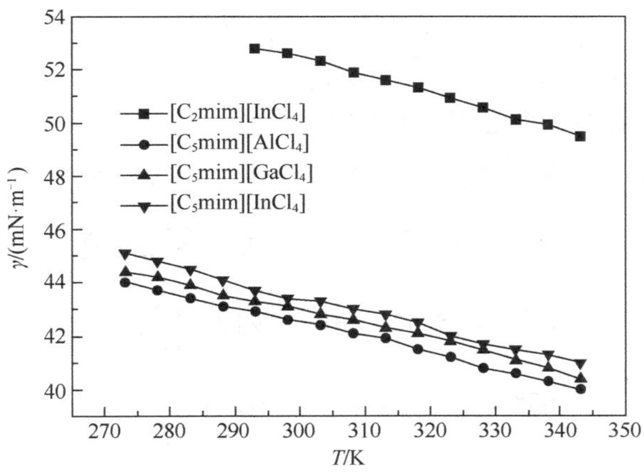


图 2-17　几种类型的离子液体在不同温度下的表面张力值

## 2.2.5　表面自由能与表面张力的异同点

表面自由能与表面张力分别从能量的角度与力的角度描述了物质的表面性质，它们之间既有共同点，同时又具有各自的特征。

不同点：①表面自由能表示形成单位新表面使体系自由能的增加，可表示为：$J \cdot m^{-2}$。②表面张力（通常）指纯物质的表面层分子间实际存在着的（收缩）张力，单位：$N \cdot m^{-1}$。

相同点：$\gamma$ 既可表示表面自由能又可表示表面张力，两者量纲相同，数值相等。$J \cdot m^{-2}$（表面自由能量纲）$= N \cdot m \cdot m^{-2} = N \cdot m^{-1}$（表面张力量纲）

# 2.3 表面自由能与表面张力的热力学处理

## 2.3.1 界面相热力学函数的定义

从基础物理化学可知，对于多组分系统，当考虑到系统的表面性质时：

$$\mathrm{d}G = \left(\frac{\partial G}{\partial T}\right)_{p,A,n_\mathrm{B}} \mathrm{d}T + \left(\frac{\partial G}{\partial p}\right)_{T,A,n_\mathrm{B}} \mathrm{d}p + \left(\frac{\partial G}{\partial A}\right)_{T,p,n_\mathrm{B}} \mathrm{d}A + \sum_\mathrm{B}\left(\frac{\partial G}{\partial n_\mathrm{B}}\right)_{T,p,A,n_\mathrm{C}(\mathrm{C}\neq\mathrm{B})} \mathrm{d}n_\mathrm{B}$$

$$= -S\mathrm{d}T + V\mathrm{d}p + \gamma\mathrm{d}A + \sum_\mathrm{B}\mu_\mathrm{B}\mathrm{d}n_\mathrm{B} \tag{2-16}$$

因此，根据热力学基本原理，对于两相平衡系统：

$$\mathrm{d}U = T\mathrm{d}S - p\mathrm{d}V + \gamma\mathrm{d}A + \sum_\mathrm{B}\mu_\mathrm{B}\mathrm{d}n_\mathrm{B} \tag{2-17}$$

$$\mathrm{d}H = T\mathrm{d}S + V\mathrm{d}p + \gamma\mathrm{d}A + \sum_\mathrm{B}\mu_\mathrm{B}\mathrm{d}n_\mathrm{B} \tag{2-18}$$

$$\mathrm{d}F = -S\mathrm{d}T - p\mathrm{d}V + \gamma\mathrm{d}A + \sum_\mathrm{B}\mu_\mathrm{B}\mathrm{d}n_\mathrm{B} \tag{2-19}$$

$$\mathrm{d}G = -S\mathrm{d}T + V\mathrm{d}p + \gamma\mathrm{d}A + \sum_\mathrm{B}\mu_\mathrm{B}\mathrm{d}n_\mathrm{B} \tag{2-20}$$

所以：

$$\gamma = \left(\frac{\partial U}{\partial A}\right)_{S,V,n_\mathrm{B}} = \left(\frac{\partial H}{\partial A}\right)_{S,p,n_\mathrm{B}} = \left(\frac{\partial F}{\partial A}\right)_{T,V,n_\mathrm{B}} = \left(\frac{\partial G}{\partial A}\right)_{T,p,n_\mathrm{B}} \tag{2-21}$$

以界面相为系统，则热力学方程可表示如下：

$$\mathrm{d}U^\mathrm{S} = T\mathrm{d}S^\mathrm{S} - p\mathrm{d}V^\mathrm{S} + \gamma\mathrm{d}A + \sum_\mathrm{B}\mu_\mathrm{B}\mathrm{d}n_\mathrm{B}^\mathrm{S} \tag{2-22}$$

$$\mathrm{d}H^\mathrm{S} = T\mathrm{d}S^\mathrm{S} + V^\mathrm{S}\mathrm{d}p + \gamma\mathrm{d}A + \sum_\mathrm{B}\mu_\mathrm{B}\mathrm{d}n_\mathrm{B}^\mathrm{S} \tag{2-23}$$

$$\mathrm{d}F^\mathrm{S} = -S^\mathrm{S}\mathrm{d}T - p\mathrm{d}V^\mathrm{S} + \gamma\mathrm{d}A + \sum_\mathrm{B}\mu_\mathrm{B}\mathrm{d}n_\mathrm{B}^\mathrm{S} \tag{2-24}$$

$$\mathrm{d}G^\mathrm{S} = -S^\mathrm{S}\mathrm{d}T + V^\mathrm{S}\mathrm{d}p + \gamma\mathrm{d}A + \sum_\mathrm{B}\mu_\mathrm{B}\mathrm{d}n_\mathrm{B}^\mathrm{S} \tag{2-25}$$

同理有：

$$\gamma = \left(\frac{\partial U^\mathrm{S}}{\partial A}\right)_{S,V,n_\mathrm{B}^\mathrm{S}} = \left(\frac{\partial H^\mathrm{S}}{\partial A}\right)_{S,p,n_\mathrm{B}^\mathrm{S}} = \left(\frac{\partial F^\mathrm{S}}{\partial A}\right)_{T,V,n_\mathrm{B}^\mathrm{S}} = \left(\frac{\partial G^\mathrm{S}}{\partial A}\right)_{T,p,n_\mathrm{B}^\mathrm{S}} \tag{2-26}$$

$n_\mathrm{B}^\mathrm{S}$ 恒定表示无吸附或脱附现象发生，即表面组成恒定。

对于单组分系统，在恒温恒压条件下，有：

$$\mathrm{d}G^\mathrm{S} = \gamma\mathrm{d}A + \mu\mathrm{d}n^\mathrm{S} \tag{2-27}$$

在恒强度变数下，则有：

$$G^{S}=\gamma A+n^{S}\mu \tag{2-28}$$

所以：

$$\gamma=\frac{G^{S}}{A}-\frac{n^{S}}{A}\mu \tag{2-29}$$

式中　$G^{S}/A$——单位面积表面所具有的 Gibbs 自由能值；

$n^{S}\mu/A$——单位面积表面相中所含有物质在内部时所具有的 Gibbs 自由能值；

$\gamma$——上述两者之差值，即在指定的 $T$、$p$ 下，构成单位表面相的纯物质所具有的 Gibbs 自由能高出它们在体相时所具有的值，即为表面过剩自由能。

### 2.3.2 纯物质的表面热力学函数

所谓纯物质的表面，即纯物质与其饱和蒸气的界面。对于纯液体体系，单位表面自由能为：

$$\tilde{G}^{S}=\gamma=\left(\frac{\partial G}{\partial A}\right)_{T,p} \tag{2-30}$$

而：

$$\left(\frac{\partial G}{\partial T}\right)_{p}=-S \tag{2-31}$$

则：

$$\tilde{S}^{S}=-\left(\frac{\partial \tilde{G}^{S}}{\partial T}\right)_{p}=-\left(\frac{\partial \gamma}{\partial T}\right)_{p} \tag{2-32}$$

单位表面内能为：

$$\tilde{U}^{S}=\tilde{H}^{S}-p\tilde{V}^{S}(\tilde{V}^{S}\to 0) \tag{2-33}$$

$$\approx \tilde{H}^{S}=\tilde{G}^{S}+T\tilde{S}^{S}=\gamma-T\left(\frac{\partial \gamma}{\partial T}\right)_{p}$$

即：

$$U^{S}=\gamma-T\left(\frac{\partial \gamma}{\partial T}\right)_{p} \tag{2-34}$$

### 2.3.3 用 Gibbs 表面概念表达的热力学函数

对于 Gibbs 表面，$V^{S}=0$，对于纯液体，$n^{S}=0$，所以：

$$\mathrm{d}U^{S}=T\mathrm{d}S^{S}+\gamma\mathrm{d}A+\sum_{\mathrm{B}}\mu_{\mathrm{B}}\mathrm{d}n_{\mathrm{B}}^{S}$$

$$=T\mathrm{d}S^{S}+\gamma\mathrm{d}A=\mathrm{d}H^{S} \tag{2-35}$$

$$\mathrm{d}F^{S}=-S^{S}\mathrm{d}T+\gamma\mathrm{d}A+\sum_{\mathrm{B}}\mu_{\mathrm{B}}\mathrm{d}n_{\mathrm{B}}^{S}$$

$$=-S^{S}\mathrm{d}T+\gamma\mathrm{d}A=\mathrm{d}G^{S} \tag{2-36}$$

$$\gamma=\left(\frac{\partial U^{\mathrm{S}}}{\partial A}\right)_{S,n_{\mathrm{B}}^{\mathrm{S}}}=\left(\frac{\partial H^{\mathrm{S}}}{\partial A}\right)_{S,n_{\mathrm{B}}^{\mathrm{S}}}=\left(\frac{\partial F^{\mathrm{S}}}{\partial A}\right)_{T,n_{\mathrm{B}}^{\mathrm{S}}}=\left(\frac{\partial G^{\mathrm{S}}}{\partial A}\right)_{T,n_{\mathrm{B}}^{\mathrm{S}}} \tag{2-37}$$

当强度性质恒定时，积分上式可得：

$$\gamma=\frac{G^{\mathrm{S}}}{A}=\overline{G^{\mathrm{S}}} \tag{2-38}$$

由上式可得出，对于 Gibbs 表面或相界面，内能与焓的变化值相同，自由能与 Gibbs 自由能的变化值相同。

在恒强度变量下，对上式进行积分得：

$$U^{\mathrm{S}}=TS^{\mathrm{S}}+\gamma A+\sum_{\mathrm{B}}n_{\mathrm{B}}^{\mathrm{S}}\mu_{\mathrm{B}}=H^{\mathrm{S}} \tag{2-39}$$

$$F^{\mathrm{S}}=\gamma \mathrm{d}A+\sum_{\mathrm{B}}n_{\mathrm{B}}^{\mathrm{S}}\mu_{\mathrm{B}}=G^{\mathrm{S}} \tag{2-40}$$

由此可见，对于相界面，$U^{\mathrm{S}}=H^{\mathrm{S}}$，$F^{\mathrm{S}}=G^{\mathrm{S}}$。

## 2.3.4 表面张力与温度的关系

在 2.2.2 中我们给出了温度对表面张力影响的实验结果，温度升高时，通常总是使表面张力下降。这里，我们进一步从热力学角度来探讨温度对表面张力的影响。

根据式（2-19）与式（2-20），利用状态函数偏微分性质，可以得到：

$$\left(\frac{\partial S}{\partial A}\right)_{T,V,n_{\mathrm{B}}}=-\left(\frac{\partial \gamma}{\partial T}\right)_{A,V,n_{\mathrm{B}}} \tag{2-41}$$

$$\left(\frac{\partial S}{\partial A}\right)_{T,p,n_{\mathrm{B}}}=-\left(\frac{\partial \gamma}{\partial T}\right)_{A,p,n_{\mathrm{B}}} \tag{2-42}$$

根据式（2-17）与式（2-18），在指定条件下扩大单位面积引起的体系内能和焓的变化值为：

$$\left(\frac{\partial U}{\partial A}\right)_{T,V,n_{\mathrm{B}}}=\gamma+T\left(\frac{\partial S}{\partial A}\right)_{T,V,n_{\mathrm{B}}} \tag{2-43}$$

$$\left(\frac{\partial H}{\partial A}\right)_{T,p,n_{\mathrm{B}}}=\gamma+T\left(\frac{\partial S}{\partial A}\right)_{T,p,n_{\mathrm{B}}}=\gamma-T\left(\frac{\partial \gamma}{\partial T}\right)_{A,p,n_{\mathrm{B}}} \tag{2-44}$$

## 2.3.5 压力对表面张力的影响

对于纯液体，热力学关系式为：

$$\mathrm{d}G=-S\mathrm{d}T+V\mathrm{d}p+\gamma \mathrm{d}A \tag{2-45}$$

d$G$ 作为全微分，上式中应有关系式：

$$\left(\frac{\partial \gamma}{\partial p}\right)_{T,A}=\left(\frac{\partial V}{\partial A}\right)_{T,p} \tag{2-46}$$

一般在恒温恒压下，表面相的密度小于液体体相的密度，即当 d$A$>0 时，d$V$>0。

即：$\left(\frac{\partial V}{\partial A}\right)_{T,p}>0$

则：$\left(\frac{\partial\gamma}{\partial p}\right)_{T,A}>0$

从热力学理论推测：增加压力可增加液体表面张力。这可以理解为外界压力的增大，使得从体相拉出分子到表面需做更多的表面功。

图 2-18 显示了不同温度下，0.1 MPa 下四氯化碳、甲醇和水的压力系数 $(\mathrm{d}\gamma/\mathrm{d}p)_{T,A,n}$。

然而，该结果与表 2-4 以及图 2-12 和图 2-13 结果不同。前面讨论的实验事实与理论推测相反，即增加压力 $p$，表面张力 $\gamma$ 下降。这与实验操作过程中“加压”的方法有关，由于液体本身的饱和蒸气压有限，要使该液体表面压力增加，必须在液体表面上方的气相压入另一惰性气体组分。

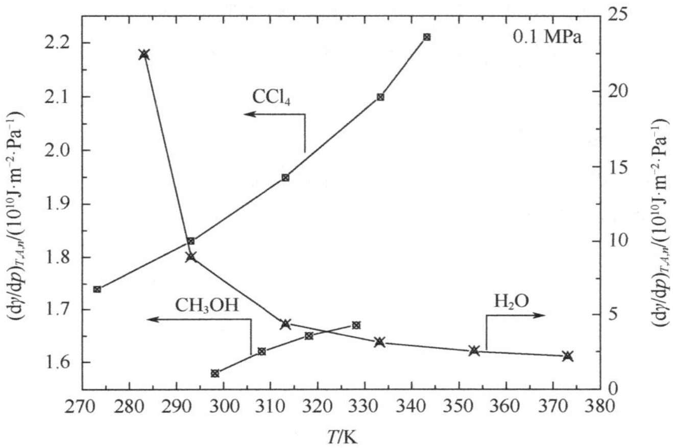


图 2-18　0.1 MPa 下四氯化碳、甲醇和水的压力系数 $(\mathrm{d}\gamma/\mathrm{d}p)_{T,A,n}$

# 2.4　弯曲表面的附加压力和蒸气压

## 2.4.1　弯曲表面的附加压力

### 2.4.1.1　弯曲表面的附加压力的产生

平的表（界）面两侧的体相压力是平衡的，即压差为零。当弯曲表（界）面上的分子受到不平衡力的作用，即表（界）面法线方向上的合力不等于零，合力方向指向凸起面的内部，这种因液面弯曲而产生的压力称为附加压力 $\Delta p$（图 2-19）。

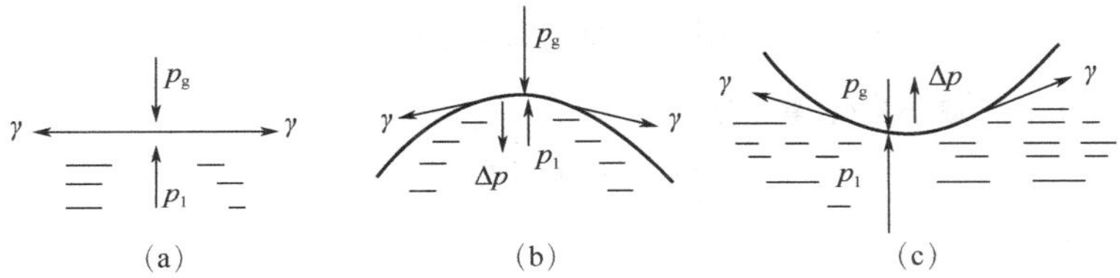


图 2-19　弯曲表面的附加压力

它反映了两个方面的内容：①附加压力的本质。②附加压力的方向。

在平液面，表面张力的方向与周界垂直，而且沿周界与平液面相切，其值大小相等，相互抵消。平面液体所受的压力等于大气的压力 $p_0$，若 $p_0$ 和 $p_1$ 分别为大气压和液面内液体所承受的压力，此时液体表面内外的压力相等，均为外压力 $p_0$，此时无附加压力。

由于液滴是球形，这些切线不在同一平面上，因而表面张力无法抵消，于是产生一指向球心的合力。球面上每一点都会产生此力，这种力的加和形成附加压力 $\Delta p$。由于液滴呈凸液面，附加压力 $\Delta p$ 的方向指向曲率中心，与大气压力 $p_0$ 方向一致，液面下的液体受到的总压力 $p_1 = p_0 + \Delta p$。$p_1$ 大于 $p_0$。当液面为凹液面时，如图 2-19（c）所示，气泡悬浮在液体中。合力 $\Delta p$ 指向液体外部，凹液面下的液体所受的总压力 $p_1 = p_0 - \Delta p$，$\Delta p$ 就是弯曲液面下的附加压力。此时 $p_1$ 小于 $p_0$。

总之，由于表面张力的作用，弯液面下的液体受到一个附加压力 $\Delta p$，附加压力的方向总是指向曲面的曲率中心。附加压力的大小与液体表面张力的关系可用 Young-Laplace 公式描述。

#### 2.4.1.2　Young-Laplace 公式

如图 2-20，设 d$A$ 为两相间弯曲界面的一个微量部分，曲率的主要半径为 $R_1$ 和 $R_2$，曲率两边的压力差与曲率的关系推导如下。

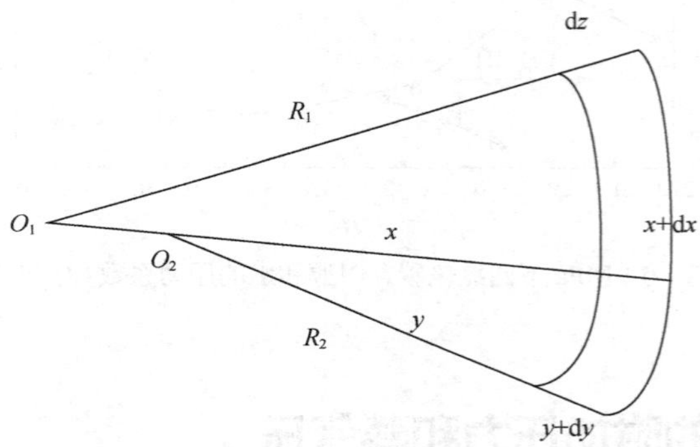


图 2-20　推导 Young-Laplace 公式使用的图

两相平衡时，曲面扩大一无限小量，即曲面向外移动了距离 dz，$x \to x+\mathrm{d}x$，$y \to y+\mathrm{d}y$，则曲面的面积变化值为：

$$\mathrm{d}A = (x + \mathrm{d}x)(y + \mathrm{d}y) - xy = x\mathrm{d}y + y\mathrm{d}x \tag{2-47}$$

需所做的表面功为 $W'$，则：

$$\delta W' = \gamma \mathrm{d}A = \gamma (x\mathrm{d}y + y\mathrm{d}x) \tag{2-48}$$

而该功又可表示为系统表面反抗了内外压力差 $\Delta p$ 移动了距离 dz 所做的功：

$$\delta W' = \Delta p xy\mathrm{d}z = f\mathrm{d}z \tag{2-49}$$

式中，$xy\mathrm{d}z$ 为体积微小变化量。所以：

$$\Delta p xy\mathrm{d}z = \gamma (x\mathrm{d}y + y\mathrm{d}x) \tag{2-50}$$

由图 2-20 可知：

$$\frac{x + \mathrm{d}x}{R_1 + \mathrm{d}z} = \frac{x}{R_1} \qquad \Rightarrow \qquad \mathrm{d}x = \frac{x}{R_1}\mathrm{d}z$$

$$\frac{y+\mathrm{d}y}{R_2+\mathrm{d}z}=\frac{y}{R_2} \qquad \Rightarrow \qquad \mathrm{d}y=\frac{y}{R_2}\mathrm{d}z$$

则：

$$\gamma\left(\frac{xy}{R_2}\mathrm{d}z+\frac{xy}{R_1}\mathrm{d}z\right)=\Delta pxy\mathrm{d}z \tag{2-51}$$

所以：

$$\Delta p=\left(\frac{1}{R_1}+\frac{1}{R_2}\right)\gamma \tag{2-52}$$

此式即为 Laplace 公式。由于 Young 与 Laplace 同时独立推导出该公式，所以，该式又称为 Young-Laplace 公式。

Young-Laplace 公式是有关流体界面的基本公式，同时也是测定表面张力的基本公式，它表示出了曲面的力学平衡，是对许多界面现象进行定量解释的基础。

$R_1$ 和 $R_2$ 是两个主要曲率半径。$\Delta p$ 也称为 Laplace 压力。Laplace 压力是气体区域和液体区域边界的曲面内外部之间的压差。

对于 $R$ 约为 10 nm 的情形，属微小粒子，粒子表面性质还与组成粒子物质本身的性质（分子结构）有关。因此，在此我们只讨论弯曲面曲率半径 $R$ 远远大于表面层厚度（10 nm）的情形。

任意曲面上一点的曲率 $1/R_1+1/R_2$ 如图 2-21 所示。在关注的点，画一条穿过曲面的法线 $l$，然后通过一个平面穿过这条线以及这条线与曲面的交点。通常，相交线将在关注点处弯曲。曲率半径 $R_1$ 是内切到相关点交点的圆的半径。通过将第二个平面穿过也包含法线但垂直于第一个平面的曲面，可以获得第二个曲率半径。这将产生第二个交点，并形成第二个曲率半径 $R_2$。

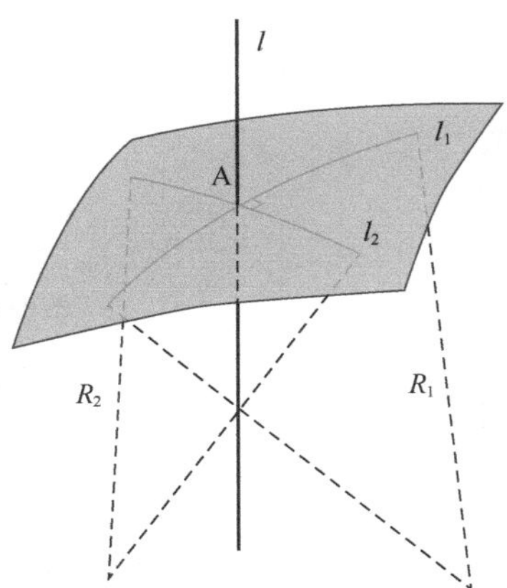


图 2-21 任意曲面上一点的曲率半径求解方法

① 对于球面上的任意点，$R_1=R_2=R$。

$$\Delta p=\gamma\left(\frac{1}{R_1}+\frac{1}{R_2}\right)=\frac{2\gamma}{R} \tag{2-53}$$

② 对于半径为 $R$ 的圆柱侧面上的任意点 $A$：

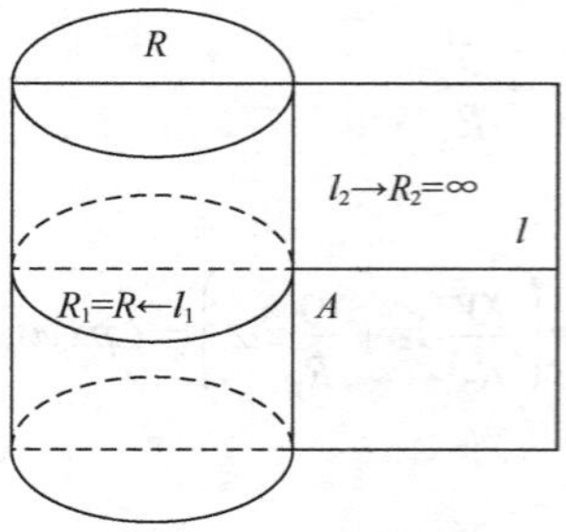


这里：$R_1 = R$，$R_2 = \infty$

$$\Delta p = \gamma\left(\frac{1}{R_1} + \frac{1}{\infty}\right) = \frac{\gamma}{R} \tag{2-54}$$

Young-Laplace 公式有几个基本含义：

① 如果我们知道液体表面的形状，就知道它的曲率，就可以计算出压力差。

② 在没有外场（如重力）的情况下，液体中任何地方的压力都是相同的，否则会有液体流向低压区域，$\Delta p$ 是常数。Young-Laplace 公式告诉我们，在这种情况下，液体表面的曲率处处相同。

③ 如果我们知道压力差和一些边界条件（如液体体积及其接触线），借助 Young-Laplace 公式，就可以计算出液体表面的几何形状。

式（2-52）～式（2-54）显示了附加压力的大小，同时，我们也应该知道，附加压力应该是有方向性的。从前面讨论附加压力产生时，我们可以注意到，附加压力的方向总是指向曲率中心的。

#### 2.4.1.3 Young-Laplace 公式的应用

当将 Young-Laplace 公式应用于简单的几何结构时，压力在哪一侧更高通常很明显。例如，在气泡内部和液滴内部，压力都高于外部（图 2-22）。在其他情况下，这并不明显，因为曲率可能有相反的符号。

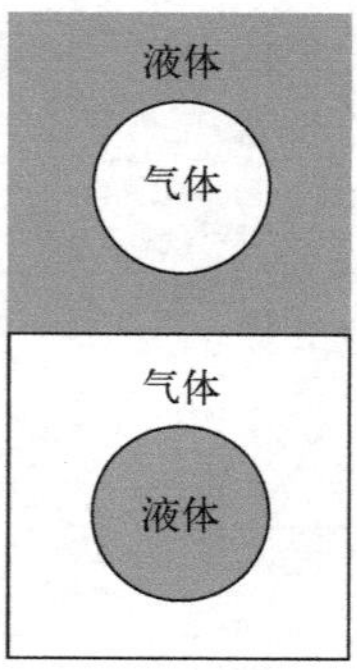


图 2-22 液体中的一个气泡与气体中的一个液滴

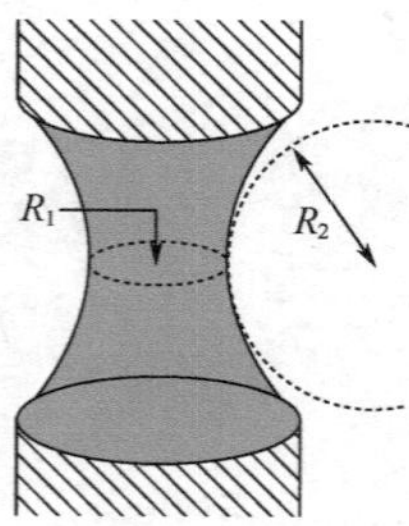


图 2-23 两个实心圆柱体之间曲率半径符号相反的液体弯月面

对于气体环境中两个圆柱（图 2-23）端部之间悬挂的液滴，可以方便地选择一个曲率为 $C_1 = 1/R_1$；另一个曲率为负，$C_2 = -1/R_2$。压差取决于 $R_1$ 和 $R_2$ 的具体值。

又如悬挂在两个圆柱体的平面端之间的落差，溪流崩裂成小液滴。这种不稳定性的解释始于水流中微小扰动的存在。不管溪流有多顺畅，扰动总是存在的。如果把扰动分解成正弦分量，人们发现一些分量随时间增长，而另一些分量随时间衰减。

一个分量是衰减还是增长，以及它的增长速度完全取决于它的波数（每厘米有多少峰和谷）和原始圆柱形流的半径。在日常生活中，人们观察到无论水流从水龙头中喷出多么顺畅，都会分解成水滴，这种现象称为 Plateau-Rayleigh 不稳定性，这完全是表面张力影响的结果。随着流体特征尺寸的减小，界面张力的作用渐趋主导，Plateau-Rayleigh 不稳定性的作用就越来越突显。Plateau-Rayleigh 不稳定性在微纳颗粒制造、微流道制备微纳液滴和 3D 打印技术等方面都有广泛的应用。

Plateau-Rayleigh 不稳定性最早提出于 19 世纪中期，用于描述水柱如何分解成水滴以降低其表面张力。这种不稳定性后来被推广到解释各种一维液体和固体材料的定容重排。

单个水滴要采用球形。如图 2-24，如果现在将两个液滴接触，由于连接处附加压力的作用，两个表面将成为一个，合并后的液滴将形成一个更大的球体。

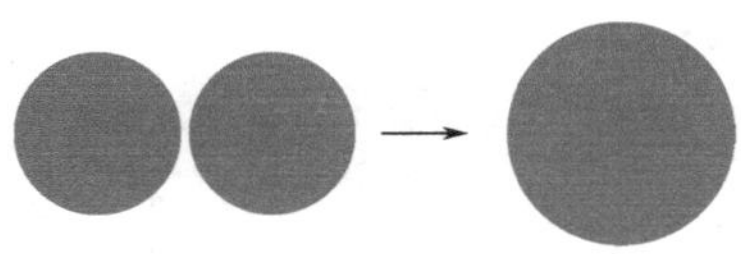

图 2-24　液滴合并现象

此外，气泡有一个外表面和一个内表面，每个都是球形的。如果两个气泡接触，则从四个表面变为三个表面（一个外表面和两个内表面）。在这种情况下，使面积最小化的形状是一个双气泡（图 2-25）。

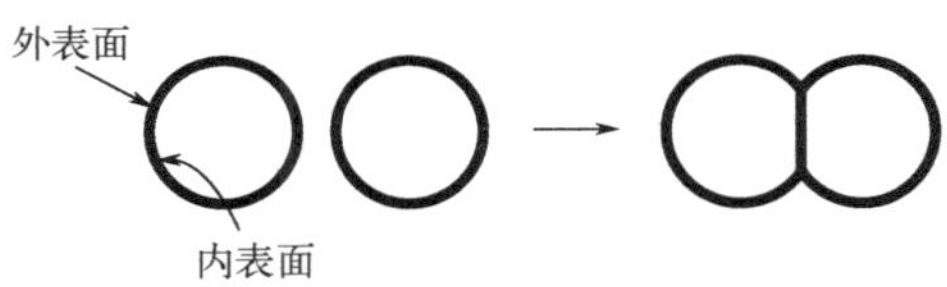


图 2-25　气泡合并现象

Young-Laplace 公式最重要的应用可能是 Kelvin 公式（见 2.4.3 节）的推导。

## 2.4.2　毛细现象

### 2.4.2.1　毛细现象的定义

毛细现象（capillarity）被定义为流体系统在其自身表面力和界面力影响下的宏观运动。这种运动与其他类型的液压流动相似，因为它是由液体质量的两个液压连接区域之间的压力差引起的。流动方向倾向于减小压力差，当差异消失，或者不存在减少差异的机制时，流动停止。

将清洁的玻璃毛细管垂直插入水中，液体充分润湿管壁时，管中的液体呈半球形的凹状，内外产生的压力差为 $\Delta p = 2\gamma/R$ 。

设毛细管半径很细，液面近似为球面的一部分，毛细管半径 $r$ 与曲率半径 $R$ 的关系为：

$$R = \frac{r}{\cos\theta} \tag{2-55}$$

所以：

$$\Delta p = \frac{2\gamma\cos\theta}{r} = \Delta\rho g h \tag{2-56}$$

$$hr = \frac{2\gamma\cos\theta}{\Delta\rho g} = \frac{2\gamma\cos\theta}{(\rho_1 - \rho_v)g} \tag{2-57}$$

当液体完全润湿毛细管时，$\theta = 0$，$\cos\theta = 1$。

$$hr = \frac{2\gamma}{(\rho_1 - \rho_v)g} \tag{2-58}$$

*hr* 由系统的性质所决定，与毛细管的半径 *r* 无关。公式中的 *h* 是忽略了弯月面体积的高度。

由上式可知，在一定温度下，毛细管越细，液体的密度越小，液体的管壁润湿性越好（$\theta$ 越小），液体在毛细管中上升得越高。

图 2-26 以及式（2-55）表明接触角在毛细现象中起到关键作用。两个几何形状和化学性质相同的（玻璃）毛细管显示出非常不同的毛细现象。水的毛细管上升是因为接触角是锐角，而汞的毛细管下降是因为接触角是钝角。

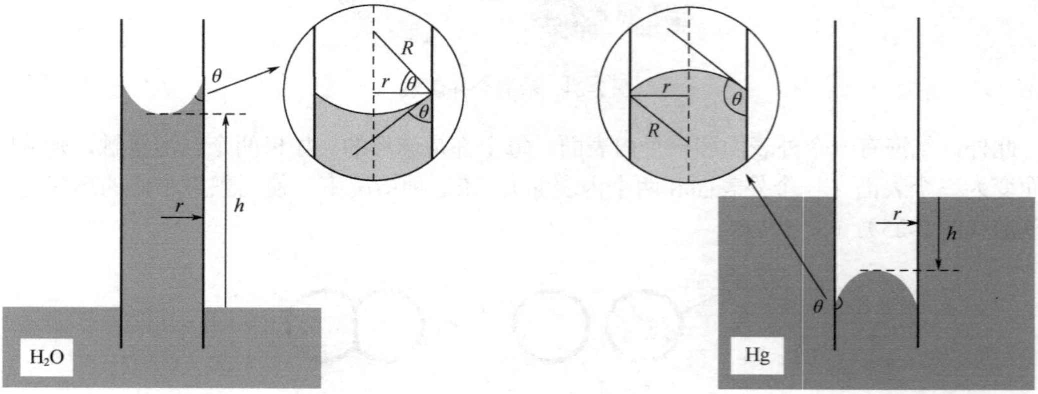


（a）液体沿毛细管上升　　（b）液体沿毛细管下降

图 2-26　毛细现象

### 2.4.2.2　毛细现象的应用

**（1）液体在地层和纺织品中的流动**

原油和水在地层中的流动属于液体在不均匀孔径的毛细管中的流动，液体将往附加压力大的方向流动。若要改变其流动方向，必须施加一克服此压力差的力。采用表面化学方法改变体系表面张力和液面曲率，可以改变体系毛细压差以利于实现所要求的流动，这是三次采油中化学驱油的关键问题之一。

酒精灯的灯芯是用棉线捻成的，棉线间的空隙相当于毛细管，酒精经由这些空隙上升至芯头。又如，毛巾的一端浸入水中，则整条毛巾会浸湿；方糖的一角沾上水渍，则整块方糖会渐渐潮湿。

毛细凝聚的一个重要结果是液体被多孔材料强烈吸附；另一个重要的结果是毛细力的存在，也称为弯月面力。毛细凝聚通常会增强细颗粒的附着力，在许多情况下决定粉末的行为。

例如，如果两个粒子接触，液体（通常是水）将凝结到接触区的间隙中。弯月面呈凹形，因此，液体中的 Laplace 压力为负值，粒子相互吸引（图 2-27 和图 2-28）。

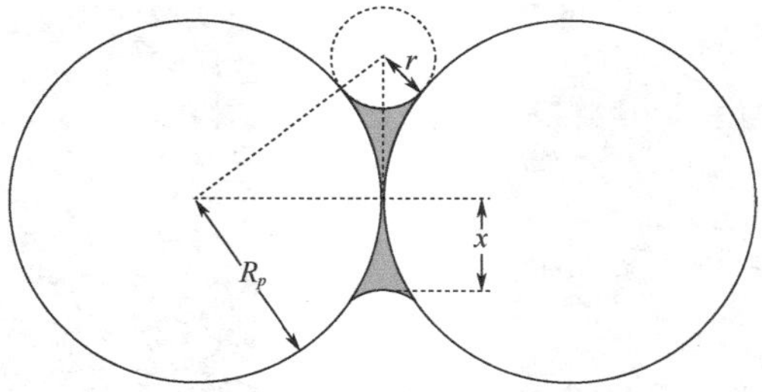


图 2-27　接触处具有液体弯月面的两个球形颗粒

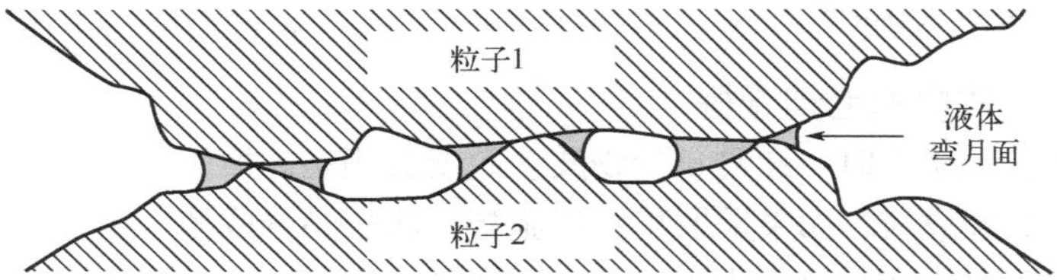


图 2-28　两个粗糙表面接触的颗粒

**（2）植物中的毛细现象**

植物内的纤维管束也充当毛细管的角色，根部的水分和养分得以输送至枝叶，从而使树长高。叶片处水分蒸发产生减压，可通过根部增加渗透压；这种现象也可能发生在植物内部的其他位置，尤其是在与空气接触收集空气中的水蒸气时。

**（3）关于泡沫和乳状液的稳定性**

泡沫是大量气体分散在少量液体中构成的，而乳状液是一种以微小液滴状态分散在另一液相中的液体。

泡沫的片膜与片膜之间构成具有不同曲率的连续液体。由于附加压力不同，液体从曲率小、压力大的片膜流向曲率大、压力小的片膜边界，最后导致泡沫排液、泡膜变薄而破裂。这是影响泡沫稳定的重要原因，我们将在第 8 章做进一步讨论。

**（4）压汞法测孔径**

水银在一般固体的孔中形成凸液面，欲使水银进入固体孔中须克服毛细压差。根据式(2-56)，当$\gamma$、$\theta$已知，通过测定毛细压差可计算固体的孔径$r$。控制不同的压力，即可测出压入孔中汞的体积，由此得到对应于不同压力的孔径大小的累积分布曲线或微分曲线，如催化剂的孔体积、孔径分布等的测定。

**（5）失重条件下的毛细现象**

毛细现象的根源在于弯曲液面的附加压力与重力的共同作用，在失重情况下将会产生怎样的现象呢？

如图 2-29 和图 2-30，与地面最明显的区别就是在太空由于重力作用的束缚显著减小或几乎没有重力的作用，表面张力作用会更加明显，会驱动液面不断上升，最终液面都会上升到管的顶部。

表面张力在太空空间站中对蜡烛燃烧的影响主要体现在火焰形状和燃烧效率上。在太空空间站中，由于微重力环境几乎消除了浮力对流，燃烧后的气体向各个方向运动的趋势相同，因此不管蜡烛的方向朝向哪里，火焰都近似球形。而在地面，由于重力的作用，燃烧后的热气上升，冷气下降，形成了浮力对流，导致蜡烛的火焰呈锥形。

图 2-29　毛细流动实验——国际空间站上的毛细流动现象[15]

图 2-30　地球上蜡烛燃烧（左）与太空空间站中蜡烛燃烧（右）比较[15]

### 2.4.2.3　亚稳液体中的毛细管桥

当相图中的相变线交叉时，通常预计物质会改变其相态。然而，这种变化需要额外的能量输入，以使新相的晶种成核。如果采取特殊措施防止新相晶种成核，则有可能推迟向平衡态相的转变。基于这种情况，在大气压力下，水可以在低于 273 K（过冷水）或高于 373 K（过热水）的温度下保持液态。这种状态是亚稳的，是热力学上不稳定的。由于波动，亚稳平衡很容易被小能量输入破坏。作为稳定平衡态，亚稳态对应于局部能量最小值。然而，将亚稳状态与不稳定状态分开的能量势垒非常小，如图 2-31 所示。

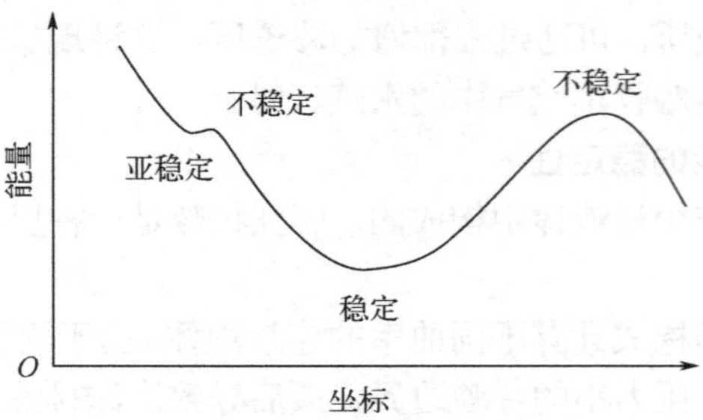


图 2-31　显示稳定、不稳定和亚稳平衡的系统能量分布示意图

亚稳状态的一个有趣且重要的例子是“拉伸”水，即处于拉伸应力或负压下的水。在给定温度下，当液体压力降低到液-气平衡线以下时，预计将转变为水蒸气状态。然而，这种转变需要形成以气泡形式存在的液-气界面，这需要额外的能量输入且会产生能量屏障。因此，即使压力为负值，液体也可以在低压下保持亚稳液态。

有两个因素会影响液体中的气泡：压力和界面张力。当负压（拉应力）作用使气泡的尺寸扩大时，界面张力作用使其坍塌。对于小气泡，界面张力占主导地位；然而，对于一个大的气泡，压力占主导地位。因此，气泡有一个临界半径，大于临界半径的气泡会增大，而半径较小的气泡会坍塌。临界半径的值由下式给出：

$$R_C = \frac{2\gamma_{l\text{-}g}}{p_{sat} - p} \tag{2-59}$$

式中，$\gamma_{l\text{-}g}$ 是液体-蒸汽界面张力；$p_{sat}$ 是饱和蒸汽压力；$p$ 是实际液体压力。相应的能垒由下式给出：

$$E_b = \frac{16\pi\gamma_{l\text{-}g}^3}{3\left(p_{sat} - p\right)^2} \tag{2-60}$$

取$\gamma_{\text{l-g}}=0.072\ \text{N}\cdot\text{m}^{-1}$（水）和$p_{\text{sat}}-p=10^5\ \text{Pa}$（大气压），得出$R_C=1.4\ \text{mm}$和$E_b=6.3\times10^{-13}\ \text{J}$。当热波动的能量与$E_b$相当时，可能会出现气穴（气泡形成）。

对拉伸水的实验观测早已为人所知。例如，当向活塞施加拉力时，用活塞密封的气缸中的水承受负压。然而，由于气泡成核，很难在宏观尺度上获得深度负压。已报告的压力值在等容冷却法中为19 MPa，在改进离心法中为17.6 MPa，在声学方法中为25 MPa。在微观和纳米尺度上，情况有所不同，石英晶体中微观水包裹体的压力为$-140$ MPa 。研究表明，由于拉伸毛细力，亲水纳米通道中的水塞可能处于显著的绝对负压。

自然界负压的一个有趣例子是，在高大的树木中，例如加利福尼亚红杉（Sequoia sempervirens），由于毛细效应，水可以爬到树顶，如果树足够高（大约10 m以上），树根和树顶之间的压差大于1 atm。因此，向顶部供水可能需要负压。

#### 2.4.2.4 毛细管桥中的压力

负压的一个特别重要的例子是，在冷凝水中，相互接触的非常小的物体（如胶体颗粒）之间的毛细管桥，或小的微凸体，如AFM（atomic force microscope，原子力显微镜）针尖（半径约为10 nm）与扁平样品之间的毛细管桥（图2-32）。有几种方法可以估计半径为$R$的凹凸体与平坦基底之间的毛细管力。在小弯月面情况下，与$R$相比，近似值如下所示：

$$F_{\text{cap}}=4\pi R\gamma_{\text{LV}}\cos\theta \tag{2-61}$$

式中，$\theta$是水与基底之间的接触角。

注意，只有当固体微凸体的材料具有亲水性时，才会在它们之间形成毛细管桥；换句话说，如果$\theta<90°$，那么$F_{\text{cap}}>0$。式（2-61）基于这样的假设：与$R$相比，弯月面半径较小，且弯月面几乎呈圆柱形。随着微凸体半径的减小，毛细力按$R$缩放，而面积按$R^2$缩放。因此，桥内外的压差按比例缩放为$R^{-1}$，并且可以达到很高的值，从而导致桥内部的小微凸体产生深度负压。

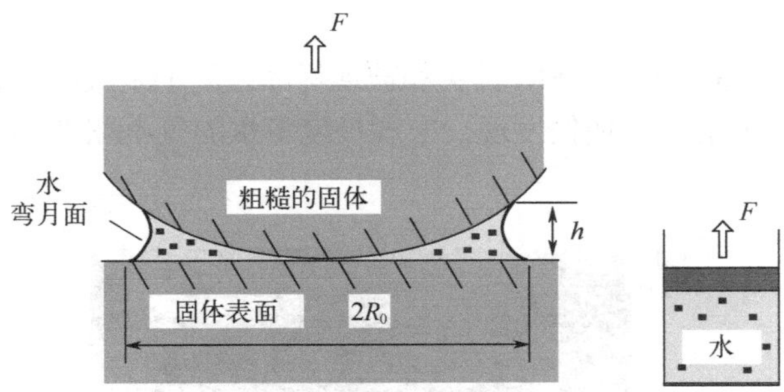


图2-32 AFM针尖和扁平样品之间的毛细管桥

由于桥是凹形的，因此桥内部的Laplace压力降低。桥处于张力下，类似于带有活塞的密封管中的水在施加张力$F$的情况下

更精确的毛细力计算应包括准确计算弯月面形状和毛细管桥内的压力，可使用Kelvin模型（见2.4.3）。当接触发生在空气中时，由于空气中的水蒸气凝结，几乎总是存在毛细管桥。半月面具有负曲率，可根据Kelvin公式进行估计。

$$\frac{1}{R_K}=\frac{1}{R_1}+\frac{1}{R_2}=\frac{RT\ln\left(p/p_s\right)}{\gamma V} \tag{2-62}$$

式中，$V$是水的摩尔体积；$\gamma$是水的表面张力；$R_1$和$R_2$是弯月面的主半径；$R_K$是Kelvin

半径；$p/p_s$ 是相对蒸气压（$R_H$）。式（2-62）描述了由于蒸发而离开弯月面的水分子与接近弯月面的蒸汽分子之间的平衡。弯月面内的压力小于弯月面外的压力，压差 $\Delta p$ 由 Laplace 公式给出：

$$\frac{1}{R_K}=\frac{1}{R_1}+\frac{1}{R_2}=\frac{\Delta p}{\gamma} \tag{2-63}$$

这种降低的压力导致尖端和样品之间产生吸引的弯月面力。这种弯月面力（或毛细力）是黏附力的重要部分（通常是主要部分），可以用 AFM 测量。研究结果表明，这些毛细管桥内部的压力可能是非常负的，接近调幅压力。

观察到毛细管桥的亚稳状态，桥的尺寸小于式（2-59）给出的临界空化半径，因此不会发生空化现象。而特征尺寸小于 $R_C$ 的毛细管桥中的水在压力低于零时可能保持亚稳液态。亚稳态是脆弱的，因此毛细管桥可能会坍塌。毛细管桥的坍塌，对应于尖端的拉脱，可能与达到抗拉强度极限导致的桥断裂有关。

#### 2.4.2.5 毛细管诱导低温沸腾

毛细管桥中水压力降低的另一个重要后果是，温度低于 100 ℃时可能发生沸腾。如果毛细管桥足够大而发生气蚀，则桥内的压力比环境压力低，沸点降低 $\Delta T$。Clausius-Clapeyron 方程提供了固液共存曲线的斜率，如下所示：

$$\frac{dp}{dT}=\frac{\Delta H}{T\Delta V} \tag{2-64}$$

式中，$\Delta H$ 是潜热；$\Delta V$ 是与相变相关的体积变化。

例如，对于 AFM 悬臂和平面之间的弯月面，两者之间的间隙为 3 mm，弯月面的主曲率半径 $R_1=R_2=-2\ \text{mm}$（图 2-33），则 $R_K=(1/R_1+1/R_1)^{-1}=-1\ \text{mm}$，基于式（2-60）的压降为 $\Delta p$=72.9 kPa。因此，弯月面内的压力为 $p$=28.1 kPa，对应于约 333 K 的沸点。Yang 及其同事报道了在激光照射下观察到悬臂梁和平坦硅样品之间弯月面内的沸腾，该激光照射下的温度升高达 45 K。

Szoszkiewicz 和 Riedo 研究了 AFM 针尖和玻璃样品之间纳米级摩擦力的速度依赖性，改变了样品温度或实验室内的湿度。他们发现，宏观尺度下水的气-液相图与纳米级尖端-样品接触处相图相同。

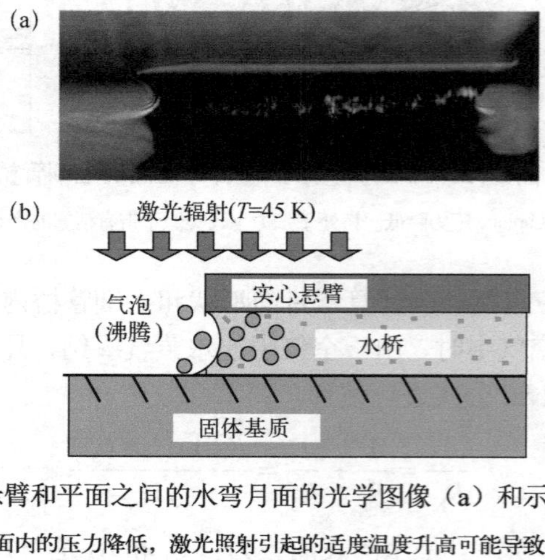


图 2-33 悬臂和平面之间的水弯月面的光学图像（a）和示意图（b）

弯月面内的压力降低，激光照射引起的适度温度升高可能导致沸腾

#### 2.4.2.6　毛细管桥中的室温冰

大量的 AFM 实验表明，黏附力对相对湿度有很强的依赖性。大多数结果表明，毛细力首先随着相对湿度的增加而增加，达到约 30 nN，然后随着相对湿度的进一步增加而减小（图 2-34）。这一趋势的原因仍不完全清楚。

水通常在许多材料表面形成吸附层，这些吸附层可能具有类似冰的结构，并与毛细管桥相连。Asay 和 Kim 研究了 $SiO_2$ 表面的接触，提出了毛细力对湿度依赖性的另一种解释。他们认为，仅凭毛细力无法解释所观察到的湿度依赖性的大小。大的相对湿度依赖性起源于室温下吸附在二氧化硅表面的冰状结构水的存在。因此，该力是由接触区域中心的冰-冰桥破裂造成的，而吸附水层的结构、厚度和黏弹性行为会影响黏附力。Asay 和 Kim 还利用衰减全反射（ATR）红外光谱研究了吸附水的分子构型与相对湿度的关系。当相对湿度从 0%增加到 30%时，一个含有完全氢键的冰状水网络会增长到三层。在 30%～60%的相对湿度范围内，液态水结构开始出现，而冰状结构继续增长至饱和。相对湿度超过 60%时，液态水形态生长在冰状层的顶部。

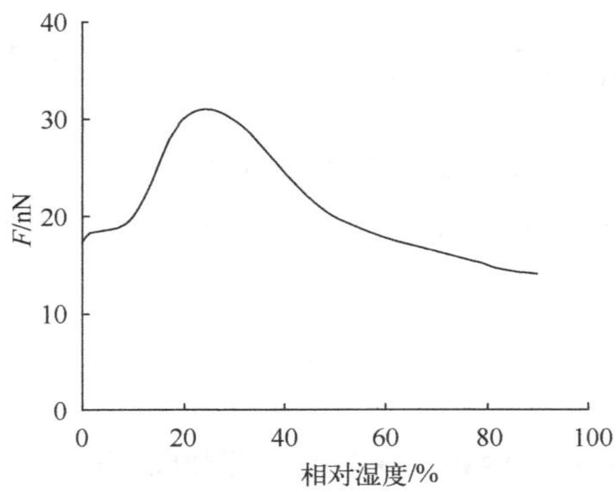


图 2-34　通过 AFM 测量的黏附力的典型湿度依赖性（在相对湿度接近 30%时黏附力最大）

### 2.4.3　弯曲表面上的蒸气压——Kelvin 公式

#### 2.4.3.1　Kelvin 公式

实验可观察到：在一个密闭的容器中放置半径不同的液滴，在一定温度和压力下，经过一段时间后，小液滴消失聚集成大液滴（图 2-35）。

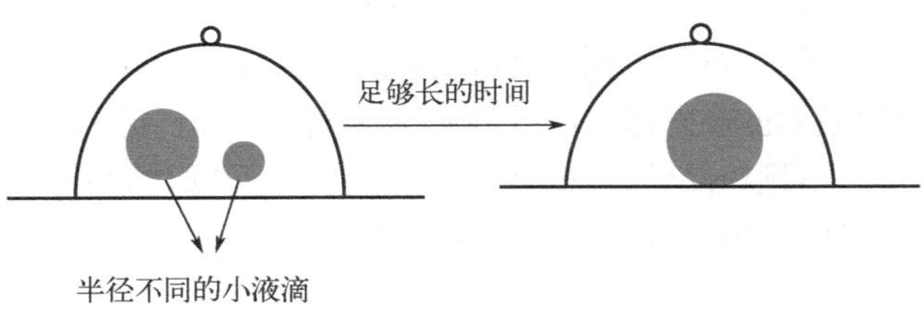


图 2-35　液滴蒸气压实验

根据液体蒸气压的大小取决于液体分子向空间逃逸的倾向可知：$p^*_{小液滴} > p^*_{大液滴}$，液体蒸气压 $p^*$ 反比于曲率半径。

设恒温下，将 1 mol 液体分散为半径为 $r$ 的小液滴，可按下列途径进行：

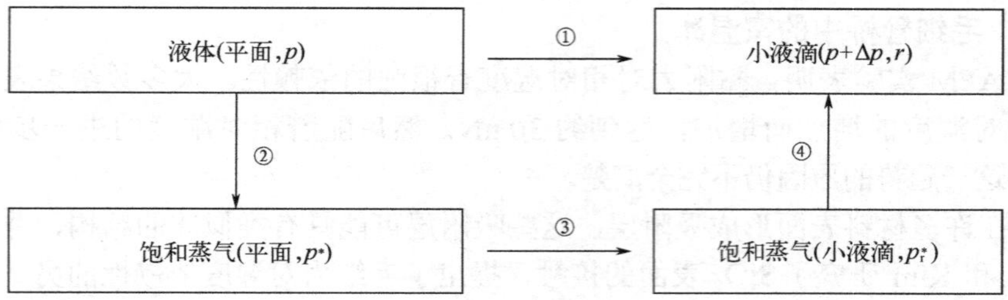


根据状态函数的性质则有：$\Delta G_1 = \Delta G_2 + \Delta G_3 + \Delta G_4$。

其中：① 对应为平面液体直接分散为半径为 $r$ 的小液滴的过程的 $\Delta G_1$。

② 过程恒温恒压可逆相变：$\Delta G_2 = 0$。

③ 理想气体恒温变压：$\Delta G_3 = RT\ln\dfrac{p_r^*}{p^*}$。

④ 恒温恒压可逆相变：$\Delta G_4 = 0$。

则：

$$\Delta G_1 = \int_p^{p+\Delta p} V(1)\,\mathrm{d}p = V_\mathrm{m}(1)\Delta p = \frac{2\gamma V_\mathrm{m}(1)}{r} \tag{2-65}$$

对该体系，曲面上饱和蒸气压 $p_r^*$、平液面上饱和蒸气压 $p^*$、液体的表面张力 $\gamma$、摩尔质量 $M$、密度 $\rho$、曲面的曲率半径 $r$ 及温度 $T$ 之间有如下关系：

$$\ln\frac{p_r^*}{p^*} = \frac{2\gamma M}{\rho RT} \times \frac{1}{r} \tag{2-66}$$

该式即为 Kelvin 公式。

对凸面液体，$r>0$，$\ln(p_r^*/p^*)>0$，$p_r^*>p^*$，即凸面液体的饱和蒸气压比平面上高。

对凹面液体，$r<0$，$\ln(p_r^*/p^*)<0$，$p_r^*<p^*$。水在毛细管中即为该种情况。

Kelvin 公式是一个热力学公式，只要满足 $2\gamma/r \gg \left|p_r^* - p^*\right|$，其正确性毋庸置疑。当曲率半径 $r$ 很小时，界面张力是否仍与通常的相同，这一争议尚未有结论[16]。

用于推导 Kelvin 公式的假设包括以下内容：（a）气体为理想流体；（b）表面张力为常数；（c）忽略气体吸附；（d）限域作用下的吸附势变化被忽略。

#### 2.4.3.2 Kelvin 公式的应用

Kelvin 公式有许多应用，例如在分散系统稳定性（奥斯特瓦尔德熟化）、蒸气过饱和、大气化学（大气中的雾和雨滴）、毛细管中的冷凝、泡沫稳定性增强以及解释成核现象（均相和非均相）等方面。Kelvin 公式（以及 Gibbs 方程）也适用于固体/固液表面，可用于估算固体的表面张力。

对于两个不同尺寸的小颗粒晶体，其溶解度与蒸气压力类似的关系也存在，即较小尺寸的晶体将表现出较高的蒸气压，也将导致较高的溶解度。

$$\ln\frac{a_r^*}{a^*} = \frac{2\gamma M}{\rho RT} \times \frac{1}{r} \tag{2-67}$$

式中，$a_r^*$ 为颗粒半径为 $r$ 的小颗粒晶体溶解度；$a^*$ 为大块晶体的溶解度。

#### 2.4.3.3 奥斯特瓦尔德熟化

奥斯特瓦尔德熟化（Ostwald ripening）是分散系统中一种主要的失稳机制，同时也是 Kelvin

公式最令人兴奋的应用之一。对于液体，非常小的气泡、液滴和颗粒往往比大的气泡、液滴和颗粒蒸发（由于其蒸气压力较高）或溶解得更快，并且这种现象会破坏分散相的稳定性。因此，大液滴的增长以小液滴的蒸发为代价。Ostwald 熟化解释了为什么大液滴似乎会“吃掉”小液滴，换句话说，为什么大液滴会长大，而小液滴会变小或消失。

Ostwald 熟化对悬浮液（固体颗粒在液体介质中的分散）同样重要，可以通过式（2-67）进行解释。由于大多数悬浮液是多分散的，Kelvin 公式是其稳定性的关键指标。较小的粒子将具有更大的溶解度，并倾向于溶解，而较大粒子的生长将以其较小的粒子减小为代价。在高度不溶性物质（如碘化银水溶胶）的悬浮液中，这种现象的影响很小，因为大颗粒和小颗粒的溶解趋势都非常小。然而，在稍有溶解的材料（例如碳酸钙水溶胶）的悬浮液中，奥斯特瓦尔德熟化发生的程度是，除非加入稳定剂（例如明胶或表面活性剂），否则不可能用胶体尺寸的颗粒制备长寿命分散液。

图 2-36 展示了纳米孔中单组分流体的毛细管冷凝动力学示意图。由于流体被限制在纳米孔中，流体分子会吸附到孔壁上，压力从 $p_1$ 增加到 $p_4$。在 $p_2$ 完成单层吸附后，$p_3$ 开始多层吸附。当吸附质达到临界膜厚度时，毛细管冷凝通过孔壁之间的液桥发生（见 $p_4$）。这种现象发生在低于系统饱和压力（即毛细管冷凝压力）的压力下。

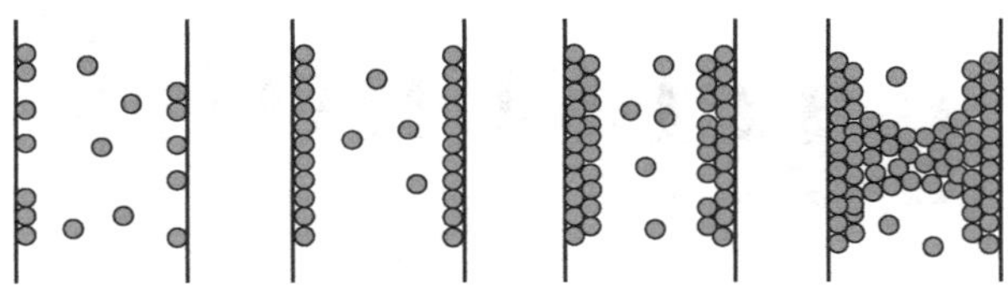


图 2-36　单组分流体随压力增加的毛细管冷凝动力学示意图（粗黑线代表孔壁，实心圆代表分子）

毛细管冷凝压力通常通过纳米材料的等温吸附实验获得，取吸附等温线分支中台阶变化的中点，如图 2-37 所示。

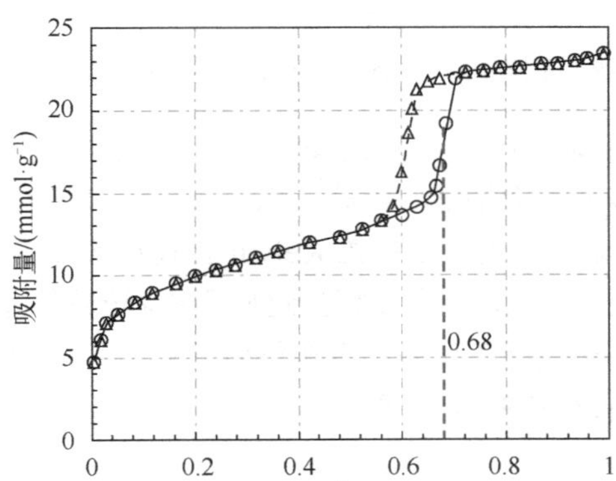


图 2-37　毛细管冷凝压力的测定

SBA-15 材料中 $N_2$ 的等温线吸附/脱附数据；实心黑线为吸附支，虚线为解吸支；

虚线表示毛细管冷凝压力与体积饱和压力之比，即 0.68

图中这些曲线来自 Kelvin 公式假设对纳孔有效。图 2-38 为小液滴的饱和蒸气压随温度与曲率半径的关系。

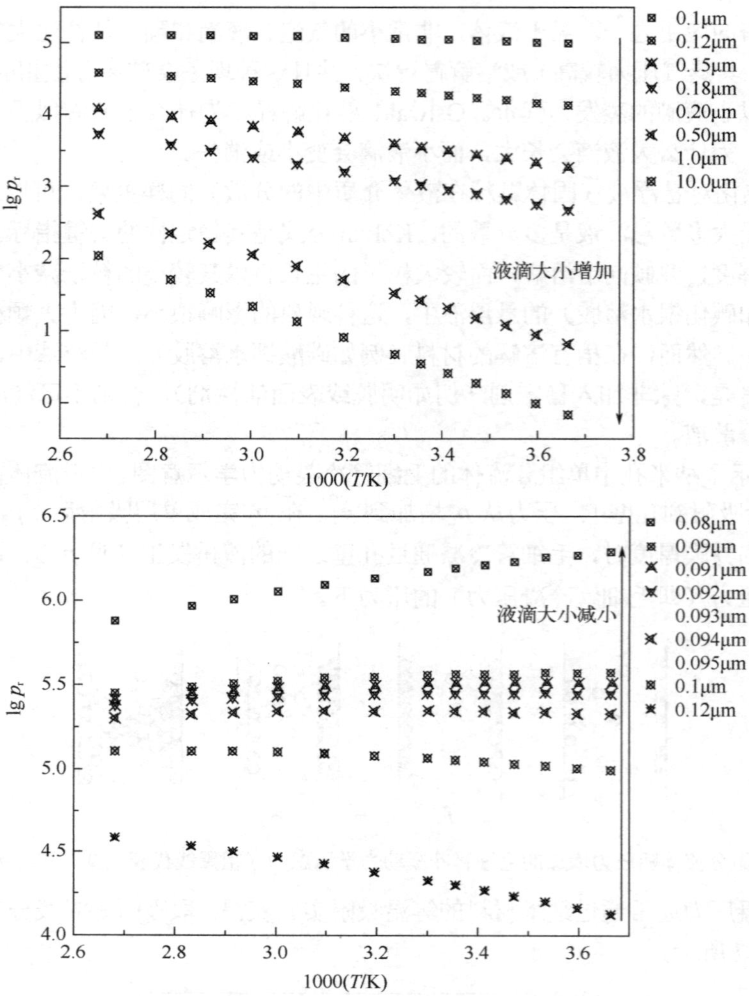


图 2-38　不同温度下液滴的饱和蒸气压随液滴大小的变化

从图中可以看出，当液滴在 100 nm 以下时，其饱和蒸气压随着温度的升高而降低，且变化的幅度随着粒子的进一步变小而增加。因此，Kelvin 公式对于宏观物体的这种假设对微观是无效的。由于这些不相容的假设，当使用原始 Kelvin 公式直接计算纳米孔中的毛细管冷凝压力时，可能会出现严重的错误。因此，有必要根据这些不相容的假设修正 Kelvin 公式，使其适用于限制在纳米孔中的流体。在这项工作中，真实气体效应、孔径对表面张力的影响、多层吸附和分子-壁面相互作用势已纳入 Kelvin 公式。

## 2.4.4　Kelvin 公式对单组分流体的修正

### （1）真实气体效应

对于蒸气-液体体系，假设液相完全润湿固体表面，即接触角 $\theta$ 为零，则力学和化学平衡方程可以写成：

$$\mu^{V}=\mu^{L} \tag{2-68}$$

$$p^{V}-p^{L}=2\gamma_{\infty}/r_{p} \tag{2-69}$$

式中，$\mu^{V}$ 和 $\mu^{L}$ 分别为气相和液相的化学势；$p^{V}$ 和 $p^{L}$ 分别是蒸气相和液相的压力。在恒定温度下从一个平衡态转移到另一个平衡态，得到：

$$\mathrm{d}\mu^{V}=\mathrm{d}\mu^{L} \tag{2-70}$$

$$\mathrm{d}p^{V}-\mathrm{d}p^{L}=\mathrm{d}(2\gamma_{\infty}/r_{p}) \tag{2-71}$$

在等温条件下，对于每个相，Gibbs-Duhem 方程可以写成：

$$-V_{m}^{V}\mathrm{d}p^{V}+\mathrm{d}\mu^{V}=0 \tag{2-72}$$

$$-V_{m}^{L}\mathrm{d}p^{L}+\mathrm{d}\mu^{L}=0 \tag{2-73}$$

式中，$V_{m}^{V}$ 和 $V_{m}^{L}$ 是气相和液相的摩尔体积。结合式（2-68）至式（2-69），得：

$$\frac{V_{m}^{L}-V_{m}^{V}}{V_{m}^{L}}\mathrm{d}p^{V}=\mathrm{d}\frac{2\gamma_{\infty}}{r_{p}} \tag{2-74}$$

假设液相的摩尔体积比气相的摩尔体积小得多，$V_{m}^{V}\gg V_{m}^{L}$，则

$$-V_{m}^{V}\mathrm{d}p^{V}=2V_{m}^{L}\mathrm{d}\frac{\gamma_{\infty}}{r_{p}} \tag{2-75}$$

考虑到真实气体效应：

$$p^{V}V_{m}^{V}=ZRT \tag{2-76}$$

式中，$Z$ 是蒸气相的压缩因子，由 Yang 等人的扩展 PR（Peng-Rovinaon）状态方程计算。结合式（2-72）和式（2-73）得出：

$$-\frac{ZRT}{p^{V}}\mathrm{d}p^{V}=2V_{m}^{L}\mathrm{d}\frac{\gamma_{\infty}}{r_{p}} \tag{2-77}$$

将式（2-74）从 $r\to\infty$ 积分到任意 $r$，压力从大体积流体的饱和压力 $p_{sat}$ 变为 $r_{p}$ 时的 $p_{con}$。

$$-RT\int_{p_{sat}}^{p_{con}}\frac{Z}{p^{V}}\mathrm{d}p^{V}=2\int_{\infty}^{r}V_{m}^{L}\mathrm{d}\frac{\gamma_{\infty}}{r_{p}} \tag{2-78}$$

根据 Standing-Katz 的压缩因子图，可以合理地假设压缩因子和低压范围内的压力之间，即在 0 和 $p_{sat}$ 之间，存在线性相关性：

$$Z=1.0-\alpha p^{V} \tag{2-79}$$

在这里，$\alpha$ 是通过建立气体压缩因子和大量液体饱和压力之间的相关性来确定的。

结合式（2-78）和式（2-79），得：

$$RT\ln\frac{p_{con}}{p_{sat}}+\alpha RTp_{sat}\left(1-\frac{p_{con}}{p_{sat}}\right)=-\frac{2\gamma_{\infty}V_{m}^{L}}{r_{p}} \tag{2-80}$$

**（2）孔径对表面张力的影响**

如上所述，如果不考虑受限空间中的表面张力变化，可能会引入误差。孔径对表面张力的影响由下式表示：

$$\gamma=\frac{\gamma_{\infty}}{1-\lambda/r_{m}} \tag{2-81}$$

式中，$\gamma$ 是受限空间的表面张力；$r_{m}$ 是弯月面的平均半径（对于圆柱形弯月面，$r_{m}=2r_{p}$）。对于六方紧密堆积结构，$\lambda$ 值估计等于 $\sigma_{LJ}(2/3)^{1/2}$。通过将式（2-78）中的 $\gamma_{\infty}$ 由式（2-81）替

换，则式（2-80）进一步变为：

$$RT\ln\frac{p_{\rm con}}{p_{\rm sat}}+\alpha RTp_{\rm sat}\left(1-\frac{p_{\rm con}}{p_{\rm sat}}\right)=-\frac{2\gamma_{\infty}V^{\rm L}}{r_{\rm p}-\lambda/2} \tag{2-82}$$

值得注意的是，多组分流体的压缩因子也是用扩展的 PR 状态方程计算的。此外，压缩因子与压力之间的线性关系仍适用于此处。

Kelvin 公式从理论上讲是正确的，但从实验上证明其正确性是很困难的。在实验许可的毛细管或液珠半径范围内，蒸气压力的变化不是很大。但温度的波动则使液体的饱和蒸气压变化较大，温度相差 0.01 ℃，蒸气压就可改变 1‰。

Tolman 从热力学角度考虑，当表面弯曲到一定程度时，就会影响到表面张力本身的数值。

$$\frac{\gamma}{\gamma_0}=\frac{1}{1+2\delta/r} \tag{2-83}$$

式中，$\delta$ 为$10^{-8}$ cm 数量级，此公式只在 $r$ 很小时才是重要的。

## 2.5 液体表面张力的测定方法

### 2.5.1 毛细管上升法

半径为 $r$ 的毛细管垂直插入液体中，若液体润湿毛细管，则液体沿着毛细管上升，上升到 $h$ 高度，形成凹形弯月面。沿管内圆周作用的表面张力（$\gamma$）正好支撑液柱的重量。

在毛细管上升法中，通过测量毛细管中液面上升高度来测量表面张力。容器必须足够大，以使参考液体具有明确的水平表面。玻璃毛细管最常用于此目的，由于玻璃的高表面自由能，它可被大多数液体完全润湿，此外，它是透明的，因此可以容易地确定上升液体的高度。

毛细管上升法是测量液体表面张力的一种绝对方法，其精度可达万分之几。随着毛细管半径的增大，误差增大。在严格恒温条件下，用精密测高计测定毛细管中弯月面底点与管外大容器中液面的高度差。

① 最准确的实验工作要求液体完全润湿管壁，保证接触角 $\theta=0$，这样才能避免接触角滞后作用所产生的不准确结果。采用使弯月面后退至平衡的方法是合适的选择。

② 测定毛细管上升高度时，必须确定管外液面的参考位置。当管外液面参考位置难以确定时，可用两根不同半径的毛细管，测量两管中液体上升的高度差，即可测得 $\gamma$ 。

$$\gamma=\frac{1}{2}r_1\Delta\rho gh_1=\frac{1}{2}r_2\Delta\rho gh_2 \tag{2-84}$$

$$\frac{\gamma}{r_1}-\frac{\gamma}{r_2}=\frac{1}{2}\Delta\rho g\left(h_1-h_2\right) \tag{2-85}$$

$$\gamma=\frac{\left(h_1-h_2\right)\Delta\rho gr_1r_2}{2\left(r_2-r_1\right)}=\frac{\Delta\rho gr_1r_2\Delta h}{2\Delta r} \tag{2-86}$$

若将两根毛细管插入 $\gamma_0$ 的液体中，

$$\gamma_0=\frac{\Delta\rho_0 gr_1r_2\Delta h_0}{2\Delta r} \tag{2-87}$$

则：
$$\frac{\gamma}{\gamma_0}=\frac{\Delta\rho\Delta h}{\Delta\rho_0\Delta h_0}$$
$$\gamma=\frac{\Delta\rho\Delta h}{\Delta\rho_0\Delta h_0}\gamma_0 \tag{2-88}$$

③ 毛细管必须干净，半径均匀，垂直放置。当不易找到半径均匀的毛细管时，可以调节管外液面的高度，使弯月面正好处于已经准确测量了半径的位置上。

其他注意事项：对弯月面底平面以上液体重量校正、弯月面底点曲率半径的校正等参阅顾惕人等的《表面化学》[2]和 H. Y. Erbil 的 *Surface Chemistry of Solid and Liquid Interfaces*[17]。

## 2.5.2 滴重法

这是测量液体表面张力最古老的独立方法之一。1864 年，Tate 在实验上已经观察到“在其他条件相同的情况下，一滴液体的重量与形成它的管子的直径成正比”，即滴重法。在这种方法中，连串液滴从半径约为 2～3 mm 的薄玻璃管尖端缓慢下落。液体流通过表面张力作用被夹持成具有临界尺寸的液滴。理论上，单个液滴扩大到重力和毛细力平衡的大小，然后这个临界大小的液滴下降，如图 2-39 所示。

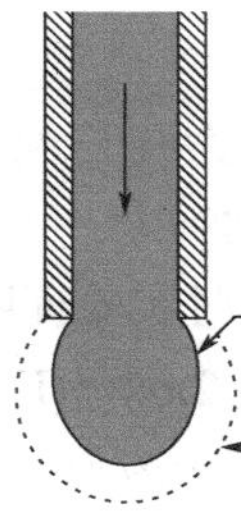


图 2-39　滴重法测定液体表面张力

测量从毛细管中滴出的液滴的重量。由于单个液滴的重量太小，无法精确测定，因此一个解决方案是在容器中收集液滴的同时，计算下落液滴的数量（每个实验约 20～30 滴），然后测定其总重量，并将该值除以液滴的数量，以获得单滴的平均重量。只要液滴仍然悬挂在毛细管的末端，它的重量就由表面张力支撑而平衡。当液滴的重力不再与表面张力平衡时，液滴就会落下。重力等于表面张力乘以周长。
$$mg = 2\pi r\gamma \tag{2-89}$$

式中，$m$ 为液滴的质量；$g$ 为重力加速度；$r$ 为管口半径。

这里必须区分毛细管的内径和外径。如果形成毛细管的材料不被液体润湿，则用内半径代入式（2-89）。如果毛细管表面被液体润湿，则必须取毛细管的外半径。在某些情况下，管尖的外部涂有熔化的石蜡以防止液体黏附，此时管尖的内半径可再次用于计算。小玻璃管的末端必须磨得光滑，不得有任何刻痕。有时也使用薄金属管。

用滴重法测量表面张力方法简单，但它对振动很敏感。仪器的振动会导致液滴在达到临界尺寸之前从管的末端过早分离。实际上，直接应用式（2-86）是很难的，因为整个水滴不从管的尖端落下。当液滴在下落过程中与细管分离时，形成一个薄薄的圆柱形液体颈，只有一部分液滴下落，而流动的液体的一部分仍然附着在尖端，如图 2-40 所示。

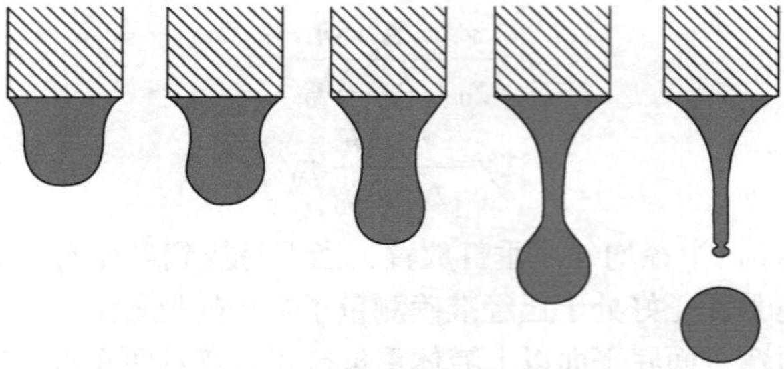

图 2-40　毛细管中释放液滴过程示意图

因此，使用校正系数$f$，式（2-89）变为：

$$mg = 2\pi f r \gamma \tag{2-90}$$

$f$值可以使用从毛细管上升法或其他方法中获得的已知$\gamma$的液体来确定。

由于滴重法方法简便、对接触角无严格限制、结果准确的优点，已成为测定液体表面张力最常用的方法之一。但此法的表面平衡是不完全的，而且至今仍只能算是一个经验方法，如同下面描述的滴体积法，它的校正系数依赖于 Harkins-Brown 的实验结果[18]。

## 2.5.3　滴体积法

毛细管滴下的液滴的大小与液体的表面张力有关。液滴滴落时支撑该液滴的力等于毛细管管端的周长乘以表面张力即悬挂力，见式（2-89）。

与滴重法类似，需要对液滴进行校正。同时实验证明：

$$mg = V\rho g = 2\pi r\gamma f(V/r^3) \tag{2-91}$$

$$\gamma = F(V\rho g/r) \tag{2-92}$$

式中，$V$为液滴体积；$r$为毛细管的外半径。可以有两种方法求得$\gamma$值：一是查$F$-$V/r^3$表，通过查$F$值代入；二是测定已知表面张力为$\gamma_0$的液体体积，然后用同一套装置测待测液体体积。

$$\gamma/\gamma_0 = V\rho/V_0\rho_0 \tag{2-93}$$

此法简便、准确，对接触角无严格限制，已成为最常用的方法之一。

注意：①杂质在表面上具有较强的吸附能力，在实验过程中必须保证系统的清洁；②液滴的体积与毛细管的半径及润湿状况直接相关。

毛细管管口必须高度磨平，整个实验过程禁止触碰滴头，液滴滴落前是一个准静态平衡过程，应杜绝任何扰动。

## 2.5.4　拉脱法

测量一个已知周长的金属环或片从待测液体表面脱离时需要的力，以求得该液体表面张力的实验方法称为拉脱法。

**（1）吊环法**

在该方法中，测量从液体表面分离 Pt 环（du Nouy 环）所需的力$F$。该力正好等于沿环周长作用的表面张力$\gamma$产生的向下拉力。

圆环平放在液面上，测定圆环被拉离液面所需的力。

$$Ff = W_{环} + 2\pi R_{内}\gamma + 2\pi R_{外}\gamma = W_{环} + 4\pi R_{平均}\gamma \tag{2-94}$$

$f$ 为修正系数，它是分离后留在环上的体积小但显著的液体的校正因子，也是圆环脱离液面的 $R_{平均}$ 和实际半径之间的差异的校正因子。用已知 $\gamma$ 的液体来校正。

所使用的仪器称为 du Noüy 张力计，其主要部件如图 2-41 所示。扭力线的一端是固定的，而另一端连接到一个带有指针的旋钮上，指针按固定比例移动。测试之前，通过在横梁上取不同重量并记录天平从水平位置提升时的读数来校准天平。将表面张力待测定的液体放置在表面皿中，使 Pt 环刚好接触其与空气的界面。然后缓慢转动扭力线的旋钮，直到环刚从界面上分离。刻度上指针显示的读数给出了力 $F$。然后根据方程式（2-94）计算表面张力。

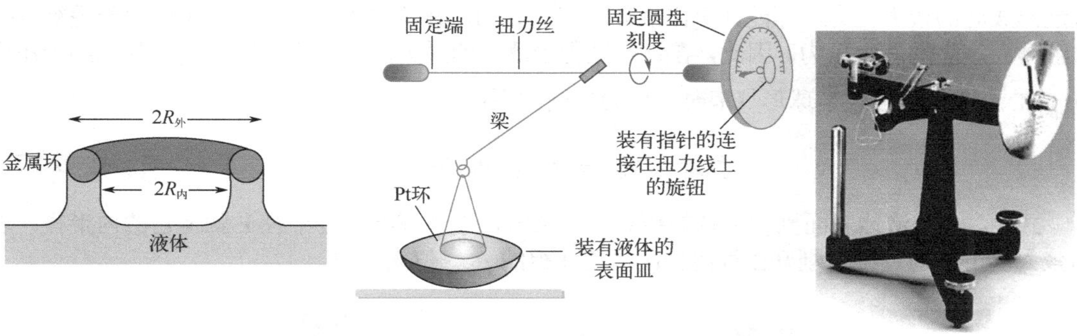


图 2-41　du Noüy 张力计

使用该法的必要条件是环表面必须完全湿润。通常使用 Pt 丝。为了保证液体能润湿金属环，Pt 环在使用前应用酸洗，并用火烧。如果测定的是两液体间的界面张力，则环必须为下层密度大的液体所润湿。

**（2）平板法**

一种广泛使用的技术是 Wilhelmy 平板法（图 2-42）。将玻璃、Pt 或滤纸薄片垂直并部分浸入待测表面张力的液体中，在悬挂板的周边形成弯月面。至于选择哪种材料并不重要，只要它能被液体润湿。靠近三相接触线时，液体表面几乎垂直（即接触角为 0°）。因此，存在于弯月面中的液体的表面张力施加向下的力，该力等于在该薄板的周边上形成的弯月面的重量。如果在液面上升到接触位置之前，平板探针的重量在仪器中归零，那么接触时发生的不平衡是由形成的弯月面的重量造成的。测量防止板被吸入液体所需的力，减去重力后，该力为 $2l\gamma$，其中 $l$ 为板的长度。Wilhelmy 平板法简单，不需要校正因子。必须注意保持板清洁，防止空气污染。

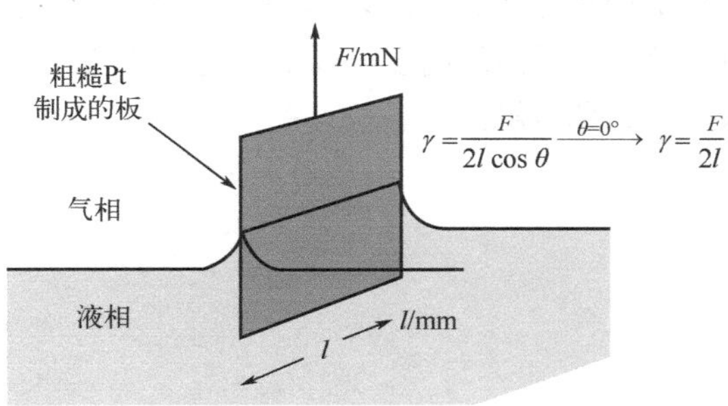


图 2-42　Wilhelmy 平板法

此法用于纯液体时相对误差可在 0.1%以内；而对于溶液表面张力，相对误差则可高达 10%。此法用于表面活性剂溶液时得不到准确的结果。

### 2.5.5 最大泡压法

在这种方法中，液体的表面张力是根据将气泡从毛细管推入液体所需的最大压力来确定的，与 Young-Laplace 压差$\Delta p$ 相对应。如果将内径为 $r$ 的垂直管插入液体中，并从管的顶部压入惰性气体（通常是空气），则在管的末端吹出一个气泡，最初呈球形，如图 2-43 所示。如果气泡中的压力增加，气泡就会增大，曲率半径也会减小。一段时间后，它变成半球形，如图 2-43（a）（用于润湿液体）和图 2-43（b）（用于非润湿液体）的中间形状所示，因此气泡的半径等于毛细管的半径。Young-Laplace 公式给出了此时气泡内的最大压力。当允许气泡进一步扩大时，对应于较小的压力获得较大的半径，气泡变得不稳定并且可以容易地从毛细管分离。测量出半球形气泡形成时的最大压力，即能计算出液体的表面张力。在测量中，我们必须考虑由于毛细管插入液体而产生的静水压力。因此，在这个过程中测得的最大压力是静水压力 $p_{\mathrm{hyd}}$ 和毛细管压力 $p_{\mathrm{capil}}$ 的总和。当形成半球形气泡时，压力平衡如下：

$$p_{\max} = p_{\mathrm{hyd}} + p_{\mathrm{capil}} = gh\Delta\rho + \frac{2\gamma}{r} \tag{2-95}$$

式中，$h$ 是液体表面到管尖端的距离。如果管被液体润湿，则半径 $r$ 就是它的内半径。表面张力值可以通过确定刚好在气泡分离之前获得的 $p_{\max}$ 值来计算。

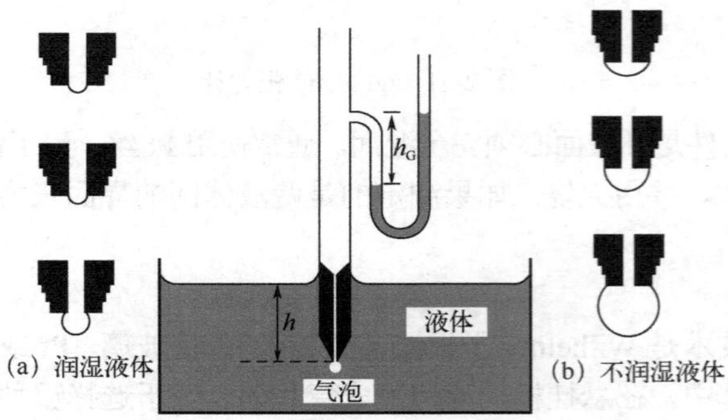


图 2-43 毛细管法测定液体表面张力示意图[17]

最大泡压法表面张力仪可以通过实时测量表面张力变化情况绘制出表面张力变化曲线图。该方法仪器设备简单、操作方便，常用于测定熔融金属及熔盐的表面张力。缺点是气泡的不断生成可能扰动液面的平衡。

此外，还有弯月面在垂直平面上的高度法等。当润湿液体与垂直且平坦的固体平面接触时，液体弯月面在表面上攀升。这个弯月面的高度可以用测高计精确测量，理论上，我们可以从这个高度同时计算液体的表面张力和接触角。

## 2.6 液-液界面

### 2.6.1 液-液界面张力

#### （1）Antonoff 规则

在日常生活和生产中常常碰到各种有关两种液体相接触或一种液体分散于另一种液体之

中的问题，例如，原油破乳，沥青和农药乳化，食品、化妆品及药品乳剂的制备，萃取或液膜分离，一种液体在另一种液体上的铺展等。与这些体系性能有关的重要物理化学性质就是液-液界面张力($\gamma_{A\text{-}B}$)，表 2-6 中列出了液（油）-液（水）的界面张力。考虑了液相代替气相的影响后，前面所介绍的有关表面性质的理论和方法亦可用于液-液界面。

关于界面张力的理论研究首先是从它和两液体界面张力的关系开始的。Antonoff 指出：处于平衡状态的两个饱和液体层之间的界面处的张力等于两个饱和溶液对空气或蒸气的单个表面张力之间的差，即：

$$\gamma_{A\text{-}B} = |\gamma_A - \gamma_B| \tag{2-96}$$

式中，$\gamma_A$ 和 $\gamma_B$ 分别表示液体 A 和液体 B 相互饱和后的表面张力；$\gamma_{A\text{-}B}$ 为二者的界面张力。

此规则仅为近似规则，并且已知有一些例外情况[19]。注意，Antonoff 规则是一平衡规则，在使用该规则时整个系统要求达到平衡。表 2-6 列出检验这一规则的数据。对于难以达到吸附平衡或达到吸附平衡所需要的时间较长的两相，其测量数值与按 Antonoff 规则计算的结果差别较大。

**表 2-6 液-液界面张力与 Antonoff 规则**

| 液体（O） | $\gamma_{H_2O(O)}/(mN\cdot m^{-1})$ | $\gamma_{O(H_2O)}/(mN\cdot m^{-1})$ | $\gamma_{O\text{-}H_2O}/(mN\cdot m^{-1})$ | $\gamma_{H_2O(O)}-\gamma_{O(H_2O)}/(mN\cdot m^{-1})$ |
|---|---|---|---|---|
| 苯 | 62.1 | 28.2 | 33.9 | 33.9 |
| 氯仿 | 51.7 | 27.4 | 23.0 | 24.3 |
| 四氯化碳 | 69.7 | 26.2 | 43.5 | 43.5 |
| 乙醚 | 26.8 | 17.4 | 8.1 | 9.4 |
| 甲苯 | 63.7 | 28.0 | 35.7 | 35.7 |
| 正丙苯 | 68.0 | 25.5 | 39.1 | 42.5 |
| 硝基苯 | 67.7 | 42.8 | 25.1 | 24.9 |
| 异戊醇 | 27.6 | 24.6 | 4.7 | 3.0 |
| 正庚醇 | 29.0 | 26.9 | 7.7 | 2.1 |
| 二硫化碳 | 70.5 | 31.8 | 48.6 | 38.7 |
| 次甲基碘 | 71.9 | 52.3 | 40.5 | 19.6 |

Gibbs 曾就汞-水体系导出类似的规律。他认为，高表面能液体（汞）被较低表面能的液体（水）饱和时，水必在汞表面上吸附，使表面能降低。这就像汞在饱和水蒸气中吸附水一样，将形成足够厚度的水膜，并可认为此膜性质与液体水相同。因此，汞被水饱和后的总表面自由能应为：

$$\gamma_{Hg(H_2O)} = \gamma_{H_2O(Hg)} + \gamma_{Hg\text{-}H_2O} \tag{2-97}$$

可见，汞与水的界面张力($\gamma_{Hg\text{-}H_2O}$)等于互相饱和的两液相（汞与水）的表面张力之差。

Antonoff 规则可看作是 Gibbs 结果无条件的一般化。或许只有符合 Gibbs 设想的表面机制的体系，即两液体中较低能者可以在较高能的表面上形成饱和的凝聚吸附层的体系，才符合这一规则。否则 Antonoff 规则将得出错误结论：一切较低表面能的液体均可在较高表面能液体上铺展。因为 Antonoff 规则显示铺展系数 $S=\gamma_1-\gamma_2-\gamma_{12}=0$，这显然与事实不符。

**（2）Good-Girifalco 公式**

Good 和 Girifalco 认为液体 A 和液体 B 的界面，其界面张力可看成是将 A 分子和 B 分子的气-液界面的表面张力之和减去迁入界面时受到的相互作用的界面张力。Good 和 Girifalco 假设这种相互作用界面张力与液体 A 和 B 表面张力几何平均值成正比。因此，将 A 分子由液体 A 迁入 AB 界面形成单位界面时所需之功为：

$$W_A = \gamma_A - \phi_{AB}\sqrt{\gamma_A \gamma_B} \tag{2-98}$$

同理，B 分子从液体 B 迁入界面时所需之功为：

$$W_B = \gamma_B - \phi_{AB}\sqrt{\gamma_A \gamma_B} \tag{2-99}$$

形成单位 AB 液-液界面的总功为$W_A + W_B$，亦即界面张力$\gamma_{AB}$。

$$\gamma_{AB} = \gamma_A + \gamma_B - 2\phi_{AB}\sqrt{\gamma_A \gamma_B} \tag{2-100}$$

式中，$\phi_{AB}$为校正系数，是与两液体 A 和 B 的摩尔体积及分子间相互作用有关的参数。根据经验，$\phi_{AB}$值约在 0.5～1.5 之间。对于水与脂肪酸、醇、醚、酮体系，其值近似为1。水与饱和烃体系的值约为0.55，水与芳烃的值约 0.7。

**（3）Fowkes 理论**

分子间相互作用力有多种类型，包括色散力（d）、氢键（h）、π 键（π）、偶极-偶极相互作用（dd）、金属键（m）、离子键（i）等。Fowkes 设想表面张力是各种分子间作用力贡献之和，即：

$$\gamma = \gamma^d + \gamma^h + \gamma^\pi + \gamma^{dd} + \gamma^m + \gamma^i + \cdots \tag{2-101}$$

并不是每种分子间都存在这些相互作用力，但是色散力是普遍存在的，相比之下，只有色散力的作用是远程的，是可越过界面起作用的，其余的作用力可能在液体 A 或液体 B 分子间相互作用力中起重要作用。Fowkes 进一步假设$\phi_{AB}\sqrt{\gamma_A \gamma_B}$完全是色散力的贡献，并令$\phi_{AB}=1$，因而有：

$$\gamma_{AB} = \gamma_A + \gamma_B - 2\sqrt{\gamma_A^d \gamma_B^d} \tag{2-102}$$

取几何平均是借鉴了非电解质溶液理论的 van der Walls 方程中两种分子的引力常数与同种分子引力常数间存在几何平均的关系。

要应用上式，首先要求液体的$\gamma^d$值。对于非极性液体 B，实验测得的表面张力$\gamma_B$即为$\gamma_B^d$；对于极性液体 A，可由实验测出它与某非极性液体 B 的界面张力$\gamma_{AB}$，如表 2-7 和表 2-8 所示。

**表 2-7　水的$\gamma^d$值**　　单位：$mN \cdot m^{-1}$

| 化合物（O） | $\gamma_O$ | $\gamma_{H_2O\text{-}O}$ | $\gamma_{H_2O}^d$ | 化合物（O） | $\gamma_O$ | $\gamma_{H_2O\text{-}O}$ | $\gamma_{H_2O}^d$ |
|---|---|---|---|---|---|---|---|
| 正己烷 | 18.4 | 51.1 | 21.6 | 正十四烷 | 25.6 | 52.2 | 20.8 |
| 正庚烷 | 20.4 | 50.2 | 22.6 | 环己烷 | 25.5 | 50.2 | 22.7 |
| 正辛烷 | 21.8 | 50.8 | 22.0 | 十氢萘 | 29.9 | 51.4 | 22.0 |
| 正癸烷 | 23.9 | 51.2 | 21.6 | 白油 | 28.9 | 51.3 | 21.3 |

**表 2-8　汞的$\gamma^d$值**　　单位：$mN \cdot m^{-1}$

| 化合物（O） | $\gamma_O$ | $\gamma_{Hg\text{-}O}$ | $\gamma_{Hg}^d$ | 化合物（O） | $\gamma_O$ | $\gamma_{Hg\text{-}O}$ | $\gamma_{Hg}^d$ |
|---|---|---|---|---|---|---|---|
| 正己烷 | 18.4 | 378 | 210 | 正辛烷 | 21.8 | 375 | 199 |
| 正壬烷 | 22.8 | 372 | 189 | 苯 | 28.9 | 363 | 184 |
| 甲苯 | 28.5 | 359 | 208 | 邻二甲苯 | 30.1 | 359 | 200 |
| 间二甲苯 | 28.9 | 357 | 211 | 对二甲苯 | 28.4 | 361 | 203 |
| 正丙苯 | 29.0 | 363 | 184 | 正丁苯 | 29.2 | 363 | 193 |

由表 2-7 和表 2-8 可得，$\gamma_{Hg}^{d}$ 和 $\gamma_{H_2O}^{d}$ 的平均值分别为（200±7）$mN \cdot m^{-1}$、（21.8±0.7）$mN \cdot m^{-1}$，相对误差在 3.5%以内，因此可求 $\gamma_{Hg\text{-}H_2O}$。

$$\gamma_{Hg\text{-}H_2O} = \left[72.8 + 484 - 2 \times \left(21.8 \times 200\right)^{1/2}\right] mN \cdot m^{-1} = 424.8 mN \cdot m^{-1}$$

与实验值 426 $mN \cdot m^{-1}$ 相当符合。

一些液体的 $\gamma_A^d$ 值如表 2-9 所示。

**表 2-9　293 K 时一些液体的 $\gamma_A^d$ 值**　　单位：$mN \cdot m^{-1}$

| 物质 | $\gamma_A$ | $\gamma_A^d$ | 物质 | $\gamma_A$ | $\gamma_A^d$ |
|---|---|---|---|---|---|
| 三甲基硅氧烷 | 10.9 | 16.9 | 甲酰胺 | 58.2 | 39.5 |
| 水 | 72.8 | 21.8 | 汞 | 484 | 200 |
| 甘油 | 64.5 | 37.2 | 饱和烃（O） | $\gamma_O$ | $\gamma_O^d$ |

**（4）液–液界面张力的测定**

理论上，每种表面张力测量方法都可以用来确定两种液体之间的界面张力。然而，当应用于液-液界面时，或者当一种或两种液体都是黏性的时，这些方法的准确性会降低。在实践中，最大泡压法和悬滴法是最合适的，可以给出一致可靠的界面张力值，尽管有时存在液体润湿滴头内径还是外径的问题。

此外，尽管偶尔会使用吊环法、Wilhelmy 平板法和毛细管上升法，但它们不太适合测定界面张力，因为形成了亚稳弯月面，液-液界面无法获得稳定的接触角。在吊环法和 Wilhelmy 平板法中，由于难以校准浸入密度较低液体中的环的重量，因此精度降低。然而，在界面张力测定方面，Wilhelmy 平板法比吊环法更可靠。如果快速达到平衡（几秒钟内），也可以使用滴体积法。如果能够精确地确定致密液体和玻璃之间的接触角，则可以使用毛细管上升法；否则，应避免采用毛细管上升法。

在进行界面张力测量之前，液-液界面达到平衡是很重要的。因此，测量黏性液体的界面张力总是很困难，因为它们达到平衡的速度很慢。此外，对于黏性液体，应防止将所需体积的液体样品注入仪器。在测量前将样品平衡数小时后，通常优选 Wilhelmy 平板法（在恒定深度下，无分离）和固着液滴法（通过在固体表面上放置一个液滴，然后测量液滴在固体表面的形状和接触角来获取相关信息）。

## 2.6.2　液体的铺展

将一滴液体放到另一种与它不相混溶的液体表面上，可能发生一种液体在另一种液体表面上的展开，有以下几种情况：

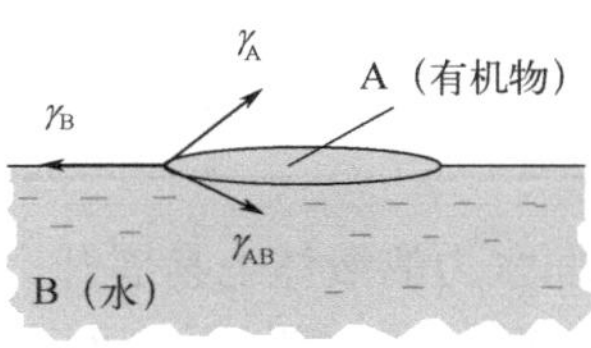


$\gamma_B$：展开（动力）；$\gamma_A$，$\gamma_{AB}$：收缩（动力）

① 一种液体（例如油）在另一种液体（例如水）表面上不铺展，形成漂浮的油滴似“透镜”。

② 一种液体在另一种液体表面上展开形成双重膜，此膜有相当的厚度，有液-液、液-空气两个界面。

③ 一种液体在另一种液体上展开，形成一单分子膜。

考虑当液滴 A 的外表面积增加了 $dA$，则体系自由能变化：$dG=(\gamma_{AB}+\gamma_A-\gamma_B)dA$。

即若 $\gamma_{AB}+\gamma_A-\gamma_B<0$，则 A 能在 B 上自发铺展开（$dG<0$）。

定义：A 在 B 上的展开系数为：

$$S_{A/B}=\gamma_B-\gamma_A-\gamma_{AB} \tag{2-103}$$

若 $S_{A/B}>0$，A 在 B 上自发展开；若 $S_{A/B}<0$，A 在 B 上不能展开。

例：分析将苯滴到水面上时苯的铺展情况。已知：$\gamma_{水}=72.8\ \mathrm{mN\cdot m^{-1}}$，$\gamma_{苯}=28.9\ \mathrm{mN\cdot m^{-1}}$，$\gamma_{水,苯}=35.0\ \mathrm{mN\cdot m^{-1}}$。

初始时：$S_{苯/水}=\gamma_{水}-\gamma_{苯}-\gamma_{水,苯}=8.9\ \mathrm{mN\cdot m^{-1}}$，即苯可以在水面上铺展开。

事实上，当苯与水接触一段时间后，它们相互饱和（并非完全不互溶），导致：

$$\gamma_{苯}\rightarrow\gamma_{苯(水)}\ （苯被水饱和）=28.8\ \mathrm{mN\cdot m^{-1}}$$

$$\gamma_{水}\rightarrow\gamma_{水(苯)}\ （水被苯饱和）=62.2\ \mathrm{mN\cdot m^{-1}}$$

$$\gamma_{水,苯}\rightarrow\gamma_{水(苯),苯(水)}=35.0\ \mathrm{mN\cdot m^{-1}}$$

$$\begin{aligned}S_{苯(水)/水(苯)}&=\gamma_{水(苯)}-\gamma_{苯(水)}-\gamma_{水(苯),苯(水)}=(62.2-28.8-35.0)\ \mathrm{mN\cdot m^{-1}}\\&=-1.6\ \mathrm{mN\cdot m^{-1}}\end{aligned}$$

即：一段时间后，展开系数 $S_{苯(水)/水(苯)}$ 为负值。

实验事实：苯滴加到水面上，初始时苯快速展开，随后由于二者之间相互溶解，使得铺展系数 $S_{苯(水)/水(苯)}<0$，结果导致已经展开了的苯又缩回形成“透镜状”。

表 2-10 列出了一些液体分别在水和汞表面上的铺展系数。

**表 2-10　一些液体在水和汞表面上的铺展系数（293 K）[20]**

| 液体 | $S_{H_2O}$ | 液体 | $S_{H_2O}$ | 液体 | $S_{Hg}$ | 液体 | $S_{Hg}$ |
|---|---|---|---|---|---|---|---|
| 异戊醇 | 44.0 | 硝基苯 | 3.8 | 碘乙烷 | 135 | 苯 | 90 |
| 正辛醇 | 35.7 | 己烷 | −0.4 | 油酸 | 122 | 己烷 | 79 |
| 庚醛 | 32.2 | 庚烷 | −0.4 | 二硫化碳 | 108 | 丙酮 | 60 |
| 油酸 | 24.6 | 邻溴甲苯 | −3.4 | 正辛醇 | 102 | 水 | 32 |
| 壬酸己酯 | 20.9 | 二硫化碳 | −8.2 | | | | |
| 苯 | 8.8 | 二碘甲烷 | −25.8 | | | | |

一般低表面张力的液体在高表面张力的液体上易展开，而高表面张力的液体在低表面张力的液体上不能展开。但有例外，如全氟辛酸水溶液的表面张力只有15 $\mathrm{mN\cdot m^{-1}}$，却不能在表面张力为28 $\mathrm{mN\cdot m^{-1}}$ 的煤油上展开。

### 2.6.3 内聚功和黏附力的作用

黏附是指两种不同的液体（如 A 和 B）接触后，液体 A 和液体 B 的表面消失，同时形成 A 与 B 的液-液界面（AB）的过程，如图 2-44（a）所示。若为同一种液体间的黏附，则称为内聚，如图 2-44（b）所示。

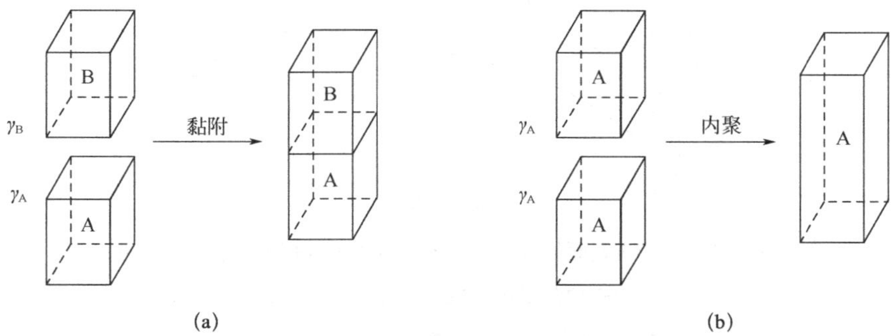


图 2-44　黏附（a）和内聚（b）

若 A、B 和 AB 的表（界）面积均为单位面积，则黏附过程表面 Gibbs 函数的变化为：

$$\Delta G = \gamma_{AB} - (\gamma_A + \gamma_B) \tag{2-104}$$

式中，$\gamma_A$、$\gamma_B$ 分别为 A 和 B 的表面张力（比表面 Gibbs 自由能）；$\gamma_{AB}$ 为 A 和 B 的液-液界面张力。令：$W_{AB} = -\Delta G$，

则：

$$W_{AB} = (\gamma_A + \gamma_B) - \gamma_{AB} \tag{2-105}$$

$W_{AB}$ 称为黏附功，$W_{AB}$ 是一个可逆的热力学物理量，代表了进行该过程的最小功。额外的功可能会消耗在相关的不可逆过程中，例如产生热效应。$W_{AB}$ 的物理意义可表达为分离两种不同材料（A 和 B）之间界面的单位面积以留下单位面积的两个“小”表面所需的可逆功。当 $W_{AB}>0$，即黏附过程表面 Gibbs 函数减小时，过程自发进行。通常液-液界面张力小于两液体的表面张力之和，因此，黏附过程常可自发发生。

若为同一种液体的黏附，则称为内聚。该过程中液体的界面消失，表面 Gibbs 自由能的变化为：$\Delta G = -2\gamma_A$，则：

$$W_{AA} = -\Delta G = 2\gamma_A \tag{2-106}$$

$W_{AA}$ 称为液体的内聚功。内聚功反映的是同种液体间相互吸引的强度，黏附功 $W_{AB}$ 反映的是不同液体间相互作用的强度。

新形成表面的直接环境的性质将影响系统的实际过剩表面自由能，如图 2-45 所示。如果真空将表面分离，自然就没有原子或分子与“暴露”单元相互作用。因此，这些单元可以被认为具有代表相对于体相的高能量情况的“小”面积[图 2-45（a）]。当与相邻的流体相（液体或气体）接触时，表面单元可以在一定程度上与流体相相互作用，从而损失由于其位置而获得的部分多余能量[图 2-45（b）]。表面单元和相邻相之间的相互作用越大，过剩表面能的减少就越大。最终结果是，在真空中，表面的多余能量将比在流体存在下更大。在某些情况下，例如液体表面张力，真空和蒸气之间的差异可以忽略不计。然而，对于高能固体表面，差异可能非常显著。相反，对于发生显著相互作用的液-液和固-液界面，界面张力可能相当

低。即使是固-固界面，随着时间的推移，也会以烧结或自发焊接或接头形成的形式显示出界面上相互吸引的结果。

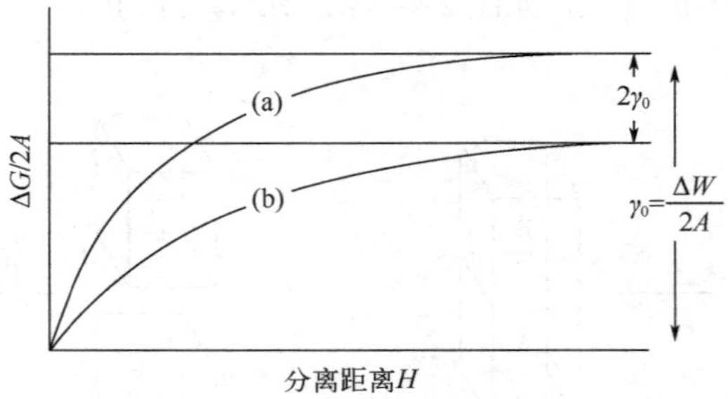


图 2-45 新形成表面的过剩自由能取决于与其接触的新相的性质

(a) 如果新的表面接触真空，过剩自由能将被最大化；

(b) 如果存在另一相（液体或气体），过剩表面能将减少一定量，这取决于新的相互作用

除了液体形成球形液滴以最小化其表面积的趋势外，可以很容易地证明液体表面具有其他性质，这些性质可以追溯到形成新表面积所需的功的概念。例如，如果一个人拿一根干净的针头，小心地将它放在纯蒸馏水的表面上，针头会漂浮，即使它的密度是水的很多倍。为了使针头下沉，它必须穿透水面。液体在表面的渗透涉及增加相对于气相和针的水界面面积。当然，导致针头下沉的力是其质量乘以重力加速度，与之相对的是水的表面张力。

## 2.6.4 超低界面张力

1926 年 Harkins 和 Zollman 发现在苯-水体系中加入油酸钠形成0.1 mol · $dm^{-3}$ 水溶液时，苯-水界面张力从35 mN · $m^{-1}$ 降至2.64 mN · $m^{-1}$(20 ℃)；若同时加入NaOH 和 NaCl，浓度为0.l mol · $dm^{-3}$ 时，则界面张力进一步降至0.04 mN · $m^{-1}$ 。现在一般将界面张力在$10^{-3}$～$10^{-1}$ mN · $m^{-1}$ 范围看作低界面张力，$10^{-3}$mN · $m^{-1}$ 以下的为超低界面张力。据报道，Harkins 和 Zollman 是第一次报道低界面张力现象的人。

1927 年，Uren 和 Fahry 指出原油开采时注水驱油的效率与液体表面张力成反比。这些现象在当时未得到很好的解释，也未引起足够的重视。究其原因，可能一则由于生产上尚无迫切要求，二则尚无好的测定低界面张力的方法，难于深入研究。到 20 世纪 40 年代，Vonnegut 发展了测定界面张力的旋滴法（spinning drop method），20 世纪 60 年代用此法成功地测定出低至 $10^{-6}$ mN · $m^{-1}$ 的超低界面张力。与此同时，提高原油采收率的迫切要求大大促进了对低界面张力现象的研究。通常油田自喷和注水采油后仍有大量残油滞留于地层中，它可能堵塞在岩石缝隙或土壤的毛细孔中，也可能附着在岩石壁上，欲使之流动就需要降低油水界面张力。已有工作指出，使界面张力降低三个数量级可以使残油体积减小一半，若使界面张力降低四个数量级，理论的注水驱油效率可达 100 %。

具有低界面张力的体系通常由水、油、表面活性剂（或表面活性剂混合物）及盐组成。油相可以是各种烃类，如烷烃、芳烃、环烷烃等，以及它们的复杂混合物，如原油。可以构成低界面张力体系的表面活性剂种类很多，但迄今研究得最多也最有实际意义的还是烷基磺酸盐。所用的盐类包括各种水溶性无机盐，研究最多的是氯化钠。体系的低界面张力状态对成分十分敏感，任何一种成分的性质或含量的变化都可能使低界面张力状态消失。

低界面张力可用滴外形法（躺滴法、悬滴法）测定。超低界面张力现在常用旋滴法测定。

在旋滴法中，用液体填充水平样品管，并注入一滴密度较低、不混溶的相（气体或另一种液体）。当样品管绕其轴线旋转时，气泡或液滴向轴线移动，并随着角速度的升高而逐渐伸长。在足够高的速度下，液滴会形成一个长圆柱体的形状，转速越高越趋向形成圆柱状（图 2-46），此时 A、B 两液体所成界面之界面张力可由下式求出：

$$\gamma = \frac{\Delta\rho\omega^2 R^3}{4} \tag{2-107}$$

式中，$\Delta\rho$ 是相之间的密度差；$\omega$ 是角速度，rad/s；$R$ 是圆柱形区域中的液滴半径。

该方法至少有四个优点：①不依赖于管壁的润湿性。②它适用于测量极低的界面张力。③它可以处理采用其他方法可能失败的非常黏性的系统。④它可以用于同时测量两种张力，例如，通过在同一管的外部液体中注入气泡和不混溶的液滴。这样，一个单独的实验就可以得到外部液体的表面张力以及两种液体之间的界面张力[21]。

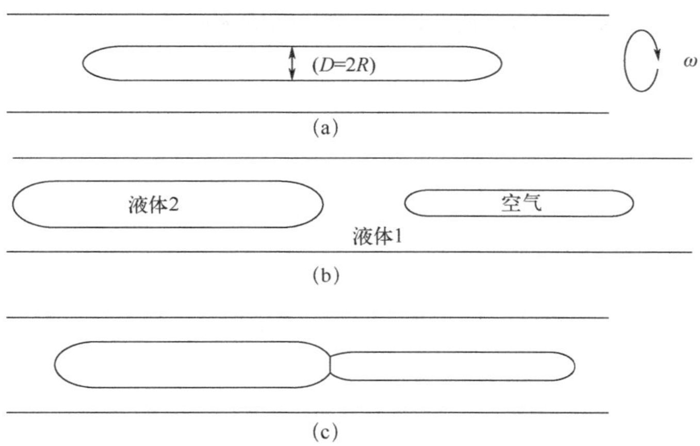


图 2-46　旋滴法测界面张力样品管内液体示意图

(a) 长圆柱形旋转液滴；(b) 旋转液滴和气泡（分离）；(c) 纺丝液滴和气泡（黏附）

## 参考文献


[1] Butt H J, Graf K, Kappl M. Physics and chemistry of interfaces[M]. Wiley-VCH Verlag & Co KGaA, 2003.

[2] 顾惕人, 朱步瑶, 李外郎, 等. 表面化学[M]. 北京: 科学出版社, 1994.

[3] Rossen Sedev. Physical properties: Surface tension and capillarity, Encyclopedia of physical organic chemistry[M]. John Wiley & Sons Inc, 2017.

[4] di Nicola G, Pierantozzi M. Surface tension of alcohols: A scaled equation and an artificial neural network[J]. Fluid Phase Equilibria, 2015, 389: 16-27.

[5] Brunner G. Gas extraction——An introduction to fundamentals of supercritical fluids and the application to separation processes[M]. Steinkopff Heidelberg, 1994.

[6] Kontogeorgis G M, Folas G K. Thermodynamic models for industrial applications: From classical and advanced mixing rules to association theories[M]. John Wiley & Sons Ltd, 2010.

[7] Erdogan K, Sengers J M H L. Supercritical fluids - Fundamentals for application[M]. Springer Dordrecht, 1994.

[8] Tomokazu Y, Akiko O, Kunio E. Equilibrium and dynamic surface tension properties of partially fluorinated quaternary ammonium salt

Gemini surfactants[J]. Langmuir, 2006, 22: 4643-4648.

[9] Carter D L, Draper M C, Peterson R N, et al. Importance of dynamic surface tension to the residual water content of fabrics[J]. Langmuir, 2005, 21: 10106-10111.

[10] Sun S G, Wei Y, Fang D W, et al. Estimation of properties of the ionic liquid $BMIZn_3C1_7$[J]. Fluid Phase Eguilibr, 2008,273: 27-30.

[11] Plechkova N V, Seddon K R. Ionic liquids further UnCOILed: Critical expert overviews[M]. John Wiley & Sons Inc, 2014.

[12] Shimizu K, Heller B S J, Maier F, et al. Probing the surface tension of ionic liquids using the Langmuir principle[J]. Langmuir, 2018, 34: 4408-4416.

[13] Langmuir I. Forces near the surfaces of molecules[J]. Chemical Reviews, 1930, 6: 451-479.

[14] Greaves T L, Weerawardena A, Fong C, et al. Protic ionic liquids-solvents with tunable phase behavior and physicochemical properties[J]. The Journal of Physical Chemistry B, 2006, 110: 22479-22487.

[15] New World Encyclopedia. Capillary action. https://www.newworldencyclopedia.org/entry/Capillary_action.

[16] 胡英. 物理化学[M]．5 版．北京：高等教育出版社，2007.

[17] Erbil H Y. Surface chemistry of solid and liquid interfaces[M]. Blackwell Publishing Ltd, 2006.

[18] Zhang Z Q, Yasuhiko H Mori. Formulation of the Harkins-Brown correction factor for drop-volume description[J]. Industrial & Engineering Chemistry Research, 1993,32: 2950-2952.

[19] Considine D. Van N. Encyclopedia of chemistry[M]. 5th ed. New York: John Wiley & Sons, 2005.

[20] 颜肖慈，罗明道. 界面化学[M]．北京：化学工业出版社，2005.

[21] Princen H M. Spinning drop method applied to three-phase fluid equilibria[J]. Langmuir, 1999, 15: 7386-7391.

# 第3章 固体表面

## 3.1 引言

固体界面被定义为将两个彼此紧密接触的固体分离的少量原子层，其性质与分离的基体材料的性质显著不同。固体表面则是一种界面，在该界面处，固体与气体接触，或者在理想情况下与真空接触[1]。

对固体表面的研究方法与液体表面的大不相同。这种差异主要源于分子在固体表面的流动性极为有限，以及剪切模量之间的差异，而在液体的情况下，剪切模量为零。液体表面积的增加总是伴随着表面原子数量的增加，不会由于应力的松弛而变形，即它的反应是塑性的。而固体则不同，当它受到外力作用而变形时，会产生弹性反应，即它的反应是各向同性的。如果固体是晶体，则在朝向表面的外侧，微晶可能会呈现出顶点或峰值，其原子处于不同的环境，从而形成非常不均匀的表面——更加崎岖的表面形貌。固体的形状是由形成它的“历史”所决定的，通常不是由表面张力决定的。固体表面会由于原子或离子的不完整而产生各种缺陷，如空位、台阶、褶皱等。缺陷的存在将对表面性质如吸附过程产生强烈影响。

固体的表面张力或表面自由能与液体不同，它不能与表面层中的总能量（“实际”比表面自由能加上“应力”能量）相等。根据定义，“比表面自由能”是在形成单位面积新表面时所做的功，而“应力”能量是在拉伸表面时所做的功。为了了解这两个概念之间的差异，将新的表面形成可视化为两步过程。第一步，凝聚相被分离以产生新的表面，但新表面中的分子被保持在体相中占据的确切位置（相对于剩余的本体相）。第二步，新形成的表面中的原子被重新定位到其最稳定的构型。在液体系统中，由于粒子的移动性，这两个步骤基本上同时发生。

当分子或离子聚集在晶体表面时，晶体就会生长。不同的晶面以不同的速率生长，而生长最慢的晶面主导着晶体的外观，决定了晶体的整体形状。

固-气与固-液界面的吸附在环境、催化、传感等领域起着相当重要的作用，没有吸附就没有多相催化。固体表面的修饰改性对许多应用至关重要，例如，减少摩擦和磨损，使植入生物体内的材料具有生物相容性等。沉积在基底上的固体分散物种由固-固界面界定，这种分散物种的性质基本上由其两个界面的性质决定。同样，小原子团簇的物理性质必须考虑表面物理的结果，因为它们通常比“大块”原子拥有更多的表面。

探针表面粒子性质的技术只能穿透固体中的几 Å，如低能电子、原子和分子束等。在这里，不同于体相原子的那些表面原子的性质变得重要。光谱法也是如此，在光谱法中，表面外检测到的粒子源自靠近表面的激发过程。例如，在光发射实验中，来自固体中占据电子态的电子被 X 射线或 UV 光激发，它们通过表面逃逸到真空中，并通过电子光谱仪进行分析和检测。为了获得关于特定固体的固有性质的信息，必须在超高真空（ultra-high vacuum，UHV）条件下在新制备的清洁样品表面上进行实验。由于表面的敏感性，表面上极轻微的污染都会改变结果。

### 3.1.1 固体表面研究简史

1877 年，J. W. Gibbs（图 3-1）首先提出“表面相”的概念，指出在气-固界面处存在一种二维的凝聚物质相，它的性质与固体本体相有很大的差异。

表面化学领域始于保罗·萨巴蒂尔（Paul Sabatier）（图 3-2）开创的氢化多相催化和弗里茨·哈伯（Fritz Haber）开创的哈伯过程。Paul Sabatier 是一位法国化学家，由于发明了在细金属粉存在下的有机化合物的加氢法，1912 年被授予诺贝尔化学奖。Fritz Haber（图 3-3）是一位德国化学家，因其在合成氨方面的贡献而于 1918 年获得诺贝尔化学奖，氨是肥料和炸药的重要原料。哈伯和马克斯·玻恩（Max Born）提出了玻恩-哈伯循环（Born-Haber cycle），可作为评估离子固体晶格能的方法。

图 3-1　J. W. Gibbs

图 3-2　Paul Sabatier

图 3-3　Fritz Haber

欧文·朗缪尔（Irving Langmuir）（图 3-4）是美国化学家和物理学家，是固体表面领域的创始人之一。关于表面科学的期刊——*Langmuir*，是以他的名字命名的。Langmuir 吸附方程用于模拟单层吸附，其中所有表面吸附位点对吸附物种具有相同的亲和力。1909 年至 1950 年，Langmuir 在通用电气任职期间，推进了物理和化学几个基本领域的发展，并因其在表面化学方面的卓越贡献而获得 1932 年诺贝尔化学奖。

由于半导体工业的发展，现代表面化学于 20 世纪 60 年代开始出现。格哈德·埃特尔（Gerhard Ertl）是首批发现新技术潜力的科学家之一（图 3-5），他逐步建立了表面化学的研究方法，向人们展示不同实验过程产生表面反应的全貌。这门科学需要先进的真空实验设备，以观察金属上原子和分子层次如何运作，确定何种物质被置入系统。

图 3-4　Irving Langmuir

图 3-5　Gerhard Ertl

Gerhard Ertl 于 1974 年首次使用一种称为低能电子衍射（LEED）的新技术描述了 $H_2$ 在 Pd 表面的吸附。随后对 Pt、Ni 和 Fe 表面进行了类似的研究。Ertl 还对 Pt 催化剂催化 CO 氧化反应进行了研究，这种化学反应主要发生在汽车催化剂中，以净化汽车产生的废气。因在固体表面化学过程研究中作出的贡献，他于 2007 年获得诺贝尔化学奖。

### 3.1.2　固体表面的物理化学特征

**（1）原子水平上的不均匀性**

固体表面在原子尺度上是不均匀的。表面不均匀性表示不同表面区域原子所处微环境有差异，因而受周围原子的作用力不同。可以说，在固体表面上很可能没有两个表面原子或分子的环境是完全相同的。

不均匀的固体表面可以用一个模型来描述。在真实的表面上总是会存在缺陷的，人们可以根据表面缺陷的维度对其进行分类：平台代表低密勒指数平面的部分，零维或点缺陷包括吸附原子、台阶吸附原子、褶皱和空位等[1,2]。吸附原子可以结合在平台上原子层的顶部，或者它们可以作为间隙原子结合到平台上的晶格平面中。实验确定的表面缺陷位如图 3-6 所示。在台阶上，原子的近邻较少；褶皱是沿台阶拐弯的内角，该位上的原子更少，它是一种更活泼的表面位，在这种位置上，一个吸附质能同时与许多基质原子成键[3]。褶皱、台阶和平台原子在任何真实表面上都具有大的平衡浓度。其他重要的表面缺陷与位错有关，将在 3.2.5 节中描述。

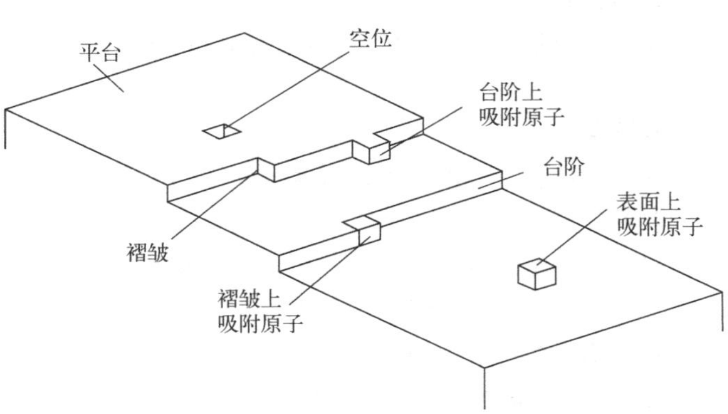


图 3-6　具有表面缺陷的相邻表面示意图[2]

吸附原子和空位等点缺陷也存在，这些表面缺陷位都十分活泼，尽管其平衡浓度在固体熔点时远低于 1%的单分子层，但它们对原子沿着表面迁移却起着十分重要的作用。

绝大多数晶体是各向异性的，这一性质也体现在不同方位的表面上。因此，固体表面的不均匀性还应包括表面的各向异性。

**（2）能量高**

与液体类似，在固体内部，每个粒子前后左右上下挤满了其他粒子，平均来说，每个粒子受到周围粒子的作用是对称均匀的。而处在表面的粒子，其前后左右的作用力虽是对称均匀的，但上下的作用力不同。

表 3-1 列出了一些固体和液体的表面自由能。通常，金属具有相对高的表面能，而离子化合物具有较低的表面能。一般而言，固体的表面能高于液体。

**表 3-1　一些固体和液体的表面自由能[4]**

| 材料 | 温度/℃ | 表面自由能 $/(mJ\cdot m^{-2})$ | 材料 | 温度/℃ | 表面自由能 $/(mJ\cdot m^{-2})$ |
|---|---|---|---|---|---|
| W（固体） | 1727 | 2900 | Hg（液体） | 16.5 | 487 |
| Nb（固体） | 2250 | 2100 | LiF（固体） | −195 | 340 |
| Au（固体） | 1027 | 1410 | NaCl（固体） | 25 | 227 |
| Ag（固体） | 907 | 1140 | KCl（固体） | 25 | 110 |
| Ag（液体） | 1100 | 879 | MgO（固体） | 25 | 1200 |
| Fe（固体） | 1400 | 2150 | $CaF_2$（固体） | −195 | 450 |
| Fe（液体） | 1535 | 1880 | $BaF_2$（固体） | −195 | 280 |
| Pt（固体） | 1311 | 2340 | Na（液体） | −195 | 9.71 |
| Cu（固体） | 1047 | 1670 | He（液体） | −270.5 | 0.308 |
| Cu（液体） | 1535 | 1300 | Xe（液体） | −110 | 18.6 |
| Ni（固体） | 1250 | 1850 | | | |

**（3）表面形态与形成过程有关**

决定固体表面形态的往往不是其表面能的大小，而是形成固体表面时的条件以及它经历的历史。

固体表面的物理性质很大程度上取决于材料经历的历史。如碰磨和磨光会使固体表面性质发生不同的变化。碰磨主要导致表面的机械磨损，其分子的结晶性并无很大的变化，而磨光可留下相当深的近于非晶体的表面层。

固体表面的缺陷构成了表面条件依赖于历史的另一面。固体表面绝大多数都处于一种非平衡态。

**（4）覆盖表面的单分子层**

固体表面暴露在空气中总是发生吸附现象，即使实验是在高真空条件下进行的，表面也不如想象的那样清洁。在大多数实验条件下，表面总是覆盖着接近于单分子层的吸附质。根据气体分子运动论，单位表面在气体压力为 $p$ 时，每秒被分子的碰撞数为：

$$F = 2.6\times10^{20}\,p(MT)^{-1/2} \tag{3-1}$$

当 $M = 28\ g\cdot mol^{-1}$，$T$=300 K，$p = 4\times10^{-4}$ Pa 时，$F \approx 10^{15}$ 分子$\cdot cm^{-2}\cdot s^{-1}$。而表面原子的浓度一般为$10^{15}$ 分子$\cdot cm^{-2}$。也就是说，在无限大的容器中，当系统压力为$10^{-4}$ Pa 时，只要 1 s 就形成了单分子层的吸附。而在小的容器中，由于气相分子数目很少，表面上还有一部分或

绝大部分未被覆盖，因此表面可以认为是相对“清洁”的。

**（5）表面自由能 $G^S$ 恒为正值**

表面上的原子都是不饱和的，因此，表面自由能总是正值，即固体和液体都有使自己表面变为最小的趋势。从热力学角度，表面自由能越小越有利，如果有可能，物质没有表面时，表面自由能最小。合金总是由表面自由能最小的组分富集在表面上，如：Cu-Ni 合金，$G_{Cu}^S = 1670\ mJ \cdot m^{-2}$，$G_{Ni}^S = 1850\ mJ \cdot m^{-2}$，所以 Cu 总是富集在 Cu-Ni 合金的表面。

固体表面通常被一层有机物所覆盖，这也是氟碳聚合物能很好地黏结在金属或金属氧化物表面上的原因：因为前者的表面自由能很小。具有高 $\gamma$ 值的物质可以将两种物质黏结得更牢固。使用高 $\gamma$ 值的黏结剂，可使表面自由能 $G^S$ 减小得更多。

润滑剂则是一种低 $\gamma$ 值的物质，因为两者接触面上了润滑剂后它们既要相互接触，又要容易分离，而低 $\gamma$ 值的润滑剂可使在分离时用力更小。

**（6）表面能测定困难**

固体，特别是晶体材料表面可能包含着前面提到的各种缺陷，以及缺失的层、位错等。所有这些缺陷都可能会改变晶体的表面能，并使与之相关的现象分析复杂化。因此，固体的表面能更难分析和理解，固体的表面能通常采用间接方法测定，常用的主要方法有两种：接触角法和浸润法，将在第 4 章讨论。

### 3.1.3 表面化学

表面化学可以粗略地定义为研究界面上的化学反应，它与表面工程密切相关。表面工程旨在通过加入可产生各种预期效果或改善表面或界面特性的选定元素或官能团来改变表面的化学成分。表面化学也与电化学交叉。

固体表面化学的内容主要包括：表面不均匀性、表面二维晶体结构、化学吸附物的表面结构等。20 世纪 60 年代以来，由于与固体表面有关的一些重要的技术领域如固体材料、器件、多相催化等进一步发展的需要，在固体理论的发展、超高真空和电子检测技术的进步，以及在原子尺度上进行固体表面分析的技术和设备的开发基础上，表面化学研究主要是在原子尺度上对金属、半导体等固体表面进行成分、结构和电子、声子状态的分析，阐明表面化学键的性质及其与表面物理、化学性质间的联系。

### 3.1.4 表面物理

表面物理可以粗略地定义为研究界面处发生的物理变化，它与表面化学交叉。表面物理研究的内容包括表面扩散、表面重建、表面声子、等离子体激元、外延表面增强拉曼散射、电子发射和隧穿、自旋电子学、纳米结构在表面的自组装等。

表面物理学是 20 世纪 60 年代以后固体物理学中一个重要且发展极为迅速的领域。表面物理学研究在超高真空下（$10^{-10}$ Torr [❶]），表面几个原子层内原子的排列情况、电子状态、吸附在表面上的外来原子或分子，以及在表面几个原子层内的外来杂质的电子状态和其他物理性质。实验上是通过电子束、离子束、原子束、光子、热、电场和磁场等与表面的相互作用而得到有关表面结构、表面电子态、表面吸附物种、键合类型和成键取向等信息的。

---

❶ 1 Torr=133.3224 Pa。

表面物理研究的主要内容包括：

① 表面结构，即表面层的原子排列情况，包括原子种类、彼此间的相对位置（键长和键角等）、偏离二维周期性结构的各种缺陷（如空位、填隙原子、畴界等）。

② 表面化学成分的分析。

③ 外来原子或分子在表面的吸附和脱附过程，以及由此而引起的化学成分和结构的变化。

④ 表面原子的横向输运过程。

⑤ 表面电子态和声子态。

表面物理学已与冶金学、材料科学、半导体物理学、催化、真空物理等领域紧密地结合在一起，而在表面物理学的实验研究中所涉及的方法和设备更与广泛的理论和技术成果相联系。

### 3.1.5 表面分析表征技术

表面的研究和分析涉及物理和化学分析技术。有几种现代方法探测暴露于真空中表面的最顶部 1～10 nm。20 世纪 50 年代，光谱、X 射线衍射、弛豫谱和分子束等在化学的很多领域都已得到应用。

这些技术中的许多都需要真空，因为它们依赖于检测研究表面发射的电子或离子。纯光学技术可用于研究各种条件下的界面。反射吸收红外光谱、表面增强拉曼光谱及和频发生光谱可用于探测固体-真空以及固体-气体、固体-液体界面。

现代物理分析方法包括扫描隧道显微镜（scanning tunnel microscope，STM）及其衍生的一系列方法。这些显微镜大大提高了表面科学家测量许多表面物理结构的能力和愿望，这一增长与人们对纳米技术更普遍的兴趣有关。同样，俄歇电子能谱（Auger electron spectroscopy，AES）X 射线光电子能谱（X-ray photoelectron spectroscopy，XPS）、紫外光电子能谱（ultraviolet photoelectron spectroscopy，UPS）等在研究清洁表面的成分、结构、电子态、光电子等性质方面起着重要作用。

## 3.2 固体表面热力学

### 3.2.1 表面应力与表面张力

当把固体切开后产生新表面时，所露出来的分子受力不均，这些分子竭力自动调整分子间距。然而由于移动困难，切开固体表面所做的功就转变为作用在表面分子上的应力，即表面应力。

沿相互垂直切割的两个表面应力之和的一半即为固体的表面张力：

$$\gamma = \frac{\tau_1 + \tau_2}{2} \tag{3-2}$$

对于液体或各向同性的固体，$\tau_1 = \tau_2$，但对于各向异性的固体或晶体，$\tau_1 \neq \tau_2$，所以与液体不同，固体的表面张力不一定等于其表面应力。对于各向异性的固体，其表面积为 $A$，当使固体表面在两个方向上的面积增加分别为 $dA_1$ 和 $dA_2$ 时，则自由能的总增加为对抗表面应力所做的可逆功（图 3-7）。

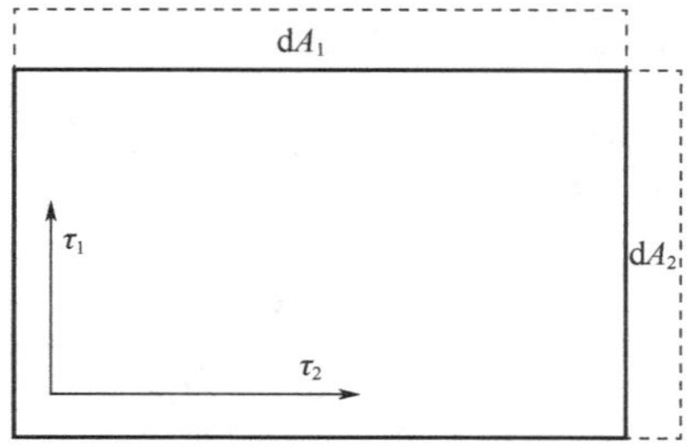


图 3-7　各向异性固体的表面张力在两个方向上的分解

$$\tau_1 = G^{\mathrm{s}} + A_1\left(\frac{\partial G^{\mathrm{S}}}{\partial A_1}\right)_{T,p} \tag{3-3}$$

$$\tau_2 = G^{\mathrm{s}} + A_2\left(\frac{\partial G^{\mathrm{S}}}{\partial A_2}\right)_{T,p} \tag{3-4}$$

可以将分子间的相互作用力类比为弹簧的弹力，见示意图 3-8。在界面处，弹簧在本体相中的拉力（一般而言）比相邻相中的拉力更大。因此，界面分子被拉入本体（在其有限尺寸和排斥相互作用所允许的范围内），并且表面区域中分子的净密度降低。表面分子之间有更多的空间，因此作用在它们之间的弹簧被拉伸到超过其平衡长度，从而产生沿着表面的张力而使分子保持在一起。弹簧沿表面拉动的力就是表面张力或表面能。

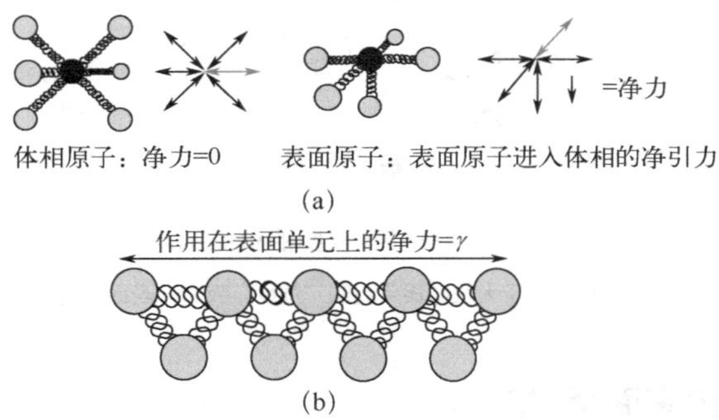


图 3-8　表面能“弹簧”模型的示意图

(a) 对于单个原子，处于表面的位置会导致不平衡的力将其拉入本体；

(b) 对于一般的表面，单元的单个吸引力的总和产生表面张力或表面能的净效应

### 3.2.2　单组分体系的表面功

为了产生新表面，必须对体系做功，包括断裂一些键和移开一些相邻的原子，在这里理解为沿着表面阻止进一步生成表面的压力。固体以最密集的原子排列面为最外层以减少表面积。

$$\delta W_{T,p}^{\mathrm{S}} = \gamma\, \mathrm{d}A = \mathrm{d}(G^{\mathrm{S}} A) \tag{3-5}$$

产生新表面有两种途径：

① 单纯地增加表面积 $A$。例如，在劈裂或高温下将固体延展，此时内部原子可以扩散到表面并变成表面的一部分，这样可增加表面积而不伴随表面性质的任何变化。

$$\mathrm{d}\gamma = -S^{\sigma}\mathrm{d}T - \sum_i \Gamma_i \mathrm{d}\mu_i \tag{3-6}$$

② 表面原子数目不变，而将原来的表面延展，这样就产生了应力。其通式为：

$$\delta W_{T,p}^{S}=\left[\frac{d(G^{S}A)}{dA}\right]_{T,p}dA=\left[G^{S}+A\left(\frac{\partial G^{S}}{\partial A}\right)_{T,p}\right]dA \tag{3-7}$$

$$\tau=G^{S}+A\left(\frac{\partial G^{S}}{\partial A}\right)_{T,p} \tag{3-8}$$

对于情况①，$G^{S}$与$A$无关，即：$\left(\frac{\partial G^{S}}{\partial A}\right)_{T,p}=0$。

方式①是将固体劈开而使其表面积增加，或者在高温下将固体延展，使原子扩散到表面而形成新表面的一部分，但所产生的应力不会保持下来（因为退火使应力消除）。

当一块表面刚被切割开时，原子都像在体相那样占据平衡位置，但表面的原子其相邻原子数以及晶体场对称性都比体相低，它们不可避免地会向垂直于表面的方向移动，寻求新的平衡位置，如图 3-9 所示。

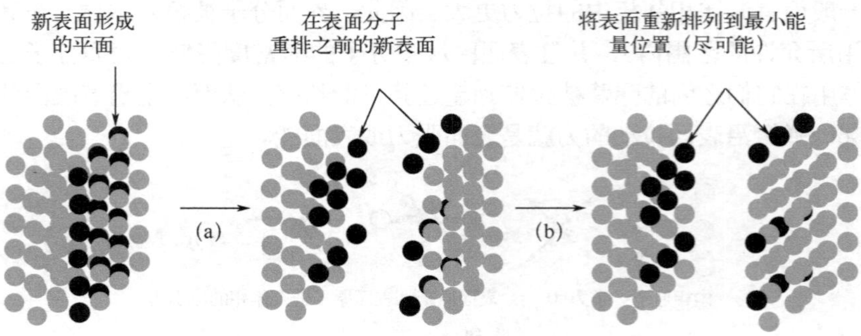


图 3-9　逐步形成新表面的机制示意图

(a) 初始解理；(b) 由于大块底层单元的"过度"吸引，表面单元重新排列

### 3.2.3　决定表面能和表面熵的变量

设体系有α、β和s相，其中s相为表面相。每一个相有1，2，…，$c$个组分。对于整个体系：

$$U=U^{\alpha}+U^{\beta}+U^{s} \tag{3-9}$$

$$U^{\alpha}=U^{\alpha}T,V,n_1^{\alpha},n_2^{\alpha}\cdots n_c^{\alpha} \tag{3-10}$$

$$U^{\beta}=U^{\beta}T,V,n_1^{\beta},n_2^{\beta}\cdots n_c^{\beta} \tag{3-11}$$

$$U^{s}=U-U^{\alpha}-U^{\beta} \tag{3-12}$$

$$U^{s}=U^{s}(T,V^{\alpha},V^{\beta},A,n_1^{\alpha},n_2^{\alpha}\cdots n_c^{\alpha},n_1^{\beta},n_2^{\beta}\cdots n_c^{\beta},n_1^{s},n_2^{s}\cdots n_c^{s}) \tag{3-13}$$

$$F^{s}=F^{s}(T,V^{\alpha},V^{\beta},A,n_1^{\alpha},n_2^{\alpha}\cdots n_c^{\alpha},n_1^{\beta},n_2^{\beta}\cdots n_c^{\beta},n_1^{s},n_2^{s}\cdots n_c^{s}) \tag{3-14}$$

$$S^{s}=S^{s}(T,V^{\alpha},V^{\beta},A,n_1^{\alpha},n_2^{\alpha}\cdots n_c^{\alpha},n_1^{\beta},n_2^{\beta}\cdots n_c^{\beta},n_1^{s},n_2^{s}\cdots n_c^{s}) \tag{3-15}$$

体相性质只依赖表征这个相性质的变量，因此，被称为自主的。但表面性质不只依赖于典型的"表面变量"，而且还依赖于决定体相状态的变量，因此，它们被称为非自主的。表面相之所以缺乏自主性，其原因就在于表面自由能包含了相互接触两相分子间所有相互作用的影响。

### 3.2.4 晶体的平衡形状

19 世纪末，Gibbs 和 Wulff 等指出，形成晶体平衡形态的热力学条件是在恒温恒压下，一定体积的晶体处于平衡形态时，其总表面自由能为最小，这称为晶体生长的最小表面自由能原理。根据这一原理，一定体积的晶体，其平衡形状是总表面自由能为最小的形状，即：

$$\iint G^{\mathrm{S}}(n)\,\mathrm{d}A=\text{最小} \tag{3-16}$$

液体的表面自由能是各向同性的，故$G^{\mathrm{S}}(n)=\gamma=$常数，此时总表面能最小就是表面积最小。在体积一定时，球形的表面积最小。因此，在不受外力的情况下，液体的平衡形状为球形。对晶体来说，其裸露的面应是表面自由能较低的晶面。从晶体生长的最小表面自由能原理出发，可以求得晶面的法向生长速率与该晶面的比表面自由能成比例。

$$\frac{G_1^{\mathrm{S}}}{h_1}=\frac{G_2^{\mathrm{S}}}{h_2}=\cdots=\frac{G_i^{\mathrm{S}}}{h_i}=\text{常数} \tag{3-17}$$

称为 Gibbs-Wulff 晶体生长定律。

对于具有恒定体积 $V$ 的任何多面体形状的固体，在固体内选择任何给定的点 $P$，并以 $h_i$ 表示从该点到包含面 $i$ 的平面的距离（图 3-10）。

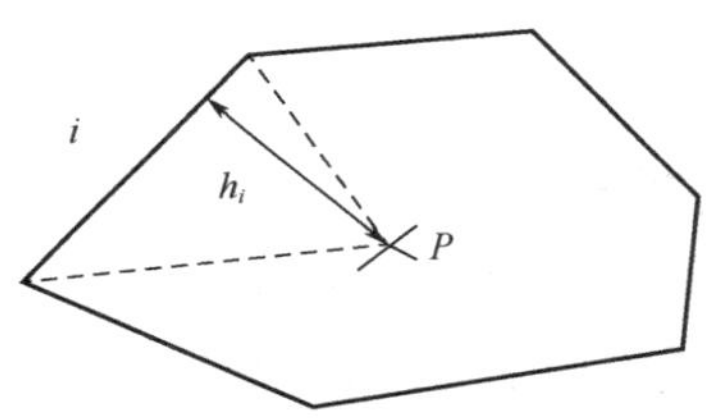


图 3-10　能量最小的晶体形状[5]

由点 $P$ 和面 $i$ 的顶点确定的基本实体的体积为：

$$V_i=\int_0^{h_i}A_{M_i}\left(\frac{u}{h_i}\right)^2\mathrm{d}u=\frac{h_iA_{M_i}}{3} \tag{3-18}$$

式中，$A_{M_i}$ 代表晶面 $i$ 的面积；$h_i$ 表示从点 $P$ 到包含面 $i$ 的平面的距离。

因此，总体积为：

$$V=\frac{1}{3}\times\sum_{i=1}^{i_{\mathrm{m}}}h_iA_{M_i} \tag{3-19}$$

式中，$i_{\mathrm{m}}$ 是多面体的面数。则总界面能为：

$$W=\sum_{i=1}^{i_{\mathrm{m}}}G_i^{\mathrm{S}}A_{M_i} \tag{3-20}$$

式中，$G_i^{\mathrm{S}}$ 为晶面 $i$ 的界面能。

若晶体为平衡形状时某一晶面的面积为 $A_i$，此晶面的矢径长为 $h_i$，则此面的总表面自由能正比于 $h_iA_i$。晶体的平衡形状应满足：

$$\sum_i h_iA_i=\text{最小} \tag{3-21}$$

则 $V$=常数。如具有立方对称性的表面，二维晶体在[10]和[11]方向的表面自由能为最小。

具有最小能量的形状是这样的，对于恒定体积下的任何微分变换，总界面能的微分为零。Gibbs 给了我们这个问题的解决方案，如式（3-17）。对于每个面 $i$，比值 $G_i^{\mathrm{S}}/h_i$ 是一个实常数 $k$，与 $i$ 无关。因此，有 $W=3kV$，对于任何变换，$\mathrm{d}W=3k\mathrm{d}V$，因此，$\mathrm{d}W$ 在恒定体积下为零。

然而，事实上有两个因素与此相反：

① 虽然立方晶体存在多个米勒指数相同的表面，而其他晶体各表面不可能具有相同的米勒指数。这是因为对于普通固体，三个晶轴在空间上是不同的。即使对于立方晶体，例外情况也适用于包含立方晶体三个晶轴中的两个晶轴的平面。

② 固体表面的定义是它们的原子或分子处于固定位置。因此，较高能量的表面通常仍保持在结构中。

当然，实际晶体的外形除了与各晶面的比表面自由能大小有关外，还与位错（尤其是螺旋位错）、孪晶（形成凹入角）等因素有关。由晶体生长的规律可知，法向生长速率快的晶面容易消失，晶体生长最终裸露的是那些法向生长速率慢的晶面，也就是比表面自由能小的晶面。

这些晶面上原子（离子）排布的面密度大，相应的晶面间距也大，晶面指数简单，而且这些面往往容易解理。

因此，晶体的平衡形状常常是由那些晶面指数简单的晶面，如（100）、（110）、（111）等包围的。

## 3.2.5 表面结构中的晶格缺陷

具有二维平移对称性结构的晶体表面称为理想表面，如图 3-11 所示，而对理想表面结构的偏离称为表面缺陷。表面缺陷主要包括表面点缺陷、外部缺陷、非化学计量、位错与晶界等。

+ − + − + − + − +
− + − + − + − + −
+ − + − + − + − +
− + − + − + − + −
+ − + − + − + − +
− + − + − + − + −

图 3-11 理想表面

表面缺陷分为本征缺陷和非本征缺陷。本征缺陷是指那些虽然不含有外来杂质，但其结构仍然不完善的表面，主要是指空位缺陷和填隙缺陷以及错位原子所造成的缺陷。

**（1）表面点缺陷**

最简单的晶体缺陷涉及单个或成对的原子或离子，因此称为点缺陷。与晶体体相中的点缺陷类同，晶体表面层中的点缺陷有表面空位、间隙离子（原子）及杂质原子（离子）等。

点缺陷在材料中非常重要，因为它们在决定材料性能方面发挥着重要作用。整个半导体工业之所以成为可能，是因为添加到 Si 中的点缺陷浓度很小。掺杂剂决定了 Si 是 n 型、p 型还是半绝缘的，它们决定了电气特性。固体氧化物燃料电池之所以工作，是因为作为固体电解质的氧化锆（立方相结构）存在大量的氧空位，空位提供了快速的离子传导途径。

已经确定有两种主要类型的点缺陷：Schottky 缺陷和 Frenkel 缺陷。

Schottky 缺陷由一对空位组成：阳离子空位和阴离子空位。若离子电价相同，配位情况类似，则离子半径就是主要因素。当阴、阳离子半径相近时，一般是 Schottky 缺陷占优势，如卤化碱金属晶体。如，在化学计量晶体（如 MgO）中，我们得到一对空位，一个在 Mg 子晶格上，另一个在 O 子晶格上，如图 3-12 所示。

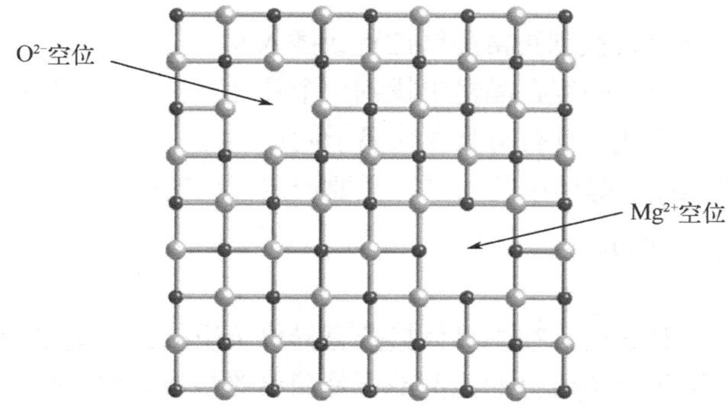


图 3-12　MgO（100）面的表面层 Schottky 缺陷俯视图（Mg 原子用大圆点表示）[6,7]

为了尽可能地保持晶体内部和晶体表面的局部电中性，应存在相等数量的阴离子和阳离子空位。缺陷的存在，即使浓度很小，通常也会极大地影响材料的性能。

Frenkel 缺陷由间隙离子（原子）构成。间隙离子（原子）是由于热运动，原来处于正常晶格位置上的离子迁移到晶格间隙位置处而形成，结果在原来的晶格位置上留下一个空位。在离子晶体中，一个间隙离子与相应的空位一起构成一个 Frenkel 缺陷。当阳离子比阴离子小很多时，则阳离子 Frenkel 缺陷占优势，因为小离子更容易进入间隙位置，如 AgCl、AgBr、AgI 等主要具有这种缺陷，其中 $Ag^+$ 是间隙离子，如图 3-13 所示。阴离子 Frenkel 缺陷的形成通常发生在具有萤石结构的化合物中，如 $CaF_2$ 和 $ZrO_2$。在这种情况下，$F^-$ 或 $O_2^-$ 占据间隙位置。

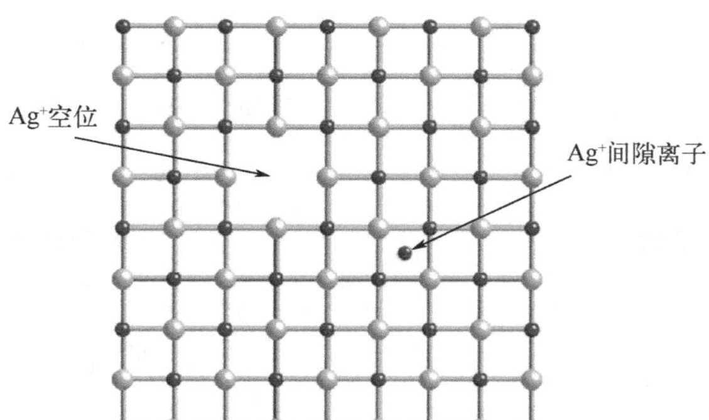


图 3-13　AgBr 中 Frenkel 缺陷示意图（小圆点代表 $Ag^+$）[7]

表面层的情况与体相不完全相同，一般认为表面层中的间隙离子可能通过下述方式产生：

$$M^+_{褶皱} \rightleftharpoons M^+_{间隙} + A^-_{褶皱}$$

式中，$M^+_{褶皱}$ 和 $A^-_{褶皱}$ 表示表面上处于扭折位置处的阳和阴离子；$M^+_{间隙}$ 表示间隙阳离子。

原则上空位和间隙离子这两类缺陷在任何一种离子晶体中都可能出现，但实际上由于离子半径、离子的电价及其周围的配位情况等因素的影响，空位和间隙离子的生成自由能不同。因此，实际晶体中总是某一类缺陷占优势。

空位和间隙离子形成以后，由于力场的改变，缺陷周围的离子接着要发生弛豫作用，以使体系的能量尽可能降低。

**（2）外部缺陷**

当杂质原子或离子通过置换到正常晶格位置或插入间隙位置而并入晶格时，会出现外部缺陷。当杂质与主晶格同价时，必须在晶格中找到一个补偿电荷，以保持电中性。当外来杂质离子进入晶体的晶格位置，即使它具有与被取代离子同样的电荷也不可避免地要产生一定程度的畸变。例如用 $Fe^{3+}$ 取代 $Al_2O_3$ 晶体中的 $Al^{3+}$，需要一定程度的晶格弛豫才能容纳 $Fe^{3+}$。若取代在表面上发生，情况是类同的。

**（3）非化学计量**

缺陷也可以是非化学计量的。在主晶体掺杂有异价杂质的外部缺陷的情况下，形成的固体是非化学计量化合物，因为原子成分的比例不再是简单的整数。如果晶体中含有价态可变的元素，则该元素离子数量的变化可以通过离子电荷的变化来补偿。结果是保持了电中性，但改变了化学计量。如，受主掺杂的 $Ln_{1-x}A_xBO_3$（Ln：稀土元素；A：碱土元素；B：过渡金属元素）的非化学计量。通常，A 位上二价碱土离子的取代会增加氧空位的浓度。温度和氧分压决定了电荷补偿是通过 B 位过渡金属离子的化合价增加还是通过电离氧空位的形成来实现的。非化学计量化合物在固态电化学领域有着广泛的应用，因为它们的性质可以通过改变原子成分的比例来改变。

由于非化学计量而产生的缺陷类型按结构区分大致可以归纳为四类，如图 3-14 所示。

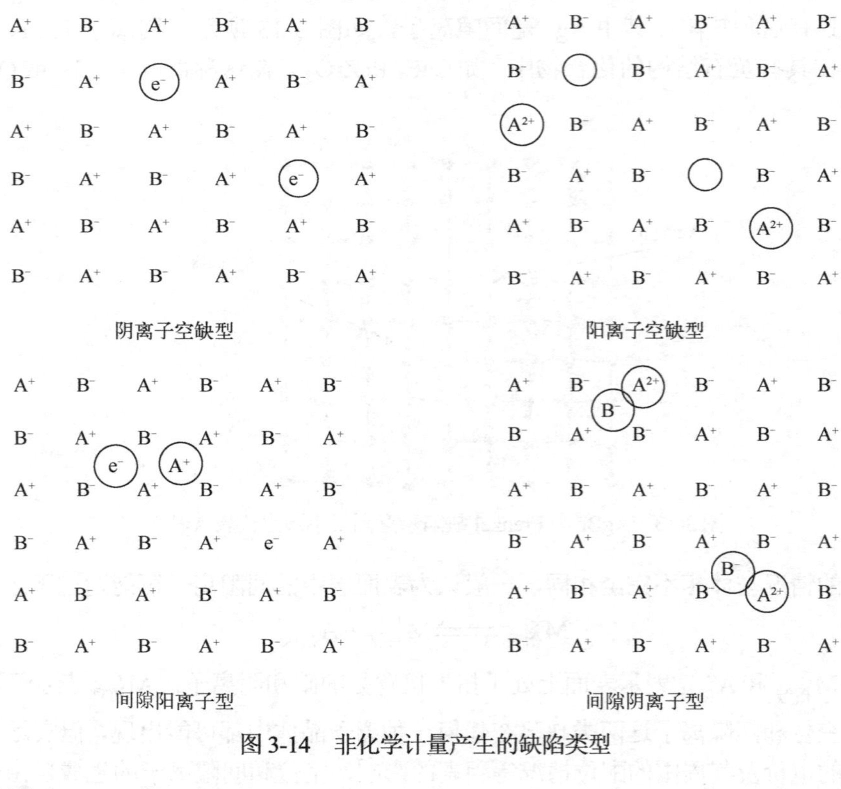


图 3-14　非化学计量产生的缺陷类型

**（4）位错（dislocation）**

位错指晶体材料的一种内部微观缺陷，即原子的局部不规则排列（晶体学缺陷）。从几何角度看，位错属于一种线缺陷，可视为晶体中已滑移部分与未滑移部分的分界线，但这不是几何学上定义的线。严格地说，它是有一定宽度的管道，在管道内及其附近集中有较大的应力，形成一个应力场。位错管道内原子的平均能量比正常晶格位置处要大得多。

位错通常以其所谓的 Burgers 矢量为特征。位错的 Burgers 矢量可以通过以下方式找到：在没有任何位错的情况下，在完美晶格内绘制一条由任意晶格矢量序列组成的闭合路径。然后在围绕位错的同时遵循相同的晶格矢量序列。第二条路径由于位错而不会闭合。从第二条路径的起点到终点的矢量是 Burgers 矢量，它描述了位错导致的原子面扭曲的大小和方向。

简单的位错分为两类：刃型位错（又称棱位错）和螺旋位错，如图 3-15 所示。若一个晶面在晶体内部突然终止于某一条线处，则称这种不规则排列为一个刃型位错。刃型位错附近的原子面会发生朝位错线方向的扭曲。对刃型位错，其 Burgers 矢量方向垂直于位错线的方向。若将规则排列的晶面想象成一叠间距固定的纸片，将这叠纸片剪开（但不完全剪断），然后将剪开的部分其中一侧上移半层，另一侧下移半层，形成一个类似于楼梯拐角处的排列结构，则此时在“剪开线”终结处（这里已形成一条垂直于纸面的位错线）附近的原子面将发生畸变，这种原子不规则排列结构称为螺旋位错。螺旋位错在表面上产生一个台阶，该台阶从位错在表面的出现开始。

此外，还有混合型位错，它结合了刃型位错和螺旋位错的特点。

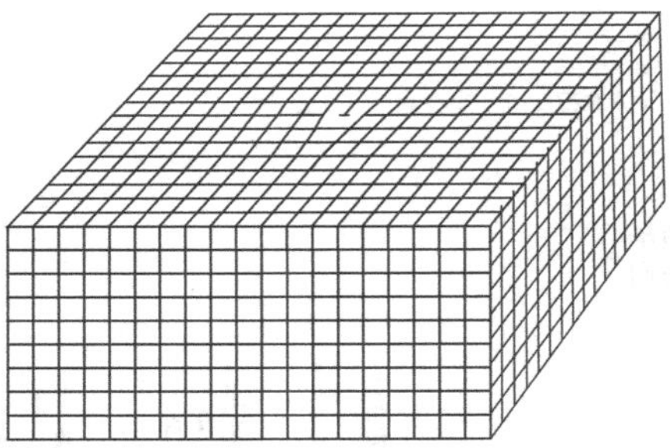

(a) 刃型位错（位错线方向垂直离开纸面）

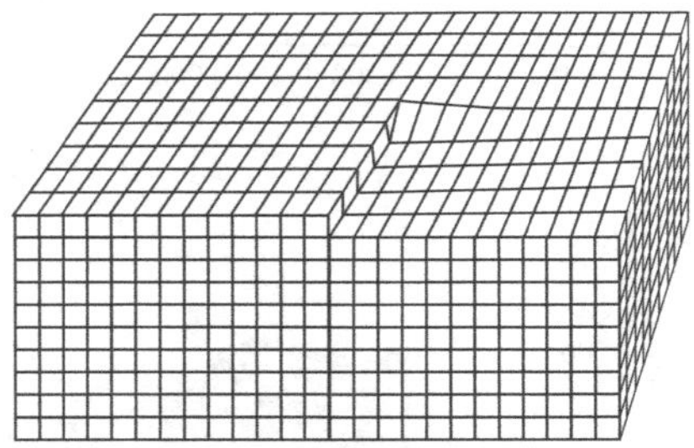

(b) 螺旋位错

图 3-15 位错的分类[2]

### (5) 晶界 (grain boundary)

晶界是结构相同而取向不同晶粒之间的界面，见图 3-16。在晶界面上，原子排列从一个取向过渡到另一个取向，故晶界处原子排列处于过渡状态。晶界是界面缺陷，根据相邻晶粒之间的取向差，可以形成不同类型的晶界。在实际应用中，晶界在控制多晶材料性能和行为中的重要性已得到充分认识。

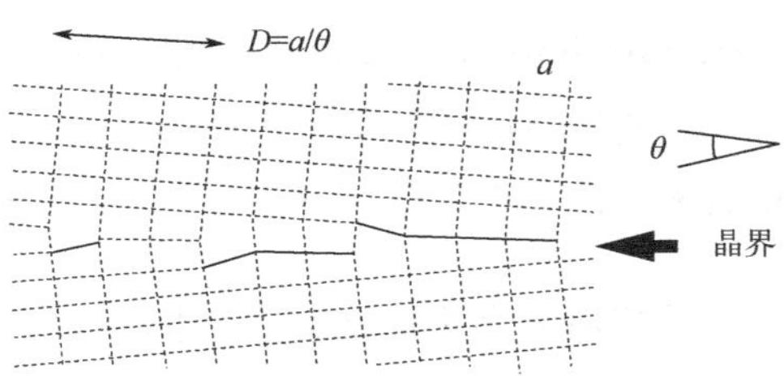


图 3-16 晶界示意图

## 3.2.6 固体表面的粗糙性与多孔性

理想的固体表面是原子平坦且化学均匀的。然而，实际上并不存在这样的理想表面，所有真实的固体表面在不同的长度尺度上都具有表面粗糙度（surface roughness），并且由于杂质或多晶体差异的存在，它们在一定程度上也是化学不均匀的。表面粗糙度定义为实际表面积与平面面积的比率，可以通过原子力显微镜（AFM）、扫描电子显微镜（SEM）和其他光谱方法确定。图 3-17 显示了 $CeO_2$ 负载在硝酸刻蚀后的 $SiO_2$ 表面的 AFM 图。

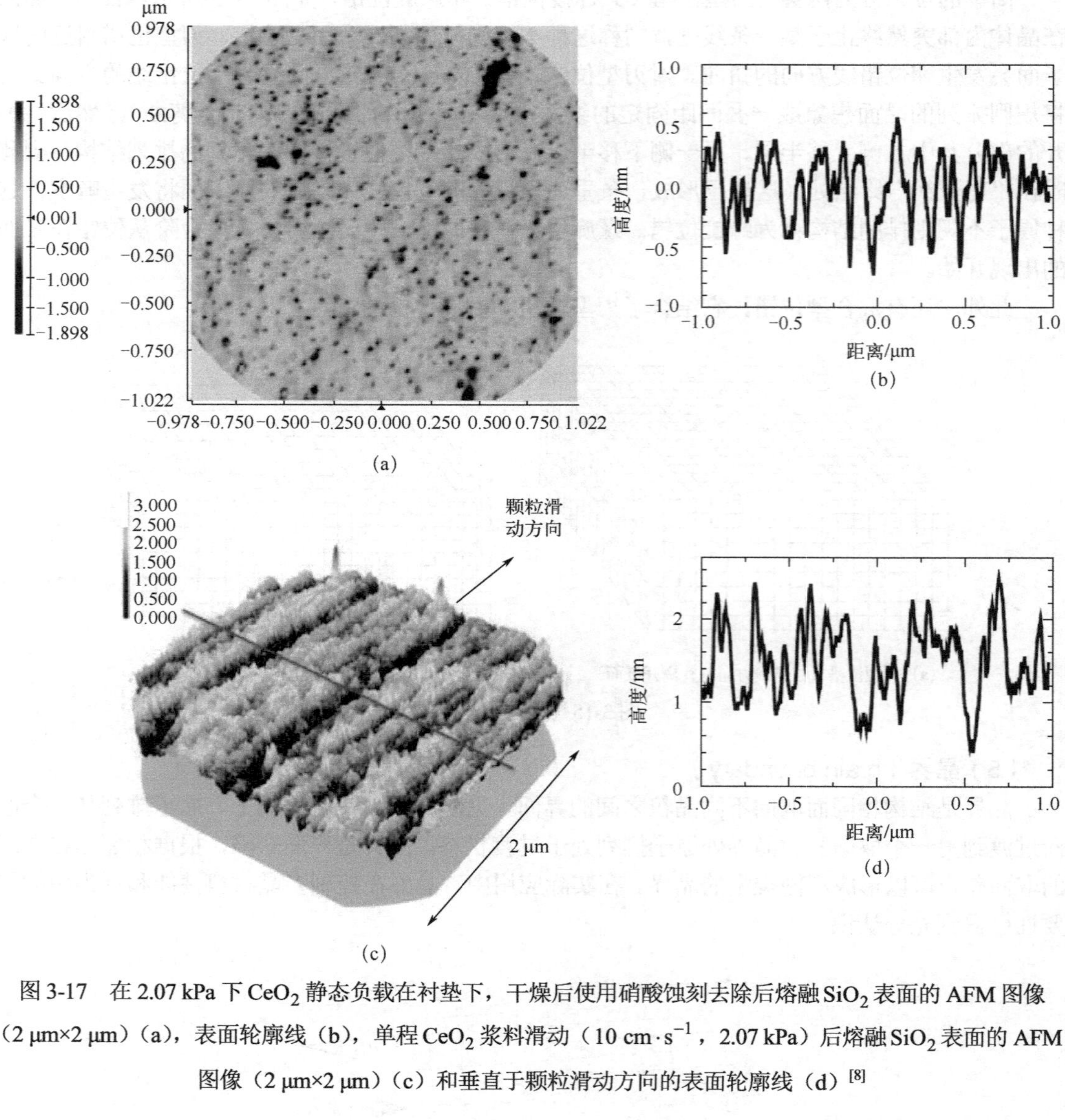


图 3-17　在 2.07 kPa 下 $CeO_2$ 静态负载在衬垫下，干燥后使用硝酸蚀刻去除后熔融 $SiO_2$ 表面的 AFM 图像（2 μm×2 μm）(a)，表面轮廓线（b），单程 $CeO_2$ 浆料滑动（10 cm·s$^{-1}$，2.07 kPa）后熔融 $SiO_2$ 表面的 AFM 图像（2 μm×2 μm）(c) 和垂直于颗粒滑动方向的表面轮廓线（d）[8]

在第 4 章将介绍固体表面的粗糙度会影响液体在固体表面上的润湿，Wenzel 和后来的 Cassie、Baxter 提供了不同的润湿方程，显示了接触角和固体表面粗糙度之间的关系，见 4.4 节。在粗糙表面上的有效接触角可以以时间依赖的方式急剧变化[9]。

天然颗粒的表面粗糙度是影响多孔介质中液固相互作用的最重要特性之一。它涵盖了从纳米到微米的广泛空间尺度上的不同来源和类型的特征[10]。

改变金属表面的粗糙度不仅可以用机械处理方法，而且也可以用化学和电化学方法，如化学抛光、电解抛光等。

## 3.3 外来物类与固体表面的相互作用

考虑外来物类与固体表面的相互作用，掌握被吸附物类与表面的化学键合、反应以及固体表面结构、电学性质相应变化等方面的知识，研究气体-固体表面的相互作用等。

### 3.3.1 表面力

与液体表面一样，固体表面也存在着不平衡力。固体表面上的“未饱和”键，又称为悬空键，见图3-18，它可以很容易地与其他化学物质相互作用。

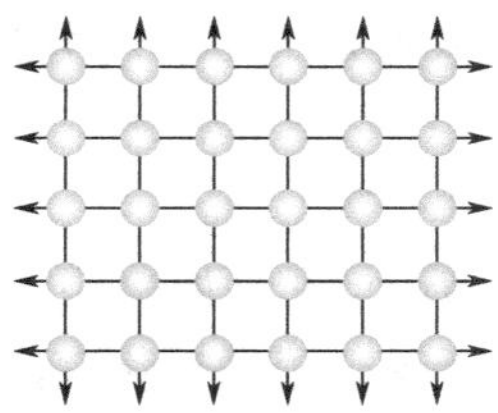


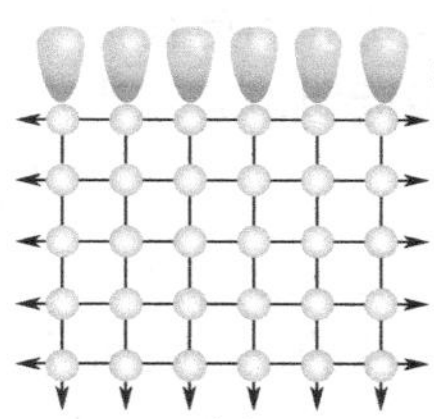


图3-18　在固体的本体中，原子与周围的其他原子相互作用（a）和在表面，原子与除一个原子外的所有方向的其他原子相互作用（b）

当外来物类，例如气体原子或分子接近不同种类固体表面时，会感受到一个吸引势。此吸引势的强度决定了气体原子和表面之间相互作用的性质。

气体或蒸气被表面吸附所包含的吸引力主要分成物理和化学两类，它们分别引起表面的物理吸附或化学吸附。

**（1）物理力**

物理吸附的吸引力可以分成以下几类：

① 色散力　又称伦敦力，是指分子相互靠拢时，它们的瞬时偶极矩之间产生的很弱的吸引力。色散力存在于一切分子之间。

若被吸附的原子或分子不具备永久偶极矩或多极矩，则与固体表面的吸引相互作用只是靠着非极性色散力。

色散力来源于电子在轨道中运动而产生的电矩（或密度）的涨落，此涨落对相邻原子或离子诱导产生一个相应的电偶极矩，反过来又影响原来原子的电偶极矩。

$$U_{\mathrm{L}}(r)=-\frac{C}{r^{6}} \tag{3-22}$$

考虑到被吸附物与固体表面的吸引相互作用，色散力实际在所有体系中均存在。

极性分子在共价固体表面上的吸附和球对称惰性原子在离子固体表面上的吸附，吸引力主要是色散力。非极性分子和金属之间的吸引力可以考虑为色散力，但又不完全符合色散力的近似模型。非极性分子在共价固体表面上的物理吸附可以认为吸引力几乎就是色散力。

② 诱导力　固体本身具有外电场，例如离子晶体，该电场将诱导被吸附原子的偶极矩，从而除色散力之外还应加上诱导所产生的相互作用力。Debye 注意到一个分子的电荷分布要受其他分子电场的影响，因而提出了诱导力。

一个偶极子和一个可极化的物类之间的作用能则为：

$$U(\mu,\alpha)=-\frac{\alpha\mu^2}{r^6} \tag{3-23}$$

式中，$\mu$ 为偶极矩；$\alpha$ 为极化率。

③ 静电力

具有偶极而无附加极化作用的两个不同分子的偶极矩间有静电相互作用，此作用力为静电力或葛生（Keesom）力，其性质与大小和偶极矩的相对取向有关。

$$U(\mu_1,\mu_2)=-\mu_1\frac{2\mu_2}{r^3}=-2\frac{\mu_1\mu_2}{r^3} \tag{3-24}$$

假如被吸附的原子或分子自身具有偶极或多极矩，还需加上这些极矩与固体的任何永久场的相互作用以及固体中被诱导的电荷分布的作用。如被吸附分子有永久偶极矩 $\mu$，则静电场对吸引势能的贡献作为一级近似可表示为：

$$U_{\mathrm{e}}(r)=-F\mu \tag{3-25}$$

式中，$F$ 是离开表面距离为 $r$ 的一点的电场强度，而该点即是偶极的中心。

若被吸附分子是非极性的，则吸引势的大小将依赖于该分子的极化率，在强度为 $F$ 的电场中，极化率为 $\alpha$ 的分子会产生诱导偶极矩 $\mu_1$，但一般情况下诱导偶极与电场 $F$ 的相互作用能对总作用能的贡献较小。如氢吸附在氯化钾上，计算得到的数值仅为色散力贡献的 4%。

④ 平板之间的力 平板之间的力可以看作许多对原子之间色散力之和。

这种相互作用较强，在真空中如果距离小于 $2\times10^4\,\mathrm{pm}$，则单位面积平板的相互作用能为：

$$U(r)=-\frac{A}{12\pi r^2} \tag{3-26}$$

如距离大于 $2\times10^5\,\mathrm{pm}$，则为：

$$U(r)=-\frac{A'}{30\pi r^3} \tag{3-27}$$

**（2）化学力**

当被吸附分子与固体之间有电子转移发生时则属于化学力。气体和表面相互作用能可以大到近似晶格能。这类强相互作用将导致形成表面化学键，而且以此种形式化学吸附的原子将能参与随后发生的表面反应。

**（3）相互作用强度的表征**

相互作用强度的表征可以通过吸附热的大小来量度。吸附热 $\Delta H_{吸}$ 是每摩尔作用的气体原子和表面原子之间的平均结合能，它与固体表面势阱的深度有关，该值可以由吸附实验测定得出。

强相互作用 $\Delta H_{吸}$ 对应化学吸附，它远大于 1 摩尔气体原子的平均热能，约为几十至 $200\ \mathrm{kJ\cdot mol^{-1}}$，而弱相互作用相当于物理吸附，$\Delta H_{吸}$ 与气体的液化热相似，仅几至几十 $\mathrm{kJ\cdot mol^{-1}}$。

另外，一旦气体原子被吸附，$\Delta H_{吸}$和表面上气体原子热能（$RT$）之比$\Delta H_{吸}/RT$可决定气体原子在表面停留的时间$\tau$。

$$\tau = \tau_0 \exp(\Delta H_{吸}/RT) \tag{3-28}$$

式中，$\tau_0$是与单个表面原子振动周期有关的数值。

对于有吸附物的表面，也可通过脱附过程来确认吸附物的类型以及吸附物与基底的结合能。可通过加热、电子轰击和光照射来产生脱附，分别称为程序升温脱附（TPD）、电子激励脱附（ESD）或光子感生脱附（PSD）。

## 3.3.2 气体分子与固体表面的相互作用

### （1）弱相互作用

当空间气体分子以某一入射角撞击到材料表面气体分子上发生非弹性散射碰撞时，气体分子与材料表面气体分子进行一定的能量交换，其中能量交换遵循能量守恒和动量守恒，然后再以某一散射角从材料表面气体分子上散射，这种作用即为气体分子与材料表面的弱相互作用。

气相空间气体分子以某一入射角撞击到材料表面或表面气体分子上，如果入射的气体分子在材料表面或表面气体分子上停留的时间足够入射气体分子与材料表面或表面气体分子进行充分的能量交换，则该入射气体分子被吸附的概率就很大。

当入射的气体分子在材料表面或表面气体分子上被吸附时，其自由能、焓及熵变化热力学方程为：$\Delta G = \Delta H - T\Delta S$。

气体分子在材料表面的迁移：吸附在材料表面的气体分子，由于分子热运动，它们之间频繁地发生相互作用并交换能量，促使吸附在材料表面的气体分子在表面不停地迁移、蠕动，以及在材料内部溶解、渗透、扩散等。气体分子在固体表面滞留期间，不停地沿表面做“跳跃”式的无规迁移，结果使吸附分子可以在远离原来吸附的位置处脱附。

### （2）强相互作用

当气体原子或分子撞击表面并经受一个强的引力势时，它们就像粘在表面上，在表面上停留的时间比表面原子晶格振动的时间长得多，约为$10^{-2}\sim10^{2}$s数量级。

这样长的停留时间，使得入射气体和表面之间的能量转换概率大大增加，经常会出现入射分子束的热容纳系数为1的情况，即完全热容纳。

## 3.3.3 吸附物与固体表面的键合

外来物种与固体表面之间的相互作用，特别是强相互作用会改变表面的电学和化学性质。从大量实验所观察到的表面现象来看，当外来原子或分子发生化学吸附时，很普遍的现象就是表面原子由晶格表面位置位移，并且在表面键形成时发生电荷密度的重新分布。

例如在硅或锗共价半导体上的吸附作用可以消除表面的重组。氧在锗上吸附大约0.1单层，就足以使表面重组结构改为与体相相同的（1×1）底物结构。而氧在Ni上吸附，不仅表面原子移动造成表面重组，而且LEED测试证实表面显示出NiO图像，即吸附氧与表面Ni发生了化学反应。

就被吸附物而言，在表面偶极所建立起的强电场下，被吸附原子或分子会出现扭曲和重排，它影响了比直接参与形成表面键更多的电子轨道。例如乙炔在Pt(111)面上的重排，其中包括H原子从一个碳到另一个碳的移动，并将气相分子的C≡C三键拉伸为C—C单键。随着温度和吸附量的变化以及表面预处理进行与否，均可使被吸附物重新定位。

**（1）键合类型**

外来物类与固体表面相互作用，即发生化学吸附时，从键合的角度来考虑，定性上可分为三类：

① 离子键合。此类被吸附物是以离子状态吸附在固体上，吸附时它们获得从固体导带来的电子或价带来的空穴，本身带负电荷或正电荷。对表面来讲，更多的是表面整体而不是表面单个原子参与键合。如果电子转移的过程是释放能量或吸收能量的唯一过程，外来被吸附物种被离子化后可能距离底物相反电荷离子几万 pm，不存在电子共享，这种即为离子键。

事实证明不形成局部化学键，只包含纯粹静电效应的离子吸附，除 $O_2^-$ 会吸附在半导体上外，其他离子较少发生。大多数情况下，还应考虑到吸附离子更为接近表面相反电荷离子，但仍不是被吸附物与固体表面某一离子形成局部化学键。

② 共价键合。每一被吸附物仅与一个或几个表面原子键合，此时没有固体能带的电子转移。纯粹局部键合可以是共价化学键或酸-碱共价键，这种局部成键强调键合的方向性，表面化学键的强度依赖于表面的结构。实际在一定程度上与底物整体电子性质也有关系，对过渡金属化合物来讲，已证实化学吸附气体化学键的性质，部分依赖于底物单个原子的电子构型，部分依赖底物表面的结构。

③ 中性吸附的键合。被吸附物和底物原子之间实际无电荷转移。如一个极性分子吸附在一个离子固体上，则在表面被吸附物种和一个原子之间可形成偶极-偶极强吸引的局部键合。

**（2）表面分子模型**

分子模型是用形成表面分子的概念来描述被吸附物类的吸附情况。该模型假定被吸附物与一个或少数几个基质原子相互作用形成价键。按照分子轨道理论或其他化学键理论，这种相互作用完全不包括能带的特征，因此它属于局部化学相互作用。

① 被吸附物与共价或金属固体的键合。外来原子或分子化学吸附时，固体表面上可用的轨道与自由原子的轨道是有区别的。对于一个非过渡金属共价固体来讲，例如锗和硅，表面上主要是未成对电子轨道——悬空的 s-p 杂化轨道，可用来与被吸附物键合，形成晶体表面原子和被吸附物原子或分子之间的简单共价键。对于过渡金属来讲，金属原子的轨道和单个原子的电子结构在形成表面键方面起重要的作用。

如不饱和碳氢化合物的 π 电子和过渡金属催化剂表面的键合是过渡金属表面键合中重要的一类，这种键合对加氢、脱氢、异构化反应或氧化反应都是很关键的。如 CO 在过渡金属表面上的吸附，红外光谱研究证实，CO 在过渡金属上由碳原子给出孤对电子形成 π 键，和由金属填充的 d 轨道将电子反馈到 CO 分子上的空 π 轨道上形成 π 键。其他如芳烃上的 π 轨道，例如苯，如果平放在金属表面上，π 轨道上的 π 电子也可以与几个表面金属悬空键键合。

② 被吸附物与离子固体的键合。在被吸附物与离子固体键合中，最有力的局部键是酸-碱键。

一个酸位置的酸强度就是将一个吸附的碱分子转化为它的共轭酸的能力。Lewis 酸或碱的强度与该位置的电子亲和势有关，还与其他因素，如位置的几何学和未被占据轨道的取向等有关，即依赖于表面结构。

## 3.3.4 固体物质在固体表面上的分散

当金属氧化物作为载体时，表面分散相与载体间的相互作用一直是表面科学和多相催化领域重要的研究课题，这种表面相互作用的研究对阐明多相催化作用机理和进行催化剂设计具有理论和实际意义。已提出了描述氧化物在载体表面分散行为及其相互作用的模型，如唐有祺、谢有畅等[11]提出金属盐和氧化物在载体表面的自发分散作用和密置单层模型（close-packed monolayer model），并提出了分散容量的概念和测定方法，使得此类相互作用定量研究成为可能。陈懿等[12]在考虑到载体表面结构与分散相组分性质的基础上提出了嵌入模型（incorporation model），认为负载型离子化合物在载体表面上的分散实际上是其阳离子进入载体优先暴露面空位而相伴的阴离子定位其上以保持电中性，氧化物在载体表面的分散容量与载体表面的空位、覆盖在阳离子之上的阴离子大小等有关。据此讨论了一系列离子化合物在氧化物载体上的分散容量，与实验值符合良好[13]。

锐钛矿型 $TiO_2$ 属四方晶系，已经证明，锐钛矿型 $TiO_2$ 上优先暴露的晶面为（001）面，从该晶面结构单元计算出其空位密度为 $1.16\ mmol\cdot 100m^{-2}$。根据嵌入模型，$Nb_2O_5$ 在 $TiO_2$ 表面上的分散过程是 $Nb^{5+}$ 进入 $TiO_2$ 优先暴露面（001）的空位，相伴的 $O^{2-}$ 定位其上以保持电荷平衡。每嵌入一个 $Nb^{5+}$，将有 2.5 个 $O^{2-}$ 来平衡电荷。由于覆盖 $O^{2-}$ 产生的屏蔽效应，$TiO_2$ 表面部分空位不能被 $Nb^{5+}$ 占据，故 $Nb_2O_5$ 在 $TiO_2$ 表面的分散容量低于 $TiO_2$（001）面上的空位密度 $1.16\ mmol\cdot 100m^{-2}$。取 $O^{2-}$ 的半径为 0.14 nm，按其最密排列计算，可估算出 $Nb_2O_5$ 在 $TiO_2$ 表面时，每 $100m^{-2}TiO_2$ 的理论分散容量为 0.98 mmol Nb（相当于每个表面晶格有 0.84 个 $Nb^{5+}$），XRD 相定量分析结果与理论分析结果非常接近。图 3-19 示出 $Nb_2O_5$ 在 $TiO_2$ 表面的分散状态。

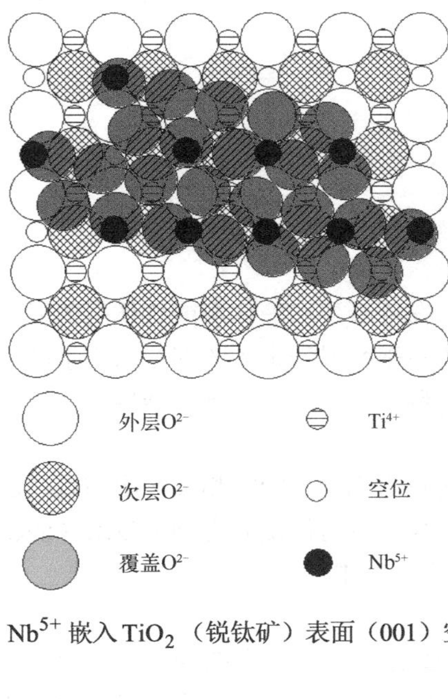


图 3-19　$Nb^{5+}$ 嵌入 $TiO_2$（锐钛矿）表面（001）空位示意图[14]

Wachs 等[15,16]采用拉曼光谱方法研究了 $Nb_2O_5$ 在 $\gamma$-$Al_2O_3$、$TiO_2$、$ZrO_2$ 和 $SiO_2$ 等载体表面的分散，并用“羟基滴定”模型（hydroxyl titration model）来描述过渡金属氧化物在氧化物载体上的分散行为。他们认为氧化物在载体表面分散是相应的水合氧化物与载体表面羟基作用而脱水的过程，氧化物通过“滴定”载体表面的羟基而分散在载体上。当载体表面所有的羟基被消耗后，氧化物在载体表面形成单层分散结构。载体表面羟基的数量和性质决定了它与活性组分之间的相互作用，也决定了活性组分在载体表面的分散容量。李杰等[17]采用 $^1$H-MAS NMR 技术研究 NiO 在 $HTi_2NbO_7$ 纳米片上的分散行为，观察到分散的 NiO 物种与纳米片上的羟基之间的显著相互作用，如图 3-20 所示。在图 3-20（a）中，位于 1.312 和 1.600 的峰归属于孤立的 Ti—OH 基，位于 3.546 和 5.036 的峰归属于氢键和 Ti—OH，而位于 7.671 的峰归属于桥羟基 Ti(OH)Nb。在图 3-20（b）中，这些羟基峰消失或明显减弱，而在 0.483 处出现可能属于 Ni—OH 的峰。

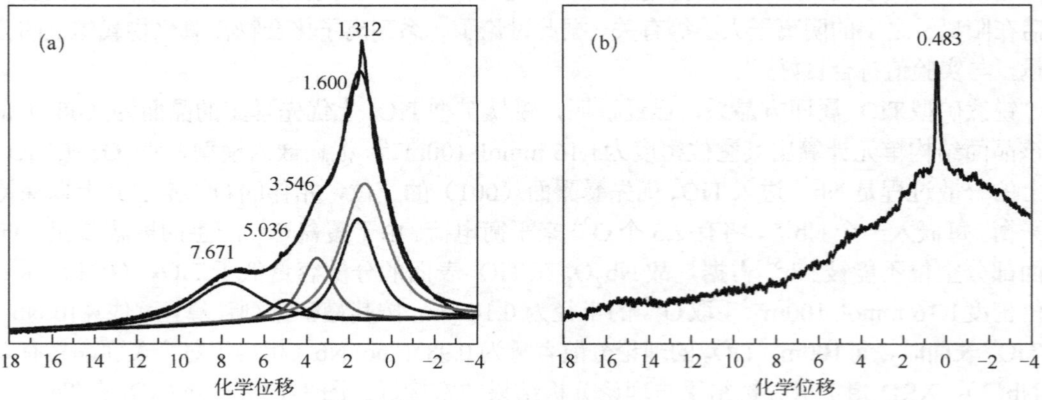


图 3-20　$NiO/HTi_2NbO_7$ 体系的 $^1$H-MAS NMR 谱

(a) 脱水 $HTi_2NbO_7$ 纳米片；(b) $NiO/HTi_2NbO_7$ 复合物

# 3.4 吸附与吸附剂

## 3.4.1 吸附

吸附是由于表面力的作用，在冷凝层和液体层或气体层的界面处物质浓度的增加。

吸附过程是由于固体表面的不平衡或残余力的存在而产生的。这些不平衡的残余力倾向于吸引和保留与表面接触的分子物种。吸附本质上是一种界面现象。

### 3.4.1.1 吸附的分类

前面已经介绍了固体表面与吸附物种之间的相互作用力以及表面能量的变化。根据吸附质与吸附剂之间的作用力不同，一般将吸附作用分为物理吸附（弱相互作用）和化学吸附（强相互作用）。它也可能由于静电吸引而发生。

**（1）物理吸附**

在没有毛细管冷凝和竞争吸附等复杂因素的情况下，物理吸附过程通常没有活化能，即它是扩散控制的，并且基本上与蒸气分子到达表面的速度一样快。该过程是可逆的，并将迅速达到平衡。事实上，如果气体的蒸气压达到饱和水平，冷凝和吸附过程重叠，会变得无法区分。物理吸附可以是一个多层过程，这一事实对于该过程的数学建模和分析非常重要。

气体在固体表面上的物理吸附状态如图 3-21 所示。

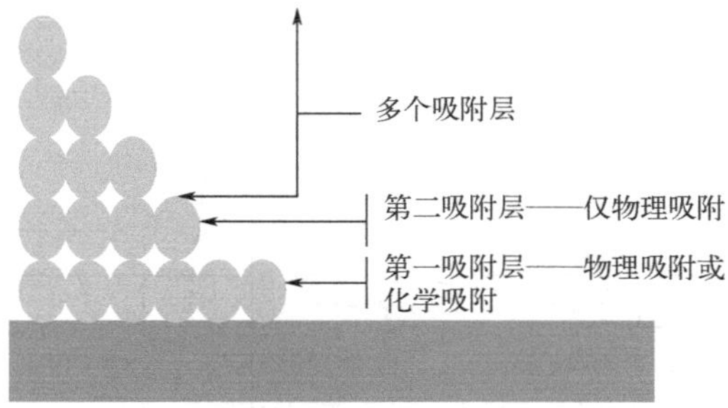


图 3-21　气体在固体表面上的物理吸附状态[18]

在固体表面上的多层吸附中，第一吸附层可以物理吸附或化学吸附，随后的层仅被物理吸附

物理吸附中固体表面与吸附质之间的作用力为 van der Waals 力，所涉及的能量小，可以分散到晶格的振动中，并以热运动的形式耗散，这个过程被称为调和。这种小的焓变化不足以导致键断裂而形成新的物种，因此物理吸附中被吸附分子仍保持其特性，尽管它可能会因表面的存在而扭曲。

**（2）化学吸附**

与物理吸附不同，化学吸附涉及固体表面和吸附分子之间非常特殊的相互作用。这种特异性的另一个重要结果是，化学吸附本质上局限于单分子吸附层的形成。化学吸附过程通常具有一些活化能，因此可能比物理吸附慢得多。它们也可能表现出滞后，可能不容易可逆。

在化学吸附中，分子（或原子）通过形成化学键（通常是共价键）附着在吸附剂表面，并倾向于找到使其与底物的配位数最大化的位点。因此，化学吸附是单分子层的，其焓比物理吸附的焓大得多。化学吸附中被吸附分子内的键可能会由于与表面原子的强烈相互作用而断裂，从而形成新的物种并与表面结合。这类物质通常在固体表面的催化性能中发挥关键作用。

除特殊情况外，化学吸附一般是放热的。但如果吸附质离解并在表面上具有高的平移迁移率，则可能会出现例外情况。如 $H_2$ 在玻璃上的吸附，这是一个吸热过程，在这个过程中，吸附被认为伴随着离解为可移动的 H 原子。吸附焓取决于表面覆盖的程度，主要是因为被吸附的物种相互作用。如果它们相互排斥（如 Pd 上的 CO），则随着覆盖率的增加，吸附的放热性会降低（吸附焓的负值会降低）。

**（3）物理吸附向化学吸附的转变**

图 3-22 显示了分子的势能如何随着分子与基底表面的距离而变化。当分子接近表面时，其势能随着物理吸附到化学吸附的前驱态而下降。当分子进入其化学吸附状态时，通常会离解成碎片。在分子中的键被扭曲时能量最初增加，随着吸附质-底物键达到其全部强度，能量急剧下降。即使分子没有碎裂，随着分子接近表面及其键的调整，势能也可能会开始增加。

因此，在大多数情况下，预计会出现分离前体和化学吸附态的势能势垒。然而，这个势垒可能很低，并且可能不会上升到能量零点以上，能量零点是吸附质远离时的能量[图 3-22（a）]。在这种情况下，化学吸附不需要活化，可以预计是快速的，这是许多气体在清洁金属表面上吸附的情况。然而，在某些情况下，势垒上升到 0 以上[如图 3-22（b）所示]，这样的化学吸附被活化并且比未活化时慢。如铜上的 $H_2$，其活化能在 20～40 $kJ \cdot mol^{-1}$ 范围内。

从讨论中可以得出，速率不是区分物理吸附和化学吸附的好标准。如果活化能小或为零，化学吸附可以很快，但如果活化能大，化学吸附可能很慢。物理吸附通常很快，但如果吸附发生在多孔介质上，则可能看起来很慢。

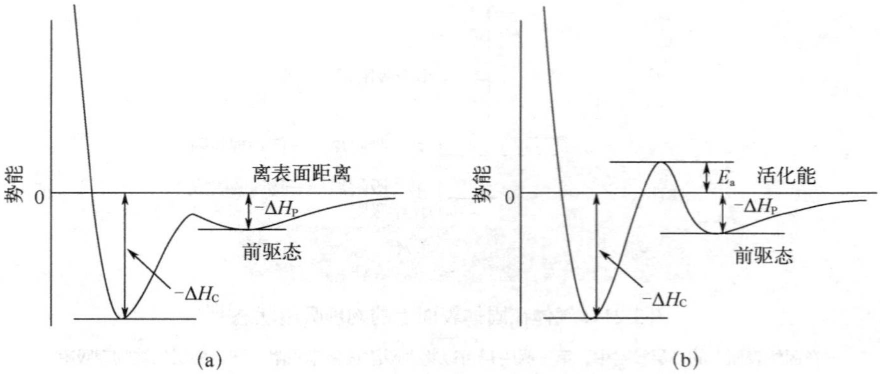


图 3-22　分子离解化学吸附的势能分布

在每种情况下，$-\Delta H_P$ 是（非离解）物理吸附的焓变，$-\Delta H_C$ 是化学吸附的焓变。中间峰的高度决定了化学吸附是未被激活（a）还是被激活（b）

如果物理吸附与化学吸附过程是互斥的，那么化学吸附的活化能会很高，只有在相当剧烈的条件下才会发生。然而，如果两者以协同的方式发生，则物理吸附是整个化学吸附过程的重要组成部分。

物理吸附和化学吸附都具有非常重要的实际应用和影响。由于物理吸附是一个快速且可逆的过程，因此可以认为它在一定程度上发生在几乎所有固体表面上（除了极低能量表面，如全氟材料），高温和高真空的极端条件除外。

用于微电子器件制造的新清洁的硅表面必须涂覆所谓的微抗蚀剂。这种微抗蚀剂是一种光敏聚合物，允许制造商将微电路设计从大掩模或负片转移到晶片表面。由于电路元件的尺寸可能在微米范围内，因此抗蚀剂涂层必须没有缺陷。对于清洁的表面（或至少一个仅吸附大气气体的表面），微抗蚀剂溶液将均匀润湿并扩散，以提供生产可用微电路所需的表面质量。如果表面吸附了有机材料，涂层不会均匀扩散，并将形成不规则的无用层。因此，随机物理吸附在实际情况下可能是无害的或有害的，这取决于所吸附物质的性质和所涉及过程的敏感性。

化学吸附可以作为在纳米尺度上操纵表面的基础。目前感兴趣的是自组装单层（SAMs），即在表面上形成单层材料的有序分子聚集体。为了理解 SAMs 的形成，考虑将烷基硫醇（RSH，其中 R 表示烷基链）等分子暴露在 Au(0)表面。硫醇与 Au 表面反应，形成 RS—Au(Ⅰ)加合物：

$$RSH + Au(0)_n \longrightarrow RS - Au(I)Au(0)_{n-1} + 1/2H_2$$

如果 R 是一个足够长的链，则吸附的 RS 单元之间的范德华相互作用会导致在表面上形成高度有序的单层（图 3-23）。此外，官能团与烷基暴露末端的连接可能会赋予表面特定的化学反应性或配体结合特性，从而应用于化学（或生物化学）传感器和反应器。

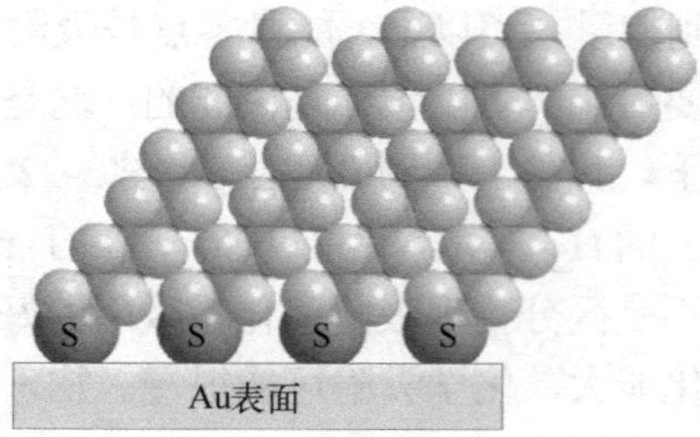


图 3-23　通过硫醇基团与表面的反应和烷基链的聚集，在金表面上形成烷基硫醇的自组装单层

吸附在催化、过滤、气体储存、蛋白质纯化和化学分离等领域有着巨大的应用潜力。我们将在下一节讨论它们与多相催化的关系。

吸附在自然系统中的作用越来越被理解，尤其是土壤和水沉积物中存在的吸附剂的吸附作用是对有毒物质的天然缓冲，而土壤即使在长期干旱期间也能保持水分和养分。由于吸附现象的广泛工业应用，进一步的实验和理论研究对于充分发挥这一领域的潜力至关重要。有许多研究旨在描述动力学和平衡条件下的吸附过程。

### 3.4.1.2　吸附曲线

对于给定的吸附质与吸附剂，在平衡条件下，其吸附量（$\Gamma$）与吸附温度（$T$）和气体压力（$p$）有关。

$$\Gamma = f(T, p) \tag{3-29}$$

**（1）吸附等温线**

在式(3-29)中，当 $T$=常数时，$\Gamma = f(p)$，称为吸附等温式，相应的 $\Gamma$-$p$ 曲线称为吸附等温线。吸附现象的描述主要采用吸附等温线，各种吸附理论的成功与否也往往以其能否定量描述吸附等温线来评价。常见的气固相吸附等温线如图 3-24 所示。

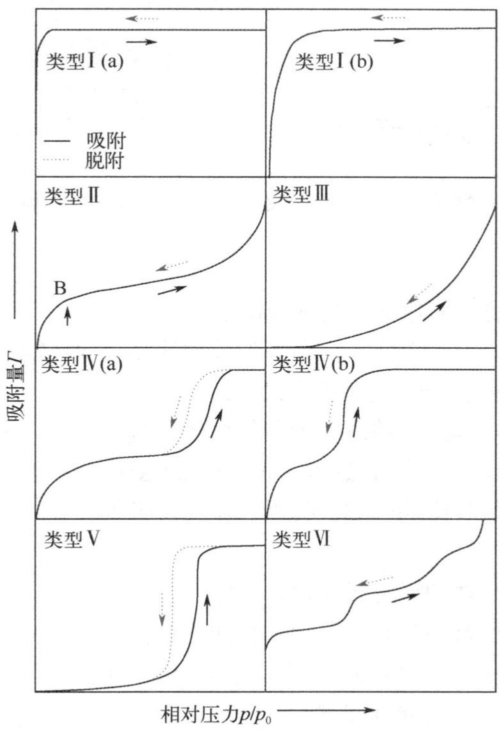


图 3-24　吸附等温线类型[2]

从吸附等温线可以反映出吸附剂的表面性质、孔分布以及吸附剂与吸附质之间的相互作用等有关信息[2,19]。如：如果第一单层与吸附剂的结合弱于分子与已经吸附的分子的结合，则预期为 Freundlich 型。如果吸附热低于冷凝热，则会出现这种情况。它也可以用 BET 理论来描述。

**（2）吸附等压线**

将恒压下的平衡吸附量与温度的关系曲线称为吸附等压线。

在实验测定的一组吸附等温线上，选定比压为 0.1，作垂线与各等温线相交。根据交点的吸附量和温度，作出一条 $\Gamma$-$T$ 曲线，这就是比压为 0.1 时的等压线。用相同的方法，选定不同的比压，可以画出一组吸附等压线（图 3-25）。

**（3）吸附等量线**

保持吸附量不变，压力与温度之间的关系曲线称为吸附等量线。

吸附等量线是在实验测定等温线的基础获得的。实验测定的一组吸附等温线上，选定吸附量为 $\Gamma_1$，作水平线与各等温线相交。根据交点的温度与压力，画出一条 $p$-$T$ 线，这就是吸附量为 $\Gamma_1$ 时的吸附等量线。其他等量线按此方法进行。图 3-26 显示了分子筛-水体系的吸附等量线。

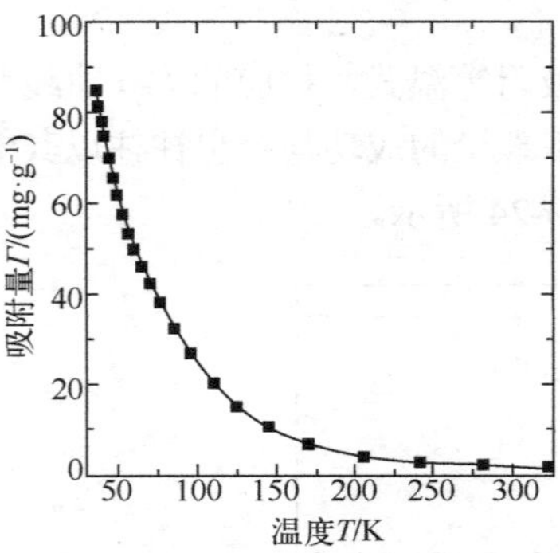


图 3-25　0.95 MPa 下 $H_2$ 在 ACF 上的吸附等压线

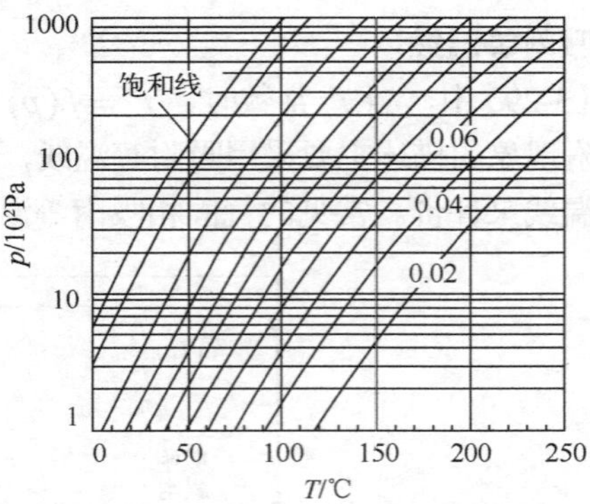


图 3-26　分子筛-水吸附等量线[20]

### 3.4.1.3　吸附热

吸附过程中的热效应称为吸附热。物理吸附过程的热效应相当于吸附质的凝聚热和润湿热之和，当前者较大时，后者可以忽略。化学吸附过程的热效应比物理吸附过程大，其大小相当于化学反应热。吸附温度也会影响吸附热的大小。

从热力学考虑，固体在等温、等压下吸附气体的过程是一个自发过程，$\Delta G<0$。气体从三维运动变成吸附态的二维运动，熵值减少，$\Delta S<0$。而 $\Delta H=\Delta G+T\Delta S$，故 $\Delta H<0$。

吸附热的大小可以衡量吸附的强弱，吸附热越大，吸附越强。吸附热是衡量吸附剂吸附功能强弱的重要指标之一。

吸附热可分为积分吸附热和微分吸附热。

① 积分吸附热　指在等温条件下，一定量的吸附剂在吸附一定量的气体时，每吸附单位气体引起的平均焓值的变化，也可以表示为每 1 g 纯吸附剂吸附一定数量气体时所放出的热量。随着吸附过程的进行，吸附质浓度逐渐减小，积分吸附热也随之减小。

积分吸附热实际上是各种不同覆盖度下吸附热的平均值。覆盖度低时的吸附热大。

② 微分吸附热　指被吸附气体的浓度保持一定，用较多的吸附剂使吸附过程继续进行，如果吸附量改变为 $d\Gamma$，此时放出的热量为 $dQ$，则 $dQ/d\Gamma$ 称为微分吸附热。吸附量为 $\Gamma$ 时的微分吸附热为

$$Q_{\text{diff}}=\left(\frac{\partial Q}{\partial \Gamma}\right)_T \tag{3-30}$$

图 3-27 显示了在 25 ℃、60 ℃和 100 ℃下测得的甲醇在 SAPO-34 分子筛上的吸附等温线

和相应的量热曲线。

甲醇等温线显示有限量的甲醇在零压力下不可逆地吸附在样品上[如图 3-27（a）部分 1 所示]。不可逆吸附量随着吸附温度的升高而减少，因为在更高的温度下解吸变得更快。从微分吸附热随吸附量的变化曲线看，在 25 ℃下，甲醇的微分吸附热首先随着吸附量的增加而逐渐降低，直到 $4.11\ mmol\cdot g^{-1}$，然后急剧下降。初始的逐渐减少可以被认为是吸附热相对稳定的平台。随着吸附温度的升高，在较低的吸附量下观察到明显平台。在 60 ℃和 100 ℃量热曲线的吸附量分别为 $2.55\ mmol\cdot g^{-1}$ 和 $1.48\ mmol\cdot g^{-1}$ 时，吸附热迅速下降，表明此时达到饱和吸附量。在 60 ℃的量热曲线中，在热下降之前观察到热上升，这种上升通常是由于吸附物种的相互作用。

吸附热的大小反映了吸附质与吸附剂之间相互作用的强弱。吸附热随吸附量的变化反映吸附剂表面的均匀情况。

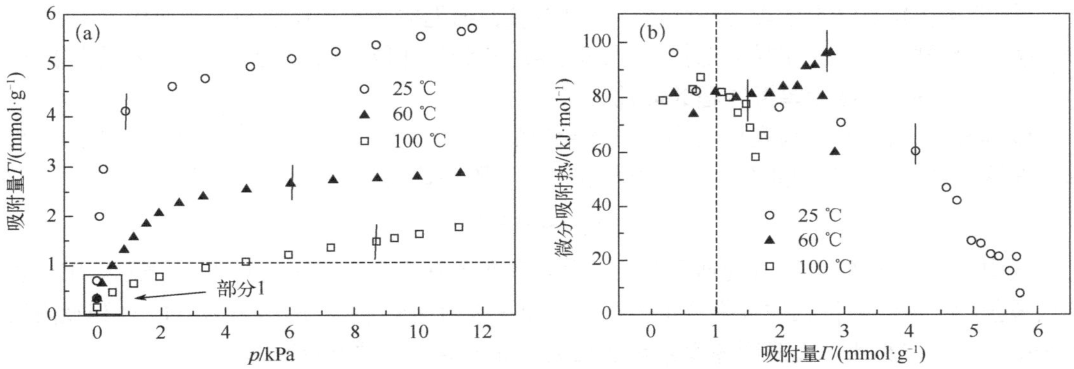


图 3-27　25 ℃、60 ℃和 100 ℃下的甲醇吸附等温线（a）和量热曲线（b）[21]

垂直线表示发生热下降的饱和吸附量。虚线表示 $1.0\ mmol\cdot g^{-1}$SAPO－34 的酸位点密度

在工程应用上，积分吸附热对应于吸附剂的动态吸附量，动态吸附量反映了吸附剂的应用特性。在工艺应用上，往往要求将吸附工作点取在该吸附剂所允许的动态吸附量以下以保证吸附工艺的最终质量。微分吸附热主要用于吸附剂或催化剂的表面特性表征。它虽不直接等于静态吸附量，但可间接影响吸附动力学和热管理设计。

对于固体-气体吸附，由于其放热性质，吸附到固体上的气体量将随着系统温度的升高而减少。这就是为什么通过加热到高温更容易制备清洁的固体表面。此外，高真空降低了被吸附气体的蒸气压并降低了其吸附倾向。

原则上，气体在给定固体上的吸附热 $Q$ 可以用多种方式测量，并且在可逆系统中符合 Clausius-Clapeyron 方程。

$$\left(\frac{\partial \ln p}{\partial T}\right)_{\theta} = \frac{Q_{\text{isost}}}{RT^2} \tag{3-31}$$

式中，$Q_{\text{isost}}$ 称为等量吸附热。在吸附严格为物理吸附的系统中，$Q_{\text{isost}}$ 通常与蒸气冷凝热的大小相同。如，$N_2$ 的冷凝热约为 $6\ kJ\cdot mol^{-1}$。氮在铁上的物理吸附热为 $10\ kJ\cdot mol^{-1}$，在石墨上为 $12\ kJ\cdot mol^{-1}$，在 $TiO_2$ 上为 $14\ kJ\cdot mol^{-1}$。这意味着吸附质与吸附剂表面的作用不同于吸附质分子之间的作用，二者间的差异反映了第一层作用力大小上的差异。在氮在铁上为化学吸附的情况下，吸附热上升到约150 $kJ \cdot mol^{-1}$，其大小与化学键的强度相当。显然，化学吸附涉及更强的相互作用。

### 3.4.2 吸附等温方程

吸附是通过等温线来描述的，即通过将吸附剂的吸附质量（或与物质吸附有关的任何其他物理参数的变化）与吸附平衡压力 $p$、温度 $T$ 和所有其他参数联系起来的函数来描述。

#### 3.4.2.1 Langmuir 吸附等温式

**（1）基本假设**

Langmuir 模型假设气体（在压力 $p$ 下）和吸附层之间在温度 $T$ 下达到动态平衡，并假设：

① 固体表面是均匀的，表面各处的吸附能力相同，各位点吸附焓 $\Delta_a H$（每个位点）相等，即吸附焓不随吸附量（覆盖度 $\theta$）变化。

② 吸附是由固体表面的剩余力场引起的，所有的吸附基于同样的机理。

③ 分子在位点结合的能力与附近位点是否被占据无关（不存在横向相互作用）。

④ 一旦被吸附，分子被局部化，因为阻碍迁移到相邻位点的活化势垒被认为远大于 $kT$。

**（2）Langmuir 吸附等温方程的形式**

Langmuir 吸附等温线是由动力学机理导出的。假设吸附气体在等温条件下表现为理想气体。在这些条件下，吸附质分子在吸附剂表面上吸附并达到吸附平衡。

$$A_g + S \rightleftharpoons A_{ad}$$

式中，A 是气体分子；S 是吸附位。吸附与脱附的速率常数分别用 $k_a$ 和 $k_d$ 表示。用 $\theta$ 表示单层覆盖度——吸附位已被吸附分子占据的分数。吸附速率 $r_a$ 与表面空位率 $(1-\theta)$ 和吸附气体的平衡分压 $p$ 成正比，而脱附速率 $r_d$ 等于最大表面覆盖度时的解吸速率。

$$r_a = k_a p(1-\theta), \quad r_d = k_d\theta$$

当吸附达到平衡时：$r_a = r_d$，

即有：

$$\theta = \frac{Kp}{1+Kp} \tag{3-32}$$

式中，$K = k_a / k_d$，$K$ 是吸附平衡常数，它的大小反映了固体表面吸附气体能力的强弱，其值可以通过吸附等温线确定。将覆盖度 $\theta$ 对 $p$ 作图，结果如图 3-28 所示。

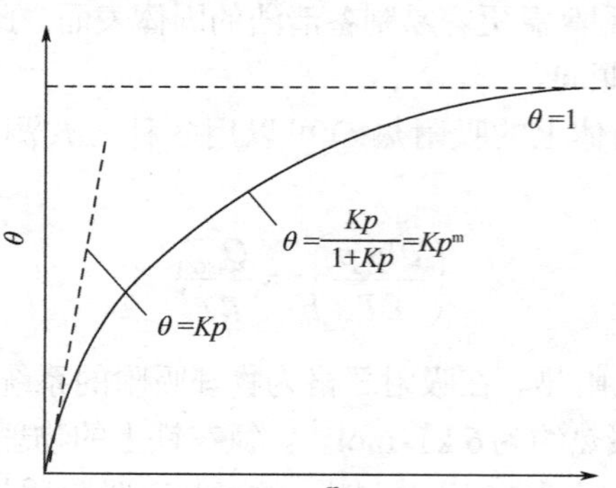


图 3-28 典型的遵守 Langmuir 吸附方程的等温线

假设吸附气体为理想气体，则$\theta = V/V_m$，$V$和$V_m$为对应的气体吸附体积（换算为STP下的气体体积），则：

$$\theta = \frac{V}{V_m} = \frac{Kp}{1+Kp} \tag{3-33}$$

将方程线性化：

$$\frac{p}{V} = \frac{p}{V_m} + \frac{1}{KV_m} \tag{3-34}$$

通过斜率和截距可以求得单层饱和吸附量$V_m$和吸附平衡常数$K$。

当吸附质发生解离时：

$$\theta = \frac{K^{1/2}p^{1/2}}{1+K^{1/2}p^{1/2}} \tag{3-35}$$

多种组分在表面上发生竞争吸附时：

$$\theta_i = \frac{K_i p_i}{1+\sum_{1}^{i} K_i p_i} \tag{3-36}$$

式中，$K_i$是组分$i$的吸附平衡常数。

**（3）Langmuir吸附理论的不足**

上述Langmuir模型属于理想模型，对于单层吸附，特别是化学吸附，Langmuir吸附等温方程和动力学是合理的。在更多情况下实际系统中经常观察到偏差。表观多层吸附已被证明可以描述物理吸附和化学吸附，作为理想化非理想吸附的一种手段。吸附等温线和/或动力学偏离（理想）Langmuir吸附的偏差是由于协同吸附，或吸附质之间或吸附质与吸附剂之间的相互作用导致与“均匀”相互作用的偏离。多层或表观多层吸附行为是描述协同吸附的一个很好的模型。

吸附质分子-吸附质分子之间的相互作用或协同作用是通过多层吸附引入的。针对单一物种在表面上的吸附推导的多层吸附模型适用于物理吸附和化学吸附。

$$C_{SA} = C_\sigma c_A K_A C_A \frac{1-\left[1+N(1-K_A C_A)\right](K_A C_A)^N}{(1-K_A C_A)\left[1-(1-c_A)K_A C_A - c_A(K_A C_A)^{N+1}\right]} \tag{3-37}$$

式中　$C_A$——吸附质在流体体相的浓度；

$c_A$——顶层吸附等温线常数之比；

$K_A$——顶层吸附等温线常数；

$C_\sigma$——基本活性中心浓度（或饱和单层浓度）；

$N$——表面能容纳吸附质A的层数。

对于层数可能为无穷多时，即$N\to\infty$，方程可简化为BET方程。

### 3.4.2.2　Freundlich吸附等温式

1909年，Freundlich在总结溶液中吸附实验现象时给出了一个经验表达式，表示单位质量固体吸附剂吸附的物质质量与平衡浓度的关系，这个方程称为Freundlich吸附方程。

$$\frac{x}{m} = K_f c^{1/n} \tag{3-38}$$

式中，$x$为平衡吸附的质量；$m$为吸附剂质量；$c$为吸附平衡浓度；$K_f$为Freundlich系数；

$n$ 为经验系数。$K_f$ 和 $n$ 是与温度、体系有关的常数。$K_f$ 的大小反映吸附剂的吸附能力，$n$ 值反映吸附剂的不均匀性或吸附反应强度，$n$ 值越小，吸附性能越好。

图 3-29 显示了活性炭从水溶液中吸附乙酸的吸附量 $x/m$ 与乙酸浓度 $c_{eq}$ 间的关系。

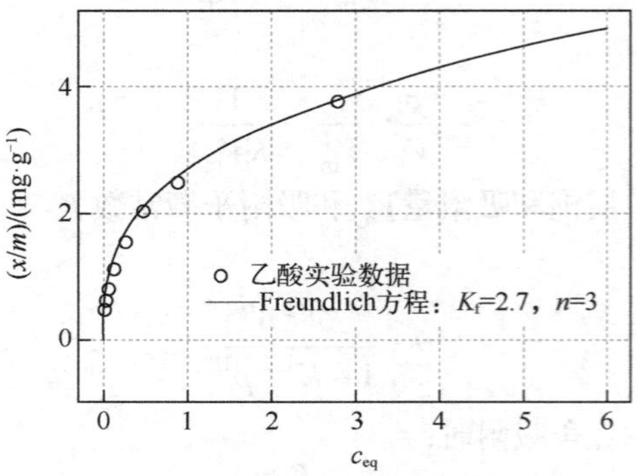


图 3-29　Freundlich 吸附处理乙酸的实验数据

对于气体，上式写为：

$$\frac{x}{m} = K_f p^{1/n} \tag{3-39}$$

将上式两边取对数，得：

$$\lg\frac{x}{m} = \lg K_f + \frac{1}{n}\lg p \tag{3-40}$$

以 $\lg(x/m)$-$\lg p$ 作图可获得一条直线，直线的斜率为 $1/n$，截距为 $\lg K_f$ 。

Freundlich 吸附等温方程常常可以用来进一步描述粗糙表面的吸附，是描述粗糙表面不均匀位点等温吸附的重要方程。在 Freundlich 吸附等温模型中，吸附热随覆盖度呈指数变化。

对于吸附分离过程，Freundlich 指数 $1/n$ 会影响动态吸附穿透曲线的形状，并影响两种传质（外部传质与颗粒内传质）机制在控制吸附速率方面的相对重要性。

Freundlich 方程在中等压力范围内与 Langmuir 方程比较接近，但在高浓度时不像后者那样趋于一定值；在低浓度时，也不会还原为直线关系，见图 3-29。

#### 3.4.2.3　Temkin 方程

Langmuir 等温线假设所有吸附位点都是等效和独立的，这意味着吸附焓与表面覆盖度无关。通过研究 CO 在金表面上的吸附结果，Temkin 热力学模型认为吸附焓随覆盖度线性下降。Temkin 模型可以根据两种不同的物理情况进行解释：第一种假设等效结合位点和吸附焓随吸附质相互作用的覆盖度而变化，而第二种假设异质结合位点的均匀分布和吸附焓因位点的异质性而变化。此外，通常采用中程近似，即表面大约一半被吸附质覆盖。

提出的等温吸附方程的数学表达式为：

$$\Delta H_\theta = \Delta H_0 - \theta\delta\Delta H \tag{3-41}$$

$$\delta\Delta H = \Delta H_0 - \Delta H_1 \tag{3-42}$$

$$\Delta G_{\theta,T} = \Delta H_0 - \theta\delta\Delta H - T\Delta S \tag{3-43}$$

$$\Delta G_{\theta,T} = -RT\ln\left(\frac{\theta}{p(1-\theta)}\right) \tag{3-44}$$

$$K_{\theta,T} = \mathrm{e}^{-\Delta G_{\theta,T}/RT} \tag{3-45}$$

式中，$\theta$ 取值 0～1；$\Delta H_0$ 和 $\Delta H_1$ 为覆盖度 0 和 1 时的吸附焓；$\delta\Delta H$ 为两个极限覆盖时的差。

文献中报道了吸附热随覆盖度线性下降的例子，例如 $NH_3$ 吸附在晶体或无定形的羟基化 $SiO_2$[22]上，$CH_3OH$ 吸附在 $SiO_2$ 基材料上[23]。

图 3-30 比较了三种情况下的等温吸附情况：吸附质相互作用；异质表面；中程近似。为了便于比较，包含了 Langmuir 表达式的曲线图。

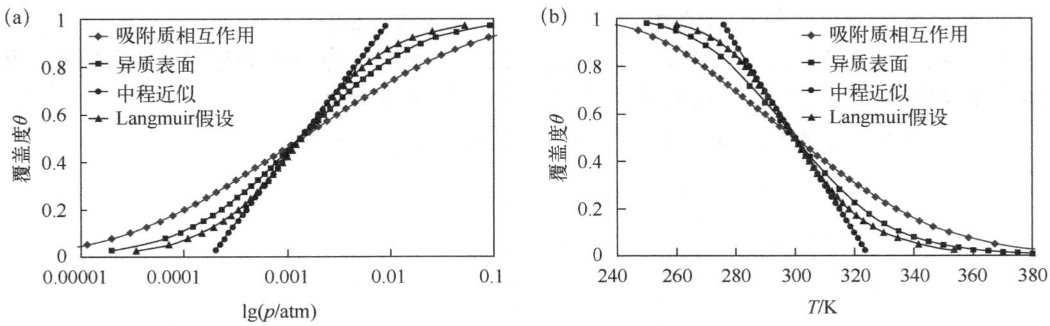


图 3-30 三种情况下 Temkin 模型与 Langmuir 假设的等温图（a）和等压图（b）

等温线在 300 K 下计算，等压线在 0.0013 atm（1 atm=101325 Pa）下计算

图中，Temkin 曲线使用的热力学参数为：$\Delta H_0 = -65\ \mathrm{kJ \cdot mol^{-1}}$，$\Delta H_1 = -55\ \mathrm{kJ \cdot mol^{-1}}$，$\Delta S = -145\ \mathrm{J \cdot K^{-1} \cdot mol^{-1}}$；对于 Langmuir 曲线图，使用 $\Delta H = -60\ \mathrm{kJ \cdot mol^{-1}}$ 和 $\Delta S = -145\ \mathrm{J \cdot K^{-1} \cdot mol^{-1}}$。

#### 3.4.2.4 Dubinin–Astakhov 吸附等温式

Dubinin-Astakhov（DA）方程基于吸附过程遵循孔隙填充机制这一假设。孔隙填充机制仅适用于微孔材料。DA 方程给出了 S 型等温线[24]。

$$\frac{q}{Q_\mathrm{m}} = \exp\left[-\left(\frac{1}{\varepsilon_\mathrm{k}} \times \ln\frac{p_\mathrm{s}}{p}\right)^n\right] \tag{3-46}$$

式中，$p$ 为气体平衡压力；$p_\mathrm{s}$ 为气相饱和压力（蒸气压）；$Q_\mathrm{m}$ 为在 $p$ 接近 $p_\mathrm{s}$ 时固相上的饱和吸附量。通过 $n$、$\varepsilon_\mathrm{k}$ 和 $p_\mathrm{s}$ 的给定值，可以导出 $Q_\mathrm{m}$ 的值，因为 DA 方程允许 $p$ 达到 $p_\mathrm{s}$。对于离子交换系统（或液相吸附），$p_\mathrm{s}$ 由离子的饱和浓度代替。此外，在离子交换中，$Q_\mathrm{m}$ 表示当初始溶液不含最初在固相中的离子时，引入离子的特定常态或初始浓度可达到的最大交换水平（MEL）。因此，对于初始液相浓度为 $C_0$ 的离子交换系统，$q_0 = Q_\mathrm{m}$。通过将上述方程用于初始气体压力 $p_0$ 和相应的平衡固体浓度 $q_0$，并将这两个方程分开，可以消除 $Q_\mathrm{m}$。

$$Y = \exp\left[-\left(\frac{1}{\varepsilon_\mathrm{k}}\ln\frac{X_\mathrm{s}}{X}\right)^n + \left(\frac{1}{\varepsilon_\mathrm{k}}\ln X_\mathrm{s}\right)^n\right] \tag{3-47}$$

式中，$Y = q/q_0$；$X = p/p_0$；$X_\mathrm{s} = p_\mathrm{s}/p_0$（$X_\mathrm{s} \geqslant 1$）；$\varepsilon_\mathrm{k}>0$；$n>1$。DA 等温式很好地描述了许多蒸气和气体在微孔活性炭、碳分子筛、黏土和沸石上的平衡。一个重要的应用是通过 $N_2$ 和 $CO_2$ 吸附来表征微孔材料，并用于研究液相吸附。例如，活性炭对苯酚的吸附，煤焦对苯和环己烷的吸附，以及对乙酰氨基酚、乙酰苯胺和苯胺等许多其他有机物的吸附。在离子交换中，Inglezakis 等人成功地将溶解度归一化 DA 吸附等温线用于利用天然矿物去除水溶液中的铅离子。

#### 3.4.2.5　BET 吸附等温方程

由 Brunauer、Emmett、Teller 三人提出的多分子层吸附方程，简称 BET 公式。他们接受了 Langmuir 理论中关于固体表面是均匀的这一观点，但他们认为吸附是多分子层的（图 3-31）。其基本假设如下：

① 吸附仅发生在表面的明确位置上，每个分子占据一个吸附位。

② 已经吸附的分子可以作为上层分子的单个吸附位点。

③ 最上面的分子层与气相平衡，即有相同的吸附和解吸速率。

④ 解吸在动力学上是有限的，并且是均匀的。对于给定的分子层有相同的吸附热，即在固体表面吸附的第一层为 $E_1$，而其他层的吸附热 $E_L$ 等于凝聚热。

⑤ 在饱和时，层数趋于无穷大，即相当于样品被液体层包围。

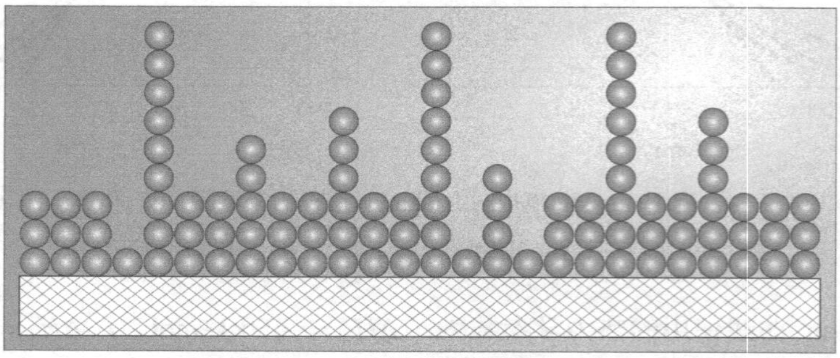

图 3-31　BET 多层吸附模型

第一层吸附与第二层吸附不同，因为相互作用的对象不同，因而吸附热也不同，第二层及以后各层的吸附热接近于凝聚热。

在这个基础上他们导出了 BET 吸附二常数公式。

$$\frac{V}{V_m}=\frac{cp}{(p_s-p)\left[1+(c-1)p/p_s\right]} \tag{3-48}$$

式中，$c$ 为与吸附热有关的常数；$V_m$ 为铺满单分子层所需气体的体积（STP 下）；$p$ 和 $V$ 分别为吸附时的压力和体积；$p_s$ 是实验温度下吸附质的饱和蒸气压。$c$ 和 $V_m$ 为常数。该方程通常在 $0.05<p/p_s<0.35$ 的范围内有效。

为了使用方便，将二常数公式改写为：

$$\frac{p}{V(p_s-p)}=\frac{1}{V_m c}+\frac{c-1}{V_m c}\times\frac{p}{p_s} \tag{3-49}$$

用实验数据 $p/\left[V(p_s-p)\right]$ 对 $p/p_s$ 作图，得一条直线。从直线的斜率和截距可计算两个常数值 $c$ 和 $V_m$。常数 $c$ 与第一层的吸附焓 $\Delta H_A$ 和吸附质的液化焓 $\Delta H_L$ 的关系如下：

$$c\approx\exp\frac{(\Delta H_A-\Delta H_L)}{RT} \tag{3-50}$$

BET 等温线主要用于描述图 3-19 中常见的 BET 型等温线（IUPAC 分类第Ⅱ类等温线），如极性表面上对惰性气体（$N_2$、Ar、He 等）的吸附（$c\approx100$）。然而，当限制于单层覆盖

（$\Delta H_A \gg \Delta H_L$）时，其降低为Langmuir等温线（Ⅰ型），在第一单层的吸附比后续层的吸附放热更少（例如，$c<1$）的异常情况下为Ⅲ型等温线（图3-24），导致在低$p/p_s$值下的低吸附。图3-32给出了不同$c$值下的BET等温线。

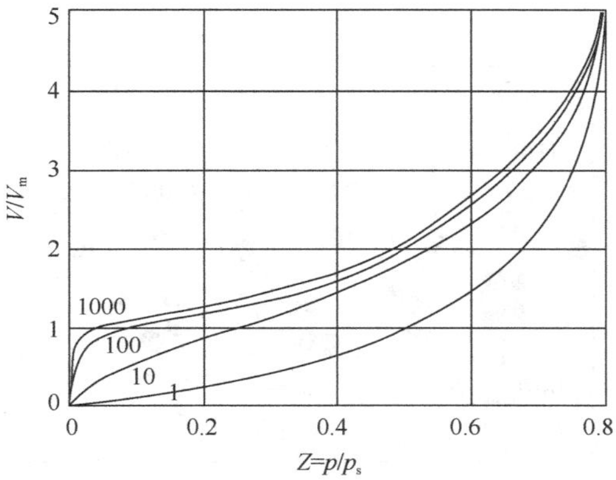


图3-32　不同$c$值的BET等温线图

$V/V_m$的值无限上升，因为该模型允许在表面上覆盖多层

如果吸附层不是无限的，而是有一定的限制，例如在吸附剂孔道内，至多只能吸附$n$层，则BET公式修正为三常数公式。

$$V = V_m \frac{cp}{(p_s - p)} \times \frac{1-(n+1)\left(\dfrac{p}{p_s}\right)^n + n\left(\dfrac{p}{p_s}\right)^{n+1}}{1+(c-1)\dfrac{p}{p_s} - c\left(\dfrac{p}{p_s}\right)^{n+1}} \tag{3-51}$$

若$n$=1，为单分子层吸附，上式可以简化为Langmuir公式。若$n \to \infty$，$(p/p_s)^\infty \to 0$，上式可转化为二常数公式。三常数公式一般适用于比压在0.35~0.60之间的吸附。

BET表面概念仅应用于无孔或中孔和大孔材料，不用于微孔物质。这种限制的原因是，在中孔和大孔更“开放”的表面上吸附之前，微孔中，尤其是亚微孔（直径$d$<1 nm）中，可能会发生孔隙填充。因此，部分被吸附的吸附质可能在微孔中形成线型的聚集体，表面的概念已经不适用。

从$V_m$可以计算吸附剂的比表面：

$$S = \frac{A_m L V_m}{22.4\text{dm}^3 \cdot \text{mol}^{-1}} \tag{3-52}$$

式中，$A_m$是吸附质分子的截面积；$L$为阿伏伽德罗常数；$V_m$为单层饱和吸附量（STP状态下）。

Langmuir和BET吸附等温式的比较　利用Langmuir和BET等温线模拟Marcellus页岩中的气体吸附，结果如图3-33和图3-34所示。

通常，页岩储层中的天然气以游离气的形式储存在有机质（干酪根）、较大的矿物孔隙和天然裂缝中，以及有机质中的吸附气中，如图3-33所示。被吸附的气体比周围的自由气体具有更高的密度。图3-34比较了Langmuir和BET等温线的形状，在生产早期，沿着BET等温线进行的气体解吸比 Langmuir 等温线的贡献更大。这是因为在高压下 BET 等温线的斜率大于 Langmuir 等温线的斜率，因此在早期生产时释放更多的吸附气体。此外，在从初始储层压力到井底压力（bottomhole pressure，BHP）的相同压降下，BET 等温线的吸附气体释放量大于 Langmuir 等温线。

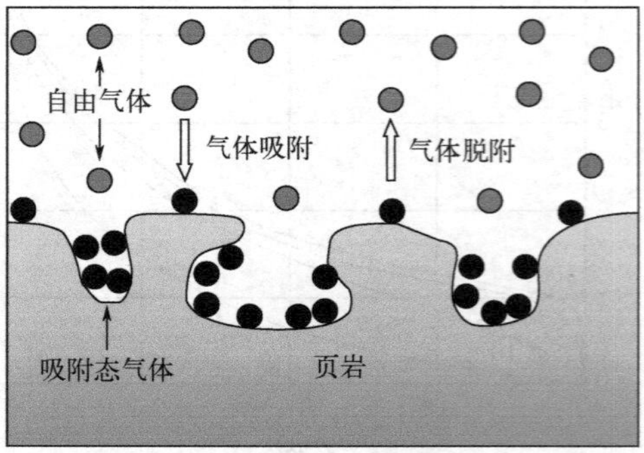


图 3-33　页岩气藏中的游离气体和吸附气体[25]

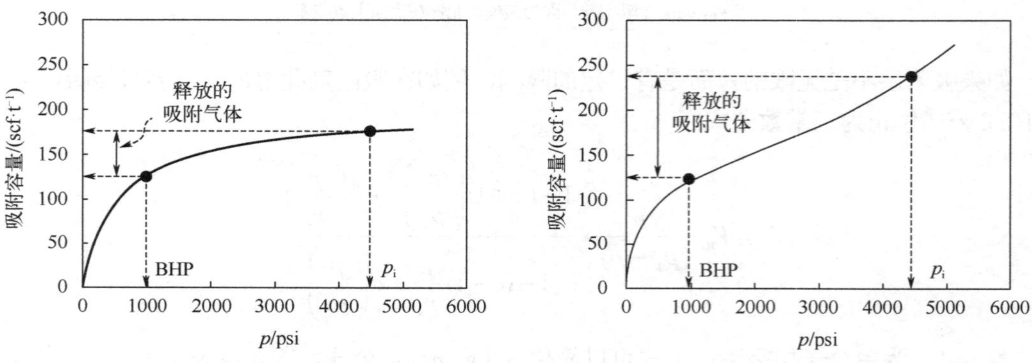


(a) Langmuir 等温线　　(b) BET 等温线

图 3-34　Langmuir 和 BET 等温线的比较[25]

注：scf——standard cubic feet

## 3.4.3　吸附剂与吸附操作

分离是将混合物转化为两种或多种成分不同的产物的过程。这个过程很难实现，因为它与热力学第二定律所支持的混合过程相反。因此，在化学、石化和制药工业中，分离步骤通常占主要生产成本。对于许多分离过程，分离是由质量分离剂引起的。用于质量分离剂是吸附剂，因此，任何吸附分离或纯化过程的性能都直接由吸附剂的质量决定。由于吸附剂和循环工艺的发展取得了进展，吸附已经成为工业中广泛使用的关键分离方式。由于吸附所具有的优势，吸附在未来许多能源和环境技术的发展中将发挥关键作用。

### 3.4.3.1　吸附剂的选择

吸附剂通常应具备以下特征：对被分离的物质具有较强的吸附能力，有较高的吸附选择性，机械强度高，再生容易，性能稳定，价格低廉等。

表 3-2 显示了几种常用的吸附剂类型。

**表 3-2　几种常用的吸附剂类型**

| 吸附剂类型 | 材料示例 |
| --- | --- |
| 无机吸附剂 | 分子筛、黏土、硅胶、活性氧化铝、柱撑黏土、金属氧化物和氢氧化物 |
| 聚合物吸附剂 | 聚合物膜、离子交换树脂、分子印迹聚合物 |
| 碳材料 | 活性炭、富勒烯、杂富勒烯、介孔碳、分子碳筛、碳纳米管 |
| 生物基吸附剂 | 来自各种植物的纤维素、纳米纤维素 |

① $SiO_2$　硅胶是$SiO_2$的一种无定形多孔形式，由硅原子和氧原子交替形成的不规则三维框架组成，具有纳米级的空隙和孔隙。硅胶是最广泛使用的干燥剂，因为它的水容量大（约 40%重量），易于再生（约 150 ℃，而分子筛再生温度为 350 ℃）。此外，通过与有机配体单分子层反应（或接枝），可以很容易地对其表面进行改性，并且这些改性的硅胶在色谱中的应用越来越多。

在$SiO_2$表面有三种基本类型的硅羟基，如图 3-35 所示。除此之外，还有一种邻羟基——表面上彼此相邻的游离羟基。

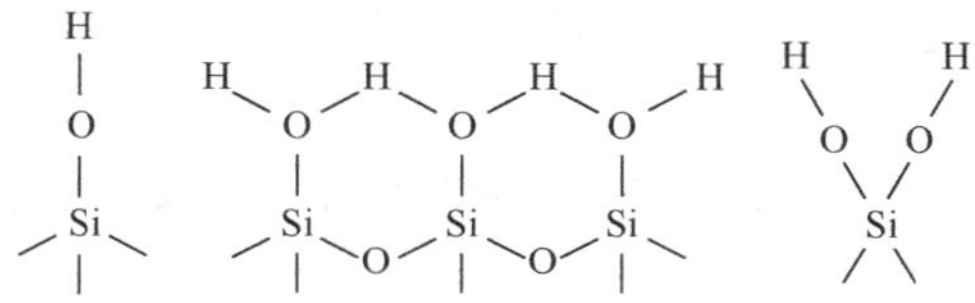


图 3-35　$SiO_2$表面上的三种基本类型的硅烷醇（羟基）基团[26]

这四种类型的羟基官能团是由两个主要过程形成的。第一个过程是硅胶制备过程，即在硅酸$Si(OH)_4$的聚合缩合过程中形成。干燥后，水凝胶变成干凝胶，在表面留下一些羟基。第二个过程是硅氧烷（Si—O—Si）表面在环境条件下与水反应形成羟基。

$SiO_2$表面的羟基可以功能化，以提供具有独特固定相参数的特殊硅胶。结合其丰富发达的孔结构，$SiO_2$作为吸附剂以及载体材料等具有广泛的用途。螯合基团也可与硅胶共价结合，这些材料具有从水介质中选择性去除金属离子的能力。

② $Al_2O_3$　活性$Al_2O_3$也被广泛用作干燥剂，与使用硅胶具有相同的优点。与无定形的硅胶不同，活性氧化铝是结晶的。氧空位（缺陷）很容易在其表面形成，因此氧化铝同时具有 Lewis 酸和 Brønsted 酸位点。

活性氧化铝的孔结构在很大程度上取决于热处理的条件。热处理过程显然非常复杂，脱水、晶体转化、析气和烧结都涉及其中。活性氧化铝的表面化学性质以及孔结构可以通过用酸（HCl 或 HF）或碱处理（以改变酸度）和控制热处理（以调整孔结构）来改性。因此，活性氧化铝比硅胶更通用，并且更常用作吸附剂和载体材料。

③ 沸石分子筛　沸石分子筛是指那些具有分子筛作用的天然及人工合成的晶态硅铝酸盐。沸石分子筛骨架的基本结构单元由四面体配位的硅原子和四个氧原子组成。它们由坚固的结晶$SiO_2$框架组成。在框架的某些地方，$Si^{4+}$可以被$Al^{3+}$取代，并且在框架中产生负电荷。所有这些骨架电荷都被分子筛孔内的骨架外阳离子（碱金属阳离子或烷基铵阳离子）电荷平衡，当这些阳离子被质子取代后，获得活性分子筛。目前已经发现了至少 40 种不同类型的天然存在的沸石，而人工已经合成了至少 150 多种类型的沸石分子筛。

沸石分子筛的应用包括三个主要领域：

a．催化：其作为催化剂的一个关键特征是它的“择形性”，其中微孔结构可通过对反应物、产物或过渡态的空间约束来控制产物分布。

b．气体分离：可直接依赖于微孔结构的筛分效应分离不同大小和形状的分子。此外，可利用分子对分子筛中心（如阳离子）的不同亲和力进行差分吸附分离。

c．离子交换：分子筛中松散结合的骨架外阳离子可被轻易交换。这些应用在水处理方面具有重要意义，而更专业的应用包括去除采矿废水或核电站污染水中的阳离子。

④ 活性炭　活性炭是应用最广泛的吸附剂。它的制造和使用可以追溯到19世纪（Jankowska等人，1991 年）。其有用性主要来源于其大的微孔和中孔体积以及由此产生的高表面积。碳基材料吸附剂还有碳纳米管、石墨烯等。

与其他主要吸附剂相比，活性炭的独特表面性质是：由于表面氧化物基团和无机杂质，其表面是非极性的或仅具有轻微的极性。这种独特的特性使活性炭具有以下优点：

a．它是唯一一种不需要事先严格去除水分用于分离和净化过程的商业吸附剂，如空气净化。它也被广泛用作处理水溶液过程的吸附剂。

b．由于其大的、可接近的内表面和大的孔体积，它能比其他吸附剂吸附更多的非极性和弱极性有机分子。

c．活性炭的吸附热或结合强度通常低于其他吸附剂。吸附分子的脱除相对容易，因此吸附剂再生所需的能量相对较低。

活性炭可用于甲烷和氢气储存、空气净化、脱咖啡因、黄金净化、金属提取、水净化、医药、污水处理、防毒面具和呼吸器的空气过滤器、压缩空气过滤器、牙齿美白和许多其他领域。

#### 3.4.3.2　吸附操作

因为大多数商业应用都需要对吸附剂进行再生，所以吸附过程必然是循环的。根据吸附剂再生的方式，有许多循环吸附过程可用。目前已经开发出三类吸附流程：恒压变温吸附（temperature swing adsorption，TSA）、恒温变压吸附（pressure swing adsorption，PSA）和变浓度吸附（concentration swing adsorption，CSA）。

**（1）恒压变温吸附**

吸附通常在环境温度下进行，而解吸在直接或间接加热吸附剂的条件下完成，利用温度的变化实现吸附和解吸再生循环操作。该类流程常用于从气体或液体中分离少量杂质。

**（2）恒温变压吸附**

在较高组分分压的条件下选择性吸附气体混合物中的某些组分，然后降低压力或抽真空使吸附剂解吸，利用压力的变化完成循环操作。变压吸附一般用于气体混合物的主体分离。

**（3）变浓度吸附**

液体混合物中的某些组分在环境条件下选择性地吸附，然后用少量强吸附性液体解吸再生。该过程用于液体混合物的主体分离。

#### 3.4.3.3　变压吸附分离技术

变压吸附是在接近等温条件下依据吸附量随压力的变化特性而实现的吸附分离过程。在分离过程中，气体组分在升压时吸附，降压时解吸，不同组分由于其吸附和解吸特性不同，在压力周期性变化过程中实现分离。该技术已广泛应用于化工、石油、钢铁、冶炼、电子、金属热处理、啤酒等领域。

分离过程的性能通过三个参数来衡量：产品纯度、产品回收率和吸附剂生产率。如果要回收一种以上的成分，则产品纯度和产品回收率适用于所有产品。这三个参数对于任何给定的PSA过程都是相互关联的，并且相互关系只能通过该过程的模型来确定。

**（1）技术特点**

① 变压吸附技术是一种低能耗的气体分离技术。

② 变压吸附装置可获得高纯度的产品气，如PSA制氢装置，可得到98.0%～99.999%的产品氢气。

③ 变压吸附工艺流程简单，无需复杂的预处理系统，一步或两步可实现多种气体的分离，可处理各种组成复杂的气源。

④ 变压吸附装置的运行由计算机自动控制，装置自动化程度高，操作方便，装置启动后短时间内即可投入正常运行，输出合格产品。

**（2）吸附剂选择决定分离效果**

工业上常用的吸附剂有：硅胶类、氧化铝类、活性炭类、分子筛类等，另外还有针对某种特定组分选择性吸附而研制的特殊吸附材料。

吸附剂对各种气体组分的吸附性能是通过实验测定静态下的吸附等温线和动态下的穿透曲线来评价的。吸附剂的良好吸附性能是吸附分离过程的基本条件。

在变压吸附过程中吸附剂的选择要考虑解决吸附和解吸之间的矛盾：吸附剂对杂质应有较大的吸附量，同时被吸附的杂质应易于解吸，从而在短周期内达到吸附-解吸平衡，使分离提纯过程能够维持下去。

选择吸附剂的另一要点是组分间的分离系数尽可能大。气体组分的分离系数越大，分离越容易，得到的产品气纯度越高，同时回收率也越高。对于分离组分复杂、类别较多的气体混合物，常需要选用几种吸附剂，这些吸附剂可按吸附分离性能依次分层装填在同一吸附床内，有些情况也可分别装填在各个吸附床内。

真空变压吸附（VSA）是一种非低温气体分离技术。VSA使用特殊固体或吸附剂，根据物种的分子特征和吸附剂的亲和力，在最小压力下从气体混合物中分离某些气体。

## 3.5 吸附与多相催化

在多孔催化剂上进行催化气体反应的最简单情况，可以预期有以下反应步骤：①反应物通过边界层扩散到催化剂外表面；②反应物自外表面向孔隙中扩散（孔隙扩散）；③反应物在孔隙内表面上吸附；④催化剂表面进行化学反应；⑤产物从催化剂表面解吸；⑥产物从孔隙中扩散出来；⑦产物通过边界层从催化剂扩散到气相中。

吸附是在固体催化剂表面上进行实际化学反应之前的必要步骤。

### 3.5.1 物理吸附与多相催化

物理吸附提供了测定催化剂表面积、平均孔径及孔径分布的方法。同时，物理吸附将反应物富集在催化剂的表面，不仅提高了反应物的浓度，也是下一步化学吸附得以进行的前提。

在吸附剂与吸附质之间的物理作用除了范德华力外，因库仑力的作用而引起的吸附通常也被纳入物理吸附。有时吸附质分子与吸附剂表面以形成氢键的形式发生吸附，我们也称为物理吸附。

在分子筛内，由于可交换阳离子的存在，其对吸附质的作用发生变化，可能诱导、极化吸附质分子，从而加强吸附剂与吸附质之间的作用力。在分子筛笼中，由于离子大小、电荷等的变化，阳离子所处的位置不同，因而在笼内空间中产生的库仑力场分布不同，从而影响了分子筛对吸附质的作用行为，并进一步影响吸附质分子在管内/孔内的传质作用，在一定程度上也影响着分子筛的吸附稳定性。

当微孔吸附空间尺寸与吸附质分子接近时，空间限域效应和电子限域效应呈现出来，排斥作用占主导地位，吸附质需具有一定的动能才能进入纳米空间，即存在一定的活化能。在活性扩散（activated diffusion）范围内，扩散速率为控制因素，吸附质分子尺寸的微小变化会导致活化能的剧烈变化。当微孔吸附剂的孔径与吸附质分子尺寸相当时，不同吸附质分子的微小尺寸差别可以导致吸附速率大的差异，因而体现出宏观上广义的筛分效应。空间限域或孔限域引起的吸附选择性属于动力学的选择性，而非热力学的选择性。如氮和甲烷分子的动力学直径分别为 0.37 nm 和 0.38 nm，氮分子向 4A 分子筛孔道内的扩散比甲烷快，因而可以富集氮；而氧分子直径为 0.34 nm，4A 分子筛吸附 $O_2$、$N_2$ 混合气时又可以分离出氮。以碳分子筛和 4A 分子筛为吸附剂，通过变压吸附而实现的氧气与氮气的分离就是利用了该原理。

## 3.5.2 化学吸附与多相催化

多相催化涉及化学吸附，其具有化学反应的特征，即反应物分子与催化剂的表面原子反应。催化剂表面具有非均相结构，化学吸附优先发生在表面的活性位点。

化学吸附涉及吸附剂和被吸附物之间的强烈相互作用，这种作用足以改变被吸附分子的电子结构，进而改变其电子和振动光谱，从而改变化学反应性。此外，如果两种物质被化学吸附在一个表面上，它们在“活化”化学吸附状态下的紧密接近可能导致两者之间的化学反应。

涉及气体在固体表面的化学吸附的重要化学过程非常多，反应类型包括：①化合（氢+烯烃→烷烃）；②分解（乙醇→乙烯+水）；③聚合（乙烯→聚乙烯）；④解聚或裂化（高级烷烃→低分子量材料）；⑤异构化（正构烷烃→支链烷烃）；⑥其他各种混合反应，包括光解和光合过程等。

化学吸附和多相催化也发生在固-液界面。上面提到的基本概念在这样的系统中仍然有效，尽管在溶剂化时情况会因这些因素而变得复杂。

化学吸附是多相催化反应不可缺少的关键步骤，反应物分子在催化剂表面上发生化学吸附成为活化吸附态，大大降低了反应活化能，加快了反应速率，并能控制反应方向。研究化学吸附不仅能了解催化反应的机理，而且对实现催化反应的工业化有巨大的实际意义。

## 3.5.3 催化反应机理

### 3.5.3.1 单分子反应机理

表面催化的单分子反应是指吸附的分子在表面上发生分解。假设速率与表面覆盖度成比例，则其速率可以用吸附等温式来表示。例如，若覆盖度 $\theta$ 由 Langmuir 等温线给出，则速率为：

$$v = k_r\theta = \frac{k_r Kp}{1 + Kp} \tag{3-53}$$

式中，$p$ 是吸附物质的压力。

#### 3.5.3.2 Langmuir–Hinshelwood 机理

在表面催化反应的 Langmuir-Hinshelwood 机理（L-H 机理）中，反应是通过吸附在表面的分子之间的相遇而发生的。对于物种 A 和 B 之间的反应：$A+B \longrightarrow P$，速率与$\theta_A$ 和$\theta_B$ 的一次方成正比，总的反应级数为 2，L-H 速率方程为：

$$v=k_r\theta_A\theta_B=k_r\frac{K_Ap_A}{1+K_Ap_A+K_Bp_B}\times\frac{K_Bp_B}{1+K_Ap_A+K_Bp_B}=k_r\frac{K_AK_Bp_Ap_B}{\left(1+K_Ap_A+K_Bp_B\right)^2} \quad (3\text{-}54)$$

参数$K_A$、$K_B$ 和速率常数$k_r$ 都与温度有关。L-H 机理根据物种 A 和 B 之间的吸附和随后的反应进行了分析，可能是在吸附时，其中一个或两个物种离解产生片段，然后发生反应。

#### 3.5.3.3 Eley–Rideal 机理

在表面催化反应的 Eley-Rideal 机理（E-R 机理）中，反应是通过一个气相分子与另一个已经吸附在表面的分子碰撞而发生的。其速率方程为：

$$v=k_rp_B\theta_A \quad (3\text{-}55)$$

即 E-R 速率方程。

假设 Langmuir 等温线适用于物种 A，则 E-R 速率方程变为：

$$v=k_rp_B\theta_A=k_r\frac{K_Ap_Ap_B}{1+\alpha_Ap_A} \quad (3\text{-}56)$$

# 3.6 固体表面表征技术

## 3.6.1 引言

固体表面成分和结构分析是利用物理学、电子学等方法探索固体表面的形貌、结构、组成、化学状态、电子结构和表面键合信息等。测定的方法具有共同特征：用一束“粒子”或某种手段作为探针来测定样品表面，探针可以是电子、离子、光子、中性粒子、电场、磁场或声波等，检测这些粒子的能量、动量、质荷比、束流强度等特征，或波的频率、方向、强度、偏振等情况，从而获得有关表面的信息。

这些方法或技术可以分为：对表面原子几何结构敏感，如低能电子衍射等；对表面化学成分敏感，如俄歇电子能谱等；对表面振动结构敏感，如红外与拉曼光谱等。表 3-3 列出了一些表征表面/界面的方法与技术及可获得的表面信息。

**表 3-3 表征表面/界面的技术和表面信息[27]**

| 技术 | 表面信息 |
|---|---|
| AES（Auger electron spectroscopy） | 化学成分、深度分布 |
| XPS（X-ray photoelectron spectroscopy） | 化学成分与键合状态 |
| UPS（UV photoelectron spectroscopy） | $E_F$ 相对于 $E_C$ 和 $E_V$、$\Phi_M$、价带 |
| ARPES（angular resolved photoemission spectroscopy） | 原子键合对称性、Brillouin 区 |
| SEXAFS（surface extended X-ray absorption fine structure） | 局部表面键合配位 |

续表

| 技术 | 表面信息 |
|---|---|
| LAPS（laser excited photoelectron spectroscopy） | 带隙态能量、对称性 |
| LEED（low energy electron diffraction） | 表面原子几何结构 |
| XRD（X-ray diffraction） | 近表面和体相原子几何结构 |
| IR（infrared absorption spectroscopy） | 间隙态能量、原子键合和配位 |
| PL（photoluminescence spectroscopy） | 近表面化合物、带隙态能量 |
| SRS（surface reflectance spectroscopy） | 表面介电响应、吸收边 |
| SPC（surface photoconductivity spectroscopy） | 表面/近表面间隙态能量 |
| SSIMS（static secondary ion mass spectrometry） | 元素组成、横向映射 |
| ISS（ion scattering spectrometry） | 能量转移动力学、电荷密度 |
| STM（scanning tunneling microscopy） | 原子几何结构、台阶形貌、填充和空态几何结构 |
| AFM（atomic force microscopy） | 形貌、静电力 |
| MFM（magnetic force microscopy） | 磁矩和极化 |
| STS（scanning tunneling spectroscopy） | 带隙状态、异质结带偏移 |
| FIM（field ion microscopy） | 原子运动、原子几何结构 |
| LEEM（low energy electron microscopy） | 形态、原子扩散、相态 |
| TEXRD（total external X-ray diffraction） | 晶格结构、应力 |
| LELS（low energy electron loss spectroscopy） | 化学反应、等离子体激元、带间激发 |
| RS（Raman spectroscopy） | 界面键合、应力、带弯曲 |
| CRS（confocal Raman spectroscopy） | 亚表面键合、应力 |
| SIMS（secondary ion mass spectrometry） | 亚表面/界面元素组成、深度分布、横向映射 |
| HRTEM（high resolution transmission electron microscopy） | 界面晶格结构 |
| EELS（electron energy loss spectroscopy） | 间隙态能量、原子键合、晶格对称性 |

在进行表面组分分析时，应考虑以下几个方面的性能：能否测定H元素，检测灵敏度对不同元素的差别如何，最小可检测的灵敏度，能否做微区分析（空间分辨率），是否适宜做定量分析，能否判断元素的化学态，表面检测的深度如何，探测时对表面的破坏性如何等。

## 3.6.2 扫描探针技术

现在可以使用各种扫描探针技术（scanning probe techniques）在原子尺度上对表面进行成像，包括原子力显微镜、扫描隧道显微镜和近场扫描光学显微镜（near-field scanning optical microscope，NSOM）。这些技术能够在亚纳米甚至原子尺度上成像、测量甚至操控表面成分。结合其他表面科学技术和理论，这些扫描探针技术为了解表面的电子、化学和结构特性提供了许多有价值的工具。在每种情况下，显微镜都会测量扫描尖端对尖端和表面之间通过的电流或它们之间力的响应。这些力包括范德华力、静电力、磁力、毛细力和其他较弱的力。

### 3.6.2.1 原子力显微镜

AFM 是通过探针与被测样品之间微弱的相互作用力（原子力）来获得物质表面的形貌信息。多年来，原子力显微镜已经在从表面科学到生物和医学研究的许多学科中产生了重大影响。由于它能够在原子尺度上对样本进行成像，因此它对纳米技术的进步至关重要。AFM的优点是几乎可以成像任何类型的表面，包括聚合物、陶瓷、复合材料、玻璃和生物样品。

根据测量的物理量的特征，AFM 有恒高度与恒电流（隧道电流）两种方法。见图 3-36。

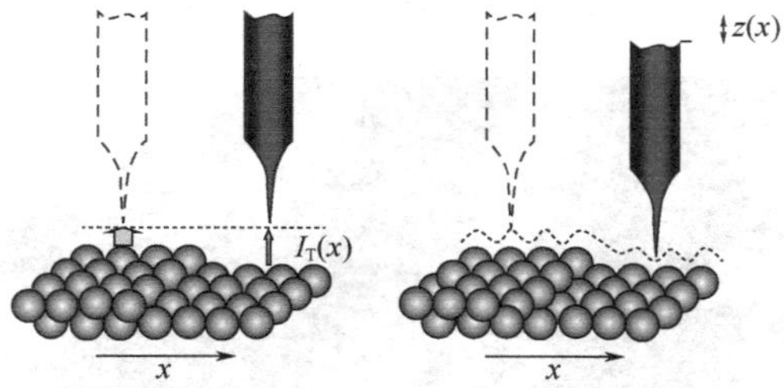


图 3-36　AFM 操作模式

在具体操作模式上，通常有以下三种，其性能比较如表 3-4。

① 接触模式　在接触模式中，针尖通过样品表面上吸附的流体层接触表面。探测器监测悬臂偏转的变化，并使用胡克定律（Hooke's law）计算力：$F=-kx$（$F$ 为力，$k$ 为弹簧常数，$x$ 为悬臂挠度）。反馈电路调整探针高度，力求在悬臂上保持恒定的力和偏转。

② 非接触模式　在非接触模式中，针尖在样品表面上方振动，始终不与样品接触，探针检测器检测的是范德华力和静电力等对成像样品无破坏的长程作用力。

③ 轻敲模式　在轻敲模式中，悬臂以其谐振频率或略低于其谐振频率振荡，振荡的幅度通常在 20～100 nm。扫描过程中，尖端轻轻“敲击”样本表面，接触其摆动的底部表面。由于尖端上的力随着尖端与表面分离的变化而变化，因此悬臂的谐振频率取决于这种分离。

**表 3-4　AFM 三种操作模式性能比较[28]**

| 操作模式 | 优点 | 缺点 |
| --- | --- | --- |
| 接触模式 | 高的扫描速度<br>垂直形貌发生极端变化的粗糙样本有时可以更容易地扫描 | 横向（剪切）力可能会扭曲图像中的特征<br>在环境条件下，由于吸附的流体层，可能会产生强大的毛细力<br>侧向力和强法向力的结合降低了分辨率，意味着尖端可能会损坏样品，反之亦然 |
| 轻敲模式 | 侧向力几乎被消除<br>大多数样本的横向分辨率更高<br>有更低的力，从而减少对软样品或尖端的损坏 | 扫描速度低于接触模式 |
| 非接触模式 | 法向力和侧向力都被最小化，因此适合测量非常软的样品<br>可以在超高压环境中获得原子分辨率 | 在环境条件下，吸附的流体层可能太厚，无法进行有效测量<br>扫描速度比轻敲和接触模式慢，以避免接触吸附的流体层 |

### 3.6.2.2　扫描隧道显微镜

在 STM 中，Pt-Rh 或 W 针在导电固体的表面上扫描。当针尖非常靠近表面时，电子穿过中间空间。在恒电流模式操作中，针尖根据表面的形状上下移动，表面的形貌包括任何吸附质，可以在原子尺度上成像。尖端的垂直运动是通过将其固定在压电圆柱体上来实现的，压电圆柱体根据其所经历的电势差而收缩或膨胀。在恒高度模式下，尖端的垂直位置保持恒定，并监测电流。由于隧穿概率对间隙的大小非常敏感，因此显微镜可以检测到表面高度的微小原子级变化。

图 3-37 显示了从金属铜表面获得的 STM 图像，在这种情况下，铜原子在表面上形成“跑

道”。表面上的每个“凸起”都对应于一个铜原子。此外，可以通过扫描隧道显微镜（STM）直接操纵原子或分子来对表面进行图案化，从而有可能制造复杂的纳米尺寸材料和器件。

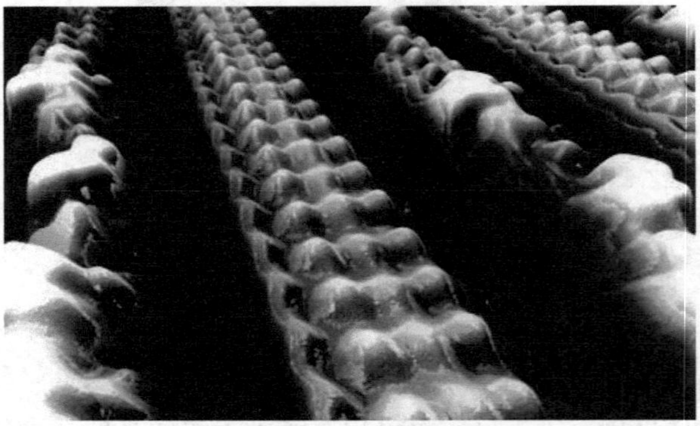

图 3-37　当金属铜表面形成一层 CuO 时，铜原子在金属铜表面上形成“跑道”的 STM 图像

吸附质的扩散特性可以通过 STM 来跟踪表面特性的变化。如果其路径不受缺陷影响，则吸附的原子在表面上随机行走，并且通过二维随机行走表达式 $d=(D\tau)^{1/2}$，从在区间 $\tau$ 内行进的平均距离 $d$ 推导出扩散系数 $D$。

## 3.6.3　离子化技术

表面的化学成分可以通过各种离子化技术来确定。同样的技术可以用于检测清洁后的任何残留污染，并用于检测实验后期吸附的材料层。一种技术是光电发射光谱，其起源于光电效应。在这项技术中，用足够能量的光子照射样品，从吸收的物质中喷出电子，并测量这些电子的能量。如果电离辐射是紫外光（如在紫外光电子能谱技术中），则喷出的电子来自价壳层，因此该技术可以用来推断吸附质和基底之间结合的细节。如果使用 X 射线，核心电子被电离，它们的能量是存在原子的特征，从而可为存在的材料提供“指纹”。

### 3.6.3.1　紫外光电子能谱法（ultraviolet photoelectron spectroscopy，UPS）

UPS 采用 He Ⅰ（21.2 eV）或 He Ⅱ（40.8 eV）作激发源，这个能量范围的光子没有任何机会进入比价带区域更深的电子结构和低结合能核心能级或半核心能级，只能激发样品中原子、分子的外层价电子或固体的价带电子，用于研究价电子和能带结构的特征[29]。图 3-38 简要示意了这种方法的机理。

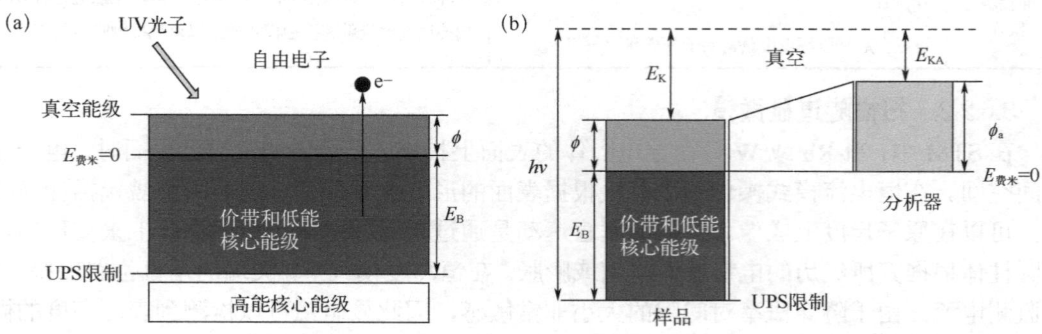


图 3-38　紫外光子-受激发光和能带图（a）和样品和能量分析仪的功函数、接触电势引起的动能和结合能之间的关系图（b）

由光谱仪直接测量的动能为$E_{KA}$，因此结合能$E_B$可以分别写为：

$$E_{KA} = E_K + \phi - \phi_a \tag{3-57}$$

$$E_B = h\nu - E_{KA} - \phi_a \tag{3-58}$$

一般来说，$\phi$被认为是所研究材料的一个固定特征，因此，可以用其识别材料。紫外光电子能谱允许直接从不同材料的 UPS 光谱中获得$\phi$值。

在紫外光电子能谱的能量分辨率下，分子转动能（$E_r$）太小，不必考虑。分子振动能（$E_v$）可达数百毫电子伏特（约 0.05～0.5 eV），且分子振动周期约为$10^{-13}$ s，而光电离过程发生在$10^{-16}$ s 的时间内，故分子的（高分辨率）紫外光电子能谱可以显示振动状态的精细结构。

由于紫外光电子能谱可提供分子振动（能级）结构特征信息，因而与红外光谱相似，具有分子"指纹"性质，可用于一些化合物的结构定性分析。通常采用未知物（样品）谱图与已知化合物谱图进行比较的方法鉴定未知物。紫外光电子能谱图还可用于鉴定某些同分异构体，确定取代作用和配位作用的顺序和性质，检测简单混合物中各种组分等。紫外光电子能谱峰的位置和形状与分子轨道结构及成键情况密切相关。紫外光电子能谱法能精确测量物质的电离电位。对于气体样品，电离电位近似对应于分子轨道能量。

在固体样品中，紫外光电子有最小逸出深度，因而紫外光电子能谱特别适用于固体表面状态分析，可应用于表面能带结构分析（如聚合物价带结构分析）、表面原子排列与电子结构分析及表面化学研究（如表面吸附性质、表面催化机理研究）等方面。由于谱峰强度的影响因素很多，因而紫外光电子能谱法尚难于准确进行元素定量分析工作。

#### 3.6.3.2 俄歇电子能谱

俄歇电子能谱（Auger electron spectroscopy，AES）可被视为涉及三个基本步骤：原子电离（通过去除核心电子），电子发射（俄歇过程），发射俄歇电子的分析。

俄歇效应是高能辐射排出第一个电子后，第二个电子的发射。第一个离开的电子在较低的轨道上留下一个空穴，一个较高的电子落入其中。这种跃迁释放的能量可能导致辐射的产生，称为 X 射线荧光[图 3-39（a）]，也可能导致另一个电子的喷出[图 3-39（b）]。后者是俄歇效应的"二次电子"。二次电子的能量是所表征材料的特征，因此 AES 有效地提供了样品的指纹。在实践中，俄歇光谱通常是通过使用电子束（能量在 1～5 keV 范围内）而不是电磁辐射来喷射初级电子来获得的。在扫描俄歇显微镜（scanning Auger microscope，SAM）中，精细聚焦的电子束在表面上扫描，并编制成分图，分辨率可以小于 50 nm。

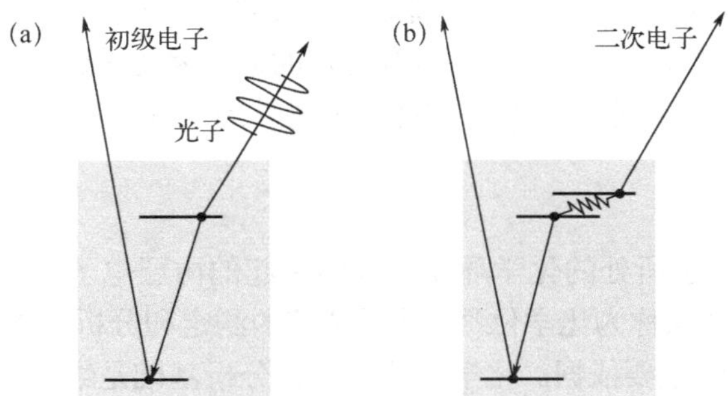


图 3-39　X 射线荧光（a）和俄歇效应的"二次电子"（b）

当电子从固体中排出时，具有较高能量的电子可能落入空出的轨道并发射 X 射线光子以产生 X 射线荧光。落入轨道的电子也可能会将其能量让给另一个电子，后者在俄歇效应中被喷出

化学环境的不同将导致内层电子能级发生微小变化，造成俄歇电子能量的微小变化，表现在俄歇电子谱图上，谱线位置会有微小移动，这就是化学位移。

利用峰强度对元素进行定量分析，灵敏度系数用于调整样品中所有元素的峰高。将成分标准设定为 100%，以确定每个元素的量。

此外，利用螺旋钻深度剖面提供成分定量信息，作为表面以下深度的函数。利用 SAM 可提供异质样品的空间分辨成分信息。

#### 3.6.3.3 X 射线光电子能谱（X-ray photoelectron spectroscopy，XPS）

XPS 是重要的表面分析技术之一。它不仅能探测表面的化学组成，而且可以确定各元素的化学状态，因此，在化学、材料科学及表面科学中得到广泛的应用。

在 XPS 中，我们关注的是一种特殊形式的光电发射，即能量为 $h\nu$ 的 X 射线光子从核心能级发射电子，然后通过电子光谱仪分析发射的光电子能量，并将数据显示为强度（通常表示为计数或计数/s）与电子能量（X 射线诱导的光电子光谱）的关系图。其基本原理就是光电效应，见图 3-40。

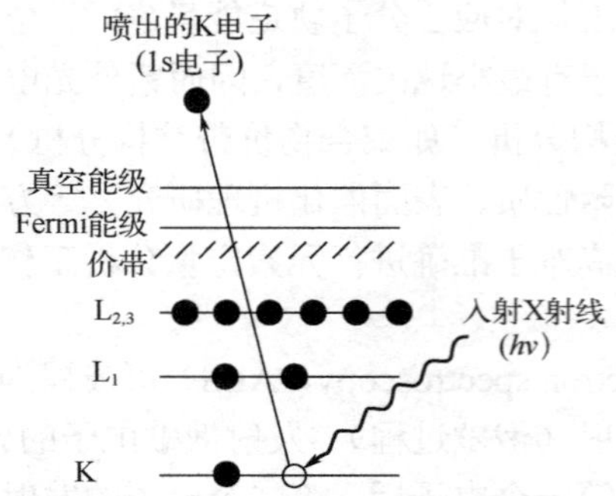


图 3-40　XPS 过程示意图，显示了通过 1s 电子喷射原子的光电离[30]

电子的动能（$E_K$）是由光谱仪测量的实验值，但它取决于所使用的 X 射线的光子能量，因此不是材料固有的性质。电子的结合能（$E_B$）是从母元素和原子能级两个方面识别电子的参数。XPS 实验中涉及的参数之间的关系是：

$$E_B = h\nu - E_K - W \tag{3-59}$$

式中，$h\nu$ 是光子能量；$E_K$ 是电子的动能；$W$ 是光谱仪的功函数。

XPS 采用能量为 1000～1500 eV 的射线源，由其激发原子的内层电子发生电离，产生光电子，这些内层能级的结合能对特定的元素具有特定的值，因此通过测定电子的结合能和谱峰强度，可鉴定除 H 和 He（因为它们没有内层能级）之外的全部元素（即 $z>2$ 的所有元素）以及元素的定量分析。

XPS 可进行如下分析：

① 化学位移　由原子所处的化学环境不同而引起的内层电子结合能的变化，在谱图上表现为谱峰的位移，这一现象称为化学位移。化学位移的测定和分析是 XPS 分析中的一项主要内容，是判定原子化合态的重要依据。化学位移的理论分析基础是结合能的计算。XPS 的化学位移同宏观热力学参数之间有一定的联系。

② 定性分析　分析时首先对样品（在整个光电子能量范围内）进行全扫描，以确定样品中存在的元素；然后再对所选择的峰进行定点扫描，以确定化学状态。

用 XPS 做定性分析的主要特点是它的表面灵敏度高，表面上只要有$10^{-3}$～$10^{-2}$单层就可以分析，因此它的绝对灵敏度很高，可达$10^{-10}$ g。

XPS 做元素分析适应性很强，周期表上几乎所有元素都能分析。只有 H、He 例外，因为它们没有内层电子。它的分析速度很快，一次扫描（大约 5～10 min）可以检出全部元素，要求样品量很少，粉末、块状、片状均可以测量。

③ 定量分析　定量分析通常采用的方法有：理论模型法、灵敏度因子法、标样法等。应用最广的是元素（原子）灵敏度因子法。XPS 定量结果的准确性比俄歇能谱相对灵敏度因子法好，一般误差不超过 20%。

由于在一定条件下谱峰强度与其含量成正比，因而可以采用标样法（与标准样品谱峰相比较的方法）进行定量分析，精确度可达 1%～2%。但由于标样制备困难且费时，且应用具有一定的局限性，故标样法尚未得到广泛采用。

由于方法本身的限制，XPS 做元素定量分析的准确度并不高，只能说是半定量。

④ 化学结构分析　通过谱峰化学位移的分析不仅可以确定化合物中存在的元素，还可以研究样品的化学结构。依据是原子的化学环境与化学位移之间的关系。

XPS 目前主要应用于催化、金属腐蚀、黏合、电极过程和半导体材料与器件等一些极有应用价值的领域，用来探索固体表面的组成、形貌、结构、化学状态、电子结构和表面键合等信息。随着时间的推移，电子能谱的应用范围和程度将会越来越广泛，越来越深入。

## 3.6.4 衍射技术

### 3.6.4.1 低能电子衍射（low energy electron diffraction，LEED）

低能电子衍射（LEED）是一种分析晶体材料表面结构的技术。它涉及用低能电子束轰击材料，并在荧光屏上观察由此产生的衍射图案。一束聚焦的电子束指向一种材料。低能电子对表面结构的作用就像 X 射线对本体的作用一样。①电子与表面相互作用并被衍射；②衍射电子在荧光屏上被观察为斑点；③分析斑点图案以确定材料的表面结构。

低能电子衍射（LEED）是一种获取表面结构信息的标准技术。LEED 提供了绝大多数的表面结构数据，现在也辅以扫描隧道显微镜（STM）和其他技术。LEED 的高表面灵敏度是由于使用了能量在 20～200 eV 之间的电子，其波长等于 2.7～0.87 Å（与原子间距相当）。

LEED 有两个主要应用。从定性分析上讲，记录衍射图案并分析斑点位置可以提供有关表面结构对称性的信息。在存在吸附质的情况下，定性分析可以揭示关于吸附质晶胞相对于底物晶胞的尺寸和旋转排列的信息。定量分析方面，衍射光束的强度被记录为入射电子束能量的函数，以产生 *I-V* 曲线。与理论曲线相比，这些曲线可以提供有关表面原子位置的准确信息。

这项技术类似于 X 射线衍射，依据布拉格方程：

$$d = a\sin\theta = n\lambda \tag{3-60}$$

但使用了电子的波动特性，样品是固体的表面。低能量电子的使用确保了衍射仅由表面上和表面附近的原子引起。

图 3-41 显示了 W（100）表面在不同能量 $E$ 下拍摄的两张 LEED 图像。W（100）的表面晶胞是正方形，因此倒易晶格也是正方形。当增加能量时，我们仍然会看到相同的斑点，但它们会向窗口的中心移动，屏幕两侧将出现之前看不到的新斑点。

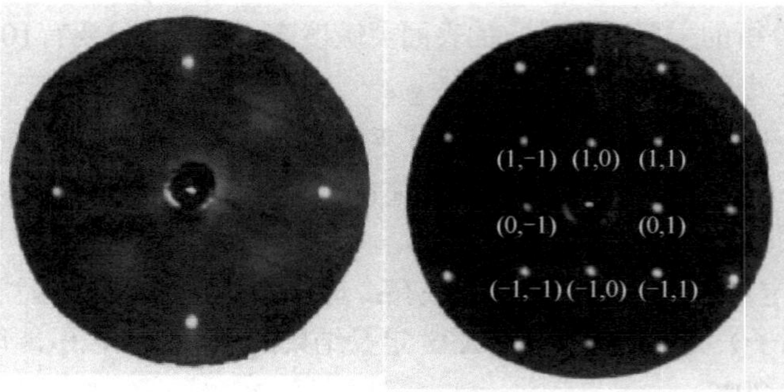


图 3-41　分别在 45 eV（左）和 145 eV（右）的电子动能下拍摄的 W(100)的 LEED 图像

从二维晶格观察到表面的另一个新的衍射斑点可能来自于覆盖层结构，即可能在表面上有一个覆盖层（或重构层），其具有与衬底不同的倒易晶格。由于多次散射，人们不仅得到了两个倒易格点，而且得到了它们之间所有可能的组合。如果采用表面晶格由吸附质和基底的前几层组成的观点，这些额外的斑点会以自然的方式进入倒易晶格。如图 3-42 所示。

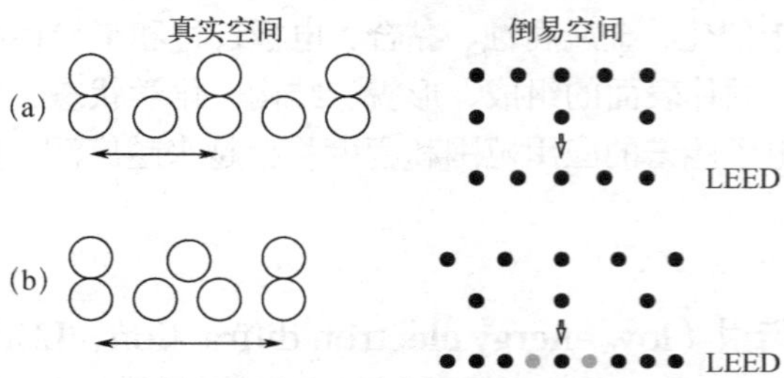


图 3-42　LEED 图像显示了基底和覆盖层的倒易晶格之和以及它们之间所有可能的组合

对于图 3-42（a）中的简单覆盖层结构，这种组合不会导致任何新的斑点。对于重合结构[图 3-42（b）]，它确实存在（灰色斑点）。箭头表示表面晶胞整体的大小。当这个单元用于计算倒易晶格时，“额外”斑点以一种正常的方式出现。

LEED 图案可以用于评估表面的缺陷密度，如图 3-43 所示。

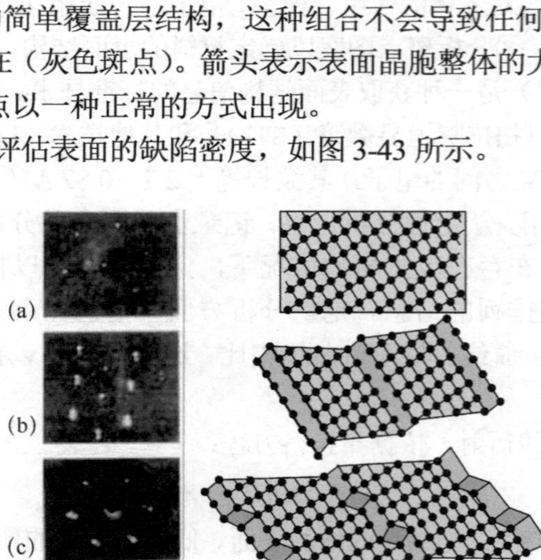


图 3-43　具有低缺陷密度的铂表面（a），由大约六个原子分隔的规则台阶（b）和具有扭结的规则台阶（c）

### 3.6.4.2　低能电子显微镜（low energy electron microscope，LEEM）

LEEM 利用低能量、弹性背散射电子以高空间和时间分辨率进行表面成像。与其他表面成像技术相比，它的主要优势在于能够在极端条件下实时获取图像，其独特的对比机制有利于研究生长和衰变、偏析、相变、结构、形态和磁性微观结构等动态和静态过程。

**（1）工作原理**

高能电子（15～20 keV）从电子枪发射，使用一组聚光光学器件聚焦，并通过磁束偏转器（通常为60°或90°）发送。"快"电子穿过物镜，在样品表面附近开始减速到低能量（1～100 eV），因为样品的电势接近电子枪的电势。它利用弹性反向散射的低能电子来创建图像，可达到低至几纳米的高横向分辨率。低能电子现在被称为"表面敏感"，近表面采样深度可以通过调节入射电子的能量（样品和电子枪电势之间的差减去样品和系统的功函数）来改变。衍射图案的强度分布将取决于样品表面的周期性，是电子波动性质的直接结果。

**（2）空间和时间分辨率**

LEEM的空间分辨率受到孔径处的衍射以及光束的球面像差和色差的限制。计算表明，在理想的均匀加速场下，LEEM的分辨率可以达到3 nm。

LEEM的时间分辨率取决于样本的反射率以及所使用相机的灵敏度和帧速率。LEEM具有高帧速率，因为它是一种非扫描技术。电子同时到达样品的不同部分并同时形成图像。

由于LEEM是一种基于LEED的成像技术，最明显的对比机制是来自衍射条件的局部差异。当由于局部应变或大规模几何结构（如不同的结构相）而出现周期性局部差异时，就会出现这种情况。例如，通过使用镜面反射的电子，即亮场成像，我们可以观察到Si（111）表面上的（7×7）重建和（1×1）结构之间的对比度。第二种对比机制是由电子束波之间的干涉引起的相位对比。其中之一是原子台阶对比度，它使LEEM能够解决单个原子高度台阶。对比度来自从不同表面层反射的光束之间的路径长度差异。在低能量下，电子的波长与单个原子的高度相当，因此在入射能量变化很小的情况下，相移变化很大，并引起不同的干涉条件。

## 参考文献


[1] Lüth H. Solid surfaces, interfaces and thin films[M]. 5th ed. Springer, 2010.

[2] Butt H J, Graf K, Kappl M. Physics and chemistry of interfaces[M]. John Wiley & Sons, 2003.

[3] Morrison S R. 表面化学物理[M]. 赵壁英, 等译. 北京: 北京大学出版社, 1984.

[4] Somorjai G A. Chemistry in two dimensions surface[M]. Cornell University, 1981.

[5] Soustelle M. Thermodynamics of surfaces and capillary systems[M]. John Wiley & Sons, 2016.

[6] Ménétrey M, Markovits A, Minot C, et al. Formation of Schottky defects at the surface of MgO, $TiO_2$, and $SnO_2$: A comparative density functional theoretical study[J]. The Journal of Physical Chemistry B, 2004, 108: 12858-12864.

[7] Carter C B, Norton M G. Ceramic materials: Science and engineering[M]. New York: Springer Science+Business Media, 2013.

[8] Suratwala T I. Materials science and technology of optical fabrication[M]. JohnWiley & Sons, 2018.

[9] Wang Z Z, Pereira J M, Gan Y X. Effect of wetting transition during multiphase displacement in Porous media[J]. Langmuir, 2020, 36(9): 2449-2458.

[10] Banerji A, Navare C. Fractal nature of protein surface roughness: a note on quantification of change of surface roughness in active sites, before and after binding[J]. Journal of Molecular Recognition, 2013, 26(5): 201-214.

[11] Xie Y C, Tang Y Q. Spontaneous monolayer dispersion of oxides and salts onto surfaces of supports: Applications to heterogeneous catalysis[J]. Advanced in Catalysis, 1990, 37: 1-43.

[12] Chen Y, Zhang L F. Surface interaction model of $\gamma$-alumina-supported metal oxides[J]. Catalysis Letters, 1992, 12(1-3): 51-62.

[13] 董林, 陈懿. 离子型化合物与氧化物载体表面相互作用的研究——"嵌入模型"及其应用[J]. 无机化学学报, 2000, 16(2): 250-260.

[14] 何杰, 范以宁, 邱金恒, 等. $Nb_2O_5$ / $TiO_2$ 催化剂表面铌氧物种的分散状态和催化性能[J]. 化学学报, 2004, 62(14): 1311-1317.

[15] Wachs I E. Raman and IR studies of surface metal oxide species on oxide supports: Supported metal oxide catalysts[J]. Catalysis Today, 1996, 27(3/4): 437-455.

[16] Vuurman M A, Wachs I E. In situ Raman spectroscopy of alumina-supported metal oxide catalysts[J]. The Journal of Physical Chemistry, 1992, 96(12): 5008-5016.

[17] Li J, Xu L, He J, et al. Synthesis, characterization and enhanced visible-light photocatalytic activity of novel $NiO/HTi_2NbO_7$ nanocomposite[J]. New Journal of Chemistry, 2018, 42: 10279-10289.

[18] Myers D. Surfaces, interfaces, and colloids: Principles and applications[M]. 2nd ed. John Wiley & Sons, 1999.

[19] 何杰. 高等催化原理[M]. 北京：化学工业出版社, 2022.

[20] Wang R Z, Wang L W, Wu J Y. Adsorption refrigeration technology: Theory and application[M]. John Wiley & Sons, 2014.

[21] Kobayashi Y, Li Y X, Wang Y, et al. Adsorption isotherms of methanol and dimethyl ether on SAPO-34 measured together with differential adsorption heat measurement[J]. Chinese Journal of Catalysis, 2013, 34: 2192-2199.

[22] Fubini B, Bolis V, Cavenago A, et al. Structural and induced heterogeneity at the surface of some $SiO_2$ polymorphs from the enthalpy of adsorption of various molecules[J]. Langmuir, 1993, 9(10): 2712-2720.

[23] Bolis V, Busco C, Aina V, et al. Surface properties of silica-based biomaterials: Ca species at the surface of amorphous silica as model sites[J]. Journal of Physical Chemistry C, 2008, 112(43): 16879-16892.

[24] Stoeckli F, López-Ramón M V, Moreno-Castilla C. Adsorption of phenolic compounds from aqueous solutions, by activated carbons, described by the Dubinin-Astakhov equation[J]. Langmuir, 2001, 17: 3301-3306.

[25] Yu W, Sepehrnoori K. Shale gas and tight oil reservoir simulation[M]. Elsevier, 2019.

[26] Yang R T. Adsorbents: fundamentals and applications[M]. John Wiley & Sons, 2003.

[27] Brillson L J. An essential guide to electronic material surfaces and interfaces[M]. John Wiley & Sons, 2016.

[28] University of Cambridge, Dissemination of IT for the Promotion of Materials Science (DoITPoMS). Atomic Force Microscopy. https://www.doitpoms.ac.uk/tlplib/afm/index.php.

[29] Zatsepin D A, Zatsepin A F. Spectroscopy for materials characterization—Chapter 13 Ultraviolet photoelectron spectroscopy – Materials science technique[M]. John Wiley & Sons, 2021.

[30] Watts J F, Wolstenholme J. An introduction to surface analysis by XPS and AES[M]. John Wiley & Sons, 2003.

# 第 4 章

# 液-固界面

## 4.1 引言

液-固界面是液体与固体接触形成的边界区域，其性质由分子间相互作用主导，在润湿、吸附、催化、生物传感等领域具有关键作用。液-固界面研究是跨学科的核心课题，其精确调控对新材料与器件开发至关重要。液-固界面性质中润湿是基础。润湿（wetting）是指在固体表面上一种液体取代另一种与之不相混溶的流体（气体或另一液体）的过程。润湿是在日常生活和生产实际中最常见的应用之一，如洗涤、矿物浮选、印染、油漆的生产和使用、黏结、防水及抗黏结涂层等。图 4-1 展示了润湿效应的现象及一些应用。

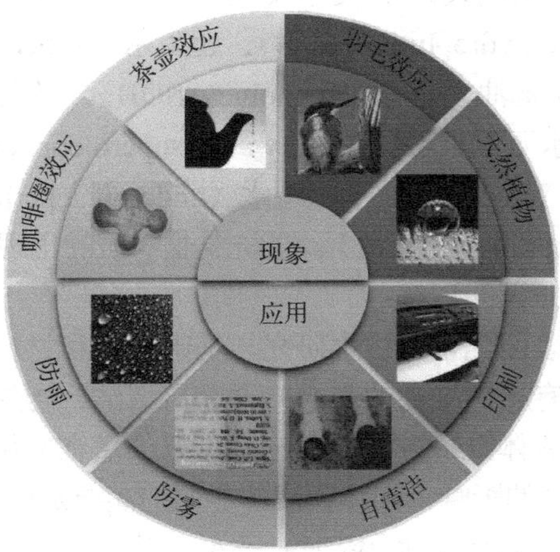


图 4-1　润湿效应的现象及应用[1]

在所有这些应用领域中，液体对固体表面的润湿性能均起着极重要的作用。实际上，润湿的规律是这些应用的理论基础。因此，研究润湿现象有极其重要的实际意义。从理论上，润湿现象为研究固体表面（特别是低能表面）Gibbs 自由能、固-液界面上的分子状态提供了方便而简洁的途径。有关润湿理论研究的发展主要历程如表 4-1 所示。

**表 4-1　润湿性模型关键发展时间表[2]**

| 年份 | 事件 | 年份 | 事件 |
|---|---|---|---|
| 1805 | 光滑表面接触角的 Young 方程 | 1996 | Shibuicli 等通过几何分形修正 Wenzel 模型 |
| 1869 | 黏附功的 Young-Dupré 方程 | 1997 | Barthlott 模式揭示了微小乳头和蜡引起的莲花效应 |
| 1936 | 均相粗糙表面的 Wenzel 模型 | 2003 | Marmur 定义热力学条件，用于确定均质和非均质状态之间的转变 |
| 1944 | 多相粗糙表面的 Cassie-Baxter 模型 | 2003 | Extrand 模型显示接触线控制接触角 |
| 1952 | 异质性导致的亚稳态的良好稳定性 | 2004 | Tadmor 模型解释了线能量以及 CAH 和 Young 接触角之间的关系 |
| 1953 | Bartell 和 Shepard 解释了接触角滞后 | 2004 | Patankar 提出考虑荷叶双尺度粗糙度的模型 |
| 1957 | 表界面张力的 Girifalco-Good 方程 | 2007 | Nosonovsky 导出非均匀表面广义方程 |
| 1962 | Furmidge 提出的 CAH① 与滑动角的关系 | 2007 | Gao 和 McCarthy 指出更正 Wenzel 模型和 Cassie-Baxter 模型 |
| 1981 | Mandelbrot 解释了几何分形和 Koch 曲线可以模拟自然 | 2007 | McHale 暗示使用粗糙度因子和面积分数的局部值而不是全局值 |
| 1995 | Schrader 通过考虑分离液滴的形状来修正 Cassie-Baxter 模型 | 2011 | Kwon 等指出支柱型粗糙度没有遵循 Cassie-Baxter 模型 |

① CAH——contact angle hysteresis。

自 1804 年英国科学家 Thomas Young 首次提出表/界面科学润湿性基础理论以来，润湿过程被广泛关注。1805 年，Thomas Young 在研究润湿和毛细现象时描述了界面张力和接触角（contact angle，CA）的定量关系，被称为接触角和润湿之父。1936 年，Wenzel 研究了固体表面的宏观粗糙度与接触角之间的关系，并解释了粗糙度如何提高疏水性。1944 年，Cassie 和 Baxter 将 Wenzel 理论进一步拓展，指出固体和空气的复合界面可以影响超疏水性。后来，Cassie、Bartell、Fowkes、Zisman 等人讨论了 CA 的滞后现象。在接下来的半个世纪中，大多数研究集中在理论研究和分析技术上，提供了一个单微结构模型。随后，Jiang 等人揭示了荷叶表面存在微纳米尺度的层次结构，即微乳头顶部的树枝状纳米结构，这种结构引起了超疏水性自洁净现象。

在过去的几十年中，具有超疏水性（表面润湿性的极端状态之一）的仿生表面已被深入探索，并因自然界中超润湿现象的发现而快速发展。已揭示了超润湿性可能的几种极端状态（图 4-2），包括超亲水（superhydrophilic，SHL）、超疏水（superhydrophobic，SHB）、超亲油（superoleophilic，SOL）和超疏油（superoleophobic，SOB）。当空气换成水相或油相时，会出现几种可能的极端状态：水下超疏油（underwater superoleophobic，WSOB）、水下超亲油（underwater superoleophilic，WSOL）、油下超疏水（underoil superhydrophobic，OSHB）和油下超亲水（underoil superhydrophilic，OSHL）。这些专业术语的出现，大大加快了新表面技术的发展，加深了对润湿性基本知识的理解。

关于荷叶的研究激活了表面化学、仿生研究、基础理论和材料科学的润湿领域。除了超疏水表面外，还制造了大量具有超润湿性的表面，并在自清洁、防生物污染、防冰、防雾、油水分离、智能膜、传感器和微流体设备方面显示出了良好的潜在应用前景[4]。

受表面化学和表面粗糙度的影响，固体和液体界面的润湿是最常见的现象之一。一般来说，CA 用于评估固体表面的静态润湿性，而滚动角（SAs）或前进/后退角用于表征固体表面的动态润湿性。随着表面润湿性领域的飞速发展，一些独特的润湿现象和水滴的界面分子结构给传统的表面润湿性理论带来了新的挑战，甚至是矛盾，如 Young 方程、Wenzel 模型、Cassie-Baxter 模型。因此，在本章中，我们试图理清一些基本概念，并为理解固体表面上独特的润湿现象提供线索。

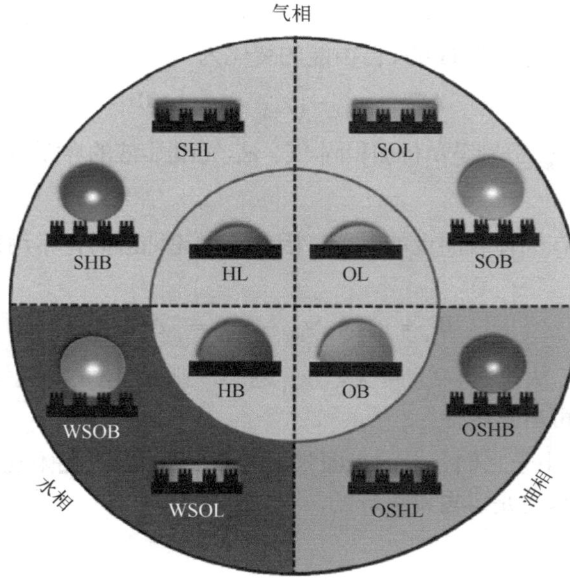


图 4-2　表面润湿性可能的极端状态[3]

# 4.2 润湿过程类型及能量

水在荷叶上呈水珠状，荷叶稍倾斜，水珠即可在重力作用下滚落。从宏观角度上看，润湿是一种流体从固体表面置换另一种流体的过程。通常，润湿处理材料的三个相为：气相、液相和固相。从微观的角度看，润湿固体的流体，在置换原来固体表面上的流体后，本身与固体表面是分子水平上的接触，它们之间无被置换相的分子。润湿方式或过程不同，润湿的难易程度和润湿的条件亦不同。虽然“润湿”一词可能会让人联想到液体覆盖表面的一个相当简单的图像，但从表面化学的角度来看，这种情况就不那么清晰了。典型地，有三种重要的润湿现象：沾湿、铺展和浸湿。这些区别可能看起来很细微，但从热力学和现象学的角度来看，它们可能都很重要，如图 4-3 所示。

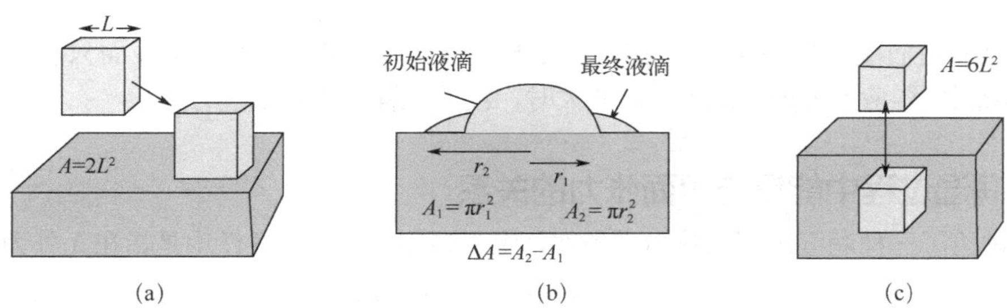


图 4-3　三种类型的润湿现象及其热力学关系

(a) 沾湿；(b) 铺展；(c) 浸湿

## 4.2.1 沾湿

如果液相和固相按图 4-3（a）所示的方式接合，则称此过程为沾湿。这一过程进行后总的结果是：消失一个固-气和一个液-气界面，产生一个固-液界面。若设固-液接触面为单位面积，在恒温恒压下，此过程引起系统 Gibbs 自由能的变化为：

$$\Delta G_{\mathrm{a}} = \gamma_{\mathrm{s\text{-}l}} - \left(\gamma_{\mathrm{s\text{-}g}} + \gamma_{\mathrm{l\text{-}g}}\right) < 0 \tag{4-1}$$

式中，$\gamma_{\mathrm{s\text{-}g}}$、$\gamma_{\mathrm{l\text{-}g}}$、$\gamma_{\mathrm{s\text{-}l}}$ 分别是单位面积固-气、液-气和固-液的界面 Gibbs 自由能。因 $\Delta G<0$，因此，过程自发。

沾湿的实质是液体在固体表面上的黏附，因此在讨论沾湿时，常用黏附功这一概念。它的定义可用下式表示：

$$W_{\mathrm{a}} = \gamma_{\mathrm{s\text{-}g}} + \gamma_{\mathrm{l\text{-}g}} - \gamma_{\mathrm{s\text{-}l}} = -\Delta G \tag{4-2}$$

$W_{\mathrm{a}}$ 即称为黏附功。从式（4-2）可见，$\gamma_{\mathrm{s\text{-}l}}$ 越小，则 $W_{\mathrm{a}}$ 越大，液体越易沾湿固体。故若 $W_{\mathrm{a}} = -\Delta G > 0$，则沾湿可自发进行。

固-液界面张力总是小于它们各自的表面张力之和，因此，其黏附功总大于零。故不管对什么液体和固体，沾湿过程总是可自发进行的。

### 4.2.2 铺展

置一液滴于一固体表面[如图 4-3（b）]，恒温恒压下，若此液滴在固体表面上自动展开形成液膜，则称此过程为铺展润湿。在此过程中，失去了固-气界面，形成了固-液界面和液-气界面。设液体在固体表面上展开了单位面积，则系统 Gibbs 自由能的变化为：

$$S_{\mathrm{l/s}} = -\Delta G_{\mathrm{s}} = -\left(\gamma_{\mathrm{s\text{-}l}} + \gamma_{\mathrm{l\text{-}g}} - \gamma_{\mathrm{s\text{-}g}}\right) > 0 \tag{4-3}$$

$S_{\mathrm{l/s}}$ 称为液体在固体表面上的系数，简写为 $S$。

### 4.2.3 浸湿

将固体小方块按图 4-3（c）所示方式浸入液体中，若固体表面气体均为液体所置换，则称此过程为浸湿。在浸湿过程中，系统失去了固-气界面，产生了固-液界面。若固体小方块的总面积为单位面积，则在恒温恒压下，此过程所引起的系统 Gibbs 自由能的变化若用浸湿功 $W_{\mathrm{i}}$ 表示，则有：

$$W_{\mathrm{i}} = -\Delta G_{\mathrm{i}} = \gamma_{\mathrm{s\text{-}g}} - \gamma_{\mathrm{s\text{-}l}} > 0 \tag{4-4}$$

浸湿过程与沾湿过程不同，不是所有液体和固体均可自发发生浸湿，而只有固体的表面 Gibbs 自由能比固-液的界面 Gibbs 自由能大时，浸湿过程才能自发进行。

### 4.2.4 润湿过程中能量与界面张力的关系

上面讨论了三种润湿过程的热力学条件，应强调的是，这些条件均是指在无外力作用下液体自动润湿固体表面的条件，有了这些热力学条件，即可从理论上确定一个润湿过程能否自发进行。但实际上却并非那么容易，上面所讲的判断条件，均需明确固体的表面 Gibbs 自由能和固-液界面 Gibbs 自由能，而这些参数目前尚无合适的测定方法，因而定量地运用上面的判断条件是有困难的。尽管如此，这些判断条件仍为我们解决润湿问题提供了正确的思路。

沾湿是指先前与气体接触的固体与液相接触的情况。在该过程中，固-气界面的特定面积 $A$ 被相等面积的固-液界面所代替[图 4-3（a）]。该过程的自由能变化由下式给出：

$$-\Delta G = A\left(\gamma_{s\text{-}g} + \gamma_{l\text{-}g} - \gamma_{s\text{-}l}\right) \tag{4-5}$$

式中，$\gamma_{s\text{-}g}$、$\gamma_{l\text{-}g}$和$\gamma_{s\text{-}l}$分别是指固-气、液-气和固-液的界面张力。比较式（4-2）与式（4-5），括号中的量是黏性的热力学功$W_a$。从式（4-5）中可以清楚地看出，固-液界面能$\gamma_{s\text{-}l}$的降低会导致黏附功的增加（以及更大的能量降低），而$\gamma_{s\text{-}g}$或$\gamma_{l\text{-}g}$的增加会降低过程中的能量增益。

铺展适用于液体（$l_1$）和固体已经接触，液体铺展以置换第二种流体（$l_2$，通常是空气）的情况，如图 4-3（b）所示。在铺展过程中，固体和$l_2$之间的界面面积减少了 $A$，而固体和$l_1$之间的面积增加了相等的量。在该过程中，$l_1$和$l_2$之间的界面面积也增加。在每种情况下，界面面积的变化都是相同的，因此系统能量的总减少（对于自发过程）为：

$$-\Delta G = A\left(\gamma_{s\text{-}l_2} - \gamma_{s\text{-}l_1} - \gamma_{l_1\text{-}l_2}\right) \tag{4-6}$$

式中，$\gamma_{l_1\text{-}l_2}$是流体 1 和 2 之间的界面张力。如果括号中的项，即扩展系数 $S$ 为正，则$l_1$将自发地取代$l_2$，并在表面上完全扩展（或最大程度地扩展）。如果 $S$ 为负，则扩散过程不会自发进行。

在浸湿情况下[图 4-3（c）]，平衡时的自由能变化由两个因素决定：与固-气界面$A\gamma_{s\text{-}l_2}$和新的固-液界面$A\gamma_{s\text{-}l_1}$相关的成分，其中 $A$ 是固体的总表面积。自由能变化由下式给出：

$$-\Delta G = A\left(\gamma_{s\text{-}l_2} - \gamma_{s\text{-}l_1}\right) \tag{4-7}$$

从上述润湿过程的关系可知，固体和任何接触液体之间的界面能以及液体和第二流体（通常是空气）之间的界面张力控制着系统最终执行的方式。改变这些表面能成分中的一个或多个可以操纵系统以获得给定系统所需的润湿性能。通常通过表面活性剂在任何或所有界面上的作用来实现这种操纵。后续 4.5 节中对表面活性剂在润湿过程的改变和控制中的作用进行了更具体的讨论。

### 4.2.5 润湿过程中其他热力学关系

尽管在润湿现象中涉及的数学关系通常非常简单，但它们在许多实际应用中却非常有效。它们的组合和变化产生了更多的关系，这可以进一步扩大它们的效用，而不扩大其应用所需的信息量。在分析润湿和扩散现象时有两个热力学关系，即内聚功和黏附功。

在 2.6.3 节中我们讨论了内聚功和黏附力的作用。内聚功$W_{AA}$被定义为用表面张力$\gamma$分离材料单位面积的两个表面所需的可逆功，关系式如下：

$$W_{AA} = 2\gamma$$

相关的量，即黏附功$W_a$，类似地定义为分离两种不同材料或相之间的界面单位面积以留下“裸露”固体表面所需的功。

$$W_{as_{12}} = \gamma_{s_2} + \gamma_{s_1\text{-}s_2} - \gamma_{s_1} \tag{4-8}$$

这里使用下标$s_{12}$来强调这样一个事实，即当两个表面（固体 1 和液体 2）分离时，形成了两个新的界面固体 2 和 1-2。如果包含扩散压力$\pi_{s_{2,1}}$，则式（4-8）变为

$$W_{as_{12}} = \gamma_{s_2} + \pi_{s_{2,1}} + \gamma_{s_1\text{-}s_2} - \gamma_{s_1} \tag{4-9}$$

这考虑了在移动的三相边界之前被吸附在固体表面上的扩展液体的分子的能量效应。

根据式（4-9），可以定义一个新的量，即可逆黏附功，其中包括$\pi_{s_{2,1}}$：

$$W_{as_{12}}^{\theta} = \gamma_{s_2} + \gamma_{s_1\text{-}s_2} - \gamma_{s_1} \tag{4-10}$$

比较式（4-9）和式（4-10），可以看出只有当$\pi_{s_{2,1}}=0$时，$W_{as_{12}}=W_{as_{12}}^{\theta}$。在$\pi_{s_{2,1}}$显著的强相互作用系统中，$W_{as_{12}} \gg W_{as_{12}}^{\theta}$。式（4-8）和式（4-10）可用于流体2也是可润湿固体的液体（例如，竞争性润湿）的情况，或当其含有可吸附在固体上的某些组分（例如，表面活性剂）时。

# 4.3 润湿接触角和Young方程

上面讨论了不同润湿下的热力学条件，但这些条件只能是定性的，目前尚不可能利用这些条件去定量地判断一种液体是否能润湿某一固体及其润湿的程度。通过Young方程将接触角与润湿的热力学条件结合即可用接触角来判断润湿的条件及其程度。

## 4.3.1 接触角的概念

在固、液、气三相交界处，自固-液界面经过液体内部到气-液界面之间的夹角称为接触角。接触角是一个描述液体在气体环境中润湿表面能力的参数，并通过Young方程与界面能（界面张力）相关联。

图4-4显示了由接触角量化的各种润湿程度。当0°<$\theta$<90°时，液体在固体表面上扩展，则该液体能部分润湿该固体表面；$\theta$=0时，表明该液体能完全润湿该固体表面；当$\theta$>90°时，液体表面收缩而不扩展，该液体不能润湿该固体表面，简称不润湿；当$\theta$=180°时，称为完全不润湿。接触角可以是静态角和动态角。当液滴停留在表面且三相边界不移动时，此时系统呈现平衡状态，测量的是静态接触角。当三相边界移动时，可以测量动态接触角，它们又被分为前进和后退接触角。前进和后退接触角给出了静态接触角在表面上可以具有的最大值和最小值。

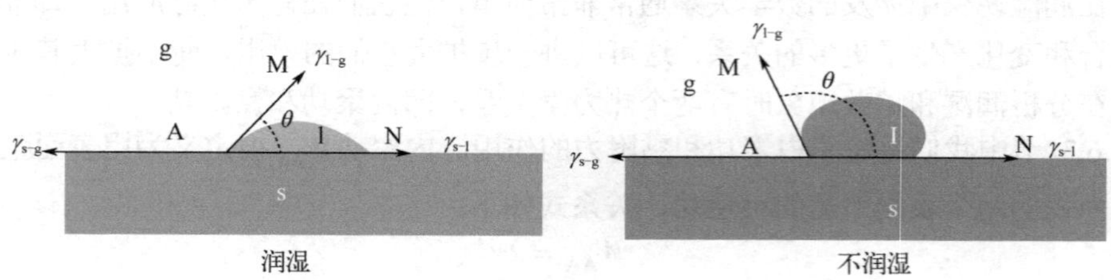


图4-4 接触角及润湿程度

## 4.3.2 Young方程

液体滴在固体表面上产生矢量平衡，以平衡三种力，即固-液间的界面张力$\gamma_{s\text{-}l}$、固-气间的界面拉力$\gamma_{s\text{-}g}$，以及液-气间界面张力$\gamma_{l\text{-}g}$，从而得到Young方程。

$$\gamma_{s\text{-}g} = \gamma_{s\text{-}l} + \gamma_{l\text{-}g}\cos\theta \tag{4-11}$$

Young方程描述的是理想情况下三相接触线上某一点的界面张力之间的关系。

液滴在固体表面的形状是由 Young 方程决定的，而接触角则起到（方程解的）边界条件的作用。通过测量一液体在固体表面形成液滴的接触角大小，可衡量该液体对固体表面润湿性的程度；还可间接了解和获得液-固和固-气界面相互作用的信息和参数。

将 Young 方程变换为如下形式：

$$\cos\theta = (\gamma_{s\text{-}g} - \gamma_{s\text{-}l}) / \gamma_{l\text{-}g} \tag{4-12}$$

对这个方程进行分析：若 $\cos\theta>0$，$\theta<90°$，意味着 $\gamma_{s\text{-}g}>\gamma_{s\text{-}l}$，若要使 Young 方程中有 $\theta$ 计算值，则 $0<\gamma_{s\text{-}g}-\gamma_{s\text{-}l}<\gamma_{l\text{-}g}$。若 $\gamma_{s\text{-}g}-\gamma_{s\text{-}l}>\gamma_{l\text{-}g}$，则 $\cos\theta>1$，此时，方程无解。但从另一个角度去看，产生此结果的原因是 $\gamma_{s\text{-}g}$ 有一个较大的值，不仅 $\gamma_{s\text{-}g}>\gamma_{s\text{-}l}$，而且 $\gamma_{s\text{-}g}>\gamma_{s\text{-}l}+\gamma_{l\text{-}g}$，满足此条件的固体称为高能表面（从能量的角度去分析问题）。

若 $\cos\theta<0$，$\theta>90°$，意味着 $\gamma_{s\text{-}g}<\gamma_{s\text{-}l}$，若要使 Young 方程中有 $\theta$ 计算值，则 $\gamma_{s\text{-}g}-\gamma_{s\text{-}l}>-\gamma_{l\text{-}g}$。若 $\gamma_{s\text{-}g}-\gamma_{s\text{-}l}<-\gamma_{l\text{-}g}$，则 $\cos\theta<-1$，此时，方程无解。但从另一个角度去看，产生此结果的原因是 $\gamma_{s\text{-}g}$ 有一个较小的值，不仅 $\gamma_{s\text{-}g}<\gamma_{s\text{-}l}$，而且 $\gamma_{s\text{-}g}<\gamma_{s\text{-}l}+\gamma_{l\text{-}g}$，满足此条件的固体称为低能表面（从能量的角度去分析问题）。

### 4.3.3 接触角与湿润过程能量的关系

Young 方程是三相接触体系能量最小化的结果。方程中 $\gamma_{s\text{-}l}$、$\gamma_{s\text{-}g}$ 和 $\gamma_{l\text{-}g}$ 是相应界面的界面张力。对于一给定的液体-固体表面-大气三相体系，在一定温度下接触角应为一特定的值，它是由三相之间的相互作用决定的，是体系本身追求最小总能量的结果。表 4-2 展示了润湿程度与相间相互作用强弱之间的相关性。

**表 4-2 润湿与相间的相互作用**

| 接触角 | 润湿程度 | 相互作用强度 | |
|---|---|---|---|
| | | s/l 相互作用 | l/l 相互作用 |
| $\theta$=0° | 完全润湿 | 强 | 弱 |
| 0°<$\theta$<90° | 高润湿性 | 强 | 强 |
| $\theta$= 90° | 润湿和不润湿的界限 | 弱 | 强 |
| 90°<$\theta$<180° | 低润湿性 | 弱 | 强 |
| $\theta$=180° | 完全不润湿 | 弱 | 强 |

固体颗粒的接触角和润湿行为受许多物理和化学因素的影响，如表面粗糙度和不均匀性以及颗粒的形状和尺寸。

接触角是衡量固体表面疏水性的一个非常常见的指标，也是矿物湿法处理（如泡沫浮选）等界面化学中的一个重要参数。矿物表面的亲水/疏水平衡可以根据液体、固体和气体三相之间形成的接触角来评估。

Young 方程的有效性要求固体表面物理均匀（表面光滑、平坦）和化学均匀（化学成分均匀），同时要求表面具有惰性、不溶性、非反应性且不可变形等。实际曲面通常不满足这些条件。满足 Young 方程所有要求的曲面称为理想曲面。

对同一对液体和固体，在不同的润湿过程中，其润湿的条件是不同的。对于浸湿过程，$\theta$=90°

完全可作为润湿和不润湿的界限；$\theta$<90°，可润湿；$\theta$>90°则不润湿。但对于铺展，则这个界限不适用。在解决实际的润湿问题时，应首先分清它是哪一种类型，然后才可对其进行正确的判断。

将液体在固体表面的黏附功与接触角相关联，可以获得 Young-Dupré 方程。

$$W_{sl}=\gamma\left(1+\cos\theta\right) \tag{4-13}$$

从方程中可以看出，当液体和固体之间的黏附功 $W_{sl}$ 低于内聚功 $2\gamma$ 时，$\theta$ 是有限的，这属于部分润湿的情况。相反，当黏附功 $W_{sl}$ 等于或大于内聚功时，属于完全润湿。在后一种情况下，$\theta$ 变为零，液滴扩散，在表面形成薄膜。

以上考虑仅限于理想表面，然而，真实材料的表面是不均匀的，它们表现出化学和物理不均匀性，其变化范围从分子（即表面存在的化学基团的变化）到几十微米或更大（即表面的物理粗糙度）。这对润湿机制有很大影响，在实践中，液滴在真实表面上的接触角不是唯一的。

## 4.3.4 表观接触角

对于非理想表面，微观尺度下在液体与固体界面处的接触角即为实际接触角 $\theta_r$；宏观上观察的液体形状在平面接触处的切线与水平线的夹角即为表观接触角 $\theta_{app}$，如图 4-5 所示。

图 4-5 显示，在粗糙表面上，表观接触角可能与在相同材料的分子光滑表面上观察到的“真实”角有显著差异：（a）如果实际接触角大于 90°，则表观角度将更大；（b）如果实际角度小于 90°，则表观角度会更小。

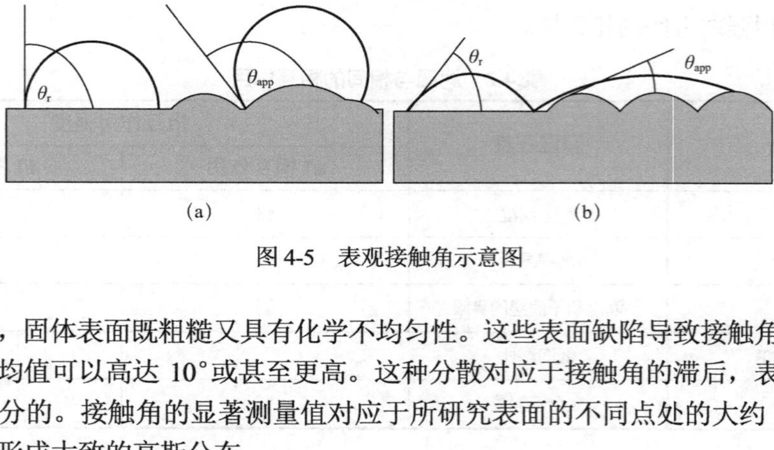


图 4-5 表观接触角示意图

在实践中，固体表面既粗糙又具有化学不均匀性。这些表面缺陷导致接触角在平均值附近的分散，该平均值可以高达 10°或甚至更高。这种分散对应于接触角的滞后，表明对角度的单一测量是不充分的。接触角的显著测量值对应于所研究表面的不同点处的大约 10 个测量值的平均值，从而形成大致的高斯分布。

这些不均匀性来自于两个方面[5]：

① 化学不均匀性。它导致固体表面能（$\gamma_{s-g}$ 和 $\gamma_{s-l}$）的局部变化，从而导致 Young 方程描述的热力学平衡的局部变化。

② 物理不均匀性。如果表面局部呈现一定坡度，则相对于水平面测量的接触角不同于界面相对于表面形成的角度（即接触角）。

这两种不均匀性对接触角的影响如图 4-6 所示。

从热力学角度来看，不均匀性的存在导致能量结构图的扭曲：系统 Gibbs 自由能 $\Delta G$ 不像理想情况下那样表现出单一的最小值。相反，$\Delta G(\theta)$ 呈现了许多对应于亚稳态平衡状态的局部最小值，如图 4-7 所示。总体最小值通常称为平衡接触角 $\theta_{eq}$，该值可以从经典模型中估计。

图 4-6　局部表面不均匀性对接触角的影响[6]

(a) 化学不均匀性包括表面能的局部变化，因此也包括 Young 接触角的局部变化；

(b) 物理不均匀性导致表观接触角（即相对于水平面测量）的变化，而局部的 Young 接触角是守恒的

需要注意的是，在锐角的情况下，接触角局部不确定

$\Delta G(\theta)$的较低和较高的最小值对应于可实现的较低的和较高的表观接触角，它们分别称为后退接触角和前进接触角，并记为$\theta_R$ 和$\theta_A$。因为它们对应于局部能量极小值，所以预测这些值并不简单。$\theta_A$ 与$\theta_R$ 通常不仅与表面上不均匀性的分布有关，还与不均匀性分布的拓扑结构有关。$\theta_A$ 一般反映与液体亲和力较弱的那部分固体表面的润湿性，$\theta_A$ 较大（$\cos\theta$ 小）；$\theta_R$ 反映与液体亲和力较强的那部分固体表面的性质，$\theta_R$ 较小。对于一些无机固体，由于表面能较高，故而极易吸附一些低表面能的物质而形成复合表面，从而形成化学与物理不均匀性，因此，造成液体对这种复合表面形成的接触角滞后现象。对于高度理想化的非均匀表面（假设轴对称且定义良好的非均匀性下降），可以通过分析计算 $\Delta G(\theta)$以及$\theta_A$ / $\theta_R$ 的值。

除了亚稳态能量态的形成外，接触角滞后可能取决于液体的保留时间，这是液-固界面发生变化的结果。这种效应可以称为“动力学”滞后，与热力学迟滞不同，它与时间相关，主要与接触线处的液体引起表面变形、表面官能团的重新定向/重组以及渗透和膨胀效应有关。

对于给定表面，对应于 Gibbs 自由能最小值的润湿状态为稳态（Wenzel），而另一个次小值对应的状态为亚稳态，对应于局部能量最小值（Cassie），如图 4-8 所示。图中，微图案表面的润湿性可用接触角 $\theta^*$ 来描述。

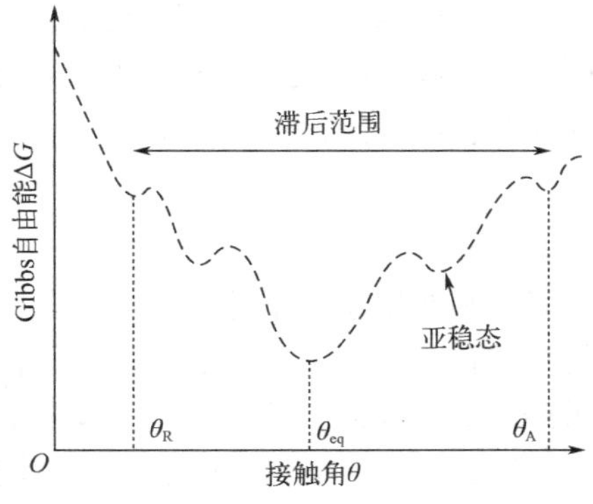


图 4-7　Gibbs 自由能是真实表面上液滴接触角的函数

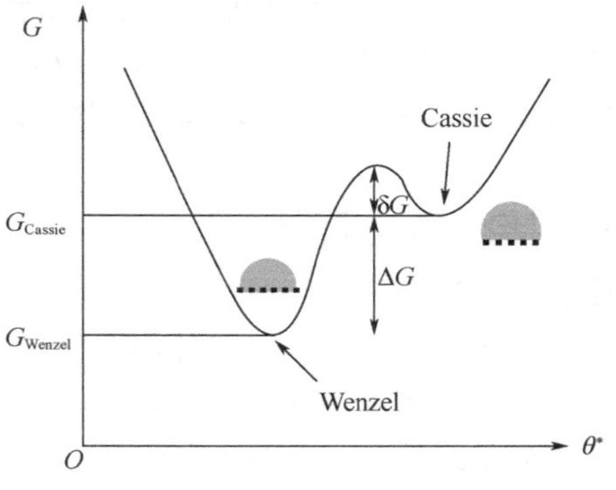


图 4-8　微图案表面上静止液滴的能量示意图

润湿态之间的转变需要克服相应的能垒：Cassie-Wenzel 转变能垒为 $\delta G$，而 Wenzel-Cassie 转变能垒为 $\Delta G$。

最初润湿光滑材料（$\theta_0$ ＜90°）的液滴将倾向于渗透在微凸体之间，从而形成稳定的 Wenzel

状态，而最初不润湿的液体（$\theta_0 > 90°$）将促进稳定的Cassie状态，如图4-9所示。

对于 Wenzel 润湿状态（实线）和 Cassie 润湿状态（虚线），稳定构型和亚稳定构型由 $\theta_S$ 区分。

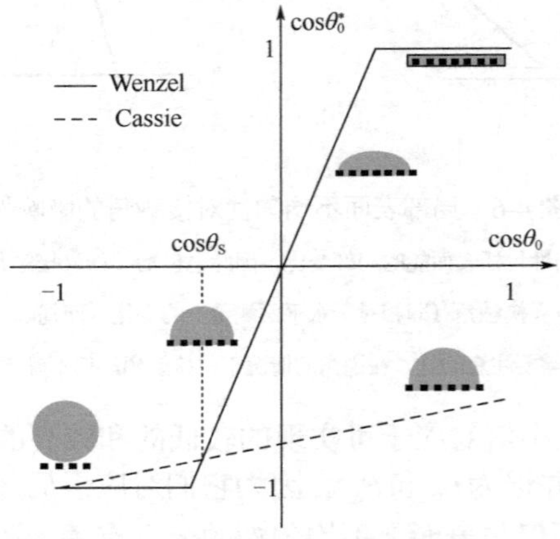


图 4-9　微图案表面上的平衡接触角 $\theta_0^*$ 与相应光滑材料上的本征平衡接触角 $\theta_0$ 之间的关系

Cassie 润湿状态的不稳定通常是因为液滴内部压力的增加，这导致液滴下方的液-气界面下垂，遵循 Laplace 关系：

$$\Delta p=\gamma C \tag{4-14}$$

式中，$C$ 是弯曲面的曲率。

液-气界面的膨胀对应于系统自由能的增加（即液-气表面积的增加），能够克服分离不同润湿状态的能量屏障。一旦达到阈值压力，液体开始填充凹凸体，并开始从 Cassie 状态过渡到 Wenzel 状态。在 Cassie-Baxter 状态下，水滴与表面的黏附力非常低，因为它位于带有气穴的不规则结构的顶部。Wenzel 模型涉及水滴与表面的更强黏附，因为气穴中充满了水，水滴被固定在固体表面上（光滑的荷叶包含分级粗糙的表面）。

Wenzel 状态和 Cassie 状态为科学家和工程师设计接触角（CA）大于 150°的合成超疏水表面提供了基本原则。固体表面的 CA 值是科学家实施各种合成策略以获得具有所需形貌和层次结构的表面纳米结构的基准。如，ZnO 纳米线由于其晶体结构、可控的高度和密度、兼容性以及改变纺织品和聚合物表面特性的可能性，具有可进行超疏水应用的明显优势。

## 4.3.5　接触角的测定

接触角测量由于其简单性和通用性，已成为表面表征和润湿研究不可或缺的工具。但测量的一个关键基本标准是，液体和固体表面必须在物理和化学上都不具有反应性。固体表面应适当清洁，液体应净化，不受表面活性剂类物质污染。如果表面尺寸发生变形或表面材料发生液体吸附或溶解，则不应进行测量。液滴通常在毫米范围内。由于接触角是光学捕获的，因此固体表面必须是光学平坦的。固体表面上的成分相对于液滴的大小必须是均匀的。任何微观不均匀性，无论是化学的还是物理的，都应该很小，不会对固着液滴的光学轮廓造成扭曲（见表 4-3）。对纹理表面的理论计算表明，比固着液滴小三个数量级的微观不均匀性对光学轮廓的影响很小[7]。

前面已经叙述，对于理想的平整固体表面，当液滴在表面达平衡后，只有一个符合 Young 方程的接触角。但实际固体表面是非理想的，因而会出现滞后现象，致使接触角的测量往往很难重复。经过精心制备和处理的表面，有可能得到可以重复的数据，特别是高分子材料的表面。表面制备和处理的目的是得到较光滑、干净的理想表面，但具体的方法和程序因样品而异，这里不作更多的介绍。本节主要介绍一些常用的接触角测定方法，它们都是针对气-液-固体系的接触角而设计的。其中有些方法，只需略加修改，亦适用于液-液-固体系接触角的测定。

**表 4-3　理想接触角测量用固体和液体的特性**

| 理想固体表面 | 理想液体 |
| --- | --- |
| 清洁表面 | 纯液体 |
| 刚性和非弹性 | 不蒸发 |
| 理想平滑 | 低黏度 |
| 化学均一性 | （无毒） |
| 对试验液体惰性 | |
| 表面无气体或蒸气吸附 | |

常用的接触角测定方法有：躺滴法、Wilhelmy 平板法（吊板法）、捕获气泡法、毛细管上升法、倾斜底物法等。

**（1）躺滴法**

研究润湿性能最广泛使用的技术之一是固着液滴技术，其中接触角直接从液滴的轮廓测量。一般装置包括一个从后面照明的水平样品台、一个液体分配注射器或移液管和一个可视化系统（图 4-10）。早期使用装有测角目镜（量角器）的望远镜来目视测量接触角。现代设备使用数字摄像机，允许在动态范围内进行测量并记录数据，然后进行处理。

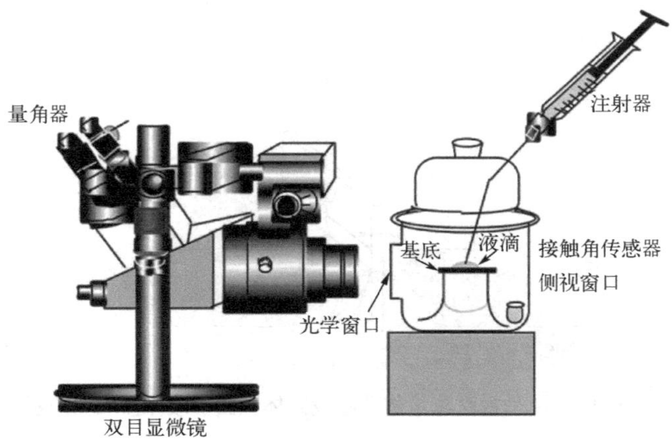


图 4-10　躺滴法测量接触角装置的示意图

接触角 $\theta$ 与液滴高度 $h$ 以及液滴底部直径 $d$ 之间的关系为：

$$\tan\frac{\theta}{2}=\frac{2h}{d} \tag{4-15}$$

躺滴法测量的是静态接触角。在进行任何测量之前，应该让液滴稳定下来，达到其最终静态状态。对于常见的液体，如水、十六烷和二碘甲烷，这应该需要不到 1s 的时间。对于黏度更高的液体或新的液-固系统，可以使用角度计中的视频系统来监测润湿过程的动态。当液滴首次接触表面时，动态接触角接近 180°，并且动态接触角应衰减到稳定状态，从而可以捕捉和分析液滴轮廓。静态接触角是通过使用软件对跌落轮廓进行曲线拟合而获得的。

每个液-固系统的测量和分析应在样品的不同区域重复 5～10 次。对于性能良好的系统，5～10 个测量值之间的变化应小于 2°。这不仅表明程序是可重复的，而且表明表面的性质是均匀的。

在大多数实践中，躺滴法中的液滴直径约为 1～5 mm，这表明对于包含 100～200 μm 数量级微观不均匀性的样品，仍然可以获得有用的接触角数据。

此法的优点是：样品用量少，仪器简单，测量方便。准确度一般在±1°左右。如果液滴很小，重力作用引起的液滴变形可以忽略，这时的液滴可认为是球形的一部分。由于该技术的简单性，接触角测量已成为表面表征和研究各种液固相互作用的一种非常流行的工具。

若表征固体表面能，则躺滴法是非常合适的。因此，使用具有已知表面能的液体并在待研究的固体表面上产生液滴，根据液滴的形状、接触角和液体的已知表面能，可以有足够的参数来计算固体样品的表面能。在这样的实验中，要使用特定的探测液体，为了可靠地测定固体表面能，应使用几种不同的探测液体。

该方法具有设计和操作相对简单的优点。它允许研究各种各样的样品：从“标准”材料（聚合物、金属、玻璃、纺织品等），到胶体颗粒膜、细菌层，甚至病毒。

实际固体表面几乎都是非理想的，总是会出现或大或小的接触角滞后现象。因此，需同时测定前进接触角（$\theta_A$）和后退接触角（$\theta_R$）。对于躺滴法，可用增减液滴体积的办法来测定，增加液滴体积时测出的是前进角，减少液滴体积时为后退角。

**（2）吊板法或 Wilhelmy 平板法**

Wilhelmy 平板法提供了一种间接测量技术，用于获得液-气和液-液界面张力、静态和动态接触角以及动态前进和后退接触角。原理如图 4-11 所示。

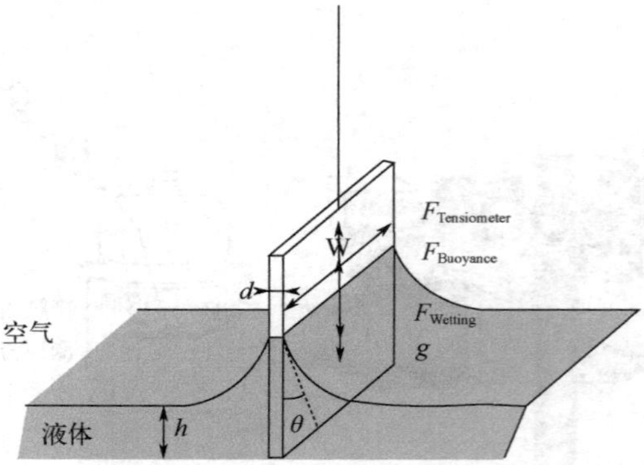


图 4-11　Wilhelmy 平板法测量部分浸没固体表面上液体接触角的示意图[8]

在 Wilhelmy 平板实验中，固体表面必须以两侧都有明确尺寸的平板形式制造。在实验中，将其浸入测试液体中，形成液-固-气界面。在这个系统中，施加在样品上的力是重力（$g$）、表面张力（$F_{\text{Wetting}}$）和浮力（$F_{\text{Buoyance}}$），以及张力计的力（$F_{\text{Tensiometer}}$）。力平衡由下式表达：

$$F_{\text{Tensiometer}} = F_{\text{Wetting}} - F_{\text{Buoyance}} + g \tag{4-16}$$

式中：

$$F_{\text{Wetting}} = \gamma_{\text{l-g}} L \cos\theta \tag{4-17}$$

$L$ 是三相接触线的润湿长度。通常，在张力计上将板和线束的重量设置为零，式（4-16）可以改写为：

$$F_{\text{Measured}} = F_{\text{Tensiometer}} - g \qquad (4\text{-}18)$$
$$= F_{\text{Wetting}} - F_{\text{Buoyance}} = \gamma_{\text{l-g}} L\cos\theta - Lh\Delta\rho g$$

式中，$h$ 是浸没深度；$\Delta\rho$ 是液体和空气之间的密度差。

根据张力计上的力，以及测量的板的几何尺寸和浸入深度，静态接触角 $\theta$ 可以根据式（4-18）计算。通过 Wilhelmy 平板法测量的接触角被认为更准确。该方法基于高精度的力测量，不存在许多主观误差或噪声因素，如针对液滴形状的影响、基线的识别和液滴形状分析，而与光学固着液滴方法相关。Wilhelmy 平板法的主要缺点是对实验表面的要求很严格。必须能很好地测量试样的尺寸，因为润湿长度 $L$ 是计算接触角的关键参数。此外，试样必须平整坚硬，两侧表面性质均匀。

Wilhelmy 平板法的一个显著优点是它能够研究前进和后退模式下移动接触线的动力学。例如，可以在以给定速度（$V$）前进和后退的过程中测量力，而不是测量在静态模式下的力 $F_{\text{Measured}}$。浸入（推进）过程中的润湿力（$F_{\text{A}}$）作为 $V$ 的函数，如下式所示。

$$F_{\text{A}} = L\gamma_{\text{l-g}}\cos\theta_{\text{A}} \qquad (4\text{-}19)$$

式中，$\gamma_{\text{l-g}}$ 是液体的表面张力；$\theta_{\text{A}}$ 是速度为 $V$ 时的动态前进接触角。

类似地，以 $V$ 的速度退出的后退力（$F_{\text{R}}$）由下式给出：

$$F_{\text{R}} = L\gamma_{\text{l-g}}\cos\theta_{\text{R}} \qquad (4\text{-}20)$$

式中，$\theta_{\text{R}}$ 是速度为 $V$ 时的后退接触角。

Wilhelmy 平板法还广泛用于制备和监测 Langmuir-Blodgett 薄膜。

**（3）捕获气泡法（水下接触角测量法）**

捕获气泡法可以以与空气中的标准接触角测量相同的方式描述。在实验中，微型注射器的尖端产生已知体积的气泡，然后将该气泡注入含有测试液体的罐中。测试表面位于测试液体的顶部，在注入的气泡上方 2～3 mm 处。当气泡向上漂浮并被测试表面“捕获”时，就会形成捕获气泡。在三相接触线上形成的接触角 $\theta$ 遵循 Young 方程。捕获气泡法的示意图如图 4-12 所示。

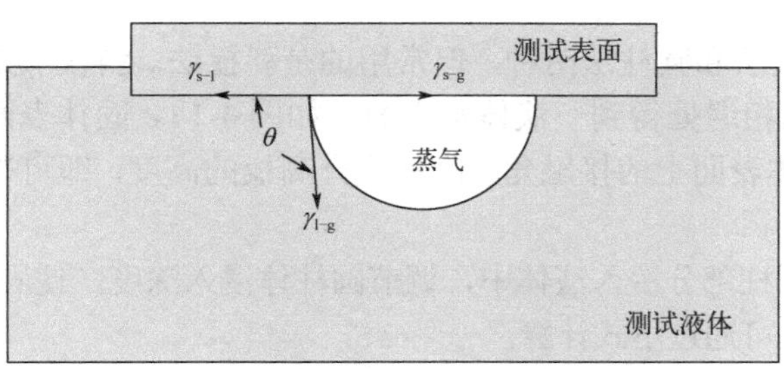


图 4-12　使用捕获气泡法测量接触角的示意图[8]

与躺滴法相比，捕获气泡法具有测量接触角时不受针头和液滴高度影响的优点。通过液体可以容易地控制温度，并且气相总是与液相平衡，液体下测量可以很好地控制固体表面不被外来物污染。缺点也很明显：必须使用大量液体，并且固体与测试液体长时间接触，可能导致膨胀或其他副作用。尽管躺滴法和捕获气泡法在清洁光滑的表面上达成了良好的一致性，但后者仍仅限于测量特殊表面上的接触角。这在一定程度上可能是由于躺滴法的简单性。

**（4）毛细管上升法**

在 2.5.1 的毛细管上升法中我们讨论了用该法测量液体的表面张力。我们已经知道，作用在浸入液体的固体上的力取决于液体与周围空气的表面张力。

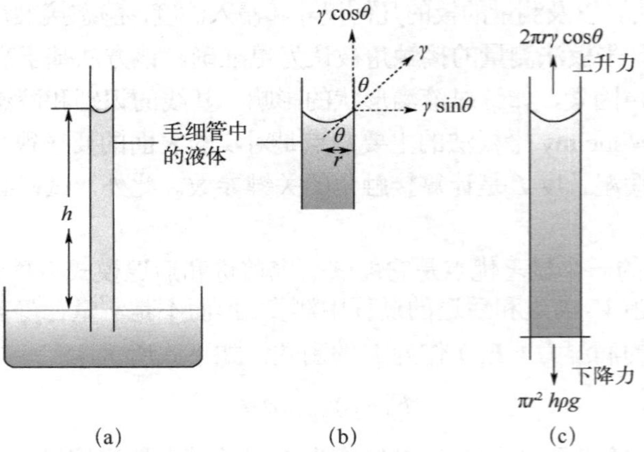


图 4-13　毛细管上升法测量接触角的示意图

(a) 液体在毛细管中上升；(b) 表面张力沿弯月面切线作用，其垂直分量为$\gamma\cos\theta$；

(c) 向上力 $2\pi r\gamma\cos\theta$ 抵消了由于液柱重量而产生的向下力 $\pi r^2 hg\rho$

如图 4-13 所示，在毛细管内，当毛细力等于液柱的静压力 $\rho gh$ 时，则接触角与毛细管上升高度存在着如下关系：

$$h = \frac{2\gamma_{\text{l-g}}\cos\theta}{\rho g r} \tag{4-21}$$

式中，$\rho$ 为液体密度；$r$ 为毛细管半径。

毛细管上升法还用于量化粉末或多孔材料的润湿性能。在该方法中，将粉末压入直径通常为 1 cm 的管中，然后将这种多孔材料视为一束具有一定有效半径的薄毛细管。

**（5）倾斜底物法**

此法又可分为斜板法和圆柱法两种，但常用的是斜板法。斜板法是调节固体表面的倾斜角，使在固-液-气三相相遇处得到一液体水平面，如图 4-14。固体表面相对于液体水平面的倾斜角即为液体在固体表面上的接触角。降低或升高板的高度，即可得到前进接触角和后退接触角。

圆柱法是将水平圆柱部分浸入液体中，调节圆柱体浸入深度，使固-液-气三相接触处液体表面无弯月面，接触角可通过下式计算：

$$\cos\theta = \frac{2h}{d} - 1 \tag{4-22}$$

式中，$d$ 是圆柱的直径；$h$ 是圆柱浸入液体的深度。根据圆柱体旋转的方向可决定 $\theta$ 是前进接触角还是后退接触角。倘若改变圆柱体的旋转速度，此法还可以用来测定动的前进触角和后退接触角。

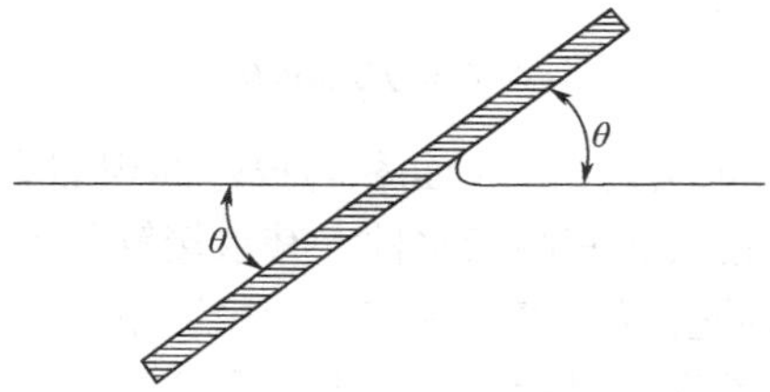


图 4-14　斜板法

Adam 和 Jessop 提出的斜板法是能得到精确结果的经典方法。在此法中将一宽几厘米的固体平板插入液体中，然后通过可调装置调节板的位置，直到液面完全平坦地达到固体的表面，此时固体表面与液面之间的夹角即为接触角。斜板法避免了作切线的困难，提高了测量精度，但突出的缺点是液体用量较多，在许多情况下妨碍了它的应用。

# 4.4　润湿模型

## 4.4.1　典型润湿模型

润湿模型包括 Young 模型、Wenzel 模型、Cassie 模型、Cassie-Baxter 模型、Lotus 模型和 Gecko 模型。

**（1）Young 模型**

当液体被放置在光滑的固体表面上时，表面润湿性可以用 Young 方程来描述，具体见 4.3.2 节和式（4-12）。$\theta$ 是光滑固体表面上水滴的固有接触角。然而，在现实中无法达到完全光滑的表面。

**（2）Wenzel 模型**

对于粗糙表面，应考虑不均匀性对界面的影响。Wenzel 等人提出了一种新的润湿模型，其润湿状态如图 4-15 所示。

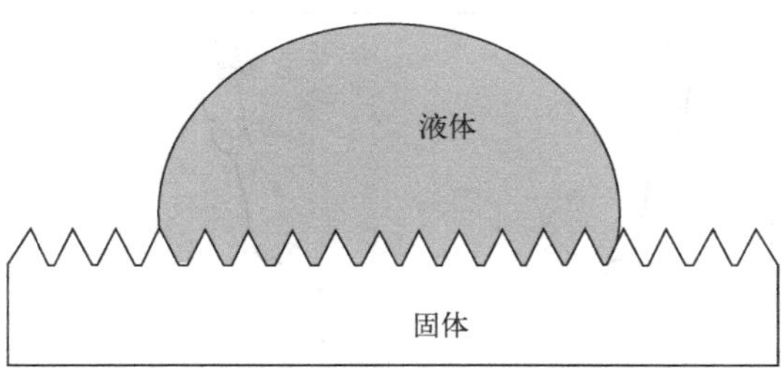


图 4-15　Wenzel 润湿状态模型示意图[8]

在 Wenzel 状态下，液体会完全润湿粗糙表面的每一个区域。对于亲水性材料，粗糙度提高了润湿性并导致超亲水性。对于中等亲水性和疏水性的材料，粗糙度增加了表面的抗湿性。前进的接触线有时会过早地将液滴提前到亚稳态润湿状态，从而导致异常大的接触角。液滴的振动使接触线失稳，并将液滴重新定位到具有较小平衡接触角 $\theta_{eq}$ 的平衡位置。

Wenzel 模型中接触角表示为：

$$\cos\theta = R_f \cos\theta_0 \tag{4-23}$$

式中，$R_f$ 是粗糙度因子，定义为实际表面积与投影面积的比率。根据 Wenzel 方程，由亲水性材料制成的粗糙表面可以使其具有超亲水性，其水接触角 $\theta$ 非常小，小于 10°；具有适度亲水性和疏水性材料的粗糙表面会导致表面具有大的接触角，如图 4-16 所示。从概念上讲，当表面被液体完全润湿时，意味着润湿过程在能量上是有利的。

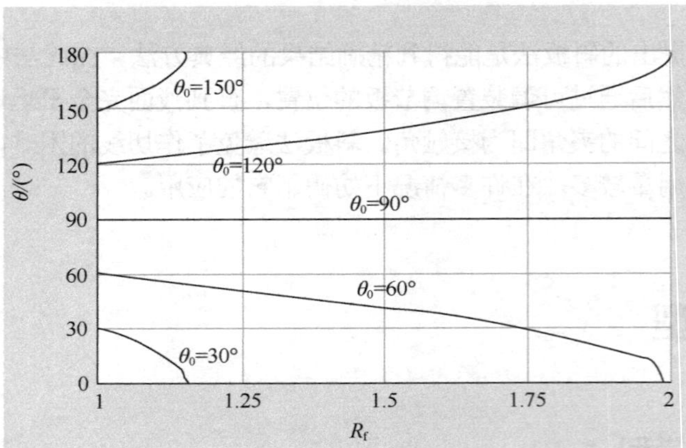


图 4-16　粗糙表面的接触角（$\theta$）是光滑表面的各种接触角（$\theta_0$）的粗糙度因子（$R_f$）的函数[9]

将水和乙二醇滴在由蜂蜡涂覆的砂纸表面上，水和乙二醇的 Wenzel 接触角（$\theta_W$）分别约 115°和约 85°。当使用扬声器的液滴振动会破坏接触线，并使液滴以较小的接触角进入更稳定的润湿状态，随后分别在约 98°和约 71°时趋于平稳。结果表明，水和乙二醇的初始固着液滴都是亚稳的。适当的振动使亚稳润湿态达到其各自最稳定的润湿态，平衡角为 $\theta_W$。图 4-17 中给出了初始接触角 $\theta_W$ 和平衡接触角 $\theta_W^{eq}$ 之间的自由能关系示意图。结果显示了与图 4-6 和图 4-7 的一致性。

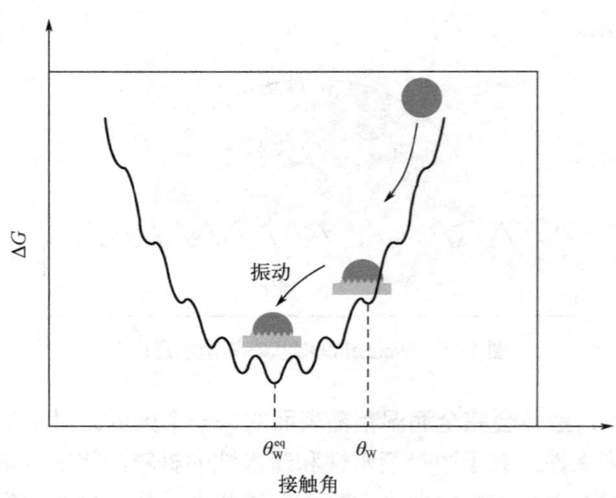


图 4-17　粗糙表面上 Wenzel 接触角 $\theta_W$ 和平衡接触角 $\theta_W^{eq}$ 之间的自由能关系示意图[8]

### （3）Cassie 模型

当液体润湿多孔表面时，形成气穴，液-表面界面变成复合界面。同样，基于一个简单的热力学论点，表观接触角是由液滴下接触面积的能量决定的，液滴有两个分量：一个由固体的面积分数 $f_1$ 决定，另一个由空气的面积分数 $f_2$ 控制。Cassie 接触角（$\theta_C$）的一般表达式为：

$$\cos\theta_C = f_1\cos\theta_1 + f_2\cos\theta_2 \tag{4-24}$$

$\theta_1$ 和 $\theta_2$ 分别是两个成分在液体-固体-空气复合材料界面上的接触角。

### （4）Cassie–Baxter 模型

在 Cassie 模型中，由于其中一个成分（$f_2$）是空气，$\theta_2$=180°，$\cos\theta_2=-1$，式（4-24）变为 Cassie-Baxter 方程：

$$\cos\theta_{CB} = f\cos\theta + (f-1) \tag{4-25}$$

式中，$\theta_{CB}$ 是 Cassie-Baxter 接触角；$f$ 是固体面积分数；$\theta$ 是相同材料上光滑表面的接触角。

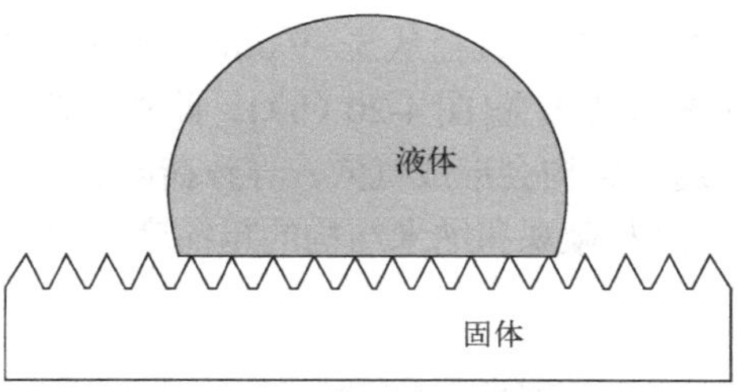


图 4-18　Cassie-Baxter 润湿状态模型示意图[8]

在 Cassie-Baxter 状态下，液体润湿过程空气袋被捕获，形成液-固-气复合界面，如图 4-18 所示。该界面的特征在于大的接触角和小的滑动角。表面纹理/粗糙度、低表面能材料和凹入几何形状是超疏水性和超疏油性的关键设计参数。由于完全润湿的 Wenzel 态通常更稳定（见图 4-15），因此人们非常关注通过增加 Cassie-Baxter 态之间的能垒来稳定它们。分级粗糙度结构和液-固-气界面的凹角被证明是关键的促成因素，不仅可以稳定 Cassie-Baxter 复合材料状态从过渡到 Wenzel 状态，还可以增加其在施加外部压力时的抗塌陷性。Cassie-Baxter 复合态也可以在凹槽表面形成，这将导致定向润湿。液滴显示为通过润湿固体带而在平行于凹槽的方向上更快地移动。

Wenzel 模型和 Cassie-Baxter 模型的简要比较见表 4-4。

**表 4-4　Wenzel 模型与 Cassie-Baxter 模型的比较**

| Wenzel 模型 | Cassie-Baxter 模型 |
|---|---|
| 液滴完全润湿粗糙的固体表面 | 液滴只接触粗糙固体表面的顶部 |
| 润湿表面状态 | 非润湿表面状态 |
| 无固-气界面的总液体渗透 | 液体不会渗透到粗糙表面中，存在液-气和液-固界面 |
| 表面粗糙度突出了天然表面的润湿性特征：粗糙度使疏水表面更疏水，而亲水表面更亲水 | 随着固体成分的减少，表面变得更加疏水 |
| 在粗糙的疏水表面上，由于液体和固体之间的接触面积增加，CA 滞后显著增加 | 在粗糙的疏水表面上，由于液体和固体之间的接触面积减少，CA 滞后现象减少 |
| 荷叶：宏观光滑的叶子表面有层次的粗糙，微观上覆盖着蜡晶体 | 斗篷叶水滴从亲水性较差的角质层中滴入亲水性较强的弹性茸毛中 |

### （5）Lotus 模型

Lotus 模型是 Cassie 模型的特例，表现出较强的疏水性和对水滴的低附着力，使荷叶具有自清洁特性。然而，在这个表面上具有更复杂的纹理，这通常需要微米级和纳米级的层次结构。更多的空气被困在结构表面有利于 Lotus 超疏水性。我们通常所说的莲花效应即是由超疏水诱导的自清洁。图 4-19 显示了莲花效应模型示意图。

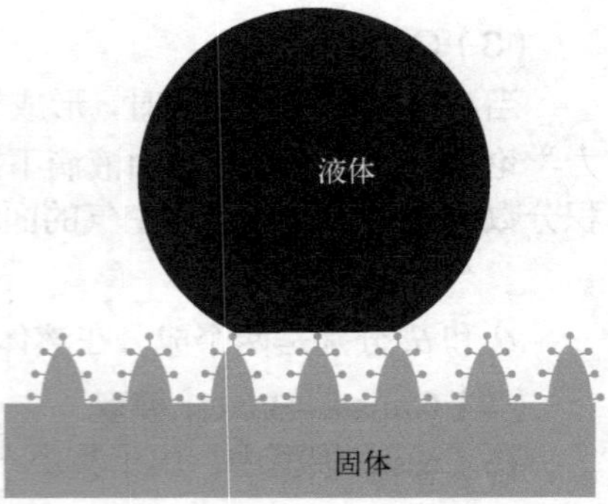


图 4-19　莲花效应模型示意图

在这种状态下，更多的空气被困在结构表面有利于"莲花"超疏水性。当液体在粗糙表面上处于 Cassie-Baxter 状态时，液滴通常具有大接触角和小滑动角的特征。著名的超疏水表面是荷叶，其水接触角为 162°，滑动角为 4°[10]。在滚动过程中，灰尘和污垢颗粒附着在水滴上，从而产生所谓的自清洁效果。图 4-20 显示了叶片表面的 SEM 显微照片，其包括微米大小的聚集蜡晶体，随机分布在约 10～20 μm 的乳头上，整个叶片表面覆盖着一层蜡质纳米毛（小管）。

荷叶表面具有随机分布的微乳头，直径从 5～9 μm 不等[图 4-20（a）]。每个乳头被数百个直径约为 120 nm 的树枝状纳米纤维覆盖[图 4-20（b）]。此外，荷叶表面有疏水的三维表皮蜡，具有小管结构[图 4-20（c）]。这种结构会形成气穴，导致荷叶表面和水滴之间的接触面积极小。此外，表皮蜡也是疏水性的。这与微观和纳米结构的粗糙度一起，进一步减小了水滴与叶片表面之间的接触面积。

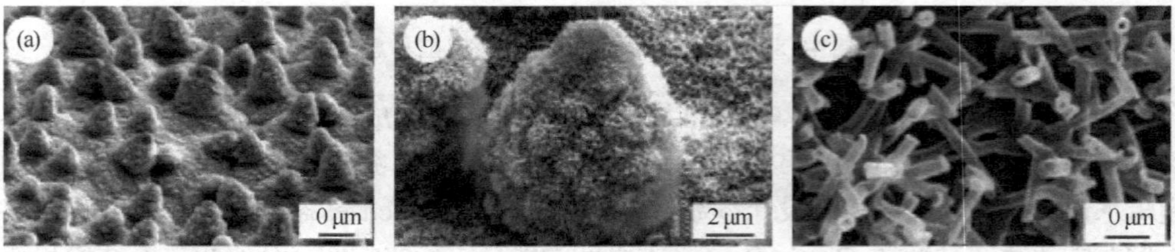


图 4-20　荷叶表面的 SEM 图像，其由乳头状表皮细胞形成的微观结构组成，表面覆盖有三维表皮蜡小管[11]

### （6）Gecko 模型

壁虎（Gecko）和昆虫的脚趾在几乎任何表面都很黏，但在遇到日常污染物时都能保持非常干净。壁虎刚毛是自然界中第一种已知的自清洁干黏合剂。当壁虎的黏性脚垫极度暴露在堵塞颗粒中时，只需走四步，壁虎的脚垫就恢复了约 80%的原始附着力，可以单脚趾支撑体重。图 4-21 为 Gecko 模型示意图。

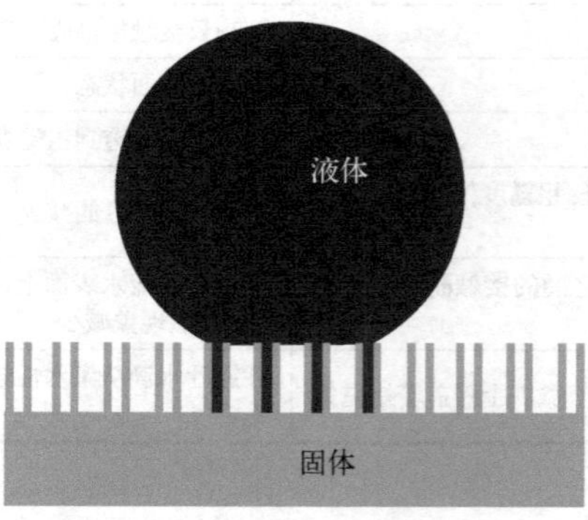


图 4-21　Gecko 模型示意图

壁虎脚具有非凡的黏性和清洁能力，这可能源于其独特的原纤维黏合剂系统。壁虎的脚是由排列整齐的细绒毛组成的，这些细绒毛被称为刚毛（长约 110 μm，直径约 5 μm），它们被分成数百个更小的纳米级末端，称为抹刀。壁虎抹刀和相对的固体表面之间的接触产生 van der Waals 力，该力足以让壁虎爬上垂直的墙壁或穿过天花板。van der Waals 机制表明，壁虎的黏附更多地取决于表面几何形状，而不是表面化学性质。因此，壁虎脚的自我清洁机制与上述莲花效应完全不同。图 4-22 显示了将污垢颗粒吸引到基底的附着力与将相同颗粒吸引到一个或多个抹刀的附着力之间存在能量不平衡。

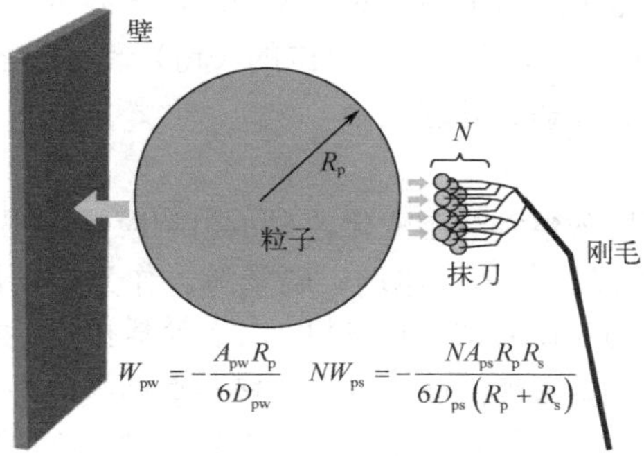


图 4-22 半径为 $R_s$ 的 $N$（颗粒-抹刀相互作用的数量）个壁虎抹刀、半径为 $R_p$ 的球形污垢颗粒和平面壁之间的相互作用模型[11]

p——particle（颗粒）；w——wall（壁）；s——spatula（抹刀）

与 Wenzel 模型相比，Gecko 模型对超疏水样品显示出类似的高黏附性。然而，不同的是，有两种被捕获的空气：一种是被困在纳米管中的密封气穴，另一种是在“Gecko”状态下与外部大气接触。捕获的空气产生更大的接触角，纳米管中的密封空气产生负压，导致高黏附状态。

## 4.4.2 特殊超润湿模型

除了典型的模型外，我们还需要了解几种特殊的超润湿模型：即超亲水性/水下超疏油性、图案化(超)疏水性-(超)亲水性、响应式超润湿、双面超润湿、超滑性和超疏油性，如图 4-23 所示。

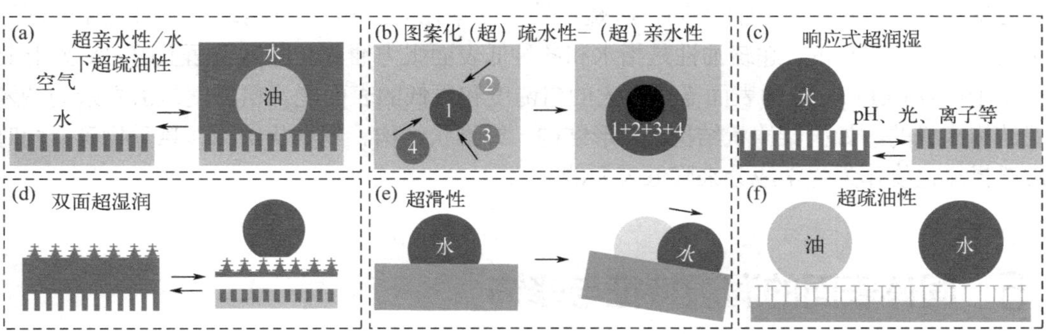


图 4-23 特殊超润湿模型[12]

(a) 超亲水性/水下超疏油性；(b) 图案化(超)疏水性-(超)亲水性；(c) 响应式超润湿；(d) 双面超湿润；(e) 超滑性；(f) 超疏油性

**(1)超亲水性/水下超疏油性**

通常，在空气中表现出（超）亲水能力的表面在水下也表现出超疏油性。在水性环境中，水在（超）亲水性基底上迅速扩散，形成稳定的水层，与原始的足够粗糙度相结合，实现卓越的疏油性[图 4-23（a）]。稠油（$\rho_{油}>\rho_{水}$）通常存在于水中的（超）亲水表面，产生（超）疏油性。对于轻质油（$\rho_{油}<\rho_{水}$），通过将这些有机溶剂滴到表面以下来测试疏油性能。

**(2)图案化（超）疏水性-（超）亲水性**

纳米布沙漠甲虫（Namib Desert beetles）拥有疏水-亲水的图案表面，它们收集雾状的水来养活自己。在这种特殊的润湿中，由于不平衡的表面能，水滴可以从非润湿区域输送到润湿区域[图 4-23（b）]。此外，在被（超）疏水区域包围的（超）亲水图案上，目标溶液可以被富集，然后在随后的操作中被检测、降解或处理。

**(3)响应式超润湿**

当表面受到刺激时，可以观察到润湿变化，显示出响应式超润湿[图 4-23（c）]。外部刺激可分为多种，如光、pH、温度、气体、电场、磁场等。作为众所周知的光响应材料，Ogawa 的团队报道了一系列基于光功能化的钛生物材料。由于羟基和分子水吸附，氟化 $TiO_2$ 纳米颗粒在延长紫外线照射后显示出超亲水性。此外，由于羟基自由基的产生去除了表面吸附的水，因此在遮光或黑暗条件下保持了稳定的超疏水性。当重复暗储存和光照射的处理时，超亲水性和超疏水性之间的可逆超润湿被巧妙地切换。

**(4)双面超润湿**

荷叶漂浮在水面上，但即使在刮风的天气也很难把它们吹翻，因为它的上表面是超疏水的，背面是超亲水的[图 4-23（d）]。水润湿表面产生强大的毛细力，从而确保荷叶牢固地附着在水界面上。双面超润湿材料通常具有三种不同的润湿行为：即（超）疏水性/（超）亲水性、图案化润湿性/光滑性和超亲水性/全疏水性。

**(5)超滑性**

通过将润滑油固定在纹理粗糙的样品上，可制备超滑表面（SLIPS）。水、石蜡、昆虫和聚合物由于溶剂不混溶和附着力低，很容易在超滑表面上滑动[图 4-23（e）]。制备超滑表面通常的三个标准是：（i）润滑油能够毛细进入、润湿并稳定地黏附样品；（ii）所选择的润滑溶液完全散布在基底上；（iii）试验液体应与润滑油不混溶。

**(6)超疏油性**

与受生物启发的超疏油性不同，超疏水性、图案化润湿和（超）两疏水材料是在发现这些受生物启发之前设计的。超疏油性是指水和各种低表面张力油滴在固体表面上的 CA 大于 150° 的现象[图 4-13（f）]。疏油表面需要更大的粗糙度和更低的表面能。粗糙度是由复杂的纳米和微观结构构成的，如火柴棒状结构、T 形结构、纤维状结构、蘑菇状结构、悬垂物等。同时，经常选择氟化物作为化学成分来降低表面能。

## 4.5 固体表面的润湿特征与修饰

### 4.5.1 低能表面的润湿性质

从润湿方程可以看出，当 $\theta<90°$，可润湿，这时 $\gamma_{s\text{-}g}\geqslant\gamma_{s\text{-}l}+\gamma_{l\text{-}g}$，即要求 $\gamma_{s\text{-}g}>\gamma_{l\text{-}g}$。

考虑到$\gamma_{l\text{-}g}$的数值均在100 mN·m$^{-1}$以下，常以此为界，将固体分为两类：

① 表面张力大于100 mN·m$^{-1}$者称为高能固体，这些固体易被液体所润湿，如无机固体、金属及其氧化物等。

② 表面张力低于100 mN·m$^{-1}$者称为低能固体，这类固体不易被液体所润湿，如有机固体、高聚物固体。

一般的无机物固体（陶瓷、金属等）的表面能约为500～5000 mN·m$^{-1}$，其数值远远大于一般液体的表面张力。液体与这类固体接触后，固体表面能显著降低。

近年来，随着高聚物的广泛应用，低能表面的润湿问题越来越引起人们的重视。如某些高聚物做成的生产用品和生活用品，就要求其能很好地为水所润湿（加入某些无机氧化物可能是有效的办法），塑料电镀、降解等也需要解决润湿问题。

Zisman等人发现，同系列液体在同一固体表面的润湿程度随液体表面张力的降低而提高。若以$\cos\theta$对$\gamma_{l\text{-}g}$作图，可得一很好的直线，将直线外推至$\cos\theta=1$处（$\theta=0°$），相应的表面张力为此固体的润湿临界表面张力，称为$\gamma_C$。图4-24显示了在低密度聚乙烯薄膜表面相关液体的润湿情况。

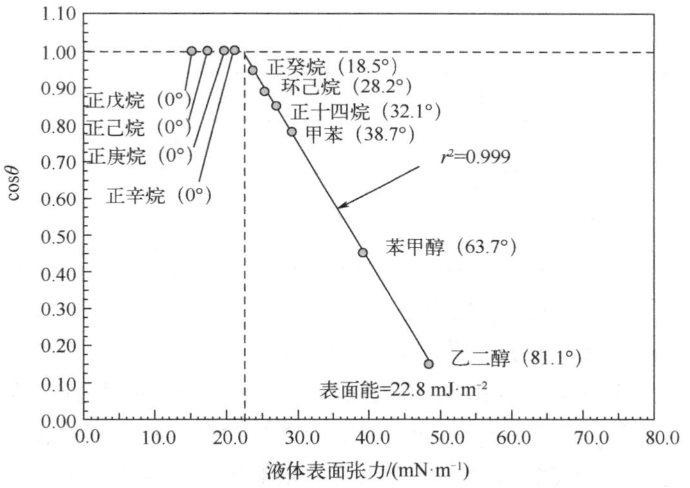


图4-24 低密度聚乙烯薄膜的Zisman图

$\gamma_C$表示液体同系物表面张力小于此值的液体方可在该固体上自行铺展，即$S=\gamma_{l\text{-}g}(\cos\theta-1)=0$。

若为非同系列液体，以$\cos\theta$对$\gamma_{l\text{-}g}$作图通常也显示线性关系，将直线外推至$\cos\theta=1$处，亦可得$\gamma_C$。

$\gamma_C$是表征固体表面润湿性的经验参数，对某一固体而言，$\gamma_C$越小，说明能在此固体表面上铺展的液体便越少，其可润湿性越差。

从实验测得各种低能表面的$\gamma_C$值，如表4-5所示，并总结出一些经验规律：

① 固体的润湿性与分子的极性有关，极性化合物的可润湿性明显优于相应的非极性化合物。如纤维素的$\gamma_C=40\sim45$ mN·m$^{-1}$，而聚乙烯为31 mN·m$^{-1}$。

② 高分子固体的可润湿性与其元素组成有关，在碳氢链中氢被其他原子取代后，其润湿

性能将明显改变。用氟原子取代使$\gamma_C$变小（如聚四氟乙烯为18 mN·m$^{-1}$），且氟原子取代越多，$\gamma_C$越小（聚氟乙烯为28 mN·m$^{-1}$）；用氯原子取代氢原子则使$\gamma_C$变大，可润湿性提高，如聚氯乙烯的$\gamma_C$为39 mN·m$^{-1}$，大于聚乙烯的31 mN·m$^{-1}$。

③ 附有两亲分子单层的高能表面显示出低能表面的性质。

决定固体表面润湿性能的是其表面层的基团或原子，而与基体性质关系不大。当表面层的基团相同时，不管基体是否相同，其$\gamma_C$大致相同。当低能表面的$\gamma_C$小于液体的$\gamma_{l\text{-}g}$值时，这些液体便不能在自身的吸附膜上铺展，这种现象叫做自憎现象。

利用自憎现象可以改变固体表面的润湿性，如常用一些有自憎现象的油作为一些精密机械中轴承的润滑油，因为这样做可以防止油在金属零件上铺展而形成油污。

**表 4-5　常见低能表面的$\gamma_C$值**

| 聚合物 | $\gamma_C$ / (mN·m$^{-1}$) | 聚合物 | $\gamma_C$ / (mN·m$^{-1}$) |
|---|---|---|---|
| 聚甲基丙烯酸全氟辛酯 | 10.6 | 聚甲基丙烯酸甲酯 | 39 |
| 聚四氟乙烯 | 18 | 聚氯乙烯 | 39 |
| 聚三氟乙烯 | 22 | 聚偏二氯乙烯 | 40 |
| 聚偏二氟乙烯 | 25 | 聚酯 | 43 |
| 聚氟乙烯 | 28 | 尼龙 66 | 46 |
| 聚乙烯 | 31 | 甲基硅树脂 | 20 |
| 聚苯乙烯 | 33 | 石蜡 | 26 |
| 聚乙烯醇 | 37 | 正三十六烷 | 22 |

聚四氟乙烯和甲基硅树脂的$\gamma_C$均很小，水和大多数有机液体在它们的表面上不能铺展。

表 4-6 给出了各种官能团的$\gamma_C$值。从表中可以看出，固体的$\gamma_C$值的大小反映了组成其表面的分子基团的结构。氟代烃表面的$\gamma_C$值最低，其表面由紧密堆积的$CF_3$基团组成。用氢取代一个氟原子可显著提高$\gamma_C$的值。$\gamma_C$的低值表明液体与含有三氟甲基的表面之间的附着力普遍较低。然而，有时引入末端$CF_3$基团并不会大大降低润湿性，因为引入与$CF_3$—$CH_2$基团相关的偶极子会产生相反的效果。从表中可以得出的另一个结果是，与$CH_2$组相比，$CH_3$组的值非常低。这意味着富含甲基的表面应具有较低的表面张力，事实确实如此。最常见的硅油类型聚二甲基硅氧烷可能是制造富含甲基表面的最佳试剂。

**表 4-6　293 K 下与表面结构相关的临界表面张力（$\gamma_C$）值[13]**

| 表面官能团 | $\gamma_C$ / (mN·m$^{-1}$) |
|---|---|
| 氟代烃表面 | |
| —$CF_3$ | 6 |
| —$CF_2H$ | 15 |
| —$CF_2$—$CF_2$— | 18 |
| —$CF_2$—CFH— | 22 |

续表

| 表面官能团 | $\gamma_C$ / (mN · m$^{-1}$) |
|---|---|
| $-CF_2-CH_2-$ | 25 |
| $-CFH-CH_2-$ | 28 |
| 碳氢化合物表面 | |
| $-CH_3$（晶体） | 20～22 |
| $-CH_3$（单层） | 22～24 |
| $-CH_2-CH_2-$ | 31 |
| $-CH-$（苯基环边） | 35 |
| 氯代烃表面 | |
| $-CClH-CH_2-$ | 39 |
| $-CCl_2-CH_2-$ | 40 |
| $=CCl_2$ | 43 |

## 4.5.2 高能表面的润湿规律

按表面能的观点，一般液体应能在干净的金属、金属氧化物和高熔点的无机固体表面上铺展。

大量的实验发现，如果液体是极性有机物或液体中含有极性有机物，则这些液体不能在高能表面上铺展。

实验结果说明，无论采取什么方法对某些液体提纯，它们仍然在所试验的高能表面上有一定大小的接触角。

极性有机液体可在高能表面形成以极性基转向高能表面，而非极性基露在外面的定向单分子层。这时表面已转化为低能表面，它们的润湿性只取决于单分子层的润湿性。

如果液体的表面张力比单分子层的临界表面张力高，则液体在其自身的单分子层表面不铺展。具有此性质的液体常称为自憎液体。反之，一液体的表面张力小于它的单分子层的$\gamma_C$，则此液体可在其单分子层上展开，甲基硅油即是一例。

甲基硅油的表面张力为19 ~ 20 mN · m$^{-1}$，比其吸附膜的$\gamma_C$（一般大于22 mN · m$^{-1}$）小，因而它可在任何高能表面上铺展。

从上面的讨论可知，一般非极性液体可在高能表面上铺展。但如果是极性有机液体，能否铺展决定于液体的$\gamma$与其在固体表面形成的单分子层的$\gamma_C$，若$\gamma > \gamma_C$，则液体不铺展；反之则铺展。

大量实验证明单分子层的$\gamma_C$只决定于表面基团的性质和这些基团在表面排列的紧密程度，而与单分子层下面固体的性质无关。

## 4.5.3 表面活性剂对润湿的影响

液体在固体表面上的润湿既可以通过修饰固体表面的化学成分，同时也可以通过调整液体的组成来促进。添加表面活性剂是最常用的有效方法，由于表面活性剂在界面层的吸附，表面张力（$\gamma_{l\text{-}g}$）和固体与液滴之间的界面张力（$\gamma_{s\text{-}l}$）降低。因此，扩展系数将增加，情况如图 4-25 所示。

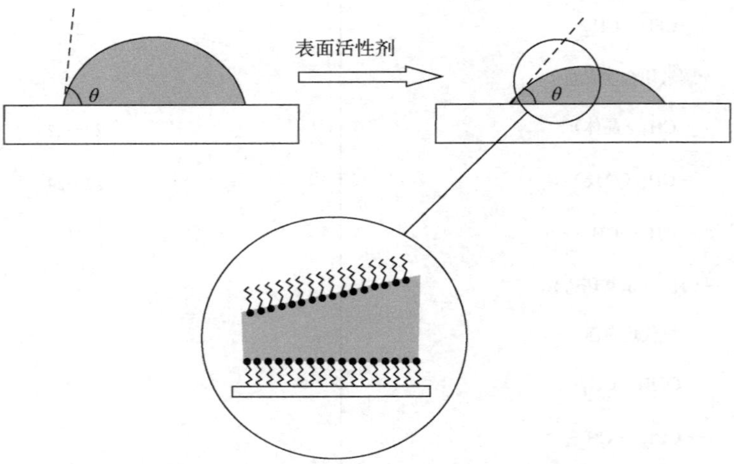


图 4-25　表面活性剂对疏水性固体表面固-液界面的影响[13]

促进润湿的另一种方法如图 4-26 所示。通过亲水化，表面 $\gamma_{s\text{-}l}$ 降低，$\gamma_{s\text{-}g}$ 增加，这两种变化都朝着促进润湿的方向进行，即增加 $S$ 值。

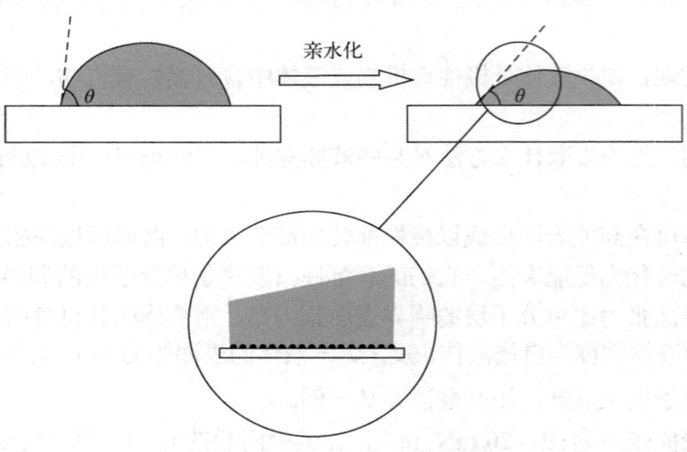


图 4-26　表面亲水化对润湿的影响[13]

例如，亲水化可以通过某种化学或物理表面改性来实现，最终结果是表面富含亲水基团

另外，亲水性材料，例如纸、纸板或纺织品（如棉花），需要防水，则应尽量减少润湿。

通过表面疏水化作用，导致 $\gamma_{s\text{-}l}$ 增加，$\gamma_{s\text{-}g}$ 减小，这两种效应都有助于降低扩散系数，如图 4-27 所示。

润湿是一个高度动态的过程，当润湿液体在基底上扩散时，表面活性分子必须迅速扩散到液体和基底之间的移动边界。因此，一种好的润湿剂必须：（i）具有很强的驱动力，能够进入固-液界面；（ii）有效地降低表面张力；（iii）具有合理浓度的游离表面活性剂，即非胶束结合表面活性剂；（iv）快速移动到新创建的表面。为了满足这些要求，有一种好的润湿剂是一种表面活性剂，它相当小且非常疏水（通常在水溶性的边界上），但仍不具有非常低的临界胶束浓度。润湿剂通常是支链表面活性剂，因为它们不像直链对应物那样容易形成胶束。非离子表面活性剂和阴离子表面活性剂都用于商业制剂中。

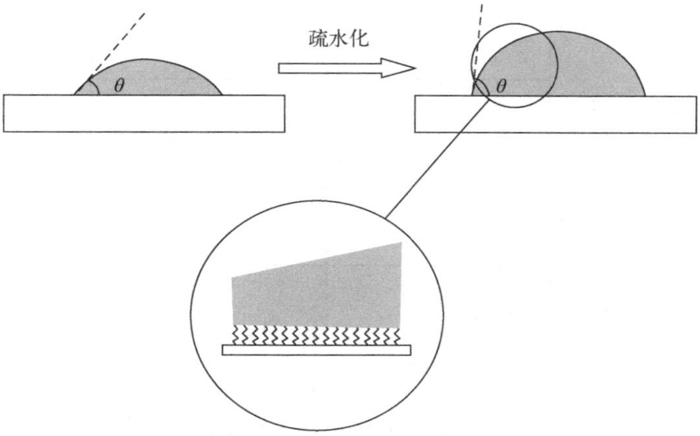


图 4-27 表面疏水化对润湿的影响[13]

疏水化可以通过化学或物理表面改性来实现，该过程会产生不带电和非极性的表面

# 4.6 固–液界面的吸附作用

固体表面和溶液之间的相互作用广泛存在于生物系统（关节润滑和运动、植入物排斥等）、力学（润滑和黏附）、农业（土壤湿润和调节以及农药应用）、书写（墨水和颜料分散体）、电子（微电路制造）、能源生产（二级和三级油回收技术）、食品（面包面团中的淀粉-水相互作用）以及涂料生产和应用（乳胶聚合物和颜料分散体稳定化）等领域中。

## 4.6.1 固–液系统中的吸附等温线

固-液界面上溶液吸附的实验评估通常包括测量吸附发生后溶液中溶质浓度的变化。评价吸附机理的常用方法与固-气界面吸附相似，是通过吸附等温线进行分析。需要考虑的重要因素包括吸附质和吸附剂之间相互作用的性质，吸附速率，吸附等温线的形状和平台、拐点等的重要性，吸附程度（即单层或多层形成），溶剂与固体表面的相互作用（溶剂化效应），界面处吸附分子的取向，以及环境因素（如温度、pH）和溶剂组成等。

正如固-气吸附，固-液界面吸附中吸附剂和吸附质之间的相互作用可分为两类：相对较弱且可逆的物理吸附，以及较强且有时不可逆的特定吸附或化学吸附。由于吸附机理的各种可能性，实验确定了各种等温线形状。虽然大多数被发现可分为两大类，但一个令人满意的吸附理论必须涵盖所有形式。Gibbs 研究并总结了稀溶液中的吸附等温线，并将其分为 4 类，共计 18 种，如图 4-28 所示。基于等温线的初始部分，识别出五类具有特征的吸附等温线，而每个类别都有亚组，这些亚组与更高浓度下的行为有关。

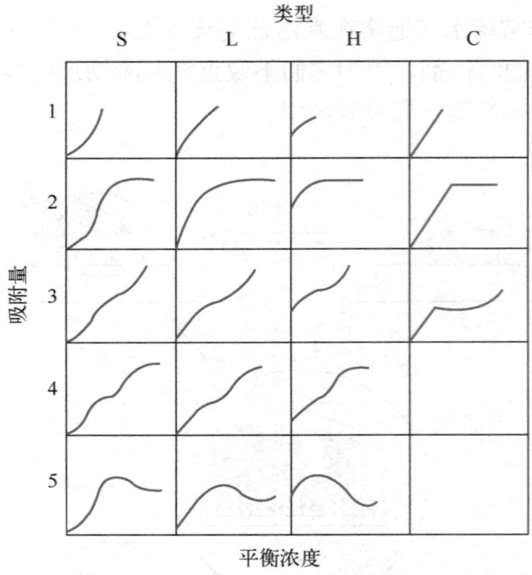


图 4-28　从溶液中吸附的各种等温线形状[14,15]

L 类（Langmuir）等温线是最常见的，通过其初始区域（L1）凹向浓度轴来识别。随着吸附质浓度的增加，等温线可能达到一个平稳期（L2），随后是向浓度轴（L3）凸出的截面。如果 L3 区域达到第二平台，则该区域被指定为 L4。L5 中显示出一最大值，并在特殊条件下可观察到——在溶液中缔合并含有高度表面活性杂质的溶质。这种类型的吸附等温线表明溶质比溶剂更容易吸附。

S 类等温线的特点是初始斜率小，凸向浓度轴（S1），表明溶剂有强烈的竞争吸附作用。随着吸附浓度的增加，吸附量有较快的上升阶段，并在此后出现平衡形成 S 形状，其形状类似于固-气吸附中的 S 型吸附等温线。随后，进一步的浓度增加可能与 L 类的浓度增加平行。

H 类或高亲和性等温线类的出现是由于在低吸附浓度下的非常强的吸附。结果是等温线在纵坐标上似乎具有正截距。更高的浓度引起了与 L 类和 S 类相似的变化。这类等温线反映溶质在固体表面有强烈的亲和作用，如化学吸附、离子交换和大分子吸附等。

C 类等温线的特征是初始为线性部分，表明吸附质在溶液和固体之间的恒定分配。对于均匀的固体表面没有发现这样的等温线，但在固体是微孔的系统中会出现。这类吸附等温线比较少见。

固体表面的不均匀性（在物理和化学意义上）前面已经提及。与固-气界面吸附的情况一样，固-液界面的吸附过程的确切性质在很大程度上取决于表面的性质及其与接触溶剂和溶解物质相互作用的可能性。如上所述，这些相互作用通常根据吸附等温线进行研究和解释。

## 4.6.2 吸附等温式

溶液中的吸附等温式可以参考固-气吸附等温式。溶液中组分的含量通常用浓度 $c$ 表示，用 $c_2$ 表示溶质的浓度。

**（1）Langmuir 吸附等温式**

Langmuir 吸附等温式如下：

$$\Gamma_2=\Gamma_\infty \frac{bc_2}{1+bc_2} \tag{4-26}$$

式中，$\Gamma_2$ 为体相溶液平衡浓度；$c_2$ 为溶质的吸附量，$mol \cdot m^{-2}$ 或 $kg \cdot m^{-1}$；$b$ 为吸附常数；$\Gamma_\infty$ 为极限吸附量，它是溶液吸附时溶质所能达到的最大吸附量。$\Gamma_\infty$ 与气体吸附中的单层饱和吸附量不同，气体分子在固体表面形成紧密排列，在溶液中吸附时，溶剂不可避免地在固体表面上发生吸附，因此，用 $\Gamma_\infty$ 计算溶质分子的截面积时有溶剂分子的贡献。

**（2）Freundlich 等温式**

方程的形式如下：

$$\Gamma_2 = kc_2^{1/n} \tag{4-27}$$

式中，$k$ 和 $n$ 是常数，$n > 1$。

**（3）Henry 等温式**

对于 C 类中的直线型吸附，可用 Henry 定律式表示：

$$\Gamma_2 = kc_2 \tag{4-28}$$

**（4）多层吸附等温式**

当溶质在固体表面吸附时，若溶质的溶解度有限，在其平衡浓度接近饱和溶液浓度时，其吸附量急剧上升，等温线呈现固-气吸附中的 S 型吸附等温线。此时，采用多层吸附的 BET 二常数公式描述为：

$$\Gamma_2 = \Gamma_\infty \frac{kc_2}{(c_s - c_2)\left[1 + (k-1)c_2 / c_s\right]} \tag{4-29}$$

式中，$c_s$ 为溶质的饱和浓度。

### 4.6.3 吸附与吸附剂表面特征

吸附过程中固体表面的性质是决定溶质吸附模式和程度的主要因素。当人们考虑吸附剂表面的可能性质时，很容易想到三个主要表面：（i）非极性和疏水性的表面，如聚乙烯；（ii）具有极性但不具有显著离散表面电荷的表面，如聚酯和天然纤维（如棉花）；（iii）具有强带电表面位点的表面。

**（1）非极性疏水表面**

非极性表面上的吸附是分散力相互作用的结果。在水溶液中，很明显，吸附分子的取向使得吸附溶质的更疏水部分（在表面活性剂的情况下为尾部）与固体表面相关联，亲水基团指向水相。例如，在吸附具有线形烃结构的表面活性剂的早期阶段，假设具有或多或少的线形烃结构，疏水分子很可能会像火车形或 L 形一样位于表面[图 4-29（a），（b）]。然而，随着吸附程度的增加，分子逐渐变得更加垂直，在饱和或接近饱和时，将产生近似紧密的组装[图 4-29（c）]。对于表面活性剂，通常发现在实验的特定条件下，在表面活性剂的浓度达到或接近临界胶束浓度（CMC）时表面吸附达到饱和。在许多情况下，等温线是连续的，而在其他情况下，可能会出现拐点。拐点的存在通常归因于分子取向相对突然的变化——从火车形或 L 形到更垂直的排列。由于吸附分子的取向是亲水基团从固体表面向外指向，因此通常不会形成第二吸附层。也就是说，该过程通常限于单层形成。

表面活性剂从非水溶剂吸附到非极性表面的研究远不如水系统深入。此类研究通常限于炭黑和交联聚合物在烃溶剂中的分散体。在这些情况下，吸附分子的取向似乎或多或少保持与表面平行，尽管确切的细节将取决于碳表面的历史（例如，氧化物层或电荷的存在）和聚合物分散体的制备模式（即表面中的极性或离子催化剂残留物）。

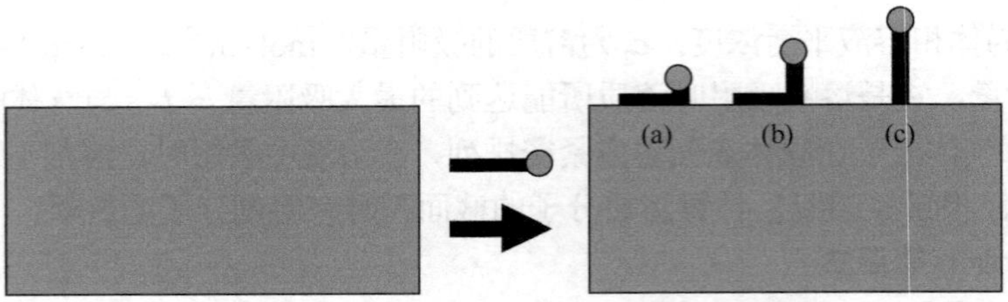


图 4-29　表面活性剂在固体表面上的吸附模式示意[16]

(a) 火车形；(b) L 形；(c) 垂直形

**(2) 极性表面**

极性表面包括许多合成聚合材料，如聚酯、聚酰胺和聚丙烯酸酯，以及许多天然材料，如棉花和丝绸。由于它们的表面组成，吸附到这些材料上的机理和程度具有巨大的潜在技术重要性，特别是在染色工艺、防水和去污方面。吸附到这些表面上的机理可能比上述非极性情况更复杂，因为取向等因素将由几个力的平衡决定。

在极性表面上运行的势能包括一直存在的分散力、偶极相互作用、氢键和其他酸碱相互作用。分散力和独特极性相互作用之间的相对平衡对于确定吸附模式至关重要。如果分散力占主导地位，吸附将以与非极性表面基本相同的方式发生。如果极性相互作用占主导地位的话，吸附可能以相反的方式发生；也就是说，表面活性剂分子将以这样一种方式定向，即亲水性头部基团将位于固体表面，疏水性基团将朝向水相（图 4-30）。显然，两种吸附模式的最终结果将截然不同。在含水系统中，最终取向也会受到溶剂-吸附剂和溶剂-吸附质相互作用的相对强度的影响。在边缘情况下，溶剂性质的微小变化（例如 pH、电解质含量、共溶剂的存在）可能会改变吸附模式。

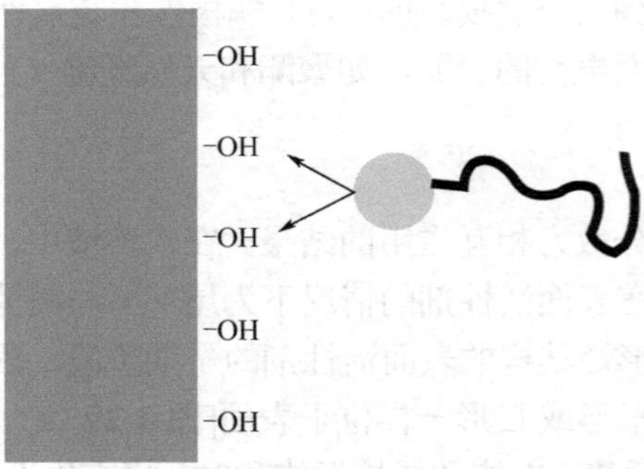


图 4-30　表面活性剂在极性固体表面上的吸附示意[16]

**(3) 具有离散电荷的表面**

具有离散电荷的表面是三种表面中最复杂的。从表面性质的观点来看，这些材料能够通过上述提到的所有机制进行吸附。然而，可能更重要的是，与其他机制相比，涉及电荷-电荷相互作用的吸附对外部条件（如 pH、中性电解质和非表面活性共溶质的存在）更为敏感。

具有带电表面的材料包括几乎所有具有技术重要性的无机氧化物和盐（$SiO_2$、$Al_2O_3$、$TiO_2$ 等）、卤化银、含有离子共聚单体的胶乳聚合物以及许多天然材料表面，如蛋白质和纤维素。因此，了解这些表面活性剂或其他吸附物与表面活性剂的相互作用非常重要，可以优化它们在涂料和颜料分散体、造纸、纺织品、药物和生物医学植入物等应用中的效果。

由于在含有带电表面和离子表面活性剂或其他溶质的系统中存在大量可能的相互作用，因此密切控制系统中的所有变量非常重要。随着吸附的进行，主要机制可能从离子交换到离子键再到分散或疏水相互作用。因此，吸附等温线可能比简单系统的吸附等温线复杂得多。

通过对带电分子从水溶液到相反电荷表面的吸附的研究，已经确定了三个主要的吸附区域，其中吸附速率因吸附机理的变化而变化，通常假设这种吸附模式涉及三种机制，如图 4-31 所示。在早期阶段（阶段 1），吸附主要是离子交换的结果，在离子交换中，吸附的反离子被表面活性剂分子取代。在该阶段，表面的电特性（即表面电荷或表面电势）可基本保持不变。随着吸附的继续进行，离子配对可能变得重要（阶段 2），导致了表面电荷的净减少。在这一过程中，表面电位和 $\zeta$ 电位等电性质将趋于零。在阶段 2 中，吸附速率将显著增加。这可能是由于随着填充密度的增加，静电吸引和吸附表面活性剂的疏水基团之间的横向相互作用之间产生了协同作用。

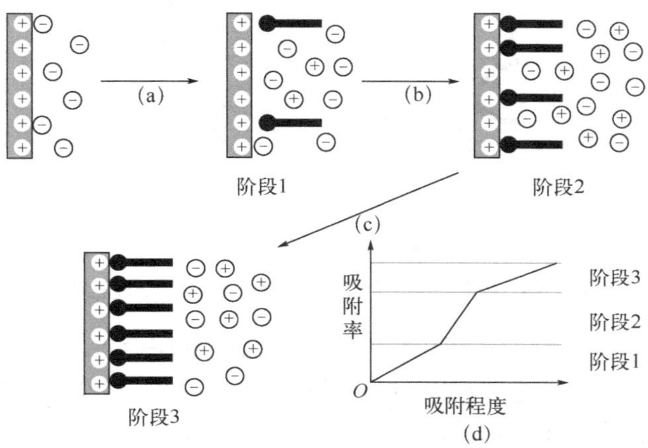


图 4-31　将离子表面活性剂吸附到电荷相反的表面上时遇到的几个阶段和特征吸附曲线[16]

（a）离子交换，其中天然表面反离子将被表面活性剂分子 1∶1 交换；（b）离子配对，其中过量的表面活性剂分子被吸附（超过结合到表面的天然离子的数量）；（c）电荷中和，其中所有可接触的表面电荷都被表面活性剂离子中和。该方法的每个阶段将具有如示意图（d）所示的特征吸附曲线

当吸附过程接近吸附质完全中和天然表面电荷的水平时，系统将经历其零电荷点（PZC），其中所有表面电荷都已与吸附分子配对（阶段 3）。对于含有表面活性剂的体系，相邻基团之间的横向相互作用可能变得显著，通常会导致聚集结构或半胶束的形成。如果相邻基团之间的相互作用较弱（由于短或大体积结构），或者如果不能克服带电基团之间的静电排斥（由于存在多于一个相同符号的电荷或低离子强度），则阶段 2 的增强吸附速率可能不会发生，并且可能不存在半胶束形式。分散力主导吸附开始的另一个结果可能是随着吸附的进行发生电荷反转，这将在下文中讨论。

## 4.6.4　环境对吸附的影响

在水性溶剂中具有带电基团的表面对环境条件特别敏感，例如电解质含量和水相的 pH。在高电解质浓度存在的情况下，固体表面可能具有高的结合反离子，使得离子交换是除分散或疏水相互作用之外唯一可用的吸附机制。表面的双电层不仅会塌陷到几纳米厚，而且表面上不同电荷基团与表面活性剂之间的吸引力以及表面活性剂分子的相似电荷之间的排斥力也会受到抑制。结果往往是形成几乎线性的吸附等温线，但缺乏上述任何机制来解释。

电解质含量的增加通常会导致表面活性剂在相反电荷的表面上的吸附减少，类似带电分子的吸附增加[图 4-32（a）]。该规则的一个重要例外是离子表面活性剂的情况，其中添加的阳离子与吸附溶质（即表面活性剂）有特定的相互作用，从而降低其在该溶液中增强的吸附。一个典型的例子是将多价阳离子添加到羧酸皂中。

溶液中多价阳离子如$Ca^{2+}$或$Al^{3+}$的存在通常会增加阴离子表面活性剂在类似带电表面上的吸附。这种离子的特点是与带负电的表面紧密结合，能有效地中和电荷排斥。它们还可以通过与带负电荷的表面和阴离子表面活性剂头部基团的结合作为有效的桥接离子[图 4-32（b）]。

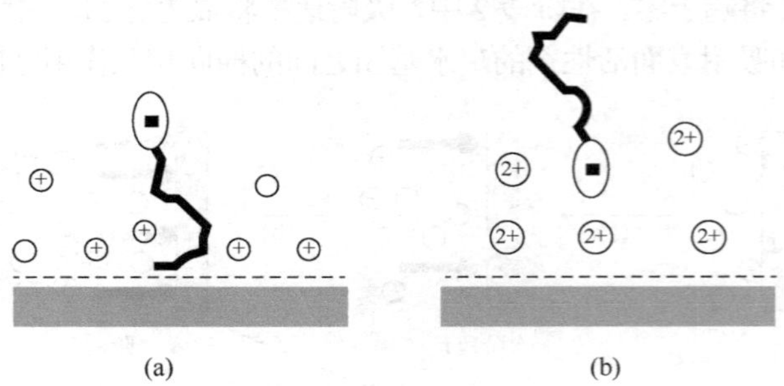


图 4-32　在带负电荷的表面和阴离子表面活性剂的系统中，$Ca^{2+}$ 和 $Al^{3+}$ 等多价阳离子的存在会产生“桥接”现象，导致在 $Na^+$ 或 $K^+$ 等单价离子存在时不会发生的强烈的表面-表面活性剂相互作用

吸附在具有弱酸性或碱性基团的固体表面上发生时，如蛋白质、纤维素和许多聚丙烯酸酯，对溶液 pH 的变化特别敏感。随着水相 pH 的降低，固体表面上的净电荷将变得更正。这并不是说实际的正电荷必然会产生，相反，弱酸基团（例如羧酸）的电离将被抑制。最终结果是，表面可能更利于吸附电荷相同的表面剂（例如，羧基表面上的阴离子表面活性剂），而不利于吸附电荷相反的表面活性剂（图 4-33）。对于含有弱碱性基团（如胺）的表面，情况则相反。因此，降低 pH 将导致表面碱性基团电离，增加对带相反电荷（负）分子的吸附，并减小与相同电荷材料的相互作用。

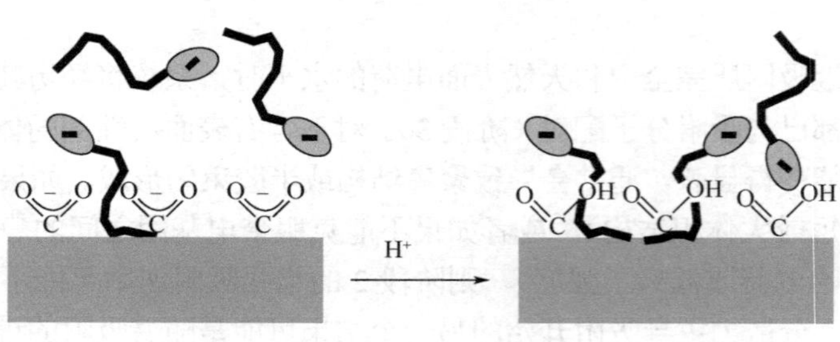


图 4-33　当弱酸或弱碱电离产生的表面电荷被中和时，具有类似电荷的表面活性剂在表面上吸附的倾向增加
（a）即使有带电荷的表面活性剂，也只能通过分散相互作用吸附；（b）随着电荷的中和，吸附变得更加有利，甚至达到了通过头部基团相互作用吸附的程度

温度升高通常会导致离子表面活性剂的吸附减少，与 pH 和电解质相比，产生的变化较小。通过氢键溶解的非离子表面活性剂在水溶液中具有相反的温度-溶解度关系，通常表现出相反的效果。换言之，随着温度的升高，吸附将增加，通常在特定表面活性剂的 Krafft 点附近具有最大值。

### 4.6.5 表面活性剂吸附对固体表面特征的影响

当表面活性剂吸附到固体表面上时，对该表面性质的最终影响将在很大程度上取决于吸附的主要机理。对于高电荷表面，如果吸附是离子交换的结果，则表面的电学性质不会显著改变。另外，如果离子配对变得重要，Stern 层的电位将降低，直到其完全被中和。在通过静电排斥稳定的分散系统中，表面电位的降低将导致颗粒失去稳定性并最终凝结或絮凝。

除了特定电荷-电荷间的静电相互作用外，表面活性剂通过离子交换或离子配对吸附导致分子及其疏水基团朝向水相定向。因此，表面变得疏水并且不易被该相润湿。一旦固体表面变得疏水，就可以通过分散力相互作用继续吸附，如图 4-34 所示。

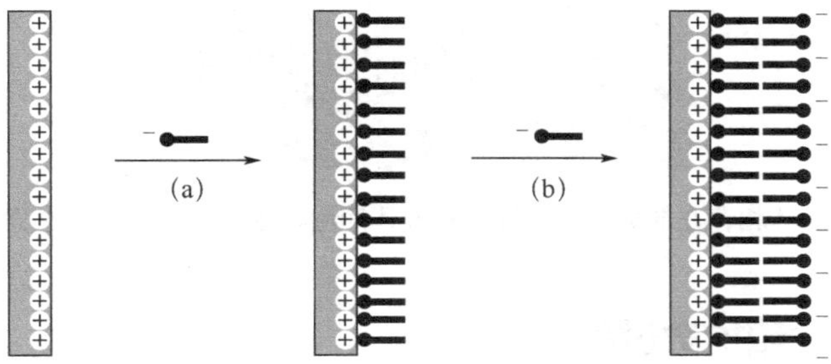


图 4-34　离子表面活性剂与相反电荷的表面相互作用的影响

(a) 电荷中和；(b) 电荷反转

当发生这种情况时，表面上的电荷将反转，获得与原始表面符号相反的电荷，因为亲水基团朝向水相。通常在被水润湿的系统中，吸附过程降低了固体表面的润湿性，使其与其他极性较低的相（如空气）的相互作用更加有利。在工业上，通过吸附表面活性剂产生疏水表面是矿物矿石分离泡沫浮选工艺的核心。不同的矿物具有不同的表面电荷特性，导致了吸附效果和效率的差异，因此通过适当选择表面活性剂类型和浓度可以获得良好的分离。

虽然表面活性剂的吸附及其对固体表面性质的影响通常以胶体体系的形式进行讨论，但同样的结果对宏观表面具有技术重要性，特别是在控制材料的润湿或非润湿性质（防水）、去污力、润滑（使用切削油和其他润滑剂）、通过多孔介质的流体流动（原油生产）和腐蚀。几乎任何涉及固相和液相相互作用的过程或产品都会受到表面活性剂吸附过程的影响，因此，该领域代表了表面活性剂技术应用的主要部分。

## 4.7 毛细系统中的固-液界面

### 4.7.1 固体-液体-流体系统

在第 2 章介绍了液体在毛细管中的上升与下降，但当时讨论的仅涉及液体和第二流体相的系统中的毛细力。实际系统涉及第三相（通常是固体），从而形成三相边界线（相当于润湿中的接触角）。这种情况可以表示为一滴液体停留在平坦的固体表面上并接触第二液相或气相，如图 4-35 所示。如果允许液滴从 $a$ 点到 $b$ 点在表面上扩散一小段距离，则新的液-气界面将基本上保持与旧界面平行，但其面积将增加 $ab\cos\theta$。在此过程中，固体-液体界面增加 $ab$，固体-

气体界面减少 $ab$。在平衡时，自由能的变化为零，如下所示。

$$\Delta G=\gamma_{\text{s-g}}\Delta A_{\text{s-g}}+\gamma_{\text{s-l}}\Delta A_{\text{s-l}}+\gamma_{\text{l-g}}\Delta A_{\text{l-g}}=0 \tag{4-30}$$

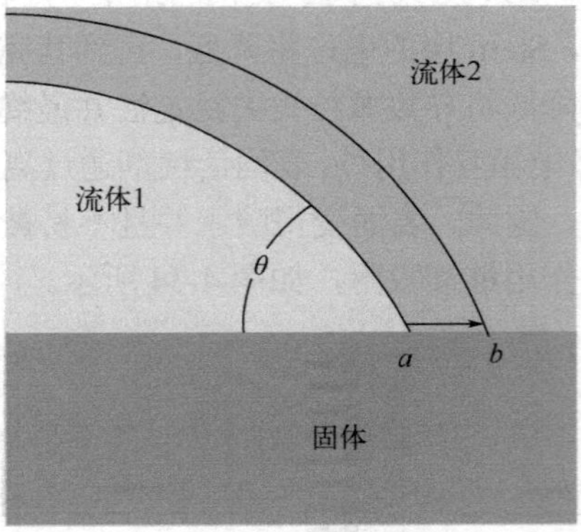


图 4-35　在第二流体相存在的情况下，固体被液体润湿将由三相之间的相对界面相互作用控制

## 4.7.2　毛细管流动和扩散过程

如果将一定量的液体放置在固体或另一种液体表面，可能会发生以下两种情况：液体可能会在整个表面上扩散，形成均匀的双相膜；液体可能形成具有有限非零接触角的液滴（在固体上）或透镜（在液体上）（图 4-36）。

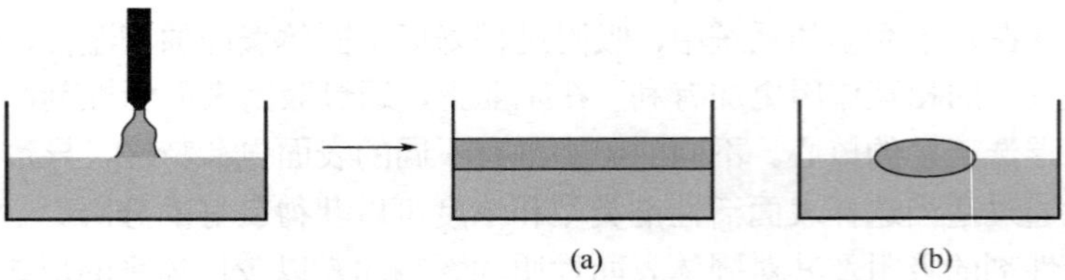


图 4-36　放置在第二种不混溶液体上的液滴的扩散情况

(a) 形成双相膜；(b) 形成透镜

热力学上，恒温恒压下，系统自由能的变化由下式给出：

$$\mathrm{d}G=\left(\frac{\partial G}{\partial A_{\text{A}}}\right)_{T,p}\mathrm{d}A_{\text{A}}+\left(\frac{\partial G}{\partial A_{\text{AB}}}\right)_{T,p}\mathrm{d}A_{\text{AB}}+\left(\frac{\partial G}{\partial A_{\text{B}}}\right)_{T,p}\mathrm{d}A_{\text{B}} \tag{4-31}$$

式中，下标 A 表示基质；下标 B 表示液体。显然，$\mathrm{d}A_{\text{A}}=-\mathrm{d}A_{\text{B}}=\mathrm{d}A_{\text{AB}}$，因此：

$$\left(\frac{\partial G}{\partial A_{\text{A}}}\right)_{T,p}=\gamma_{\text{A}},\quad\left(\frac{\partial G}{\partial A_{\text{B}}}\right)_{T,p}=\gamma_{\text{B}},\quad\left(\frac{\partial G}{\partial A_{\text{AB}}}\right)_{T,p}=\gamma_{\text{AB}}$$

其中，$\left(\partial G/\partial A_{\text{B}}\right)_{T,p}$ 给出了液体 B 在表面 A 上扩散的自由能变化，称为 B 在 A 上的扩散系数，表示为 $S_{\text{B/A}}$，由下式给出：

$$S_{\text{B/A}}=\gamma_{\text{A}}-\gamma_{\text{B}}-\gamma_{\text{AB}} \tag{4-32}$$

从前面给出的内聚功和黏附功定义中可以看出，$S_{\text{B/A}}$ 是 B 与 A 的黏附功和 B 的黏附功之间的差异。

$$S_{B/A} = W_{AB} - W_{BB} \tag{4-33}$$

从这一分析中可知，如果铺展时自由能减少（即黏附力占主导地位），铺展系数将为正，也就是说，铺展过程将是自发的。如果 $S_{B/A}$ 为负值，则内聚力将占主导地位，从而形成液滴或透镜。

式（4-31）表明，当低表面张力的液体（如碳氢化合物）置于高表面能的液体或固体（如清洁玻璃或汞）上时，会发生自发扩散。相反，如果将高表面张力的液体（例如水）放置在较低表面能的表面（例如聚四氟乙烯或石蜡）上，则会产生液滴或透镜。

但由于液体、固体和气体倾向于在本体过程中以及在界面处相互作用，扩散现象会出现复杂性，而这些本体相相互作用可能会对界面现象产生重大影响。特别是，气体倾向于吸附在固体界面上，并改变这些表面的自由能 $S_V$；它们也可能溶解在液相中，从而改变液体表面张力。更重要的是，与其他液体接触的液体往往会相互饱和，这意味着两相的组成可能不会保持“纯净”，不再具有原始材料的表面特征。最后，液体和溶质，如气体，可以在固体界面吸附，从而改变固体的表面特性，并进一步改变扩散过程的热力学。

当考虑毛细管中流体的流动问题时，除了表面曲率和表面张力效应引起的压差问题外，还必须考虑几个外部因素。对于液体-流体系统，如果假设液体-气体是恒定的，并且系统中没有导致压力差的外部因素，那么毛细管压力 $\Delta p$ 完全是液体-气体界面曲率的函数。换句话说，当系统处于机械平衡时，$\Delta p$ 将是恒定的，并且处于最小值，系统所有部分的曲率都将是恒定的。如果某些外力在某一点引起曲率变化，但扰动不是很大，则所导致的 $\Delta p$ 增加会使系统恢复到初始状态。如果扰动力足以使系统显著脱离平衡，则产生的 $\Delta p$ 可能导致液体质量被分割，而不是返回到原始配置。这种效应通常被称为“表面屈服”，这种效果可以是有利的，也可以是不利的。

屈服效应的一个常见例子可以在纯液体中形成的泡沫破裂中看到。通常观察到纯液体不会起泡，或者一旦搅拌停止，在搅拌过程中形成的任何短暂泡沫都会迅速地消散。图 4-37 给出了不稳定泡沫系统的示意图，其中液相位于气室之间的薄片中。由于平台区域（P）相对于薄片的曲率差异较大，因此系统中将存在较大的压差。P 区域具有小的凸曲率半径，这导致产生大的负 $\Delta p$，而薄片区域具有更大的曲率半径和相应较小的 $\Delta p$。存在压力差的结果是液体将从薄片区域流到区域 P，使薄片变薄，直到小隔室破裂，泡沫破裂。在不稳定泡沫中，这一过程发生得很快。在含有各种添加剂（如表面活性剂或聚合物）的系统中，该过程可以充分减慢，以产生“稳定”泡沫。

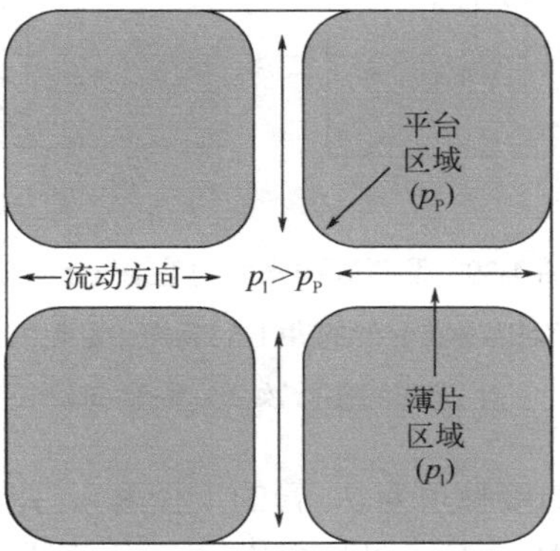


图 4-37　在泡沫系统中，变形导致的沿液气界面的曲率差异会产生压力差异和随后的毛细流动[16]

在二次采油过程中，表面变形导致开采成本高。在许多此类操作中，待回收的油被水性“塞子”从多孔岩层中挤出，水性塞置换岩石毛细管中的油（图4-38），如果移动的水性前缘没有正确配制和/或工艺没有正确实施，水性塞的作用可能会导致原油相经历变形过程，使其破碎成小颗粒，并在孔隙中隔离，难以或不可能回收。

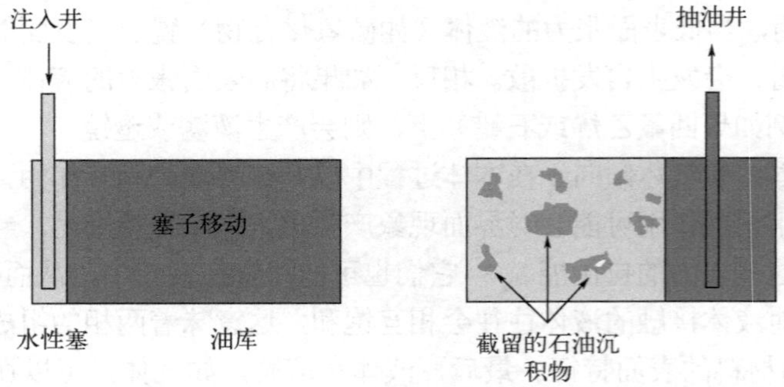


图4-38 在石油工业中，原油通过使用水性塞进行回收的过程[16]

其中表面活性剂、泥浆、聚合物和其他化合物的溶液被迫进入储油层，以将截留的油推向中央提取井。如果没有采用适当的溶液平衡和使用条件，原油可能会发生表面屈服，导致大量原油沉积在岩层中，无法回收

## 4.7.3 毛细管驱动力的测量

通常，用于计算毛细管流动的方法是确定系统中液体界面的曲率，并根据下式计算 $\Delta p$。

$$\Delta p=\left(\frac{1}{R_1}+\frac{1}{R_2}\right)\gamma \tag{4-34}$$

这些值可用于计算驱动力的方向和大小。在简单几何形状的系统中，如形成球形界面和光滑圆柱形固体表面的液体中，该技术效果很好。这种系统最著名的例子是用于测定液体表面张力的毛细管上升法，如图4-39所示。在该系统中，毛细力促使液体在管中上升，这是由于管内的液-气界面（小曲率半径）和管壁（$R\to\infty$）的曲率不同。这里还有一个因重力而产生的恒定反作用力，必须包含在内。

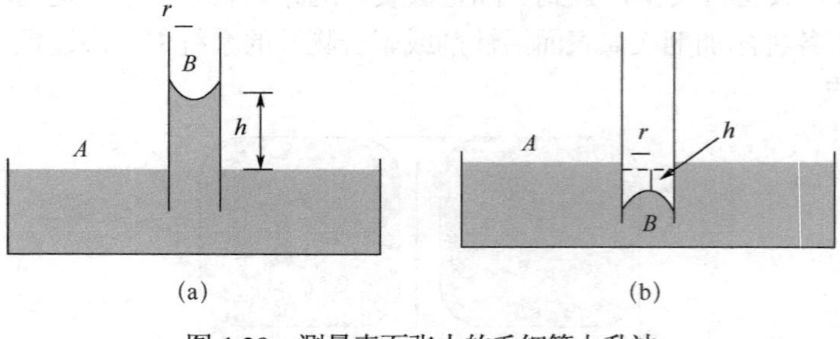


图4-39 测量表面张力的毛细管上升法

（a）表面张力效应导致润湿液体在小毛细管中上升到刚好平衡重力引起的流体动力的高度；

（b）对于非湿润液体，如汞，观察到抑制作用

如果液体在毛细管表面上的接触角为 $\theta$，管的半径为 $r$，并且假设 $r$ 足够小，使得管中的液体表面为球形，则液-气界面的曲率半径为 $r/\cos\theta$，$B$ 点的毛细管压力为 $2\gamma\cos\theta/r$，毛细管上升

的净驱动力为$\Delta p(A)-\Delta p(B)$，因为在$A(\Delta p=0)$处，总驱动力来自管内界面的曲率。液体运动将继续，直到管中液体的静水压力$\Delta \rho gh$等于$\Delta p(B)$。则：

$$\Delta \rho gh = \frac{2\gamma \cos\theta}{r} \tag{4-35}$$

此方程是通过毛细管上升法确定液体表面张力的经典方程。当$\theta$=0时，方程简化为：

$$hr = \frac{2\gamma}{(\rho_l - \rho_v)g} \tag{4-36}$$

在没有重力的情况下，如图4-40所示，端对端连接的两个不等半径的毛细管也会产生类似的效果。在这种情况下，液体流动的净驱动力是由点$A$和$B$处两个管中液体端部曲率的差异而产生的。

$$\Delta p = 2\gamma \cos\theta \left(\frac{1}{r_2} - \frac{1}{r_1}\right) \tag{4-37}$$

式中，$r_2$是小毛细管的半径；$r_1$是大毛细管的半径。从图4-40（a）所示的情况开始，液体将向高附加压力的方向移动，即流入较小的毛细管，直到其达到平衡位置，此时两端的附加压力大小相等，但方向相反，流动将停止。进一步的分析可参阅 *The Physics of Microdroplets*[17]。

图4-40所示的情况在许多实际领域中可能很重要，因为它代表了许多芯吸、吸液和吸收过程的理想系统。遗憾的是，大多数真实系统，如纺织品或纸制品，具有复杂的几何结构，因此不可能确定$r_2$和$r_1$的简单值。在这种情况下，使用热力学方法而不使用压差是方便的。

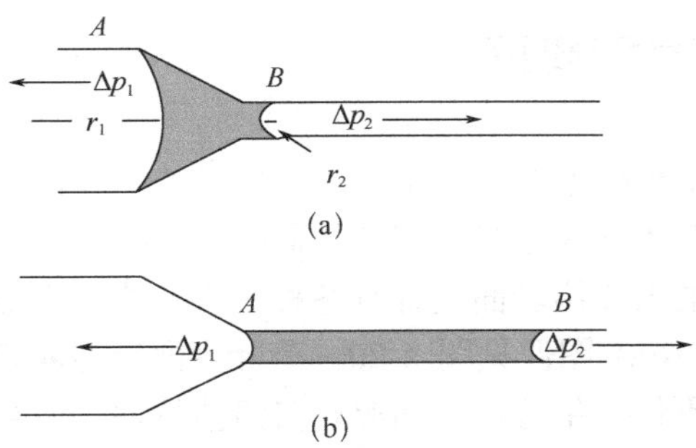


图4-40　在零重力的情况下，或者在可以忽略重力的水平毛细管中，毛细管流动将自发发生，使系统达到平衡[16]

在（a）中，两个半径或曲率不相等，导致$A$和$B$之间的压力差。在压力达到平衡

（b）或其他力阻止进一步移动之前，将发生毛细管流动

在热力学分析中，有必要采用式（4-11）和式（4-30），并且系统中固-气界面面积（$A_{s\text{-}g}$）和固-液界面面积（$A_{s\text{-}l}$）之和保持恒定。可以看出，由三相边界位置变化距离$s$引起的自由能$G$的变化可以表示为：

$$\frac{dG}{ds} = \frac{\gamma_{l\text{-}g} dA_{l\text{-}g}}{ds} - \gamma_{l\text{-}g} \frac{\cos\theta dA_{s\text{-}l}}{ds} \tag{4-38}$$

$\gamma_{l\text{-}g}$可通过实验获得，面积变化可根据系统的几何结构确定。根据式（4-38），如果$dG/ds<0$，液体将在毛细管系统中移动，其中$dG/ds$在数值上等于净驱动力$\Delta p$。热力学方法原则上是非常

普遍的，并已成功应用于许多模型，包括液体在部分浸没的杆中的拉力[图 4-41（a）]、液体在凹槽中的运动以及液体在两个紧密间隔的杆上的运动。已经发现，此类模型可用于研究纺织和造纸行业中各种类型的编织或交织系统[图 4-41（b）]。

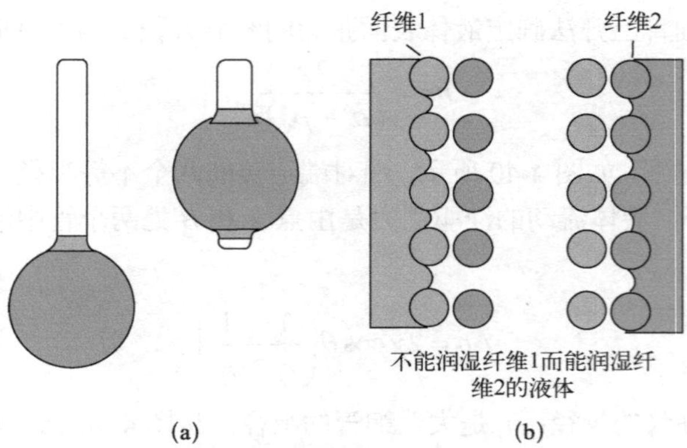


图 4-41 毛细管流动的一些特殊例子[16]

(a) 液体爬上部分浸入的杆；(b) 灯芯材料——液体从非润湿状态到润湿状态的自发运动

# 4.8 自然界中的润湿现象及应用

## 4.8.1 几种典型的自然润湿现象

**（1）超疏水表面**

超疏水表面在自然界中无处不在，由于其具有优异的特性，人们强烈希望模仿这些自然表面。迄今为止，自然超疏水性最著名的例子是荷叶。扫描电子显微镜（SEM）对不同植物的表面分析显示，微结构的表皮蜡表面装饰有各种纳米结构。强防水性主要来自于这种分层粗糙度。莲花叶片表面的 SEM 图像见图 4-20，荷叶表面覆盖着表皮层，管状纳米结构从表皮层向外突出。纳米特征不仅产生特定的润湿和自清洁特性，而且表皮蜡层在植物表面的光学特性中也起着重要作用。这些蜡层的表面特征表明，典型宽度为 300 nm、长度为 1000 nm 的细管是结晶的。

这种莲花效应并不局限于荷叶表面，其他一些植物和昆虫也进化出了自清洁表面。例如，水稻叶片、蝴蝶翅膀、鱼鳞、鲨鱼皮和蚊子眼睛（如图 4-42 所示）上的水滴可以按照结构特征指定的优先方向滚动。为了了解自然界中各种表现出自清洁的物体的功能、结构和原理，人们对其表面结构和化学成分进行了大量研究。如，荷叶的表面主要由壬聚糖-10-醇和少量（0～5%）壬聚糖-4,40-二醇组成。

图 4-43 展示了番樱桃大戟的 SEM 图。图 4-44 为使用从大戟叶中提取的蜡获得的结果。叶子的超疏水性是由血小板组成的致密结构引起的。已确定番樱桃蜡中的主要成分为十六烷-1-醇，其提取方法与上述方法非常相似。假设分子的更对称形状（没有侧基）产生板状构型。初步结果表明，这种蜡也可以在硅晶片上再结晶。如图 4-44（b）所示，出现了具有纳米级板状特征的致密超结构，这导致水接触角高达 110°。

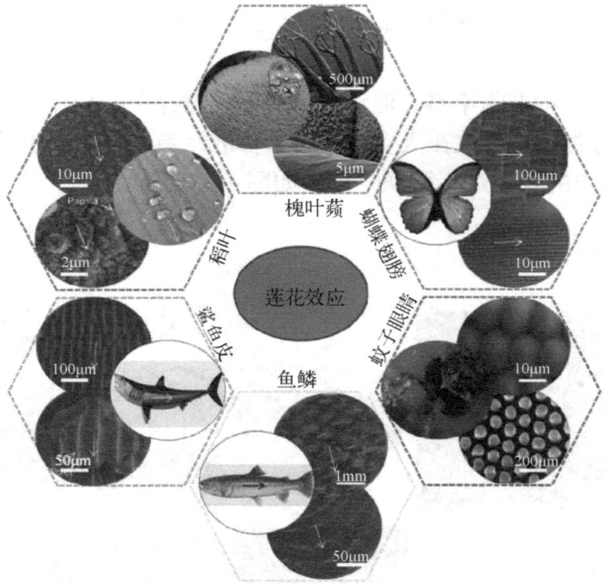


图 4-42　自然界中典型的自清洁表面及其 SEM 图像[18]

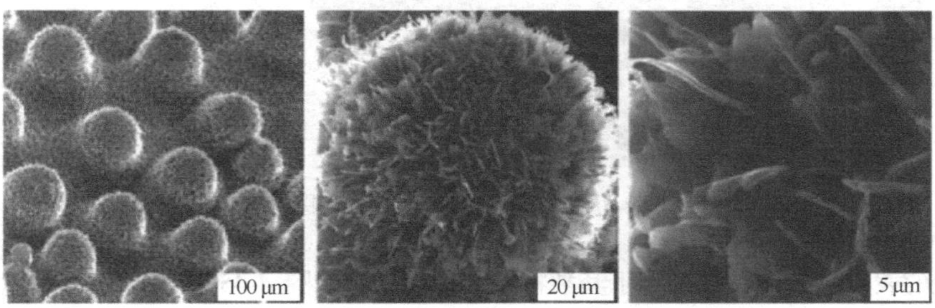


图 4-43　番樱桃大戟的显微图像

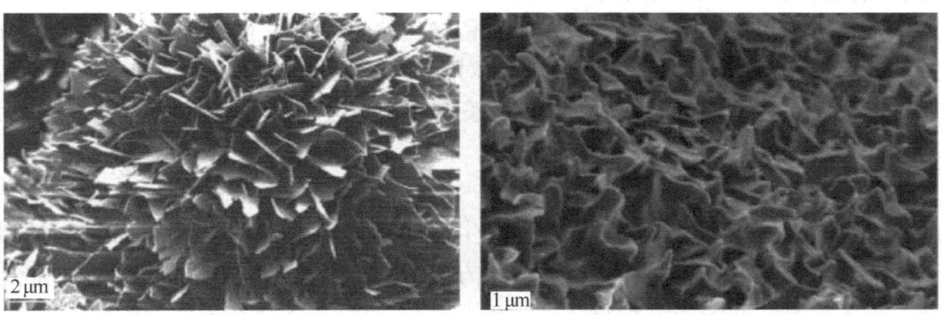


(a)　(b)

图 4-44　番樱桃大戟的纳米结构蜡片

(a) 实际植物表面的氦离子显微镜图像；(b) 在 $Si/SiO_2$ 晶片上重新沉积的蜡，蜡的主要成分是十六烷-1-醇

**(2) 超疏液表面**

如前几节所述，固体表面的润湿性可分为超亲水性、亲水性、疏水性和超疏水性，主要基于这些基材上的水接触角。类似地，根据与油（和其他低表面张力液体）的相互作用，表面也可分为超亲油（CA＜10°）、亲油（CA＜90°）、疏油（CA＞90°）、超疏油（CA＞150°）。

如果表面对高和低表面张力液体（如水和油）分别表现出非润湿性，则称为超疏液表面（既超疏水又超疏油，又称全疏表面）。

超疏水表面在自然界中非常丰富，但迄今为止，天然存在的全疏表面很少。这是因为与水相比，油的表面张力低得多，导致在大多数基材上扩散。弹尾虫的表皮是典型的天然超疏液表面。使用 SEM 对弹尾虫的表皮进行微观分析，如图 4-45 所示。

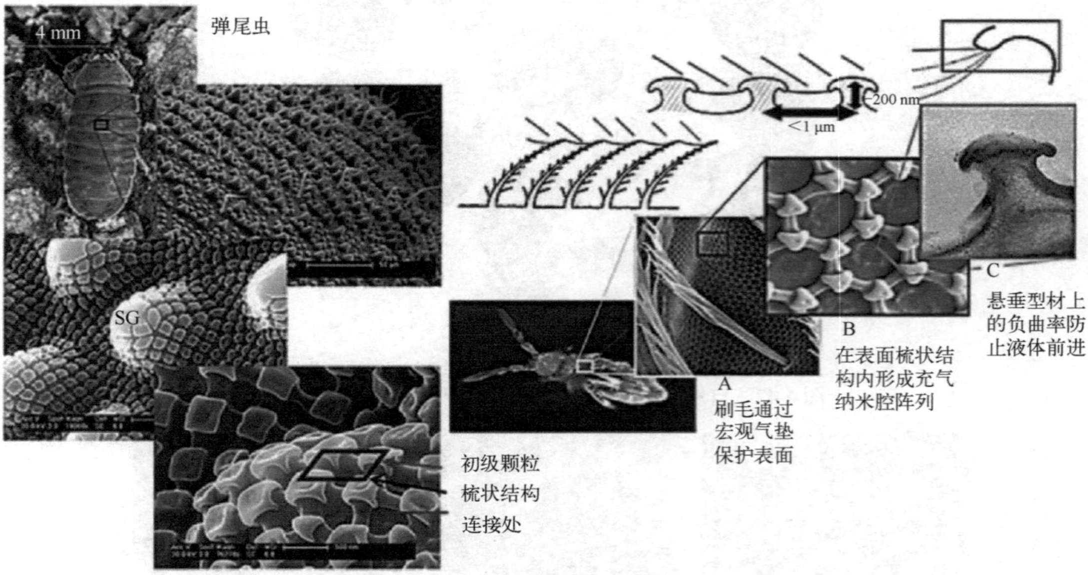


图 4-45　弹尾虫的表皮的 SEM 图像

弹尾虫的表皮超疏液特征归因于其独特的结构设计。如图 4-45 右侧所示皮肤设计提供不同程度的抗湿保护。毛茸茸的覆盖物构成第一润湿屏障，液体可以被钉在刷毛尖端上。如果外力或极低的表面张力使液体能够克服第一个障碍，则第二个阶段开始发挥作用：相互连接的初级颗粒的纳米梳状结构仍然可以通过有效地将截留的气体保持在表面纳米腔中来固定液体。确保气体保持的第三层由悬垂结构元件提供，其相对于与表面正交的轴呈现负曲率。由于这种负曲率，即使对于表面张力非常低的液体，在润湿变得不可逆之前，也必须通过前进的液相克服能量屏障，从而导致固液接触面积显著减少。

**（3）超滑表面**

在超疏水和超疏液表面的情况下，分别受生物材料（如荷叶和弹尾虫的表皮）的启发，可知分层或凹入纹理的主要作用是在接触液体下方截留空气，从而最小化接触面积。通过这种方式，实现了最大接触角和最小滑动角（接触角滞后），有助于流体在表面上的运动。

与超疏液表面不同，超滑表面表现出极强的排斥性和滑动性，排斥水、血液、原油等所有类型的液体，滚转角可以忽略不计。超滑表面的一个迷人特征是在物理损伤后的自我修复能力。

尽管特征与超疏水和超疏液表面非常相似，但超滑表面在概念上是不同的。对于前一种表面，截留的空气在实现超非润湿性能方面起着关键作用，而在超滑表面的情况下，注入的润滑液被锁定在基底微/纳米结构之间。该润滑剂形成稳定、无缺陷和惰性“光滑”界面，排斥各种简单和复杂的液体（水、碳氢化合物、原油和血液），保持低接触角滞后（<2.5°），物理损坏

后迅速恢复疏液性，抵抗冰黏附，甚至在高压下工作。

超滑表面的基本思想受到自然界的启发，仙人掌表皮的SEM图像如图4-46所示。仙人掌有一个集成的多功能系统，可以从空气中捕捉水分。仙人掌的脊椎由三种不同的结构特征组成：顶端有定向倒钩，中间有梯度凹槽，底部有带状毛状体[图4-46（e）]。脊椎和倒钩具有锥形梯度，可以将水推向更大的半径侧。基底中稀疏微槽的粗糙度低于尖端，从而形成润湿性梯度，有助于水滴向基底移动。

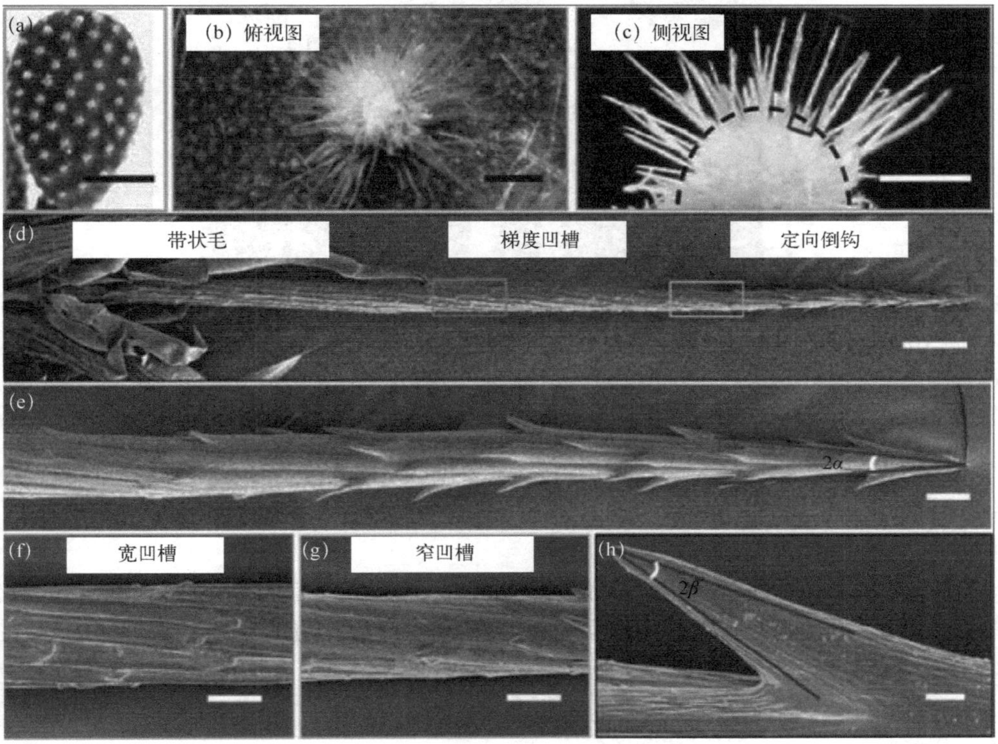


图4-46　仙人掌表皮的SEM图像[19]

图4-47（a）显示了制备超滑表面基板的典型方法。第一步，具有合适纹理的多孔固体由一些低表面能材料制备，或者在亲水材料的情况下，首先制备多孔基材，然后用疏水层官能化。在下一步骤中，将润滑流体膜（低表面张力全氟化液体，其不挥发且与水相和烃相不混溶）施加到多孔固体上以形成覆盖层。通过匹配的表面化学和粗糙度，润滑流体通过毛细芯（毛细管）自发地扩散到整个基底上，并由微/纳米多孔基底锁定在适当位置。用于滑动的典型微结构表面如图4-47（b）所示。

为了成功制造超滑表面，必须满足几个标准：①润滑液必须吸进、润湿并稳定黏附在基材上；②固体必须优先被润滑液润湿，而不是被要排斥的液体润湿；③润滑液和冲击液必须不混溶。当满足这些设计标准时，超滑表面提供了一个平滑、稳定的界面，完全消除了高表面张力和低表面张力液体的液体接触线的钉扎，最大限度地减少了压力引起的多孔结构的穿刺，在机械损伤后自修复并保持其功能，并且可以达到光学透明。

超滑表面的显著特征之一是自愈能力。超滑表面可在反复出现大面积物理损坏时重复恢复疏液功能，即使在物理损坏后，原油也很容易在超滑表面基底上滑动。润滑膜还用作自修复涂层，以在多孔材料因磨损或冲击而损坏后迅速恢复疏液功能。由于润滑剂的流体性质，液体通过表面能驱动的毛细作用简单地流向受损区域，并在毫秒的时间范围内自发地重新填充物理空隙。

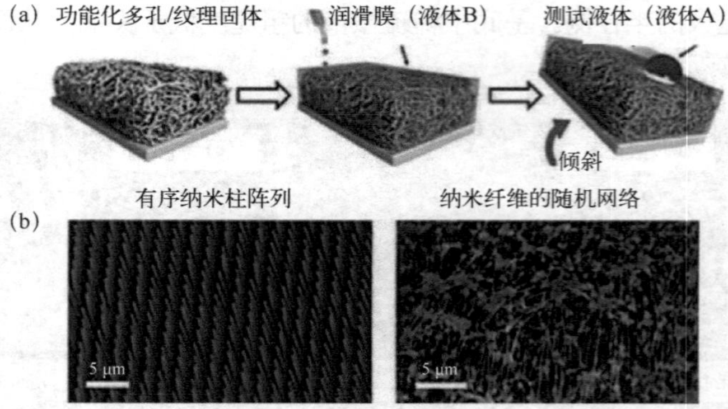


图4-47 不同超滑表面制造阶段的示意图（a）和显示多孔/纹理基底材料形态的电子显微照片（b）[20]

(a)：（左）用低表面能制备官能化的多孔/纹理固体；（中）通过化学惰性液体在基底上获得物理光滑和化学均匀的润滑膜；（右）所制备的表面与接触液体的光滑性能。(b)：（左）基于环氧树脂的纳米制备柱阵列；（右）基于聚四氟乙烯的多孔纳米纤维随机网络

## 4.8.2 超疏水表面的应用

**（1）防腐涂层**

在潮湿的大气中，许多表面由于氧化和腐蚀反应而逐渐劣化。特别是在活性金属的情况下，这导致其效率降低，此外还导致环境污染和相应的健康危害。防止腐蚀的传统方法包括油基涂料和含铬涂层。超疏水涂层被认为是一种有效的替代解决方案，在表面微结构之间捕获空气形成中性隔离，并防止腐蚀离子与基底之间的直接接触。

**（2）减阻**

对于海洋应用，摩擦是导致速度降低和燃料消耗增加的主要原因。传统上，减少阻力的方法包括通过离子化液体、空气垫（如气垫船下方）或通过在界面处产生气泡，在固-液界面处或附近产生气体层。然而，这些方法需要持续的能量输入。涉及超疏水表面的方法被视为替代方法，因为填充空气的表面结构减少了有效的固-液复合界面，并增加了滑移长度，从而减少了阻力。

**（3）油水分离**

油水分离在生物医学、农业、环境和工业应用领域具有重要意义。原油和有毒芳烃等有机污染物意外泄漏到环境水中，对健康构成严重威胁。限制污染的可用方法依赖于吸收材料，如沸石、活性炭、天然黏土、稻草和羊毛纤维。由于其亲水性，这些吸收剂通常对有机污染物表现出较差的选择性。超疏水表面由于其低表面能，即亲油特性，是油水分离的一个有前景的候选表面。结合表面粗糙度，这种效果得到增强，产生超亲油性表面。

## 4.8.3 定向润湿

控制液体在表面运动的能力已经吸引了包括流体物理学家、材料和界面科学家在内的科学家的注意。具有人工设计润湿特性的智能表面与许多应用领域高度相关，从微/纳米流体到车窗。

定向各向异性润湿可通过多种表面改性实现。例如，通过创建一组平行凹槽，可以在形态上结构化衬底。创建各向异性的另一种方法是对表面进行选择性化学改性。在表面上形成化学图案的方法包括具有不同曝光时间的化学气相沉积（CVD）或扩散控制的硅烷化、在 CVD 程序之后用 UV 光破坏单层以及微接触印刷。图 4-48 使用光刻工具用光致抗蚀剂对硅晶片进行图案化，该光致抗蚀剂随后用于保护晶片免受 1H，1H，2H，2H-全氟癸硫醇（$CF_3(CF_2)_7CH_2CH_2SH$，PFDT）的 CVD。PFDTS 沉积后，去除光致抗蚀剂，形成具有不同润湿性区域的化学图案化表面，由两个接触角表示。

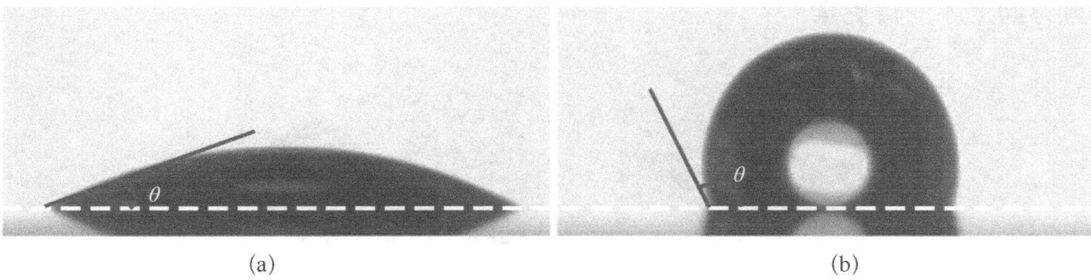


图 4-48　对硅晶片进行图案化后不同表面上的水滴

（a）裸 $SiO_2$ 对水具有高亲和性，具有低的接触角，$\theta$=40°；（b）具有疏水性自组装单层的 $SiO_2$，对水的亲和力低，具有大的接触角，$\theta$=106°

在上述化学图案化表面的示例中，平行接触角的变化可用于实现表面能量梯度。不同的连续模式下，这些值可以控制表面上的液体运动。在图 4-49 中，显示了两侧具有不同宏观润湿性的表面上的不对称液滴形状。液滴速度通常由驱动毛细力和相反力的平衡决定。通常，驱动力来源于与液滴两侧接触角相关的不平衡 Young 力。

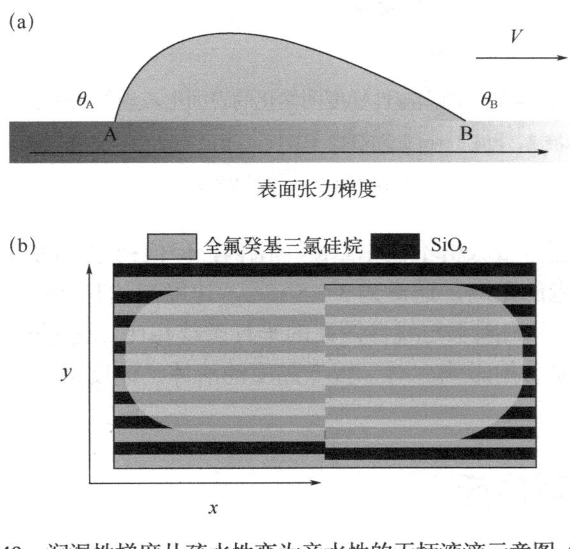


图 4-49　润湿性梯度从疏水性变为亲水性的无柄液滴示意图（a）和具有不同值的条纹图案之间边界中的液滴形状示意图（b）

两个相反的力阻碍液滴的运动。一旦液滴开始移动，黏性阻力，也被称为摩擦力，就会减慢液滴的速度。然而，通常黏性阻力比驱动力小几个数量级。因此，一旦液滴两侧的接触角不同，预计液滴将在所有表面上移动。在实际实验情况下，接触角滞后为液滴运动提供了额外的能量屏障。

图 4-50 显示了线性[图（A）]和径向[图（B）]图案化表面上液滴运动的典型顺序俯视图。当三相接触线接触条纹图案之间的边界时，更宽的$SiO_2$条纹导致更高的总表面能，导致优先扩展方向。依次地，接触线到达图案，即亲水性增加。在图案化区域的外部边界，液滴在未图案化的$SiO_2$上扩散。尽管液体在条纹图案化表面区域上，但垂直于条纹方向上的运动受到阻碍，有效地限制了液滴，从而增强了其沿条纹方向的运动。只有当液滴开始在$SiO_2$上各向同性扩散时，它在垂直方向上才变得更宽。

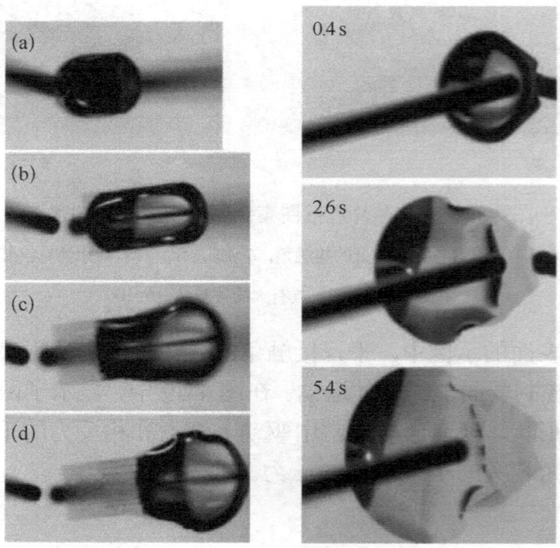


图 4-50　用润湿性梯度图案化的表面上液滴的俯视图

（A）条纹图案上的 2 μL 甘油/水液滴，构成 1 mm 宽的区域。（B）1 μL 甘油液滴，呈径向条纹状。圆形中心区域（直径 1.4 mm）周围是两个 1 mm 宽的环形区域

尽管液体运动的全面定量分析不在本章的范围内，但值得总结的是，使用线性条纹图案表面，液滴可以移动几毫米的距离，通常为 3～5 mm，速度高达 10 $mm \cdot s^{-1}$。对于径向图案，通常观察到较低的速度，这可归因于与线性图案的平行条纹相比，径向图案条纹之间的限制减少。显然，液体的黏度具有显著的影响。对于较低黏度的液体，速度将明显较大。

# 4.9　电润湿及其应用

电润湿是一种当电场施加在液固界面上时液滴形状改变的现象。

Lippmann 于 1875 年首次记录了电润湿效应。他注意到，汞与电解质接触时的毛细管上升随所施加的电势而变化。由于液体电解质的电解作用，直到 1993 年，该领域几乎没有进行任何工作。Berge 介绍了使用电介质层来分离液体和电极的想法，这使得能够开发更高可靠性的电介质上的电润湿（electrowetting on dielectric，EWOD）器件。随着微制造方法的进步和在微流体中的广泛应用，近十年来人们对电润湿的兴趣激增。基于电润湿的电润湿驱动电机、显示器和芯片实验室设备的引入引发了人们的兴趣，兴趣的提高带来了材料和理论的新应用和快速进步。

### 4.9.1 电润湿现象

虽然电润湿不会改变液滴和界面处基底之间的真实接触角，但它确实会改变液滴的曲率，并且接触角似乎在典型的观察尺度（几十微米到毫米）上发生变化。图 4-51 显示了 EWOD 现象。

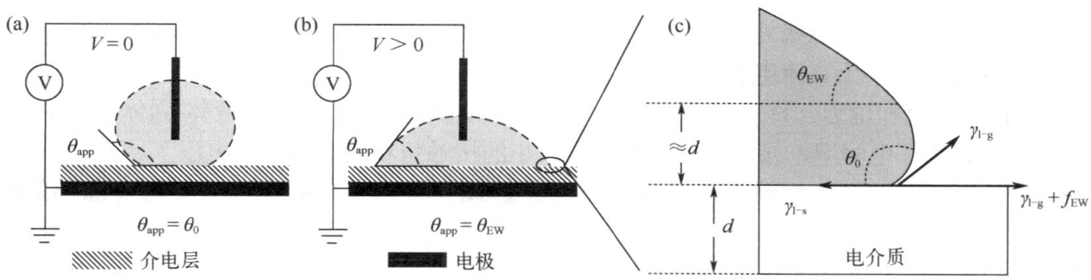


图 4-51 电介质上的电润湿（EWOD）[21]

图 4-51（a）显示了没有施加电压的液滴。表观接触角（$\theta_{app}$）是未施加电压时的真实接触角（$\theta_0$）。图 4-51（b）显示了在施加电压下表观接触角（$\theta_{EW}$）的变化。图 4-51（c）显示了在施加电压下接触角的放大图，显示了接触角（$\theta_0$）局部实际上没有变化。箭头表示作用在液滴接触线上的力，其中$\gamma$是系统的界面张力，很少是由电场引起的力。$\theta_{EW}$ 是施加电压下的表观接触角，$\theta_0$ 是在低于 $d$（电介质厚度）的距离处靠近接触线的真实接触角。

电润湿效应最常见的特征是液滴表观接触角的变化，因为接触角很容易测量。零电压接触角（$\theta_0$）、施加电压下的接触角（$\theta_{EW}$）和施加电压（$V$）之间的关系由 Young-Lippmann 方程表示。

$$\cos\theta_{EW}=\cos\theta_0+\frac{\varepsilon_0\varepsilon_r}{2\gamma d}V^2=\frac{C}{2\gamma}V^2 \tag{4-39}$$

式中，$\varepsilon_0\varepsilon_r$ 是电介质的介电常数；$\gamma$是液体/环境界面的表面张力 $\gamma_{l-g}$。无量纲电润湿数定义为$\eta=\varepsilon_0\varepsilon_r V^2/(2\gamma d)$，可以被解释为每单位面积的电容能量与界面能量的比率。如果将液滴和电极之间的电容器视为平板电容器，则 $C$ 是单位面积的电容。

式（4-39）的严格热力学推导由 Bormashenko 给出[22]。这些理论可以从两个角度来理解[23]：

① 热力学或电化学观点。双电层在液-固界面自发形成，相反极性的电荷被排斥出界面。因此，液-固界面能 $\gamma_{l-s}$ 随着新的平衡接触角而降低，即表面变得更亲水。在 EWOD 中，电介质层的厚度明显大于双电层的厚度，因此存储在其中的静电能是降低 $\gamma_{l-s}$ 的主要来源。

② 机电视角。考虑到 Jones 等人[24]提出的施加在接触线附近液体上的力，也可以理解为电润湿。当施加电压时，接触线附近的电场吸引自由电荷和极化偶极子，这在液-气界面上产生 Maxwell 应力。为了平衡这种应力，液-气界面必须减小其曲率以降低 Laplace 压力。最终，获得了取决于所施加电压大小的较小的表观接触角。

大量实验研究表明，当电压小于临界值 $V_S$ 时，Young-Lippmann 方程可以很好地预测接触角。当 $V \geqslant V_S$ 时，电润湿接触角不会随着施加电压而增加，这就是所谓的接触角饱和（CAS）。

毫无疑问，最明显的现象是通过施加高电压获得的接触角饱和，这是一个理论上不合理的事件。实验证明，使用直流（DC）电压时，接触角饱和度与电场、接触线轮廓、界面张力、绝缘非极性流体的选择和导电极性流体类型无关。此外，在交流或直流实验中，饱和以不同的方式和不同的角度发生。

在大多数微流体电润湿系统中，施加交流（AC）电压有以下好处：

① 减少接触角滞后。由于钉扎效应，直流电润湿中存在接触角滞后。相反，使用交流电压电润湿会连续干扰接触线处的力平衡，并基本上导致接触线从表面上脱钉。最终，交流电润湿中的接触角滞后小于直流电润湿。

② 接触角饱和延迟。许多实验结果表明，在液体-固体-空气和液体-液体-固体系统中，对于 AC 而不是 DC 电润湿，接触角饱和发生在较小的接触角和较高的有效电压下。

③ 减少离子吸附。导致直流电润湿不可逆性或大接触角滞后的另一个可能原因是液-固界面的离子吸附。据报道，通过施加交流电压而不是直流电压，降低了液-固界面的离子吸附。

在许多应用中，如芯片实验室（Lab-on-Chip，LOC），电润湿动力学引起了人们的极大兴趣，因为它控制着设备的响应。在润湿过程中，动力学由驱动力和阻力之间的能量平衡决定。

对于液滴运动（传输），最重要的要求是液滴周边的机电力不均匀。因此，当电润湿电极上的电势增加时，仅部分与电润湿表面重叠的液滴会受到将液滴移动到该表面上的增加的力。从流体力学的角度来看，这种液滴运动最容易理解和设计的不是力，而是单位面积（压力）的力，图 4-52 展示了液滴运动的传统电润湿微通道。衬底包含一系列由疏水电介质涂覆的电极，从而为导电液滴创建独立可控的目的地。顶板具有接地电极，仅有疏水涂层，该疏水涂层很薄，使得接地电极可以近似为与导电液滴直接电接触。

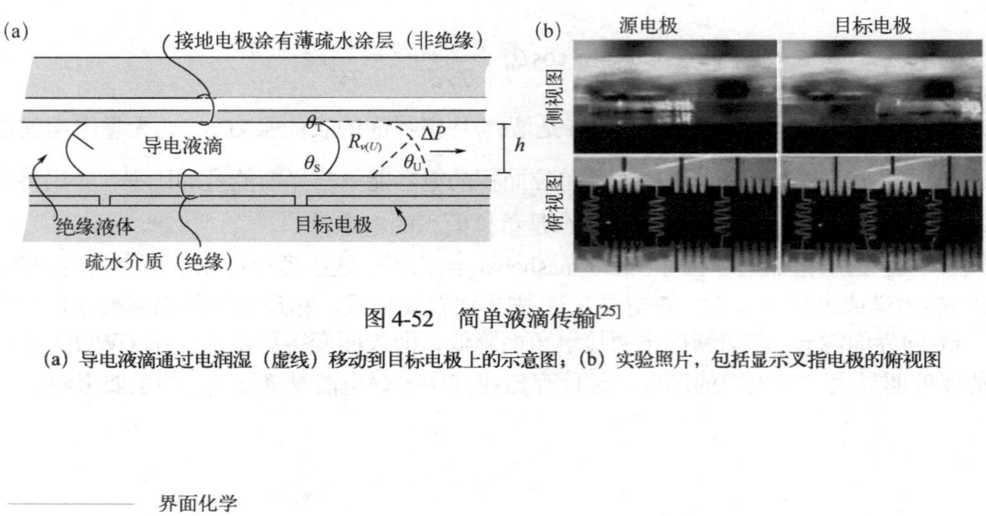


图 4-52　简单液滴传输[25]

（a）导电液滴通过电润湿（虚线）移动到目标电极上的示意图；（b）实验照片，包括显示叉指电极的俯视图

## 4.9.2 电润湿显示器

另一个受益于电润湿的深入研究和应用的领域是电子显示器制造。目前，市场主要是基于 LCD 技术的背光透射显示器。然而，这存在一些局限性，例如高能耗、高重量、刚性以及在强烈的照明条件下可读性不是最佳；此外，传输效率低于 10%。最近，利用不同的技术生产了用于电子纸的反射显示器：电泳、电致变色、胆甾相液晶、微机电干涉、液体粉末和电润湿。电润湿本身具有大规模生产和商业化最有前景的特点。电润湿具有多种特性，可使其在不久的将来成为一种潜在的宽扩散技术：即使在强烈的阳光下，也能从各个角度获得良好的可视性、快速的响应速度（几毫秒）、高清晰度和色彩亮度，以及与实际 LCD 生产技术的兼容性。

电润湿显示器（EWD）的制造包括以下步骤，如图 4-53 所示：(a) 基底通常由玻璃制成。(b) 通过溅射在玻璃基底上施加薄铝层，并通过光刻技术获得所需的反射器轮廓。(c) 通过溅射再次沉积 ITO 层或其他类型的电极，电极是透明的。(d) 下面是疏水电介质涂层，它必须具有高介电常数和小的厚度。实验中使用了许多候选材料，其中 “Parylene C” 在低于 1μm 的厚度下具有不令人满意的性能，并且固体无机电介质如 SiN、$SiO_2$ 和 $Al_2O_3$ 也没有表现出足够高的疏水性，相反，这是 Cytop 含氟聚合物的典型性质。已经选择了三种配置来获得介电层：Parylene C 和 Fluoropel；SiN 和 Fluoropel；SiN 与 Cytop。(e) 随后用光刻技术对亲水网格进行构图，目的是为单个像素创建“墙”。(f) 最后，确定彩色油的用量。

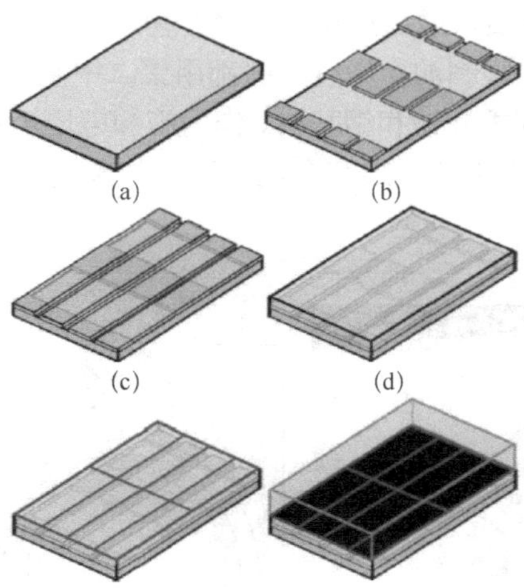


图 4-53　反射器增强 EWD 的制造步骤[25]

为了降低油和水之间的界面张力，从而降低为获得电润湿而施加的电压，可以使用表面活性剂。实验测试表明，对于施加的相同电压，电介质厚度的减小会导致接触角变化的增加。此外，通过使用表面活性剂，获得相同油运动所需的电压降低了一半。还已经证明，使用由 SiN 和 Fluoropel 制成的电介质多层具有比由 Parylene C 和 Fluoropel 制成的多层更高的介电常数（以及每单位面积的电容），并且它允许通过施加更低的电压来获得相同的接触角变化结果。由于在前两种配置中没有获得足够低的操作电压（低于 15 V），SiN 与 Cytop 组合已被用作疏水性多层，并取得了令人满意的结果。

尽管电润湿有丰富的优势，但仍需要进行一些改进，以获得该技术在显示器制造中的最佳竞争力。当系统越来越小型化时，主要的挑战涉及像素的开启和关闭状态之间的光学对比度。事实上，尺寸的减小也意味着油层厚度的减小，通过这样做，油可以变得部分透射。该领域最大的问题是寻找具有改进的光学吸收率的着色剂，另一个问题涉及当电压被去除到初始状态时的转变速度。在这一过程中，由于与基底的界面张力较低，油返回；在这个时间间隔中，当油接近总像素覆盖时，观察到处理速度的降低，这是由于当油接近平衡时，它会受到较低的驱动力。电池内使用反射器，可以最大限度地缩短通过时间，从而使其低于 10 ms。沉积这些反射器的需要使人们更喜欢像 $SiN/SiO_2$ 这样的固体电介质，而不是有机电介质，因为它们在生产步骤中具有更好的耐高温性。

## 4.9.3 柔性基板上的电润湿

近年来，对非平面或柔性电子系统的研究正获得巨大的推动力，可以预见，柔性显示器将很快在大量应用中广泛推广，如用于阅读书籍或报纸的纸状显示器、游戏或包装显示器，或用于生物医学领域的显示器。在这个方向上电润湿是一种有前途的技术，因为它不受电沉积显示器的单色性和操作缓慢性或最广泛扩散的 LCD 显示器的刚性的限制。接触角的变化可以发生在由不同材料制成的柔性基板上，其性能与传统玻璃基板上的性能相差不大。特别是，已经在具有一定曲率的纸张、聚合物和金属基底上进行了电润湿实验。图 4-54 显示了弯曲纸基上的电润湿图。上述结构由纸基底制成，透明导体（例如 ITO）或反射金属（例如铜）沉积在纸基底上以形成电极；然后沉积电介质，最后沉积含氟聚合物。在最后一层（图中未显示）上，通过光刻工艺形成柔性亲水网格以限制油，所有这些都用聚二甲基硅氧烷（PDMS）顶盖密封。除了纸，还使用了聚合物 PET 或柔性铜和钢基材。作为施加电压函数的接触角变化结果遵循理论预测，直到 55 V 的电压，低于饱和极限和介电击穿。与预期行为的偏差可归因于电介质中的电荷俘获及其表面质量。

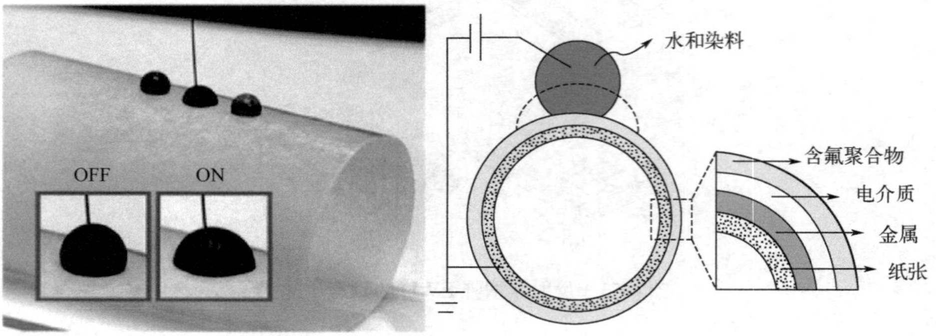


图 4-54 弯曲纸基上的电润湿图[25]

此外，无论是在弯曲配置中还是在弯曲过程中，都证明了器件在 ON 和 OFF 状态的转换中可完全正确工作。此外，由于颜料分散体在极性流体中的稳定性，允许有宽的温度范围（−28～80 ℃）。据报道，在由纸、铜和铝制成的柔性基板上，接触角发生了相当大的变化（在 30°和 40°之间）。相反，在钢板上观察到了较小的变化，这可能是由于存在未从其表面去除的残余氧化层。电介质厚度的增加导致在施加相同电压时接触角变化减小。如果金属表面的润湿时间与纸张的润湿时间相当，则由于金属表面具有更高的粗糙度，从ON状态到OFF状态的反向过程的润湿时间对金属表面来说更大。

### 4.9.4 电润湿现象在微流体中的应用

微流体装置/系统通常被定义为处理少量（微升或纳升）流体（液体或气体）的部件。由于处理流体所需的大多数应用都与生物医学和化学分析有关，微流体目前已是生物医学和化学应用的微型分析技术。传统的实验室宏观设备可以小型化为微观设备。微流体系统开发的目标之一是提供从样品应用到分析结果显示的总解决方案。因此，微流体系统也称为芯片实验室（LOC）、生物芯片或微全分析系统（micro-total analysis system，μTAS）。由于小型化，可以实现许多优点，包括减少样品/试剂消耗、降低污染风险、降低每次分析成本、减少繁琐的操作、增强灵敏度和特异性，以及提高可靠性。

微流体系统由四位多路分解器构建，用于将压力和真空脉冲从单个输入连接路由到16个闭锁阀中的每一个，如图4-55。由于这些阀门组件可以形成标准的逻辑门，因此有望开发用于处理流体的复杂气动微处理器。除了在连续流中进行微流体操作外，还引入了离散微滴的操作，称为数字微流体（digital microfluidics，DMF）。电解液滴是通过一对相对的平面电极之间表面张力的直接电控制来驱动的，该电极基于电介质上的电润湿原理。通过向顺序电极施加电压，液滴可以从储存器中分配，输送到阵列上的任何位置，与其他液滴合并以进行反应，并分裂成两个液滴。

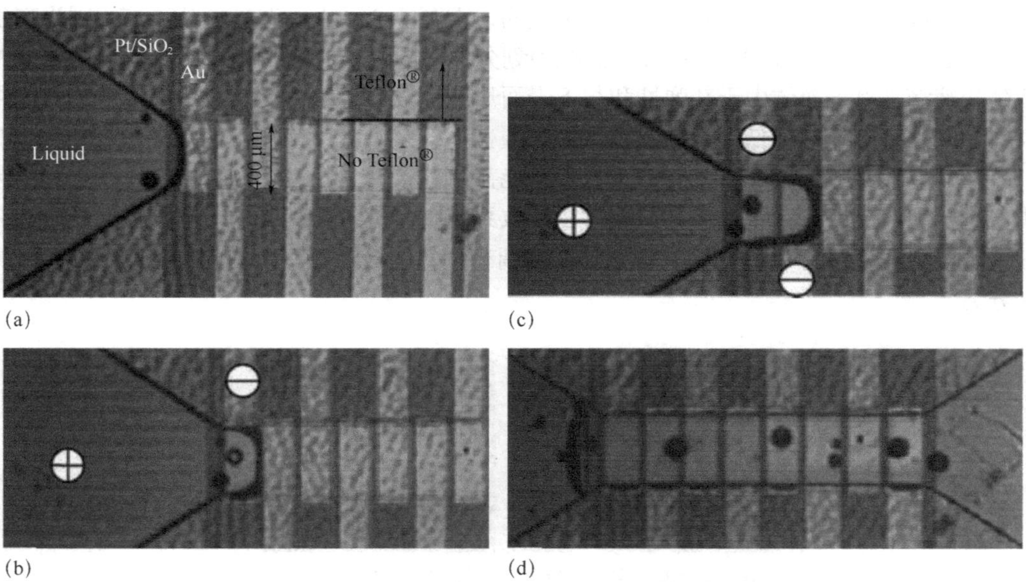


图4-55 数字微流体对离散微滴的操作[26]

(a) 引入液体；(b) 第一电极偏置；(c) 第一和第二电极偏置；(d) 所有电极偏置

液滴从储液器中发射，它们从电极移动到下一个电极，与其他液滴混合以结合不同的化学和生物物种，从而获得所需的反应和划分成更小的液滴。这些过程都可以通过向液滴所在的一系列电极施加电压来获得：这些微电极通常嵌入覆盖有疏水层的固体基底中，每个微电极的尺寸约为液滴的尺寸，并被定位为形成网格，该网格允许激活网格内部的单个精确位置。数字微流体提供的优势是多方面的，包括以最佳精度操纵小体积液体，从而减少所用试剂的数量，同时增加工艺的吞吐量，并显著减少操作时间。目前大多数现有的微流体系统试图通过使用由泵、通道和阀制成的系统来实现这些目标，这些选择都意味着对功能的能量需求相当高，并且由于在通道的连接处形成气泡而不能保证最佳效率。此外，实际的微流体系统没有利用微观水平上的主导力，即表面张力。如今，存在两种利用电润湿来操纵液滴的不同类型的微系统：开放系统和覆盖系统，其中开放系统中液滴自由地位于水平基板上，而覆盖系统中液滴包含在两个板之间。这两种系统都有其优点和缺点；液滴的分裂、移动和分配在覆盖系统中更简单，而合并、混合和蒸发在开放系统中则更受青睐。下面简要分析了在液滴的分裂、分配、合并和混合过程中表现出的差异。

液滴分裂的过程意味着在两个亲水区之间存在一个疏水区：在这两个区域中，产生了相反方向的伸长力，从而在中心部分产生挤压，如图 4-56 所示。

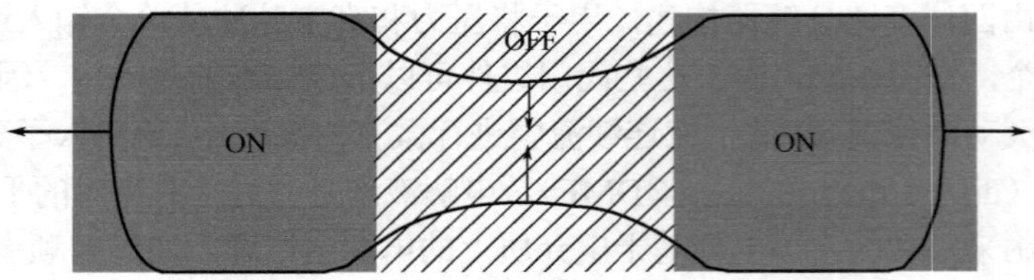


图 4-56 施加在侧面的拉伸力，与中心的夹紧力相结合[25]

对于开放系统，数值模拟和实验数据都表明，不可能通过电润湿来划分液滴，因为产生的力不足以延长液滴并导致划分。在开放系统中划分液滴的唯一方法是相对于电润湿电压的施加提前延长液滴。离子液体由于其弹性和与下表面形成的较低接触角而具有更好的行为。如果两个表面之间垂直孔径的值低于某个阈值，则在覆盖系统中划分液滴的可能性高于先前的情况。

储液器的液滴排放遵循一些步骤进行，不能在所有条件下都进行。数值模拟和实验结果都表明，对于水溶液或缓冲生物溶液，流体在开放系统中分散是不可能的。在覆盖系统中，分配由三个阶段组成，如图 4-57 所示，分别是控制调节设备电极和液滴之间的电势差、挤压液体和反抽分离。

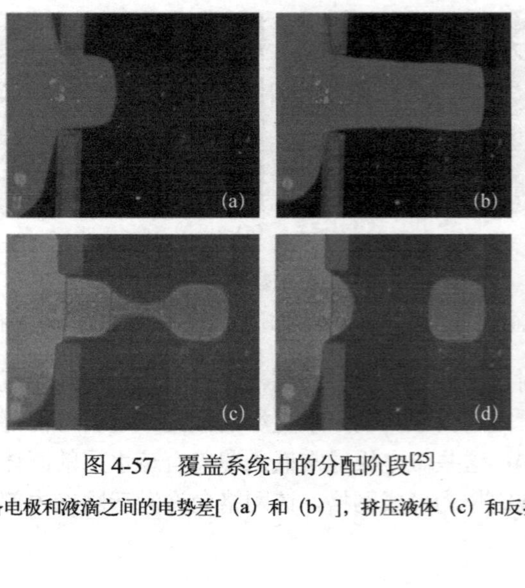


图 4-57 覆盖系统中的分配阶段[25]

控制调节设备电极和液滴之间的电势差[（a）和（b）]，挤压液体（c）和反抽分离（d）

此外，已经证明表面张力对液滴发射的可能性或形式几乎没有影响。电极形状对储液器中液滴的排放有着重要的影响：当液滴被分配时，储液器内的液体体积会减少，因此有必要准确地保持剩余液体的位置。已经提出了两种不同的电极配置，“尖峰形”配置和“星形”配置：第一种确保液滴在打开的门前居中，第二种确保当液滴位于电极的中心时不产生毛细管合力。

两液滴的混合看似过程简单，其实是一个复杂的物理过程。在层流状态下，通过扩散以及流线的拉伸和折叠来促进混合。只要流体的黏度低，在开放系统中混合液体就很简单，在这种情况下，马兰戈尼效应是主要特征。对于黏度较高的液体，如离子液体，这种效果似乎无效，混合效率非常低，这种液体的行为就像“凝胶”。在覆盖系统中混合流体更为复杂。主要有三种不同的过程，这些过程的目的都是增加条纹过程：来回运动、连续的分裂-合并操作以及循环运动。电润湿可以处理的另一个相关特征是溶质的稀释。反应物的稀释在化学中是一项非常重要的操作，在生物学中更是如此。使用传统方法，即使用移液管，对稀释浓度的控制不能非常高，但 EWOD 可以很好地适应精确的稀释操作。然而，颗粒、磁珠、细胞等离散实体的稀释仍然是一种复杂的处理现象。它们确实受到重力、相互作用力和布朗运动等外力的作用，即使在电润湿的情况下，它们在液体中的均匀化也相当困难。

## 参考文献


[1] Wang F, Wu Y C, Nestler B. Wetting effect on patterned substrates[J]. Advanced Materials, 2023, 35: 2210745(1-23).

[2] Parvate S, Dixit P, Chattopadhyay S. Superhydrophobic surfaces: Insights from theory and experiment[J]. The Journal of Physical Chemistry B, 2020, 124(8): 1323-1360.

[3] Wang S T, Liu K S, Yao X, et al. Bioinspired surfaces with superwettability: New insight on theory, design, and applications[J]. Chemical Reviews, 2015, 115: 8230-8293.

[4] Zhou H, Niu H T, Wang H X, et al. Self-healing superwetting surfaces, their fabrications, and properties[J]. Chemical Reviews, 2023, 123: 663-700.

[5] Mugele F, Heikenfeld J. Electrowetting: Fundamental principles and practical applications[M]. John Wiley & Sons, 2019.

[6] Senez V, Thomy V, Dufour R. Nanotechnologies for synthetic super non-wetting surfaces[M]. John Wiley & Sons, 2014.

[7] Marmur A, Bittoun E. When Wenzel and Cassie are right: reconciling local and global considerations[J]. Langmuir, 2009, 25: 1277-1281.

[8] Law K Y, Zhao H. Surface wetting——Characterization, contact angle, and fundamentals[M]. Springer, 2016.

[9] Yilbas B S, Al-Sharafi A, Ali H. Self-cleaning of surfaces and water droplet mobility[M]. Elsevier, 2019.

[10] Barthlott W, Neinhuis C. The purity of sacred lotus or escape from contamination in biological surfaces[J]. Planta, 1997, 202: 1-8.

[11] Xia Z H. Biomimetic principles and design of advanced engineering materials[M]. John Wiley & Sons, 2016.

[12] Zhu H, Cai S, Liao G F, et al. Recent advances in photocatalysis based on bioinspired superwettabilities[J]. ACS Catalysis, 2021, 11: 14751-14771

[13] Kronberg B, Holmberg K, Lindman B. Surface chemistry of surfactants and polymers[M]. John Wiley & Sons, 2014.

[14] 张小平. 胶体界面与吸附教程[M]. 广州：华南理工大学出版社，2008.

[15] Rao S R. Surface chemistry of froth flotation. [M].2nd ed. Springer, 2004.

[16] Myers D. Surfaces, interfaces, and colloids: Principles and applications[M]. 2nd ed. John Wiley & Sons, 1999.

[17] Berthier J, Brakke K A. The physics of microdroplets[M]. Scrivener Publishing LLC, 2012.

[18] Zhang M Q, Feng S L, Wang L, et al. Lotus effect in wetting and self-cleaning[J]. Biotribology, 2016, 5: 31-43.

[19] Ju J, Bai H, Zheng Y M, et al. A multi-structural and multi-functional integrated fog collection system in cactus[J]. Nature Communications, 2012, 3: 1247.

[20] Wandelt K. Surface and interface science: Vol 7: Liquid and biological interfaces[M]. John Wiley & Sons, 2020.

[21] Webster J. Wiley encyclopedia of electrical and electronics engineering[M]. John Wiley & Sons, 2015.

[22] Das S, Mitra S K, Chakraborty S. Wenzel and Cassie-Baxter states of an electrolytic drop on charged surfaces[J]. Physical Review E, 2012, 86: 011603.

[23] Chen L Q, Bonaccurso E. Electrowetting - from statics to dynamics[J]. Advances in Colloid and Interface Science, 2014, 210: 2-12.

[24] Jones T B, Wang K L, Yao D J. Frequency-dependent electromechanics of aqueous liquids: electrowetting and dielectrophoresis[J]. Langmuir, 2004, 20: 2813-2818.

[25] Liberale F, Bernasconi R, Magagnin L. Fundamentals and application of electrowetting on dielectrics[J]. Current Nanoscience, 2015, 11: 286-298.

[26] Song Y J, Cheng D J, Zhao L. Microfluidics: Fundamental, devices and applications: Fundamentals and applications[M]. John Wiley & Sons, 2018.

# 第 5 章 界面电化学

## 5.1 引言

电化学是一门古老的学科，有考古证据表明，Parthian 人（公元前 250 年至公元 250 年）可能使用电解池进行电镀。电化学的含义和范围在各个时期都有所不同，在很长一段时间里，它只不过是热力学的一个特殊分支。18 世纪末，Volta 发明了电池，Galvani 发现了生物电的存在。尽管那时并没有开始对电化学现象进行系统的科学研究。在电化学的早期阶段，其他学科，如热力学、动力学得到了较大发展。后来，19 世纪中叶至 20 世纪中叶，在电化学领域出现了一系列杰出的开创性理论，例如双电层理论和电动理论（图 5-1）。这些理论对促进仪器仪表的进步也发挥了很大作用，同时，仪器仪表的进步促进了电化学的发展，如新的多通道电位计的出现增强了电化学研究，同时有助于执行更复杂的扫描和调制型电化学技术。

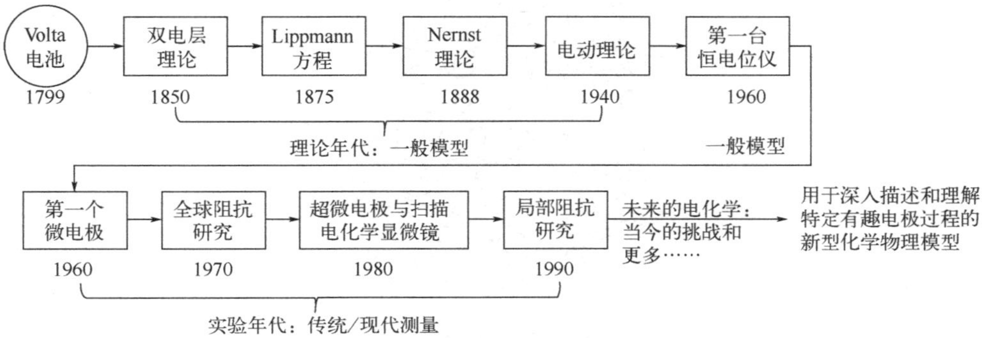


图 5-1 电化学发展过程的主要时间节点，从早期到未来展望[1]

近几十年来，随着各种表面敏感技术在电化学体系中的应用，产生了一门新的学科——界面电化学。电化学研究人员感兴趣的界面种类繁多，图 5-2 给出了几个例子。

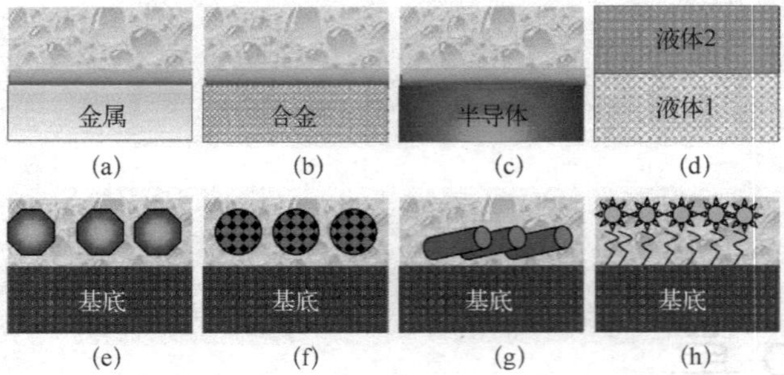


图 5-2　几种重要类型的电化学界面[2]

界面电化学包括四个方面：电化学界面微观结构，电化学界面吸附与催化，电化学界面动力学和理论界面电化学。

## 5.1.1　基本概念

### （1）界面电化学

界面电化学主要研究电子导体（电极）和离子导体（电解质）之间界面或两种电解质之间界面的结构和过程。

对这个定义需要做进一步说明：①界面是表示两个相邻相区域，它的性质与本体性质显著不同。这些界面区域可以延伸，特别是在金属或半导体电极被薄膜或吸附质层覆盖的情况下。不同类型的吸附质对电极表面的改性可以产生非常复杂的结构，这种改性电极在不同领域具有重要应用，如防腐、电催化和传感器开发。②我们通常所说的电化学界面限于电子导体和离子导体之间的界面。然而，对两种不混溶电解质溶液之间界面的研究也纳入在电化学的范围。

金属、半导体和绝缘体是可能的电极材料，溶液、熔盐和固体电解质可作为离子导体，电极材料和离子导体之间存在大量不同类别的电化学界面。然而，并非所有这些界面都同等重要，当代大多数电化学研究都是在金属溶液或半导体溶液界面上进行的。图 5-3 为典型的金属-溶液界面系统结构示意图。

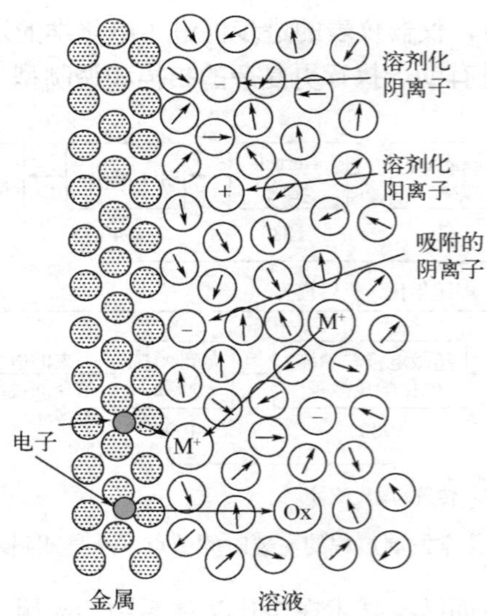


图 5-3　金属-溶液界面的结构和过程示意图[2]

图 5-3 中，金属原子由左边内有虚线的圆圈球体表示，排列成晶格。溶剂分子通常具有偶极矩，因此用中心具有偶极矩的球体表示；离子用中心带有电荷的球体表示。在图 5-3 上部附近，有一个阴离子和一个阳离子，它们靠近电极表面，但不与电极接触。它们通过溶剂化保护层与金属分离。稍下方是与金属接触的阴离子，如果它被化学相互作用保持在那里，它就会被特异性吸附。通常阴离子的溶剂化作用不如阳离子强，它们的溶剂化保护层更容易被破坏，而且它们更经常被特异性吸附，特别是在带正电的金属表面上。

**（2）界面双电层**

通常情况下，电极材料表面会携带多余的电荷，该电荷由界面溶液侧大小相等且符号相反的电荷平衡。图 5-4 为金属携带过量正电荷，溶液携带过量负电荷情况下的电荷分布——金属表面缺乏电子，界面溶液侧的阴离子多于阳离子。由于金属电极是一种优秀的导体，其过量电荷被限制在约 1 Å 厚的表面区域。高浓度（$0.1\sim1\ \text{mol}\cdot\text{dm}^{-3}$）的强电解质溶液也能很好地传导电流，尽管它们的电导率比金属的电导率小几个数量级。金属更强的导电性是由高的载流子浓度和它们的迁移率引起的，载流子迁移率的差异远大于其浓度的差异。由于载流子浓度较低，溶液中的电荷延伸到更宽的空间区域，通常为 5～20 Å 厚。由此产生的电荷分布——两个电荷相等电性相反的狭窄区域——被称为双电层。

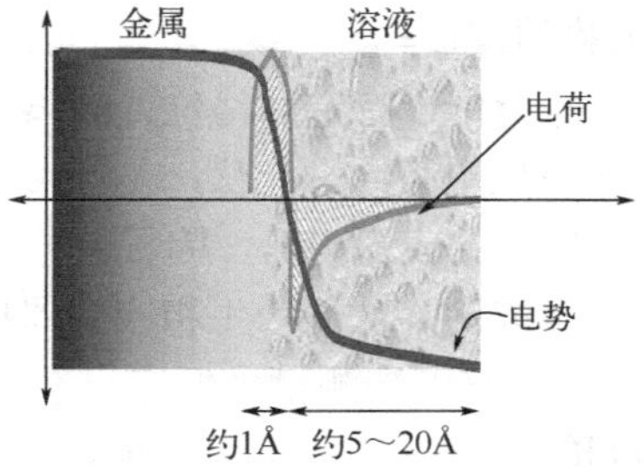


图 5-4　金属-溶液界面处的电荷和电势分布示意图

**（3）电化学反应**

涉及电荷通过界面以及电流流动而引起的反应称为电化学反应。在金属电极表面上，通常有两种类型的反应，一种是金属沉积反应，另一种是电子转移反应。

① 金属沉积反应　金属离子从溶液转移到金属表面，并在那里接受电子而放电。金属沉积发生在特定位点，这个特定位点是金属电极原子之间的中空位点。沉积的金属离子可以与金属电极的金属离子相同，如在 Ag 电极上沉积 $Ag^+$；也可以不同，如在 Pt 电极上沉积 $Ag^+$。在这两种情况下，反应都可表示为：

$$Ag^+\ (\text{溶液}) + e^-\ (\text{金属}) \longrightarrow Ag\ (\text{金属}) \tag{5-1}$$

金属沉积反应中有一类更普通的电化学反应，即离子转移反应。在这些情况下，离子，如质子或氯离子，从溶液转移到电极表面，随后在那里放电。许多离子转移反应涉及两个步骤。例如，析氢反应可以以下方式进行：

$$H_3O^+ + e^- = H_{ad} + H_2O \tag{5-2}$$

$$2H_{ad} = H_2 \tag{5-3}$$

式中，$H_{ad}$ 是指吸附的质子。只有第一步是电化学反应，第二步是纯化学复合和解吸反应。

② 电子转移反应　如图 5-3 底部附近所示，氧化物种（Ox）通过从金属中吸收电子而被还原。由于电子是非常微小的粒子，它们可以穿越 10 Å 或更长距离的隧道，并且反应物种不

需要与金属表面接触。反应物的氧化和还原形式可以是离子或不带电荷的物质，如：

$$Fe^{3+}(溶液)+e^-(金属) \xlongequal{\quad} Fe^{2+}(溶液) \tag{5-4}$$

离子和电子转移反应都需要通过界面进行电荷转移，这可以通过测量电流来证实。如果系统中只发生一次电荷转移反应，其速率与电流密度（即每单位面积的电流）成正比。此外，电化学反应通常对电极表面的状态非常敏感。杂质有在界面处聚集的不利趋势。因此，电化学研究需要非常纯的系统组件。

**（4）内电势，外电势和表面电势**

电化学界面有时被称为带电界面，这意味着产生电势差、电荷密度、偶极矩和电流。因此，需要对一个相的静电势给出一个精确的定义。

① 外电势　相的外电势或Volta电势 $\varphi_{out}$ 是将单位点电荷从无穷远带到相表面外的点所需的功。这里所说的"表面外"是指非常靠近表面，距离表面约 $10^{-5} \sim 10^{-3}$ cm 。外电势是一个可测量的量。

② 内电势　内电势或Galvani电势 $\varphi_{in}$ 被定义为将单位点电荷从无穷远带到相中的一点所需的功，它是一个带电粒子在相中实际经历的静电势。内电势无法测量。如果将真正的带电粒子（而不是点电荷）带入本体相中，则由于该粒子与本体相中其他粒子的化学相互作用，需要做额外的功。例如，如果将电子带到金属中，它不仅要做静电功，还要做对抗交换能和相关能的功。

③ 表面电势　内电势和外电势的差 $\varphi = \varphi_{in} - \varphi_{out}$ ，即为表面电势。这是由表面上不均匀的电荷分布引起的。在金属表面，正电荷位于特定晶格位置的离子上，而电子密度在1 Å的距离内从体相值衰减到零。由此产生的偶极电势约为几伏，是不可忽略的。

极性液体（如水）的表面存在较小的表面电势。因极性分子具有偶极矩，分子间相互作用通常导致偶极在液体表面的一少量净取向，从而产生相应的偶极电势。

内电势 $\varphi_{in}$ 是一种整体性质。尽管它无法测量，但它仍然是一个有用的概念，特别是对于模型计算而言。如果两相具有相同的化学成分，则可以测量其内电势的差异。表面电势 $\varphi$ 是一种表面性质，因此在单晶的不同表面可能不同。外电势 $\varphi_{out}$ 也是如此，因此金属单晶的不同表面平面通常具有不同的外电势。

## 5.1.2　电化学界面微观结构

电池通常由两个半电池构成，而每一个半电池均由电极材料与电解质构成。电极材料与电解质间存在着电化学界面。然而，在系统和电池的名称中，通常只说明金属，如电池：

$$Zn(s)|KOH(aq)|Ag_2O(s),Ag(s)$$

该电池被称为银锌电池，而不是氧化银锌电池（或系统）。

电化学界面区域存在双电层。已经提出的双电层理论基本上是唯象的。解释双电层结构通常有三种模型：Helmholz模型、Gouy-Chapman模型和Stern模型（Gouy-Chapman-Stern模型），将在5.2节详细介绍。

## 5.1.3　电化学界面吸附与催化

发生在电化学界面（电极表面）的吸附现象，在电化学应用中有重要的作用。电催化中的解离或缔合吸附，电极反应中间物的吸附，都直接控制着反应的动力学行为。

电催化是电化学中最重要的领域之一，20世纪80年代末由于新的混合技术的应用而发展起来。目前，基于碳纳米管和石墨烯、金属纳米颗粒、金属氧化物纳米颗粒、聚苯胺等的新型纳米复合材料在电催化中的应用一直受到化学家和工程师的关注。

高性能电催化剂的共同需求是提高催化活性，降低电催化反应的能垒，加速电子转移等。通常，好的电催化剂的特征是高比表面积、高催化活性、更好的导电性和持久的稳定性，这不仅在物理和化学性能方面强烈影响电催化剂，而且还影响电极与电解质之间的相互作用。厦门大学孙世刚教授长期致力于界面电化学的研究，提出电催化活性位的结构模型，揭示了表面原子排列结构与电催化性能的构效关系。

### 5.1.4 电化学界面动力学

自 20 世纪 40 年代起，电极过程动力学逐步成为电化学理论基础的主要发展方向。到了 60 年代初，对电极过程的基本规律已有了比较全面、系统的理解，现在已有了成熟的唯象理论，也积累了比较丰富的具体过程机理和动力学数据。而电化学界面动力学研究，是当代电极过程动力学研究的新方向。

### 5.1.5 理论界面电化学

电化学界面吸附、电极反应中电荷传递反应的量子力学及统计力学处理，构成理论界面电化学的主要内容。

电化学界面上的电荷传递是电极反应中最主要的基元反应，理论上研究较多的是电子传递反应，其次是质子传递反应。电化学界面吸附也常常包含界面上的电子传递，电子传递反应分成弱相互作用和强相互作用两类。

### 5.1.6 电池界面与安全

固态锂电池可以提高当前基于液体电解质的锂离子电池的安全性和能量密度。为了实现这一目标，固体电解质和锂阳极技术都是关键，特别是其界面性质，包括它的电化学性质、化学稳定性、不完美接触等。接触面积差和界面处存在电阻杂质或分解层的存在干扰快速电荷转移，从而导致界面电阻、过电位、局部电流密度和枝晶生长倾向[3]。

电化学循环过程中界面处空隙的形成，显示电化学过程是影响界面接触的。已经证明，在各种候选固体电解质材料中，具有典型成分 $Li_7La_3Zr_2O_{12}$（LLZO）的锂石榴石是最有前途的固体电极之一，人工或原位构建的夹层可以改善锂石榴石界面的性能，其中一些是由锂与其他元素（如 Au、Si、Mg、Ag、Al、Sn、Ge、C 等）的合金化反应形成的。无机层（ZnO、$Al_2O_3$、$MoS_2$ 等）和凝胶聚合物层等涂层形成的界面电阻的显著降低（在某些情况下几乎为零）、临界电流密度（critical current density，CCD）的改善（高达 $2.2\ mA\cdot cm^{-2}$）以及界面处电流的均匀分布等都证明了这种有效性。例如，在 LLZO 表面溅射 10 nm 厚的 Sn 有效地将界面电阻降低到 $46.6\ \Omega\cdot cm^{-2}$，增强了与 Li 的润湿性，并改善了 CCD 性能（$0.5\ mA\cdot cm^{-2}$）。观察到的优异电化学性能归因于涂层在石榴石颗粒和锂阳极之间形成良好的黏附性和均匀界面（图 5-5）。

聚合物和凝胶夹层由于其优异的黏合性能而被用于改善 LLZO 与锂金属电极的接触。用凝胶聚合物夹层改性的 LLZO 可以在 $0.125\ mA\cdot cm^{-2}$ 的电流密度下稳定循环。优异的电化学性能可能归因于涂层与 LLZO 颗粒和锂电极具有良好的黏附性，可以提供均匀的界面，这表明聚合物夹层是降低界面电阻和改善 CCD 性能的良好解决方案。尽管有这些发现，目前仍不清楚夹层的确切工作机制和长期有效性。需要解决的重要问题包括锂离子传输动力学、应力失配、对表面化学的影响以及引入中间层后的电位重新分布。

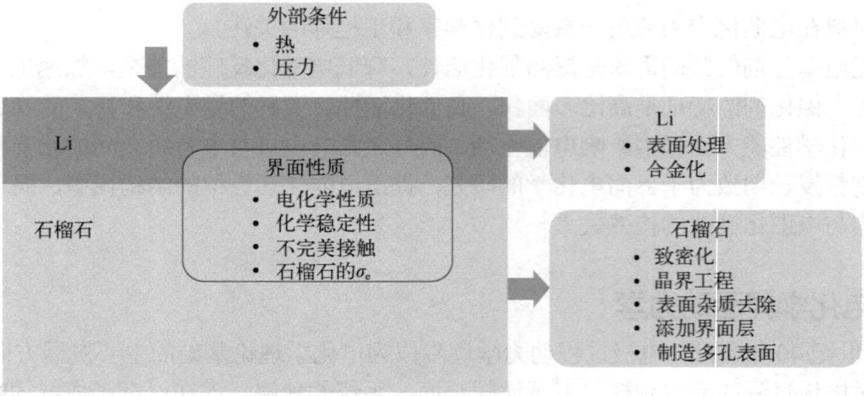


图 5-5　锂石榴石界面优化

锂金属本身的改性是改善界面的另一种有效方法。合金元素的添加可影响锂的电化学沉积行为，并有望抑制锂枝晶的生成。对液态电解质条件下锂合金阳极的研究可以追溯到 20 世纪 80 年代。在固体电解质条件下，合金可以改变熔融锂的表面张力和表面势能，这有望改善对 LLZO 的润湿性。

基于无机固体电解质的全固态电池（ASSB）比传统锂离子电池具有更好的安全性、更高的能量密度、更长的循环寿命和更低的成本。然而，它们的实际应用受到固体中产生的高电阻的阻碍——固体电极-电解质界面电阻。尽管这种界面电阻的确切机制尚未被完全理解，但各种化学过程和化学机械过程控制着界面处的电荷转移现象[4]。

作为最有前途的电极材料之一，金属锂因其超高的理论比容量（$3860\ mA \cdot h \cdot g^{-1}$）和最低的电势（相对于标准氢电极为 3.04 V）而具有优异的性能。然而，低库仑效率和安全问题阻碍了锂金属电池的实际应用，这些问题源于不均匀的锂沉积/溶解过程和锂枝晶的连续生长。电解质界面（SEI）的组成、结构和形态是调节锂沉积行为和抑制枝晶生长的关键因素。从调节电解质-电极界面的角度来看，获得高性能锂金属阳极有三种主要策略，分别是液体电解质调节、固体电解质应用和隔膜改性以及电极界面涂层和复合阳极（图 5-6）[5]。

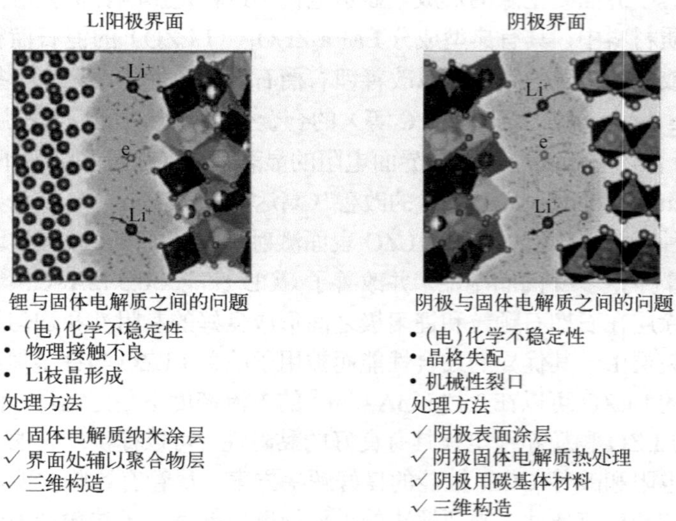


图 5-6　固态电池中的接口——存在的问题与处理方法

# 5.2 界面双电层

## 5.2.1 界面电荷的起源

界面可以通过几种机制中的一种或多种获得电荷，其中最常见的有五种机制。

**（1）不同离子的溶解性**

微溶性晶体材料表面离子优先溶解是固体表面电荷形成的最常见和最早的机制之一。

氯、溴和碘的银盐在水中的溶解度非常有限。例如，当 AgI 晶体置于水中时，离子从表面溶解，直到两种离子的浓度乘积等于材料的溶解度乘积。对于 AgI，其 $K_{sp}=[Ag^+][I^-]=10^{-16}$。如果两种离子同样容易溶解，它们在溶液中的浓度将相等（$10^{-8}\,mol\cdot dm^{-3}$），它们在晶体表面上也一样，留下的净表面电荷为零。然而，在某些条件下，溶液中 KI 过量，晶体表面上的 $I^-$ 浓度增加，导致表面上形成净负电荷。情况如图 5-7（a）所示。

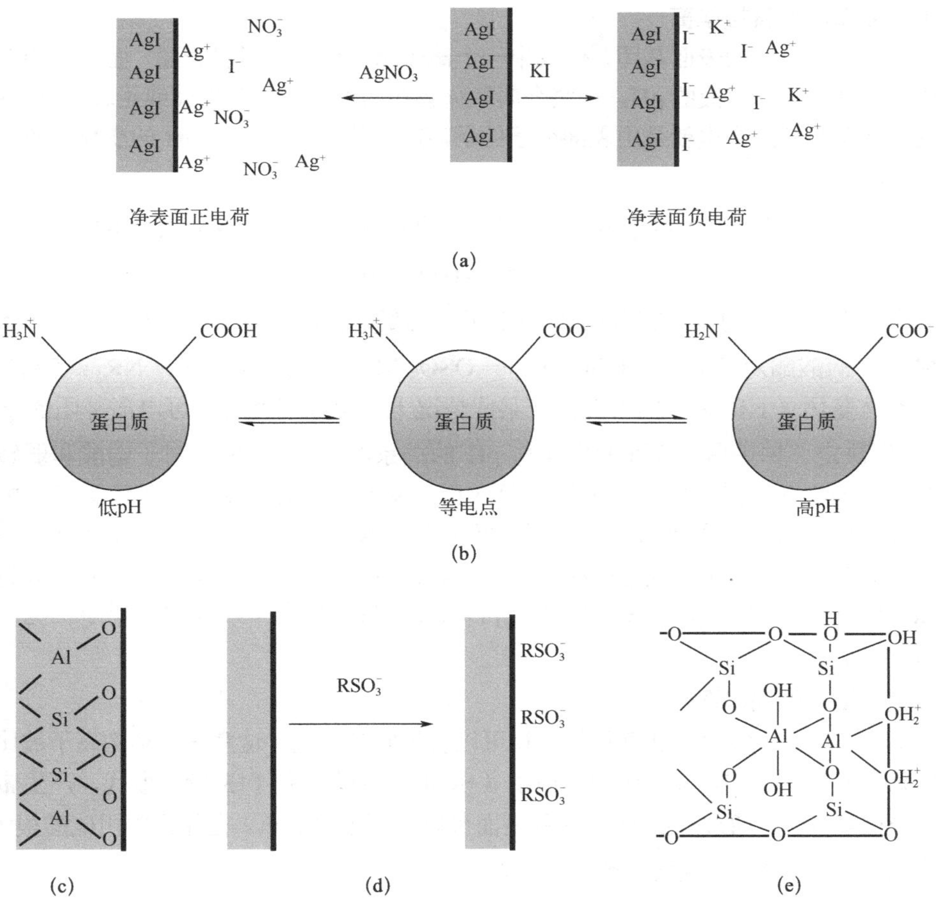


图 5-7　固体中表面电荷的来源

(a) 不同离子的溶解性；(b) 表面基团的直接电离；(c) 溶液中离子的同晶取代；

(d) 溶液相中的特定离子吸附；(e) 各向异性晶格结构

如果将可溶性银盐（例如，$AgNO_3$）添加到溶液中，$Ag^+$ 从晶体表面的溶解将被抑制（通过同离子效应），并且表面负电荷相应减少。在特定的银离子浓度下，$Ag^+$ 从晶体中的溶解将为零，并且没有表面电荷。该点称为零电荷点。如果继续添加 $Ag^+$，将产生净表面正电荷。如果向溶液中加入可溶性碘化物盐，$I^-$ 的溶解将被进一步抑制，导致晶体上净表面负电荷增加。

对于难溶或微溶无机物离子，在盐的水溶液中，其粒子表面带电也可以从吸附离子的角度考虑。由于这些分散相粒子具有大的界面和高的界面能，它们有吸附溶液中的离子以降低系统界面能的倾向。分散相粒子吸附带电遵守 Fajans 吸附规则：对于由难溶离子晶体构成的胶体粒子，能与晶体的组成离子形成不溶物的离子将优先被吸附，且优先吸附成分相同的离子。例如在稀的 $AgNO_3$ 溶液中，缓慢地滴加 KI 稀溶液，可制备得到 AgI 的水溶胶，系统中如果 $AgNO_3$ 过量，其 AgI 粒子优先吸附 $Ag^+$ 而带正电；反之，若 KI 过量，其 AgI 胶粒则优先吸附 $I^-$ 而带负电。倘若系统中没有与胶粒形成不溶物的离子存在时，则通常先吸附水化能力较弱的阴离子，而使水化能力较强的阳离子游离在溶液中。

**（2）表面基团的直接电离**

含有可以直接电离的表面基团，但其中一个离子永久结合在材料表面，是表面电荷形成的第二个重要机制。根据溶液的 pH，一些金属氧化物在其可以形成负表面或正表面时是中性的。例如常见的硅酸胶粒的带电就是由表面分子的解离产生的，随溶液中 pH 的变化，胶粒可以带正电或负电。

$$SiO_2+H_2O \rightleftharpoons H_2SiO_3 \xrightarrow{\text{高pH}} HSiO_3^-+H^+ \xrightarrow{\text{更高pH}} SiO_3^{2-}+2H^+ \tag{5-5}$$
$$\xrightarrow{\text{低pH}} HSiO_2^+ +OH^-$$

可电离聚合物表面的典型实例包括羧酸和磺酸及其盐（$-COOH$、$-COOM$、$-SO_3H$ 和 $-SO_3^- M^+$）、硫酸酯及其盐（$-OSO_3H$ 和 $-OSO_3^- M^+$）、碱性氨基（$-NR_3$，R=H 或有机基团）和季铵基团（$NR_4X$）的表面。在某些情况下，电离程度将由可电离基团的 pH 和酸（或碱）强度决定。如蛋白质表面的电荷与 pH 的关系如图 5-7（b）。对于弱酸和弱碱，如羧基和氨基，表面电荷将是特定的，分别为负或正，或为零。对于磺酸盐和硫酸酯，由于它们是强酸，完全抑制它们的电荷将需要非常低的 pH（$pK_a \approx 1$）。类似地，季铵盐基本上与 pH 无关，在所有条件下都会产生带正电的表面，尽管溶液中的高离子强度可以抑制电离程度。在含有氨基酸基团[例如，$>C(NH_2)COOH$]的表面的特殊情况下，表面呈现净正电荷或净负电荷取决于 pH。

**（3）表面离子的同晶取代**

许多矿物、黏土、氧化物和其他化合物可以发生同晶取代，这意味着结构离子被比原来少一个价的离子取代。例如，黏土中的硅原子（+4 价）可以被铝（+3 价）取代，产生带净负电荷的表面[图 5-7（c）]。通过降低 pH，这种表面可以达到零电荷点。在晶格中用硫酸根（$SO_4^{2-}$）代替氯化物（$Cl^-$）也可以观察到类似的效果。

**（4）特定离子的吸附**

一些不具有获取表面电荷直接机制的表面可以通过吸附赋予表面电荷的特定离子来实现。比如，通过 $HAuCl_4$ 还原产生的金溶胶吸附“游离”氯离子，从而形成带电表面，该表面显然具有与 $AuCl_4$ 相关的结构。特别重要的是表面活性剂离子在表面上的吸附，在这种情况下，阴离子表面活性剂的吸附产生带负电的表面[图 5-7（d）]，阳离子表面活性剂吸附时则产生带正电的表面。吸附现象的分类及其产生的结果将在后面的章节中详细讨论。

当盐[如羧酸钠（$-COO^- + Na^+$）]解离产生表面电荷以产生带负电的表面时，会遇到特定离子吸附主体的变化。如果溶液中存在二价或三价离子，它们可能以这样的方式吸附到表面上，即最终结果是从负电荷表面到正电荷表面的反转。这种离子交换机制已经在许多系统中看到，包括生物学上重要的双层膜结构。

**（5）各向异性晶体**

一些重要的材料，如用于制作精细瓷器的高岭土，由铝硅酸盐组成，具有晶体结构，当裂开时，可以产生带正电和带负电的表面。根据暴露的晶面，可能存在正 $Al(OH)_2^+$ 基团或带负电荷的基底基团，或（更可能）两者都有。因此，此类材料可能表现出非常特殊的性质，包括形成如图 5-7（e）所示的特征开放结构。它们还可能明显存在不止一种 ZPC。通常，由于其各向异性晶体结构的特殊性质，添加水后，铝硅酸盐黏土的体积可能会增加 10 倍。

## 5.2.2 双电层模型

### 5.2.2.1 平板电容器模型

作为电化学中的一个中心问题，双电层（electric double layers，EDL）模型通常用于讨论液-固界面处的电荷和电势分布。

1879 年，德国物理学家亥姆霍兹（Helmholtz）首先提出在固、液两相之间的界面上形成了双电层这一概念。他认为，EDL 具有刚性结构，正、负离子整齐地排列于界面层的两侧，正、负电荷分布的情况就如同平行板电容器那样，故称为平板电容器模型，如图 5-8 所示。整个双电层厚度为 $\delta$，固体表面与液体内部总的电势差等于热力学电势 $\varphi_0$，在双电层内，热力学电势呈直线下降。

$$\sigma = \frac{\varepsilon}{\delta}\varphi_0 \tag{5-6}$$

式中，$\sigma$ 为固体表面电荷密度；$\varepsilon$ 为溶液的相对介电常数；$\delta$ 为正、负电荷间距；$\varphi_0$ 为界面电势。

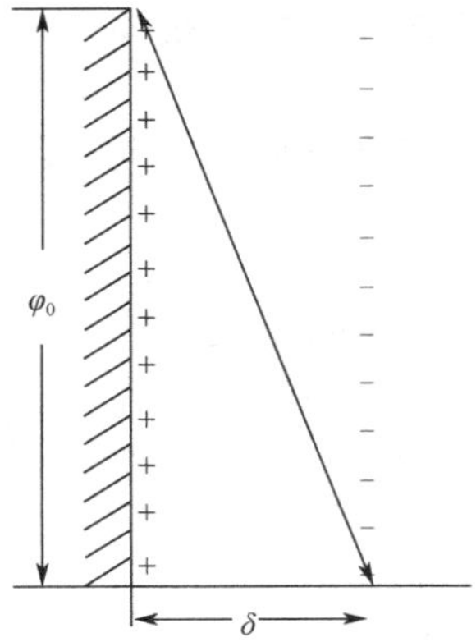


图 5-8 Helmholtz 平行板双电层模型示意图

采用 $\delta$ 值为 10～20 nm，$\varepsilon$ 值为 4.5（板之间层中的水分子是定向的，$\varepsilon$ 的值比本体溶液中的值低得多），我们得到 $C$ 为 $20 \sim 40\ \mu F \cdot cm^{-2}$，与观察到的值相对应。

在电场作用下，带电质点和溶液中的反离子分别向相反方向运动，产生电动现象。平板双电层理论虽然也能解释一些电动现象，对早期电动现象的研究起了一定的作用，但它仍然存在着许多无法克服的问题，如忽略了离子的热运动而引起的电势变化。如 Helmholtz 模型暗示，金属-电解质溶液界面处双层电容不应取决于电势或本体离子浓度，除非在最高电荷密度下，这两种依赖性都能被观察到[6]。

#### 5.2.2.2 扩散双电层模型

Gouy 和 Chapman 对 Helmholtz 的 EDL 模型进行了修正，考虑到 EDL 中离子的热运动，他们提出离子不是紧密附着在固体表面，而是分布在薄层区域。他们的理论基于几个简化的假设：①表面平坦，无限大，均匀带电；②扩散部分的离子是遵循 Boltzmann 分布的点电荷；③溶剂仅通过其相对介电常数影响双电层。

上面的基本假设反映出扩散双电层模型中反离子的行为：界面处反离子并不是紧紧贴在界面上，而是受热运动影响向溶液本体相扩散并均匀分布于溶液中，同时又受固体表面的库仑力而被拉近固体表面，因此，双电层中离子的分布取决于引力和热扩散的共同作用。其模型如图 5-9 所示。

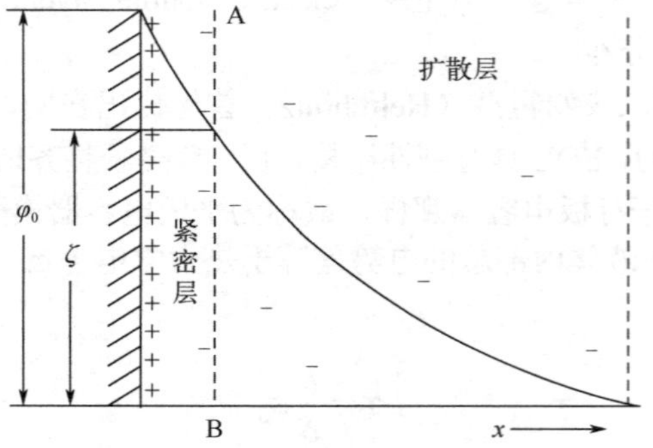


图 5-9 Gouy -Chapman 扩散双电层模型示意图

在 Gouy-Chapman 模型中，双电层由紧密层和扩散层构成，紧密层与带电固体紧密结合在一起，在溶液中移动时的切动面，即图 5-9 中的 AB 面，与液体内部的总电势差即为流动电势或称为 $\zeta$ 电势。

设有离固体表面距离为 $x$ 的点，其电势为 $\varphi$，则在该点一个离子出现的概率与 Boltzmann 因子 $\exp[-ze\varphi/(kT)]$ 成正比。

$$n = n_0\, e^{-\frac{ze\varphi}{kT}} \tag{5-7}$$

$$\left( n^+ = n_0\, e^{-\frac{ze\varphi}{kT}},\quad n^- = n_0\, e^{\frac{ze\varphi}{kT}} \right)$$

式中，$\varphi$ 为溶液中距离表面 $x$ 处的电势；$n_0$ 为距表面无限远处阳离子或阴离子的浓度，即它在溶液内部（$\varphi = 0$）的浓度。

式（5-7）表明了扩散层反离子、同号离子浓度不同，反离子浓度大于同号离子的浓度。在溶液内任一点都存在着阴、阳离子，故有一净电荷，在任何点的净电荷密度 $\rho$ 为：

$$\rho = ze(n^+ - n^-) = -2n_0 ze \sinh\left(\frac{ze\varphi}{kT}\right) \tag{5-8}$$

指定点的电势 $\varphi$ 与电荷密度 $\rho$ 可由 Poisson 方程联系。

$$\nabla^2\varphi = -\frac{\rho}{\varepsilon} \tag{5-9}$$

$$\nabla^2 = \frac{\partial^2}{\partial x^2} + \frac{\partial^2}{\partial y^2} + \frac{\partial^2}{\partial z^2} \tag{5-10}$$

对于一维情形：$\nabla^2 = \dfrac{\partial^2}{\partial x^2}$，则

$$\frac{\mathrm{d}^2\varphi}{\mathrm{d}x^2} = -\frac{\rho}{\varepsilon} = -\frac{1}{\varepsilon}(-2n_0 ze)\sinh\left(\frac{ze\varphi}{kT}\right) = \frac{2n_0 ze}{\varepsilon}\sinh\left(\frac{ze\varphi}{kT}\right) \tag{5-11}$$

当 $x\to\infty$ 时，$\varphi$=0，对上式积分，得

$$\frac{\mathrm{d}\varphi}{\mathrm{d}x} = -\left(\frac{2n_0 kT}{\varepsilon}\right)^{1/2} \times \left[\mathrm{e}^{\frac{ze\varphi}{2kT}} - \mathrm{e}^{-\frac{ze\varphi}{2kT}}\right] \tag{5-12}$$

又因为整个溶液是电中性的，则固体表面电荷密度 $\sigma$ 应等于溶液中电荷密度 $\rho$ 对整个溶液的积分，但电荷符号相反。

$$\sigma = -\int_0^\infty \rho \mathrm{d}x = -\varepsilon\int_0^\infty \frac{\mathrm{d}^2\varphi}{\mathrm{d}x^2}\mathrm{d}x = \varepsilon\left(\frac{2n_0 kT}{\varepsilon}\right)^{1/2} \times \left[\mathrm{e}^{\frac{ze\varphi}{2kT}} - \mathrm{e}^{-\frac{ze\varphi}{2kT}}\right] \tag{5-13}$$

当 $\varphi_0$（平板质点的表面电势）很小时，$\dfrac{ze\varphi_0}{kT} \ll 1$，如 25℃时，$\varphi_0 \ll 25.7\ \mathrm{mV}$ 时的情形。此时

$$\mathrm{e}^{\frac{ze\varphi}{2kT}} - \mathrm{e}^{-\frac{ze\varphi}{2kT}} \approx \left(1 + \frac{ze\varphi_0}{2kT}\right) - \left(1 - \frac{ze\varphi_0}{2kT}\right) = \frac{ze\varphi_0}{kT} \tag{5-14}$$

所以

$$\sigma = \varepsilon\left(\frac{2n_0 kT}{\varepsilon}\right)^{1/2} \times \frac{ze\varphi_0}{kT} \tag{5-15}$$

令 $\kappa = \left(\dfrac{2n_0 z^2 e^2}{\varepsilon\, kT}\right)^{1/2}$，则

$$\sigma = \varepsilon\kappa\varphi_0 = \frac{\varepsilon}{1/\kappa}\varphi_0 \tag{5-16}$$

与 Helmholtz 模型比较，$\delta=1/\kappa$。

$\kappa$ 与 $n_0$、$z$、$T$ 等有关，它可以很有效地综合表征体系性质，所以，$1/\kappa$ 称为“有效厚度”。

$$\frac{\mathrm{d}^2\varphi}{\mathrm{d}x^2} = \kappa^2\varphi \tag{5-17}$$

$$\varphi = \varphi_0 \mathrm{e}^{-\kappa x} \tag{5-18}$$

对于球形质点，相应的表达式为：

$$\varphi = \varphi_0 \frac{a}{r} \mathrm{e}^{-\kappa(r-a)} \tag{5-19}$$

式中，$a$ 为质点半径；$r$ 为距离球心的距离。

只要 $\varphi_0$ 不是很高，两式的近似程度是相当高的。

当 $z$ 一定时，电解质溶液浓度越高，$\varphi/\varphi_0$ 随 $1/x$ 的增加下降越快；当电解质溶液浓度一定时，$z$ 越高，$\varphi/\varphi_0$ 随 $1/x$ 的增加下降越快。

对于 $\varphi_0$ 很小的情况，则应直接求解。

$$\gamma = \gamma_0 \mathrm{e}^{-\kappa x} \tag{5-20}$$

其中：

$$\gamma = \frac{\exp[ze\varphi/(2kT)]-1}{\exp[ze\varphi/(2kT)]+1}\text{；}\qquad \gamma_0 = \frac{\exp[ze\varphi_0/(2kT)]-1}{\exp[ze\varphi_0/(2kT)]+1}$$

若 $\varphi_0$ 很小，则 $\exp[ze\varphi_0/(2kT)] \approx 1 + ze\varphi_0/(2kT)$，$\gamma_0 \approx ze\varphi_0/(4kT)$。同理，$\gamma \approx ze\varphi/(4kT)$，于是，式（5-20）就变成了式（5-18）。

若 $\varphi_0$ 虽不很小，但在距离表面较远处 $(\kappa x > 1)$，$\varphi$ 必然很小，因此 $\gamma$ 可以用 $ze\varphi/(4kT)$ 近似代替。于是：

$$\varphi = \frac{4kT}{ze} \gamma_0 \mathrm{e}^{-\kappa x} \tag{5-21}$$

此式表明，不管表面电势 $\varphi_0$ 多大，在双电层的外缘部分，$\varphi$ 总是随着表面距离而呈指数下降。

若 $\varphi_0$ 很高，$ze\varphi_0/(kT) \gg 1$，则 $\gamma_0 \approx 1$，式（5-21）进一步简化为：

$$\varphi = \frac{4kT}{ze} \mathrm{e}^{-\kappa x} \tag{5-22}$$

远离表面处的电势 $\varphi$ 不再与 $\varphi_0$ 有关。

Gouy-Chapman 的扩散双电层理论正确地反映了反离子在扩散层中分布的情况及相应电势的变化，今天看来这些观点仍然是正确的。但他们把离子视为点电荷，没有考虑到反离子的吸附及溶剂化作用，因而未能反映出其在固体表面上的固定层（即不流动层）的存在。

通过 Gouy-Chapman 理论，可以得到静电势和离子浓度与带电表面距离的函数。最后，对于应用来说最重要的是，可得到两个双电层之间的势能相互作用与粒子或表面之间距离的函数。

#### 5.2.2.3 Stern 模型

1924 年，Stern 将 Helmholtz 模型与 Gouy-Chapman 模型相结合，建立了 Stern 双电层结构模型。该模型认为离子是有一定大小的，而且离子与固体粒子表面除了静电作用外，还有范德华吸引力。所以在靠近固体表面 1～2 个分子厚的区域内，部分反离子受到强烈的吸引，会牢固地结合在固体表面上，形成一个紧密的吸附层，称为紧密层或 Stern 层；剩余反离子在溶液中呈扩散状态分布，形成扩散层；这样由 Stern 层和扩散层构成了双电层结构。Stern 双电层结构模型如图 5-10 所示。

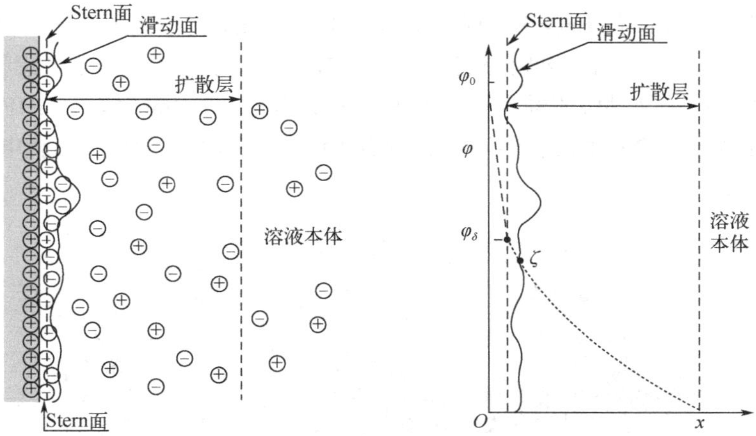


图 5-10　Stern 双电层结构模型与表面电势分布

在 Stern 层中，除反离子外，还有一些溶剂分子同时被吸附。由 Stern 层反离子的电性中心所形成的假想面，称为 Stern 面。当带电固体在溶液中发生相对移动时，吸附在固体表面的反离子和溶剂分子构成的紧密层与固体一起作为一个整体发生移动，因此把固、液两相发生相对移动的界面（即紧密层与扩散层之间的界面）称为滑动面。

在 Stern 模型中，由 Stern 面至介质本体间的电势差称为 Stern 电势，用 $\varphi_\delta$ 表示。在 Stern 面内，电势呈直线下降，类似于 Helmholtz 平板模型，由表面热力学电势 $\varphi_0$ 直线下降到 Stern 面的 Stern 电势 $\varphi_\delta$；在扩散层中，电势 $\varphi_\delta$ 逐渐下降到零，其变化情况服从 Gouy-Chapman 的扩散双电层模型，只是开始电势是 $\varphi_\delta$ 而不是热力学电势 $\varphi_0$。

$$\sigma_s = -\frac{N_s ze}{1+\dfrac{1}{x_a}\exp\left(-\dfrac{ze\varphi_\delta + \phi}{kT}\right)} \tag{5-23}$$

式中，$N_s$ 为单位面积能够被吸附的离子数；$\varphi_\delta$ 为离开固体表面 $\delta$ 处离子吸附面的电势；$\phi$ 为外加吸附势能，其物理意义表示从溶液内到表面形成吸附态所要克服的能量势垒；$x_a$ 为溶液中反离子的摩尔分数。

Stern 双电层模型是 Helmholtz 平板模型和 Gouy-Chapman 扩散双电层模型的有机结合，更好地表达了带电固体在溶液中的真实情况。

从流动的意义上说，Stern 层的离子及其周围的介质之间的固着是相当坚固的。同时，在阻止切变的意义上 Stern 层本身也是不动的。这种类型的不动性涉及介质的整体，主要是涉及溶剂。因此，我们没有理由说切变平面恰好与 Stern 层边界重合，而应稍向外靠一些。在切变层上的电势称为 $\zeta$ 电势。

在许多情况下，表面或多或少地与一层、两层或几层液体分子和离子紧密结合。因此，剪切平面通常不直接位于界面处。只有在离表面一段距离 $\delta$ 处，分子才会开始移动。这个距离处的电势称为 $\zeta$ 电势，或将滑动面至液体内部的总电势差称为动电电势或 $\zeta$ 电势。从图 5-10 中可以看出，$\zeta$ 电势与 Stern 电势 $\varphi_\delta$ 在数值上相差甚小。但 $\zeta$ 却具有特殊的含义，应当指出，只有在固、液两相发生相对移动时，才会显示滑动面，并呈现出 $\zeta$ 电势，即动电电势。Stern 模型提出的 $\zeta$ 电势具有明确的物理意义，很好地解释了溶胶的电动现象，并且可以定性地解释电解质浓度对溶胶稳定性的影响。

按照现代理论，1963 年 Bockris（博克里斯）、Devanathan（德瓦那塞恩）和 Muller（穆勒）在 Stern 模型的基础上又做了更细致的改进。他们提出在紧密层中还需要考虑特性吸附及对溶剂水分子的吸附，把由特性吸附粒子构成的内紧密层称为内 Helmholtz 面（IHP），而通过电性及物理吸附与固体形成的外紧密层称为外 Helmholtz 面（OHP）。如对于金属电极表面的 Stern 层如图 5-11 所示。

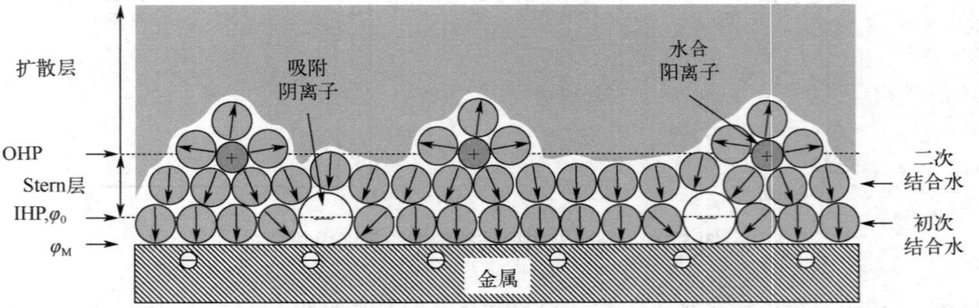


图 5-11　金属表面的 Stern 层[7]

由于高电导率，金属中的电势 $\varphi_M$ 直到表面都是恒定的，显示了 IHP 和 OHP

关于实验验证的一个重要量是全双电层的差分电容。在 Stern 模型图片中，它由两个串联的电容器组成：Stern 层的电容 $C_{St}^A$ 和扩散 Gouy-Chapman 层的电容 $C_{GC}^A$。单位面积的总电容由下式给出：

$$\frac{1}{C^A}=\frac{1}{C_{St}^A}+\frac{1}{C_{GC}^A} \tag{5-24}$$

## 5.2.3　双电层不同部分的性质

在 Gouy-Chapman-Stern 模型中，Stern 将双电层分为吸附层和扩散层两个部分。设有一碘化银溶胶，胶体粒子因吸附 $I^-$ 而带负电。但在溶液中，$Ag^+$ 和 $I^-$ 浓度相同。若将 $Ag^+$ 浓度增加 10 倍，则

$$\Delta\mu = RT\ln\frac{c}{c_0}\xrightarrow{298.15\text{K}}5.708\ \text{kJ}\cdot\text{mol}^{-1}$$

$$=-zF\Delta E$$

所以 $\Delta E$ =−0.05915 V=−59.15 mV。

溶液中 $Ag^+$ 化学势增加，导致一部分 $Ag^+$ 吸附在 AgI 粒子表面，但吸附的量毕竟很少，且与表面其他 $Ag^+$ 混杂而不能区分。因此，AgI 中 $Ag^+$ 的化学势并不改变。另外，$Ag^+$ 的化学势在两相必相等。而这只有在表面电势增加 59.15 mV 后才能成立，所以，$Ag^+$ 为决定电势的离子。从 Stern 模型考虑，$Ag^+$ 不是 Stern 层的一部分。另外，决定电势的离子不一定是胶体质点中已存在的那种离子。又如，$Cl^-$ 对于 Au 溶胶是决定电势的离子，它与表面原子形成了高度稳定的氯配合物。因此，可以认为这种决定电势的离子离开液相后完全去溶剂化，同时进入与固体发生紧密的化学缔合，或甚至像在 AgI 中 $Ag^+$ 那样，完全失去了它的个性。所以，可将去溶剂化、决定电势的离子的内层分开考虑，而将至少是部分溶剂化的离子通过静电和非特性（如 van der Waals 力）作用相当强地固着的第二层作为 Stern 层考虑。

$\varphi_0$ 可以因决定电势的离子而有很大的变化，甚至改变符号，而 Stern 层和扩散层的效应则总是使电势向 0 变化。

### 5.2.4 双电层模型的思考与展望

在液体和固体之间的接触带电（contact electrification，CE）中，电子转移过程是不应忽视的强效应，因此，在 EDL 的形成中也应考虑电子转移。如图 5-12 所示，Wang 等人于 2018 年首次提出的混合 EDL 模型和形成的“两步走”过程中对电子转移和离子吸附（化学相互作用）进行了阐述。在第一步中，由于液体的热运动和压力，液体中的分子和离子撞击固体表面，而固体原子和水分子的电子云重叠导致它们之间的电子转移[图 5-12（a）]。具有较强电子捕获能力的固体材料（如具有大量氟基团的聚合物）可以直接从液体中的水分子甚至离子中获得电子。然后，由于液体流动或湍流，与固体表面相邻的液体分子可以被推离界面。电子转移过程与电子从高能态跳到低能态有关。因此，在分离之后，如果电子的能量波动（$kT$，其中 $k$ 是 Boltzmann 常数，$T$ 是温度）低于能垒（$E_p$），则转移到表面的大多数电子可以保持。在第二步中，由于静电相互作用，液体中的自由离子会被吸引到带电表面，形成 EDL，这与传统的 EDL 模型类似[图 5-12（b）]。同时，电离反应也发生在固体表面，在表面产生电子和离子。此外，当水分子失去一个电子时，它就会变成阳离子——$H_2O^+$。$H_2O^+$ 的寿命被证明小于 50 fs，并且它与相邻的水分子结合，根据化学反应 $H_2O^+ + H_2O \longrightarrow OH + H_3O^+$，产生 OH 自由基和 $H_3O^+$。因此，被推离固体表面的被切断的分子成为液体中自由迁移的离子，这些离子也可以参与 EDL 的形成。

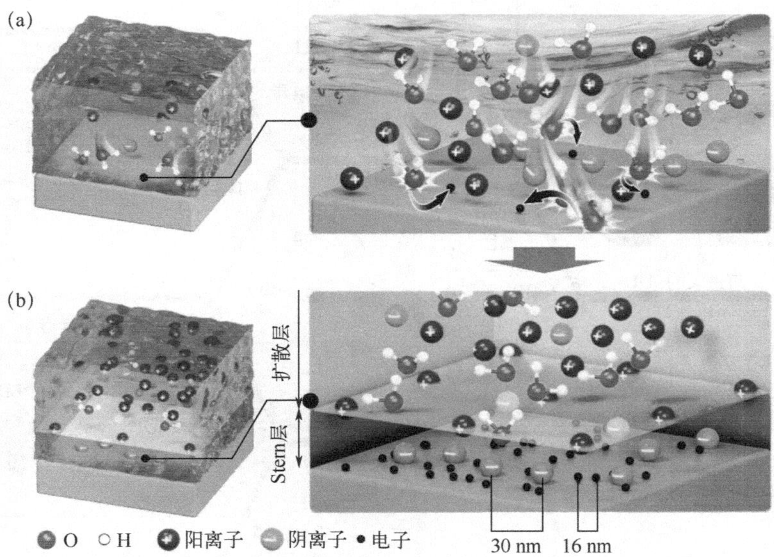


图 5-12 混合 EDL 模型及其形成的“两步走”过程[8]

(a) 在第一步中，由于液体的热运动和压力，液体中的分子和离子撞击固体表面，导致它们之间的电子转移；同时，离子也可能附着在固体表面。(b) 在第二步中，由于静电相互作用，液体中的自由离子将被吸引到带电表面，形成 EDL

混合 EDL 模型与固体表面条件有关。转移的电子通常被捕获在表面态，而电离反应中产生的额外电荷被捕获在原子的原子轨道中。因此，表面态的势垒应该低于原子轨道的势垒，并且表面态中转移的电子是可移除且相对不稳定的，通过加热处理的实验证明了这一点。此外，固体材料的给电子/吸电子能力可以决定固体之间的CE，这一规则也可以应用于液-固之间的CE。

这种混合EDL模型有几个关键点。首先，电离反应产生的离子和转移的电子都可以改变表面附近的电势分布，而Stern层和扩散层的形成在这种混合EDL模型中不会有本质的区别。在传统的EDL模型中，液-固界面上的电离相互作用在表面诱导了更多的电荷，这导致了扩散层中的电荷分布和补偿。在混合层中，固体分子和液体分子之间的电荷转移导致更多的电荷积聚在表面。这种电子转移过程与离子吸附过程平行，在某些情况下，电子转移在表面电荷的产生中起主导作用，例如$SiO_2$-水和聚四氟乙烯（PTFE）-水之间的CE。

混合EDL理论与传统EDL理论之间的一个关键区别是带电固体表面中载流子的同一性。混合EDL模型考虑了电子转移，而传统的EDL模型没有考虑。电子和离子是非常不同的，例如，它们在尺寸、质量、迁移率和扩散范围上不同，并且它们需要不同的能量才能离开表面。更重要的是，与电子和离子相关的动力学也不同，因为电子很容易通过提高温度和/或光子激发而被激发，因此它们很容易从表面/界面泄漏出来，这可能会影响电荷存储能力。

EDL模型已被广泛应用于许多领域，包括储能、电化学反应、电容去离子、水凝胶离子电子学、电泳、胶体黏附等（图5-13）。然而，液-固接触过程中的电子转移效应可能会为EDL在液-固界面上的形成带来另一个来源。

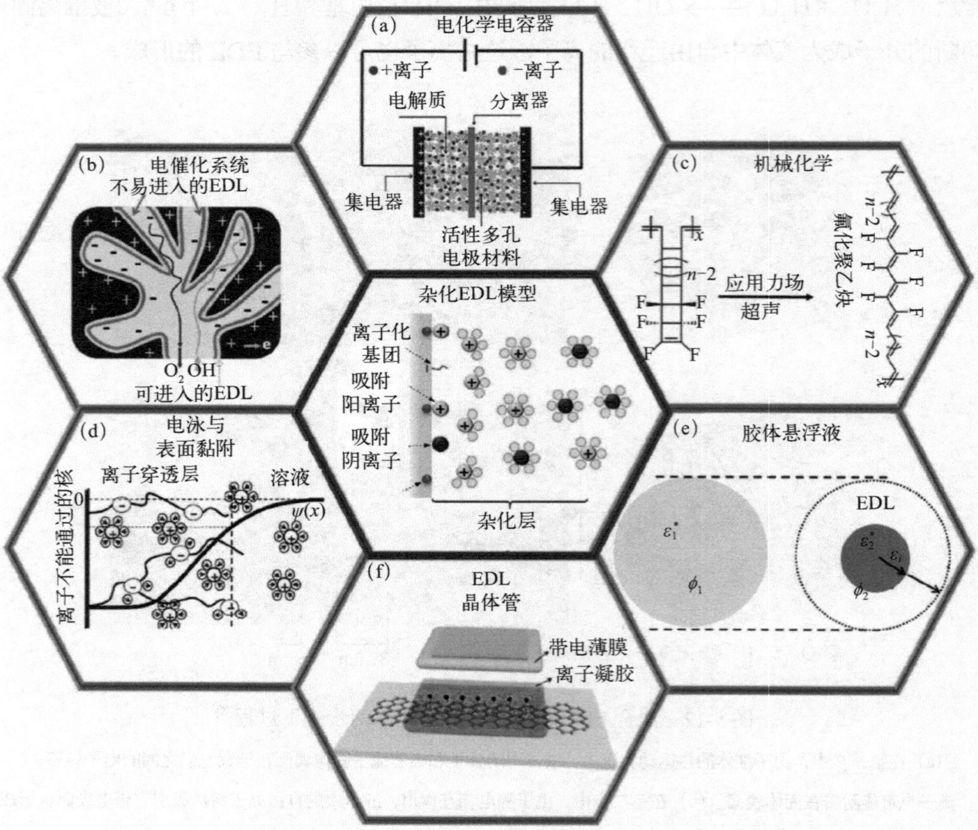


图5-13 EDL及其相关领域[8]

(a) 电化学电容器；(b) 电催化系统；(c) 机械化学；(d) 电泳和表面黏附；(e) 胶体悬浮液；(f) EDL晶体管

# 5.3 离子吸附与电毛细现象

## 5.3.1 离子吸附

### 5.3.1.1 几个基本概念

**（1）零电荷点（point of zero charge，PZC）**

当溶液中决定电势离子浓度为某一特定值时，表面上净的电荷为零。此时两相间自由电荷引起的电势差也为零，此浓度称为零电荷点。如：AgI 的零电荷点在 $p$Ag=5.5。

**（2）等电点（isoelectric point，IEP）**

表面 $\zeta$ 电势为零时溶液中电解质的浓度。

**（3）特性吸附**

在离子吸附中同时存在着Coulomb力和van der Waals力这两类吸附作用力的吸附称为特性吸附，即吸附不仅与离子的价数而且与离子的本性有关的吸附称为特性吸附。与之相对应的是共性吸附——吸附只与离子价数有关。

一种离子若在表面发生特性吸附时，将产生下列结果：

① 可使 $\zeta$ 电势改变符号：在没有特性吸附时，$\zeta$ 电势的绝对值只会随着离子浓度的增大而逐渐趋近于零。通过这一点可以判断是否发生了特性吸附。

② PZC 和 IEP 向相反的方向变化：没有特性吸附时，PZC 和 IEP 相等。当离子发生特性吸附时，特性吸附离子进入 Stern 层，改变了 $\zeta$ 电势，如当阳离子发生特性吸附时，$\zeta$ 电势升高。此时需增加溶液中阴离子浓度才能达到 IEP，进入 Stern 层的特性吸附离子改变了表面电荷对溶液中反离子的作用力，即改变了对反离子的吸附能力（由改变表面电势所致，若要达 PZC 时，必须增加溶液中阳离子浓度），特性吸附对 PZC 与 IEP 的影响总是相反的。由此可以判断发生特性吸附的离子的符号，如阴离子特性吸附，$\Delta$(PZC)＞0，$\Delta$(IEP)＜0。阳离子特性吸附则相反。

③ 同价离子对表面的亲和力不同：对于小离子而言，非电性吸附能力主要取决于离子的极化度和水化能力。离子越易极化，越易在带电表面作用下产生诱导偶极矩而被吸附。阴离子一般比阳离子易极化，所以，溶液中带负电的表面更常见。若同价离子的吸附能力不同，则显然是发生了特性吸附。

### 5.3.1.2 Hg 电极表面

在 20 世纪上半叶，Hg 电极被广泛用于研究电化学系统中的吸附和其他现象。这是由于这类电极的以下特征与其液体性质有关：①真实工作表面积与电极的几何表面一致，而固体电极总是具有明显的表面粗糙度；②表面可以很容易地更新并清除杂质；③可以容易地确定表面张力及其与电势和溶液组成的关系。通过交流技术测量的电毛细管曲线（electrocapillary curve，ECC）和差分电容 $C$ 主要用于研究 Hg 表面（图 5-14）。

阴离子的影响（即它们的比吸附能力）按 $F^-$＜$Cl^-$＜ $Br^-$＜$I^-$ 顺序增加。这一趋势是由于随着从 $F^-$ 到 $I^-$ 的晶体半径的增加，溶剂化能减少，因此促进了离子向 IHP 的转移。对于表面活性阳离子（例如 $[N(C_4H_9)_4]^+$），可以看到相反的图片，ECC 的下降分支被压下，PZC 向正方向移动。

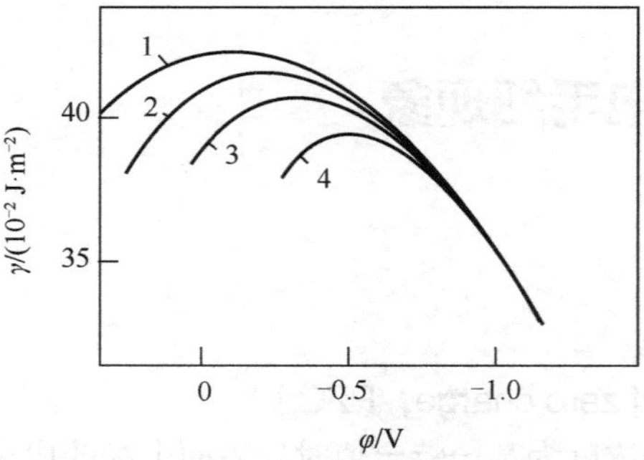


图 5-14　Hg 电极在 0.9 mol·dm$^{-3}$ 溶液中的毛细管曲线

(1) NaF；(2) NaCl；(3) NaBr；(4) NaI

#### 5.3.1.3　Pt 电极表面

Pt 电极也非常便于研究电化学系统中的各种吸附现象。Pt 的表面非常稳定且可重复。对于具有明显粗糙度的 Pt 表面，甚至对于具有高度分散铂沉积物的电极，可以高精度确定真实工作面积，去除表面吸附的杂质和控制表面状态相对容易。

Pt 电极的表面可以在 0～1.7 V（RHE）的电势范围内方便地研究，其中在惰性溶液（不含可氧化或还原的物质）中，表面可理想地极化。在更负的电位下，开始阴极析氢，而在更正的电位下则阳极析氧。

氢原子吸附区域从 0～0.35 V。氢在 Pt 上的吸附是一个可逆或平衡过程。在阴极（氢沉积）或阳极方向的氢吸附区域中，与在低电流密度下测得的充电曲线一致。由于其平衡特性，可以对氢吸附进行热力学分析。

等温线的形状是因为吸附热 $q_\theta$ 随着电极覆盖度的增加而降低。由于热力学原因，氢离子放电产生分子氢（气体）是可能的，但只能在比 0 V 更负的电位值下。由于中间产物（氢原子）被吸附而获得了吸附能，产生这些原子的氢离子的放电即使在更正的电位下也是可能的。当电极电位从+0.4 V（已知表面无吸附氢）向负方向移动时，第一批氢原子的吸附将在吸附热最高的位置 $q_0$（强结合氢）上从 0.35 V 开始。随着电位进一步向负侧移动，$\theta_H$ 增大，吸附热逐渐降低，当 $\theta_H \approx 1$ 时，其最小值 $q_1$ 在电位 0 V 附近达到。因此，吸附热的总变化约为 0.35 eV，约为 33.7 kJ·mol$^{-1}$。

其他物质在 Pt 上的吸附　不同阴离子在 Pt 上的吸附能力与在 Hg 上的增加顺序大致相同。阴离子通常随着氧吸附的增加而脱附。吸附氧从表面置换其他吸附物质的这种特殊能力对实验工作具有重要价值。Pt 电极在 1.1～1.4 V（RHE）的电位下保持几秒钟或几分钟，以去除表面的杂质。随后，如果电势移动到 0.4 V，氧气将解吸，获得干净的表面。表面清洁度的一个高度敏感指标是动电位充电曲线的形状，该曲线会被微量杂质扭曲。

当电势沿阳极方向移动时测量充电曲线，氧吸附将在约 0.75 V 的电位下开始，远早于游离氧氧化的热力学电位 1.23 V，这表明 Pt 和吸附氧之间的键能很高。首先被吸附的氧显然以羟基的形式被吸附：

$$Pt+H_2O \rightleftharpoons Pt—OH + H^+ + e^- \tag{5-25}$$

在更正的电位下，可以形成 Pt═O 型或更复杂类型的键。从记录充电曲线时消耗的电荷量可以看出，$(OH)_{ads}$ 形式的氧单层的形成在约 1.15 V 的电位下完成，而负载形式的氧单分子层的形成在大约 1.5 V 的电位上完成。氧吸附在更正的电位下继续，在约 2.2 V 的电位下，达到了一个极限值，其形式上对应于2.0～2.2 V的覆盖度。

吸附颗粒的老化　与氢吸附相反，在电位大于0.9～1.0 V的Pt上发生的氧吸附是不可逆的。氧可以通过阴极电流从表面去除，但阳极扫描和阴极扫描获得的曲线不一致；阴极氧脱附发生在较窄的电位区域内，这些电位比大部分氧被吸附的区域更负。因此，在吸附之后，表面上氧的键能立即急剧增加。初始快速上升之后是键能的进一步缓慢增加，或吸附氧的“老化”。

Pt表面溶液中有机物质的吸附可通过各种技术进行测量。与有机颗粒结合的Pt表面原子失去了吸附氢的能力。有时，由于吸附的有机颗粒的阳极氧化，在0.6～0.8 V的电位下，阳极充电曲线中出现恒定电位的水平段，可根据该段的长度估计吸附的颗粒量。许多有机物质在0.1～0.7 V（RHE）的电位范围内吸附在Pt上。在更高的正电位下，由于氧化或吸附氧从表面置换，有机物质脱附。有机物质的吸附程度可能相当大，它们可以占据多达70%的表面位置。

Pt电极和Hg电极的表面性质存在显著差异。后者是理想的可极化电极，Pt电极（双层区域除外）不是理想的极化电极。

#### 5.3.1.4　其他电极的表面

在电化学表面性质方面，许多金属（Pb、Sn、Cd等）类似于Hg，而Pt族的其他金属类似于Pt。但Pd是例外，因为除了表面吸附之外，还观察到氢的强烈吸附，这一效应使研究其表面变得困难。

任何金属表面结构的一个非常重要的特征是其ZCP的位置。表5-1列出了一些金属的ZCP值。

**表5-1　某些金属在水溶液中的零电荷势**

| 金属 | 溶液成分 | $E_{ZCP}$(SHE)/V | 金属 | 溶液成分 | $E_{ZCP}$(SHE)/V |
|---|---|---|---|---|---|
| Bi | 0.002 $mol \cdot dm^{-3}$ KF | 0.39 | Ag（多晶） | 0.002 $mol \cdot dm^{-3}$ $Na_2SO_4$ | 0.70 |
| Ga（液体） | 0.008 $mol \cdot dm^{-3}$ $HClO_4$ | 0.69 | Ag[(111)面] | 0.001 $mol \cdot dm^{-3}$ KF | 0.46 |
| Fe | 0.0006 $mol \cdot dm^{-3}$ $Na_2SO_4$ | 0.70 | Ag[(111)面] | 0.002 $mol \cdot dm^{-3}$ NaF | 0.61 |
| Au | 0.02 $mol \cdot dm^{-3}$ NaF | 0.19 | Ag[(111)面] | 0.005 $mol \cdot dm^{-3}$ NaF | 0.77 |
| In | 0.03 $mol \cdot dm^{-3}$ NaF | 0.65 | Sb | 0.002 $mol \cdot dm^{-3}$ $KClO_4$ | 0.15 |
| Cd | 0.001 $mol \cdot dm^{-3}$ KF | 0.75 | Tl | 0.001 $mol \cdot dm^{-3}$ NaF | 0.71 |
| Sn | 0.001 $mol \cdot dm^{-3}$ $Na_2SO_4$ | 0.38 | Pb | 0.01 $mol \cdot dm^{-3}$ NaF | 0.60 |
| Hg | 0.001 $mol \cdot dm^{-3}$ NaF | 0.193 | | | |

除金属外，n型或p型半导体也可用作电极。半导体的表面层在其电子结构上与金属的表面层有很大的不同。半导体中的自由载流子浓度（例如$10^{14}$ $cm^{-3}$或$2\times10^{-7}$ $mol \cdot dm^{-3}$）比金属中的自由载流子浓度低得多（以数量级计为$10^{22}$ $cm^{-3}$或20 $mol \cdot dm^{-3}$）。因此，半导体（EDL的电极侧）中的过量电荷不会紧密堆积在表面上，而是扩散分布在0.01～1 μm厚的表面层内（即延伸超过$10^2$～$10^4$个原子层）。在该区域中，由产生的空间电荷产生电势降。穿过半导体-电解质界面的电偶电势的相当一部分位于半导体内部相对较厚的表面层中，而不是其表面上。该层中的电荷和电势分布类似于极稀电解质溶液中扩散EDL部分中的相同分布，并可用相同的方程描述。

半导体表面层中的扩散电荷分布导致半导体-电解质界面处的电池电容显著降低。金属电极的典型值为20 ~ 40 $\mu F \cdot cm^{-2}$，但对于半导体电极，这些值要低二至三个数量级。

## 5.3.2 特性吸附离子

### 5.3.2.1 离子的特性吸附

每当一种物质在界面上的浓度大于静电相互作用所能解释的浓度时，我们就称之为特性吸附。它通常是由吸附质和电极之间的化学相互作用引起的。在某些情况下，吸附是由较弱的相互作用引起的，例如范德华力。如果要将物质吸附在电极表面上，则物质与电极的相互作用必须大于其与溶剂的相互作用。吸附至少包括部分去溶剂化，阳离子往往比阴离子具有更牢固的溶剂化膜，因此不太可能被吸附。

物种的化学吸附发生在电极上的特定位置，如在某些原子的顶部，或在两个原子之间的桥位置。因此，大多数吸附研究都是在定义明确的表面上进行的，这意味着要么在液体电极的表面上，要么在固体单晶特定晶面上。目前，大多数研究都是在单晶上进行的。

然而，液体电极不仅比固体电极的单晶表面更容易制备，而且它们还有另一个优点：可以通过测量表面张力的变化来研究吸附。在研究电化学界面的现代光谱方法出现之前，热力学测量是确定特定吸附的唯一可靠方法。虽然这种测量更容易在液体电极上进行，但它们已经扩展到固体表面。

表面过剩浓度$\Gamma_i$不仅包括吸附在金属表面的第 $i$ 种原子或分子，还包括金属-溶液中考虑的空间电荷区域的原子或分子——也称为双层的弥散部分，或简称为弥散双层。相反，被吸附的粒子被认为是双层致密部分的一部分。通常我们只对特定吸附的粒子数量感兴趣。通过使用高浓度的非吸附、惰性电解质，可以将弥散双层中过量的 $i$ 类物质最小化。假设我们要研究阴离子$A^-$的吸附，我们在溶液中加入大量的非吸附离子$B^+$和$C^-$，保持电极电荷恒定，弥散层中$A^-$的数量将大大减少。设 $Q$ 为界面处的总表面电荷，这个电荷必须在空间电荷区被$-Q$电荷平衡。该区域某一物种 $i$ 的浓度$n_i(x)$与其体积浓度$n_{i,\text{o}}$成正比：$n_i(x) = n_{i,\text{o}} \exp[z_i e_0 \varphi(x)/(kT)]$。因此，添加过量的惰性电解质将大大减少该区域$A^-$的数量。由于电荷数出现在指数项，高电荷离子需要更高浓度的支撑电解质。

考虑浓度为$c_A$的物质 A 在溶液中的吸附。在保持其他变量不变的情况下，覆盖度$\theta$随$c_A$的变化称为吸附等温线（图 5-15）。

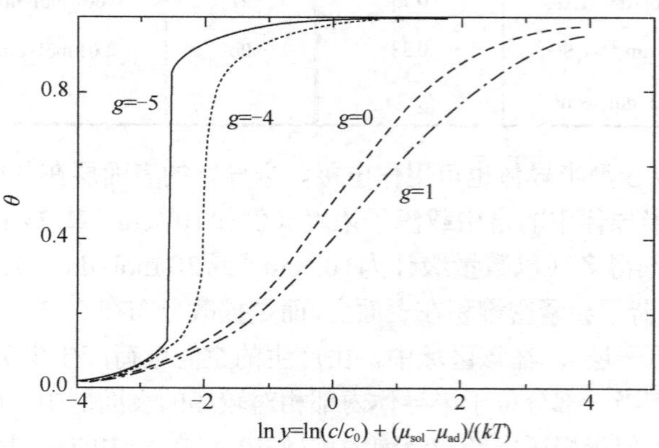


图 5-15 吸附质相互作用参数 $g$ 的各种值的 Frumkin 等温线，Langmuir 等温线对应于 $g = 0$[2]

吸附质上的电荷分布在几个方面很重要，它表明了吸附键的性质，包括是离子键还是共价键。

通常在 Hg 电极上进行吸附研究。许多离子，特别是阴离子，被吸附在电极界面上，进入双层的致密部分。例如，在 Hg 电极与溴化钾水溶液的连接处，溴化物阴离子被吸附，因此，即使在 Hg 上为零电荷的电势下，也有许多 $Br^-$ 处于致密层中。$K^+$ 则处于扩散区，同时还有一些额外的 $Br^-$。比较卤素阴离子 $F^-$、$Cl^-$、$Br^-$、$I^-$，电毛细管曲线中的最大值由 $F^-$ 到 $I^-$ 向负方向移动，如图 5-16 所示。

中性分子，尤其是有机分子，通常在包括零电荷电势在内的电势范围内吸附，如图 5-17 所示，它们的影响分为两部分。首先，在该范围内降低差分电容，因为致密层的含量被赋予较低介电常数的较大分子所取代。其次，在吸附范围的边缘，有时会显著提高 $C$，因为电势的微小变化可能会导致这些边界区域的双层组成发生更大的变化。在两个部分的极端电势下，吸附分子被解吸，为被强库仑力驱动到界面的离子腾出空间。

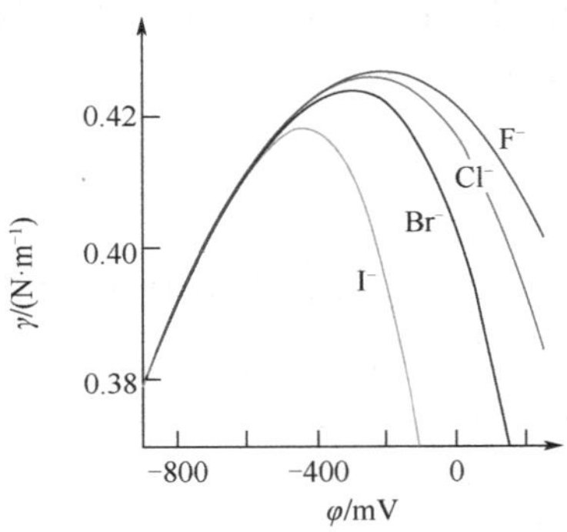


图 5-16　KX（X= $F^-$、$Cl^-$、$Br^-$ 或 $I^-$）对 Hg 表面张力的影响

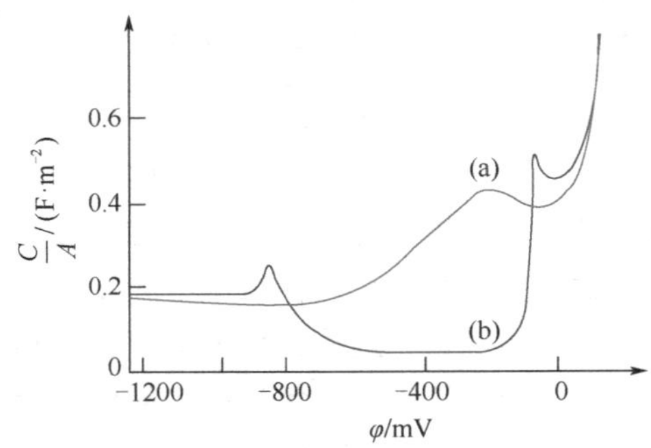


图 5-17　电容与电势关系曲线[6]

在（a）没有和（b）有 10 mmol · $dm^{-3}$ 戊醇的情况下，通过交流法测量 Hg|1000mm KCl (aq) 界面的电容与电势关系曲线，揭示了 $CH_3(CH_2)_4OH$ 分子在 $-700\ mV < \varphi < -100\ mV$ 范围内强吸附的证据。在 $|V|$ 较低的情况下，尖锐的峰值变得更高，而在高 $|V|$ 下，它们消失了，因为变化的电场超过了吸附/解吸速度

由于溶质 $i$ 吸附在二维表面上后其自由度比在三维空间中低，因此溶质的吸附导致其熵减小。溶液的溶质和吸附的溶质之间通常存在平衡。

$$i(\text{溶液}) \rightleftharpoons i(\text{吸附}) \tag{5-26}$$

这种平衡可以用平衡常数（具有长度的维度）来描述：

$$\frac{\Gamma_i}{c_i} = K' \tag{5-27}$$

式中，$\Gamma_i$ 表示 $i$ 的表面过剩浓度，mol · $m^{-2}$。然而，更常见的是指定被吸附物 $i$ 占据的可用表面的分数 $\theta_i$ 的吸附程度。$\theta$ 和 $c$ 之间的关系称为吸附等温式。在这些项中，式（5-27）变为：

$$\theta_i = \mathrm{B}c_i \tag{5-28}$$

式（5-28）称为 Henry 等温式。当 $\theta$ 很小时，此式被广泛使用。B 为吸附系数。如果吸附的程度有限制，如只有单分子膜可以形成，则 $\theta$ 将在较高 $c$ 值下接近 1。已经提出了许多等温式来解决这种行为，最简单的是 Langmuir 等温式：

$$\frac{1}{\theta_i}=1+\frac{1}{\mathrm{B}c_i} \tag{5-29}$$

还有 Frumkin 等温式和 Tempkin 等温式。最简单的是加入额外的参数，这些参数旨在解决对溶质物种具有一定吸引力的界面。

Frumkin 等温式：$$\frac{\theta_i}{1-\theta_i}\exp\left(g\theta_i\right)=\mathrm{B}c_i \tag{5-30}$$

Tempkin 等温式：$$\theta_i=\alpha\ln\mathrm{B}c_i \tag{5-31}$$

一种被吸附物种的存在可能会限制第二种物种的可用空间。当在电极上以单分子膜形式存在的强吸附物种具有电活性并经电子交换反应形成第二物种时，会出现特别简单的情况，该第二物种也被强吸附。

$$\mathrm{R}^{z_\mathrm{R}}\left(\mathrm{ads}\right)\rightleftharpoons \mathrm{e}+\mathrm{O}^{z_\mathrm{O}}\left(\mathrm{ads}\right) \tag{5-32}$$

这种过程被描述为表面受限反应。R 和 O 中只有一个需要是离子，但也可以两者都是。与单分子膜相关的是吸附位点表面浓度 $\varGamma_{\max}$（$\mathrm{mol\cdot m^{-2}}$）。如薄膜的实际电荷密度：

$$\begin{aligned} q &= \varGamma_{\max}F\left[z_\mathrm{R}\theta_\mathrm{R}+z_\mathrm{O}\theta_\mathrm{O}\right]=\varGamma_{\max}F\left[z_\mathrm{R}\theta_\mathrm{R}+\left(z_\mathrm{R}+1\right)\left(1-\theta_\mathrm{R}\right)\right] \\ &= \varGamma_{\max}F\left[z_\mathrm{R}+1-\theta_\mathrm{R}\right] \end{aligned} \tag{5-33}$$

吸附是许多电极反应的重要前兆或组成部分，它在阻止许多原本会发生的反应方面发挥了作用，例如提供防腐保护。在机理中起作用的吸附物种可能会影响伏安法测试。

许多电化学现象和过程在很大程度上受到不同吸附过程的影响。最重要的是电解质溶液中的组分在电极表面的吸附，包括参与电极反应的组分和不参与的“惰性”组分。

电极-电解质界面的吸附现象具有许多特征。在许多情况下，反应组分的吸附是电化学反应的第一步，并先于电荷转移和/或反应的其他步骤。中间反应产物也常吸附在电极表面上。同样，反应产物的吸附也是可能的。前面已经给出了分子氢在铂上吸附的例子。即使初始系统中没有分子氢，水溶液中的氢也可能吸附在铂电极上。

反应组分的吸附会受到电极电位的强烈影响。离子、中性分子和各种自由基可以吸附在一个电位区域，并向另一个区域的表面移位。由于电极表面完全被吸附的溶剂分子覆盖，只有在部分溶剂分子解吸后，才能吸附其他组分。

离子的特性吸附通常伴随着其电荷到金属表面的部分转移，例如，$\mathrm{M}^{z+}$在铂上的特性吸附中：

$$\mathrm{M}^{z+}+\lambda\mathrm{e}^-+\mathrm{Pt}\longrightarrow\mathrm{Pt}\text{-}\mathrm{M}^{(z-\lambda)} \tag{5-34}$$

式中，$\lambda$ 是电荷转移的程度。完全电荷转移 $\lambda=z$，对应于离子的完全放电，产生吸附在表面上的原子 M（即吸附原子）。当形成部分带电的吸附离子（即一个吸附离子）时，中性物质的吸附也可能发生部分电荷转移。吸附在 Pt 上的氢原子的形成是氢离子放电的结果，可以看作是几乎完全电荷转移的一个例子。由此产生的 Pt-H 键具有轻微的极性，因此电荷转移的程度仍然与单位略有不同。电荷转移度 $\lambda$ 不能直接从实验数据热力学计算，因此难以定义表面电荷 $Q_\mathrm{S}$ 的概念。

当电极与电解质溶液接触时，除了可能吸附不同溶液组分外，还会出现另一种现象，即溶剂吸附，包括在表面形成溶剂分子单层。

溶剂分子的这种取向的原因是金属表面和这些分子的官能团之间的化学相互作用。这里溶剂分子起到电子供体的作用，电极起到电子受体的作用。与溶剂分子表现出强烈相互作用的金属被称为亲液金属，以水为溶剂的则为亲水金属。因此，表现出弱相互作用的金属分别称为疏液金属和疏水金属。

由于金属和水分子的 OH 基团（或其他溶剂分子的负电性官能团）之间的相互作用，这些分子的偶极子负端朝向金属，正端朝向本体溶液。因此，在表面上形成额外的双电层，产生负表面电势，成为金属和溶液之间电位差的组成部分之一。

相互作用取决于金属表面电荷 $Q_S$ 的符号和密度。它们随着金属表面正电荷的增加而增加，随着负电荷的增加则减少（或完全消失）。当电势改变时，即金属表面电荷改变符号时，溶剂分子相对于表面的取向可能改变。

电极金属和溶剂之间的相互作用反映在吸附和催化性能上。其他溶液组分（除溶剂外的离子和中性分子）的吸附伴随着被吸附溶剂分子的置换或它们的重新定向。因此，在金属与溶剂相互作用的能量较高的条件下，金属的吸附能力较低。

金属与水分子中的 OH 基团的相互作用伴随着 H-OH 键的拉伸，这提高了这些水分子的施主性质，并通过氢的缓慢步骤加速电化学反应。这在 $NO_3^-$ 、$BrO_3^-$ 等在表现出不同程度亲水性的金属上的电还原中得到证实。

#### 5.3.2.2　小离子吸附

在扩散层内，离子的分布并非完全受它与带电表面的静电作用力控制，特性吸附的影响不可忽略。此时，离子在 Stern 层内的吸附可用 Langmuir-Stern 公式描述。

$$\theta_i = \frac{1}{1+\dfrac{1}{x_i}\exp\left(\dfrac{z_i e\varphi_d + \phi_i}{kT}\right)} \tag{5-35}$$

式中，$z_i e\varphi_d + \phi_i$ 表示吸附能力；$\phi_i$ 表示特性吸附能力；$\theta_i$ 为表面上 $i$ 离子的覆盖度；$x_i$ 为溶液中离子 $i$ 的摩尔分数；$\varphi_d$ 为 Stern 面电势。

将 Stern 层电荷看作均匀分布时的表现电荷，当溶液浓度较小时，

$$\frac{\theta_i}{1-\theta_i} = \frac{c_i}{55.5}\exp\left(-\frac{z_i e\varphi_d + \phi_i}{kT}\right) \tag{5-36}$$

即：

$$\theta_i = \frac{1}{1+\dfrac{55.5}{c_i}\exp\left(\dfrac{z_i e\varphi_d + \phi_i}{kT}\right)} \tag{5-37}$$

#### 5.3.2.3　表面活性离子的吸附

表面活性剂离子吸附是离子吸附的一种特殊形式，其特性吸附往往居于支配地位。与小离子吸附相比，表面活性离子的特性吸附能要大得多，当表面活性离子发生特性吸附时，溶液中其他离子可视为“不相干离子”。

表面活性离子在表面上的吸附可用 Langmuir 型吸附等温式（5-29）来描述。但它比小离子吸附要复杂得多，主要表现在特性吸附项。表面活性离子的特性吸附自由能为：

$$\Delta G_s = \Delta G_{cs} + \Delta G_{cc} + \Delta G_{hs} \tag{5-38}$$

式中，$\Delta G_{cs}$ 为碳氢链-固体相互作用自由能；$\Delta G_{cc}$ 为碳氢链之间相互作用能；$\Delta G_{hs}$ 为极性头与固体相互作用能。

对于极性表面，$\Delta G_{cs}$ 可以忽略，表面离子的吸附主要依靠 $\Delta G_{hs}$ 。

图 5-18 为十二烷基磺酸钠在 $Al_2O_3$ 表面吸附时吸附量与表面 $\zeta$ 电势变化示意图，$Al_2O_3$ 表面带正电荷，因此起始时表面 $\zeta$ 电势大于 0。

在溶液很稀时，表面活性离子仅与扩散层中的反离子发生离子交换作用，吸附量随 $c$ 增加而增加，但 $\zeta$ 不变。当 $c$ 超过某一数值时，吸附量与 $\zeta$ 电势均急剧变化，这可能是已吸附在表面上的表面活性离子的碳氢链依靠 $\Delta G_{cc}$ 吸附其他表面活性离子的碳氢链，并在表面上形成二维聚集体，即形成所谓的"半胶团"结构，这一浓度也就称为半胶团浓度（hemimicelle concentration，HMC）。形成半胶团后，固-液之间的其他界面性质如接触角、沉降速度等都有明显的变化。当表面活性离子浓度超过等电点后，静电作用阻碍着吸附作用，使得吸附量随浓度变化变慢。对于非极性表面，$\Delta G_{cs}$ 的重要性增加。

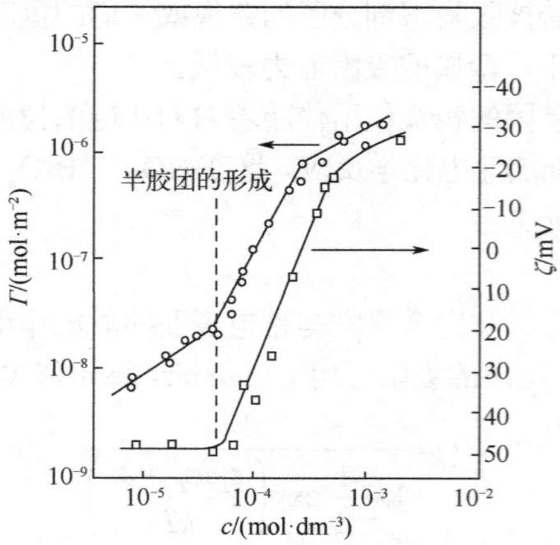


图 5-18 十二烷基磺酸钠在 $Al_2O_3$ 表面上吸附及相应 $\zeta$ 电势变化[9]

## 5.3.3 电毛细现象

当电流穿过界面时，接触的两种导电液体（如 Hg 和稀酸）之间的表面张力会明显改变。当接触发生在毛细管中时，弯曲液面上的附加压力受到穿过毛细管柱的电流的影响，其程度取决于穿过边界的电流的方向[10]。

电毛细现象（electrocapillary）描述的是界面电子导体-电解质溶液处的界面张力对电极电势的依赖性。19 世纪 70 年代，Gabriel Lippmann（他对电现象感兴趣，因发明了一种基于干涉测量的彩色摄影方法而于 1908 年获得诺贝尔奖）观察到汞毛细管上升实验中的差异，在清洁的玻璃毛细管中对与硫酸接触的液态金属进行了一系列非常系统的测量。当他在汞和电解质溶液之间施加几百毫伏量级的偏置电压时，他发现弯月面的位置发生了变化。用界面张力 $\gamma$ 作为拟合参数分析结果，他发现汞-电解质间的界面张力对所施加电压的依赖性，在某个特定电压下呈最大值，而在较高和较低电压下都显著降低。

溶液界面存在双电层，剩余电荷无论带正电还是负电，同性电荷间均相互排斥，使界面扩大，而界面张力力图使界面缩小，两者作用效果相反，因此带电界面的界面张力比不带电时小。电荷密度越大，界面张力越小，因此，电毛细曲线是具有极大值的抛物线形状。界面张力最大值处的电势被称为零电荷电势（$\Delta\varphi_{zc}^{\alpha\beta}$）。在这种情况下，外部电势完全抵消了双层的电荷。根据界面张力随电势的变化，可以估算出微分双层容量[11]。

在简化描述中，双电层采用 Helmholtz 平行板电容器模型，其容量随着双电层电荷的增加而线性增加。每种界面现象都可以产生比容量，这取决于吸附、反应产物的产生，延迟的电荷转移等。在现代描述中，使用了等效电路图，其中除了欧姆之外还使用了电感电阻。使用与频率相关的阻抗测量，记录了双层电容-电势关系，从而可以获得有关双电层特性的更准确信息。

#### 5.3.3.1 理论

在施加外加电压的情况下，界面张力的变化也可以借助 Gibbs-Duhem 方程来计算。电解质中有溶解的离子，金属电极中电子可以移动，这些因素都必须考虑。

恒温条件下状态函数变化的 Gibbs-Duhem 方程为：

$$\mathrm{d}\gamma = -\sum_{i=1}^{n} \Gamma_i \mathrm{d}\mu_i^* - \Gamma_\mathrm{e} \mathrm{d}\mu_\mathrm{e}^* \tag{5-39}$$

其中：

$$\mathrm{d}\mu_i^* = \mathrm{d}\mu_i + Z_i F_\mathrm{A} \mathrm{d}\varphi \tag{5-40}$$

$$\mathrm{d}\mu_\mathrm{e}^* = \mathrm{d}\mu_\mathrm{e} - F_\mathrm{A} \mathrm{d}\varphi \tag{5-41}$$

式（5-39）中的第一项指电解质，该总和涵盖电解质中存在的所有类型的离子。第二项包含金属中电子的贡献。$\Gamma_i$ 和 $\Gamma_\mathrm{e}$ 分别是溶液中离子和金属中电子的界面过剩浓度。$\mu_i$ 是 $i$ 粒子的化学势，$F_\mathrm{A}$ 是法拉第常数，$\mu_\mathrm{e}^*$ 是电子的电化学势。将式（5-40）和式（5-41）代入式（5-39），得：

$$\mathrm{d}\gamma = -\sum_{i=1}^{n} \Gamma_i \mathrm{d}\mu_i - F_\mathrm{A} \sum_{i=1}^{n} \Gamma_i \mathrm{d}\varphi^\beta - \Gamma_\mathrm{e} \mathrm{d}\mu_\mathrm{e} + F_\mathrm{A} \Gamma_\mathrm{e} \mathrm{d}\varphi^\alpha \tag{5-42}$$

式中，$\varphi^\alpha$ 和 $\varphi^\beta$ 是两相中的电势。

在金属中，电势在任何地方都是相同的，因此，$\varphi^\alpha$ 有一个明确定义的值。在电解质中，接近表面的电势取决于距离，即随着德拜长度不同电势不同。只有在距离表面很远的地方，才是常数。与表面电势相反，假设系统处于平衡状态，液相中的电化学电势在任何地方都是相同的。出于这个原因，使用了远离界面的电势和化学势。

因整个系统呈电中性，离子和电子的浓度不是独立的。在电中性条件 $\Sigma \Gamma_i Z_i = \Gamma_\mathrm{e}$ 下，式（5-42）中的最后一项可以写成 $F_\mathrm{A} \Sigma \Gamma_i Z_i \mathrm{d}\varphi^\alpha$。则式（5-42）转化为：

$$\begin{aligned} \mathrm{d}\gamma &= -\sum_{i=1}^{n} \Gamma_i \mathrm{d}\mu_i - F_\mathrm{A} \sum_{i=1}^{n} \Gamma_i Z_i \mathrm{d}\varphi^\beta - \Gamma_\mathrm{e} \mathrm{d}\mu_\mathrm{e} + F_\mathrm{A} \sum_{i=1}^{n} \Gamma_i Z_i \mathrm{d}\varphi^\alpha \\ &= -\sum_{i=1}^{n} \Gamma_i \mathrm{d}\mu_i - F_\mathrm{A} \sum_{i=1}^{n} \Gamma_i Z_i \mathrm{d}\varphi^\beta - \sigma \mathrm{d}\left(\varphi^\beta - \varphi^\alpha\right) \end{aligned} \tag{5-43}$$

这是描述电毛细管性能的基本方程。式中，$\sigma = F_\mathrm{A} \Sigma \Gamma_i Z_i$，与表面电荷密度一致，而表面电荷密度由金属中的电子产生，并由溶液中的离子补偿。这种关联通常引起质疑，因为表面过剩浓度 $\Gamma_i$ 取决于界面的位置。然而，如果电极是完全极化的（金属和电解质之间没有电子交换），那么界面的定位是微不足道的，$\sigma$ 表示表面电荷密度。

电势差 $\varphi^\beta - \varphi^\alpha$ 不一定等于外部施加的电压 $\varphi$。通常两者相差一个常数，$\mathrm{d}(\varphi^\beta - \varphi^\alpha) = \mathrm{d}\varphi$。电解质中可能出现的电压降，特别是在低盐浓度的情况下，也应予以考虑。电毛细现象的基本公式是 Lippman 方程。

$$\left(\frac{\partial \gamma}{\partial \varphi}\right)_{\mu_i} = -\sigma \tag{5-44}$$

$$\left(\frac{\partial^2\gamma}{\partial\varphi^2}\right)_{\mu_i} = -\left(\frac{\partial\sigma}{\partial\varphi}\right)_{\mu_i} = C \tag{5-45}$$

式中，$C$ 为单位面积双电层的微分电容。

在推导中，假设没有发生电化学反应，电极是完全可极化的。利用此公式，由电毛细曲线可以求得表面电荷密度及双电层的微分电容。

对于单一电解质：

$$\mathrm{d}\gamma = -\sigma\mathrm{d}\varphi^{\beta} - \left(\frac{\Gamma_+}{\upsilon_+}\right)\mathrm{d}\mu \rightarrow -\mathrm{d}\gamma = \sigma\mathrm{d}\varphi^{\beta} + \left(\frac{\Gamma_+}{\upsilon_+}\right)\mathrm{d}\mu \tag{5-46}$$

$$\mathrm{d}\gamma = -\sigma\mathrm{d}\varphi^{\alpha} - \left(\frac{\Gamma_-}{\upsilon_-}\right)\mathrm{d}\mu \rightarrow -\mathrm{d}\gamma = \sigma\mathrm{d}\varphi^{\alpha} + \left(\frac{\Gamma_-}{\upsilon_-}\right)\mathrm{d}\mu \tag{5-47}$$

在 $\varphi$ 恒定时：

$$\Gamma_+ = -\upsilon_+\left(\frac{\partial\gamma}{\partial\mu}\right)_{\varphi^{\beta}} \tag{5-48}$$

$$\Gamma_- = -\upsilon_-\left(\frac{\partial\gamma}{\partial\mu}\right)_{\varphi^{\alpha}} \tag{5-49}$$

$$\Gamma = -\left(\frac{\partial\gamma}{\partial\mu}\right)_{\varphi} \tag{5-50}$$

在假设 $C$ 为常数的情况下获得了最简单的电毛细管曲线，如图 5-19 所示。

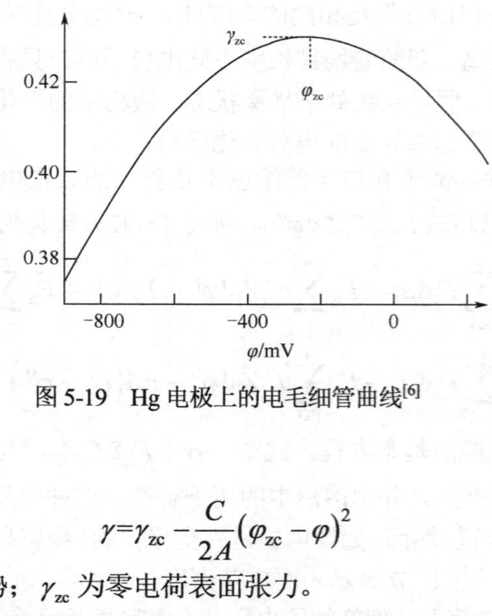


图 5-19　Hg 电极上的电毛细管曲线[6]

其电毛细关系为：

$$\gamma = \gamma_{zc} - \frac{C}{2A}(\varphi_{zc} - \varphi)^2 \tag{5-51}$$

式中，$\varphi_{zc}$ 为零电荷电势；$\gamma_{zc}$ 为零电荷表面张力。

界面张力随着表面电位绝对值的增加而减小。原因是双电层中反离子的界面过剩浓度增加。根据吉布斯吸附等温线，界面张力必须随着界面过剩浓度的增加而降低。这种曲线的简单性经常因吸附物质的存在而受到影响。

#### 5.3.3.2　电毛细管性能的测量

测定电毛细管性能常用滴汞电极，如图 5-20 所示。将充满 Hg 的毛细管和反电极放入电解质溶液中，在两者之间施加电压。Hg 的表面张力通过最大泡压法测定。在恒定压力 $p$ 下将汞压入电解质溶液中，每单位时间的液滴数是作为施加电压的函数来测量的。

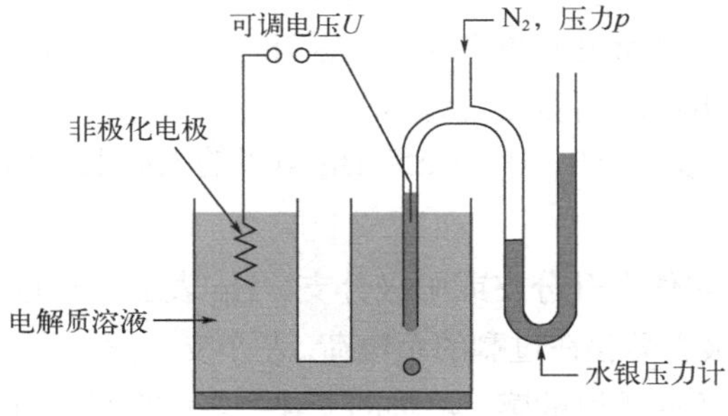


图 5-20　滴汞电极示意图

测量固体金属的电毛细管性能有不同的方法。在一种方法中，测量一侧涂有金属的悬臂弹簧的挠度（即在外力作用下弹簧的形变程度）。当施加的电压变化时，金属侧的表面张力发生变化，这导致悬臂弯曲。例如，如果我们假设金属侧的表面张力降低，那么弹簧会向另一侧弯曲，反之亦然。在另一种方法中，检测在表面张力影响下应变丝的膨胀或压缩。最后，还可以测量接触角随电势变化的变化。测量结果包含有关固体表面能的信息。但目前这些方法都远不如 Hg 那么精确和容易实施。根本原因是固体中的分子不可移动，新表面的形成与液体中不同。因此，理论上的处理也更加困难。

图 5-21 显示了电毛细管曲线的几个例子，其中汞电极的表面张力是在溶液组成不变的情况下作为电极电势的函数进行测量的。在低电势下，各种曲线一致，表明阳离子没有被特异性吸附。相反，阴离子在更高的电势下被吸附，因此曲线分开。注意，随着吸附的增加，PZC 向更高的电势移动，这对应于阴离子吸附引起的功函数的增加，即阴离子被吸附在电极界面上，并进入双层的致密部分。例如，在汞电极与溴化钾水溶液的交界处，溴化物阴离子被吸附，即使在 Hg 上为零电荷的电势下，致密层中也存在许多 $Br^-$。这将 $K^+$ 带入扩散区，同时带来一些额外的 $Br^-$，电毛细管曲线的最大值向低电势方向移动。

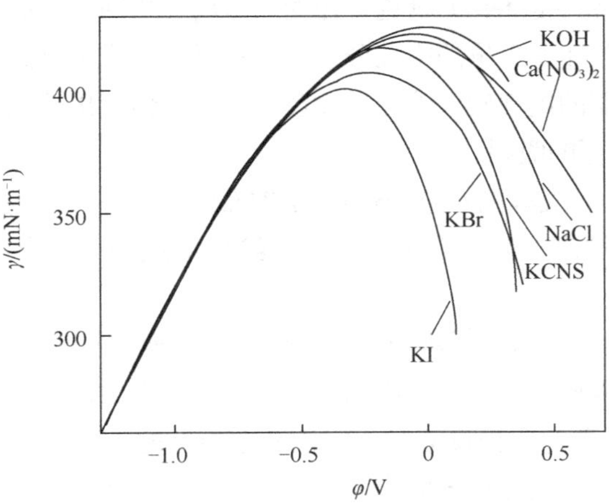


图 5-21　汞电极的界面张力是几种电解质在 291 K 下的 0.1 $mol\cdot dm^{-3}$ 水溶液的电极电势的函数。电势是关于 KF 溶液的 PZC 给出的[2]

电毛细管曲线之所以具有抛物线形状，是因为在电化学情况下，不仅有 Hg 本来的表面张力，而且其单位面积上有过剩电荷。构成过剩电荷的离子彼此排斥，并尽可能扩大其表面，所以它们具有反抗界面张力收缩其表面的作用。电极表面单位面积上带的过剩电荷越多，即电荷密度越大，排斥力越大，则界面张力变得越小。然而，电荷密度的大小又取决于电极电位的大小。所以，在不同的电位下引起的界面张力不一样。

$\gamma$-$\varphi$ 曲线具有最高点，其 $\sigma=0$。因为在纯 Hg 电极的表面上，当不存在过剩电荷时，它的界面张力最大。

电毛细管曲线左半支叫作上升分支或阳极分支，Hg 表面存在过剩的正电荷，右半支称为下降分支或阴极分支，电极表面存在过剩的负电荷。左半支一般对电解质的阴离子性质很敏感，右半支对于电解质阳离子的性质很敏感，溶剂的变化会影响到整个曲线的开头和位置，对于非离子型溶质主要影响曲线中间部分。

对于同一电解质而言，Hg 电极为阳极时，随电压增加 Hg 对阴离子吸附量增加，同时界面张力降低；Hg 电极为阴极时，随电压增加 Hg 对阳离子吸附量增加，同时界面张力降低。在零电势时，阴、阳离子吸附相等。

在阴极分支，不同的阳离子归于同一条曲线时，说明吸附引起的界面张力下降与阳离子性质无关。这说明吸附力仅为静电作用力，当阳极分支随阴离子不同而发生变化时，说明吸附过程中除静电力外还存在着近距离的力，因而吸附有明显的选择性，即发生了特性吸附。图 5-21 说明阴离子发生特性吸附的倾向比阳离子强得多。离子发生特性吸附的结果也使得$\gamma$-$\varphi$ 曲线最高点的位置移动，离子发生特性吸附的倾向越大，最高点的移动也越大。$\gamma$-$\varphi$ 曲线的最高点代表阴、阳离子吸附量相等的状态。

电毛细现象有其实际意义，它可直接测定界面张力$\gamma$，并可由$\gamma$通过 Gibbs 公式而求吸附量。还可根据 $\partial\gamma/\partial E$ 求双电层重要参数 $\sigma$。电毛细现象是洞察金属-溶液界面双电层结构的有用方法。

#### 5.3.3.3 有机分子在电极-溶液界面上的吸附

**（1）电毛细管曲线引起的思考**

按 GCS（Gouy-Chapman-Stern）理论，在相同浓度、相同价型的电解质溶液中测得的电毛细管曲线应基本相同，若加入少量的中性分子，则只要不严重影响离子的活度系数及溶液的介电常数，就不会影响界面的电性质。然而，该理论与实际情况出现偏差。造成这种现象的原因是有机物在电极-溶液界面的吸附。

在含不同浓度 5-氯-1-戊醇的 $0.916\ mol\cdot dm^{-3}$ NaF 中测得汞上的毛细管曲线如图 5-22 所示。因此，在进行电化学测试时，必须十分注意纯化溶液和处理金属表面。否则，实验结果不能重复。

从图中也可以看出，非离子有机物的加入通常影响$\gamma$-$\varphi$ 曲线的中间部分。

电极表面吸附对电极反应动力学的影响主要表现在两个方面：

① 表面活性粒子不参与电极反应时，它们在电极上的吸附改变电极表面状态及界面层中的电势分布情况，从而影响反应粒子的表面内浓度和反应活化能；

② 反应粒子或产物在电极表面吸附，则对有关部分步骤的动力学参数更有直接的影响。

有机物的吸附比无机离子的吸附对电极过程的影响要强得多。

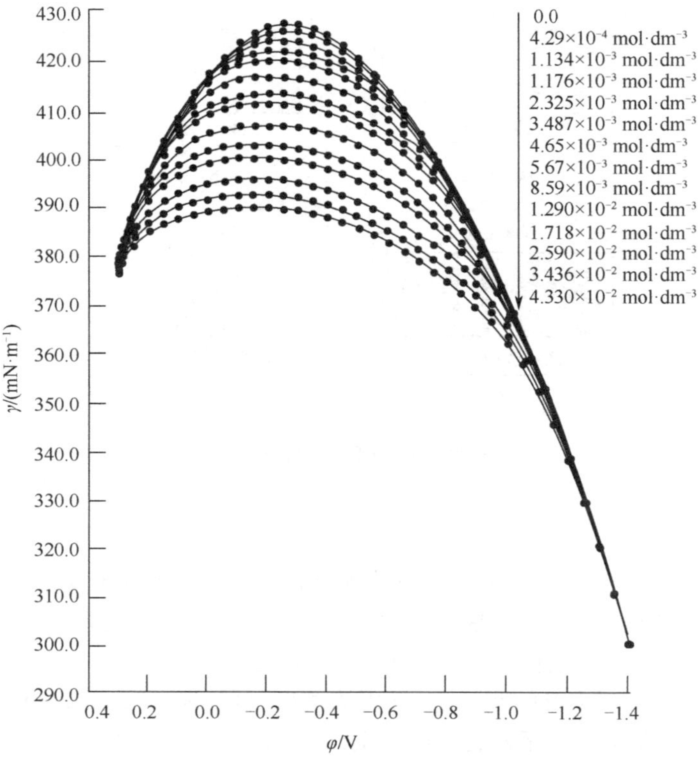


图 5-22　298 K 下含不同浓度的 5-氯-1-戊醇的 0.916 mol $\cdot$ $dm^{-3}$ 的 NaF 在汞上的毛细管曲线[12]

**（2）电极电势对界面吸附的影响**

电极电势对有机活性物质的吸附平衡常数有很大的影响。$\varphi_0$ 附近活性分子的吸附量最大，而当 $\varphi$ 偏离 $\varphi_0$ 后吸附量很快降低，甚至完全脱附。芳环和杂环化合物吸附的两种基本排列方式：

① 平卧式：电极正电荷。

② 直立式：电极负电荷。

有机物吸附后引起零电位移动，大多数向正电势方向移动。

## 5.4 电动现象

无论是胶体、多孔材料还是其他系统，界面处存在电荷的一个重要结果是，在与双电层的某些部分运动相关的外加电场的影响下，它们将呈现出某些现象。这些现象统称为电动现象，包括四个主要类别：电泳、电渗、流动电势、沉降电势，如图 5-23 所示。

在这四种情况中，最有实际意义的现象是电泳。多年来，已经开发了几种相对简单的电泳研究和应用技术，如今这些技术已成为许多科学技术领域的重要工具，包括胶体科学、聚合物科学、生物学和医学。电渗和流动电势的实际意义较小，研究也较少。由于实验困难，沉降电势相对较少受到关注。

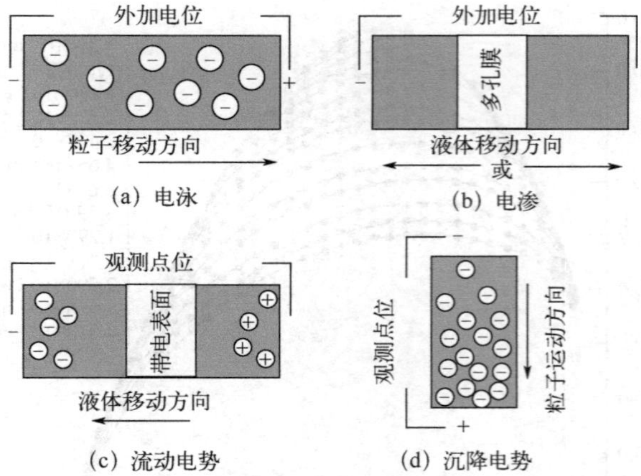


图 5-23　最常研究的四类电动现象

## 5.4.1 电泳

电泳（electrophoresis，EP），在电场的影响下，带电分子或粒子向带有相反电荷的电极方向迁移。在这个过程中，这些物质通常在水溶液中。由于不同的电荷和质量，混合物中不同的分子和颗粒将以不同的速度迁移，从而分离成单个部分。

1807 年，俄国莫斯科大学的斐迪南 · 弗雷德里克 · 罗伊斯（Ferdinand Frederic Reuss）发现电泳现象。1936 年，瑞典学者蒂塞利乌斯（Tiselius）设计制造了移动界面电泳仪，分离了马血清白蛋白的 3 种球蛋白，创建了电泳技术。Tiselius 因对电泳分析和吸附方法的研究，特别是发现了血清蛋白的组分而获得 1948 年诺贝尔化学奖。

电泳分离技术与色谱法一样分布广泛。利用电泳，可以使用相对有限数量的设备来实现高分离效率。它主要用于分析而非制备。

按分离原理的不同，电泳分为 4 类：移动界面电泳（moving boundary electrophoresis）、区带电泳、等电聚焦电泳和等速电泳。

**（1）移动界面电泳**

将被分离的离子（如阴离子）混合物置于电泳槽的一端（如负极），在电泳开始前，样品与载体电解质有清晰的界面。

电泳开始后，带电粒子向另一极（正极）移动，泳动速度最快的离子走在最前面，其他离子依电极速度快慢顺序排列，形成不同的区带。只有第一个区带的界面是清晰的，达到完全分离，其中含有电泳速度最快的离子，其他大部分区带重叠（图 5-24）。

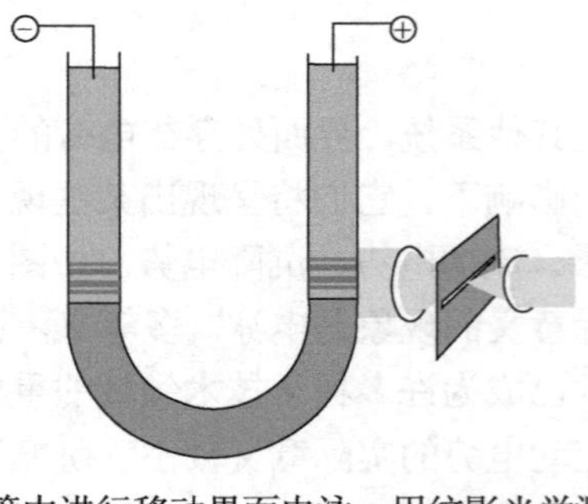

图 5-24　在 U 形管中进行移动界面电泳，用纹影光学测量电泳迁移率[13]

目前，自由溶液中的移动界面电泳主要用于基础研究，以确定精确的电泳迁移率，作为分离技术目前还没有多少实际意义。

**（2）区带电泳**

区带电泳（zone electrophoresis）一词是 Tiselius 为在电场中分离材料而命名的[14]。它是指有支持介质的电泳，待分离物质在支持介质上分离成若干区带，又称电色谱法（electrochromatography）或区域离子电泳。

带电颗粒在电场作用下于液体中移动，颗粒除受电场作用之外，也受到溶质颗粒与固相载体吸附作用的影响，其迁移是各种影响综合的结果。这是分离、分析大分子颗粒的一种有效方法。

区带电泳按支持介质的物理性状不同，又可分为纸和其他纤维膜电泳、粉末电泳、凝胶电泳与丝线电泳。其中，毛细管区带电泳是毛细管电泳最基本、应用最广泛的一种分离方式。区带电泳在现代研究和临床实验室中得到了广泛的应用。在该技术中，分析物混合物的组分完全分离以形成离散的区域或带，这些区域或带可以通过支持介质稳定或可以作为自由区存在。将分析物溶液作为点或带施加到介质上，电场使初始带通过迁移分离成组分带，如图 5-25 所示。

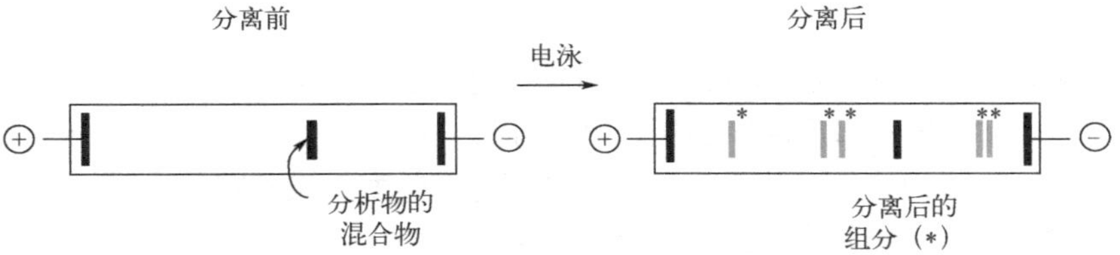


图 5-25　区带电泳示意图[15]

**（3）等电聚焦电泳**

将两性电解质加入盛有 pH 梯度缓冲液的电泳槽中，当其处在低于其本身等电点的环境中则带正电荷，向负极移动；若其处在高于其本身等电点的环境中则带负电荷，向正极移动。当泳动到其自身特有的等电点时，其净电荷为零，泳动速度下降到零。具有不同等电点的物质最后聚焦在各自等电点位置，形成一个个清晰的区带，分辨率极高。因此，待分离的物质必须具有不带电的等电点。

等电聚焦电泳（isoelectric focusing electrophoresis）的使用仅限于带正电与带负电的两性分子。蛋白质、酶和肽就是这样的两性分子。蛋白质的净电荷是氨基酸侧链所有负电荷和正电荷的总和，但蛋白质的三维结构也起作用。

**（4）等速电泳**

在样品中加有领先离子（其迁移率比所有被分离离子的大）和终末离子（其迁移率比所有被分离离子的小），样品加在领先离子和终末离子之间，在外电场作用下，各离子进行移动，经过一段时间电泳后，达到完全分离。

等速电泳（isotachophoresis）的意思是“以相同的速度迁移”。等速电泳的四个事实为：

① 所有离子以相同的速度迁移——当施加电场时，离子开始以迁移率最低的终止离子的速度迁移。

② 将组件分离为“离子列”——因为所有离子都被迫以相同的速度迁移，所以在迁移率较低的离子区域中场强较高，而在包含迁移率较高的离子区域中场强较低。

③ 区域锐化效果——自动形成尖锐的区域。

④ 浓度调节效果——它定义了在电场中边界迁移过程中，具有相同反离子 $R^+$的两个不同离子 $L^-$和 $A^-$之间边界处的条件。离子 $L^-$、$A^-$ 和 $R^+$ 的浓度 $c_{L^-}$ 和 $c_{A^-}$ 之比：

$$\frac{c_{L^-}}{c_{A^-}}=\frac{m_{L^-}}{m_{L^-}+m_{R^+}}\times\frac{m_{A^-}+m_{R^+}}{m_{A^-}} \tag{5-52}$$

式中，$m$ 为迁移率，以 $cm^2\cdot(V\times s)^{-1}$ 表示，并且在确定的条件下对于每个离子都是恒定的。

在外电场作用下，荷电粒子的移动速度 $u$ 与表面电势 $\zeta$ 和外电场 $E$ 的关系为：

$$u=\frac{\varepsilon\zeta E}{4\pi\eta} \tag{5-53}$$

测定电泳速度时，可用显微镜直接测定粒子的移动速度（注意显微镜所观测到的粒子尺寸大小）。观察电泳时，必须注意在管内产生的电泳流。因为在管壁和分散剂之间为电解质水溶液的界面，管壁上形成的双电层在外电场作用下产生电渗。因此，被观测粒子的移动速度应为电泳速度和由于电渗而引起的流体流动之和。流体的流动速度随离管壁的距离而不同，但因为管壁封闭，不是全部流体流动，所以，在离开管壁某一距离处，电渗流为 0 时，才能够测定电泳速度，此处的面称为静止面。对于半径为 $r$ 的圆形毛细管，静止面在 $x=r/\sqrt{2}$ 。$x$ 为离管壁的距离。

电泳依赖于在外加电场的影响下诱导带电物种之间迁移行为的可检测差异，由于其良好的特性组合，人们对将电泳技术应用于小型化微流体形式以生产便携式低成本的传统台式仪器非常感兴趣。预计经过努力将使电泳成为独立的“芯片实验室”设备的一个组成部分，具备能够执行各种复杂的化学、生物和生物医学分析的能力。

## 5.4.2 电渗

电渗（electroosmosis 或电渗流，通常缩写为 EOF）是液体通过施加电势在多孔材料、毛细管、膜、微通道或其他流体管道上引起的运动。

电渗中流体的流速分布与流体单元受力情况见图 5-26。

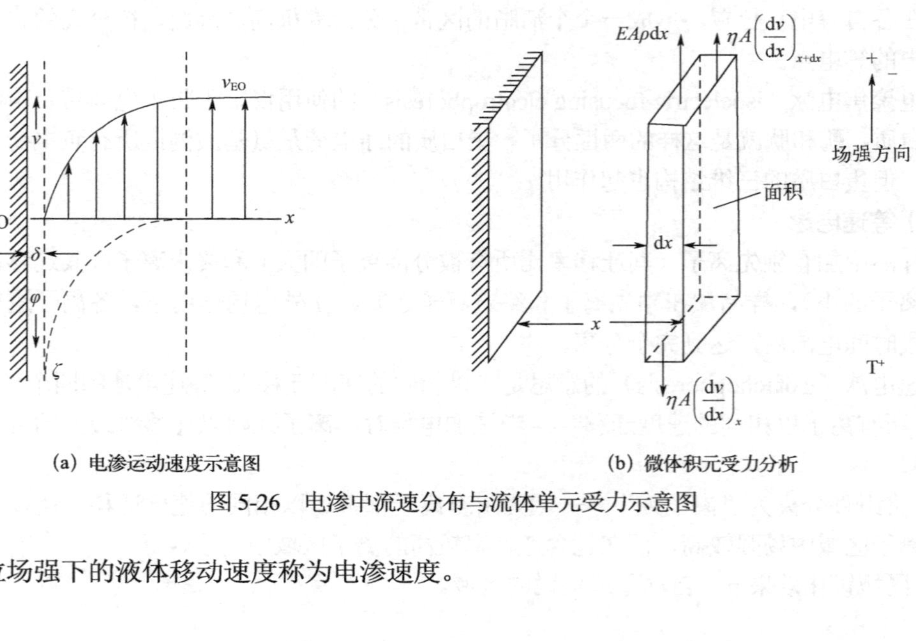


图 5-26　电渗中流速分布与流体单元受力示意图

单位场强下的液体移动速度称为电渗速度。

$$u_{EO}=\frac{v_\infty}{E}=\frac{\varepsilon\zeta}{\eta} \tag{5-54}$$

液体的电渗速度与固、液两相间的 $\zeta$ 电势成简单的正比关系，所以可以利用电渗来测量 $\zeta$ 电势，但此法只限于能形成毛细管或多孔介质的材料。

由于电渗速度与管道尺寸无关，在电渗实验中，所用的毛细管管径一般都远大于双电层的厚度，即电渗流动时双电层流体的流动可以不考虑。设毛细管的截面积为 $A$，则单位时间内流经毛细管的液体体积为：

$$q=Av_\infty=\frac{\varepsilon E\zeta}{\eta}A \tag{5-55}$$

电渗在小通道时最为显著。电渗是化学分离技术，特别是毛细管电泳技术的重要组成部分。在毛细管电泳色谱法中，流动相通过电渗的方式移动通过床，不需要昂贵的泵。另一个优点是电渗流动轮廓比流体动力学流动轮廓更平坦，因此导致溶质区的加宽较小。填料或开管毛细管柱通常用于此目的。

电渗可以发生在自然未过滤的水中，以及缓冲溶液中。

电渗技术在工业中常用于增强微流道内的流体混合，驱除产品中的水分，制备多孔介质材料，控制生物芯片中的液体薄膜移动等。

## 5.4.3 流动电势

当压力梯度（或任何其他机械致动）用于使毛细管（或通道）或多孔塞（带电的绝缘表面）中的液体运动时，双电层的扩散部分也随着流动而移动，并被剪切通过带电表面。由于离子的平流而产生的电流称为流动电流，随后离子向下游的移动会产生相反方向的电场，这种上下游之间产生的电位差就是流动电势（streaming potential）（图 5-27）。与这个电场相关的电势与流动的电流相反。这个过程是通过离子的反向传导发生的，在一定程度上也是通过电渗流发生的，这种与流动电流相反的电流称为泄漏电流。在很短的时间后，当泄漏电流与流动电流相等时，达到动态平衡条件，使得流体流动通过的限制区的总离子电流为零。在这种情况下，通过导管测量的电势差被称为流动电势[16]。

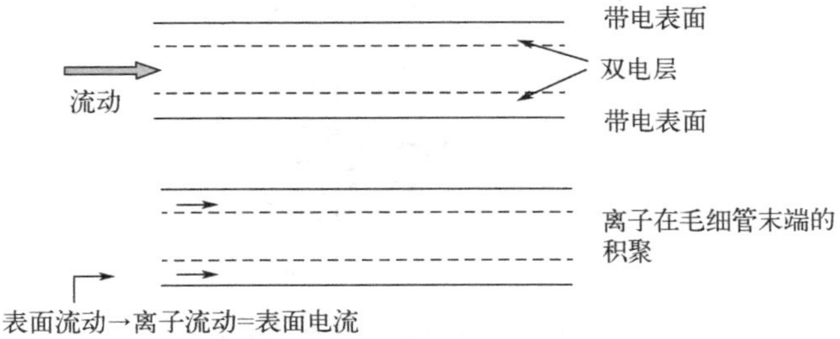


图 5-27　流动电势示意图

在一定的压力下使液体流经毛细管，用电位差计可测定管子两端产生的电势差。改变压力，测定流动电势。将流动电势对压力作图应得一直线，通过直线的斜率即可求得 $\zeta$ 电势。流动电势法适用于大粒子 $\zeta$ 电势的测定。流动电势可通过下式获得：

$$E=\frac{\zeta pD}{4\pi\eta\kappa} \tag{5-56}$$

式中，$\kappa$ 为溶液的电导率；$p$ 为施加的压力；$D$ 为介质的介电常数；$\eta$ 为溶液的黏度。

在电导很低的液体中可以产生出相当可观的流动电势，如在喷气飞机中，喷射燃料的快速流动可以产生火花。使用流动电势或流动电流测量来确定各种表面的 $\zeta$ 电势是一种标准做法。在地球物理领域，开发了基于井下流动电位测量的技术来监测碳氢化合物储层或油田中的流体流动。更普遍地，地球物理界对用于孔隙几何形状确定、监测地下流体流动和岩石-流体界面化学的流动电势测量非常感兴趣。此外，流动电势可能有助于监测和预测地震。高温高压下流动电势的研究也可用于地热勘探。这些对火山研究有启示。在生理学领域，骨骼通过间质液流对外部负荷做出反应的机制被认为是基于流动电势。流动电势也可能能够灵敏地指示椎间盘退变。在过滤过程中，流动电势可用于研究污垢现象对膜表面性质的影响。

影响流动电势的因素包括：毛细管的疏水效应、空间效应、热效应等。

### 5.4.4 沉降电势

带电颗粒在液体中的沉淀具有重要的工业意义。例如，当不带电的颗粒之间没有双电层相互作用时，它们的沉积速率受颗粒的体积浓度、颗粒和液体密度、液体黏度以及颗粒形状和大小影响。

带电球形颗粒在电解质溶液中的沉降比不带电的球形胶体颗粒更复杂。在悬浮在电解质溶液中的带电球形颗粒的悬浮液中，颗粒在重力作用下沉淀，每个颗粒周围的双电层被颗粒周围的液体流扭曲。如前所述，双电层由于液体运动而产生的变形被称为弛豫效应。

与不带电粒子在液体中的运动相比，每个带电粒子在电解质溶液中运动时携带过量的反离子。由于总电流必须为零，因此建立感应电场，使净电流变为零。当电极被放置在含有沉淀带电颗粒悬浮液的沉淀管的顶部和底部附近时，可以测量感应电势梯度。这种电势被称为沉降电势（sedimentation potential）。图 5-28 描述了带电球形颗粒在电解质溶液中的沉淀[17]。

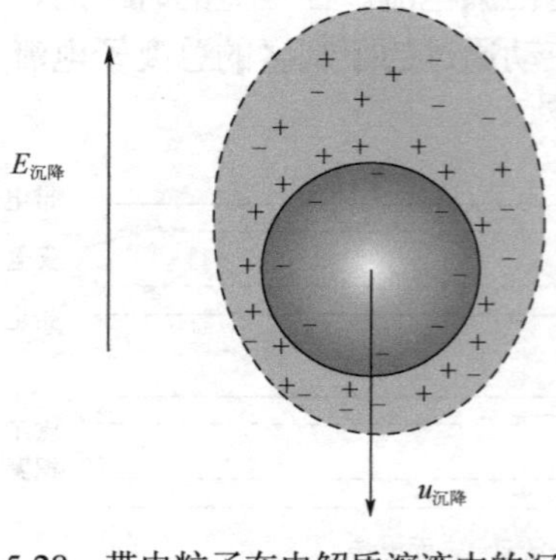


图 5-28　带电粒子在电解质溶液中的沉降

$$E_{\mathrm{Sed}}=\frac{\zeta(\rho_{\mathrm{p}}-\rho)\varphi_{\mathrm{p}}g}{\mu\sigma^{\infty}} \tag{5-57}$$

式中，$\varphi_{\mathrm{p}}$ 为粒子的体积分数；$\rho_{\mathrm{p}}$ 和 $\rho$ 分别是颗粒和电解质溶液（液体）的密度；$\sigma^{\infty}$ 是本体电解质溶液的电导率。

式（5-57）提供了由于带电球形颗粒的沉降而产生的沉降电势的测量方法。

## 5.5 其他电化学界面

除了上面讨论的离子导体和电子导体之间的界面外，在电化学研究领域，人们感兴趣的还有其他几种类型的界面[6]。

### 5.5.1 半导体电极：利用光化学技术捕获光的能量

固态物理学中的一个重要概念是费米能量（Fermi energy），即电子在费米能级（Fermi level）中的能量，温度为 0 K 时固体能带中充满电子的最高能级，常用 $E_F$ 表示。费米能量 $\Delta\varepsilon$ 本质上是固体的功函数，它是将电子从相中移除（到无穷大）所需的能量，表示外部电子的平均能量。在半导体中，费米能级位于导带和价带的能级之间，这取决于这些带的占有率。在本征半导体中，费米能级位于两个带的中间，因为导带中的电子数量等于价带中的空穴数量。在 n 型半导体中，费米能级刚好低于导带的能级，因为载流子——电子主要在导带中；相反，在 p 型掺杂半导体中，费米能级刚好高于价带的能级，见图 5-29。半导体的费米能级以类似于金属电极的标准电势控制其电子活性的方式反映半导体中的电子活性。

当化学电池的工作电极是金属时，总是有大量的电子参与电化学反应。然而，当电极是半导体时，情况不一定如此。例如，在 n 型半导体上很容易发生还原反应，因为有大量的导带电子，而氧化反应则是不会发生的，因为缺乏将电子接收到价带中的空穴。当然，p 型半导体的情况正好相反，因为它们丰富的空穴有助于氧化反应发生。

$$R(aq)+h^+(sc) = O(aq) \tag{5-58}$$

事实上，氧化速率不仅与界面处 R 的浓度成比例，还与那里价带空穴的浓度成正比。在更正的电势下和更常规的反应中，人们可以观察到代表空穴耗尽的极限电流。在更高的正电势下，更常规的反应开始发挥作用，电子进入导带。

$$R(aq) + e^-(sc) = O(aq) \tag{5-59}$$

尽管关于半导体的文献中没有使用“双电层”一词，但当半导体与水溶液接触时，通常会在半导体内部形成类似于 Gouy-Chapman 扩散区域的空间电荷（space charge）。通常，该区域的宽度为几纳米。然而，与溶液中的双层不同，扩散区域似乎没有任何致密层。如图 5-29 所示，离子导体并置引起强场，空间电荷是由此引起的电荷载流子的重新分布形成的。结果引起了导带和价带弯曲，即界面附近能带的能级在能量上与半导体内部深处的能级不同。如果水溶液中含有氧化还原对，电极电势将是可调节的，则半导体内的带可以在某种程度上“调谐”。特别地，它可以抑制带弯曲。实现这一点所需的电势被称为平带电势，它类似于传统电极中的零电荷电势。

在促进化学反应方面，半导体|离子导体结合处很少像其他类型的电极那样有效。对半导体电极的兴趣主要是由其他电极所不具备的一种特性引起的：它们吸收光能的能力。当光子的能量与半导体的带隙相匹配时，半导体可以捕获光子。当光子被吸收时：

$$h\upsilon \geqslant \Delta\varepsilon_{gap} = \varepsilon_{CB} - \varepsilon_{VB} \tag{5-60}$$

式中，$h$ 为普朗克常数；$\upsilon$ 为光的频率；$\varepsilon_{CB}$ 为导带能量；$\varepsilon_{VB}$ 为价带能量。

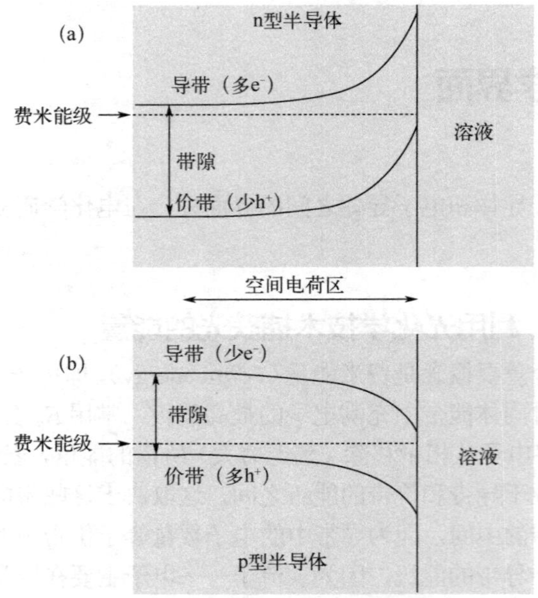


图 5-29　通过与离子导体接触而极化的半导体中的能级

(a) 在 n 型半导体中，形成了正的空间电荷，使导带和价带向上弯曲。正电荷是由导带中电子的耗尽和价带中空穴（稀疏的）补充富集提供的。(b) 当 p 型半导体获得负的空间电荷时，就会出现相反的情况

许多半导体存在与太阳光中的频率相对应的带隙——这就是它们在光伏电池中的作用。例如，硫化镉中的带隙为 2.4 eV，因此能够促使电子从价带跃迁到导带的最小光频率为：

$$v=\frac{\Delta\varepsilon_{\text{gap}}}{h}=\frac{Q_0\Delta E}{h}=\frac{1.60\times10^{-19}\,\text{C}\times2.4\text{V}}{6.63\times10^{-34}\,\text{J}\cdot\text{s}}=5.8\times10^{14}\,\text{Hz}$$

其对应于光的波长为 520 nm。在具有 n 型半导体工作电极的光电子化学电池中，光照的目的是增加价带中的空穴数量，从而允许在比其他情况下需要的更低的电池电压下发生氧化。使用 p 型工作电极被光辐照时，填充导带的电子更容易进行还原。

为了使光电化学具有实际应用，可以以多种方式配置两个电极单元，其中只有一个电极是半导体。在光伏化学电池中，目标是拥有一个将光能转换为电能的原电池。最简单的方式之一是具有 n 型光阳极。

$$\text{R(soln)}+\text{h}^{+}(\text{sc})\longrightarrow\text{O(soln)}\quad \text{半导体光阳极} \tag{5-61}$$

与传统阴极耦合：

$$\text{O(soln)}+\text{e}^{-}(\text{metal})\longrightarrow\text{R(soln)}\quad \text{传统阴极} \tag{5-62}$$

两者都利用相同的氧化还原电对。

## 5.5.2　液体|液体界面现象：“ITIES”之间的转移[6]

尽管已经研究了水溶液|离子液体界面，但大多数对两个离子导体之间连接的电化学研究都是用两种不混溶的液体进行的，每种液体都含有溶解的电解质，它们在结合界面处相遇。其中一种溶剂通常是水，为了确保不混溶性，另一种是疏水性有机溶剂，如硝基苯（$C_6H_5NO_2$）或 1,2-二氯乙烷[$(ClCH_2)_2$]。大多数简单的盐，例如 LiCl，很容易溶解在水中以提供离子，如 $Li^+(aq)$和$Cl^-(aq)$，从而赋予导电性，只有具有亲油性基团的大体积离子才能充分溶解在有机

液体中，提供充分的导电路径。例如，四苯基硼酸四丁基铵是产生这种离子的盐，即产生$(C_4H_9)_4N^+$（有机）和$(C_6H_5)_4B^-$（有机）。

ITIES（interface between two immiscible electrolyte solutions）代表两种不混溶电解质溶液之间的界面，通常用于描述电池中的界面，如图 5-30 所示。双电位稳压器用于四电极电池，允许在界面上施加已知的、恒定的或斜坡的电压，同时测量流过界面的电流。当在这种 ITIES 上施加适度的恒定电位时，由于电池完全极化，因此观察不到电流，反应或电子转移不可能发生。当然，界面是两个 Gouy-Chapman 型双电层的位置（每种液体中都有一个），并且在界面处也存在离子或分子吸附的可能性。因此，如果进行电势扫描，则可观察到对应于这些层的再充电的电流。

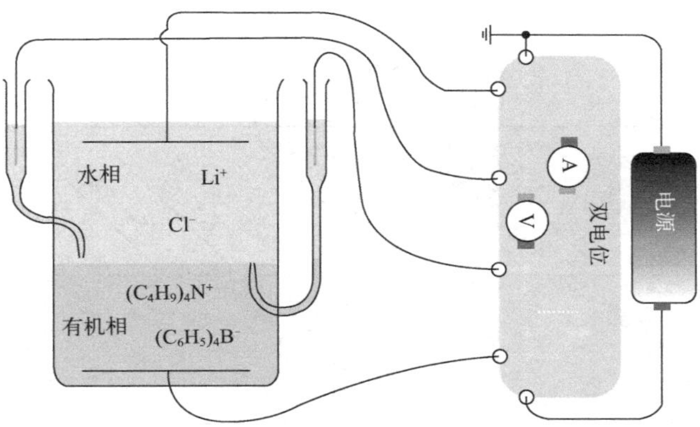


图 5-30　用于在疏水性有机溶剂中对氯化锂水溶液和四丁基硼酸铵溶液之间的界面进行电化学研究的装置示意图

两个参比电极都可以是通常的 Ag|AgCl|Cl⁻(aq) 类型，其中一个浸入四丁基硼酸铵溶液（有机层）中

如果施加更大的直流电压（约 200 mV），水层为正，一些四苯基硼酸根阴离子将克服其进入水层的阻力，从而产生离子转移电流。在更大的电势下，一些锂离子将逃离它们喜欢的水环境而渗入到有机相中，进一步增强了电流。

$$(C_6H_5)_4B^-(org) \rightleftharpoons (C_6H_5)_4B_6^-(aq) \tag{5-63}$$

$$Li^+(aq) \rightleftharpoons Li^+(org) \tag{5-64}$$

如果极性相反，则是阳离子从有机相进入水相。

$$(C_4H_9)_4N^+(org) \rightleftharpoons (C_4H_9)_4N^+(aq) \tag{5-65}$$

和/或阴离子进行相反旅程，促使电流在相反方向上流动。

$$Cl^-(aq) \rightleftharpoons Cl^-(org) \tag{5-66}$$

二茂铁$[(C_5H_5)_2Fe]$（通常缩写为 Fc）可溶于许多液体溶剂中，并且它很容易与二茂铁阳离子建立电子转移平衡。

$$Fc(soln) \rightleftharpoons e^- + Fc^+(soln) \tag{5-67}$$

因此在大多数溶剂中，这对电势已经成为在不同溶剂中测量电极间电势的公认方法。也就是说，在两种 ITIES 溶剂的一种溶剂中式（5-67）的标准电势等于在另一种溶剂中的标准电势。如果使用十甲基二茂铁$[(CH_3C)_5)_2Fe]$（decamethylferrocene，dmFc）作为替代校准剂，则可以获得完全相同的结果。图 5-31 显示了连接点范围以及几个氧化还原对如何融入该方案。

如果一个特定的离子 $i$ 在平衡时存在于 ITIES 的两侧，则 Nernst 定律的一个形式为：

$$\Delta E = \phi^{\mathrm{w}} - \phi^{\mathrm{o}} = \frac{\Delta G_i^{\mathrm{w}\to\mathrm{o}}}{z_i F} + \frac{RT}{z_i F}\ln\left\{\frac{a_i^{\mathrm{o}}}{a_i^{\mathrm{w}}}\right\} \tag{5-68}$$

式中，$\Delta G_i^{\mathrm{w}\to\mathrm{o}}$ 是伴随离子从水（上标 w）转移到有机液体（上标 o）中的标准摩尔 Gibbs 自由能变化。因此，ITIES 的研究可以用来确定 Gibbs 自由能，例如，将氯离子从水中转移到硝基苯中，标准 Gibbs 能变化为 $43.9\ \mathrm{kJ \cdot mol^{-1}}$。此外，可以采用在 ITIES 上施加电压来改变一个或两个相的表面组成。例如，可以将质子从水相“泵送”到含有亲油性碱 B 的有机相中，以实现图 5-32 所示的转移。由此，水相的局部 pH 增加，而有机相中 $B/BH^+$ 缓冲比的变化局部增强了有机相的酸度。

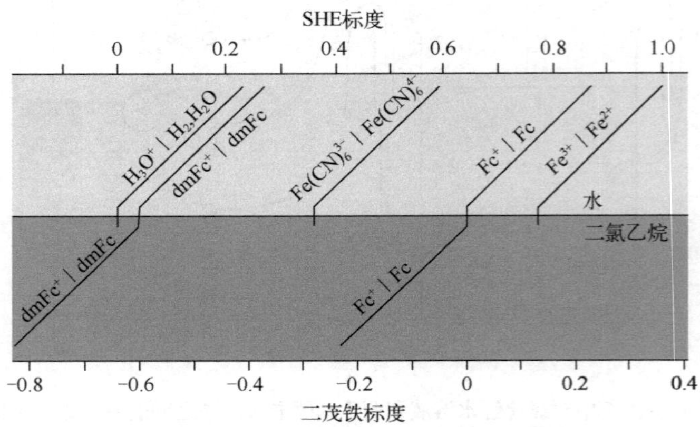


图 5-31　水 | 二氯乙烷界面处电势范围的协调

然而，ITIES 之间的平衡可能只是缓慢地建立起来。对有机阳离子乙酰胆碱从二氯乙烷通过其与水溶液的界面转移速率的研究，表明转移速率与 $\exp[\pm\alpha F\Delta E/(RT)]$ 成正比，$\alpha$ 值接近 0.5，反之亦然。因此，界面转移显示出与电子转移动力学的强烈相似性。

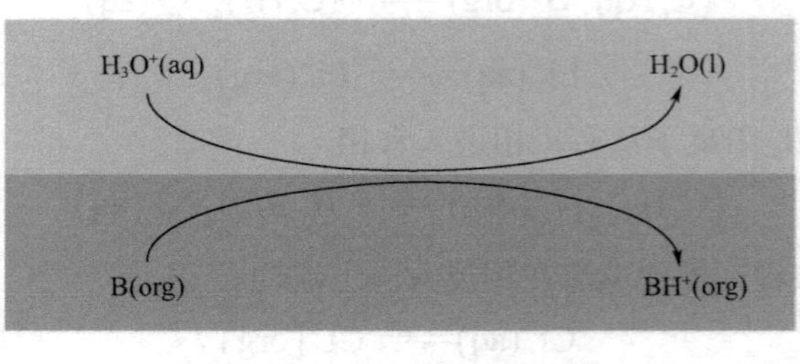


图 5-32　ITIES 上的质子转移 1

与离子选择电极的机制密切相关的是对 ITIES 促进传输的研究。离子载体缬氨酸霉素提供了促进剂的一个例子，它能够帮助钾离子穿过 ITIES 进入有机相中。如果没有促进剂，这个过程是缓慢的，但在缬氨酸霉素存在的情况下，会更快地接近平衡。

$$K^+(aq) \longrightarrow K^+(org) \tag{5-69}$$

可以设想可能出现这种便利化的几种机制，可能涉及以下过程。实验表明，在这种情况下，离子的配位完全发生在界面的有机侧，离子载体的作用是加速离子从双电层中扩散出来。当然，最终的平衡状态与机制的细节无关，并且必须满足控制各种平衡的定律。

$$V_m(org) \rightleftharpoons V_m(aq) \tag{5-70}$$

$$K^+(aq) + V_m(aq) \rightleftharpoons KV_m^+(aq) \tag{5-71}$$

$$KV_m^+(aq) \rightleftharpoons KV_m^+(org) \tag{5-72}$$

$$K^+(org) + V_m(org) \rightleftharpoons KV_m^+(org) \tag{5-73}$$

式中，$V_m$ 表示缬氨酸。

图 5-32 显示了在 ITIES 发生的质子转移，但电子可以类似的方式转移，如图 5-33 所示。显然，电子穿过界面，在水相中将六氰高铁酸盐（Ⅲ）还原为六氰高铁酸盐（Ⅱ），与完全在有机相中发生的二茂铁氧化为二茂铁阳离子相偶联，这被称为双相电子转移反应。这种 ITIES 与电极的相似性是显而易见的。但需要注意，尽管电极可以引起氧化或还原反应，但这两个过程在 ITIES 中同时发生。此外，具有此结果的过程不一定需要通过纯粹的异构化来发生。事实上，对于某些浓度的四种铁化合物，已经证明图中水|硝基苯界面反应包含了三个过程。

$$Fc(org) \rightleftharpoons Fc(aq) \tag{5-74}$$

$$Fc(aq) + [Fe(CN)_6]^{3-}(aq) \rightleftharpoons Fc^+(aq) + [Fe(CN)_6]^{4-}(aq) \tag{5-75}$$

$$Fc^+(aq) \rightleftharpoons Fc^+(org) \tag{5-76}$$

质子和电子在 ITIES 上的联合转移，如图 5-34 所示，也已经得到了证明。水相中的氧可以通过有机相中对苯二酚的氧化而被还原。使用图 5-30 中所示的装置，在 ITIES 之间施加的电势差可能会从根本上改变这样的过程。因此，在转移中施加的电压可以确定氧还原的产物是水还是过氧化氢。

某些离子和分子将在 ITIES 处吸附的预期很好地实现了。吸附，特别是表面活性剂的吸附，会导致 ITIES 的机械不稳定性：由两种液体之间的密度差提供的重力稳定性可能无法对抗因表面弯曲而增加接触面积的趋势。

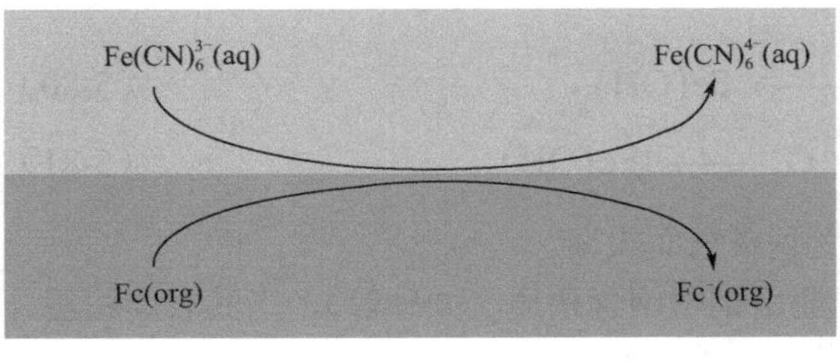


图 5-33 ITIES 上的电子转移 2

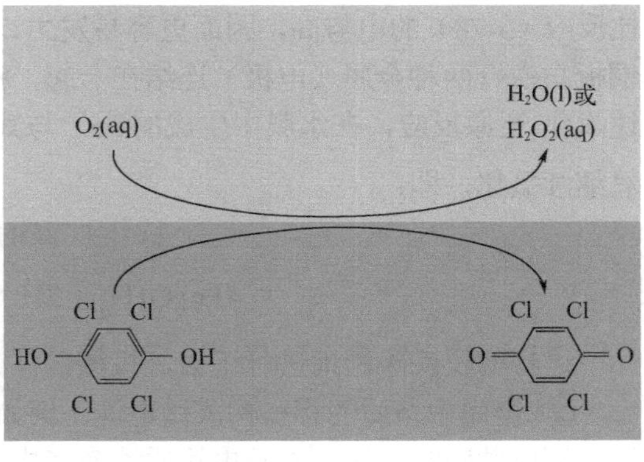


图 5-34 质子和电子在 ITIES 上的联合转移

由于 ITIES 已成为电化学家们的默认研究工具，因此通常使用循环伏安法的三角控制电位波形来研究 ITIES 中的现象。

# 5.6 金属的电化学腐蚀与防腐

## 5.6.1 金属的电化学腐蚀

金属的腐蚀原理有多种，其中电化学腐蚀是最为广泛的一种。当金属被放置在水溶液中或潮湿的大气中，金属表面会形成一种微电池，也称腐蚀电池。阳极上发生氧化反应，使阳极发生溶解，阴极上发生还原反应，一般只起传递电子的作用。

引起电化学腐蚀的主要原因有：

① 两种金属紧密接触。例如：在铜板上有一铁铆钉，其形成的腐蚀电池如图 5-35 所示。

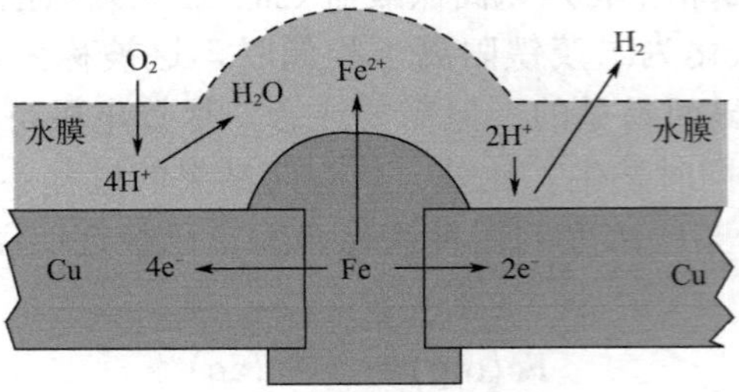


图 5-35 铁的电化学腐蚀示意图

铁作阳极发生金属的氧化反应。

$$Fe \longrightarrow Fe^{2+} + 2e^- \qquad (5\text{-}77)$$

同时在阴极铜上可能有如下两种还原反应：

$$2H^+ + 2e^- \longrightarrow H_2 \qquad (5\text{-}78)$$

$$O_2 + 4H^+ + 4e^- \longrightarrow 2H_2O \qquad (5\text{-}79)$$

对于式（5-78），由于有氢气放出，所以称为析氢腐蚀。而对于式（5-79），由于吸收氧气，所以也叫吸氧腐蚀。析氢腐蚀与吸氧腐蚀生成的 $Fe(OH)_2$ 被氧所氧化，生成 $Fe(OH)_3$，脱水生成 $Fe_2O_3$，铁锈。$E^{\ominus}(O_2|H^+,H_2O)=1.229$，在空气中氧分压 $p_{O_2}=21\ kPa$ 时，显然反应（5-79）比反应（5-78）的电势高，因而更容易发生。因此，钢铁制品在大气中的腐蚀主要是吸氧腐蚀。铜板与铁钉两种金属（电极）连结在一起，相当于电池的外电路短接，于是两极上不断发生上述氧化-还原反应，在水膜中生成的 $Fe^{2+}$ 与其中的 $OH^-$ 作用生成 $Fe(OH)_2$，接着又被空气中的氧继续氧化，即：

$$Fe^{2+} + 2OH^- \longrightarrow Fe(OH)_2 \qquad (5\text{-}80)$$

$$4Fe(OH)_2 + 2H_2O + O_2 \longrightarrow 4Fe(OH)_3 \qquad (5\text{-}81)$$

这样的反应不断地进行下去，机械部件就受到腐蚀而损坏。

② 金属中杂质的存在构成微电池。例如工业用钢材中含杂质（如碳等），当其表面覆盖一层电解质薄膜时，铁、碳及电解质溶液就构成微型腐蚀电池。

该微型电池中铁是阳极，发生反应由式（5-77）所示。碳作为阴极，在酸性介质中发生的反应由式（5-78）所示，而在碱性介质中，反应如下：

$$O_2 + 2H_2O + 4e^- \longrightarrow 4OH^- \qquad (5\text{-}82)$$

杂质与金属形成的微电池使铁不断被熔解而导致钢材变质。

最常见和经济上最具破坏性的腐蚀形式是铁的锈蚀。铁锈不是铁和氧之间反应的直接产物，而是通过复杂的电化学过程产生的。

③ 金属表面不同部位电解质溶液浓度不均匀形成浓差电池。如将两块金属铁电极放在稀 NaCl 溶液中，在一个电极表面通氮气，另一电极通空气，这时两电极间产生电势差并引起了电流的流动。该电池的电极反应为：

缺氧电极：阳极 $Fe - 2e^- \longrightarrow Fe^{2+}$

氧足电极：阴极 $O_2 + 2H_2O + 4e^- \longrightarrow 4OH^-$

在金属表面各处由于空气的充足程度不同而造成氧气浓度不同，这样形成的浓差电池致使金属腐蚀，这就解释了为什么裂缝处及水线下金属常易有明显腐蚀。图 5-36 显示了铁的腐蚀过程。

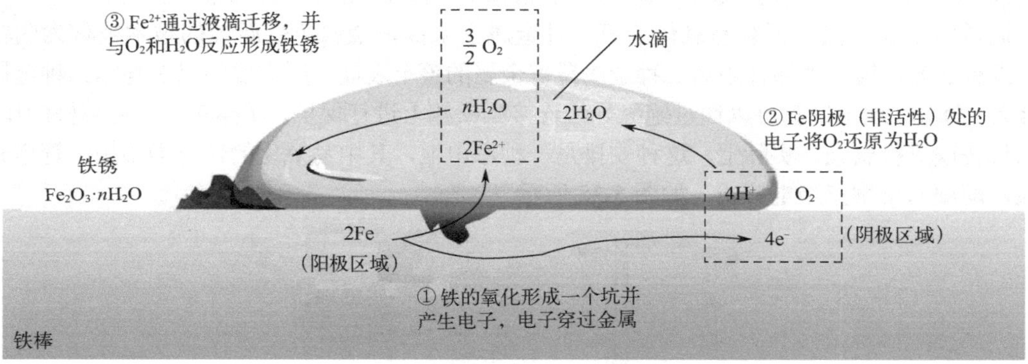


图 5-36 铁的腐蚀过程

当把锌板部分浸在稀的氯化钾溶液中时，会发现锌板下部很快受到腐蚀，但是紧靠在水线下面的那个区域通常却不受腐蚀。

## 5.6.2 金属的防腐

根据电化学腐蚀原理可知，只要破坏产生电化学腐蚀的条件之一，就能有效地阻止腐蚀的发生，这是防止电化学腐蚀的基本原理。另外，由于电化学腐蚀破坏的形式较多，每种破坏形式都有其产生的具体原因和条件，所以防止腐蚀的方法也是多种多样的，根据不同情况选用不同方法。生产中主要有以下几种：

① 非金属涂层——物理保护　一种方法是在材料表面涂覆耐腐蚀的非金属保护层，诸如油漆、油脂、树脂、珐琅等涂层覆盖金属表面，使金属与腐蚀介质隔开，当这些保护层完整时能起保护的作用。20 世纪 50 年代首先将合成树脂涂到钢管上，目前美国铺设的管线中有机涂层管道用量已增至 50%，年增长 10%。另一种方法是用磷酸盐、硫酸盐、铬酸盐或浓硝酸等处理表面以形成不溶性氧化膜，从而达到保护金属的作用。

② 金属保护层防腐——物理化学防护　在金属表面镀上稳定性更高的金属保护层，如镀锡、锌、铜、铬等。但当金属镀层破损时，电极电势较负的金属遭到腐蚀，如镀锌的铁，当镀层破损时锌被腐蚀，而镀锡的铁中当镀层破损时铁被腐蚀，如图 5-37 所示。

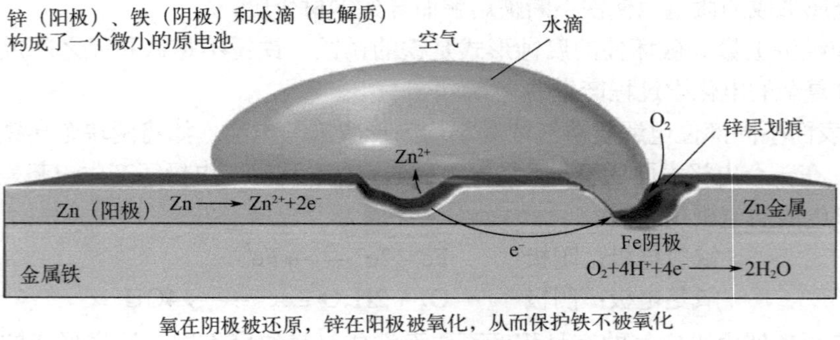


图 5-37　镀锌的铁

即使锌层被刮伤，锌层也能保护铁不被氧化

③ 电化学保护　电化学保护法可分为阴极保护和阳极保护两种形式。

通过将金属连接到更容易氧化的第二种金属上来保护金属免受腐蚀的技术被称为阴极保护。没有必要像镀锌铁那样用第二种金属覆盖金属的整个表面，所需要的只是与第二种金属的电接触。例如，地下钢管可以通过绝缘导线连接到镁棒上进行保护，镁棒起到牺牲阳极的作用，可以代替铁进行腐蚀。实际上，这种安排是一种原电池，其中易氧化的镁充当阳极，管道充当阴极，潮湿的土壤充当电解质，如图 5-38 所示。

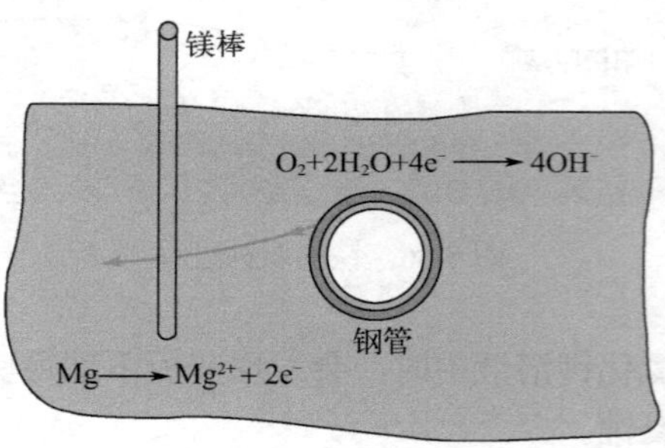


图 5-38　阴极保护防腐示意图

将被保护零件与外加直流电源的正极相连，用外加电流使阳极电位向正的方向变化，腐蚀速度迅速降低并保持一定的稳定低电位，从而使阳极钝化降低腐蚀，这就是阳极防护。凡是在某些化学介质中，通过一定的阳极电流，能够引起金属的钝化，原则上都可以采用阳极保护法防止金属的腐蚀。

# 5.7 展望

界面电化学是物理电化学的主要组成部分，它正朝着几个方向发展[18]。

要充分认识水在界面上的作用。水不仅是溶剂，而且参与大多数电化学催化过程。水网络对电解质物种极其敏感，电解质物种可以改变水分子参与电极反应的能力。很明显，阴离子可以在正电位为零电荷电位时吸附在电极上，这种强烈的相互作用可以掩盖阴离子作为水结构制造者或破坏者的影响。此外，应该注意的是，电化学中的吸附总是竞争性的，因为吸附质应该取代表面的水。

在许多情况下阳离子通常不太被特性吸附。然而，阳离子的影响是明显的，如阳离子引起的水网络的扭曲及其对反应性的影响，这在碱性溶液中得到了更多的证明。

作为一个重要的基石，我们必须定义电荷如何影响水本身的酸碱性质，以及界面上存在的弱酸，这些弱酸肯定会影响与所研究的分子的反应性竞争的吸附物种。我们必须意识到，界面处的性质发生了中断，金属侧的净电荷意味着溶液侧阳离子和阴离子分布的不对称，这对水网络有影响。这个问题还涉及没有净电荷的情况，因为众所周知，质子和氢氧根离子在水表面的浓度与本体中的浓度不同。

水在电解质中的移动速度比其他离子都快，我们必须使用快速扰动技术来解决这个问题，这肯定会涉及在初始平衡状态的短暂扰动后水网络的弛豫。激光加热实验提供了关于模型单晶电极界面性质的重要信息，包括成分和局部性质。激光加热可用于连接界面电荷、水重组和相关反应的动力学研究。

在研究电化学界面时，还有一个特别重要的点——表面清洁度。很明显，单晶研究需要非常干净的表面，所有表面原子的数量和性质都是已知的，并且应该与溶液接触，这一要求也应该在电催化研究中得到满足。

在处理双金属电极时电化学表征就会变得困难，在大多数情况下，双金属电极是比 Pt 更好的催化剂，但与纯金属相比，氢区域明显被修饰。双金属电极指纹伏安图的表征是一个挑战，并且与水在这些电极上离解机制的改变有关。

电化学与其他科学分支或新兴研究领域新出现的重叠应该通过最佳和充分的仪器以及新理论来解决。例如，改性表面活性剂和胶束系统的研究，这些系统目前被用作纳米反应器来合成纳米颗粒，其各种应用扩展到了医学、生物，以及环境领域。

涉及电子/质子转移的电化学反应发生在几种技术相关的环境中，如太阳能电池、能量转换和存储设备。在这些系统中，电子/质子转移由所施加的偏置电压控制，并导致复杂的电化学反应的发生。虽然实验提供了这些反应的大部分宏观电化学性质，但它们无法描述在原子尺度上发生的电化学过程。在这个层面上，对溶液中或金属界面上的电化学过程进行建模对于完全控制和理解在施加偏压下发生的反应机制至关重要[19]。因此，应该加强对物理化学模型的开发，这些模型在数学上描述电化学系统的行为，并且不能在已经提出的一般模型下进行处理。

电化学和电催化处于许多技术领域的前沿，这些领域与解决先进能源、个性化医疗和环境问题中遇到的巨大挑战有关。为了以合理的方式改进现有的电化学技术，理解和控制电化学界面的原子级性质至关重要。随着电极表面形态的变化，如单原子、原子簇、纳米粒子等，其表面结构发生变化，应了解表面的限域效应，包括电子限域、空间限域等，对电极的界面化学过程将产生怎样的影响，如：单个 Pt 原子是否像在本体 Pt 电极中那样对析氢反应（HER）表现出催化行为等。

## 参考文献

[1] Larios-Durán E R, Casillas N, Bárcena-Soto M. A brief summary of electrochemistry: from its beginnings to its present challenges[J]. Journal of Solid State Electrochemistry, 2020, 24(9): 2033-2034.

[2] Schmickler W, Santos E. Interfacial electrochemistry[M]. 2nd ed. Springer, 2010.

[3] Duan H N, Oluwatemitope F, Wu S P, et al. Li/Garnet interface optimization: An overview[J]. ACS Applied Materials & Interfaces, 2020, 12(47): 52271-52284.

[4] Pervez S A, Cambaz M A, Thangadurai V, et al. Interface in solid-state lithium battery: Challenges, progress, and outlook[J]. ACS Applied Materials & Interfaces, 2019, 11: 22029-22050.

[5] Xiong X S, Zhou Q, Zhu Y S, et al. In pursuit of a Dendrite-free electrolyte/electrode interface on Lithium metal anodes: A minireview[J]. Energy Fuels, 2020, 34: 10503-10512.

[6] Oldham K B, Myland J C, Bond A M. Electrochemical science and technology——Fundamentals and applications[M]. John Wiley & Sons, 2012.

[7] Butt H J, Graf K, Kappl M. Physics and chemistry of interfaces[M]. John Wiley & Sons, 2003.

[8] Lin S Q, Chen X Y, Wang Z L. Contact electrification at the liquid-solid interface[J]. Chemical Reviews, 2022, 122: 5209-5232.

[9] 顾惕人，朱步瑶，等. 表面化学[M]. 北京：科学出版社，1994.

[10] Considine G D. Van Nostrand's encyclopedia of chemistry[M]. 5th ed. John Wiley & Sons , 2005.

[11] Laughlin D, Hono K. Treatise on process metallurgy[M]. Elsevier, 2014.

[12] Doblhofer K, Mohilner D M. Electrosorption of 5-Chloro-1-pentanol at the mercury-solution interface[J]. The Journal of Phusical Chemistry, 1971, 76(11): 1698-1708.

[13] Westermeier R. Electrophoresis in practice[M]. 4th ed. John Wiley & Sons, 2005.

[14] Glick D. Methods of biochemical analysis, V. 1[M]. Interscience Publishers, Inc, 1977.

[15] Mikkelsen S R, Cortón E. Bioanalytical chemistry[M]. John Wiley & Sons, 2004.

[16] Vinoy K J, Ananthasuresh G K, Rudra Pratap, et al. Micro and smart devices and systems[M]. Springer Tracts in Mechanical Engineering, Springer India, 2014.

[17] Masliyah J H, Bhattacharjee S. Electrokinetic and colloid transport phenomena[M]. John Wiley & Sons, 2006.

[18] Feliu J M. Future tasks in interfacial electrochemistry and surface reactivity[J]. Journal of Solid State Electrochemistry, 2020, 24(9): 2073-2075.

[19] Melander M M, Laurila T T, et al. Atomic-scale modelling of electrochemical systems[M]. John Wiley & Sons, 2021.

# 第 6 章 表面活性剂和不溶性表面膜

## 6.1 表面活性剂概述

表面活性剂（surface active agent，通常写作 surfactant，缩写为 SAA）是一种由非极性基团（疏水部分）和极性基团（亲水部分）两亲结构构成的物质，见图 6-1。它能吸附在表（界）面上，在用量很少时即可显著改善表（界）面的物理化学性质，如降低界面张力或界面自由能，在浓度足够大时，能形成分子有序组合体，从而产生一系列应用。

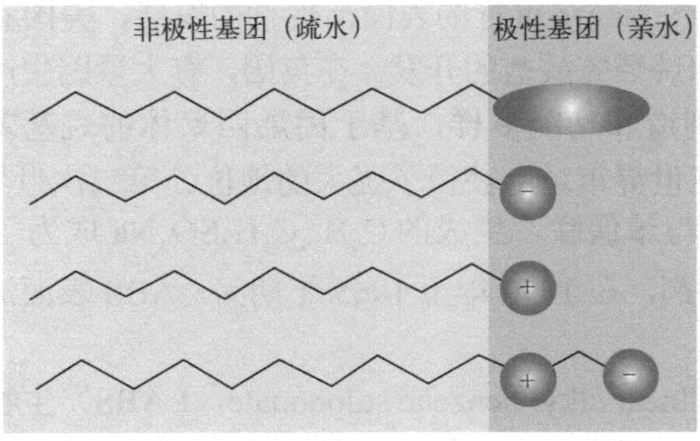


图 6-1　表面活性剂结构示意图

表面活性剂在界面上吸附的驱动力是界面自由能的降低。界面上表面活性剂的吸附程度以及表（界）面能的降低程度取决于表面活性剂的结构和界面上两相的性质。

表面活性剂也可聚集在溶液中形成胶束。胶束形成（或胶束化）的驱动力是烃链与水之间的接触减少，从而降低系统的自由能。在胶束中，表面活性剂的非极性基团指向聚集体的内部，极性基团指向溶剂。这些胶束处于动态平衡状态，表面活性剂分子和胶束之间的交换速率可能会随着表面活性剂的结构而变化几个数量级。

表面活性剂在许多工业领域中如洗涤、油漆、染料、农药、化妆品、选矿、食品、造纸、纤维和塑料等都有重要应用，其特点是用量少，功效大，因而有“工业味精”的美称。

此外，表面活性剂在石油工业中也发挥着重要作用，如在提高采油率和三次采油方面，其也用于环境保护如浮油分散剂中。表面活性剂与生命科学、能源科学、材料科学、环境科学，以及化学学科的各个分支都有着密切关系。

由于表面活性剂是在界面过程中起重要作用的物质，其分子有序组合体溶液又是一类极有特色的胶体，即缔合胶体，因此，表面活性剂化学是胶体及界面科学中很重要的一个组成部分，可以说是研究胶体科学和界面科学的桥梁。

### 6.1.1 表面活性剂的发展历史与现状

碱金属皂已经使用了 2000～2500 年，它就是一种表面活性剂。早在公元前 600 年，腓尼基人（Phoenicians）就将其用作贸易品，它们也被罗马人使用。早期的肥皂生产商使用动物脂肪、木屑和其他含有碳酸钾的植物灰来产生中和盐。当煮沸脂肪、灰烬和水的混合物时，脂肪被皂化成游离脂肪酸，随后被中和成盐。从严格的化学意义上讲，肥皂是由在水中溶解度有限的脂肪酸与碱金属或其他有机碱反应生成羧酸盐而形成的物质。

第一个被广泛报道的非皂类“合成”材料是硫酸盐或磺化油，利用的是表面活性。磺化蓖麻油，也称为“土耳其红油”，于 19 世纪末作为染色助剂引入，至今仍用于纺织和皮革行业。第一批传统上被归类为合成的通用表面活性剂是第一次世界大战期间在德国开发的，旨在克服动植物脂肪的短缺。这些材料是由丙醇或丁醇与萘反应，然后磺化制备的短链烷基萘磺酸盐。这些产品被证明只能作为洗涤剂使用，表现出良好的润湿特性，目前仍在出售。

在 20 世纪 20 年代末和 30 年代初，长链醇的硫酸化变得普遍起来。同样在 20 世纪 30 年代初，美国出现了以苯为芳香基团的长链烷基芳基磺酸盐。醇硫酸盐和烷基苯磺酸盐在当时都被用作清洁剂。到第二次世界大战结束时，烷基芳基磺酸盐几乎完全超过了用作一般清洁剂的醇硫酸盐，但醇硫酸盐开始成为洗发水和其他个人护理配方中的首选成分。

随着烷基芳基磺酸盐作为经济可行的表面活性剂的发展，美国和德国分别进行了牛磺酸（2-氨基乙磺酸）衍生物和烷烃硫酸盐的开发。在英国，有大量因生产石油馏分而衍生的仲烯烃硫酸盐，由于其易于制造和功能多样，基于丙烯四聚体的烷基苯磺酸盐（alkyl benzene sulphonate，ABS）很快在世界市场上获得了强大的地位。第二次世界大战后，丙烯四聚体，主要是支链的 $C_9H_{19}$ 烷基与苯偶联，生成的 $C_9H_{19}C_6H_4SO_3Na$ 成为了主要材料。因此，ABS 很快取代了其他基本洗涤剂，在 1950 年至 1965 年期间，ABS 表面活性剂占世界上使用的所有洗涤剂的一半以上。

线型烷基苯磺酸盐（linear alkyl benzene sulphonate，LABS）生物降解性更好，因此在生态环境上更容易接受。在大多数工业化国家，洗涤剂生产商自愿或通过立法，从 ABS 转向 LABS，作为其基本的洗涤剂组成部分。到 20 世纪 80 年代，超过 75%的合成洗涤剂都属于 LABS 家族。

如今，尽管洗涤剂和清洁产品等许多应用领域被认为是“成熟”行业，但生态、人口增长、时尚、原材料资源和市场吸引力的需求使表面活性剂技术和表面活性剂应用继续以健康的速度增长[1]。

目前全世界有 6000 多种表面活性剂，商品名上万种，年产量 1200 万吨以上。总体呈现平衡而缓慢的发展态势，北美和西欧市场饱和，亚洲和其他地区发展较快。

大约 60%的表面活性剂用于洗涤剂和清洁产品，从家用洗涤剂和清洁剂到个人护理和洗漱用品，以及机构和工业应用的一系列专业卫生产品。另外的 40%可广泛应用于不需要“去污剂”的农药和工业。

工业用表面活性剂所占比例的大小从一个侧面反映了一个国家工业的发达程度，表面活性剂在发达国家的工业应用占整个应用的一半以上。

我国表面活性剂合成制造起步于 1903 年，发展于 20 世纪 50 年代末 60 年代初，进入 90 年代发展较快。我国表面活性剂行业未来发展趋势为：①温和、环保将成为表面活性剂行业发展的主线；②生产工艺改进、节能降耗将成为企业的主要课题；③规模化竞争与品质竞争并存；④扩大表面活性剂的应用领域成为今后研究重点[2]。

作为一种普遍趋势，人们认为，表面活性剂的需求增长或多或少与人口和国内生产总值的增长有关，尤其是在世界发展中地区。预计这种相关性将在未来继续存在，因为表面活性剂对提高世界上很大一部分人口的生活质量很重要。美国、欧洲、日本和大洋洲大部分地区等发达、更“成熟”的市场地区的需求在消费量方面不那么活跃，尽管这些地区的更高监管水平不断推动该行业生产更有效、更可持续的材料。

## 6.1.2 表面活性剂的分类

表面活性剂有多种分类方式。如根据应用目的，可分为乳化剂、起泡剂、润湿剂、分散剂或类似物。对于仅使用表面活性剂某一种功能的用户来说，这样的分类具有明显的优势。然而，这并没有说明表面活性剂的结构与性能之间的关系，也没有对材料的其他可能用途提供太多指导。

### 6.1.2.1 按离子类型分类

通常根据亲水基团的性质对表面活性剂进行分类，可分为四大类，即阴离子型、阳离子型、两性型和非离子型。图 6-1 给出了这种分类的特征。

**（1）阴离子型表面活性剂**

阴离子型表面活性剂即亲水基团带负电荷，常见的如羧酸盐（$RCOO^-M^+$）、磺酸盐（$RSO_3^-M^+$）或硫酸酯盐（$ROSO_3^-M^+$）与磷酸酯盐等，如图 6-2 所示。

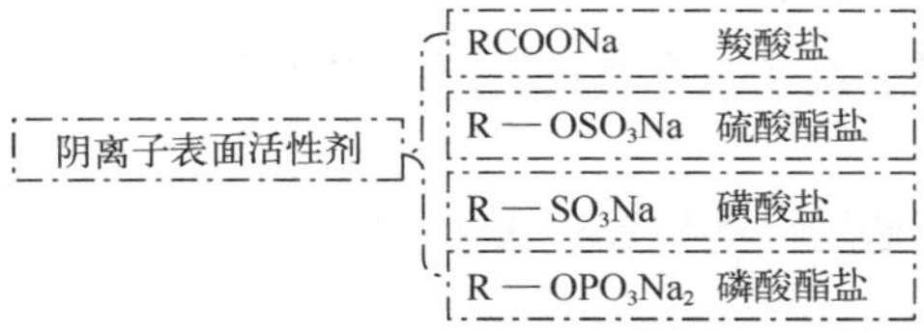


图 6-2 常见的阴离子型表面活性剂形式

羧酸盐：可能是已知最早的表面活性剂，它们形成了最早的肥皂，如硬脂酸钠（$C_{17}H_{35}COONa$）或硬脂酸钾、肉豆蔻酸钠（$C_{13}H_{27}COONa$）等。烃基可以含有不饱和部分，例如油酸钠（$C_{17}H_{33}COONa$），别名十八烯酸钠，其烃基链中含有一个双键，是橄榄油等制成的肥皂的主要成分。大多数商业肥皂是从牛油、椰子油、棕榈油等中获得的脂肪酸的混合物。这些简单肥皂的主要吸引力在于其低成本、易于生物降解和低毒性。它们的主要缺点是在含有二价离子（如 $Ca^{2+}$和 $Mg^{2+}$）的水中容易沉淀。

硫酸酯盐：是最大也是最重要的一类合成表面活性剂，由醇与硫酸反应产生。这类表面活性剂的性质取决于烷基链和硫酸盐基团的性质。最常见的硫酸酯盐表面活性剂是十二烷基硫酸钠（SDS），它被广泛用于基础研究和许多工业中。

磺酸盐：与硫酸酯盐相比，磺酸盐的硫原子直接连接到烷基的碳原子上，使分子具有抗水解的稳定性。烷基芳基磺酸盐是这类表面活性剂中最常见的类型（例如十二烷基苯磺酸钠），它们通常通过硫酸与烷基芳基烃反应制备。烷基苯磺酸钠是最大的一类合成表面活性剂，广泛用于家用洗涤剂以及各种工业中。洗涤剂配方中使用的其他磺酸盐表面活性剂有石蜡磺酸盐和$\alpha$-烯烃磺酸盐，后者通常被称为AOS。

还有一类特殊的磺酸盐表面活性剂是萘和烷基萘磺酸盐，它们通常用作分散剂。如：磺基琥珀酸二烷基酯钠。

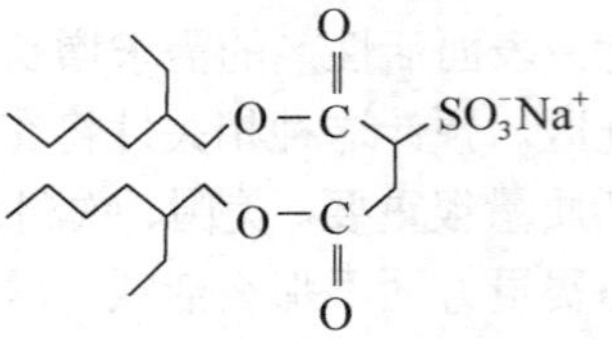

磷酸酯盐：烷基磷酸酯盐和烷基醚磷酸酯盐都是通过用磷酸化剂（通常是 $P_4O_{10}$）处理脂肪醇或醇乙氧基化物来制备的。烷基磷酸酯盐表面活性剂的物理化学性质取决于酯的比例。这类表面活性剂因其优良的防腐性能而被用于金属加工行业。

在表面活性剂的生产中，阴离子表面活性剂是产量最大、品种最多的一类产品。2021 年，全球表面活性剂消费量达到 1760 万吨，其中阴离子表面活性剂占比 53%[3]。阴离子表面活性剂的特点是在水中能生成疏水性的阴离子。肥皂是最大的单一表面活性剂，其次是线型烷基苯磺酸钠。即使肥皂被排除在外，就像统计数据中经常出现的情况一样，阴离子型表面活性剂仍然占主导地位。它们受欢迎的一个原因是容易制造和低成本。大多数洗涤剂配方用的是阴离子表面活性剂，$C_{12}\sim C_{18}$ 范围内的烷基和烷基芳基链表现出最佳去污力[4]。

从环境角度考虑，线型链是优选的，因为它们比支链更有效且更易生物降解。此外，阴离子表面活性剂与阳离子表面活性剂的兼容性有限（较短的表面活性剂具有更好的兼容性），通常对硬水敏感，其敏感性按羧酸盐＞磷酸盐＞硫酸盐≈磺酸盐的顺序降低。

阴离子基团和疏水尾部之间有短聚氧化乙烯链，如烷基醚羧酸盐：

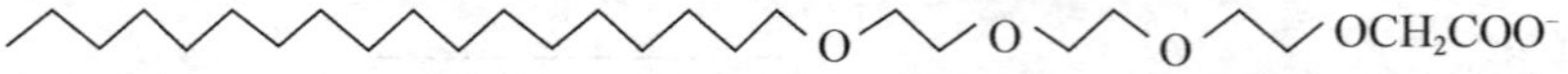

这种短的聚氧化乙烯链提高了其在有机溶剂中的溶解度，提高了其硬水耐受性，但可能降低生物降解速率。

烷基硫酸盐在低 pH 下通过自催化过程快速水解。其他类型是水解稳定的，除非使用极端条件。

**（2）阳离子型表面活性剂**

绝大多数阳离子型表面活性剂是基于携带电荷的氮原子，氨基和季铵基产品是最常见的。胺仅在质子化状态下起表面活性剂的作用，因此，它们不能在高 pH 下使用。阳离子型表面活性剂的形式如图 6-3 所示。

阳离子型表面活性剂中起作用的是阳离子，亦称阳性皂，它们具有如下特征。①结构：含有五个价电子数的氮原子；②特点：水溶性大，在酸性和碱性溶液中较稳定，具有良好的表面活性和杀菌作用；③应用：杀菌，防腐，如皮肤、黏膜、手术器械的消毒。

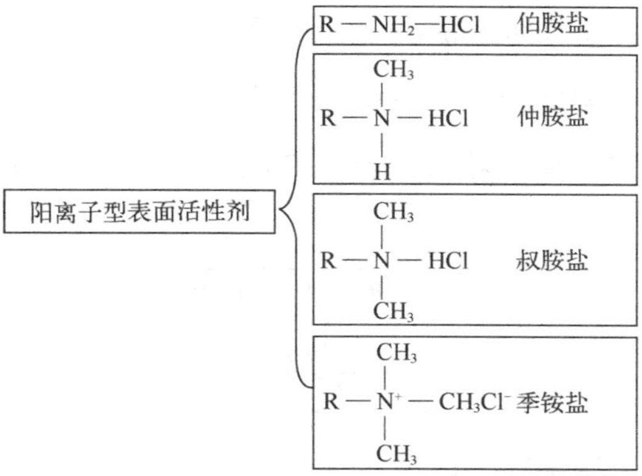


图 6-3 常见的阳离子型表面活性剂形式

一类常见的阳离子是烷基三甲基铵离子，$R(CH_3)_3N^+$，其中 R 含有 8～18 个 C 原子，如 $C_{12}H_{25}(CH_3)_3NCl$。另一类广泛使用的阳离子表面活性剂含有两个长链烷基，即二烷基二甲基氯化铵，烷基链含 8～18 个 C 原子。这类二烷基表面活性剂在水中的溶解度低于单烷基季铵化合物，但它们通常用作洗涤剂中的织物柔软剂。还有一种广泛用作杀菌剂的阳离子型表面活性剂，即十二烷基二甲基苄基氯化铵（有时称为苯扎氯铵——洁尔灭）：

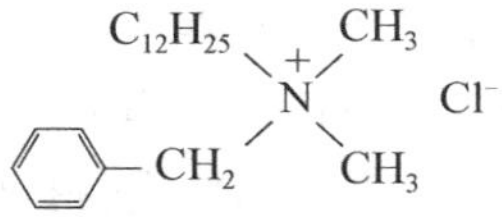

苯扎氯铵属非氧化性杀菌剂，具有广谱、高效的杀菌灭藻能力，能有效地控制水中菌藻繁殖。

咪唑啉也可以形成季铵盐，最常见的是二脂肪硫酸二甲酯季铵化衍生物：

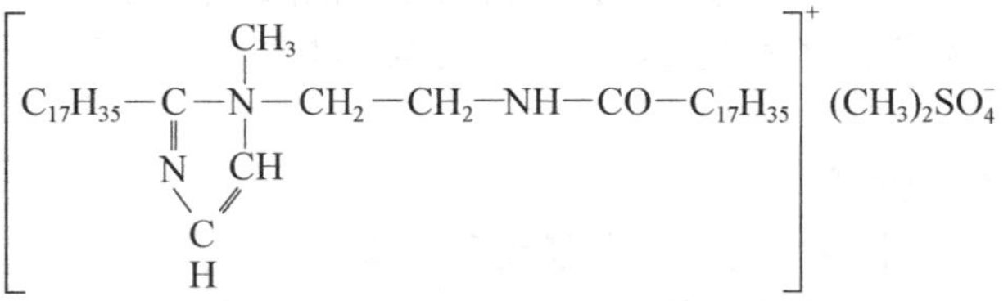

阳离子型表面活性剂也可以通过加入聚环氧乙烷链进行改性，例如十二烷基甲基聚环氧乙烷氯化铵：

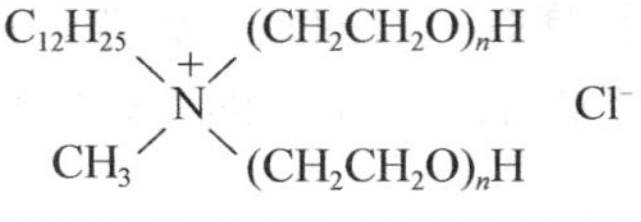

当只有一个长链烷基时，阳离子型表面活性剂通常是水溶性的。阳离子型表面活性剂通常对酸或碱是稳定的，它们与大多数阴离子型表面活性剂不相容，但与非离子型表面活性剂相容。只有一个长链烷基的阳离子型表面活性剂不溶于烃溶剂，但具有两个或两个以上长链烷基的可溶于烃溶剂。它们通常具有化学稳定性，并能耐受电解质。

阳离子型表面活性剂是第三大类表面活性剂，它们主要用作钢铁防腐剂、矿石浮选捕收剂、无机颜料分散剂、塑料抗静电剂、织物柔软剂、头发调理剂、肥料防结块剂和杀菌剂等。水解性能稳定的阳离子型表面活性剂比大多数其他种类的表面活性剂显示出更高的水生毒性。

**（3）两性（两性离子）表面活性剂**

两性离子表面活性剂含有两个不同符号的带电基团。带正电荷的基团几乎总是铵，负电荷的来源可能不同，羧酸盐是迄今为止最常见的，如图 6-4 所示。最常见的两性表面活性剂是 *N*-烷基甜菜碱，它是三甲基甘氨酸[$(CH_3)_3\overset{+}{N}CH_2COOH$，甜菜碱]的衍生物。甜菜碱表面活性剂的一个例子是月桂酰氨基二甲基甜菜碱[$C_{12}H_{25}CO\overset{+}{N}(CH_3)_2CH_2COOH$]。这些烷基甜菜碱有时被称为烷基二甲基甘氨酸。

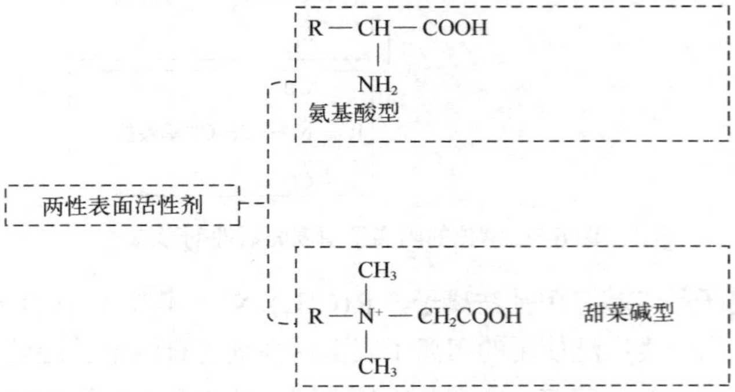


图 6-4　常见的两性离子表面活性剂形式

两性表面活性剂的电荷随 pH 变化，这自然会影响起泡、润湿、去污等性能。在等电点，物理化学行为通常类似于非离子型表面活性剂。在等电点以下和以上，分别向阳离子和阴离子性质逐渐转变。基于硫酸盐或磺酸盐（以及作为正电荷的季铵化氮）的表面活性剂由于硫酸的单烷基酯和烷基或烷基芳基磺酸的 $pK_a$ 值都非常低而保持两性离子直到非常低的 pH。

两性表面活性剂是四类表面活性剂中份额最小的，部分原因是其价格高。它们通常与其他类型的表面活性剂兼容，对硬水不敏感；它们在酸和碱中通常是稳定的，特别是甜菜碱，在高 pH 下仍可保持其表面活性；对眼睛和皮肤的刺激性都很低，因此，它们非常适合用于洗发水和其他个人护理产品。两性离子不具有净电荷，类似于非离子，在高电解质配方中能发挥良好作用。

**（4）非离子型表面活性剂**

非离子型表面活性剂中极性基团为聚醚或多羟基单元，常见的非离子型表面活性剂的形式如图 6-5。在这类表面活性剂中，聚醚基表面活性剂占主导地位，聚醚由环氧乙烷（EO）聚合制成的氧乙烯单元组成。极性链中氧乙烯单元的典型数量为 5～10，一些表面活性剂，例如用作分散剂的表面活性剂通常具有更长的氧乙烯链。胺氧化物和亚磺酰基表面活性剂代表具有小头基团的非离子型表面活性剂。最常用的起始原料是脂肪醇、烷基酚、脂肪酸和脂肪胺。

这类表面活性剂有几个通用名称，如乙氧基化脂肪醇、烷基聚氧乙烯、单烷基聚（环氧乙烷）二醇醚等。一个典型的例子是化学式为 $C_{12}H_{25}(OCH_2CH_2)_6OH$（有时缩写为 $C_{12}E_6$）的十二烷基六氧基乙二醇单醚。在实践中，起始醇具有不同的烷基链长度，所得乙氧基化物将具有不同的环氧乙烷链长度。因此，通常文献中列出的数字指的是平均数。

基于多羟基（基于多元醇）的表面活性剂的实例是蔗糖酯、山梨醇酯、烷基葡糖苷和聚甘油酯，后者实际上是多元醇和聚醚表面活性剂的组合。多元醇表面活性剂也可以乙氧基化（聚氧乙烯基化），如山梨醇的脂肪酸酯（商品名为 Span）和相应的乙氧基化产物（称为 Tween）。山梨醇脂肪酸酯的五元环结构是由山梨醇在生产过程中脱水形成的。山梨醇酯表面活性剂是可食用的，因此可用于食品和药物。

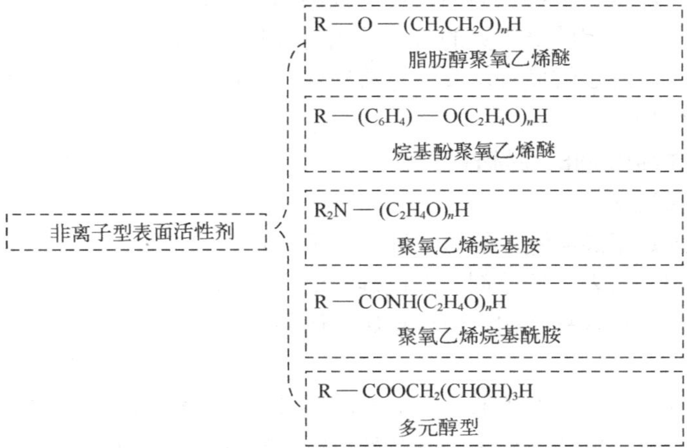


图 6-5　常见的非离子型表面活性剂形式

Span 系列的非离子型表面活性剂的结构如图 6-6 所示。

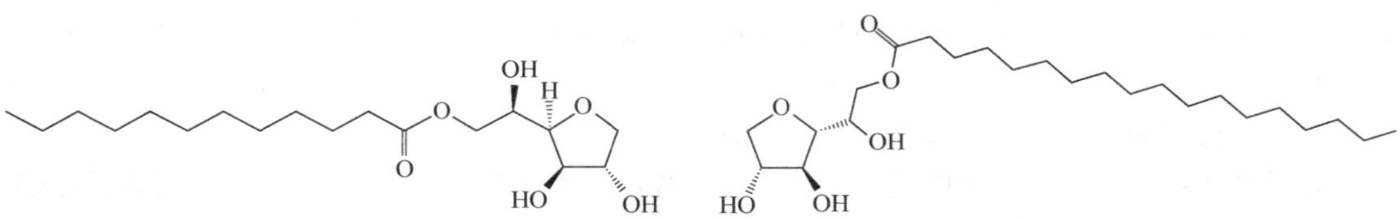


(a) 失水山梨醇单月桂酸酯——Span 20　　(b) 失水山梨醇单油酸酯——Span 80

图 6-6　Span 系列单酯表面活性剂结构

分子中的游离 OH 基团可以被酯化，产生二酯和三酯，如：失水山梨醇三硬脂酸酯（Span 65）和失水山梨醇三油酸酯（Span 85）。

Tween 系列表面活性剂有很多，如：聚氧乙烯失水山梨醇单月桂酸酯（Tween 20）、聚氧乙烯失水山梨醇单棕榈酸酯（Tween 40）、聚氧乙烯失水山梨醇单硬脂酸酯（Tween 60）、聚氧乙烯失水山梨醇单油酸酯（Tween 80）、聚氧乙烯失水山梨醇三硬脂酸酯（Tween 65）、聚氧乙烯失水山梨醇三油酸酯（Tween 85）等。

山梨醇酯不溶于水，但溶于大多数有机溶剂。聚氧乙烯基化产物通常可溶于水并且具有相对高的亲水亲油平衡值（HLB）。山梨醇酯及其聚氧乙烯基化衍生物的主要优点之一是其被批准可作为食品添加剂。它们也被广泛用于化妆品和一些药物制剂中。

此外，还有乙氧基酯类和油类、乙氧基胺类、环氧乙烷-环氧丙烷共聚物（EO/PO）、单糖和多糖衍生的表面活性剂等。

非离子型表面活性剂的重要性在于：①非离子型表面活性剂是第二大类表面活性剂；②它们通常与其他类型的表面活性剂相容；③它们对硬水不敏感；④与离子型表面活性剂相反，它们的物理化学性质不受电解质的显著影响；⑤乙氧基化物的物理化学性质非常依赖于温度，与大多数有机化合物相反，它们在更高的温度下变得不太溶于水，更疏水。

#### 6.1.2.2　按疏水基的种类分类

通常，疏水基团的性质可能比亲水基团的性质变化更大。它们通常是长链烃基，如：直链烷基、支链烷基、烷基苯基、烷基萘基、松香衍生物、高分子量聚氧丙烷基、长链全氟（或高氟代）烷基、聚硅氧烷基、生物表面活性剂、天然和合成聚合物的衍生物。

这类表面活性剂中使用的最常见的疏水基团是具有8～20个碳原子的烃基。商业上，这类材料有两个主要来源，既足够便宜，又有足够数量，经济上可行：生物来源，如农业和渔业；石油工业（最终是生物）。

#### 6.1.2.3　按表面活性剂的特殊性分类

**（1）元素表面活性剂**

元素表面活性剂是指碳氧链上的氢（碳）原子被其他元素所代替，而显现出与普通表面活性剂不同的性能，如氟碳表面活性剂、有机硅表面活性剂。

氟碳表面活性剂具有各种结构，由全氟烷基链和阴离子、阳离子、两性基团和聚环氧乙烷极性基团组成。

有机硅表面活性剂是那些具有聚（二甲基硅氧烷）骨架的表面活性剂，它们是通过将水溶性或亲水性基团结合到硅氧烷骨架中来制备的。后者也可以通过在末端或沿着聚硅氧烷骨架引入链烷烃疏水链来改性。将亲有机基团结合到聚（二甲基硅氧烷）骨架中可以得到在有机溶剂中表现出表面活性的产物。

这些表面活性剂可以将水的表面张力降低到20 $mN \cdot m^{-1}$以下。氟碳和有机硅表面活性剂有时被称为超级润湿剂，因为它们会增强水溶液的润湿和铺展。但它们比传统的表面活性剂贵得多，并且仅用于低表面张力是所需性质的特定应用中。

**（2）高分子表面活性剂（聚合物表面活性剂）**

分子量在数千到一万以上的具有表面活性的物质一般称为高分子（或聚合物）表面活性剂，其种类很多，可分为阴、阳、两性及非离子等多种类型。

① 天然高分子表面活性剂，如：阿拉伯树胶、皂、蛋白质（大豆蛋白、牛乳）。

② 部分合成高分子表面活性剂，如：羧甲基纤维素、羧甲基淀粉。

③ 合成高分子表面活性剂，如：聚乙烯醇、聚丙烯酸盐、聚丙烯酰胺。

环氧乙烷-环氧丙烷共聚物（EO/PO）的结构为：

$$HO(CH_2CH_2O)_n-(\underset{\displaystyle CH_3}{\underset{|}{CH_2CHO}})_m-(CH_2CH_2)_nOH$$

缩写为：$(EO)_n(PO)_m(EO)_n$，其中$n$和$m$系统地变化。

当原料为甘油或乙二胺时，可形成三官能团或四官能团产品。

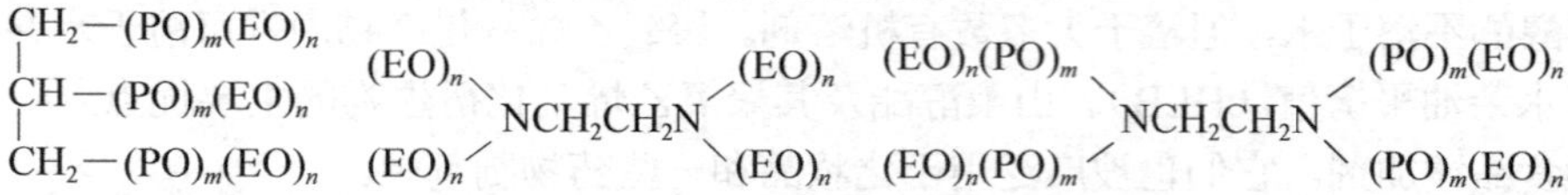

高分子表面活性剂的性质不仅与分子量有关，而且与单体的组成有关。一般具有以下特点：①降低表面张力的能力小，多数不形成胶束；②渗透力弱；③起泡力差，但形成的泡沫稳定；④乳化力好；⑤分散力和凝聚力优良；⑥多数低毒或无毒。

**（3）生物表面活性剂**

由酵母、细菌作用于培养液，生成的有特殊结构的表面活性剂。

① 糖脂系：鼠李糖脂、海藻糖脂、槐糖脂；

② 酰基缩氨酸系：硫放线菌素、脂缩氨酸。

**（4）天然表面活性剂**

天然表面活性剂多来自动植物体，为较复杂的高分子有机物。由于其亲水性强，因而能形成乳浊液。这类物质多有较高的黏度，有益于乳化稳定性，如卵磷脂、胆甾醇、羊毛脂、茶皂素、蛋白质、皂苷类、糖类及烷基多苷等。许多天然生物表面活性剂具有许多不寻常的结构，很难纳入简单的分类方案。

以单糖或低聚糖为原料，通过与多功能羟基反应，合成了几种表面活性剂。此类表面活性剂一般降低表面张力的能力较小，乳化能力也不尽相同。最有趣的糖表面活性剂是烷基糖苷（APG），其结构示意图如图 6-7 所示。

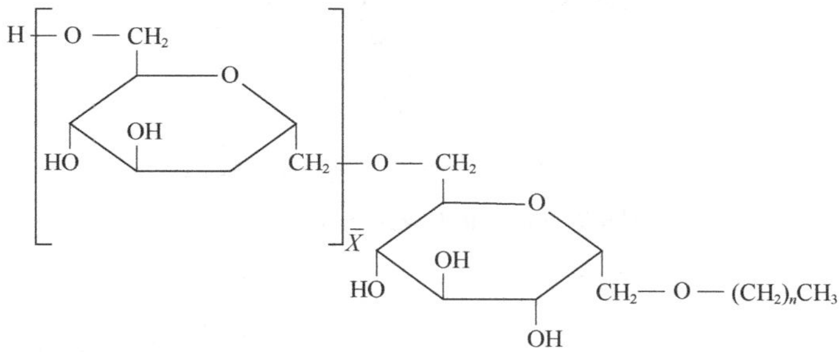


图 6-7　APG 分子结构示意图

APG 表面活性剂的性质取决于烷基链长度和平均聚合度，它们在水中具有良好的溶解性和高浊点（＞100 ℃），在中性和碱性溶液中稳定，但在强酸性溶液中不稳定。APG 表面活性剂可以耐受高电解质浓度，并与大多数类型的表面活性剂相容。

**（5）冠醚型表面活性剂**

冠醚型表面活性剂是以冠醚作为亲水基团，且又在冠醚环上连接有长链烷基、苯基等疏水基团的化合物及其衍生物，属于大环多醚化合物，是一类特殊结构的聚醚。图 6-8 列出了三种代表性冠醚型表面活性剂的结构示意。

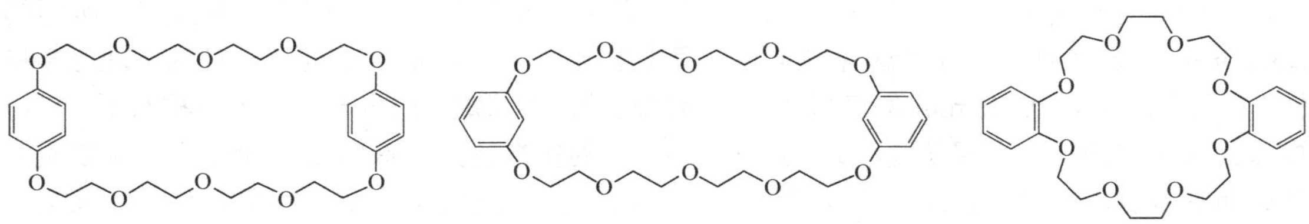

(a)　(b)　(c)

图 6-8　双（对-苯基）-34-冠-10（a），双（间-苯基）-32-冠-10（b）和双二苯并-24-冠-8（c）[5]

冠醚能与多价金属离子络合，用作相转移催化剂、萃取剂等。

## 6.1.3　新型表面活性剂

绝大多数表面活性剂只含有一个极性头基团。但人们对某些二聚表面活性剂也产生了相当大的研究兴趣，这些表面活性剂含有两个疏水性尾部和两个通过短间隔区连接在一起的亲水头基团，即含有双亲油基双亲水基的两亲物。这类表面活性剂通常被称为 Gemini（拉丁语中“双子”的意思）型表面活性剂，其结构如图 6-9 所示。Gemini 型表面活性剂也称为双表面活性剂、二聚体表面活性剂或二元表面活性剂，图 6-10 为一些代表性结构。

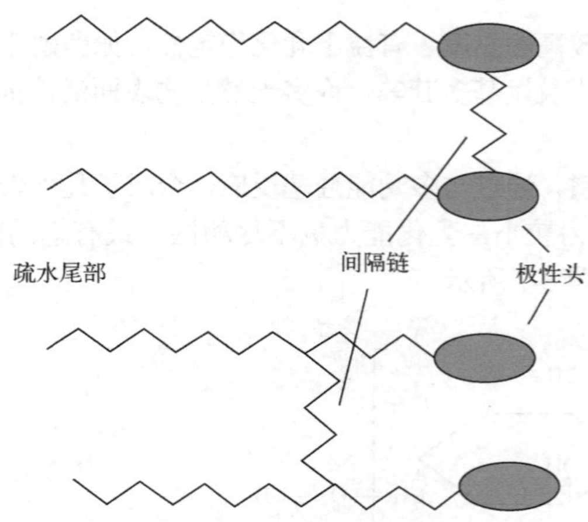


图 6-9　Gemini 型表面活性剂结构[1,4]

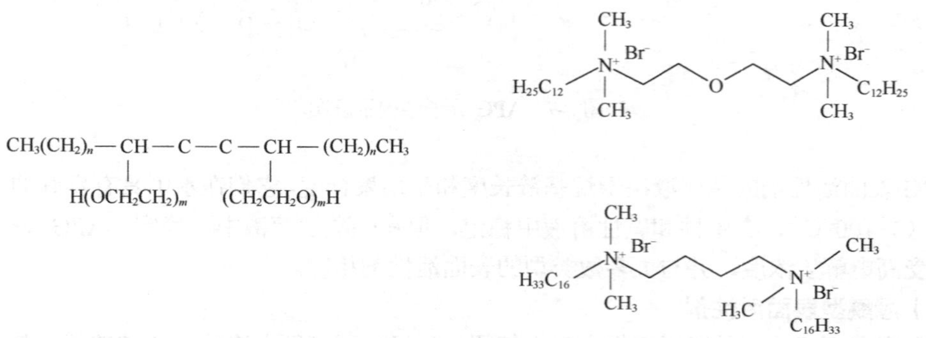

图 6-10　Gemini 型表面活性剂的一些代表性结构

间隔链可以是亲水性的或疏水性的、刚性的或柔性的，可将两个部分在头部基团处或在头部基团附近结合在一起。将两个表面活性剂部分连接到其疏水尾部的末端会产生所谓的 Bolaform 型表面活性剂，并且这种物质的物理化学性质与 Gemini 型表面活性剂的物理化学特性非常不同。大多数 Gemini 型表面活性剂由相同的两半组成，但也合成了不对称双子，它们要么具有不同的疏水尾部长度，要么具有不同类型的极性基团（杂 Gemini 型表面活性物质），要么两者皆有。由单一表面活性剂还可以进一步合成三表面活性剂、四表面活性剂等高级低聚物。

与相应的单体表面活性剂相比，Gemini 型表面活性剂的 CMC 值较低，它们可在非常低的浓度下自组装。与具有相同疏水尾部长度的普通表面活性剂相比，它们可以以更低的浓度使用。事实确实如此，如在防腐方面，常规阳离子表面活性剂和 Gemini 型表面活性剂都可以提供非常有效的腐蚀保护，但 Gemini 型表面活性剂的使用量可以低几个数量级。

### 6.1.4　表面活性剂的经济性

在为给定应用选择表面活性剂时，经济因素与表面活性几乎同等重要。除非表面活性剂的成本与系统的其余部分相比微不足道，否则通常会选择能产生所需效果的最便宜的材料。然而，经济性并不是唯一的考虑因素，因为系统的最终性能可能至关重要。为了做出合理的选择，需具备一些基础知识：①必须控制的表面和界面现象；②表面活性剂选择的特征化学和物理性质；

③可用表面活性剂的结构性质及其对相关界面现象的影响；④对可用材料使用的限制，例如食品、化妆品或药品；⑤表面活性剂选择的经济限制。

例如需要具有良好清洁作用的显影剂，应具备低发泡特性并且在医院中应用时几乎不会或不会产生皮肤刺激，且必须超越经典的烷基苯磺酸钠洗涤剂（通常高发泡，产生皮肤刺激的可能性相对较高）。因此可能考虑一种成本稍高，但几乎不会产生泡沫和刺激的非离子材料。在这种应用中，成本的重要性应该低于功能。

另外，早期的合成洗涤剂会产生严重的环境问题。例如，在河流和污水中起泡。残余影响可追溯到疏水基团中高度支化的烷基链的低生物降解性。经过广泛的研究，发现由 $\alpha$-烯烃制备的直链烷基苯磺酸盐更容易降解，产生的残留问题更少，并在很大程度上取代了商用洗涤剂中的支链类似物。

表 6-1 列出了它们的一些主要应用领域。随着对产品和工艺添加剂（如表面活性剂）的技术和法律要求的增加，我们显然需要了解这些材料的化学结构与其在特定环境下的物理表现之间的关系，这一点更加重要。

**表 6-1　SAA 的一些主要现代应用**

| 工业 | 消费品 | 工业 | 消费品 |
|---|---|---|---|
| 农业作物 | 黏合剂 | 润滑 | 蜡和抛光剂 |
| 建筑材料 | 清洗液 | 脱模剂 | |
| 水泥添加剂 | 化妆品 | 矿石浮选 | |
| 煤的流态化 | 消毒剂 | 造纸 | |
| 涂料和流平添加剂 | 食品和饮料 | 石油开采 | |
| 电镀 | 家庭清洁和清洗 | 印刷和印刷油墨 | |
| 乳液聚合 | 油漆 | 表面处理 | |
| 平面艺术 | 中西药品 | 纺织品 | |
| 工业清洁 | 摄影产品 | 防水 | |
| 皮革加工 | 肥皂、洗发水、面霜 | | |

### 6.1.5　环境中的表面活性剂

表面活性剂应用非常广泛，给生产与生活带来了极大的方便。但当它们进入环境后，需要考虑它们对环境的友好性。

生物降解是由自然界中的细菌进行的。通过酶促反应，表面活性剂分子最终转化为二氧化碳、水和其他元素的氧化物。对于表面活性剂，脂肪酸的生物降解速率最快为 1～2 小时，直链烷基苯磺酸盐为 1～2 天，支链烷基苯磺酸盐则为几个月。生物降解的速率取决于表面活性剂的浓度、pH 和温度。温度效应尤其重要，因为在北欧，夏季和冬季的温度变化率可能相差五倍之多。

对于表面活性剂，这种降解可分为两个阶段：①初级降解，是导致表面活性损失的主要降解。表面活性剂上疏水基团的性质决定了其对生物作用的相对敏感性，而亲水基团的性质和附着模式具有次要作用。②最终生物降解，即转化为二氧化碳。

生物降解的另一个重要因素是烷基链中存在可裂解键，这取决于支链。烷基链的广泛分支往往会降低生物降解的速率，这可能是由于空间位阻阻止了表面活性剂分子接近酶的活性位点。表面活性剂结构与生物降解性的关系在下一节将做进一步说明。

# 6.2 表面活性剂的作用原理

表面活性剂产生的特殊作用主要来源于两个方面：一方面是**降低体系的表面张力**；另一方面是在溶液的体相形成**胶束或胶团**。

## 6.2.1 表面张力与表面活性

### 6.2.1.1 表面活性剂的结构特点

前文已经叙述，表面活性剂不论属于何种类型，都是由性质不同的两部分组成。一部分是由疏水亲油的碳氢链组成的非极性基团，另一部分为亲水疏油的极性基团。这两部分分别处于表面活性剂分子的两端，为不对称的分子结构（图 6-11）。

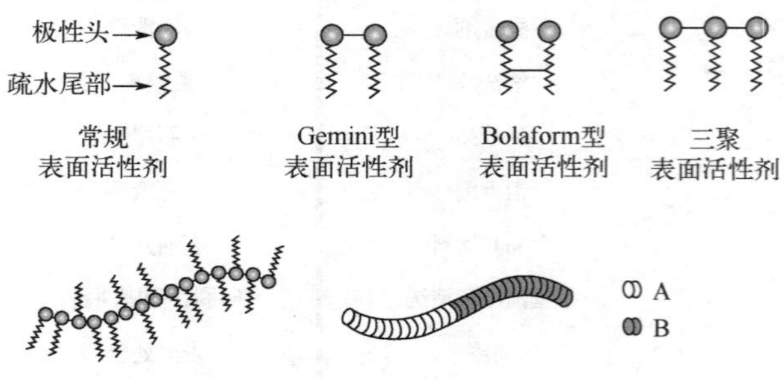


图 6-11　常见的 SAA 分子结构示意图

表面活性剂分子的结构特征使其在水溶液中很容易被吸附于气-水（或油-水）界面上形成独特的定向排列结构。

表面活性剂在溶液中超过某一特定浓度时（界面吸附达到饱和）可通过碳氢键的疏水作用（hydrophobic interaction）或“疏水效应”缔合成胶团。

### 6.2.1.2 溶液表面吸附热力学

在第 2 章我们已经讨论了含有表面的多组分系统的热力学性质，如表面系统的热力学能 $U$ 的变化如下。

$$\mathrm{d}U = T\mathrm{d}S - p\mathrm{d}V + \gamma \mathrm{d}A + \sum_{\mathrm{B}} \mu_{\mathrm{B}} \mathrm{d}n_{\mathrm{B}}$$

式中，$\mu_{\mathrm{B}}$ 为组分 B 的化学势。在等强度变量的条件下将上式积分得到：

$$U = TS - pV + \gamma A_{\mathrm{s}} + \sum_{\mathrm{B}} \mu_{\mathrm{B}} n_{\mathrm{B}} \tag{6-1}$$

微分上式得：

$$\mathrm{d}U = T\mathrm{d}S + S\mathrm{d}T - p\mathrm{d}V - V\mathrm{d}p + \gamma \mathrm{d}A_{\mathrm{s}} + A_{\mathrm{s}}\mathrm{d}\gamma + \sum_{\mathrm{B}} \mu_{\mathrm{B}} \mathrm{d}n_{\mathrm{B}} + \sum_{\mathrm{B}} n_{\mathrm{B}} \mathrm{d}\mu_{\mathrm{B}} \tag{6-2}$$

比较热力学能变化式和式（6-2）得到：

$$S\mathrm{d}T - V\mathrm{d}p + A_s\mathrm{d}\gamma + \sum_B n_B\mathrm{d}\mu_B = 0 \tag{6-3}$$

在温度、压力保持不变的情况下有：

$$A_s\mathrm{d}\gamma + \sum_B n_B\mathrm{d}\mu_B = 0 \tag{6-4}$$

若为两组分系统——溶液，式（6-4）可改写为：

$$A_s\mathrm{d}\gamma + n_1^s\mathrm{d}\mu_1 + n_2^s\mathrm{d}\mu_2 = 0 \tag{6-5}$$

在等温条件下：

$$\mathrm{d}\mu_B = RT\mathrm{d}\ln a_B \tag{6-6}$$

再根据表面过剩浓度$\Gamma$的定义式：

$$\Gamma_B = n_B^s / A_s \tag{6-7}$$

则：

$$-\mathrm{d}\gamma = \Gamma_1 RT\mathrm{d}\ln a_1 + \Gamma_2 RT\mathrm{d}\ln a_2 \tag{6-8}$$

原则上可以选择几何界面的位置使$\Gamma_1 = 0$。因此：

$$-\mathrm{d}\gamma = \Gamma_2 RT\mathrm{d}\ln a_2 \tag{6-9}$$

或：

$$\Gamma_2 = -\frac{1}{RT}\left(\frac{\partial\gamma}{\partial\ln a_2}\right)_T \tag{6-10}$$

对于稀溶液，活度$a_2$可用物质的量浓度$c_2$代替。所以：

$$\Gamma_2 = -\frac{1}{RT}\left(\frac{\partial\gamma}{\partial\ln c_2}\right)_T \tag{6-11}$$

或：

$$\Gamma_2 = -\frac{c_2}{RT}\left(\frac{\partial\gamma}{\partial c_2}\right)_T \tag{6-12}$$

式（6-9）～式（6-12）都称为Gibbs吸附等温式。对于表面活性剂溶液，$(\partial\gamma/\partial c_2)_T < 0$，则$\Gamma_2 > 0$，此时发生正吸附。

Gibbs 吸附等温式将吸附物种的表面过剩浓度与系统的表面或界面张力联系起来。这种吸附发生的范围很广，并且会使所涉及系统的表面化学产生重大变化。就Gibbs吸附等温式而言，为了保持其公式的统一性，对式（6-10）加以修正，给出如下表达式：

$$\Gamma_2 = -\frac{1}{nRT}\left(\frac{\partial\gamma}{\partial\ln a}\right)_T \tag{6-13}$$

这里$a$是本体溶液中表面活性剂的活度，当其浓度低于CMC（见6.2.4），可以用表面活性剂的浓度（$c$）代替。但在远高于CMC的表面活性剂浓度下并不总是有效的。对于不离解的表面活性剂（即非离子表面活性剂），分母中的因子$n$的值为1。对于离子表面活性剂来说，随着表面活性剂的性质不同出现变化。

尽管Gibbs吸附等温式已被用于测定油-水界面表面活性剂的浓度，实验和理论之间存在相当好的一致性，但其使用并非没有困难。这是因为表面活性剂的最终平衡界面浓度的实现可能是缓慢的，最常见的实验方法，如du Nouy环法、Wilhelmy平板法以及液滴和气泡法等程序是动态的，并且在测量过程中依赖于增加的界面面积。这样的方法通常会产生比真实平衡值更大的结果。

#### 6.2.1.3 表面活性剂在表面层的定向排列

在一般情况下，温度恒定时溶液的表面张力与浓度的关系如图 6-12 所示。

对水溶液来说，一些无机物，如非挥发性无机酸、碱、盐等，其溶液的表面张力随着其浓度的增加而略有升高，如图 6-12 中曲线Ⅰ所示，因 $(\partial\gamma/\partial c)_T > 0$，此时，无机物在溶液表面发生负吸附。一些可溶性有机化合物，如短链的醇、醛、酸、酯等，加入水中后，溶液的表面张力随其浓度的增加而下降，如曲线Ⅱ所示，此时 $(\partial\gamma/\partial c)_T < 0$，这些化合物在溶液表面发生正吸附。而硬脂酸钠、长碳氢链有机酸盐和烷基磺酸盐等，在浓度很低时就能使溶液的表面张力比纯水小得多，随着浓度的增加又很快趋于恒定，如图中曲线Ⅲ所示。这种表面张力与浓度的曲线特征，反映了表面活性剂在溶液表面上的吸附行为特征，当浓度大到一定数值后，$\Gamma$ 不再随 $c$ 的增加而增大，吸附量达到极限值，即饱和吸附量，用 $\Gamma_\infty$ 表示，如图 6-13 所示。此时 $(\partial\gamma/\partial c)_T = 0$。

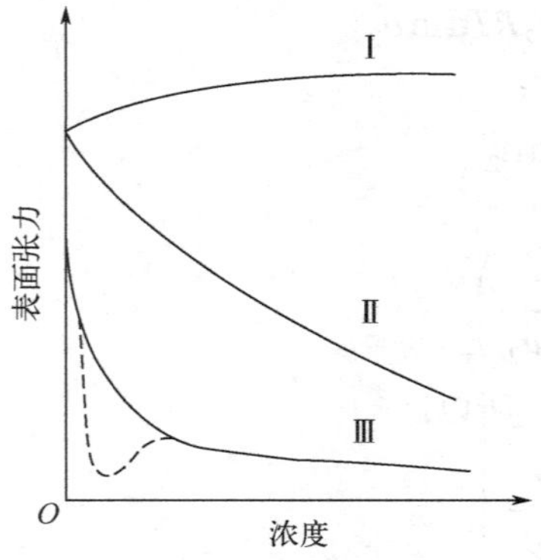

图 6-12 表面张力与浓度关系示意图

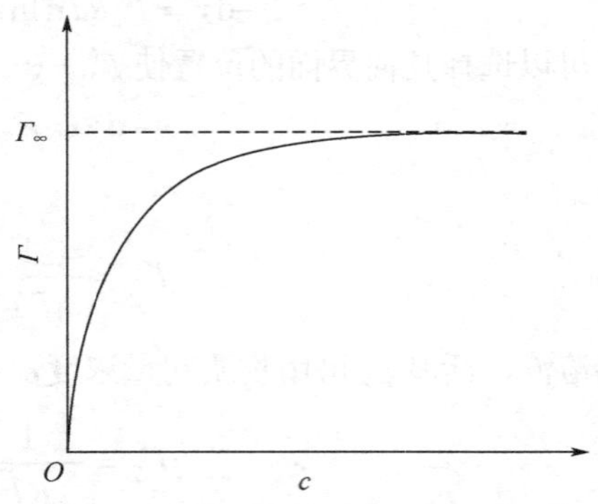

图 6-13 表面活性物质的吸附等温线

此吸附曲线类型符合 Langmuir 吸附等温线，即饱和吸附时，吸附质表面活性剂在溶液表面形成单层吸附。实验证明，同系物中各不同化合物的 $\Gamma_\infty$ 基本相同，与碳氢链的长度无关。

因此，可以设想表面活性剂在溶液表面的状态如图 6-14 所示。

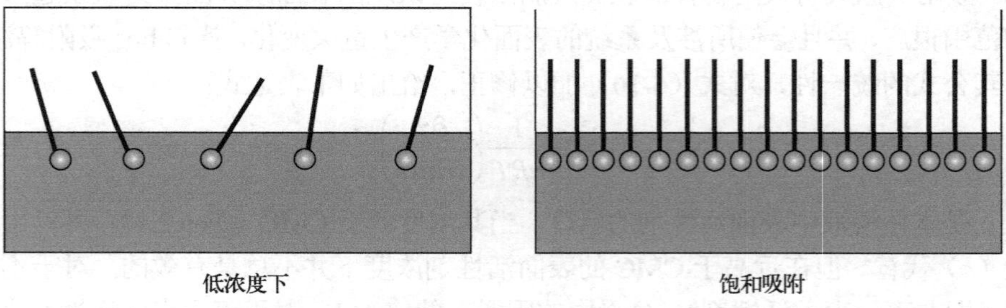

图 6-14 表面活性物质在溶液表面层上的状态

利用 $\Gamma_\infty$ 可以计算出每个表面活性物质分子的横截面积 $A$。

$$A = \frac{1}{\Gamma_\infty L} \tag{6-14}$$

式中，$L$ 是阿伏伽德罗常数。由于表面层不可能完全被活性物质分子所占据，故计算结果比其他方法求得的值稍大。

#### 6.2.1.4 表面活性剂吸附特性参数

**（1）吸附效率**

当讨论表面活性剂降低溶液表面张力的性能时，有必要考虑该过程的两个方面。①效率：产生给定表面张力降低值所需的本体相中表面活性剂的浓度；②有效性：无论存在的表面活性剂浓度如何，可获得的表面张力的最大降低。这两种效应可以将表面活性剂效率定义为将表面张力降低预定量所需的本体相表面活性剂浓度，如 $20\ \mathrm{mN \cdot m^{-1}}$。而其有效性则是通过添加任何浓度的表面活性剂可获得的$\gamma$的最大减少。

由于溶液表面张力的降低程度取决于界面处表面活性剂对溶剂分子的替代，因此本体相和界面相中表面活性剂的相对浓度应作为给定表面活性剂吸附效率的指标，用于溶液-蒸气界面处材料活性的定量测量。对于给定的直链表面活性剂在水中的同源系列 $CH_3(CH_2)_n-S$（S 是亲水性头），基于表面活性剂分子从本体相转移到界面的热力学分析得出的结论是，上述定义的吸附效率与疏水链的长度直接相关。效率可以通过以下表达式在数学上定义。

$$-\lg c_{20} = pc_{20} = n\frac{-A}{2.303RT} + \frac{-B}{2.303RT} + K \tag{6-15}$$

式中，$A$、$B$ 和 $K$ 分别表示亚甲基、末端甲基和头基从本体溶液转移到界面的自由能；$c_{20}$ 是降低 $20\ \mathrm{mN \cdot m^{-1}}$ 所需的表面活性剂浓度。对于在恒定温度、溶剂组成等条件下的给定头部基团，该方程简化为效率与烃链长度 $n$ 的直接关系。

疏水基团中的支链导致表面活性剂链的疏水性相对于具有相同碳数的直链的疏水性降低。位于支链上的碳原子对表面活性剂分子特性的贡献大约是主链上碳原子的 2/3。对于总碳数相等但具有两个或两个以上的短链疏水基团（例如亲水基团的内部取代）以及链中存在不饱和现象的表面活性剂，也观察到类似的结果。苯环通常具有相当于约 3.5 个亚甲基的效果。

如果表面活性剂具有两个极性基团，则位于两个极性基团之间的亚甲基的作用相当于位于疏水主体中的这类基团的一半。

在阳离子表面活性剂中，连接在氮上的短链烷基（少于四个碳原子）的存在对分子的吸附效率几乎没有影响，主导因素始终是主疏水链的长度。

具有相同疏水基团和平均 7～30 个氧乙烯（OE）单元的聚氧乙烯（POE）非离子表面活性剂，其吸附效率遵循近似线性关系：

$$pc_{20} = A_{tr} + mB_{tr} \tag{6-16}$$

式中，$A_{tr}$ 和 $B_{tr}$ 分别是与 $-CH_2-$ 和 OE 基团从本体相转移到界面的自由能相关的常数；$m$ 是 POE 链中 OE 单元的数量。

**（2）吸附有效性**

当讨论吸附的有效性时，定义为表面张力的最大降低，而不考虑表面活性剂浓度，最小值仅由系统本身决定，并代表更牢固的可靠参考点。给定表面活性剂的最小值将由两个因素之一确定：①化合物的溶解度极限或 Krafft 温度（$T_k$，见 6.2.4），②CMC 值。

在考虑表面活性剂应用之前，了解给定系统的 $T_k$ 值非常重要。然而，大多数表面活性剂的使用温度远高于其 $T_k$，因此，测定其有效性的控制因素将是 CMC 值。

当观察表面活性剂的表面张力-$\ln c$ 曲线的形状时，可以看到，在低于 CMC 的某个浓度下，曲线变得近似水平。表明表面活性剂吸附的有效性$\Delta\gamma_{CMC}$与Gibbs吸附等温式变为线性时的表面活性剂浓度$c_1$、在$c_1$处获得的表面张力$\gamma_1$和CMC定量相关。关系具有一般形式：

$$-\Delta\gamma_{CMC}=(\gamma_0-\gamma_1)+\Omega RT\Gamma_m \ln\frac{CMC}{c_1} \tag{6-17}$$

式中，$\gamma_0$是纯溶剂的表面张力；$\Gamma_m$是界面处吸附表面活性剂的最大表面过剩浓度。该方程中的系数$\Omega$与每个表面活性剂分子在界面上吸附的分子或原子单元的数量有关，对于存在大量过量中性电解质的非离子型表面活性剂或离子材料，$\Omega=1$；对于离子型表面活性剂，$\Omega=2$。

假设$\Gamma_{20}\approx\Gamma_m$，表面活性剂的有效性可以通过使用表面张力降低20 $mN\cdot m^{-1}$的$c_1$值来方便地量化。式（6-17）的应用允许计算标准量CMC/$c_{20}$，这是评估表面活性剂有效性的有用度量。例如，对于几种CMC相当的表面活性剂，CMC/$c_{20}$的值越大，表明在给定浓度下，可用的游离表面活性剂在表面上的使用效率越高。

表面活性剂的效率和有效性并不总是平行。虽然分子结构在决定表面活性剂效率方面的作用主要是热力学的，但其有效性的作用与吸附分子的疏水和亲水部分的大小更直接相关。当考虑分子在界面上的吸附时，可以嵌入给定区域的最大分子数取决于每个分子所占的面积。在很好的近似情况下，该面积将由疏水链的横截面积或亲水头最接近填充所需的面积确定，以较大者为准。对于直链 1∶1 的离子表面活性剂，通常会发现亲水头部基团需求占主导地位，因此对于给定的同系物系列，所获得的表面张力最小值仅随烃链的长度略有变化。

氟原子取代氢的疏水基团通常导致表面活性剂的效率和有效性显著增加。例如，与甲基支链相比，直链表面活性剂中用氟取代氢导致链横截面积相对较小地增加，因此变化必须与取代的化学性质有关。氟化有机材料具有相对较低的内聚能量密度，与相邻相或其本身的相互作用很小。因此，它们具有非常有利的吸附热力学驱动力（导致高效率），以及低表面能，其有效性反映在所产生的非常低的表面张力值。

## 6.2.2 表面活性剂溶液的表面张力

将表面活性剂溶液的表面张力随着表面活性剂浓度的变化以$\gamma$-lg$c$作图，如图6-15所示。该图显示了两个有趣的特性，通常有两个术语描述图中的曲线。第一项是表面活性剂的效率，即需要多少表面活性剂才能实现一定的表面张力降低。如前所述，该值设置为20 $mN\cdot m^{-1}$，此时表面活性剂的浓度以$c_{20}$表示。第二项是表面活性剂的有效性，定义为CMC处的表面张力降低，即$\gamma_0-\gamma_{CMC}$。

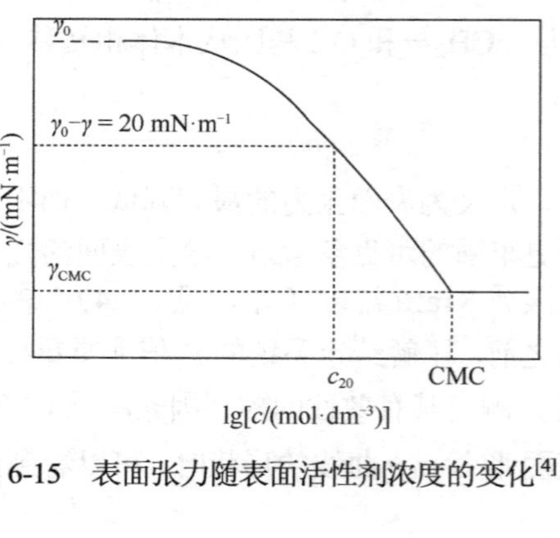


图6-15 表面张力随表面活性剂浓度的变化[4]

#### 6.2.2.1 非离子型表面活性剂

图 6-16 显示了四种 *n*-烷基-*β*-D-麦芽糖苷糖（$\beta$-$C_nG_2$，*n*=8，10，12 和 14）和 *n*-癸基-*β*-D-葡萄糖苷（$\beta$-$C_{10}G_1$）的表面张力与表面活性剂浓度的关系。图中显示，效率和有效性均随烷基链长度的增加而增加。至于胶束化，烷基链中两个碳原子的增加将使效率提高一个数量级。还应注意，在浓度达到 CMC 时，斜率接近一个恒定值，表明吸附量恒定。

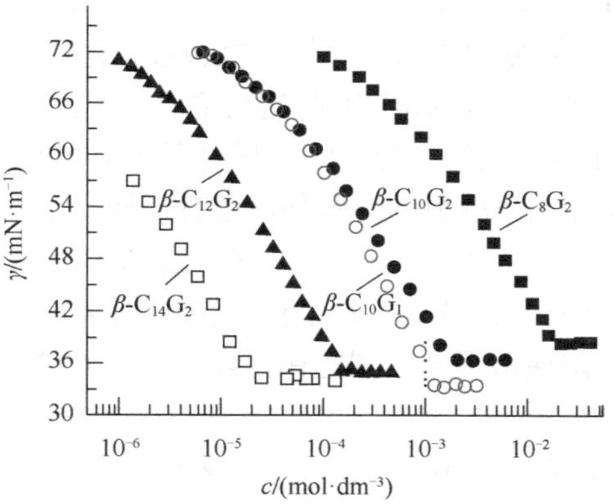


图 6-16　四种 *n*-烷基-*β*-D-麦芽糖苷糖和 *n*-癸基-*β*-D-葡萄糖苷的表面张力与表面活性剂浓度的关系[6]

图 6-17 显示聚氧乙烯链较短的表面活性剂在液-气界面的填充效果更好，这可以从其浓度略低于 CMC 时的陡峭斜率看出。我们还注意到，随着聚氧乙烯链的缩短，CMC 及其上方的表面张力降低，有效性更高，然而，对 CMC 值的影响相当小。

图 6-18 显示了 $C_{12}E_6$ 表面张力随温度的变化。温度升高，聚氧乙烯链压缩，导致了更高的效率，即表面张力和 CMC 值降低。进一步分析表明，低于 CMC 浓度以下的吸附随温度升高而增加，即每个分子的表面积随温度降低而减小。

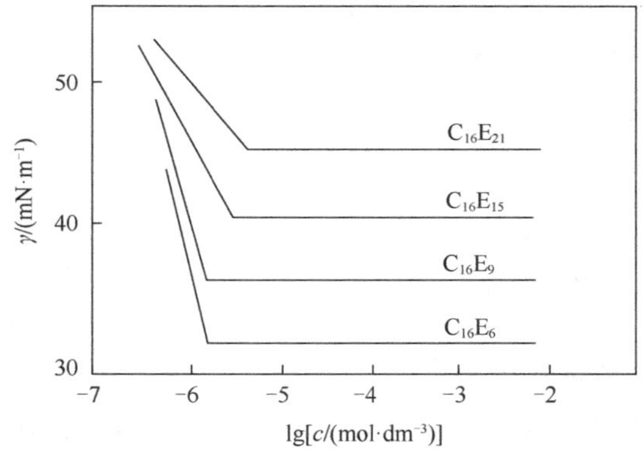


图 6-17　非离子系列 $C_{16}E_n$ 的表面张力数据[7]

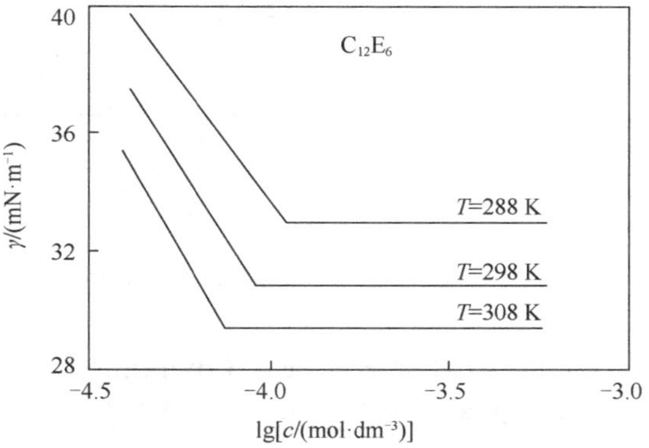


图 6-18　$C_{12}E_6$ 溶液表面张力的温度依赖性[8]

#### 6.2.2.2 离子型表面活性剂

对于离子型表面活性剂，表面张力在 CMC 以上保持不变，这是由于较高浓度下的单体浓度恒定。然而，离子型表面活性剂与非离子型表面活性剂的不同之处在于，CMC 以下的吸附极限值不受空间限制，而是受反离子熵的静电限制。在本体溶液中，表面活性剂完全解离，因此当单体吸附在表面时，反离子失去熵（反离子结合）。该熵损失越大，表面电荷密度越大，即吸附越高。当熵损失平衡吸附的驱动力时，达到极限吸附。这种限制性吸附与非离子型表面活性剂（即空间限制）的紧密堆积不同，而是由反离子的熵损失决定的。

对于单价离子表面活性剂，式（6-13）中的常数 $n$ 理想值为 2，因为表面活性剂溶液包含两种物质，即表面活性剂离子和反离子。然而，由于电中性的限制，反离子在本体溶液中不能自由移动，这意味着该值实际上小于 2。如果反离子与两性表面活性剂中的两亲分子结合，则 $n$ 值为 1。因此，对于 1∶1 的表面活性剂，$n$ 可以有 1 到 2 之间的任何值。对于含有两个单价反离子的二价表面活性剂，$n$ 的最大值为 3。随着电解液的加入，反离子结合的效果减弱，$n$ 值接近 1。因此，在现实中，很难为式（6-11）指定可靠的 $n$ 值，这意味着使用 Gibbs 方程来评估离子表面活性剂在空气-水界面的每个分子的面积时存在很大的模糊性。

除了 Gibbs 方程中确定 $n$ 的正确值的问题外，还有其他几个因素导致了从离子表面活性剂的表面张力与 $\lg c$ 曲线的斜率计算每个分子面积的不确定性。首先，+1 价阳离子表面活性剂的表面张力测量受到微量+2 价离子的强烈影响，通常很难获得完全不含多价离子的表面活性剂溶液；其次，在 CMC 下，吸附通常不会达到饱和；最后，在 CMC 以下，表面张力曲线通常不是线性的，曲线上的转折不明显。

图 6-19 显示了烷基醚硫酸盐在不同盐浓度下的表面张力。该图显示，根据式（6-11），随着盐含量的增加，CMC 降低，因此效率增加，有效性增加，以及刚好低于 CMC 的曲线斜率增加，表明吸附增加。盐的添加将减少由于反离子的结合而引起的吸附熵损失。这将导致在较高的表面电荷下具有极限吸附，即较高的吸附和较低的 CMC。因此，随着盐的加入，每个表面活性剂头部基团的有效截面积减小。

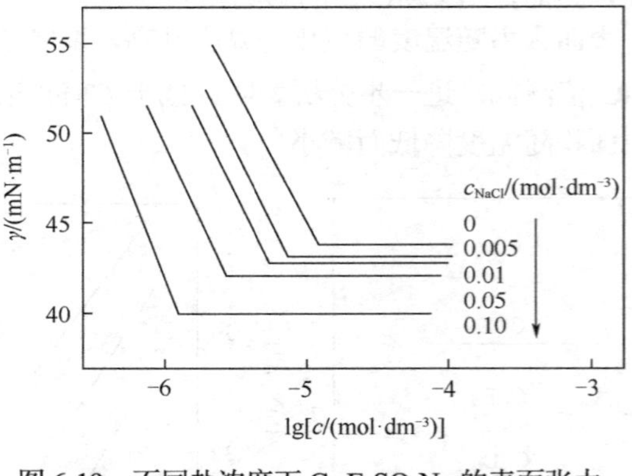


图 6-19　不同盐浓度下 $C_{16}E_3SO_4Na$ 的表面张力

#### 6.2.2.3　动态表面张力（dynamic surface tension，DST）

我们通常所说的表面张力是平衡表面张力。对于一个多组分体系，特别是像表面活性剂溶液，表面吸附达到平衡是需要时间的，对于有些体系，很难达到平衡，因而也就不能获得平衡表面张力，即使用平衡表面张力来表征这种系统是没有意义的。因此，研究表面活性剂水溶液的表面张力随时间的变化是有意义的。

表面活性剂溶液新形成界面的表面张力非常接近纯溶剂的表面张力 $\gamma_0$，随着时间的推移，它会衰减到中间平衡值 $\gamma_{eq}^*$，然后衰减到平衡值 $\gamma_{eq}$。这种动态表面张力 $\gamma_t$ 是一个重要的特性，因为在许多工艺过程中，快速降低张力是必不可少的，也是很重要的，如去污、发泡、乳化、润湿和印刷等。

如阳离子表面活性剂3-对壬基苯氧基-2-羟基丙基三甲基溴化铵，简写为 RTAB。图6-20显示了298 K 下 RTAB 溶液的平衡表面张力$\gamma$随浓度的变化关系。

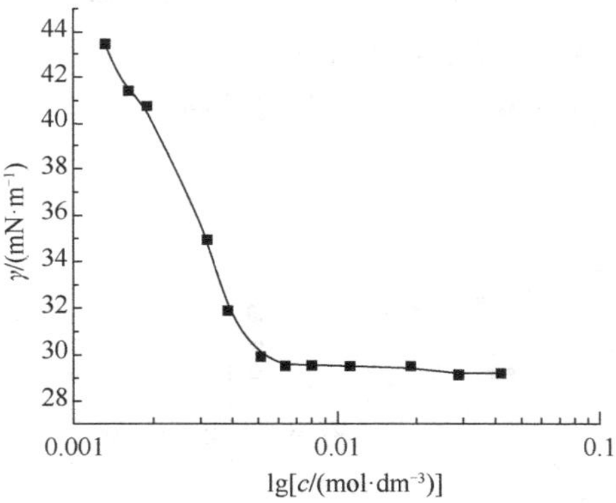


图6-20　298 K 下水溶液的平衡表面张力随 RTAB 浓度的变化

对于 RTAB，298 K 下其 CMC 值为$4.7\times10^{-3}\,mol\cdot dm^{-3}$，其相应的平衡表面张力$\gamma_{CMC}$为$29.5\,mN\cdot m^{-1}$。当添加$0.1\,mol\cdot dm^{-3}$NaCl时，CMC 从$4.7\times10^{-3}\,mol\cdot dm^{-3}$降低到$1.6\times10^{-3}\,mol\cdot dm^{-3}$，但$\gamma_{CMC}$保持不变。

图6-21显示了不同 RTAB 浓度下的动态表面张力$\gamma_t$。

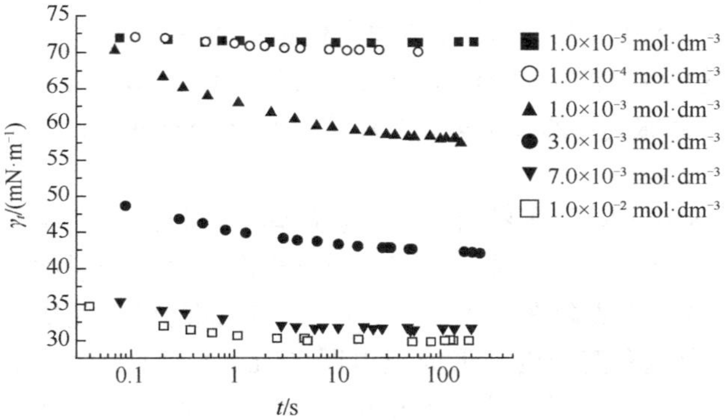


图6-21　295 K 下不同浓度 RTAB 溶液的动态表面张力[9]

图中显示，在0.03～200 s 的时间范围内，不同浓度的 RTAB 诱导了不同的 DST 变化。例如，$1.0\times10^{-5}\,mol\cdot dm^{-3}$和$1.0\times10^{-4}\,mol\cdot dm^{-3}$的浓度非常低，它们只能引起非常小的 DST 值下降，并且它们的衰减曲线非常接近（接近溶剂值$\gamma_0$）。然而，当浓度大于$1.0\times10^{-4}\,mol\cdot dm^{-3}$时，相对较小的浓度变化会导致$\gamma_t$的较大变化。例如，当浓度从$1.0\times10^{-3}\,mol\cdot dm^{-3}$增加到$3.0\times10^{-3}\,mol\cdot dm^{-3}$，再增加到$7.0\times10^{-3}\,mol\cdot dm^{-3}$时，中间平衡表面张力$\gamma_{eq}^*$从$58.0\,mN\cdot m^{-1}$变为$42.0\,mN\cdot m^{-1}$，最后变为$31.0\,mN\cdot m^{-1}$。

此外，当 RTAB 的浓度大于$1.0\times10^{-3}\,mol\cdot dm^{-3}$时，在很短的测量时间内，获得的 DST 值已经大大低于$72.5\,mN\cdot m^{-1}$的溶剂值$\gamma_0$（在约0.03 s 时，$1.0\times10^{-3}\,mol\cdot dm^{-3}$时为$70.0\,mN\cdot m^{-1}$，$3.0\times10^{-3}\,mol\cdot dm^{-3}$和$7.0\times10^{-3}\,mol\cdot dm^{-3}$下的 DST 分别为$49.0\,mN\cdot m^{-1}$和$35.0\,mN\cdot m^{-1}$）。DST 随时间变化的速率反映了表面活性剂从溶液本体向表面扩散以及溶液表面的吸附速率，浓度越

大扩散得越快，吸附速率也越快，DST 降低得就越快。图中显示，快的吸附速率导致具有相对高浓度的溶液的 DST 在很短的时间内大幅下降。除了低的平衡表面张力（$29.5\ mN \cdot m^{-1}$）外，快的吸附速率是 RTAB 高表面活性的另一个证据。对于聚合物表面活性剂，扩散变成限制步骤，因此需要很长的时间（几个小时）才能在表面达到平衡。

图 6-22 显示了卤化钠对 RTAB 溶液的 DST 的影响。

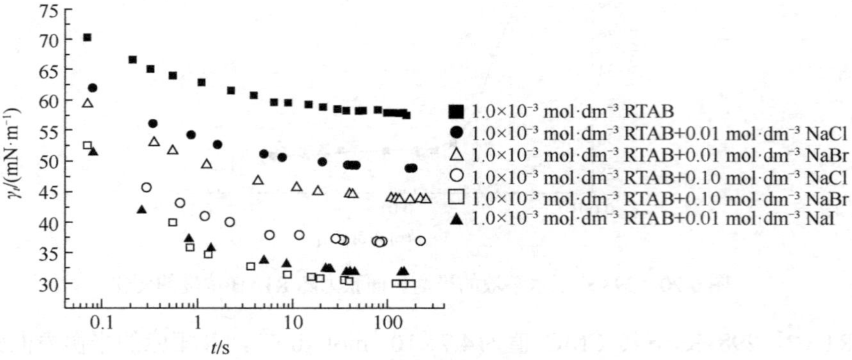


图 6-22　298 K 下卤化钠对 RTAB 溶液的 DST 的影响[9]

固定 RTAB 的浓度，以避免由于 RTAB 本身浓度的变化而给其 DST 带来影响。图中显示，卤化钠对 RTAB 溶液的 DST 有很大影响。卤化钠的加入导致 DST 值的降低，加入的盐越多，DST 的降低幅度就越大。比较各种卤化钠的效果可见，在相同浓度下，NaI 降低 RTAB 溶液 DST 值的能力最高，NaCl 的能力最低。$0.01\ mol \cdot dm^{-3}$ 的 NaI 可将 $\gamma_{eq}^{*}$ 降低至 $31.5\ mN \cdot m^{-1}$，接近平衡张力（$29.5\ mN \cdot m^{-1}$），也接近 $0.10\ mol \cdot dm^{-3}$ 的 NaBr（$30.0\ mN \cdot m^{-1}$）降低 DST 值的能力。

当离子表面活性剂分子吸附在界面上时，它们建立了排斥性的表面电荷界面。这种排斥作用降低了表面活性剂分子随后的吸附速率。由于表面活性剂分子和反离子之间的静电引力和范德华力，反离子倾向于吸附在近表面上。然而，布朗运动促使所有反离子在溶液中均匀分布。上述所有因素导致在溶液内部形成双电层（EDL）。EDL 对离子表面活性剂的吸附具有重要作用。Stern 层中的反离子预计会中和高达 70%～90%的表面电荷。当将无机盐添加到离子表面活性剂的溶液中时，会导致离子强度增加，扩散 EDL 收缩。结果，更多的反离子分布到 Stern 层，更多的表面电荷被中和，然后表面活性剂分子之间的排斥作用减小并且获得较低的 DST。

### 6.2.3　表面活性剂样品中的杂质可能起的作用

#### （1）疏水性杂质

图 6-23 显示了含有疏水性杂质的离子表面活性剂的表面张力与表面活性剂浓度对数的关系示意。一个典型的例子是水中的十二烷基硫酸钠，它水解形成十二醇。表面张力的最小值是由于疏水性杂质的存在，其表面活性比离子表面活性剂更高。它优先吸附在表面，同时它可插在两个离子头之间，减小离子头之间的静电斥力，因而降低表面张力。然而，当胶束在溶液中形成时，疏水分子在胶束中溶解并从表面解吸，从而导致表面张力增加。因此，只发现表面张力与表面活性剂浓度之间存在最小值。

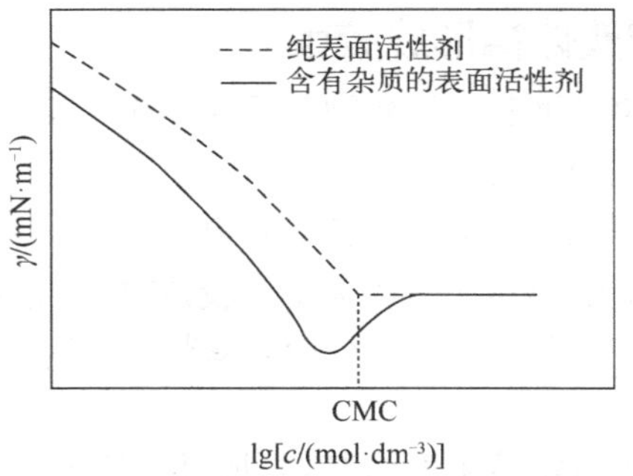


图 6-23　含有疏水性杂质的表面活性剂的表面张力与浓度对数的关系图

**表面活性剂样品中的疏水性杂质导致表面张力与表面活性剂浓度的曲线出现最小值**

这类系统有两个重要的观察结果。首先，在达到平衡之前，表面张力通常会在很长一段时间（小时）内缓慢下降。这是因为杂质通常以非常低的浓度存在，并且从本体到表面的扩散是速率决定因素。其次，平衡表面张力取决于样品的表面/体积比。体积越大，液-气界面上可用于吸附的杂质越多，因此表面张力越低。

因此，不建议使用平衡表面张力测定含有表面活性杂质的表面活性剂的 CMC，或 CMC 差异较大的表面活性剂混合物的 CMC。通过使用体积特性（例如电导率或光散射）测量 CMC，可以更好地表征此类样品。

**（2）亲水性杂质**

聚氧乙烯型工业非离子表面活性剂通常含有不可忽略的聚乙二醇（polyethylene glycol，PEG），这是起始脂肪醇未完全干燥时乙氧基化的副产物。然而，PEG 的表面活性很弱，对表面活性剂的物理化学行为影响不大。对于其他水溶性很强的有机化合物，如葡萄糖和其他糖，情况也是如此。

**（3）聚合物溶液的表面张力**

聚合物溶液的表面张力可以通过两种方式调节。第一种是通过分子量（$M_w$）的变化，表面吸附的趋势随着分子量的增加而增加。第二种是溶液性质。

PEG 溶液的表面张力如图 6-24 所示，表明 $M_w$ 较高的 PEG 比 $M_w$ 较低的 PEG 更有效地降低表面张力。这是由于高分子量样品的熵效应，溶解度较低，大部分聚合物位于表面，因此表面张力大幅降低。这种普遍现象有时被误认为是聚合物的胶束化，因为表面张力曲线有点类似于胶束溶液的表面张力曲线。

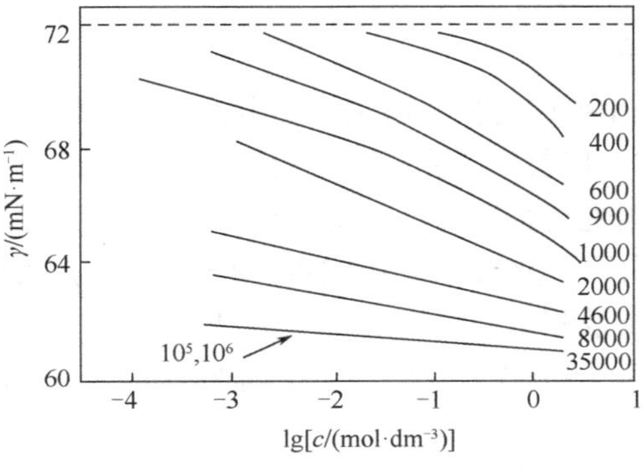


图 6-24　不同分子量的聚乙二醇溶液表面张力[10]

### 6.2.4 表面活性剂在溶液体相形成胶束

当表面活性剂分子在溶液表面吸附达到饱和后继续加入表面活性剂，其分子转入溶液中，因其疏水尾部的亲油性质，水分子与表面活性剂分子相互间的排斥力（疏水效应）远大于吸引力，导致表面活性剂分子的疏水尾部依靠范德华力相互聚集，形成亲油基团向内、亲水基团向外的聚集体——胶束（micelle），该聚集体的大小在胶体粒子范围。形成胶束是表面活性剂的重要性质之一，也是产生增溶、乳化、洗涤、分散和絮凝等作用的根本原因。

#### 6.2.4.1 胶束的形成

前面已经看到了表面活性剂溶液浓度达 CMC 时其性质出现突变。这是因为在这个浓度下，表面活性剂分子在溶液表面吸附饱和，溶液中的表面活性离子或分子结合形成更大的单元。这些相关的单元被称为胶束（自组装结构）（图 6-25）。我们将表面活性剂分子在溶剂中缔合形成胶束的最低浓度称为临界胶束浓度。

离子表面活性剂的胶束化分两步进行。第一步是在没有反离子的情况下形成离子表面活性剂的胶束，即表面活性剂离子的自组装。在该步骤中，形成高度带电的表面，并且表面活性剂头基团之间存在一些库仑排斥。在第二步中，反离子通过静电吸引与胶束表面结合，进一步降低了熵，从而减弱了胶束形成的趋势。

胶束表面具有高电荷，因此存在相当大的反离子结合，导致低熵，如图 6-26 所示。

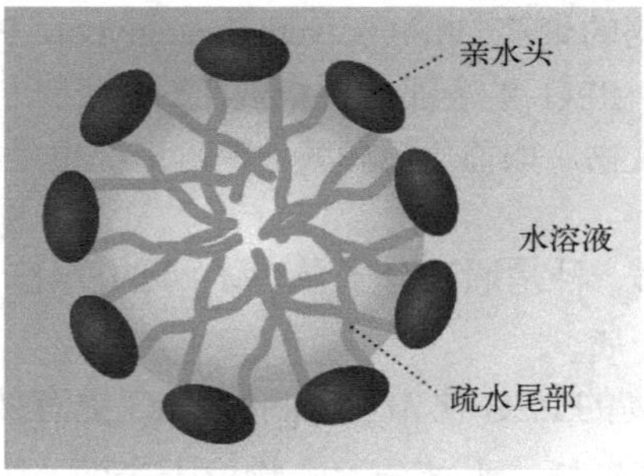


图 6-25 胶束结构示意图

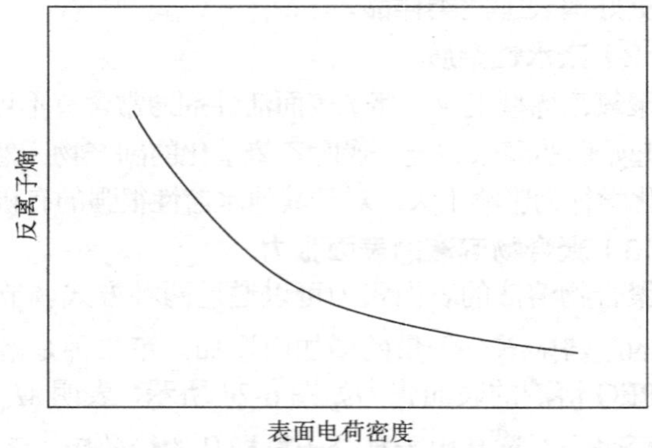


图 6-26 反离子熵与表面电荷密度的关系图[4]

因此，胶束化与反离子和胶束的结合相反。阻碍胶束形成的主要不是表面活性剂头部基团之间的侧向排斥，而是反离子结合。

#### 6.2.4.2 临界胶束浓度

CMC 是表面活性剂最重要的特性，特别是在考虑表面活性剂的实际用途时。现在将考虑不同的因素如何影响 CMC，但首先要注意如何测量它。两种最常见和最普遍适用的技术是测量表面张力和增溶，即不溶性化合物的溶解度。对于离子两亲物来说，电导率也为测量 CMC 提供了一种方便的方法。由于大量的物理化学性质对表面活性剂胶束化敏感，因此还有许多其他可能的测量方法，如自扩散测量、核磁共振波谱和荧光光谱。可以看出，CMC 并不是一个精确定义的数量，这导致其难以确定。对于长链两亲物，可以直接准确进行测定，不同的技术可给出相同的结果。

当表面活性剂浓度在 CMC 值前后，除了溶液表面张力发生明显变化外，一些其他性质，如电导率、渗透压等也发生明显变化。图 6-27 显示了这种现象。

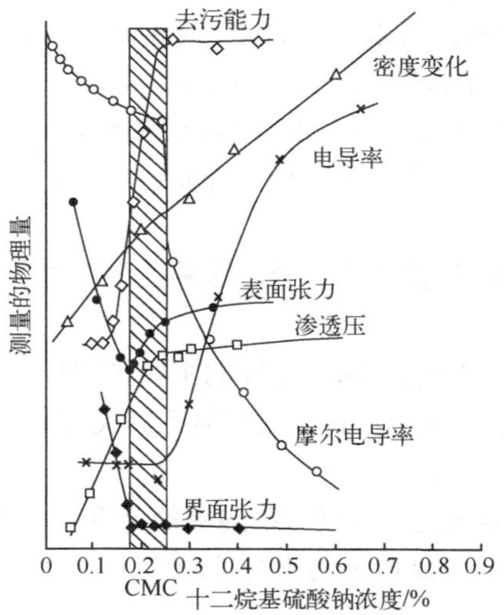


图 6-27　低于或高于 CMC 值的十二烷基硫酸钠的物理性质变化

**（1）CMC 取决于化学结构**

表 6-2 显示了一些表面活性剂的 CMC 值。

**表 6-2　一些 SAA 的 CMC 值**

| 表面活性剂 | CMC/(mol·dm$^{-3}$) |
| --- | --- |
| 阴离子型 | |
| 辛基-1-硫酸钠 | $1.3\times10^{-1}$ |
| 壬基-1-硫酸钠 | $2.1\times10^{-1}$ |
| 癸基-1-硫酸钠 | $3.3\times10^{-2}$ |
| 十二烷基-l-硫酸钠 | $8.4\times10^{-3}$ |
| 十四烷基-l-硫酸钠 | $2.1\times10^{-3}$ |
| 阳离子型 | |
| 辛基三甲基溴化铵 | $1.3\times10^{-1}$ |
| 癸基三甲基溴化铵 | $6.5\times10^{-2}$ |
| 十二烷基三甲基溴化铵 | $1.6\times10^{-2}$ |
| 十六烷基三甲基溴化铵 | $9.2\times10^{-4}$ |
| 十二烷基三甲基氯化铵 | $2.0\times10^{-2}$ |
| 非离子型 | |
| 辛基六氧基乙二醇单醚 $C_8E_6$ | $9.8\times10^{-3}$ |
| 癸基六氧基乙二醇单醚 $C_{10}E_6$ | $9.0\times10^{-4}$ |
| 癸基壬氧基乙二醇单醚 $C_{10}E_9$ | $1.3\times10^{-3}$ |
| 十二烷基六氧基乙二醇单醚 $C_{12}E_6$ | $8.7\times10^{-5}$ |
| 辛基苯基六氧基乙二醇单醚 $C_{8\varphi}E_6$ | $2.1\times10^{-4}$ |

根据这些数据和前面的分析，可以得到 CMC 随表面活性剂化学结构变化的几个结论。

① CMC 随着表面活性剂烷基链长度的增加而显著降低。一般来说，在烷基链上添加一个亚甲基后，离子型（不添加盐）SAA 的 CMC 约为原来的 1/2，非离子型 SAA 的 CMC 则为原来的 1/3（这有时被称为 Traube 规则）。不同种类表面活性剂之间的比较最好在烷基链碳数固定的情况下进行。

② 非离子型 SAA 的 CMC 远低于离子型。这种关系取决于烷基链的长度，但两者的数量级是一个粗略的起点。

③ 除了离子型 SAA 和非离子型 SAA 之间的主要区别外，头部基团的效果是中等的。阳离子 SAA 的 CMC 通常略高于阴离子 SAA。对于氧乙烯类的非离子型 SAA，CMC 随着极性头的增大而适度增加。

④ 反离子的价态影响是显著的。虽然简单的单价无机反离子产生大致相同的 CMC，但当化合价增加到 2 时会使 CMC 减少到原来的 1/4。与无机反离子相比，有机反离子非极性部分越大，降低 CMC 程度越大。

⑤ 虽然烷基链支化和双键、芳香基团或疏水部分的某些其他极性特征会使 CMC 发生相当大的变化，但烷基链的全氟化会导致 CMC 显著降低（一个或两个数量级）。有趣的是，部分氟化可以增加 CMC，如末端甲基的氟化使 CMC 增加一倍。部分氟化表面活性剂的异常行为是由于碳氢化合物和氟碳化合物基团之间的不利相互作用。

**（2）温度的影响**

图 6-28 显示十二烷基硫酸钠（SDS）的 CMC 在很大范围内以非单调的方式变化 10%～20%。25 ℃左右出现最低的 CMC 值，该特征可以与碳氢化合物在水中溶解度的类似最低温度进行比较。聚氧乙烯型非离子表面活性剂，如 $C_{10}E_5$，则偏离了这一行为，随着温度的升高，CMC 通常表现出单调且更明显的降低。

离子表面活性剂的 CMC 随着温度的升高而增加，因为胶束化是一个放热过程，尽管这一规律也有例外。SDS 在 CMC-温度图中出现最小值，因此在低温下，胶束化是吸热的。

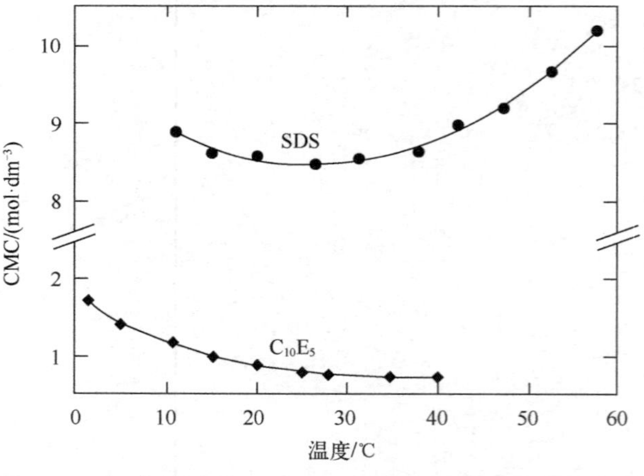


图 6-28　表面活性剂 SDS 和 $C_{10}E_5$ 的 CMC 值与温度的关系

表面活性剂的溶解度可能与温度高度相关。对 CMC 同样重要的是 Krafft 温度，尤其是对离子表面活性剂而言。Krafft 温度是指表面活性剂在水中的溶解度突然升高，并开始形成胶束（CMC）的最低温度（图 6-29）。

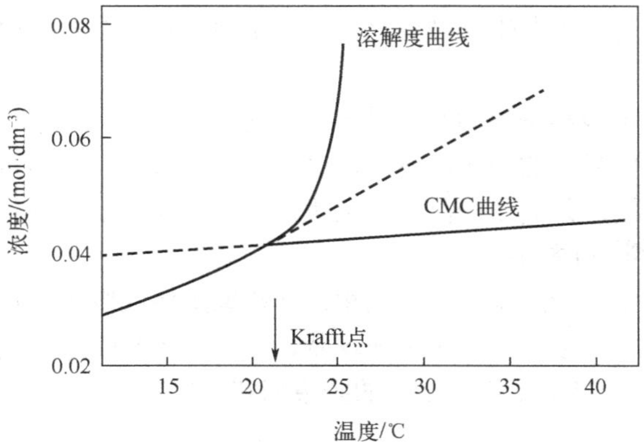


图 6-29　表面活性剂在 Krafft 点区域溶解度的温度依赖性

虚线给出了 CMC 和溶解度曲线的预期外推

图 6-30 显示，低 Krafft 温度与具有高 CMC 值即低链长的表面活性剂有关。因此，表面活性剂的选择需要平衡，以确保除了良好的清洁性外，设计参数（经济性、有效性和时间）具有合适值。这是因为长链离子表面活性剂在低浓度下会产生胶束，但这种情况发生在相当高的温度下。碳原子数为 12～14 通常是一个很好的折中方案。

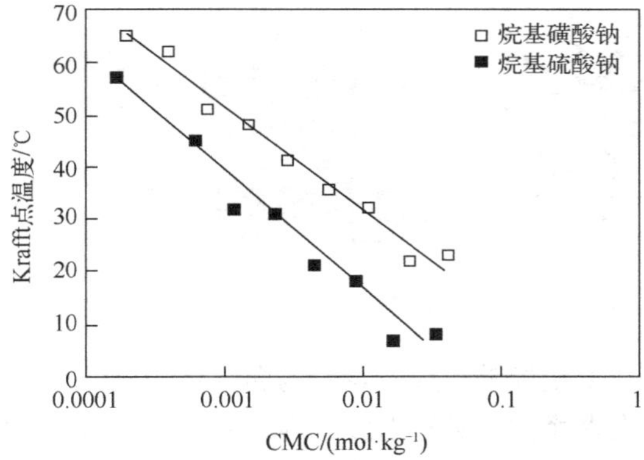


图 6-30　两类表面活性剂的 Krafft-CMC 关系

**（3）电解质的影响**

添加电解质和非电解质，对 CMC 的影响可能非常显著。如无机盐能明显降低离子型表面活性剂的 CMC，对非离子型表面活性剂影响不大。无机盐中起作用的是与表面活性剂带相反电荷的离子，且价数越高，影响越大。有机物对表面活性剂溶液 CMC 的影响大且复杂，无明确的规律。总体上来说，长链极性有机物对 CMC 影响显著。例如，醇能降低离子型表面活性剂十四烷基羧酸钾溶液的 CMC，且醇的碳链越长，降低得越多。但醇又能增加非离子型表面活性剂 $C_{12}E_{25}O(CH_2CH_2O)_{23}H$ 的 CMC 值[11]。

**（4）其他因素的影响**

这里通常指 pH 和压力的影响。然而，这些因素的影响目前报道的还比较少，可能是因为它们通常对每种表面活性剂体系都非常特定。对 pH 表现出极端敏感性的表面活性剂，如羧酸盐，可以预期随着 pH 的变化，增溶作用发生显著变化。此外，pH 的变化会影响添加剂本身的性质，使其与胶束的相互作用发生剧烈变化，包括增溶位点。这种作用在许多增溶应用中尤其重要，例如在制药领域。

压力等变量对胶束形成和增溶的影响是一个相对较新的研究领域。可以假设，一旦达到足够的压力水平，将观察到显著的影响。然而，这样的水平超出了正常可用的实验条件范围，几乎没有实际意义。例外情况是高压产品，如灭火泡沫、剃须膏和生奶油。

#### 6.2.4.3 胶束的形状和大小

表面活性剂通过自组装形成聚集体或胶束。这些聚集体或胶束的形状随着表面活性剂浓度的不同而有所变化。通常，浓度不大时形成球状，十倍于 CMC 或更高时形成棒状，浓度更高时形成层状液晶。图 6-31 显示了不同结构的胶束形状特征。

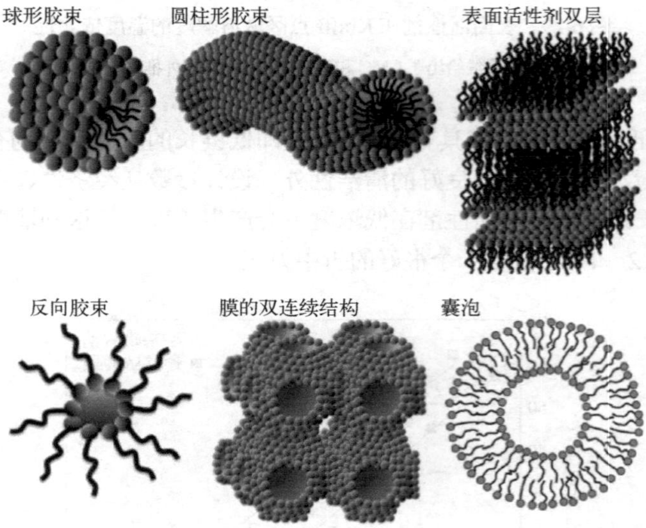


图 6-31 表面活性剂自组装形成的一系列不同的结构聚集体

图中显示，球形胶束内部由烃链组成，表面为面向水的极性头部基团。球形胶束的特征是表面活性剂浓度低和正自发曲率强。圆柱形胶束内部由烃链组成，表面为面向水的极性头部基团，胶束的长度是高度可变的，因此这些胶束是多分散的。表面活性剂双层形成的层状液晶具有厚度为两个延伸烷基链长度约 80%的烃核。反向胶束具有被极性头部基团包围的水芯，烷基链与有机溶剂一起构成连续介质。由表面活性剂分子聚集成连接膜的双连续结构，其特征是两个符号相反的曲率，平均曲率很小（对于最小表面结构为零）。囊泡由类似于层状相的双层构建，其特征是两个不同的水室，一个形成核心，另一个形成连续介质。囊泡可能有不同的形状，也可能有相反的囊泡。

胶束的大小通常用胶束聚集数 $N$ 表示，它是胶束核心体积 $V_{mic}$ 与单链体积 $v$ 之间的比率。

$$N=\frac{V_{mic}}{v}=\frac{(4/3)\pi R_{mic}^{3}}{v} \tag{6-18}$$

聚集数 $N$ 也等于胶束的面积 $A_{mic}$ 与一个表面活性剂分子的横截面积 $a$ 的比率。

$$N=\frac{A_{mic}}{a}=\frac{4\pi R_{mic}^{2}}{a} \tag{6-19}$$

胶束的形状受无机盐和有机添加剂的影响，并与胶束的大小有密切关系。

#### 6.2.4.4 胶束的作用

胶束的形成对表面活性剂在各个领域的实际应用起着重要作用。由于胶束代表了溶液中的第二液相，因此通常胶束有助于正常不溶性液体（有时为固体）的明显稳定、各向同性“溶液”的产生，这与我们后面讨论的两相乳液截然不同。此外，胶束的独特特性使其成为相与相之间潜在有用的“过渡区”，其中独特的环境可能催化在正常两相条件下难以实现的化学反应。

### 6.2.5 表面活性剂结构与性能的关系

#### 6.2.5.1 表面活性剂的 HLB 值

**（1）亲水亲油平衡（hydrophile-lipophile balance）值**

1949 年，Griffin 提出用 HLB 值表征表面活性剂的亲水亲油性。

设表面活性剂亲水部分的分子量为 $M_W$，疏水部分的分子量为 $M_O$，则 HLB 值为：

$$\mathrm{HLB}=7+11.7\lg\frac{M_W}{M_O} \tag{6-20}$$

规定：亲油性强的石蜡的 HLB 值为 0，油酸的 HLB 值为 1，油酸钾的 HLB 值为 20，亲水性强的十二烷基硫酸钠的 HLB 值为 40。

其他表面活性剂都可相对地定出 HLB 值。因此，HLB 值是一个相对值。HLB 值越小，表面活性剂的亲油性越强；HLB 值越大，表面活性剂的亲水性越强。一些表面活性剂的 HLB 值如表 6-3 所示。

**表 6-3 表面活性剂的 HLB 近似值**

| 化学成分 | 商品名称 | HLB 值 | 化学成分 | 商品名称 | HLB 值 |
|---|---|---|---|---|---|
| 石蜡 | | 0 | 聚氧乙烯十二胺-5 | | 13.0 |
| 油酸 | | 1.0 | 聚氧乙烯辛基苯酚醚-10 | Triton X-100 (TX-10) | 13.5 |
| 失水山梨醇三油酸酯 | Span 85 | 1.8 | 聚氧乙烯失水山梨醇单硬脂酸酯 | Tween 60 | 14.9 |
| 失水山梨醇三硬脂酸酯 | Span 65 | 2.1 | 聚氧乙烯失水山梨醇单油酸酯 | Tween 80 | 15.0 |
| 失水山梨醇单油酸酯 | Span 80 | 4.3 | 十二烷基三甲基氯化铵 | DTC | 15.0 |
| 失水山梨醇单硬脂酸酯 | Span 60 | 4.7 | 聚氧乙烯十二胺-15 | | 15.3 |
| 聚氧乙烯月桂酸酯-2 | LAE-2 | 6.1 | 聚氧乙烯失水山梨醇单棕榈酸酯 | Tween 40 | 15.6 |
| 失水山梨醇单棕榈酸酯 | Span 40 | 6.7 | 聚氧乙烯硬脂酸酯-30 | SE-30 | 16.0 |
| 失水山梨醇单月桂酸酯 | Span 20 | 8.6 | 聚氧乙烯硬脂酸酯-40 | SE-40 | 16.7 |
| 聚氧乙烯油酸酯-4 | EO-4 | 7.7 | 聚氧乙烯失水山梨醇单月桂酸酯 | Tween 20 | 16.7 |
| 聚氧乙烯十二醇醚-4 | MOA-4 | 9.5 | 聚氧乙烯辛基苯酚醚-30 | TX-30 | 17.0 |
| 双十二烷基二甲基氯化铵 | | 10.0 | 油酸钠 | 钠皂 | 18.0 |
| 十四烷基苯磺酸钠 | ABS | 11.7 | 油酸钾 | 钾皂 | 20.0 |
| 油酸三乙醇胺 | FM | 12.0 | 十六烷基乙基吗啉乙基硫酸盐 | 阿特拉斯 263 | 25～30 |
| 聚氧乙烯壬基苯酚醚-9 | OP-9 | 13.0 | 十二烷基硫酸钠 | AS | 40.0 |

注：表中化学名称后的阿拉伯数字代表聚氧乙烯基数

根据表面活性剂的 HLB 值，可以大体了解它的作用和用途（表 6-4）。在实际应用中，HLB 值也是选择合适表面活性剂的依据。选择最理想的表面活性剂，还需用实验来确定。

表 6-4 SAA 的 HLB 值范围及其用途

| HLB 值范围 | 主要用途 | HLB 值范围 | 主要用途 |
|---|---|---|---|
| 1～3 | 消泡剂 | 12～15 | 润湿剂 |
| 3～6 | 油包水型（W/O 型）乳化剂 | 13～15 | 洗涤剂 |
| 8～18 | 水包油型（O/W 型）乳化剂 | 15～18 | 增溶剂 |

只有 HLB 值为 3～6 或 8～18 的表面活性剂才能作乳化剂，而在其他范围内的表面活性剂不宜作乳化剂使用。

### （2）HLB 值的其他计算法[12]

戴维斯（Davies）计算法，该法是将 HLB 值作为结构因子的总和来处理。

$$HLB=7+\sum(\text{亲水基团数目})-\sum(\text{亲油基团数目}) \tag{6-21}$$

亲油基团项通常为 0.475*n*，*n* 为亲油部分中—$CH_2$—基的个数，但聚氧乙烯是作为一个单元计算。利用戴维斯计算法获得的几种表面活性剂的 HLB 值如表 6-5 所示。

表 6-5 利用戴维斯方法计算的 HLB 值

| SAA 名称 | 文献值 | 计算值 | SAA 名称 | 文献值 | 计算值 |
|---|---|---|---|---|---|
| Tween 80 | 15.0 | 15.8 | Span 60 | 4.7 | 5.7 |
| Tween 81 | 10.0 | 10.9 | Span 80 | 4.3 | 5.0 |
| Span 20 | 8.6 | 8.5 | 甘油单硬脂酸酯 | 3.8 | 3.7 |
| Span 40 | 6.7 | 7.0 | Span 65 | 2.1 | 2.1 |

阿特拉斯火药公司（Atlas Powder Co.）格里芬针对某些非离子型表面活性剂，特别是脂肪醇的聚氧乙烯衍生物的脂肪酸酯，曾提出如下公式：

$$HLB=20\left(1-S/A\right) \tag{6-22}$$

式中，*S* 为酯的皂化数；*A* 为脂肪酸的酸值。

对于混合表面活性剂：

$$HLB_{AB}=\frac{HLB_A w_A + HLB_B w_B}{w_A + w_B} \tag{6-23}$$

式中 $w_A$、$w_B$——A、B 两种 SAA 的质量分数；

$HLB_A$、$HLB_B$——A、B 两种 SAA 的 HLB 值；

$HLB_{AB}$——A、B 两种 SAA 混合后的 HLB 值。

如：30%的 Span 80 与 70%的 Tween 80 的混合物，其 HLB 值为：

$$HLB_{AB}=\frac{0.3\times 4.3+0.7\times 15.0}{0.3+0.7}=11.8$$

### （3）影响 HLB 值的一些因素

① 亲油基的影响：氟代烃基＞硅氧烃基＞脂肪族烷烃基，环烷烃基＞脂肪族烯烃＞脂肪族芳香烃＞芳香烃＞带弱亲水基的烃基。

乳化时，除考虑乳化剂的 HLB 值外，还应使乳化剂的亲油基与油分子的结构相近，以获得较好的亲和性与相容性，否则油珠易失去保护膜，易发生聚结使乳状液被破坏。对于染料或颜料的分散，以带较多芳香族烃基或带弱亲水基的 SAA 为宜。

② 亲水基的影响：亲水基团对表面活性剂性质的影响远比亲油基团的影响大。

③ 分子形态的影响：

a．亲水基的相对位置：亲水基位于分子中间时润湿性能比较强，位于分子末端时去污能力比较强。

b．亲油基的支链：有分支结构的润湿性和渗透性较好，而去污能力较差。

④ 分子量的影响：分子量小的润湿性和渗透性较好，分子量大的洗涤、分散、乳化能力较好。

⑤ 表面活性剂的溶解度：对于聚氧乙烯型非离子表面活性剂，温度升高到一定程度时，溶解度急剧下降并析出，溶液出现浑浊，这一现象称为起浊，此温度称为浊点。浊点是聚醚型非离子表面活性剂的一个重要特征。在聚氧乙烯链相同时，碳氢链越长，浊点越低；在碳氢链相同时，聚氧乙烯链越长则浊点越高。

#### 6.2.5.2 表面活性剂的生物降解性

一般若在规定的试验时间（19 d）内，初级生物降解度达不到80%的表面活性剂是被禁用或限制使用的。

① 阴离子型表面活性剂的生物降解性：Swisher 总结出 3 条一般性的规律：a．表面活性剂的生物降解性主要由疏水基团决定并随着疏水基团线型程度增加而增加，末端季碳原子会显著降低降解度；b．表面活性剂的亲水基团性质对生物降解度有次要的影响，例如直链伯烷基硫酸盐（LPAS）的初级生物降解度远高于其他阴离子；c．增加磺酸基和疏水基团末端之间的距离，烷基苯磺酸盐的初级生物降解度增加（距离原则）。

② 非离子表面活性剂的生物降解性：影响非离子表面活性剂生物降解性能的基本因素是乙氧基的链长和烷基链的线性度。如：在一般洗涤剂中使用的 EO 链范围对生物降解性没有什么影响，Birch 用 BOD 法比较了直链伯醇、羰基合成醇（50%和 70%支链）和直链仲醇的聚氧乙烯醚含有 10、20、30 和 40 个 EO 单元的降解情况。无论是链长与链短，直链伯醇聚氧乙烯醚降解度都为 98%～99%，但随着 EO 数的增加，羰基合成醇和直链仲醇的聚氧乙烯醚的初级生物降解度下降。

③ 阳离子型表面活性剂的生物降解性：Swisher 对季铵盐型阳离子表面活性剂结构与性能的关系进行了总结：单直链烷基（$RMe_3N^+$）降解速度快于双直链烷基（$R_2Me_2N^+$），但 $R_2Me_2N^+$ 又快于三直链烷基（$R_3MeN^+$）；季氮上一个甲基替换为苄基，如 $RBMe_2N^+$，降解速度稍微降低。伯、仲、叔胺的降解性能也与此类似。

另外，阳离子表面活性剂疏水链长度增加，降解速度减慢。

④ 两性离子表面活性剂的生物降解性：不同结构的磺酸基甜菜碱和羟基甜菜碱，在各种情况下都具有很高的初级生物降解度，但最终羟基甜菜碱降解度要高于类似的磺酸基甜菜碱。原因目前尚不清楚，可能是—$CO_2^-$ 部分和—$SO_3^+$ 部分的影响，也可能是两个离子中心的距离不同，也有可能是两方面的原因。

## 6.3 表面活性剂的功能与应用

表面活性剂的主要功能包括增溶作用、乳化作用、润湿作用、洗涤作用、起泡与消泡作用、分散作用等。对界面相互作用的更精细控制，可帮助人们实现新技术以及旧技术的新用途。生活中受表面活性材料影响的一些重要和高影响领域如图 6-32 所示。

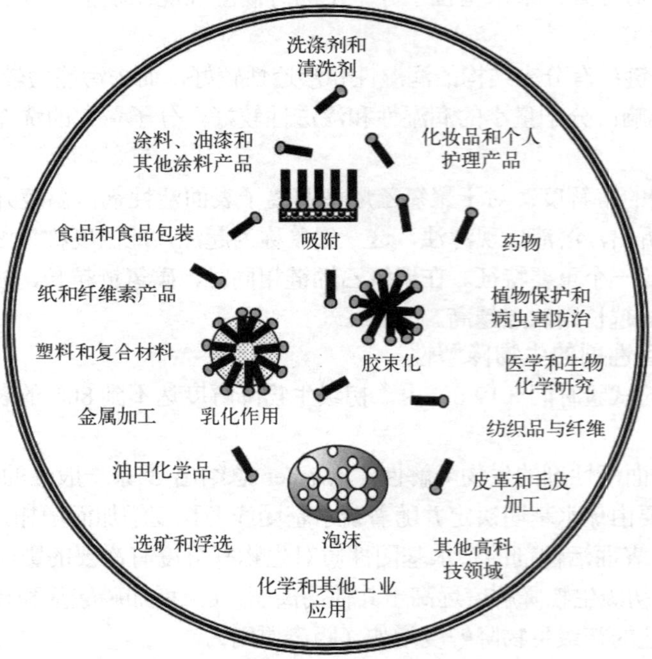


图 6-32 表面活性剂应用的一些重要、高影响领域[1]

## 6.3.1 增溶作用

**（1）增溶作用的定义和特点**

达到临界胶束浓度后，一些水不溶性或微溶性物质在胶束溶液中的溶解度可显著增加并形成透明胶体溶液，这种作用即增溶作用。图 6-33 示意了增溶作用的方式。

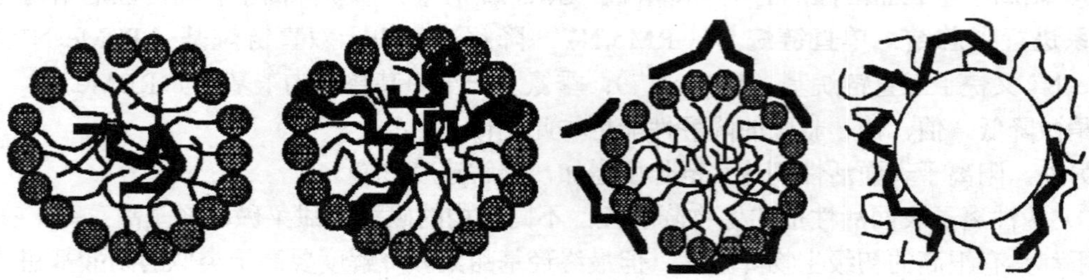

(a) 夹心型增溶　(b) 栅栏型增溶　(c) 胶束表面增溶　(d) POE 链间增溶

图 6-33 增溶作用方式示意图

增溶量是在 100 mL 已标定浓度的表面活性剂溶液中，滴加被增溶物，当达饱和开始析出时的物质的量（mol）。在图 6-33 方式中，（d）＞（b）＞（a）＞（c）。

**（2）增溶作用的主要影响因素**

① 表面活性剂的化学结构

疏水基团：链长增加，CMC 下降，增溶能力增加；链支化程度增加，CMC 增加，增溶能力下降；不饱和程度增加，CMC 增加，增溶能力下降。

亲水基团：其增溶能力　非离子型＞阴离子型＞阳离子型。

对于 $P(OE)_m$ 非离子型：$m$ 增加，CMC 增加，增溶能力下降。

② 被增溶物的化学结构

通常：液体＞固体；短链＞长链；环烷烃＞直链烷烃；极性＞非极性；不饱和碳氢化合物＞饱和碳氢化合物；苯＞环己烷；丁苯＞萘。

③ 温度

对于离子型表面活性剂，温度对 CMC 的影响很小。但如果温度升高，增溶剂在胶束中的溶解度增加，则增溶能力增强。

对于 POE 非离子型表面活性剂，非极性增溶剂温度升高，CMC 减小，核心最大增溶能力（maximum additive concentration，MAC）增加；极性增溶剂温度升高，CMC 下降，核心/栅栏处的 MAC 上升；如果温度进一步升高，(OE）脱水，核心/栅栏处的 MAC 下降。

④ 其他添加剂

a．其他增溶剂　同类型——增溶能力下降；不同类型——增溶能力增加（图 6-34）。

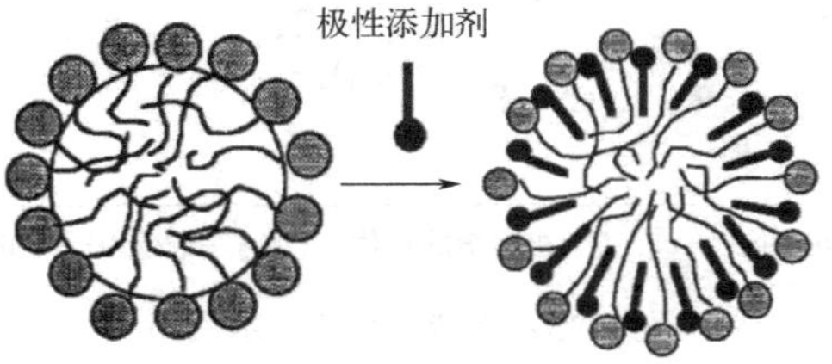


图 6-34　极性添加剂存在下非极性添加剂增溶作用增强的机理

可增溶的简单胶束核体积受端基有效表面积的限制。表面活性剂分子间嵌入极性添加剂后增加了胶束核体积，提高了增溶能力，减小了表面活性剂分子间的相互作用。表面活性剂分子之间的添加剂分子填充减小了不利的相互作用，增加了潜在的核心体积和溶解能力。

**表 6-6　典型离子表面活性剂溶解的 MAC**

| 添加剂 | MAC/(mol·mol$^{-1}$) | | |
|---|---|---|---|
| | $C_{12}H_{25}NH_3Cl$ | $C_{12}H_{25}COONa$ | $C_{18}H_{37}COONa$ |
| $n$-$C_6H_{14}$ | 0.75 | 0.18 | 0.46 |
| $n$-$C_7H_{16}$ | 0.54 | 0.12 | 0.34 |
| $n$-$C_8H_{18}$ | 0.29 | 0.08 | 0.18 |
| $n$-$C_9H_{20}$ | 0.13 | 0.03 | 0.05 |
| $n$-$C_{10}H_{22}$ | 0.06 | 0.005 | 0.009 |
| $CH_2(CH_2)_4CH_2$ | 0.87 | 0.23 | 0.56 |
| $C_6H_6$ | 0.65 | 0.29 | 0.76 |
| $C_6H_5CH_3$ | 0.49 | 0.13 | 0.51 |
| $C_6H_5C_2H_5$ | 0.38 | 0.20 | 0.40 |
| $n$-$C_8H_{17}OH$ | 0.18 | 0.29 | 0.59 |
| 2-$C_2H_5$-1-$C_6H_{12}OH$ | 0.36 | 0.06 | 0.47 |

b．添加电解质的影响　离子型表面活性剂：离子强度增加，CMC 下降，聚集数 $n$ 增加，核心 MAC 增加；核心/栅栏接口的 MAC 下降。非离子型表面活性剂：离子强度增加，CMC 下降，聚集数 $n$ 增加，增溶能力增强（表 6-6）。

c．表面活性剂　同系物之间无协同作用，不同类型存在着协同作用，例如阴离子和阳离子，核心 MAC 在核心/栅栏处下降。

**（3）增溶作用的应用**

增溶作用应用广泛，如乳液聚合（图 6-35）、开采石油、胶片生产、洗涤等。

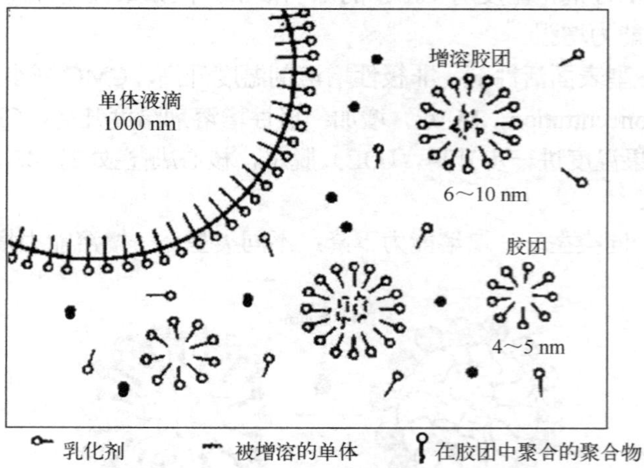


图 6-35　乳液聚合体系示意图

## 6.3.2　乳化与破乳作用

一种或多种液体以微滴状分散到另一种不相混溶的液体中所形成的多相分散体系，称为乳状液。这种形成乳状液的过程称为乳化。破乳是指乳液完全被破坏，发生油水分层现象。关于表面活性剂在乳化与破乳过程中的作用，第 8 章将专门介绍。

## 6.3.3　润湿作用

在第 4 章，我们对润湿作用做了专门介绍。润湿是一种极普遍的现象，在自然界中到处可见。人类及动植物的生命运行过程与润湿过程息息相关。在生产实践过程中也离不开润湿。

从方程 $S=\gamma_{s\text{-}g}-\gamma_{s\text{-}l}-\gamma_{l\text{-}g}$ 可以看出，液体在固体表面上的扩散可以通过两种不同的方式来促进。添加表面活性剂将导致液体的表面张力（$\gamma_{l\text{-}g}$）和固体与液滴之间的界面张力（$\gamma_{s\text{-}l}$）降低。因此，扩展系数（$S$）将增加。这种情况在 4.2.4 中已经作了较详细的讨论。

润湿剂　润湿是一个高度动态的过程，当润湿液体在基底上扩散时，表面活性剂分子必须迅速扩散到液体和基底之间的移动边界。一种好的润湿剂必须：①具有强大的驱动力，能够进入固-液界面；②有效地降低表面张力；③具有合理浓度的游离表面活性剂，即非胶束化结合的表面活性剂；④快速移动到新创建的表面。为了满足这些要求，一种好的润湿剂是一种表面活性剂，它的表面张力相当小并且非常疏水（通常在水溶性的边界上），但仍然不具有非常低的临界胶束浓度。润湿剂通常是支链表面活性剂，因为它们不像直链对应物那样容易形成胶束。非离子表面活性剂和阴离子表面活性剂都用于商业配方。

疏水剂　石蜡、聚硅氧烷、硅烷和氟化烃是有效疏水剂的实例（效率大致按该顺序增加），阳离子表面活性剂经常用于此目的。

由于纸张和纺织纤维通常都具有负净电荷，因此通常使用长链阳离子表面活性剂来赋予拒水性。表面活性剂还具有脱黏作用，即显著降低纤维对纤维的吸引力。最常见的纺织品柔软剂是季铵化合物，含有两个$C_{16\sim18}$烃链和氮原子上的两个甲基或其他短取代基。由于环境需求（生物降解度增加），这类传统的水解稳定的表面活性剂在很大程度上已被类似结构的含酯表面活性剂——二烷基酯所取代。

## 6.3.4　发泡和消泡作用

### （1）表面活性剂的发泡作用

形成泡沫必须满足两个条件：第一个条件是一个组分必须是表面活性的，在添加第二组分时表面张力的降低是表面活性的量度。由于与水相比，大多数有机化合物的表面张力相对较低，因此含有有机添加剂的水溶液相对容易发泡。第二个条件是泡沫的膜必须表现出表面弹性，即，如果泡沫膜被拉伸，必须有一个力将其拉回。表面弹性（$E$）源于表面自由能或表面张力的增加。

发泡的先决条件是表面活性组分从本体溶液到新形成表面的传输足够慢。如果不是这种情况，则表面上的吸附将降低表面张力，并且泡沫的薄膜临时拉伸将变得永久，从而削弱薄膜。因此，为了获得弹性，发泡剂，如表面活性剂，在薄膜收缩之前不允许从层状薄膜的内部扩散到新形成的表面。具有非常高临界胶束浓度（CMC）的表面活性剂，即产生高浓度单聚体的表面活性剂，将不会形成稳定的泡沫。此外，不形成胶束的溶质的水溶液显示出低发泡性。

### （2）表面活性剂的稳泡作用

表面活性剂分子在表面的堆积对泡沫的稳定性至关重要。随着表面活性剂临界堆积参数（critical packing parameter，CPP）的增加，空气-水界面上的表面活性剂堆积得更紧密，并获得更高的内聚力。这使液体薄片具有良好的强度，增加了表面弹性和黏度，从而产生高发泡性和适当的泡沫稳定性。但在较高的 CPP 值下，在泡沫上形成孔的倾向增加而导致其发泡能力降低。

### （3）表面活性剂的消泡作用

当出现不需要的泡沫时，通常会加消泡剂。它们是表面活性化合物，通过在泡沫片层上扩散来破坏泡沫。如，通过在泡沫上喷洒辛醇等中链醇，可以很容易地破坏由离子表面活性剂稳定的泡沫。辛醇液滴具有非常低的表面张力，这意味着它们可在泡沫片层上扩散，使薄片变薄到断裂点。注意辛醇只能通过喷涂方式使用，辛醇的添加可能会导致层状液晶相的形成，这在稳定泡沫薄片方面非常有效。

## 6.3.5　分散和絮凝作用

在油墨中加入具有适宜表面活性、润湿性、铺展性能的表面活性剂，可使油墨具有良好的流变性、流平性、转移性、黏附性及使油墨有良好的涂膜等。

在生物系统中，表面活性剂的使用方式与表面活性剂在技术系统中的使用方式非常相似：为了克服溶解问题，作为乳化剂、分散剂等。

在废水、污水处理中，通常使用聚丙烯酰胺共聚物阳离子絮凝剂以及聚乙烯醇絮凝剂等。

### 6.3.6 表面活性剂的其他功能

表面活性剂的功能除了上面所讲的五大类之外，还有如柔软平滑作用、抗静电作用、杀菌功能等，用途非常广泛。

随着合成表面活性剂洗衣粉的引入，消费类织物柔软剂成为一种独特的产品类别。在此之前，使用肥皂基洗衣粉、脂肪羧酸盐的钙盐和镁盐沉积在织物上，使织物感觉相对柔软。合成表面活性剂基洗衣粉的清洁效果明显优于肥皂基洗衣剂，不太容易留下钙和镁表面活性剂残留物。因此，随着这些产品的推出，人们对织物柔软剂产生了需求，因为织物在使用新洗涤剂洗涤时感觉很粗糙。来自皮革和骨骼的酰化蛋白质也表现出良好的清洁性能，作为织物柔软剂和“控制”剂表现良好。

## 6.4 表面活性剂复配

表面活性剂的技术用途主要涉及一种以上的表面活性剂物种，以便在效率和有效性方面获得协同效应。表面活性剂混合物形成胶束，几乎总是包含所有存在的表面活性剂物种。在许多应用中，离子和非离子表面活性剂的混合物是很常见的[4]。

### 6.4.1 复配原则

混合表面活性剂体系的性质，无论在整体还是在界面上，都取决于两个因素。

① 两种表面活性剂的相对表面活性，通常用 CMC 值的比率表示。

② 不同表面活性剂分子之间的相互作用。

相互作用可以是净吸引或净排斥。这以相互作用参数 $\beta$ 表示，对于吸引相互作用为负，对于排斥相互作用为正。在没有净相互作用的情况下，$\beta$=0，在这种情况下，同一种类的两个分子之间的相互作用与两个不同分子之间的相互作用相同。强烈吸引相互作用的一个明显例子是两种带相反电荷的表面活性剂的混合物，$\beta$ 值明显为负。另一种通常有吸引力的体系是离子表面活性剂与非离子表面活性剂的混合物。

在两种表面活性剂没有净相互作用的情况下，CMC 由以下公式给出：

$$\frac{1}{\mathrm{CMC}}=\frac{x_1}{\mathrm{CMC}_1}+\frac{x_2}{\mathrm{CMC}_2} \tag{6-24}$$

式中，CMC 和 $\mathrm{CMC}_i$ 分别是混合物和表面活性剂 $i$ 的 CMC 值；$x_i$ 是添加的表面活性剂 $i$ 的摩尔分数。因此，当已知添加的两种表面活性剂摩尔分数时，可根据单个 CMC 值计算混合物的 CMC。对于这样的系统，表面活性剂 1 在胶束中的摩尔分数由以下获得：

$$x_1^{\mathrm{m}}=\frac{x_1\mathrm{CMC}_2}{x_1\mathrm{CMC}_2+x_2\mathrm{CMC}_1} \tag{6-25}$$

混合物中产生的 CMC 是由胶束中而不是溶液中表面活性剂的量决定的。根据胶束组成 $x_1^{\mathrm{m}}$ 和 $x_2^{\mathrm{m}}$，CMC 由下式给出：

$$\mathrm{CMC}=x_1^{\mathrm{m}}\mathrm{CMC}_1+x_2^{\mathrm{m}}\mathrm{CMC}_2 \tag{6-26}$$

具有类似端基的表面活性剂体系可以不考虑净相互作用，即 $\beta$=0，如具有相同极性头但链长不同的两种表面活性剂的混合物。当然，混合胶束中表面活性剂的极性头基团之间存在相互作用，但由于头基团属于同一类，这种相互作用对于不同的表面活性剂物种是相同的，因此净相互作用为零。

许多其他表面活性剂系统需要考虑相互作用。如果我们混合两种有吸引力的表面活性剂，自组装更容易，尤其对应于较低的 CMC。吸引力使不同的表面活性剂分子聚集在一起，而且在聚集体中它们比在本体相溶液中更紧密地聚集在一起。对于排斥相互作用的情况则相反，即不利于自组装。

考虑到不同表面活性剂间的相互作用，需要对式（6-24）与式（6-26）进行校正。以活度系数 $f_i^{\mathrm{m}}$ 表征其与理想行为的偏差。

$$\frac{1}{\mathrm{CMC}}=\frac{x_1}{f_1^{\mathrm{m}}\mathrm{CMC}_1}+\frac{x_2}{f_2^{\mathrm{m}}\mathrm{CMC}_2} \tag{6-27}$$

$$\mathrm{CMC}=f_1^{\mathrm{m}}x_1^{\mathrm{m}}\mathrm{CMC}_1+f_2^{\mathrm{m}}x_2^{\mathrm{m}}\mathrm{CMC}_2 \tag{6-28}$$

图 6-36 与图 6-37 显示了 $\beta$ 值对 CMC 以及胶束组成的影响。

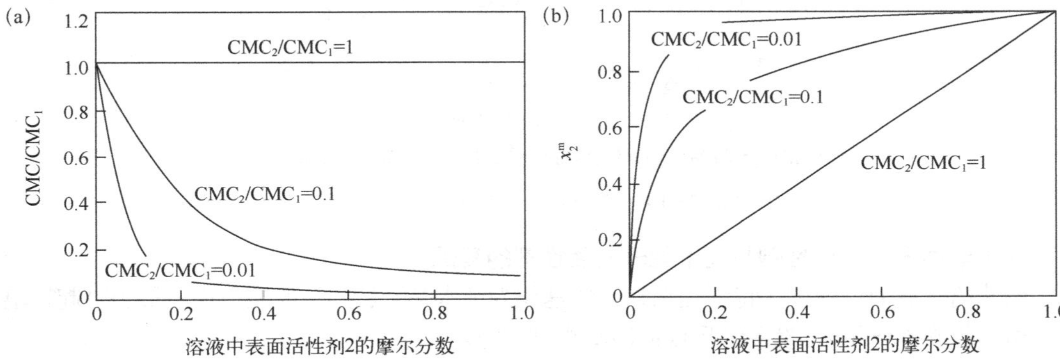


图 6-36 计算的 CMC（a）和胶束组成与溶液中表面活性剂组成的函数，适用于 $\mathrm{CMC}_2/\mathrm{CMC}_1=1$、0.1 或 0.01 且没有净相互作用（$\beta$=0）的三种体系（b）

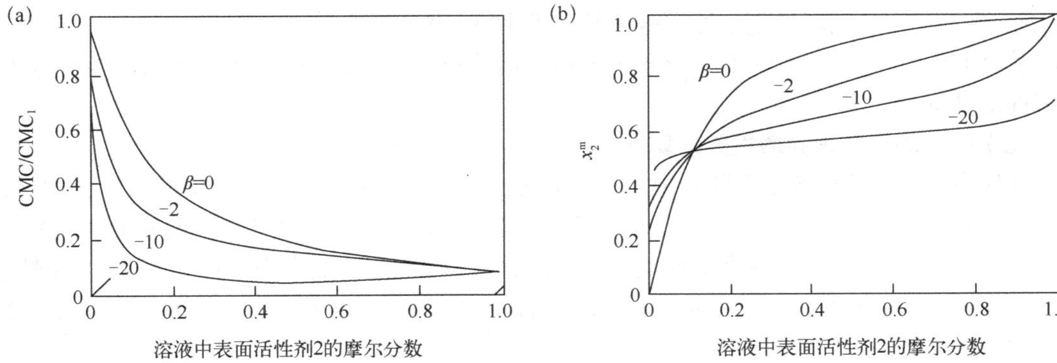


图 6-37 计算的 CMC 值（a）和 $\mathrm{CMC}_2/\mathrm{CMC}_1=0.1$ 的系统不同 $\beta$ 参数的胶束组成（b）

对于阴离子和非离子表面活性剂的混合物，$\beta$ 值通常为−2 左右。−10 至−20 范围内的值是阴离子和阳离子表面活性剂混合物的特征值。在 $\beta$=−20 的情况下，CMC 曲线很难与 $x$ 轴区分，即 CMC 值很小，同时组成的变化对 CMC 值影响很小。图 6-37（b）显示，随着 $\beta$ 参数越来越负，混合胶束接近两种表面活性剂的摩尔比 50 : 50。

## 6.4.2 表面活性剂复合体系

### （1）同系物表面活性剂复配

一般商品表面活性剂都是同系物的混合物。同系物混合物的情况比较简单，一般规律是同系物混合物的物理化学性质介于各个化合物之间，同系物混合物 CMC 可根据单一表面活性剂的 CMC 通过公式计算出来。图 6-38 所示为直链烷基硫酸钠复合体系的表面张力情况。

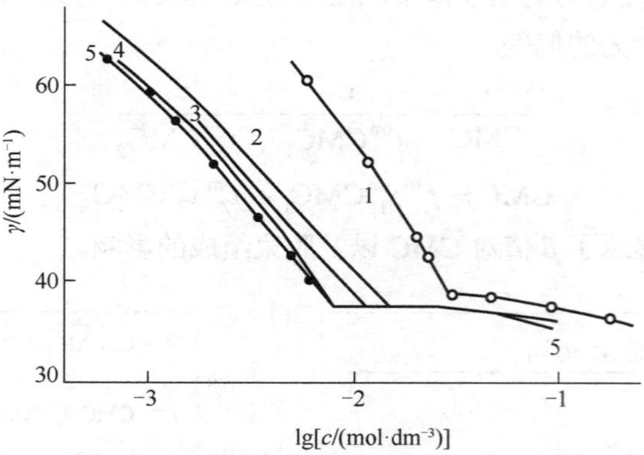


图 6-38 $C_{10}H_{21}SO_4Na$ - $C_{12}H_{25}SO_4Na$ 复合体系水溶液的表面张力（303 K）

摩尔比：1—1 : 0；2—3 : 1；3—1 : 1；4—1 : 3；5—0 : 1

### （2）非离子表面活性剂与离子型表面活性剂的复配

如非离子表面活性剂（特别是聚氧乙烯基作为亲水基）加到一般肥皂中，量少时起钙皂分散作用（防硬水作用），量多时形成低泡洗涤剂配方。

① 在离子型表面活性剂中加入非离子表面活性剂，将使表面活性提高。

② 在非离子表面活性剂中加入离子型表面活性剂，溶液的表面活性增加（CMC 及 $\gamma$ 下降），但 $\gamma_{CMC}$ 却比未加时高。

③ 在非离子表面活性剂中加入离子表面活性剂，将使浊点升高。

④ 阴离子型表面活性剂与非离子表面活性剂的相互作用强于阳离子型表面活性剂与非离子表面活性剂。

### （3）阴、阳离子表面活性剂的复配

在所有的表面活性剂混合体系中，阴、阳离子型表面活性剂具有最强的协同作用。但在表面活性剂复配应用过程中，常把阳离子型表面活性剂与阴离子型表面活性剂的复配视为禁忌。

研究发现，由于阴、阳表面活性剂离子间强烈的静电作用和疏水协同效应，在一定条件下，阴、阳离子表面活性剂复配体系具有很高的表面活性，显示出极大的增效作用，混合物具有许多突出的性质。

### （4）碳氢表面活性剂和碳氟表面活性剂的复配

碳氟表面活性剂是目前所有表面活性剂中表面活性最高的一类，也是化学稳定性和热稳定性最好的一类，具有很多碳氢表面活性剂无法取代的特殊用途。

通过碳氟表面活性剂与碳氢表面活性剂的复配，可减少碳氟表面活性剂的用量而保持其表

面活性，并能达到单一碳氟链表面活性剂达不到的效果，有时甚至能提高碳氟表面活性剂的表面活性。

**（5）表面活性剂和高聚物复配及表面活性剂–高聚物相互作用**

① 在具有相同碳链的情况下，阳离子型表面活性剂与非离子聚合物的相互作用可能比阴离子型表面活性剂与非离子聚合物的相互作用弱得多。

② 带有相同电荷的聚合物和表面活性剂之间没有或仅有很弱的相互作用。

③ 带有相反电荷的表面活性剂和聚合物体系，由于强烈的静电引力以及分子间的疏水作用，相互作用大大加强，从而常使溶液变得浑浊，甚至产生沉淀。

④ 黏度和表面张力等测定发现，典型的亲水非离子聚合物如 PVA、PEG 及 PVP 等与聚氧乙烯类非离子表面活性剂不发生相互作用，而中等疏水的聚合物如 PPO、部分水解的聚醋酸乙烯酯（PVA-AC）却可与它们发生相互作用。

## 6.5 表面活性剂的研究及展望

表面活性剂应用前景广阔，几乎覆盖了全部精细化工领域。进一步的开发研究主要在以下几个方面。

**（1）绿色表面活性剂（生物表面活性剂）**[13]

由于对人类健康和环境有害的产品使用受到了限制，人们开始寻找由生物（植物或微生物）来源的天然、可生物降解的表面活性剂成分配制的洗涤剂，或由通常被称为绿色表面活性剂的天然原料化学合成的洗涤剂。事实上，生物表面活性剂或绿色表面活性剂被认为是下一代工业表面活性剂。

**（2）强化采油（enhanced oil recovery，EOR），提高石油采收率**[14]

随着能源需求的不断激增，通过 EOR 从枯竭和恶劣的储层中生产的石油显著增加。在许多提高采收率的技术中，化学方法提高采收率是应用最广泛的采油方法之一，该技术中使用的表面活性剂有助于降低界面张力和改变岩石的润湿性，从而提高采收率。与传统流体相比，Gemini 型表面活性剂辅助 EOR 的解决方案有望提供更高的稳定性。

**（3）节省能源用的表面活性剂**

汽油与甲醇或乙醇混合燃料中、煤水混合物中添加表面活性剂等，可以提高它们的储存稳定性以及燃烧效率等。

**（4）功能性表面活性剂**

在表面活性剂分子上接上特殊功能的基团，使其具有感光、磁性、导电等功能。

**（5）生物基表面活性剂**

生物基表面活性剂包括由生物原料生产的任何表面活性剂，如碳水化合物、脂肪或蛋白质。由于其源于自然，回归自然，由可再生资源生产的生物基表面活性剂的市场需求正在增加。由酶促或细胞工厂生产的称为生物表面活性剂，在很大程度上是可持续的。

此外，还有诸如低毒表面活性剂的研究，以代替有毒的除草剂（使水不能到达杂草的根部）和防腐剂等；新型洗涤剂的研究，如低泡高能洗涤剂、不加助剂即可在硬水中使用的表面活性剂、易破坏分解的表面活性剂以及用于计算机中分子开关的表面活性剂等方向。

## 6.6 不溶性表面膜

### 6.6.1 表面单分子层膜的形成

许多不溶性物质如长碳链脂肪酸和脂肪醇借助于适当的溶剂可在水表面上铺展成单分子层的薄膜，其亲水基朝着水相，而疏水基则朝着气相。当疏水基达到一定程度，不溶物在水中的浓度便小得可以忽略，这时，表面活性物质可视为全部集中于表面层作定向排列。当浓度达一定程度，便形成不溶性表面膜。

一个具有可移动屏障（B）的水容器充满了纯水。屏障两侧的水表面张力相同（$\gamma_0$）。当表面活性材料注入水中后，可能发生两种情况，如图 6-39 所示。如果材料在水中具有显著的溶解度，则会发生通过水的扩散，并在屏障的两侧产生吸附，从而产生 Gibbs 单层，如图左侧所示。此时测量每一侧的表面张力 $\gamma_L$ 和 $\gamma_R$，可以发现 $\gamma_L = \gamma_R$。

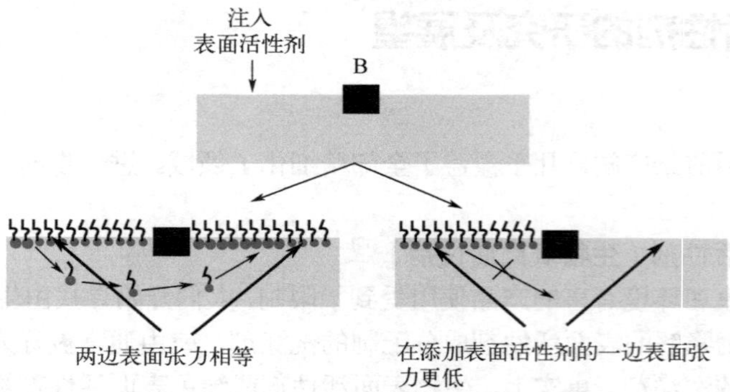


图 6-39　将表面活性材料添加到容器中的水表面，其中表面被屏障分隔，则可能会发生两种类型的吸附

考虑图右边的情况，在屏障的一侧放置了一种基本上不溶但仍具有表面活性的物质，如硬脂酸。设表面活性物质没有穿过屏障，系统可以在任何实际时间段内保持，当测量每一侧的表面张力时，会发现添加硬脂酸的一侧已经降低，直到形成不溶性单层，而另一侧保持纯水的表面张力 $\gamma_0$。

如果使屏障 B 可移动并连接到某个指示装置，则可以看到，对于左侧的实验，在平衡状态下，屏障的位置没有变化，读数为零。在右边，可以看到屏障从添加了硬脂酸的一侧移开，有效地增加了含有硬脂酸的表面相对于清洁表面的面积。该系统可以很容易地被认为是经典三维系统（如气体理论）的二维模拟。

当两亲分子的疏水基达到一定的程度，其在水中的溶解可被忽略，而通过铺展在水面上形成的单分子层，称为**不溶性表面膜**。

不溶于水的长链脂肪酸可以在水面上扩展形成表面膜。由所加的脂肪酸的量和扩展面积可以计算出表面膜约一个分子的厚度，故称为**单分子层膜**。

能在水面上形成单分子层膜的物质有：含极性的—OH、—COOH 或—$COO^-$、—$\overset{+}{N}H_3$、—CN、—$NH_2$ 等碳原子数在 14～22 之间的长链脂肪族化合物；含—$SO_3$ 和—$N(CH_3)_2$ 等极性基团的碳原子数在 22 以上的长链型分子以及甾族或其他碳氢链中含有多元环的化合物。从热力学上看，铺展系数为正的物质才能在水面上铺展，才有可能形成单分子层膜。

单分子层膜的制备方法：一般是将成膜物质先溶于某种溶剂中制成铺展液，然后将铺展液均匀地滴加到水面上，溶剂挥发后，在底液上形成单分子层膜。

对铺展液的要求：①对成膜物质具有足够的溶解能力，使成膜物质能在其中形成分子分散的溶液；②在底液上有好的铺展能力，所制成的铺展液在底液上的铺展系数有较大的正值；③密度较低，形成铺展液的密度应小于底液密度；④易挥发，不会残留于单分子层膜中，也不影响底液的性质，从而不影响膜的稳定性。

此外，铺展液浓度要适当，特别要注意纯度，少量的杂质会使膜的性质发生很大的变化。

## 6.6.2 表面压

单层膜的表面压被定义为纯支撑液的表面张力$\gamma_0$与具有吸附膜的液体的表面张力$\gamma$之间的差值，常以$\pi$表示，常用单位为$mN \cdot m^{-1}$。

$$\pi = \gamma_0 - \gamma \tag{6-29}$$

表面压在数值上等于纯底液与有膜处底液的表面张力之差。一般，$\pi$=30～50 $mN \cdot m^{-1}$。若膜厚约为2.5 nm，相当于$p = 1.5 \times 10^7$ kPa ≈150 atm。

测量表面压使用Langmuir膜天平，如图6-40所示。

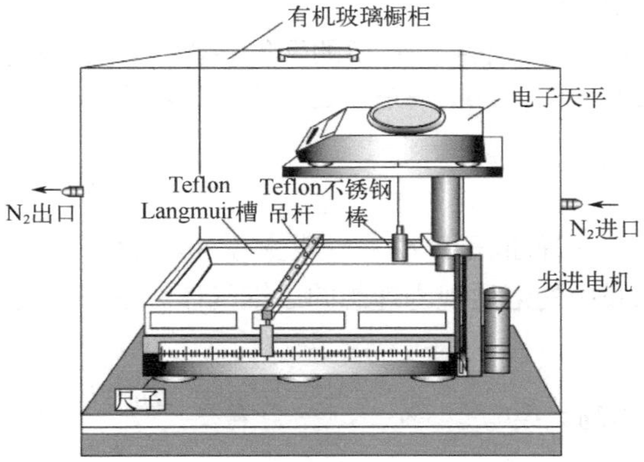


图6-40　Langmuir膜天平示意图

如果用表面压$\pi$对单个分子表面积$\sigma_A$作等温线（$\pi$-$\sigma_A$图），可以看到$\pi$-$\sigma_A$图因分子的性质不同或温度不同而不同，如图6-41与图6-42所示。

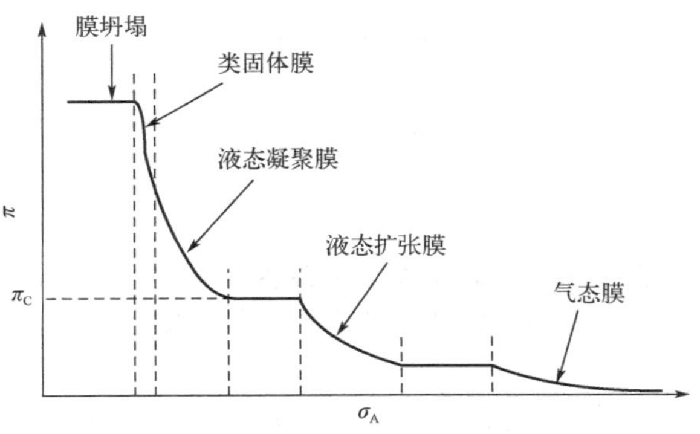


图6-41　膜的表面压随单个分子表面积变化的示意图

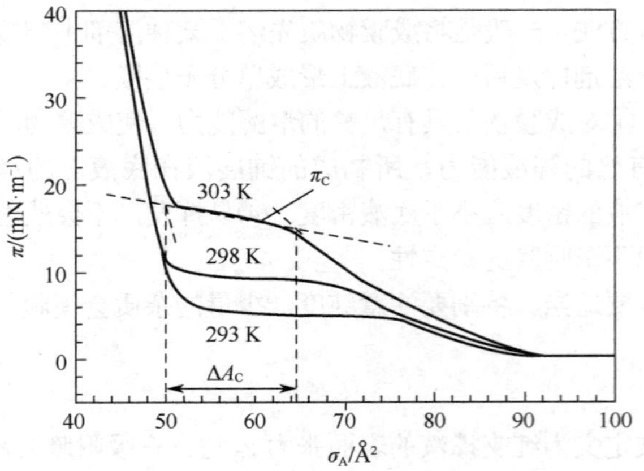


图 6-42　不同温度下 $\pi$-$\sigma_A$ 等温线

当表面膜行为像二维理想气体时，它的状态方程为：

$$\pi A = n^{\sigma} RT \tag{6-30}$$

## 6.6.3　不溶性表面膜的类型

图 6-41 与图 6-42 显示，与三维空间物质的聚集态和 $p$-$V$ 关系相似，二维的单分子膜同样存在着不同的聚集态及其对应的 $\pi$ - $\sigma_A$ 关系。这些状态是以膜中分子间的横向黏着力大小加以区分的。

**（1）气态膜**

若每个成膜分子平均占有面积很大（一般大于 40 $nm^2$），表面压便很低（一般低于 0.5 $mN\cdot m^{-1}$），可把表面膜中的溶质视为理想的二维气体。在浓度很低时，表面张力随浓度近乎线性地下降。

$$\gamma = \gamma_0 - Kc \quad 或 \quad \frac{d\gamma}{dc} = -K = -\frac{\gamma_0 - \gamma}{c} = -\frac{\pi}{c} \tag{6-31}$$

代入吉布斯吸附等温式：

$$\Gamma = \frac{N^S}{A} = -\frac{c}{k_B T} \times \frac{d\gamma}{dc} = \frac{\pi}{k_B T} \tag{6-32}$$

可得

$$\pi A = N^S k_B T \tag{6-33}$$

或：

$$\pi \frac{A}{N^S} = \pi \sigma_A = k_B T \tag{6-34}$$

**（2）二维空间的气液平衡**

若将气态膜压缩，则随着表面积减小表面压必然增大。当压缩到某一压力时，表面压不再变化。实验表明，饱和表面压与成膜物质的结构和分子量有关，对同系物而言，碳链越长，饱和表面压越小。

根据图 6-42，还可以通过 2D 的 Clausius-Clapeyron 方程导出两膜平衡转变时的熵变和焓变。利用该方程通常可以导出 $10k_B$ 以上的熵变（$k_B$ 是玻尔兹曼常数），二维空间的饱和表面压与温度的关系可用下式描述。

$$\frac{\mathrm{d}\pi}{\mathrm{d}T}=\frac{\Delta H}{T\Delta\sigma_{\mathrm{A}}} \tag{6-35}$$

**（3）液态扩张膜**

随着气液两相间量的不断转化，表面膜不断从气液共存向液态过渡。随着表面进一步被压缩，表面膜进入液态，称为液态扩张膜。此膜本质上是液态的，但压缩系数比正常液体大得多。

Langmuir 认为该膜为薄双重膜，成膜分子碳氢链间可看作液相，下部在水中的亲水基团保留气态膜的性质。这种膜本质上虽然是液态的，但与三维空间的液体相比，其压缩系数要大得多。

液态扩张膜的分子平均面积达到相应固态膜的 2～3 倍，它满足类似 van der Waals 方程的状态方程。

$$(\pi-\pi_0)(\sigma_{\mathrm{A}}-\sigma_{\mathrm{A},0})=k_{\mathrm{B}}T \tag{6-36}$$

式中，$\pi_0$、$\sigma_{\mathrm{A},0}$ 均为常数。

液态扩张膜的分子图像目前尚不是很清楚。从它的分子平均面积、压缩特性可以推断处于此状态的成膜分子既不是平躺在表面上，也不会完全直立。随着膜面积减小，成膜分子逐步直立起来。如油酸分子中烃链上具有双键，其黏着力不如硬脂酸等饱和酸，能形成较为膨胀的表面膜。

当分子平均面积很大时，如油酸分子，可视为平躺在表面上以使其亲水基能与水接触。当进一步压缩，分子平均占有面积逐渐减小，将迫使其双键离开水面上并使烃链在垂直方向上定向排列。

**（4）转变膜**

将液态扩张膜再进一步压缩，当 $\sigma_{\mathrm{A}}$ 减小到一定程度，$\pi$ - $\sigma_{\mathrm{A}}$ 曲线又出现转折，表面膜进入另一种状态，称为转变膜或中间膜。转变膜的压缩系数比扩张膜大，本质上仍为液态。

其特点为：a. 不均匀性；b. 是介于扩张膜与凝聚膜间的一种过渡态，不具有一级相变的特点；c. Langmuir 认为由扩张膜向转变膜的转变过程是形成二维胶团的过程。

**（5）凝聚膜**

硬脂酸、棕榈酸以及更高级直链脂肪酸在室温下所形成的表面膜，属于这种类型。即使在占有较大面积时，脂肪酸分子间并非处于完全分离状态，烃链间的强大黏着力使它们易形成分子簇。这种作用导致在开始压缩过程中膜的表面压始终保持一个很低的数值，直至分子间形成紧密排列时才急速上升。这显然也是由于相变，并代表了向二维分子阵列的有序固体排列的转变。

如硬脂酸在稀盐酸水溶液中铺展，则可观察到在 $\sigma_{\mathrm{A}}$ 约为 0.25 $\mathrm{nm}^2\cdot$分子$^{-1}$ 时有个初始的升压过程，而在 $\sigma_{\mathrm{A}}$ 约为 0.205 $\mathrm{nm}^2\cdot$分子$^{-1}$ 时 $\pi$-$\sigma_{\mathrm{A}}$ 曲线才出现陡升。前一种现象可解释为羧基开始收拢，而后一种现象则为羟基链已形成紧密排列，且迫使羟基浸入水中。

无论直链脂肪酸的烃链长短如何，$\sigma_{\mathrm{A}}$ 的极限值均为 0.205 $\mathrm{nm}^2\cdot$分子$^{-1}$。这种紧密排列状态比通过 X 射线衍射实验所得的晶态硬脂酸分子截面积值 0.185 $\mathrm{nm}^2$ 还大得多，说明分子间尚有压缩余地，进一步压缩将导致表面膜的破裂或起皱。图 6-43 显示了单层膜的坍塌过程。

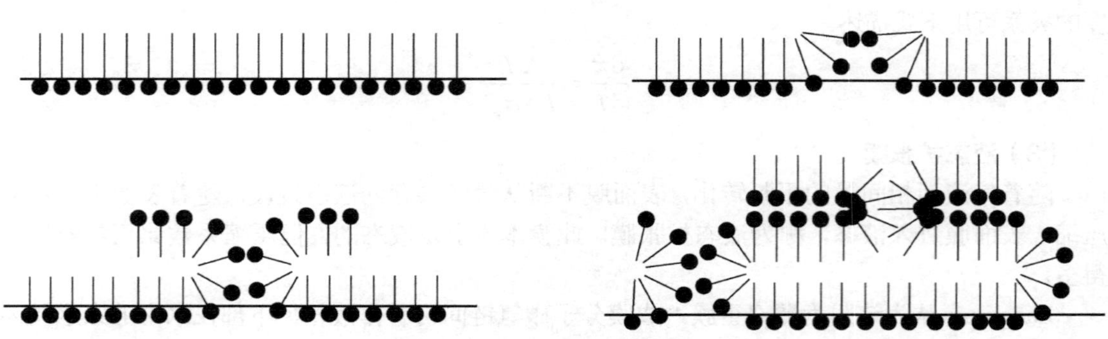

图 6-43 单分子层膜的坍塌过程[15]

## 6.6.4 影响膜的性质和状态的因素

**（1）成膜分子大小**

一般而言，同系物的分子量越大，所形成的不溶膜越凝聚。室温下，碳数为 13～16 的直链饱和脂肪酸可以形成扩张膜，它们也存在一定的饱和蒸气压。而碳原子数为 18 的硬脂酸则只能形成凝聚膜，其膜的饱和蒸气压很低。同系物的膜饱和蒸气压随碳原子数的增加而降低。分子量增加，范德华力增大，导致分子间相互作用力增大，蒸气压降低。

**（2）成膜分子结构**

成膜分子的碳氢链上若带有极性基或不饱和键，则由于极性基间的排斥力作用，所形成的膜较为扩张，当分子带有 2 个或 2 个以上的极性基时，极性基所处位置会影响膜的结构。当 2 个极性基相距较近时，所形成的膜较凝聚；反之，则较为扩张。当两个亲水基都与水有强结合能力，它们必然要处于水面上，当两亲水基相距越近，则占据水面的面积越少，膜分子平均面积越小；反之则大得多，膜更扩张。直链的排斥作用也使膜更为扩张。如直链的反-二十二烯酸形成凝聚膜，而弯曲的顺-二十二烯酸形成扩张膜。

**（3）底液成分**

当水中含有第二种成分时，对不溶膜的性质会产生明显的影响。如当底液中含有无机电解质时，若成膜物质为离子型的，则由于反离子的存在，离子间排斥力减小，因此，膜更为凝聚。

**（4）温度影响**

温度升高，膜变得更为扩张，这说明膜的压缩系数随温度升高而增大。同时因为温度较高时，膜的饱和蒸气压增大，膜变得更为扩张。这也说明二维空间的临界温度较低。

## 6.6.5 混合不溶膜

由两种或两种以上的成膜物质组成的不溶膜，称为混合不溶膜。

首先，生物膜都是混合膜，要研究生物膜体系，必须采用混合膜模型；其次，混合膜是 L-B 膜（Langmuir-Blodgett 膜）的基础，只有形成了相当凝聚的不溶膜的物质才有可能应用 L-B 技术一层一层地组装起来。

**（1）理想混合膜**

表面压与分子平均占有面积之间的关系服从理想的加和律，即混合膜中分子平均占有面积等于相同表面压时单一组分的膜中各组分分子平均面积与其摩尔分数乘积加和。

$$a = \sum x_i a_i \tag{6-37}$$

（2）非理想混合膜（协同型）

此混合膜分子平均占有面积小于各组分面积的平均值，即非理想膜比理想膜更为凝聚，许多具有不同电性的成膜分子能形成这种混合膜。此时，混合膜中两种成分之间的相互作用（吸引力）大于同种分子间的相互作用。

### 6.6.6 界面电势和表面黏度

膜的基本特征主要表现在三个方面：表面压、界面电势和表面黏度。

#### 6.6.6.1 界面电势

（1）定义

在第 5 章讨论界面电化学时，界面电势是指在两相交界处由于离子或电子迁移率的不同而引起的电势差。如金属-溶液间就存在界面电势，两种浓度不同的同一物质或相同浓度的不同物质的接界处也存在界面电势，金属-金属间由于电子逸出功不同也存在接触电势，同样，水-表面也存在界面电势。

当界面（表面）上有膜存在时，由于成膜分子正、负电荷中心不重合，因此，电势与无膜时的电势有偏差。

界面电势被定义为有膜和无膜时两相间电势之差：$\Delta V = V_{\mathrm{m}} - V$ 。

（2）界面电势的测定

空气电极是涂有放射性物质（如 Po）的金属丝，它与液体表面的距离约几毫米，由于发射出 α 粒子使空气电离而导电，另一电极是连接底液的 Ag/AgCl 电极。空气电极与三极管的栅极连接，而 Ag/AgCl 电极与三极管的阴极和电位计相连。

实验时，调节电位计使阳极电流到最小，此时电位计读数即为无膜时的界面电势。栅极相当于接地，空气电极为负，Ag/AgCl 为正（阴），依此方法，测定有膜与无膜时的电势差，即可得界面电势。

（3）界面电势测定的意义

界面电势的测定可为表面膜的研究提供下列信息。

① 分子定向　影响界面电势的因素有成膜分子的表面浓度、在膜中的有效偶极矩和带电基团的电势。若采用平板电容器模型，界面电势可表示为：

$$\Delta V = \frac{4\pi n \mu_0 \cos\theta}{D} \tag{6-38}$$

若从实验中测得 $\Delta V$ ，并且知道 $n$（1 $\mathrm{cm}^2$ 膜中的分子数）和 $\mu_0$ 则可算出 $\theta$，从 $\theta$ 值可知成膜分子在膜中的定向（当 $\theta$=0 时分子直立）。

若压缩表面同时测界面电势，则界面电势随 $\sigma_{\mathrm{A}}$ 增大而增大，当 $\Delta V$ 不变时，$\theta$=0，可认为分子已直立，可求 $\mu_0$ 。

② 膜的结构　如果在改变膜的性质（如压缩膜面积、改变膜温度）的同时测定界面电势，则可获得膜结构变化的信息。

因膜面积的大小直接影响成膜分子在空间的取向，因此界面膜电势应与成膜分子的空间取向存在一定关系。

例如，长碳链的乙酰胺在水面上的不溶膜结构会随温度变化，界面电势测定的室温时和低温时表面偶极矩分别为$1.17\times10^{-24}$和$1.30\times10^{-24}$，说明长链乙酰胺分子表面定向不同。

膜形态结构的测定常采用下列方法：电子显微镜、原子力显微镜、膜厚度的测量、孔隙率的测定、孔径与孔径分布的测定等。

③ 检测膜的不均匀性　将空气电极平行于表面移动，从界面电势的变化情况可推测膜的均匀性。若表面是均匀的，$\Delta V$不变，反之则$\Delta V$不稳定，由此可对膜上发生的物理化学变化进行跟踪。同时，为溶液或气相成分在膜上的吸附或渗透及膜上化学反应速度的研究提供信息，若膜不均匀，则渗透速度较难控制，如微囊药物一般要求膜均匀，释放速度保持稳定。

#### 6.6.6.2　表面黏度

由于膜的存在而引起表面层黏度发生变化。表面黏度表示为不溶膜的表面黏度和水面黏度的差值。对单分子膜表面黏度的测定表明，其值在$10^{-3}$～1 Pa·s之间。与三维体系相似，表面黏度也存在两种类型，即膨胀型和切变型。

膜也有牛顿体和非牛顿体之分，也有黏弹效应。表面黏度的研究可提供膜中分子凝聚状态的信息，并可用于确定单分子层中发生相转变时所需的表面压的值。如聚合物单分子层通常比单体膜的黏度高得多，通过表面黏度的测定可以监测表面聚合反应的过程，而在此过程中表面压和界面电势变化不大。

表面黏度的测定还可获得膜中的相变和膜中分子相互作用的信息，补充表面压和界面电势手段的不足。界面黏度测定方法有：

① 隧道黏度计法　隧道黏度计法相当于用一根二维毛细管将液面分成两部分，中间留一狭缝，当狭缝两端存在膜压时，表面膜在此压的作用下，从高表面压$\pi_1$处通过长为$l$、宽为$w$的狭缝流向低表面压$\pi_2$处，当保持$\pi_1$、$\pi_2$不变的条件下，根据柏松方程，可得：

$$\eta_s=\frac{(\pi_1-\pi_2)w^3}{12vl}\tag{6-39}$$

式中，$v=\mathrm{d}A/\mathrm{d}t$。

② 振荡黏度计（扭摆黏度计）法　振荡法原理是使黏度探头小盘在液面上摆动，惯性棒挂在一带有反光镜的扭力丝上，测定时使探头刚刚接触液面，然后使盘在表面摆动，让一束光照在反光镜上，从反射光点的位置变化及摆动速度可算出表面黏度，该法适用于高表面压黏度测定（如凝聚膜）。

### 6.6.7　不溶性表面膜研究的应用

不溶性表面膜及有关过程的研究为生物过程的研究和模拟提供了重要的手段。它是化学、物理、生物、医药等多种学科的交叉点。

**（1）蛋白质分子量测定**

蛋白质是一种同时具有亲水基—NH—和—CO—以及疏水基—R的高分子物质，如：

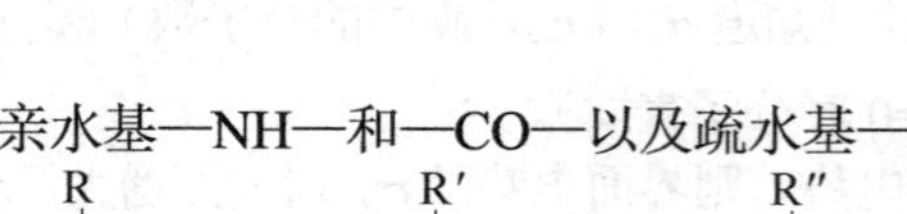

在水面上可形成不溶性表面膜。在稀溶液中蛋白质表面膜属气态膜，满足：

$$\pi\sigma_A=k_BT\text{ ，}\ \pi A_m=RT$$

式中，$A_m$为1 mol物质所占的面积，上式可改写成：

$$\pi A=nRT=\frac{m}{M}RT\text{ ，}\ M=\lim_{\pi\to0}\frac{mRT}{\pi A}$$

故当物质的质量为 $m$，在一定温度下测定其 $\pi$-$A$ 关系并外推至 $\pi \to 0$，则可估算出其摩尔质量。用此法测定的摩尔质量往往显著偏低，可能与蛋白质在表面上的离解作用有关。

**（2）抑制水蒸发**

在农业上及其他场合下常要求防止水的蒸发，而在水面铺上不溶物单分子层就可以有效地抑制水的蒸发。

在水面上覆盖一层不溶性的表面膜，如十六烷醇，可使水的蒸发速率减小 40%左右。不溶性表面膜也可以阻抑表面波浪的形成。

为了获得最高的抑制水蒸发的能力，要求形成一紧密排列并具有挤出表面杂质能力的凝聚膜，同时也必须要求膜材料有良好的铺展能力和自修复力以克服自然条件对膜的破坏。

此外，还要考虑不溶膜对氧气等气体的透过性，因为如果在抑制水蒸发的同时也阻止氧气透过，则水生生物将无法生存。

为达上述要求，常在十六烷醇中加入少量硬脂醇、油醇和肉豆蔻醇等物质。单分子膜则可通过把溶质溶于合适溶剂或直接以粉末状态在水面上铺展形成。

**（3）复杂分子的结构**

若成膜分子有 2 个或 2 个以上的极性基且相距很远，或者分子只有一个极性基但分子占有面积很大，则分子可以倒（平躺）在水面上成气态膜或液态扩张膜，可利用这些知识来确定复杂分子的结构。

**（4）表面膜中的化学反应**

表面膜中的化学反应可以是成膜物质之间的反应，如表面聚合；也可以是成膜物质与底液或气相中的某些成分发生反应，如油漆氧化、酯的水解等。多数情况下底液中的成分会作为反应物或催化剂参与界面反应，因此，膜中分子和底液中分子之间发生的反应是研究得最多的，也是最重要的一类反应。

不溶膜上的化学反应有许多特点：反应速度与成膜分子的取向密切相关；表面反应的产物与在体相反应的产物有时差别很大；表面压与表面积的变化对反应速度有很大影响；表面反应的平衡常数常与体相反应的平衡常数不同。

膜反应的研究对一般化学反应及生物膜的研究有重要意义，许多生命过程中的重要反应都是在膜上进行的，而脱离了生物膜的特定环境，这些过程便难以进行。

通过膜反应的研究，还可以提供分子空间取向的有用信息，这对于一些结构复杂的异构体的判别十分有用。

## 6.7 L-B 膜

因 Langmuir 提出的有关气-液界面的吸附理论奠定了单分子层的理论基础，现在称气-液界面上的单分子层为 Langmuir 膜。

1935 年，Langmuir 的学生和助手 Blodgett 将不溶性单分子或多分子膜转移到固体基质上并保持其定向排列的分子结构，成功地制备出第一个单分子层积累的多层膜，这种膜称为 Langmuir-Blodgett 膜（L-B 膜）。

### 6.7.1 L-B 膜和 L-B 技术

Langmuir-Blodgett（L-B）膜是在支撑体垂直穿过单层的过程中，Langmuir 膜或 Langmuir 单层从液-气界面转移到固体支撑体时形成的纳米结构系统。L-B 膜可以包含一个或多个有机材料单层，通过将固体基底浸入液体中而从液体表面沉积到固体上。该技术通常被称为 L-B 技术，如图 6-44 所示。尽管任何对单层材料的一部分具有相对强亲和力的材料都可以使用，但沉积该层的固体表面通常是玻璃或金属。

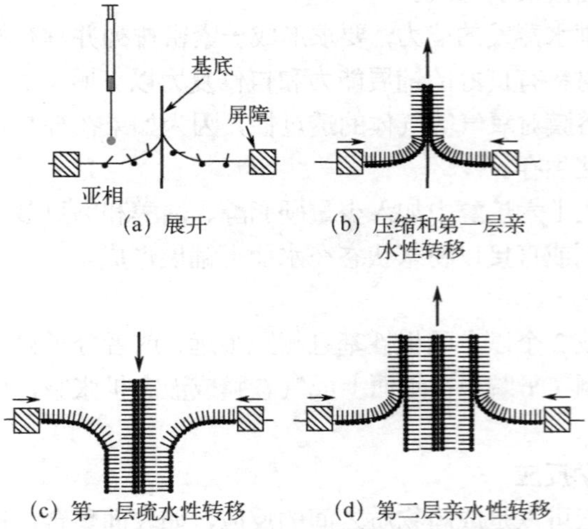


图 6-44　Langmuir-Blodgett 技术将有机单分子层从水中转移到固体基质上

在每次浸渍或挤出步骤中，单层被均匀地吸附，因此可以形成具有非常精确厚度的膜。因为每个单层的厚度都是已知的，因此可以相加来计算 L-B 膜的总厚度。

随单分子层沉积的过程不同，所形成 L-B 膜的结构也不同。根据表面活性剂在膜中的相对位置，L-B 膜可分为 X、Y、Z 三种类型，见图 6-45。

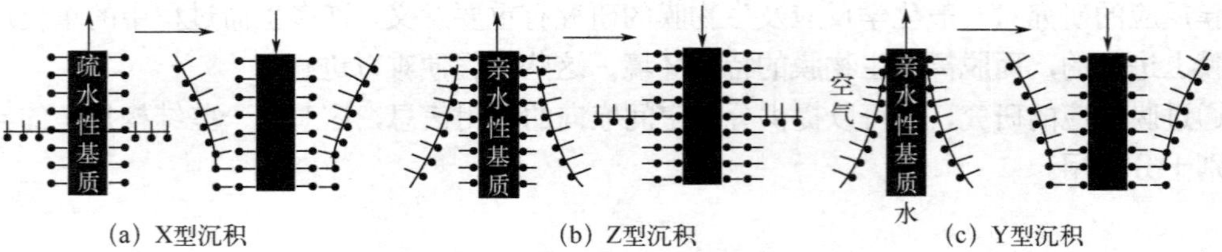


图 6-45　X、Y 和 Z 型多层膜的结构[16]

如果基质最初是疏水性的，沉积通常在第一次浸入亚相中时开始。在基片插入水面时有膜沉积，其结构特点是所有分子都向一个方向排列，亲水基向基片之外，形成的膜称为 X 型膜。

在 Y 型的 L-B 膜中，形成膜的基片每次进出水面都有分子膜沉积上去，即 Y 型膜在浸入和移除过程中沉积产生。其结构特点是亲水端与亲水端相连，疏水端与疏水端相连，形成多层分子膜。

对于 Z 型膜的形成，在基片插入水面时，分子亲水基朝向基片，其结构特点和 X 型一样，所有分子向一个方向排列，但表面活性剂的方向和 X 型方向相反。Z 型膜仅在移除期间沉积形成。

如果涂覆亲水性基材，并且单层材料对基材的黏附性较差，则第二次浸入亚相中会导致单层从载玻片上剥离并在水面上重新沉积。在这种情况下，反复浸渍总是会在载玻片上形成单层沉积。如果第一层的干燥和排水时间不足，也可能发生这种情况。为了降低这类风险，通常在沉积可能本质上不太好的成膜剂的其他材料的多层之前，将一个或多个硬脂酸单层沉积在载玻片上以形成良好的表面。以这种方式呈现疏水性的载玻片可以通过水平降低来涂覆高黏性单层。

在上述三种类型膜的形成中，X 型和 Z 型沉积通常不能保证多层膜具有相应的结构。

沉积的单层膜的吸附非常强，特别是当固体基底可以与沉积的材料反应时。例如，沉积在金属或金属氧化物表面上的羧酸单层几乎肯定会形成金属皂，这些金属皂极难通过除直接化学蚀刻以外的方法去除。这种强吸附膜在边界润滑的摩擦和磨损研究中非常有用。

固体衬底上的单层膜不一定需要从单层系统沉积，它们也可以直接从待沉积材料的溶液或熔体中沉积，或通过气相沉积工艺沉积。这种膜通常被称为自组装单层。

由于使用表面活性材料的可能性，沉积的单层膜近年来受到了极大的关注，表面活性材料可以在沉积后反应以产生非常薄且牢固的膜。如果在半导体表面沉积多层感光材料（例如，50 分子厚），则所得的微光致抗蚀剂涂层可用于生产清晰度和分辨率比使用普通光致抗蚀剂涂层高几个数量级的电路。其结果是，在给定的半导体区域中，电路封装明显更高、更小型化。

### 6.7.2 L-B 膜表征技术

如果 L-B 膜沉积成功，即沉积比为 1.00±0.05，则沉积层中分子占据的平均面积将是已知的。然后，表征多层的主要目的通常是表明它具有规则的层结构，如果层结构规则，则估计层之间的距离，并确定分子在层内的排列方式[17]。如 L-B 膜厚度的测量可以通过机械触针或椭圆偏振法来实现。如果沉积的材料强烈吸收紫外线，并且支撑物是紫外线透明的（例如石英），则多层的沉积规律可以通过随着层数的增加紫外线吸收强度的增加来估计。层结构的证据可以通过 X 射线反射率获得。中子反射率相似，但取决于膜中原子核分布变化的规律性。大多数实验都利用了 $^{1}H$ 核和 $^{2}H$ 核与中子的相互作用非常不同的事实。

在层内，关于分子排列的信息可以通过 FT-IR 获得，特别是在透射情况下，只有平行于膜平面的键振动的跃迁偶极矩分量被吸收，而在入射 FT-IR 中，膜沉积在具有金属表面（如金）的固体支撑物上，只有垂直于薄膜平面的过渡力矩分量被吸收。例如仔细测量每个光谱中适当谱带的强度，可以计算亲脂性烃链的平均倾斜角。

L-B 膜的一些表征技术及所表征的相关性能如表 6-7 所示。详细技术在这里不进一步阐述。

**表 6-7　表征 L-B 膜的主要技术**

| 序号 | 表征技术 | 表征性能 |
|---|---|---|
| 1 | 偏振法 | 膜厚，光学指数 |
| 2 | 光学显微镜 | 相态，区域结构 |
| 3 | 电镜（扫描电子显微镜，扫描探针显微镜） | 微表面结构 |
| 4 | 扫描探针显微镜 | 原子水平的表面结构 |
| 5 | X 射线或电子衍射 | 分子堆积，层间距 |

续表

| 序号 | 表征技术 | 表征性能 |
| --- | --- | --- |
| 6 | X 射线或中子衍射 | 结构次序 |
| 7 | 近边 X 射线精细结构 | 原子键态 |
| 8 | 顺磁共振 | 微分子定向程度 |
| 9 | 红外与拉曼光谱 | 化学组成与分子定向 |
| 10 | 紫外、可见光谱 | 电子结构与发色基团 |
| 11 | 紫外光电子能谱（UPS） | 膜的电子结构 |
| 12 | X 射线光电子能谱（XPS） | 原子组成与深度剖析 |
| 13 | 二次离子质谱（SIMS） | 原子组成与外层结构 |
| 14 | Penning 离子谱 | 外表面化学结构 |

## 6.7.3 L-B 膜的应用前景

L-B 技术在高新技术发展中有重要意义，由于它使人们能够在分子水平上控制物质的组成和尺寸，因此可得到性能优异的材料，如脂肪酸膜具有非常有效的绝缘功能，单层电阻可达 $10^9\ \Omega$ 以上，电击穿场强达 $1\ \mathrm{MV \cdot cm^{-1}}$（$100\ \mathrm{mV \cdot nm^{-1}}$），加上 L-B 膜有超薄优势，对于微电子学和分子电子学有重要意义。

L-B 膜中分子的排列具有非中心对称结构，这有利于构筑各向异性和光学非线性材料。微电子技术中重要的是在晶片表面沉积非常薄的薄膜的能力。L-B 技术提供了沉积几纳米厚、缺陷水平非常低的有机分子膜的可能性。

L-B 膜已被用于开发超分子电子组件，其中电子信号的传输和控制在纳米尺度上进行。L-B 技术已被用于构建 3D 电路和分子级开关，这些电路和开关可用于逻辑电路和存储电路，基于单分子膜中精心排列的组装分子[16]。

**（1）L-B 膜在无源器件中的应用**

简单地讲就是需要能（电）源的器件叫有源器件，无需能（电）源的器件叫无源器件。

无源器件主要包括电阻、电容、电感、转换器、渐变器、匹配网络、谐振器、滤波器、混频器和开关等。如：电子束刻蚀、润滑材料、分子导线和二维导电膜、超薄绝缘膜、液晶器件（铁电液晶的表面取向）。

**（2）L-B 膜在有源器件中的应用**

有源器件一般用来信号放大、变换等。如光电转换膜（分子电池和分子开关）、电光转换膜（电致发光平板彩色显示器）、光致变色膜（高密度并行多信号记录材料）、非线性光学膜（各种非线性器件）、各类传感器（红外，气敏等）、仿生膜（嗅觉、视觉等人工器件）等。

L-B 膜是集化学、物理学、生物学、医学、电子学、光学、材料学等于一体的边缘科学，成为当前研究的热点。

## 6.7.4 L-B 膜的缺点

热稳定性差；机械强度较低，L-B 膜沉积在基片上时的附着力是分子间力；要获得排列整齐而且有序的 L-B 膜，必须使材料含有两性基团，这在一定程度上给 L-B 成膜材料的设计带来困难；寿命较短，膜结构易随时间变化。

# 参考文献


[1] Myers D. Surfactant science and technology [M]. 4th ed. John Wiley & Sons, 2020.

[2] 2017-2022 年中国表面活性剂市场规模现状及十三五未来趋势研究报告[R]. http://www.proresearch.org/report/huagong/201611/180642.html.

[3] 2021 年中国表面活性剂行业市场供需情况分析：行业稳步发展[R].https://www.163.com/dy/article/HC5KL1MS055360U6.html.

[4] Kronberg B, Holmberg K, Lindman B. Surface chemistry of surfactants and polymers[M]. John Wiley & Sons, 2014.

[5] Schubert U S, Newkome G R, Winter A. Supramolecular polymers and assemblies: From synthesis to properties and applications[M]. John Wiley & Sons, 2021.

[6] Varga I, Mészáros R, Stubenrauch C, et al. Adsorption of sugar surfactants at the air/water interface[J]. Journal of Colloid and Interface Science, 2012, **379**: 78-83.

[7] Elworthy P H, MacFarlane C B. Surface activity of a series of synthetic nonionic detergents[J]. Journal of Pharmacology and Pharmacotherapeutics, 1962, 14: 100T-102T.

[8] Corkhill J M, Goodman J F, Ottewill R H. Micellization of homogeneous nonionic detergents[J]. Transactions of the Faraday Society, 1961, **57**: 1627-1636.

[9] Lü F F, Zheng L Q, Gao Y A, et al. Effect of sodium Halide on dynamic surface tension of a cationic surfactant[J]. Chinese Journal of Chemistry, 2005, 23(8): 957-962.

[10] Gilányi T, Varga I, Gilányi M, et al. Adsorption of poly(ethylene oxide) at the air/water interface: a dynamic and static surface tension study[J]. Journal of Colloid and Interface Science, 2006, **301**: 428-435.

[11] Tadros T F. Applied surfactants——Principles and applications[M]. John Wiley & Sons, 2005.

[12] 汪旭光. 乳化炸药[M]. 2 版. 北京：冶金工业出版社，2008.

[13] Farias C B B, Almeida F C G, Silva I A, et al. Production of green surfactants: Market prospects[J]. Electronic Journal of Biotechnology, 2021, 51: 28-39.

[14] Pal N, Hoteit H, Mandal A. Structural aspects, mechanisms and emerging prospects of Gemini surfactant-based alternative enhanced oil recovery technology: A review[J]. Journal of Molecular Liquids, 2021, 339: 116811.

[15] Roberts G. Langmuir-Blodgett films[M]. Springer, 1990.

[16] Galán M A, del Valle E M. Chemical engineering: Trends and developments[M]. John Wiley & Sons, 2005.

[17] Munn R W , Ironside C N. Principles and applications of nonlinear optical materials[M]. Springer Dordrecht, 1993.

# 第 7 章

# 胶体分散系统

## 7.1 胶体与胶体化学

在绪论部分我们已经介绍，胶体与界面化学是物理化学的核心方向，这是一个高度交叉的领域，对科学和工程的各个领域都很重要。表 7-1 给出了一些涉及胶体的重要产品和工艺的实例与相关原理。一些天然胶体系统表中未列出，但这些系统在生物学、医学、气象学，甚至某种程度上在宇宙学中都至关重要。

在前面的章节已经介绍了一般认为的界面化学的主要概念，本章我们将注意力转向胶体化学的基本概念——胶体是什么以及它们是如何形成、稳定、使用和破坏的。

**表 7-1 胶体和胶体现象的实际应用与相关原理[1]**

| 应用 | 相关原理 |
| --- | --- |
| 药品、化妆品、油墨、油漆、食品、润滑油、染料、泡沫、农用化学品 | 用于终端用途产品胶体的形成和稳定 |
| 摄影产品、陶瓷、纸张涂料、磁性介质、催化剂、色谱吸附剂、膜和乳胶膜、相片调色剂 | 用于后续制造过程的胶体的形成 |
| 粉末润湿、石油清洁回收、矿石浮选、吸附净化、电解涂层、工业结晶、化学废物控制、电子照相、光刻 | 胶体现象在加工中的直接应用 |
| 泥浆泵送、涂层技术、结块、粉末流动、过滤 | 控制胶体特性，如流变学、烧结 |
| 水的净化、污水处理、气溶胶消散、污染控制、葡萄酒和啤酒的澄清、放射性废物处理、不需要的乳液和泡沫的破碎 | 破坏不需要的胶体现象 |

### 7.1.1 分散系统及其分类

#### 7.1.1.1 分散系统的定义

分散系统是一个两相系统，其中一相（分散相 β）分散在第二相（连续相 α）中。分散相颗粒、液滴或气泡可以是球体（直径 $d$），固体颗粒也可以是立方体、板、棒等。颗粒的一个维度通常在 1 nm～10 μm 范围内。

根据 IUPAC 对分散系统的定义，分散系统是指一种或几种物质以一定的分散度分散在另一种物质中形成的系统。以颗粒分散状态存在的不连续相称为**分散相**，而连续相称为**分散介质**。

#### 7.1.1.2　分散系统的分类

分散系统的含义比胶体系统更广泛。分散系统通常有两种分类方法：一是按分散相粒子的大小分类；二是按分散相与分散介质的物理状态分类。

**（1）根据分散相粒子大小分类**

分散系统可分为分子分散系统、胶体分散系统和粗分散系统。分散相的颗粒线度可由图 7-1 示意。

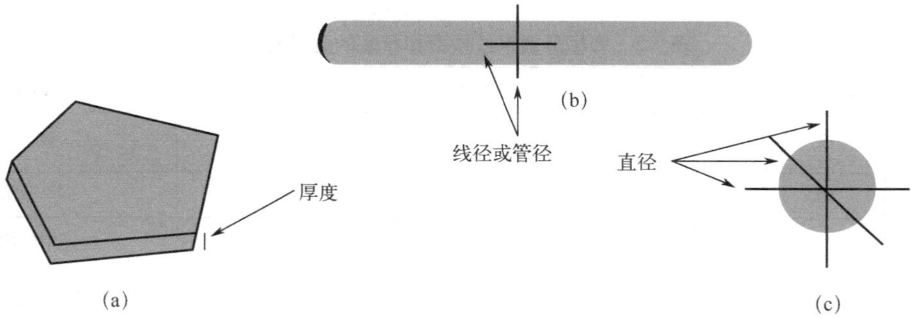


图 7-1　分散相颗粒的线度[1]

(a) 二维平板中的一维；(b) 管、线或棒中的二维；(c) 球形粒子中的三维

① 分子分散系统　颗粒线度小于 1 nm 的为真溶液系统，即分散相与分散介质以分子或离子形式彼此混溶，没有界面，是均匀的单相。通常把这种系统称为真溶液，溶质与溶剂均可通过半透膜，是热力学稳定系统，如 NaCl 溶液、空气等。

② 胶体分散系统　1917 年，Wolfgang Ostwald[2,3]用“被忽略维度的世界”来描述介于分子和宏观（体积）之间的物质对象。

IUPAC 定义：分散在介质中的分子或多分子颗粒至少有一个尺寸在约 1 nm～1 μm 之间的细分状态，或者在该量级的距离处发现系统中的不连续性。

考虑纳米粒子的特征，通常颗粒线度为 1～100 nm 者为胶体系统。

这类系统目测是均匀的，但实际是多相不均匀系统。其特征是分散相不能透过半透膜，系统有较高的渗透压，热力学不稳定但在一定时间内动力学稳定。胶体中的颗粒不能通过过滤和离心等普通技术从分散介质中分离出来。

根据分散相的尺寸，大分子溶液也被纳入胶体分散系统，因为溶液中的均聚物链通常具有纳米范围的尺寸（例如回转半径）。事实上，在 20 世纪初，聚合物被视为胶体分散体，直到 Staudinger 提出其高分子量性质，并因此于 1953 年获得诺贝尔化学奖。Carothers 在 1931 年进行的一系列杰出的实验证实了这一大分子观点[3]。胶体科学和聚合物科学的世界随后分离了，但更现代的物质，如树枝状聚合物和嵌段共聚物胶束，可能跨越了这两个世界。

对于胶体系统，必须考虑系统的两个方面：系统的组成部分如何组合或混合的结构以及系统中分散单元的尺寸。这里的尺寸限制并非那么严格，如 IUPAC 定义的尺寸范围在 1～1000 nm，还有其他的尺寸范围[4]。因此，我们在关注尺寸的同时，应更多地关注它们的性质、特征和稳定性。

③ 粗分散系统　颗粒某一线度大于 100 nm 为粗分散系统，目测是浑浊不均匀系统，放置后会沉淀或分层。粗分散系统是多相、热力学和动力学均不稳定的分散系统。

虽然将粗分散粒子的尺寸下限设置为 100 nm，但如上面所说的 1000 nm 作为胶体的一个上限。但现实是，许多具有较大尺寸的系统被认为是“经典”胶体（例如黏土），因为至少有一个尺寸落入限制尺寸范围。

**（2）按分散相和分散介质的聚集状态分类**

分散系统可分为固-气、液-气、气-液、液-液、固-液、气-固、液-固和固-固系统，如表 7-2 所示。

**表 7-2　多相分散系统按聚集状态的分类与实例**

| 分散介质 | 分散相 | 名称 | 实例 |
|---|---|---|---|
| 气 | 液 | 气溶胶 | 云、雾、喷雾 |
| | 固 | | 烟、粉尘 |
| 液 | 气 | 泡沫 | 肥皂泡沫 |
| | 液 | 乳状液 | 牛奶、含水原油 |
| | 固 | 液溶胶或悬浮液 | 金溶胶、油墨、泥浆 |
| 固 | 气 | 固溶胶 | 泡沫塑料、泡沫玻璃 |
| | 液 | | 珍珠、蛋白石 |
| | 固 | | 有色玻璃、某些合金 |

### 7.1.1.3　纳米科学与技术

由于胶体尺寸线度范围与目前的热门研究纳米材料尺寸的交叉，在后续的讨论中会涉及纳米科学和技术。

纳米科学与技术是一门交叉性很强的综合学科，研究的内容涉及现代科技的广阔领域。从分散系统的分类来说，它属于胶体分散系统。

纳米科学（nanoscience）是对 1～100 nm 的物质的基础研究，特别研究那些不同于体相材料的性质。

纳米技术（nanotechnology）研究结构尺寸在 1～100 nm 范围内材料的性质和应用。纳米科学与技术以许多现代先进科学技术为基础，它是动态科学（动态力学）、现代科学（混沌物理、智能量子、量子力学、介观物理、分子生物学）和现代技术（计算机技术、微电子和扫描隧道显微镜技术、核分析技术）结合的产物，纳米科学与技术又将引发一系列新的科学技术，例如：纳米物理学、纳米生物学、纳米化学、纳米电子学、纳米加工技术和纳米计量学等。

纳米科学与技术相关的期刊及创刊时间如图 7-2 所示。

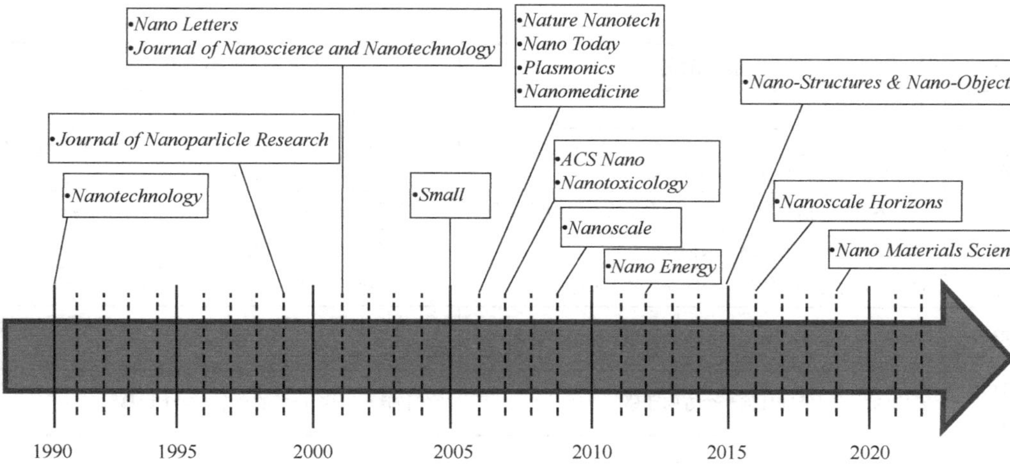


图 7-2　一些与“纳米”相关的期刊及创刊时间表

### 7.1.2　胶体的分类

根据其成分的原始阶段进行分类，主要有：气溶胶、泡沫、乳液、溶胶和凝胶。

当气体悬浮在液体或固体中时，就会形成液体泡沫或固体泡沫。当一种液体的小颗粒悬浮在另一种液体中时，就会形成乳液。而当固体颗粒悬浮在液体中时，就会形成溶胶。当溶胶或溶液中的胶体粒子或高分子在一定条件下互相连接，形成空间网状结构，结构空隙中充满了作为分散介质的液体（在干凝胶中也可以是气体，干凝胶也称为气凝胶），这样一种特殊的分散体系称作凝胶。

对于胶体分散系统，通常还可以按胶体溶液的性质分为三类。

① 溶胶（憎液溶胶）　胶粒由许多分子组成，半径在 1～100 nm 之间的难溶物固体粒子分散在液体介质中形成的高度分散的、多相的、热力学不稳定系统。体系的相界面大，界面能高，所以极易被破坏而聚沉，并且不能恢复溶胶原态。

形成憎液溶胶的必要条件是：a. 分散相的溶解度必须很小；b. 必须有稳定剂存在。憎液溶胶是胶体分散系统中主要研究的内容。

② 高分子溶液（亲液溶胶）　是那些分散相对介质或溶剂表现出一定亲和力的溶胶。其分散相半径落在胶体粒子范围内，具有胶体的一些特性，如扩散慢、不透过半透膜等，但不显示 Tyndall 效应。亲液溶胶是以单个分子为分散相的真溶液（单相体系），与介质无相界面。它是高度分散的、均相的、热力学稳定的可逆系统，如淀粉、树胶和蛋白质在水中形成的分散系统。

亲液溶胶与憎液溶胶间的差异如表 7-3 所示。

③ 缔合胶体　缔合胶体由大量（有时数百或数千）分子的集合体或单位组成，这些分子在动态和热力学驱动的过程中缔合，从而形成一个可能同时是分子溶液和真实胶体的系统。

**表 7-3　亲液溶胶和憎液溶胶之间的差异**

| 性质 | 亲液溶胶 | 憎液溶胶 |
|---|---|---|
| 易于准备 | 容易制备，由液体分散介质直接混合 | 无法直接准备，仅通过特殊方法准备 |
| 溶解性 | 相当稳定，不容易沉淀或聚集 | 由添加少量的合适电解质而沉淀 |

续表

| 性质 | 亲液溶胶 | 憎液溶胶 |
|---|---|---|
| 水合 | 它们是高度水合的 | 它们的水分不多 |
| 可逆与不可逆特征 | 它们本质上是可逆的，即一旦沉淀，可以通过简单地与分散介质再混合来返回胶体溶胶 | 它们本质上是不可逆的，即一旦沉淀就不能通过简单地添加分散介质而返回胶体溶胶 |
| 物质性质 | 这些溶胶通常由淀粉、树胶、蛋白质等有机物质形成 | 这些溶胶通常是由金属及其硫化物等无机材料形成的 |
| 黏度 | 它们的黏度比介质的黏度大得多 | 它们的黏度几乎与介质的黏度相同 |
| 表面张力 | 它们的表面张力通常低于分散介质的表面张力 | 它们的表面张力普遍小于分散介质的表面张力 |
| 透明性 | 它们的粒子既不可见，也不容易被超显微镜检测到 | 它们的颗粒虽然不可见，但可以很容易地被超显微镜检测到 |
| 在电场中的迁移 | 它们的粒子可能向任何一个方向迁移 | 它们的粒子只在电场的一个方向上迁移 |

# 7.2 溶胶的制备及净化

## 7.2.1 溶胶的制备

溶胶制备时应考虑分散相在分散介质中的分散以及分散相的稳定存在。因此，分散相在分散介质中的溶解度必须极小，同时必须有稳定剂存在。

胶体的分散相具有特有的分散度：$10^{-9}\sim10^{-7}$ m。制备溶胶有两类方法，见图 7-3。

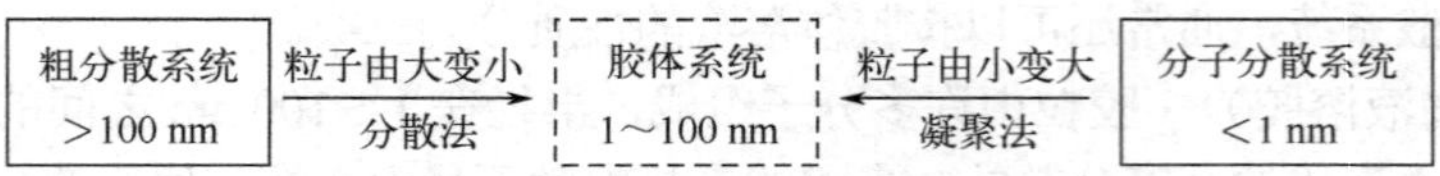


图 7-3 胶体分散系统的制备

一是采用分散法，也就是将粗分散系统进一步分散，使分散相粒径由大变小；二是采用凝聚法，即使真溶液中的小分子或离子聚集，使分散相粒径由小变大。

### 7.2.1.1 分散法

当大块材料被分成两块并分离到无限远时，每单位面积有一个特征（理论）能量变化，称为比表面自由能。随着样品的继续分散，总自由能变化将是材料的表面能（或表面张力）与该过程产生的总新表面积的乘积。如果进行到极限，即到分子水平，所需的理论功将等于蒸发、升华或溶解的能量。但在实践中，由于任何研磨或粉碎过程自然伴随着各种不可逆的发热过程，所需能量将远远超过理论能量。

因此，分散法是通过使用机械能、电能或热能等外加能量将难溶物的粗分散系统分散成胶体颗粒。

将给定材料减小到胶体尺寸所需的能量直接随材料的表面能而变化，较高的表面能材料需要更多的功输入。此外，小颗粒的自然趋势是通过某种聚集过程减少总表面积，特别是在真空或惰性气氛中生产时。这种絮凝、混凝或烧结过程是非常重要的，并且代表着技术的关键。通过引入中间介质（通常是液体），可以减少颗粒之间的吸引力相互作用。

液体介质将对该过程产生两个积极影响：①它将通过吸附在新的表面上降低系统的表面

能；②它通常会通过将其Hamaker常数（是计算表面张力、表面能等物理量常用的常数，它随分子间距变化而变化）与颗粒材料的Hamaker常数“平均化”来降低颗粒之间的范德华力。由于这些原因（加上减少了环境问题，如粉尘的形成），大多数工业粉碎过程都是在液体存在下进行的。

虽然液体的存在通常有助于粉碎过程，但所得分散体仍可能不具有使该过程可行所需的稳定性，即一旦粉碎过程停止，分散的颗粒可能开始迅速絮凝或凝结，见图7-4。因此，在这一过程中通常需要添加新的组分（表面活性剂、聚合物、小颗粒等），这些组分在固-液界面吸附，并提供静电或空间屏障，延缓或防止颗粒聚集，从而使分散体更加稳定。在颗粒胶体的情况下，这种添加剂被称为分散助剂或试剂。这些材料的作用机制将在特定胶体现象的背景下进行更详细的讨论。

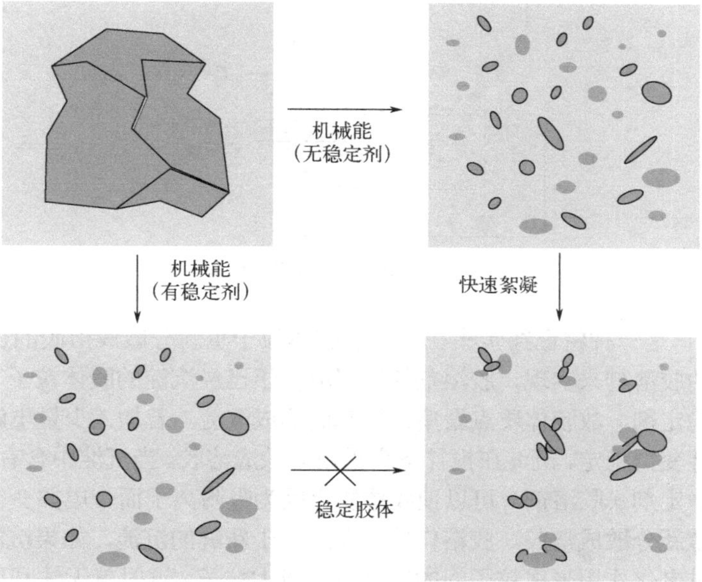


图7-4　通过粉碎制备溶胶的过程

通常需要包括表面活性剂或聚合物稳定剂，以抑制新形成颗粒的快速絮凝

① 研磨法。机械粉碎法，适用于脆而易碎的分散相，最细到1 mm的颗粒。如通过胶体磨（图7-5），分散相在磨盘的间隙中受到强大的剪切力而被粉碎，并达到胶体颗粒的粒径范围。

将固体与液体分散介质一起加入胶体磨中。胶体磨由两块几乎相互接触并高速反向旋转的钢板组成。固体颗粒被研磨成胶体大小，然后分散在液体中形成溶胶胶体，石墨（一种润滑剂）和印刷油墨就是用这种方法制造的。

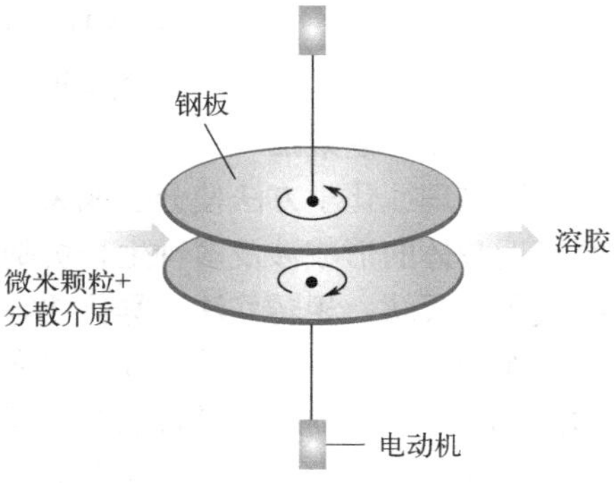


图7-5　胶体磨示意图

又如喷射磨，它利用高速气流（300～500 $m\cdot s^{-1}$）或过热蒸气（300～400 ℃）的能量使颗粒相互产生冲击、碰撞和摩擦，从而导致固体物料粉碎。在装有两个高压喷嘴的粉碎室中，一个喷高压空气，一个喷物料，两束几乎是超音速的物流以

一定的角度相交，形成涡流，使粒子在互碰、摩擦和剪切力的作用下被粉碎，这样得到的粒径可小于 1000 nm。

② 超声波法。利用超声辐射过程的空化作用，用约$10^6$ Hz 超声波产生的能量来分散。此方法广泛用于制备液-液溶胶。

③ 电弧法。通常用来制备贵金属（如金、银等）的溶胶。在去离子水下紧紧地固定在一起的两个金属电极之间产生电弧。如：Bredig 电弧法（见图 7-6），它通过将容器浸入冰/水浴中来保持水的低温，并加入微量碱（KOH）。电极上的火花产生的高温使一些金属蒸发，蒸气在水下凝结。蒸气中存在的金属原子聚集在水中形成胶体颗粒。由于金属最终转化为溶胶颗粒（通过金属蒸气），因此这种方法被视为分散。

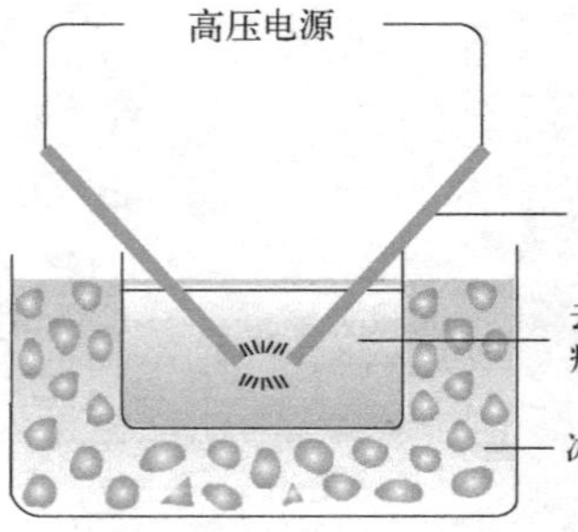


图 7-6　Bredig 电弧法示意图

④ 胶溶法。它是一种将已经聚集在一起的胶体粒子重新分散成溶胶的过程。这种方法可以通过加入适量的胶溶剂来实现，胶溶剂的选择取决于已经沉淀的胶体粒子表面的吸附能力。由于制备时缺少稳定剂，故胶体质点聚集在一起而形成沉淀。若加入少量电解质，胶体质点因吸附离子而带电并变得稳定，沉淀在搅拌下会重新分散成溶胶。当沉淀中含有过多的电解质时，通过加入少量的稳定剂（胶溶剂）可以使胶体质点因为吸附离子而带电并变得更加稳定，从而使沉淀在搅拌下重新分散成溶胶。胶溶作用主要适用于新鲜的沉淀，如果沉淀放置时间过长，小粒子可能会经过老化作用形成粒子间的连接或变成大粒子，这时就无法利用胶溶作用来达到重新分散的目的。

如 $Fe(OH)_3$、AgCl，经洗涤后加少量的稳定剂（胶溶剂），制成溶胶。

$$Fe(OH)_3(\text{新鲜沉淀}) \xrightarrow{FeCl_3} Fe(OH)_3(\text{溶胶})$$

$$AgCl(\text{新鲜沉淀}) \xrightarrow{AgNO_3} AgCl(\text{溶胶})$$

#### 7.2.1.2　凝聚法

用物理或化学方法使分子或离子聚集成胶体粒子，即为凝聚法。此方法从尺寸范围的另一端接近胶体的形成涉及多种生长机制之一。凝聚法可分为物理凝聚法和化学凝聚法。物理法包括气体冷凝法、相转移法、雾化法等。化学法则包括化学气相沉积、化学共沉淀、水热法等。

典型的例子包括雾的形成（水雾和化学雾）、用于摄影产品的卤化银“乳液”（真正的分散体）、结晶过程、胶态二氧化硅、乳胶聚合物等。

在乳液聚合中，在表面活性剂、聚合物或其他稳定剂和可溶性自由基引发剂的存在下（除非在非常特殊的情况下），单体或单体混合物在液相中（通常是水）乳化。颗粒的形成和生长最初发生在溶液相中，然后在沉淀颗粒中继续进行（图 7-7）。在适当的条件下，可以严格控制颗粒尺寸和分散度，以满足特定的需要。

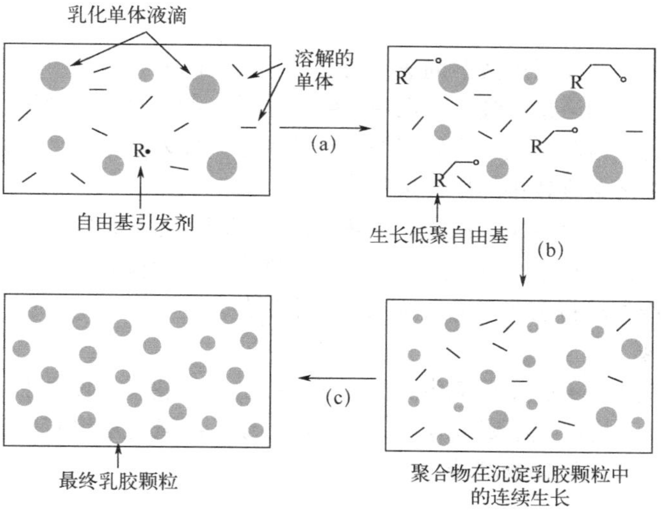


图 7-7　乳液聚合过程

初始乳液颗粒在溶液中以自由基引发的二聚物或低聚物开始（a）；随着聚合的进行，生长的链沉淀并继续生长，由从乳化材料的储存器中取出的新单体供给（b）；聚合反应继续进行，直到消耗掉所有可用的单体（c）

通过某些热力学参数的变化（例如温度 $\Delta T$、压力 $\Delta p$ 或浓度 $\Delta c$，包括添加新成分），产生初始相变时，就会发生这种情况。成核和生长是随着自由能的减少而发生的，也就是自发的。

通常，成核和生长是比粉碎更好控制的过程，并且通常可以实现对颗粒尺寸（分布）的更好控制。这种控制的关键是控制成核物质 X 的超饱和状态（图 7-8）。

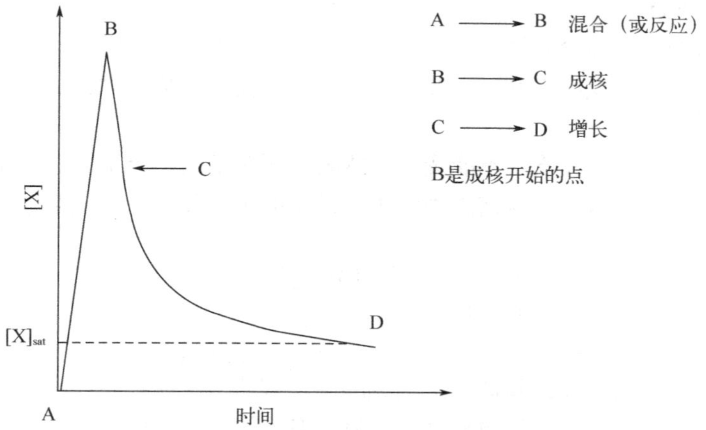


图 7-8　成核和核生长[5]

理想情况下，对于单分散颗粒，图 7-8 中所示的三个阶段都应该是不同的，即过程按顺序发生。但它在实践中很难实现，特别是在生长阶段，颗粒、液滴或气泡需要稳定，以防凝结和（对于液滴和气泡）聚结。这可以通过界面电荷和/或吸附的聚合物或表面活性剂来实现。

当 $V_{成核} > V_{长大}$，则可得到高分散胶体。

$$V_{成核} \propto \frac{c-c_s}{c_s} = \frac{c}{c_s} - 1 \tag{7-1}$$

式中，$c$ 为过饱和溶液浓度；$c_s$ 为溶解度。当 $c > c_s$ 时，溶解度 $c_s$ 越小，越易制成胶体。

（1）物理凝聚法

在物理凝聚法中，常使用更换溶剂法：利用一种物质在不同溶剂中溶解度相差悬殊的特性来制备。例如：将松香的酒精溶液滴入水中，由于松香在水中的溶解度很低，溶质就从溶液中析出胶粒，形成松香水溶胶。又如将硫黄的乙醇溶液逐滴加入水中，便可以获得硫黄水溶胶，这是利用硫黄在水中溶解度较小的原理来制备的。

气体冷凝法是应用真空蒸发、激光、加热、高频感应等方法使物质气化或形成等离子体，然后骤冷使之凝结成纳米粒子。利用此法可制备出纯度高、颗粒分散性好、粒径小而分布窄的纳米粒子。如采用冷凝法将汞蒸气通入冷水制得汞溶胶。

（2）化学凝聚法

如将可溶性的反应物经化学反应生成溶解度较小的所需物质，使之形成胶体。如利用还原法将 $Au^{3+}$、$Ag^{+}$等离子还原成金属来制备各种金属溶胶，用氧化法将硫化氢氧化成硫制备硫溶胶，用水解法制备金属氢氧化物溶胶等。例如：

水分解法：

$$FeCl_3 + 3H_2O \longrightarrow Fe(OH)_3(\text{溶胶}) + 3HCl$$

复分解反应：

$$As_2O_3 + 3H_2S \longrightarrow As_2S_3(\text{溶胶}) + 3H_2O$$

氧化还原反应：

$$2HAuCl_4(\text{稀}) + 3HCHO(\text{少量}) + 11KOH \longrightarrow 2Au(\text{溶胶}) + 3HCOOK + 8KCl + 8H_2O$$

## 7.2.2 溶胶的净化

未经净化的溶胶中往往含有很多电解质或其他杂质，少量的电解质可起稳定剂作用，但过量的电解质对胶体的稳定反而不利。因此，胶体制得后需经净化处理。

### 7.2.2.1 渗析法

渗析（透析）法利用溶胶质点不能透过半透膜，而粒子或小分子能透过膜的性质，将多余的电解质或低分子化合物等杂质从溶胶中除去。常见的半透膜有：羊皮纸、火棉胶膜、醋酸纤维膜等等。

$$\text{半透膜}\begin{cases}\text{胶粒不能通过}\\ \text{离子、小分子能透过}\end{cases}$$

动物膜（膀胱）或由羊皮纸和玻璃纸制成的膜，有非常小的孔隙。这些孔允许离子（或小分子）通过，但不允许大的胶体颗粒通过。当将含有溶解离子（电解质）和分子的溶胶放入浸泡在纯水中的可渗透膜袋中时，离子会通过膜扩散，如图 7-9 所示。通过使用连续流动的淡水，膜外电解质的浓度趋于零。因此，离子在纯水中的扩散始终保持活跃。通过这种方式，实际上可以容易地去除存在于溶胶中的所有电解质。

通过渗透膜的扩散从溶胶中去除离子（或分子）的过程称为透析。用于透析的仪器被称为透析仪。

如：将氯化铁水解制成的氢氧化铁溶胶（红色）与一些盐酸混合。如果不纯的溶胶在透析袋中放置一段时间，外部的水将产生带有氯化银的白色沉淀物。经过相当长的时间后，会发现几乎所有的盐酸都被去除了，纯红色溶胶留在透析袋中。

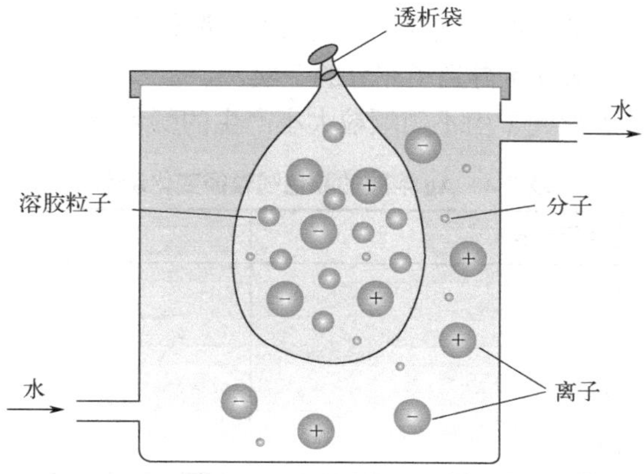

图 7-9　含有离子和分子的溶胶的透析

外加电场可以加速渗析速度，此方法称为**电渗析法**。在此过程中，渗析是在电场的影响下进行的（图 7-10）。电势施加在支撑膜和金属屏幕之间，这加快了离子向相反电极的迁移，因此渗析大大加快。显然，电渗析并不适用于糖和尿素等非电解质杂质。

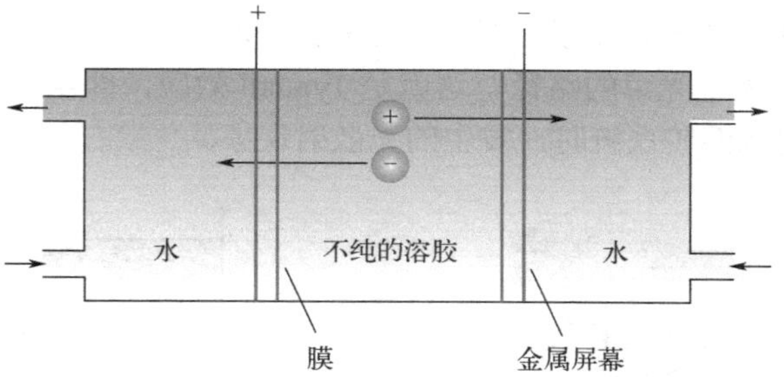

图 7-10　电渗析装置示意图

渗析法在工业和医学上有广泛的应用，如照相用的无灰明胶的提纯、某些染料的脱水和提纯、海水淡化、废水处理和肾功能衰竭病人的血透等，都用到渗析原理。

7.2.2.2　**超滤法**

用极小孔径的半透膜（约$10^{-8}$ ～$3\times10^{-7}$ m）在加压或减压情况下利用压差使溶胶流经滤膜，杂质透过滤膜而除掉，剩下的为较纯的胶粒；再溶解到纯介质中，再加压过滤，反复多次。

超滤是一个缓慢的过程，必须施加气体压力（或吸力）以加快速度。胶体颗粒以黏液的形式留在超滤器上，可以将黏液搅拌到新鲜介质中以获得纯溶胶。通过使用分级超滤器，超滤技术可以用于分离不同尺寸的溶胶颗粒。

# 7.3　胶体系统的性质

## 7.3.1　胶体系统的光学性质

胶体系统的光学性质，是其高度分散性和多相不均匀性特点的反映。

疏水溶胶的颜色取决于分散粒子散射的光的波长。散射光的波长又取决于粒子的大小和性质。对于银溶胶，这一点从表 7-4 得到了充分的证实。

在许多其他情况下，观察到了由不同颗粒大小产生的颜色变化。

**表 7-4　Ag 溶胶的颜色随粒径变化示例**

| Ag 颗粒直径/nm | 溶胶的颜色 |
| --- | --- |
| 60 | 橙黄色 |
| 90 | 橙红色 |
| 130 | 紫色 |
| 150 | 紫罗兰色 |

### 7.3.1.1　Tyndall 效应

法拉第 1857 年在研究金溶胶时注意到一种现象，当一束强大的光束穿过高分散性的胶体溶液时，溶胶呈现荧光，光被偏振，偏振量取决于胶体颗粒的大小。如果粒子比辐射的波长小得多，偏振就消失了。

在暗室里，当一束强光穿过溶胶并以直角观察时，光的路径显示为朦胧的光束或圆锥体，如图 7-11 所示。这是由于溶胶粒子吸收光能，然后在空间中向各个方向发射。这种所谓的“光散射”照亮了胶体分散体中光束的路径，这就是 Tyndall 效应，即当一束波长大于溶胶分散相粒子尺寸的入射光照射到溶胶系统时，发生的光散射现象。

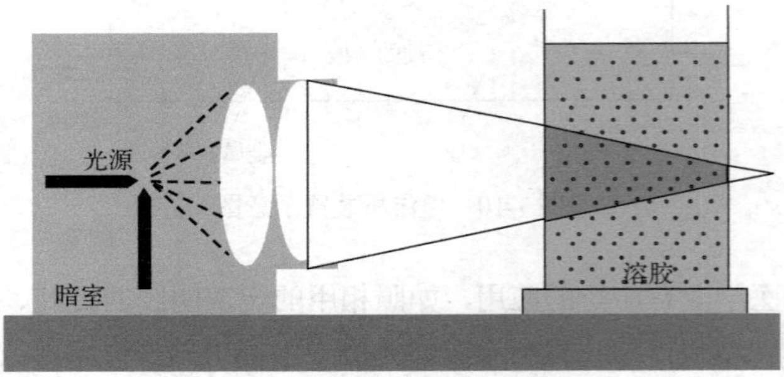


图 7-11　Tyndall 效应示意图

Tyndall 效应是胶体颗粒或悬浮颗粒的光散射效应。烟雾弥漫的剧院里的电影放映机发出的光束的朦胧照明，或尘土飞扬的道路上汽车前灯发出的光束，都是 Tyndall 效应的常见例子。悬浮在水中的面粉看起来是蓝色的，因为蓝光比红光更强烈地被面粉颗粒散射，瑞利散射导致白天天空呈蓝色，日落时太阳变红。

如果溶胶颗粒足够大，由于 Tyndall 散射，溶胶甚至可能在普通光中显得浑浊。

真溶液不会显示 Tyndall 效应。由于离子或溶质分子太小，无法散射光，从侧面观察时，穿过真溶液的光束是不可见的。因此，Tyndall 效应可以用来区分胶体溶液和真溶液。

### 7.3.1.2　Rayleigh 公式

Tyndall 效应又称为乳光效应，散射光的强度可用 Rayleigh 公式计算。

$$I = \frac{9\pi V^2 C}{2\lambda^4 l^2}\left(\frac{n^2 - n_0^2}{n^2 + 2n_0^2}\right)^2 \left(1+\cos^2\alpha\right) I_0 \tag{7-2}$$

从公式可以看出：

a．散射光总能量与入射光波长的四次方成反比，图 7-12 示意了这种关系。

b．分散相与分散介质的折射率相差越大，散射作用就越显著。

c．散射光强度与粒子的体积及粒子数密度成正比。

Rayleigh 公式适用于由球形非导体小质点构成的稀溶胶（或稀溶液）。根据特点 b，用 Tyndall 效应可鉴别小分子溶液、大分子溶液和溶胶。小分子无 Tyndall 效应，大分子 Tyndall 效应微弱，而溶胶 Tyndall 效应强烈，因此 Tyndall 效应是区别溶胶与其他分散系统最简便的方法。特点 c 是浊度计和超显微镜的工作原理。

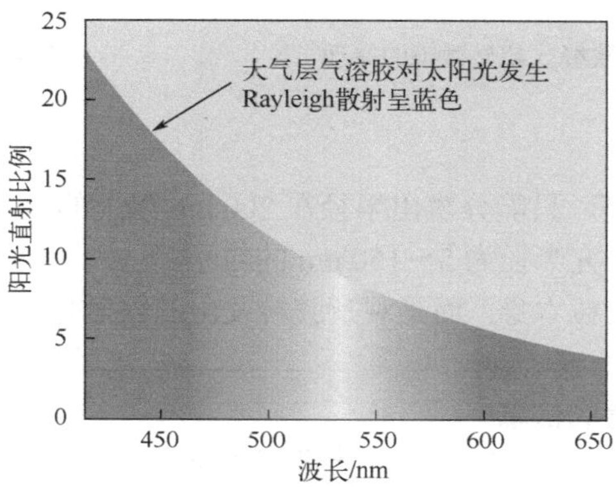


图 7-12　Rayleigh 散射强度随光的波长变化

#### 7.3.1.3　超显微镜和粒子大小的测定

**（1）超显微镜显示单个粒子的存在**

超显微镜（ultramicroscope，又称暗视野显微镜）并不像它的名字所暗示的那样是一种具有非凡磁力的仪器，而是非常微小的物体的特殊照明系统。胶体颗粒、雾滴或烟雾颗粒等物体以液体或气体悬浮液的形式保存在具有强烈黑色背景的外壳中（通常为黑体类型）。它们被一支从一侧进入并在视野中聚焦的非常明亮的聚光笔照亮，这就是散射实验中常见的“Tyndall 亮锥”。有了这种方法，太小而无法在显微镜中形成可见图像的物体会产生小的衍射环系统，在暗场上表现为微小的亮点。超显微镜可用于研究布朗运动，用于测量电子电荷的密立根油滴实验，以及用于观察云室中的电离轨迹。

用普通光学显微镜看不到溶胶粒子。Zsigmondy 利用 Tyndall 现象建立了一种称为超显微镜的装置。将强烈的光束聚焦在玻璃容器中的溶胶上，然后用显微镜与光束成直角观察光的焦点。单个的溶胶粒子在黑暗的背景（分散介质）下呈现为明亮的光斑。可以注意到，在超显微镜下，实际颗粒是看不见的，可见的是粒子周围更大的散射光晕。因此，超显微镜不能给出任何关于溶胶颗粒的形状和大小的信息。

超显微镜有狭缝式超显微镜（图 7-13）和暗视野超聚光器（图 7-14）。在狭缝式超显微镜中，光源射出的光经可调狭缝后，由透镜会聚，从侧面射向样品池中的胶体溶液，可观察胶体粒子散射的光线。

暗视野超聚光器是将从显微镜反光来的光线，通过环形缝隙进入聚光器，在聚光器内几经反射，最后从侧面射到样品池上，这样就呈现为暗背景测光照射的情况。

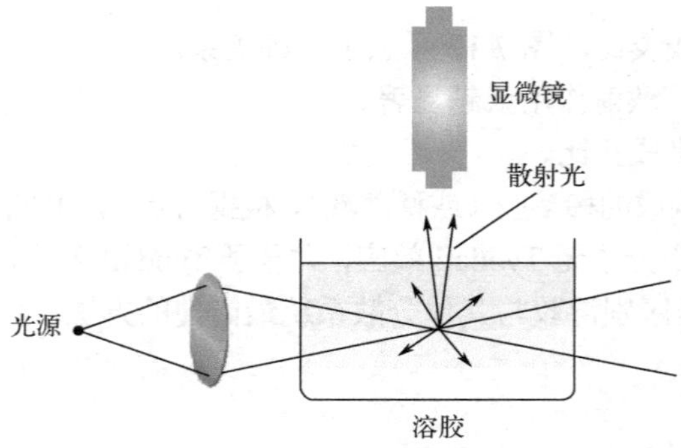


图 7-13　狭缝式超显微镜的原理

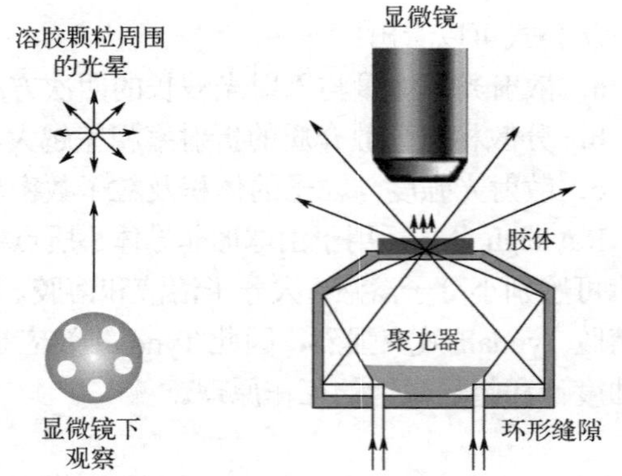


图 7-14　暗视野超聚光器工作示意图

**(2)超显微镜的特点**

普通显微镜分辨率不高，只能分辨出半径在 200 nm 以上的粒子，所以看不到胶体粒子。超显微镜分辨率高，可以研究半径为 5～150 nm 的粒子。

超显微镜观察的不是胶粒本身，而是观察胶粒发出的散射光，是目前研究憎液溶胶非常有用的手段之一。

**(3)超显微镜可以获得的信息**

①可以测定球状胶粒的平均半径。②间接推测胶粒的形状和不对称性。例如，球状粒子不闪光，不对称的粒子在向光面变化时有闪光现象。③判断粒子分散均匀的程度。粒子大小不同，散射光的强度也不同。④观察胶粒的布朗运动、电泳、沉降和凝聚等现象。

用电子显微镜可以看到溶胶粒子。在电子显微镜中，电子束通过电场和磁场聚焦在照相板上，该聚焦光束被允许穿过溶胶颗粒的薄膜。因此，可以获得单个粒子的放大倍数为 10000 数量级的照片。在这种仪器的帮助下，可以了解几种溶胶颗粒的大小和形状，包括油漆颜料、病毒和细菌。在医学临床上，暗视野显微镜常用于检查苍白螺旋体。这是一种病原体检查，对早期梅毒的诊断有十分重要的意义。

## 7.3.2 胶体系统的动力性质

### 7.3.2.1 Brown 运动

1827 年，英国植物学家布朗发现水中的花粉及其他悬浮的微小颗粒不停地作不规则的折线运动，称为 Brown 运动。

从本质上讲，Brown 运动是悬浮粒子与分散介质分子随机碰撞的结果。对于一个足够大的悬浮物体，来自不同方向的碰撞次数是巨大的，可以认为几乎相等，因此，不同方向的作用力几乎完全抵消，合力几乎为零。然而，对于胶体尺度那么小的悬浮颗粒，来自不同方向的碰撞次数是有限的，不能认为碰撞次数几乎相等，因此，作用力不能完全抵消，合力不等于零，从而导致了颗粒的随机运动。图 7-15 说明了胶体颗粒如何被分散介质的分子以 Z 字形路径撞击。

粒子在流体中除了与分子碰撞引起的随机力，还有另一种力，即黏性摩擦引起的系统力。1955 年左右，Albert Einstein 基于动力学分子理论，通过数学考虑，提出了 Brown 运动的解释。虽然粒子在 Brown 运动中的运动是随机的，但经过一段时间的观察可以发现位移。引入平均位移的概念，Einstein-Brown 平均位移公式为：

$$\langle x\rangle=\left(\frac{RT}{L}\times\frac{t}{3\pi\eta r}\right)^{\frac{1}{2}}=\sqrt{2Dt} \qquad (7\text{-}3)$$

式中，$\langle x\rangle$为在观察时间 $t$ 内球形粒子沿 $x$ 轴方向的平均位移；$r$ 为粒子半径；$\eta$ 为介质黏度；$T$ 为热力学温度；$R$ 为摩尔气体常数；$L$ 为 Avogadro 常数；$D$ 为扩散系数。

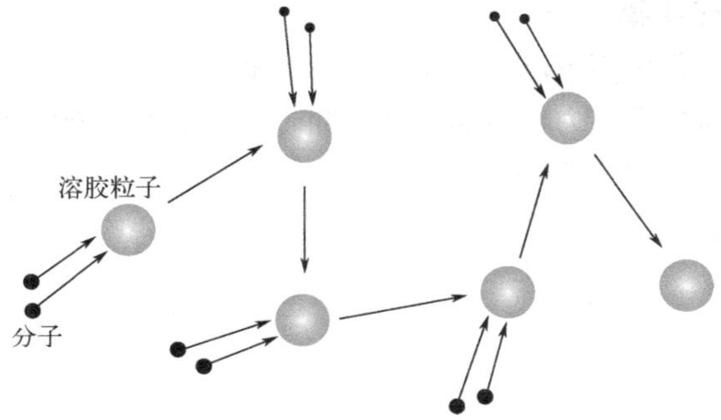


图 7-15　分散介质分子对胶体颗粒侧面的轰击导致颗粒的随机运动

同样的方程可以独立地从 Fick 第一扩散定律（见下文）推导出来。

普通低分子量液体的扩散系数约为$10^{-9}\ m^2\cdot s^{-1}$，但胶体粒子的扩散系数为$10^{-11}\ m^2\cdot s^{-1}$。通常，颗粒尺寸增加至原来的 10 倍会导致扩散系数降低至 1/10。对于相当大的颗粒，在实践中很难测量非常低的扩散系数。

Einstein 方程在很多方面都很有用，例如：(i）用先进的显微镜（例如超显微镜或暗场显微镜，可以在暗场的水平照明下进行观察）采用 Brown 位移法测定胶体的扩散系数；(ii）J. Perrin（1926 年获诺贝尔物理学奖）结合 Stokes 方程，使用该方程首次精确估计出阿伏伽德罗常数[3]。

Brown 运动现象是分子存在及其在液体中不停地进行热运动的极好证明。它还解释了通常会导致胶体颗粒沉降的重力作用是如何被抵消的。分散介质的分子对颗粒的不断推动具有不允许颗粒沉淀的搅拌作用。胶体粒子的 Brown 运动是胶体粒子扩散、渗透以及沉降平衡的一个重要原因。

#### 7.3.2.2　扩散与渗透压

① 扩散　物质分子从高浓度区域向低浓度区域转移，直到均匀分布的现象。

胶体粒子的扩散遵从 Fick 第一扩散定律。

$$\frac{dn}{dt}=-DA_s\frac{dc}{dx} \qquad (7\text{-}4)$$

式中，$dn/dt$ 为单位时间通过某一截面的物质的量；$dc/dx$ 为浓度梯度；$D$ 为扩散系数，$m^2\cdot s^{-1}$。

扩散系数可由 Einstein-Stokes 方程计算。

$$D=\frac{RT}{L}\times\frac{1}{6\pi\eta r} \qquad (7\text{-}5)$$

表 7-5 给出了 291 K 时不同半径的金溶胶的扩散系数的数值。

**表 7-5　金溶胶的扩散系数（291 K）**

| 粒子半径 $r$/nm | $D/10^{-9}m^2\cdot s^{-1}$ |
|---|---|
| 1 | 0.213 |
| 10 | 0.0213 |
| 100 | 0.00213 |

② 渗透压　由于胶粒不能透过半透膜，而分散介质分子及其他离子可以透过，所以在半透膜的两边，胶体粒子和离子的浓度分布不均匀，因而产生渗透压。

渗透压的计算可以借用稀溶液依数性中的渗透压计算公式，即：

$$\Pi = cRT \tag{7-6}$$

式中，$\Pi$ 为渗透压；$c$ 为分散相粒子的浓度。

#### 7.3.2.3　沉降与沉降平衡

分散相粒子因受重力作用而下沉的过程，称为沉降。

胶体颗粒在分散介质中因重力作用而下沉，同时，还受到另外两个与重力方向相反的力，即液体的浮力和黏性阻力，如图 7-16 所示。

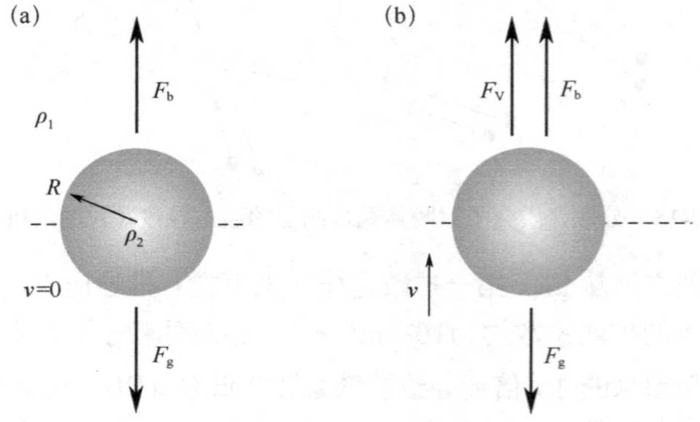


图 7-16　胶体粒子上的力

(a) 存在重力、浮力；(b) 存在黏性阻力、重力、浮力

$F_g$ —重力；$F_V$ —黏性阻力；$F_b$ —浮力

胶体粒子的沉降必然导致浓度差的出现，而浓度梯度又使得粒子朝着沉降的反方向扩散。当沉降与扩散速率相等时，则系统达到沉降平衡。当系统达平衡时，由玻尔兹曼分布律可导出粒子的分子浓度 $c$ 随高度 $h$ 的分布关系，即：

$$\ln\frac{c_2}{c_1} = -\frac{Mg}{RT}\left(1-\frac{\rho_1}{\rho_2}\right)(h_2-h_1) \tag{7-7}$$

式中，$M$ 为胶体粒子的摩尔质量；$\rho_1$ 为分散介质的密度；$\rho_2$ 为胶体粒子的密度。

公式适用于球形粒子，且粒子的运动速度极慢，分散相密度很小。这时溶胶粒子密度分布随高度变化关系与大气层中空气密度随高度分布情况类似。

$$\ln\frac{\rho_2}{\rho_1} = -\frac{Mg}{RT}(h_2-h_1) \tag{7-8}$$

空气中的气体分子作为分散相，而分散介质为真空，$\rho_1=0$。

### 7.3.3　胶体系统的电性质

电泳、电渗、沉降电势以及流动电势皆是与胶粒（或液体）带电以及胶粒（或液体）运动有关的现象。该部分内容在 5.4 节“电动现象”有了较详细的描述。

### 7.3.4　双电层模型和电动电势

见第 5 章“5.2　界面双电层”。

## 7.4 溶胶的稳定性和聚沉作用

从学术和工业应用的角度来看，胶体系统的稳定性是一个重要的课题。这些系统包括各种类型，如固-液分散体（悬浮液）、液-液分散体（乳液）和气-液分散体（泡沫）。胶体系统的稳定性取决于各种相互作用力的平衡，如范德华力、双层排斥和空间相互作用等。这些相互作用力已经在一些基本层面上得到了描述，例如 DLVO 理论。在该理论中，范德华力与双层排斥相结合，可以建立能量-距离曲线来描述稳定性/不稳定性的条件。所得结果表明了该理论的精确预测，该理论已被公认为胶体科学的基石。后来，由吸附或接枝聚合物层的存在产生的稳定性的来源被确定。这种类型的稳定性通常被称为空间稳定性，当与范德华力相结合时，可以建立能量-距离曲线来描述分散体的状态[6]。

### 7.4.1 憎液溶胶的稳定性

憎液溶胶属热力学不稳定系统，有集结长大以至于聚沉的趋势。但在短时间内甚至在相当长时间内，憎液溶胶却能稳定存在。憎液溶胶的稳定性是指它的动力学稳定性和聚结稳定性。

① 动力学稳定性　分散相粒子发生布朗运动而具有一定的动力学稳定性。通常胶粒越小，介质的黏度越大、布朗运动越强烈，溶胶的动力稳定性就越强。但相反，由于布朗运动也增加了胶粒相互碰撞的机会，一旦胶粒合并而长大，抵抗不了重力场的作用就会下沉。通常，胶体粒子密度 $\rho_2$ 与分散介质密度 $\rho_1$ 相差越小越稳定；胶粒越小越稳定。

② 胶体粒子带电的稳定作用　胶团的双电层结构指出胶体粒子的表面带有一定的电荷，胶体粒子在运动时，与扩散层之间的滑动面产生电势差，即动电电势（$\zeta$ 电势）。运动产生的 $\zeta$ 电势越大，依据同性相斥原则（因为胶体粒子带相同的电荷），胶体粒子就越不易相互靠近，有利于溶胶稳定。一般 $\zeta$ 值越大，表明胶体粒子带电越多，扩散层越厚，溶胶的稳定性就越强。

胶体粒子带电是憎液溶胶稳定的主要原因。

③ 溶剂化作用　溶剂化作用降低了胶粒的表面能，同时溶剂分子把胶粒包围起来，形成一具有弹性的水化外壳。当胶粒相互靠近时，水化外壳因受到挤压而变形，每个变形胶团都力图恢复其原来的形状而又被弹开。可见，水化外壳（溶剂化层）的存在亦起着阻碍胶粒聚结的作用。

### 7.4.2 DLVO 理论

DLVO 理论是胶体科学中最重要的理论之一，由苏联科学家 Derjaguin 和 Landau（1941 年）以及荷兰科学家 Verwey 和 Overbeek（1948 年）分别独立提出，用于解释胶体体系的稳定性。胶体分散体具有高的界面面积，因此是不稳定的，但它们必须稳定下来。这是它们最重要的特性，我们需要了解，以便在必要时知道如何改变它。考虑到颗粒之间各种类型的力，可以理解胶体的稳定性（图 7-17）。最重要的是范德华力，它通常是吸引力，是不稳定的原因，而稳定作用通常是由于颗粒上的电荷引起的静电排斥力。聚合物或低聚物颗粒上吸附产生的空间力对稳定性也非常重要。所有这些力都作用在纳米量级的距离上。即便如此，它们对分散体和聚集体的宏观性质也有直接影响。

胶体的稳定性取决于吸引的范德华力和排斥的静电力或空间（聚合物）力。如果排斥力大于范德华（vdW）吸引力（并且总势能大于粒子的本身动能），则排斥力会稳定分散。表面本质上是不稳定的，vdW 力将系统带回其稳定（最小表面积）状态，并导致不稳定（聚集）。

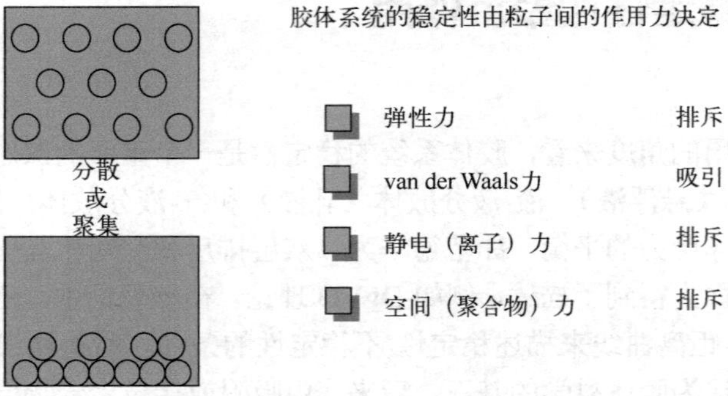

图 7-17　胶体分散相粒子间的作用力对系统稳定性的影响[3]

胶体的整体稳定性将取决于系统的相互作用能量曲线的净形式，即作为颗粒分离距离函数的吸引和排斥能量项的总和。在这里只考虑两个因素：vdW 引力项和双电层排斥项，暂不考虑熵或空间稳定性。

通常使用势能-距离图（$V$-$r$ 曲线）表示胶体系统的行为（图 7-18）。图中$V_A$和$V_R$分别表示吸引能与排斥能，$V_T$为总的相互作用能。

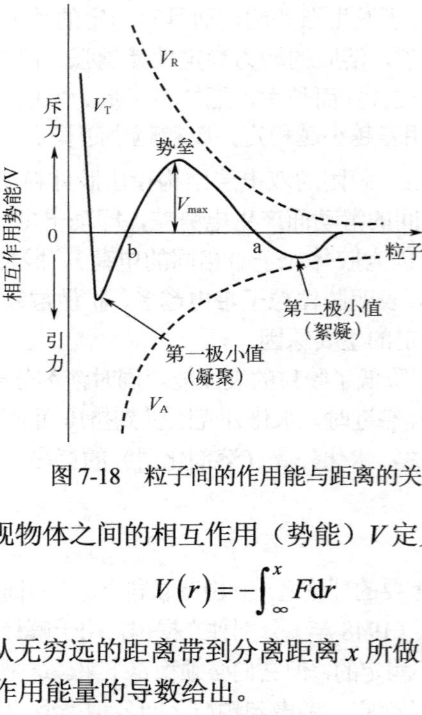

图 7-18　粒子间的作用能与距离的关系

通过距离 $r$ 分离的宏观物体之间的相互作用（势能）$V$ 定义为：

$$V\left(r\right)=-\int_{\infty}^{x}F\mathrm{d}r \tag{7-9}$$

式中，$V$ 表示将物体从无穷远的距离带到分离距离 $x$ 所做的功。

粒子间作用力由相互作用能量的导数给出。

$$F=-\mathrm{d}V/\mathrm{d}r \tag{7-10}$$

图 7-18 中展示了吸引力$V_A$和排斥力$V_R$的组合。

$$V_T=V_R+V_A \tag{7-11}$$

vdW 吸引力和静电排斥力：

（i）与距离相关，vdW 力在长距离和小距离占主导地位，而静电力可能在中等距离占主导作用；

(ii) 取决于颗粒和介质的特性；

(iii) 在很大程度上取决于颗粒/表面（如球体、平板、圆柱体）的形状、尺寸和接近度。

DLVO 理论是理解分散稳定性的基石，它描述了粒子之间的 vdW 吸引力和由于粒子外的反离子层而产生的渗透屏障之间的相互作用。正是这些力之间的竞争决定了分散系统的稳定性。该理论还可以预测 Schulze-Hardy 规则。

**(1) 范德华吸引力**

溶胶粒子间的相互吸引力 $V_A$ 是 vdW 力，主要为色散力。胶粒中含有大量分子，所以胶粒间的吸引力是各分子所贡献的总和，这种引力势能与胶粒间距离 $r$ 的六次方成反比，是一种远程作用力。

$$V_A = -\beta_{11}/r^6 \tag{7-12}$$

式中，$\beta_{11}$ 指相同原子或分子间的作用常数，它与所涉及的原子或分子的极化率有关。

由于胶体颗粒是原子或分子的集合体，因此必须对单个贡献进行复合。在这种情况下，只需考虑伦敦（色散）相互作用，因为大型组件没有净偶极矩或极化。原子或分子之间相互作用的伦敦色散作用是短距离的，如式（7-12）所示。

对于原子或分子的组装，就像胶体粒子的情况一样，在真空中距离 $h$ 处，两个半径为 $R$ 的相等粒子之间的 vdW 引力能由下式给出：

$$V_A = -\frac{A_{11}}{6}\left[\frac{2}{s^2-4} + \frac{2}{s^2} + \ln\left(\frac{s^2-4}{s^2}\right)\right] \tag{7-13}$$

式中，$s=(2R+h)/R$；$A_{11}$ 是 Hamaker 常数。

$$A_{11} = \pi^2 q^2 \beta_{11} \tag{7-14}$$

式中，$q$ 是单位体积内原子或分子数。对于很短的分离距离（$h \ll R$），则有：

$$V_A = -\frac{RA_{11}}{12h} \tag{7-15}$$

从式（7-12）和式（7-15）的比较中可以清楚地看出，宏观物体（粒子）之间的吸引力比原子或分子之间的吸引力大几个数量级。它在自然界中也是长距离的，在短距离分离时急剧增加。

上述表达式是针对真空中的颗粒，在介质（溶剂）存在下，分散在 Hamaker 常数 $A_{22}$ 的介质中的材料 1 的颗粒的 Hamaker 常数 $A_{12}$ 由下式给出：

$$A_{12} = A_{11} + A_{22} - 2A_{12} = \left(A_{11}^{1/2} - A_{22}^{1/2}\right)^2 \tag{7-16}$$

由于对于大多数分散体系 $A_{11} > A_{22}$，那么分散介质 $A_{12}$ 是正的，并且相同材料的两个颗粒总是相互吸引。

伦敦色散力表现出延迟现象，这意味着对于大 $r$，吸引力随着距离的减小比在小 $r$ 时更快。这意味着 $V_A$ 与 $r^{-7}$ 成比例。对于中间距离，存在从 $r^{-6}$ 到 $r^{-7}$ 的渐变。这种延迟也反映在粒子之间的吸引力上，延迟效应自动包含在宏观方法中。

**(2) 双电层排斥作用**

双电层的延伸距离，称为双电层厚度，取决于电解质浓度和离子的化合价，由 Debye-Hückel 参数 $\kappa$ 的倒数表示。

$$\frac{1}{\kappa}=\left(\frac{\varepsilon_r\varepsilon_0 kT}{2n_0 Z^2 e^2}\right)^{\frac{1}{2}} \tag{7-17}$$

式中，$\varepsilon_r$ 是相对介电常数；$\varepsilon_0$ 是自由空间的介电系数；$k$ 是玻尔兹曼（Boltzmann）常数；$T$ 是热力学温度；$n_0$ 是体相中存在的每种类型的离子数量；$Z$ 是离子的化合价；$e$ 是电子电荷。

当两个颗粒各自具有厚度为 $1/\kappa$ 的扩散双电层，接近分离距离，从而开始出现双层重叠（即 $h<2/\kappa$）时，会产生排斥。在重叠之前，即 $h>2/\kappa$，两个双层可以在没有任何限制的情况下完全发展，在这种情况下，表面或 Stern 势在粒子之间的中间距离处衰减为零。然而，当 $h<2/\kappa$ 时，由于有限的空间不允许完全的电势衰减，双电层不能再不受限制地发展。在这种情况下，粒子之间的中间距离处的电势 $\psi_{r/2}$ 不再为零，并且发生排斥。排斥的静电能 $V_R$ 由以下表达式给出，该表达式对 $\kappa R<3$ 有效。

$$V_R=\frac{4\pi\varepsilon_r\varepsilon_0 R^2\psi_d^2\exp(-\kappa r)}{2R+h} \tag{7-18}$$

式（7-18）表明，$V_R$ 随 $h$ 的增加呈指数衰减，在大 $h$ 时接近零。$V_R$ 随 $r$ 增加的衰减率取决于 $1/\kappa$，$1/\kappa$ 的值越高，衰减越慢。换句话说，在任何给定的 $h$，$V_R$ 随着 $1/\kappa$ 的增加而增加，即随着电解质浓度和离子价态的降低而增加。

静电力是由于大多数粒子在介质中带电，尤其是像水这样具有高相对介电常数的极性介质。表面电荷的来源可能很复杂，有很多机制，例如从溶液中吸附离子或表面基团的离解。其他有助于稳定性的排斥力（例如水合力或空间力）尤其存在于较低的颗粒间距离。

**（3）总相互作用能**

图 7-18 显示的粒子间的作用能与距离的关系表示了 DLVO 理论给出的势能是静电排斥力和 vdW 吸引力以及它们的总作用力。图中 $V_{max}$ 为胶粒间净的斥力势能的最大值。它代表溶胶发生聚沉时必须克服的“势垒”，当迎面碰撞的一对胶粒所具有的平动能可以克服“势垒”时，它们进一步靠拢而发生聚沉。如果势垒足够高，超过 15 $kT$（$k$ 为玻尔兹曼常数），一般胶粒的热运动则无法克服它，而使溶胶处于相对稳定的状态；若此势垒不存在或者很小，则溶胶易于发生聚沉。

图中显示，在总的势能曲线上出现两个极小值。距离较近而又较深的称为第一极小值，它如同一个陷阱，落入此陷阱的粒子则形成结构紧密而又稳定的聚沉物，故称其为不可逆凝聚或永久性凝聚。距离较远而又很浅的极小值称为第二极小值，有的溶胶由于胶粒很小不出现此极小值，即使出现第二极小值，粒子落入此处形成较疏松的沉积物，称之为絮凝（也叫暂时性聚沉），絮凝是一可逆过程，外界条件稍有变动，沉积物可重新分散成溶胶。

与第一极小值中的凝聚不同，弱或次级极小值絮凝通常会受到显著的熵效应，导致许多有趣的现象产生。由于第二极小值的浅层性质，对于非常小的颗粒（半径约小于 10 nm），极小值可能非常浅，以至于布朗运动完全阻止了絮凝。如果颗粒较大，次极小值的絮凝可能会产生可观察到的现象。如表观相分离成浓缩的、高度有序的分散体，有时表现出双折射，以及第二个稀释的、各向同性相。在这种情况下，轻轻搅拌将再生原始的均匀分散体。二次最小絮凝被认为对某些乳液和泡沫以及含有氧化铁和烟草花叶病毒等奇怪颗粒的几种胶体系统的稳定性起着重要作用。

DLVO 理论的另一个重要预测是，在某些条件下，胶体可能会经历一种可逆絮凝形式，这是由于势能曲线中存在所谓的第二极小值而导致的。第二极小值的存在已经通过实验得到证实，因为它代表了 DLVO 理论一个潜在的重要理论和实践。

**（4）DLVO 理论拓展**

如前所述，$\kappa$ 取决于系统中离子的浓度，式（7-17）中的主要浓度效应来自指数项。而图 7-18 曲线中的最大值表示双电层施加的凝聚障碍。显然，随着电解质浓度的增加，阻挡层的高度降低。作为经验法则，可以说当 $\Delta V_T=0$ 和 $d\Delta V_T/dr=0$ 时，将满足临界聚沉浓度（critical coagulation concentration，CCC）的条件。临界聚沉浓度是使系统进入快速聚沉状态所需的电解质浓度。从数学上考虑，有：

$$c_0\text{CCC}\propto\frac{1}{A_r^2z^6} \tag{7-19}$$

这与 Schultze-Hardy 规则一致，并预测 1 价、2 价和 3 价离子的比率分别为 1∶0.016∶0.0014，并且与前面提到的实验观察大体一致。图 7-19 显示了电解质浓度对 $V_R$、$V_T$ 以及 $V_{max}$ 的影响。

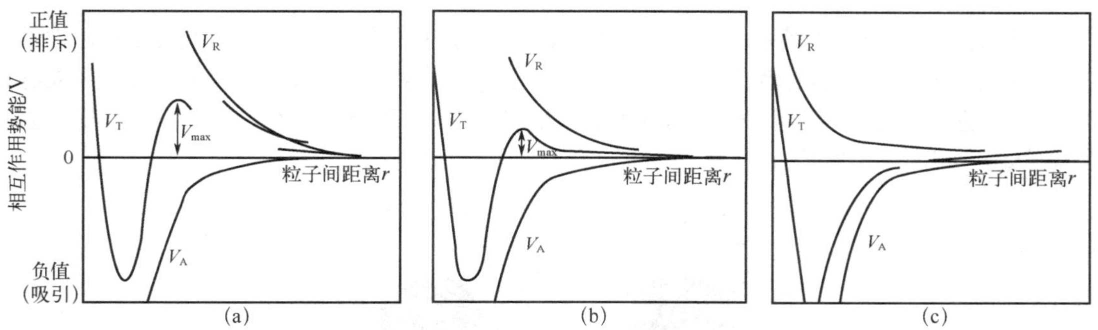


图 7-19　在静电稳定的胶体中，电解质的浓度将极大地影响系统的稳定性

(a) 在低电解质浓度下，相对较高的能量势垒将赋予稳定性；(b) 随着电解质的添加，稳定屏障将减少，但可以保持合理的稳定性（取决于添加的电解质的化合价）；(c) 在临界电解质浓度下，能量屏障有效地消失，并且将发生快速絮凝

式（7-19）的另一个结果是，随着 Hamaker 常数 $A_r$ 的增加，具有相同电特性的分散体的 CCC 值将减小，即胶体分散体将逐渐变得不稳定。如前所述，介质中的 Hamaker 常数将是分散颗粒和真空介质的复合物，因此，随着介质和分散相的特性变得更加相似，$A_r$ 将降低，从而导致系统的额外稳定性，与观察结果一致。

DLVO 理论预测 Schultze-Hardy 规则的事实似乎证实了该理论的有效性。然而，推导中包含了一些近似值和假设，削弱了其完全成功的主张。例如，在低表面电位下，理论预测 CCC 将与 $z^2$ 而不是 $z^6$ 成比例。

DLVO 理论对于实践胶体化学家的巨大价值在于，无论所涉及工作的确切性质如何，它都深刻地说明了理解胶体的电性质的重要性，以及理解胶体可能暴露于离子环境的影响的重要性。

### 7.4.3　空间稳定作用

吸附聚合物以获得空间稳定性并非易事。一方面，需要对表面进行牢固的附着。然而，强大的吸附能会导致聚合物位于表面的构象，这当然对空间稳定毫无用处。另一方面，低吸附能在表面产生所需的聚合物构象（图 7-20）。然而，在这样的系统中，聚合物分子在两个粒子碰撞时解吸的可能很大，因此空间稳定性将丧失。

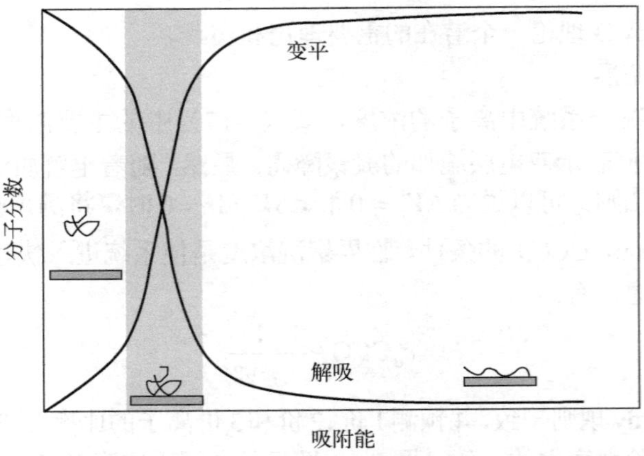

图 7-20　用吸附聚合物实现空间稳定性（只有在阴影区域才能获得空间稳定性）

当稳定层处于良好的溶剂条件下时，由于粒子之间的双层重叠，静电力通常是排斥性的，它们通常通过吸附低聚物或聚合物获得。静电作用与表面电势的二次方成比例（在大多数情况下），并且随着 Debye（双层）长度的减小而减小。此外，在互穿和压缩过程中，聚合物都会失去构象熵，如图 7-21 所示。

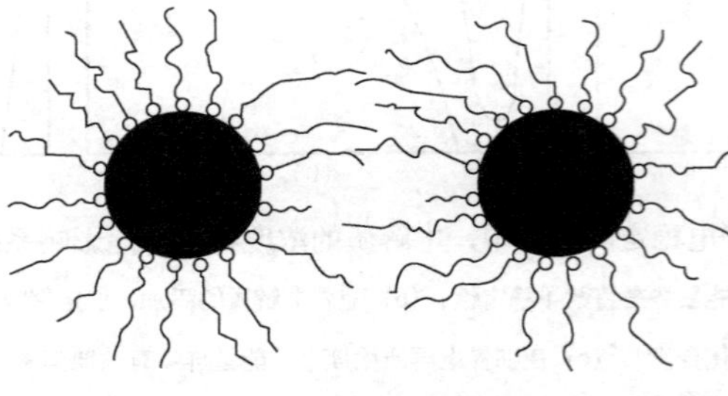
图 7-21　空间（或熵）稳定作用的示意图

吸附或接枝的表面活性剂或聚合物层，主要是非离子型。最有效的体系是基于 A-B、A-B-A 嵌段和 $BA_n$ 接枝类型的体系（有时称为聚合物表面活性剂）。这里的 B 是“锚”链，它通常不溶于分散介质，对表面有很强的亲和力。A 是可溶于介质并被其分子强烈溶剂化的稳定链。

为了理解这些聚合物表面活性剂在分散体稳定中的作用，必须考虑聚合物在界面上的吸附和构象。在这一点上，足以说明聚合物的吸附是不可逆的，并且等温线是高亲和力类型的。B 链在表面产生多点连接的小环，这确保了吸附的不可逆性。另外，稳定链从表面延伸，产生几个“尾部”，其流体动力学吸附层厚度 $\delta_h$ 约为 5～10 nm，具体取决于 A 链的分子量。

当半径为 $R$ 且具有流体动力学厚度为 $\delta_h$ 的吸附层的两个颗粒彼此接近表面，表面分离距离 $h$ 小于 $2\delta_h$ 时，聚合物层相互作用，导致两种主要情况：聚合物链可能重叠，或者聚合物层可能受到一些压缩。在这两种情况下，相互作用区中聚合物链的局部链段密度都会增加。假设悬挂链 A 在良好的溶剂中，由于两个主要效应，相互作用区中链段密度的这种局部增加将导致强排斥：①由于聚合物链的不利混合（当它们处于良好的溶剂条件下时），重叠区域的渗透压增加，这被称为渗透排斥或混合相互作用，并用相互作用的自由能 $\Delta G_{mix}$ 来描述。

②相互作用区中链的构型熵的减少。这种熵的减少是由于链的可用体积的减少，无论这些链是重叠的还是压缩的。这被称为体积限制相互作用，或弹性相互作用，用相互作用的自由能 $\Delta G_{el}$ 来描述。

$\Delta G_{mix}$ 和 $\Delta G_{el}$ 的组合通常被称为相互作用的空间自由能 $\Delta G_s$ 。

$$\Delta G_s = \Delta G_{mix} + \Delta G_{el} \tag{7-20}$$

$\Delta G_{mix}$ 的符号取决于介质对链的溶解能力。在良好的溶剂中，即 Flory-Huggins 相互作用参数 $\chi<1/2$，则 $\Delta G_{mix}$ 为正，不利的混合相互作用导致排斥。相反，如果 $\chi>1/2$，即链处于不良溶剂条件下，则 $\Delta G_{mix}$ 为负，并且相互作用（有利）是有吸引力的。$\Delta G_{el}$ 总是正的，与溶解能力无关，因此在某些情况下，可以在相对较差的溶剂条件下产生稳定的分散体。

**（1）混合相互作用**

当在良好的溶剂条件下时，这是由聚合物链的不利混合引起的。图 7-22 中示意了这种现象。在两个球形颗粒中，设每个颗粒的半径为 $R$，每个颗粒都有一个厚度为 $h$ 的吸附层。在重叠之前，可以在每个聚合物层中定义溶剂的化学势 $\mu_i^{\alpha}$ 和层中聚合物的体积分数 $\varphi_2^{\alpha}$ 。在重叠区域（体积元素 d$V$）中，溶剂的化学势降低到 $\mu_i^{\beta}$，这是由于重叠区域中聚合物链段浓度的增加（体积分数为 $\varphi_2^{\beta}$ ），这相当于重叠区域中渗透压的增加。结果，溶剂将从本体扩散到重叠区域，从而分离颗粒，因此，这种效应产生了强的排斥能。

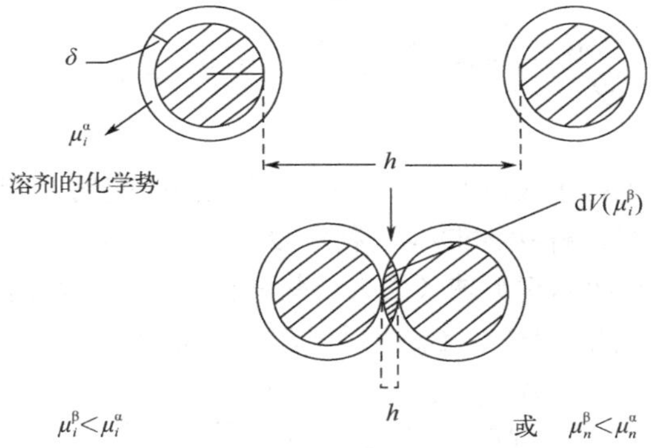


图 7-22　聚合物层重叠示意图[6,7]

上述排斥能可以通过考虑混合两种聚合物溶液的自由能来计算，例如 Flory 和 Krigbaum 所处理的。该自由能由两项给出：一项是取决于聚合物和溶剂体积分数的熵项，另一项是由 Flory-Huggins 相互作用参数 $\chi$ 确定的能量项。

$$\delta\Delta G_{mix} = kT(n_1\ln\varphi_1 + n_2\ln\varphi_2 + \chi n_1\varphi_2) \tag{7-21}$$

式中，$n_1$ 和 $n_2$ 是体积分数为 $\varphi_1$ 和 $\varphi_2$ 的溶剂和聚合物的物质的量；$k$ 是玻尔兹曼常数；$T$ 是绝对温度。

式（7-21）中 Flory-Huggins 相互作用参数 $\chi$ 是将纯溶剂与聚合物溶液混合的非理想性的度量，这产生了可以用聚合物浓度 $c_2$ 和聚合物的部分比体积表示的渗透压 $\pi$（$v_2 = V_2/M_2$；$V_2$ 是摩尔体积，$M_2$ 是分子量）。

$$\frac{\pi}{c_2} = RT\left[\frac{1}{M_2} + \left(\frac{v_2^2}{V_1}\right)\left(\frac{1}{2} - \chi\right)c_2 + \cdots\right] \tag{7-22}$$

式中，$V_1$ 是溶剂的摩尔体积；$\left(\frac{v_2^2}{V_1}\right)\left(\frac{1}{2}-\chi\right)$ 即第二维里系数 $B_2$。

$$\frac{\pi}{c_2}=RT\left[\frac{1}{M_2}+B_2c_2+\cdots\right] \tag{7-23}$$

当 $\chi$=1/2 时，$B_2=0$，即聚合物在与溶剂混合时表现得很理想。这被称为 $\theta$ 条件。在这种情况下，溶液中的聚合物链没有吸引力或排斥力，它们采取其未受干扰的尺寸。当 $\chi$<1/2 时，$B_2$ 为正，混合不理想，导致正偏差（排斥）。当聚合物链处于良好的溶剂化条件下时，就会发生这种情况。当 $\chi$>1/2 时，$B_2$ 为负，混合不理想，导致负偏差（吸引）。当聚合物链处于不良溶剂化条件下时，就会发生这种情况。

使用 Flory-Krigbaum 理论和参数的定义，可以通过对 d$V$ 中的所有元素求和来导出整个相互作用区混合自由能的总变化。

$$\Delta G_{\text{mix}}=\frac{2\kappa TV_2^2}{V_1}v_2\left(\frac{1}{2}-\chi\right)R_{\text{mix}}(h) \tag{7-24}$$

式中，$v_2$ 是每单位面积的链的数量；$R_{\text{mix}}(h)$ 是取决于垂直表面的链的链段密度分布形式的几何函数 $\rho(z)$。

使用上述分析可以导出围绕两个球形颗粒的两个聚合物层的混合自由能（假设在每一层中具有均匀的段密度分布）作为颗粒之间的分离距离 $h$ 的函数的表达式。

$$\frac{\Delta G_{\text{mix}}}{RT}=\frac{V_2^2}{V_1}v_2\left(\frac{1}{2}-\chi\right)\left(3R-2\delta+\frac{h}{2}\right)\left(\delta-\frac{h}{2}\right) \tag{7-25}$$

**（2）弹性相互作用**

弹性相互作用是第二个粒子接近时链的构型熵的损失引起的，如图 7-23 所示。当两个表面相隔无穷远的距离（∞）时，杆状物的构型数为 $\Omega(\infty)$，与杆状物扫过的半球体积成正比。当第二个粒子接近距离 $h$，从而切割半球（失去一些体积）时，链可用的体积受到限制，配置的数量 $\Omega(h)$小于 $\Omega(\infty)$。对于两个平板，$G_{\text{el}}$ 由以下表达式给出：

$$\frac{\Delta G_{\text{el}}}{RT}=2v_2\left[\frac{\Omega(h)}{\Omega(\infty)}\right]=2v_2R_{\text{el}}(h) \tag{7-26}$$

式中，$R_{\text{el}}(h)$ 是几何函数，其形式取决于分段密度分布 $\rho(z)$。

$\Delta G_{\text{el}}$ 总是正的，可以在空间稳定中发挥重要作用。当颗粒之间的分离距离变得与吸附层的厚度 $\delta$ 相当时，它变得非常大。这对于聚合物链多点连接的情况尤其重要。

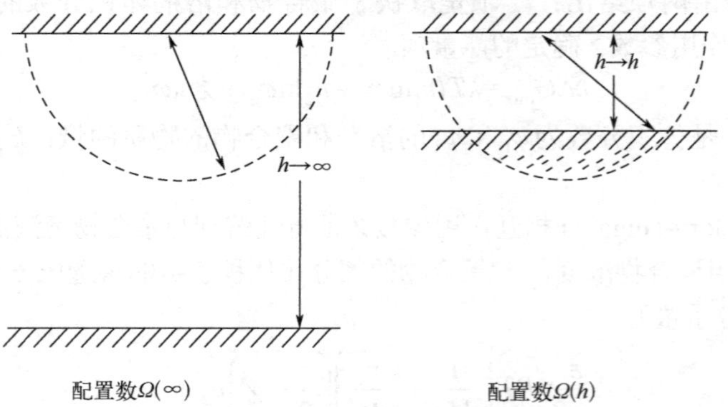


图 7-23　第二个粒子接近时的构型熵损失示意图[6]

**（3）有效的空间稳定标准**

① 颗粒应完全被聚合物覆盖，即聚合物的量应与稳定值相对应。任何裸露的部分都可能通过裸露部分之间的范德华力或聚合物的桥接作用而引起絮凝。后者发生在聚合物同时吸附在两个或多个颗粒上时。

② 聚合物应强烈吸附（“锚定”）在颗粒表面。A-B、A-B-A 嵌段和 $BA_n$ 接枝共聚物的情况尤其如此，其中 B 链不溶于介质并且对表面具有高亲和力。水性介质中 B 链的实例是聚苯乙烯和聚甲基丙烯酸甲酯。

③ 稳定链 A 应在介质中高度可溶，并被其分子强烈溶剂化，即 Flory-Huggins 相互作用参数 $\chi$ 在所有条件下（例如，在电解质存在和/或温度升高的情况下）应保持$<1/2$。

④ 吸附层的厚度 $\delta$ 应当足够大以保持最小值 $\Delta G_{min}$。当需要没有任何弱絮凝的胶体稳定分散体时，情况尤其如此。为了确保这种胶体的稳定性，应大于 5 nm。

**（4）空间稳定分散体的絮凝**

① 弱絮凝

当吸附层的厚度小时（通常$<$5 nm），特别是当颗粒尺寸和 Hamaker 常数大时，就会发生弱絮凝。在这种情况下，$\Delta G_{min}$ 变得足够大（几个 $k$T 单位）以发生絮凝。这种絮凝是可逆的，并且对于浓缩的分散体，系统可能表现出触变性。这一过程有时被称为溶胶$\rightleftharpoons$凝胶转化，在许多工业应用中都很重要，例如在涂料和化妆品中。

絮凝所需的最小深度 $\Delta G_{min}$ 取决于分散体的体积分数。这可以通过考虑絮凝的自由能 $\Delta G^{flocc}$ 来理解，$\Delta G^{flocc}$ 由两项组成，焓项 $\Delta H^{flocc}$ 是负的，由 $\Delta G_{min}$ 的大小决定，熵项 $T\Delta S^{flocc}$ 也是负的，因为任何聚集都会导致熵的减少。根据热力学第二定律：

$$\Delta G^{flocc}=\Delta H^{flocc}+T\Delta S^{flocc} \tag{7-27}$$

式(7-27)中具有负号的第二项变为正，因此熵减少必须通过高焓项来补偿，才能使 $\Delta G^{flocc}$ 变为负值而发生絮凝。

对于具有低体积分数 $\varphi$ 的稀释分散体，絮凝的熵损失较大，并且为了获得总体负自由能，$\Delta H^{flocc}$ 需要较大，即需要较大的 $\Delta G_{min}$。相反，对于大的浓缩分散体，絮凝的熵损失相对较小，较低的 $\Delta G_{min}$ 足以发生絮凝。这意味着絮凝所需的 $\Delta G_{min}$ 随着分散体体积分数 $\varphi$ 的增加而降低。

② 强絮凝

当链的介质的偿付能力变得比 $\theta$-溶剂差时，即 $\chi>1/2$ 时，就会发生这种情况。当 $\chi<1/2$ 时，$\Delta G_{mix}$ 和 $\Delta G_{el}$ 都是正的，因此相互作用的总能量在接近 $2\delta$ 的距离处仅显示出浅的极小值。然而，当 $\chi>1/2$ 时，$\Delta G_{mix}$ 变为负（有吸引力），当与范德华吸引力结合时，会产生一个深度极小值，导致“灾难性”絮凝，通常称为初始絮凝。在大多数情况下，临界絮凝点与介质的条件之间存在相关性。在许多情况下，溶液中稳定链 A 的临界絮凝温度（CFT）和 $\theta$ 温度之间存在良好的相关性。对于 A 链，非溶剂的临界体积分数（CFV）与其点之间也存在良好的相关性。然而，在某些情况下，这种相关性可能会破裂，特别是对于以多点附着方式吸附的聚合物。

因此，通过测量稳定链的参数 $\chi$ 作为系统变量（如温度和电解质的添加）的函数，可以确定空间稳定的分散体的稳定性/不稳定性的极限。可以使用各种技术来测量参数，例如黏度、浊点、渗透压或光散射。

### (5) 静电稳定与空间稳定的比较

空间稳定性和静电稳定性都取决于渗透力，但两者之间存在一些根本差异（表 7-6）。静电稳定的分散体对高离子强度非常敏感。因此，在分散相的高体积分数下无法获得此类胶体，并且它们不显示任何冻融稳定性（图 7-24）。在这两种情况下，这都可以参考离子强度增加的事实。这些限制不存在于空间稳定的分散体中。此外，立体稳定的分散体还具有诱导絮凝的优点，然后通过改变稳定聚合物的溶剂条件而重新分散。

表 7-6　空间稳定与静电稳定分散体性能的比较

| 静电稳定性 | 空间稳定性 |
|---|---|
| 添加电解质时凝聚 | 对电解质不敏感 |
| 仅在水溶液中有效 | 在水性和非水性介质中有效 |
| 仅在低体积分数下有效 | 在高和低体积分数下有效 |
| 冷冻导致不可逆凝聚 | 可以获得冻融稳定性 |
| 对剪切敏感 | 在高剪切下稳定 |

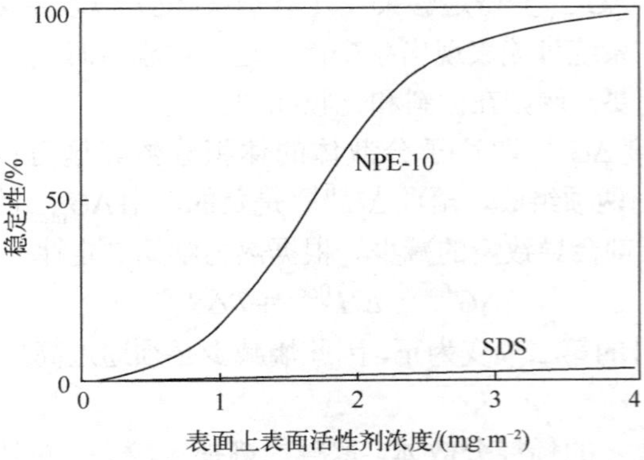


图 7-24　用 SDS 静电稳定或用 NPE-10 空间稳定的乳胶悬浮液的冻融稳定性

另一个区别是静电稳定只在水溶液中起作用，而空间稳定可以在水和非水系统中获得。因此，非水分散体需要空间稳定性，并且突出的链在连续相中必须具有良好的溶解度。

最后，强剪切可能迫使静电稳定的粒子碰撞，导致不可逆的凝聚。空间稳定的系统在高剪切下更加稳定。

## 7.4.4 渗透屏障稳定作用

前已叙述，有两种主要途径可以稳定胶体以防凝结。一种是通过带电粒子表面外存在反离子，另一种是将聚合物附着在粒子表面。第一种途径被称为静电稳定，后一种途径被称作空间稳定。还有可能将这两种途径结合起来，即空间-电稳定。这些可选择方案的基本物理原理是相同的，即产生渗透屏障。带电粒子在表面附近有反离子，当两个粒子相互接近时，反离子云重叠的粒子之间的反离子浓度将很高[图 7-25（a）]。这种更高的反离子浓度将导致周围的水进入颗粒之间的区域，因此颗粒将分离，稳定因素是水的渗透力。当聚合物分子附着在颗粒上时，类似的机制也在起作用。在这里，当颗粒相互靠近时，颗粒之间区域的聚合物链段浓度会更高，因此水会试图稀释该区域[图 7-25（b）]。

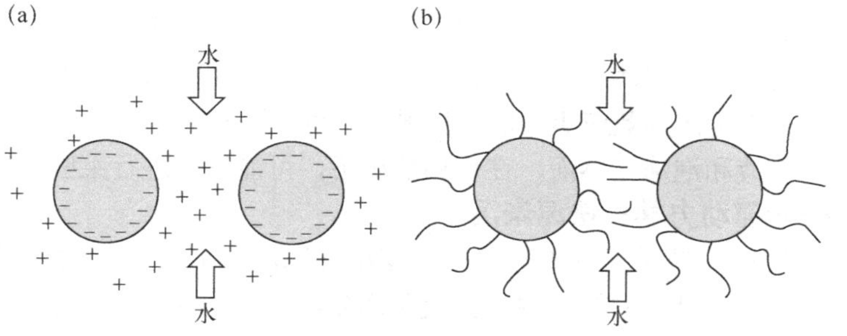


图 7-25 渗透屏障的稳定作用

(a) 静电和 (b) 空间的分散颗粒稳定，说明了在渗透力的驱动下，使颗粒分离的水的流动

## 7.4.5 排斥絮凝

排斥絮凝（depletion flocculation）是通过向分散体中添加游离、非吸附性聚合物产生的（图 7-26）。游离聚合物不能接近颗粒表面一段距离 $\Delta$（大约等于聚合物回转半径 $2R_G$ 的两倍），这是因为当聚合物线圈接近表面时，它们会失去熵，而这种损失不会被吸附能补偿。因此，颗粒将被具有厚度 $\Delta$ 的损耗区（不含聚合物）包围。当两个粒子彼此接近到表面-表面分离距离＜$2\Delta$ 时，两个粒子的亏缺区将重叠。在游离聚合物 $\varphi_p^+$ 的临界体积分数及以上，聚合物线圈从颗粒之间“挤出”，因此颗粒表面外的渗透压高于颗粒之间的渗透压（无聚合物区），这导致弱絮凝。Asukara 和 Osawa 对这一过程进行了第一次定量分析，他们导出了吸引的自由能的表达式。

$$\Delta G_{dep}=-\frac{3}{2}\varphi_2\beta x^2 \qquad 0<x<1 \tag{7-28}$$

式中，$\varphi_2$ 是游离聚合物的体积分数；$\beta$ 等于 $R/\Delta$。

$$\varphi_2=\frac{4/3\,\pi\Delta^3 N_2}{V} \tag{7-29}$$

式中，$N_2$ 是高分子圈的总数；$V$ 是溶液的体积。

$$x=\frac{\Delta-h/2}{\Delta} \tag{7-30}$$

Fler 等人推导了 $\Delta G_{dep}$ 的以下表达式：

$$\Delta G_{dep}=\left(\frac{\mu_1-\mu_1^0}{V_1}\right)\frac{2\pi}{3}\left(\Delta-\frac{1}{2}h\right)^2\left(3R+2\Delta+\frac{1}{2}r\right) \tag{7-31}$$

式中，$\mu_1^0$ 和 $\mu_1$ 是纯溶剂和具有体积分数 $\varphi_p$ 的聚合物溶液的化学势；$V_1$ 是溶剂的摩尔体积。

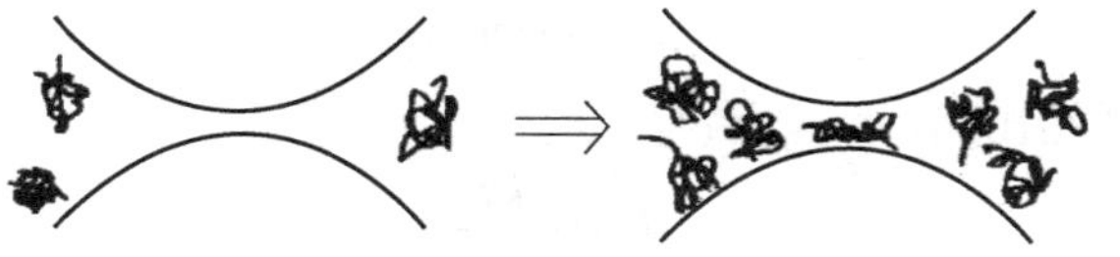


图 7-26 由于未吸附的聚合物分子而导致的排斥絮凝和损耗稳定[8,9]

## 7.4.6 聚沉动力学

由于实验数据的可获得性和合理的理论基础，由随机布朗运动引起的分散系统的凝聚历来

是表面和胶体科学家普遍感兴趣的话题。在这种情况下，介入流体的存在带来了某些准备、操作和解释方面的优势，例如气溶胶中不存在的优势。当然，同样的情况也会带来某些缺点，特别是在净化、污染、特定溶剂效应等方面。从根本上讲，同样的理论适用于液体介质中的固体分散体、气溶胶、乳液和泡沫。然而，在每种情况下，可能需要进行某些扩展和修改。

#### 7.4.6.1 粒子碰撞动力学：快速聚沉

对于两个相互接近的粒子，粒子间的相互作用可以用类似于化学动力学过程来考虑，如图 7-27 所示。如果不存在颗粒接近、接触和黏附的障碍，即相当于反应的活化能为 0，结合图 7-19，即 $V_{max}=0$，如果相互作用能量的第一极小值足够深，那么粒子之间的每一次碰撞都将是“黏滞的”。也就是说，每一种碰撞都将导致形成多颗粒（二聚体、三聚体等）絮体。在这种情况下，凝固速率将完全由扩散动力学控制，类似于扩散控制的双分子反应。

第一个将聚沉速度与扩散速度联系起来的理论是 Smoluchowski 的理论。根据菲克第一扩散定律：

$$J=4\pi r^2 D\frac{\delta n}{\delta a} \tag{7-32}$$

式中，$J$ 是系统中粒子与某些中心粒子或参考粒子之间每单位时间的通量或碰撞次数；$a$ 是中心粒子的半径；$D$ 是扩散系数。如半径为 $a$ 的粒子被放置在直角坐标系的原点，其中 $a$ 将是所讨论粒子的某些特征半径（例如，硬球、流体力学）。系统中的其他粒子，在随机布朗运动过程中，以距离中心 $r$ 的距离通过坐标系，直到一个粒子中心接近中心粒子的临界距离 $r_C$。在该距离处，假设颗粒接触并发生凝结。对于单分散粒子系统，$r_C=2a$，则 $r_C$ 就是粒子的碰撞直径。

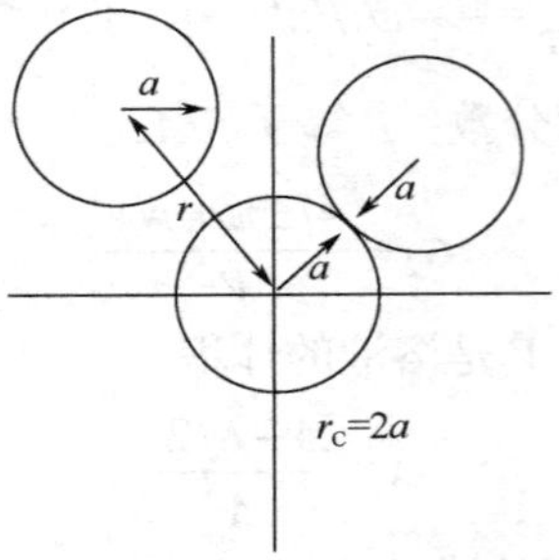


图 7-27 粒子间的相互作用

在胶体系统中，颗粒絮凝的速率将取决于颗粒碰撞的速率。该速率又将取决于各个粒子的扩散系数及其有效粒子直径（或碰撞截面）

在时间 $t$=0 时，系统中远离中心粒子的粒子浓度（$r\to\infty$）为 $n_0$（每单位体积的粒子），而在距离 $r_C$ 处，$n$=0，因此中心粒子和第二个粒子之间每单位时间的碰撞次数将为：

$$J=4\pi D r_C n_0 \tag{7-33}$$

扩散系数 $D$ 由下式给出：

$$D=\frac{kT}{6\pi\eta a} \tag{7-34}$$

式中，$\eta$ 是分散介质的黏度。如果去除了保持中心粒子静止的约束，式（7-33）中采用的 $D$ 值变为 $D=D_1+D_2$（对于不同半径的粒子），或对于相同的粒子，为 2$D$。初级粒子消失的动力学方程变成：

$$\frac{dn}{dt}=-8\pi r_C D n^2 \tag{7-35}$$

式中，$n$ 是初级粒子的浓度；$dn/dt$ 是它们消失的速率。根据式（7-35），粒子数量减少一半的时间，即半衰期为：

$$t_{1/2} = \left(8\pi r_C D n_0\right)^{-1} \tag{7-36}$$

因此，对于含有$10^{12}$ 颗粒·$cm^{-3}$ 的典型稀释分散体，半衰期在 0.2～1 s 的范围内。对于非相互作用的分散体系，这个时间非常短，比实际中通常遇到的时间短（取决于环境，几秒到几分钟）。

造成这种差异的主要原因是，当两个颗粒相互靠近时，颗粒之间的溶剂分子必须离开。对于大的分离距离，式（7-34）中的黏度项说明了这一过程，但在较小的距离（分子尺寸数量级），简单的黏度关系不再严格适用，因此相互扩散系数不再满足 $D = D_1 + D_2$ 。可以说，溶剂的“微观”黏度增加，从而减缓了扩散，颗粒以降低的速度接近。

目前提出的简单理论只考虑单个初级粒子之间的碰撞，而不考虑二聚体、三聚体或其他粒子的碰撞。当考虑到所有颗粒时，总体动力学仍然是二阶的，但方程中的 $n$ 值是所有颗粒的数量，而不考虑其大小和组成，$t_{1/2}$ 是指所有颗粒的一半消失时间，而不仅仅是由 $n_0$ 表示的主要颗粒。

在实践中，实验过程通常包括使用例如光散射和浊度来测量 $n$ 值与时间的关系，并将数据外推为 $t \to 0$（图 7-28）。聚沉过程遵循上述理论的状态通常称为快速或迅速聚沉。

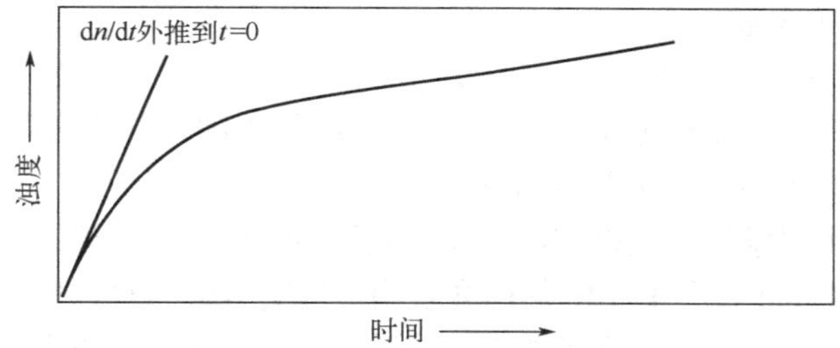


图 7-28　聚沉过程中浊度随时间变化的关系图

在实验上，颗粒聚沉率可以通过测量系统浊度随时间的变化并外推回零时间来确定

### 7.4.6.2　慢速聚沉

如果存在一些阻碍粒子接触和黏附的能量障碍，也就是说，如果一些碰撞不是“黏性”的，那么碰撞过程可以被视为类似于双分子反应，其中存在大的活化能。在这种情况下，会发生一个缓慢的聚沉过程，可以通过以下关系动力学描述。

$$\frac{dn}{dt} = -8\pi r_C D n^2 \exp\left(-\frac{\Delta G_{max}}{kT}\right) \tag{7-37}$$

式中，$\Delta G_{max}$ 是对抗絮凝的活化能屏障的高度。快速和慢速凝固速率[式（7-35）和式（7-37）]明显不同于指数因子 $\exp(-\Delta G_{max}/kT)$。由于凝固过程因该因素而减慢，将式（7-35）除以式（7-37）得出稳定性比 $W$。

$$W = \exp\left(\frac{\Delta G_{max}}{kT}\right) \tag{7-38}$$

如果胶体扩散过程与单个分子的扩散过程完全类似，则式（7-38）将是有效的。然而，胶体系统中颗粒之间的相互作用往往延伸的距离远大于形成原子或分子活化复合物所涉及的距离（例如，10～100 nm 与 0.1～1.0 nm）。因此，这些相互作用的影响将在粒子接近临界距离 $r_C$

之前就开始被粒子感受到，它们的相互扩散速率将降低，碰撞频率将相应降低。碰撞频率也会因上述快速聚沉的流体静力效应而降低。

考虑到相互作用势对碰撞频率的上述延迟效应，稳定性比 $W$ 的更精确表达式为：

$$W = r_C \int_{r=2a}^{r=\infty} \left(\frac{1}{r^2}\right) \exp\left(\frac{\Delta G_{(r)}}{kT}\right) dr \tag{7-39}$$

式中，$\Delta G_{(r)}$ 是当两个粒子中心相隔距离 $r$ 时的相互作用势。

对于经历静电排斥的带电粒子，稳定性比的近似方程为：

$$W = \left(\frac{1}{\kappa r_C}\right) \exp\left(\frac{\Delta G_{max}}{kT}\right) \tag{7-40}$$

式中，$\kappa$ 是双电层的厚度。为了解释数据，该方程的一种更实用的形式是：

$$\ln W = -\ln \kappa r_C + \frac{\Delta G_{max}}{kT} \tag{7-41}$$

式中，$\Delta G_{max}$ 是系统中电解质浓度 $c_0$ 的大致线性函数，因此 $\ln W$ 与 $\ln c_0$ 的曲线也大致线性。这种近似关系通常是由实验得出的，尽管流体动力效应等可能会导致与理想曲线形状的轻微偏差。

#### 7.4.6.3 临界聚沉浓度

作为式（7-41）中关系的实际应用，可以通过临界聚沉浓度（CCC）来表征电荷稳定胶体系统的稳定性，CCC 是使系统进入快速聚沉状态所需的电解质浓度。该过程包括将 $\ln W$ 与 lnCCC 的曲线外推到 $\ln W=0$，从而得出 lnCCC。

自理论表面和胶体科学的早期以来，对聚沉现象的理解和可行理论的制定一直是该领域科学努力的主要部分。Schultze 和 Hardy 的研究表明，控制电解质对电荷相反的胶体（在给定浓度下）影响的主要因素是添加的反离子的电荷价数。人们发现，一般来说，与胶体电荷相同的离子的电荷价数并不重要。Schultze 和 Hardy 的研究促成了 Schultze-Hardy 规则的形成。

早期的实验表明，CCC 随化合价的反六次方而变化，尽管在仔细控制浓度、温度和其他因素的条件下获得的实验结果给出了 1、2 和 3 价电解质的比率为 1∶0.013∶0.0016。也就是说，对于价 2，指数为 6.27，对于价 3，指数为 5.85。发现指数是分数的这一事实几乎可以肯定是因为溶液中离子的性质根据其本征离子半径、水合半径以及其他性质略有不同。因此，它们对溶液特性的影响，如表面张力和导电性、在界面上的吸附、它们的盐的电离程度、它们与蛋白质的相互作用以及它们对给定胶体体系的 CCC，在给定的化合价内也会发生变化。研究发现，对于一价离子，凝聚带负电胶体的效果顺序为 $Cs^+ > Rb^+ > K^+ > Na^+ > Li^+$，而对于二价阳离子，凝聚效果顺序为 $Ba^{2+} > Sr^{2+} > Ca^{2+} > Mg^{2+}$。

很明显，静电稳定胶体的稳定性，通过其 CCC 测量，是系统中反离子浓度和电荷的函数。

#### 7.4.6.4 不可逆絮凝

不可逆絮凝有三种类型。第一种是聚合物分子吸附在多个粒子上，将粒子聚集在一起。这就是桥接絮凝（vridging flocculation）[图 7-29（a）]。桥接絮凝是一种动态现象，取决于聚合物和胶体的添加途径。如果将胶体添加到聚合物溶液中，每个颗粒都将浸入过量的聚合物中，聚合物分子在多个颗粒上吸附的机会很小。事实上，这可能导致一个空间稳定的系统。另外，如果将聚合物溶液添加到胶体分散体中，那么每种聚合物都将被胶体包围，聚合物分子很有可能吸附在一个以上的颗粒上，从而产生絮凝。桥接絮凝通常只对高分子量（$>10^6$）的聚合物重要。

第二种类型的絮凝发生在添加与颗粒表面电荷相反的低分子量聚电解质时。这是斑块絮凝（patch flocculation）[图 7-29（b）]。其机理是聚合物分子在颗粒表面以斑块形式吸附，仅部分中和表面。不同颗粒上带相反电荷的斑块可能会相互吸引，从而导致絮凝。这种絮凝机理对于低添加量的聚电解质特别重要。

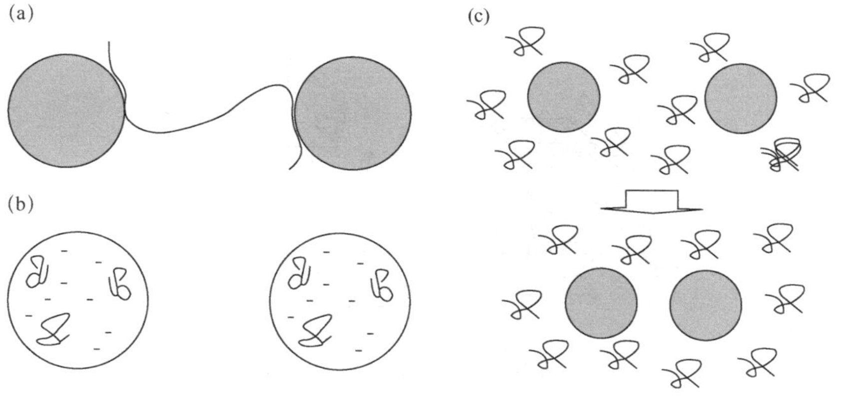


图 7-29　桥接絮凝（a），斑块絮凝（b）和排斥絮凝（c）

第三种类型的絮凝发生在非吸附性聚合物过量的情况下，如 7.4.5 节所述，这种絮凝称为排斥絮凝。如图 7-29（c）所示，渗透力是一种机制。当两个颗粒在过量非吸附聚合物的溶液中接近时，颗粒之间将不再有聚合物分子的空间。这会产生渗透力，将水赶出该区域，以稀释周围富含聚合物的溶液，导致颗粒絮凝。这种现象有时出现在水性涂料等应用中。

### 7.4.7　胶体分散体的不稳定性——分散体失稳途径

分散体有几种不同的不稳定方式。这里总结通常的六种破坏稳定的机制。

第一种是混凝[图 7-30（a）]。这是颗粒相互吸引的过程，稳定机制不够。不稳定是通过降低渗透屏障而引起的，渗透屏障是由反离子或附着的聚合物引起的。

第二种失稳机制是絮凝[图 7-30（b）]。在絮凝过程中，颗粒相互黏附并形成网络，而在凝聚过程中形成块状物。絮凝颗粒以一定的距离相互附着，这意味着与凝结相反，它们通常可以在合适的条件下重新分散。絮凝通常是通过添加聚合物而引起的。

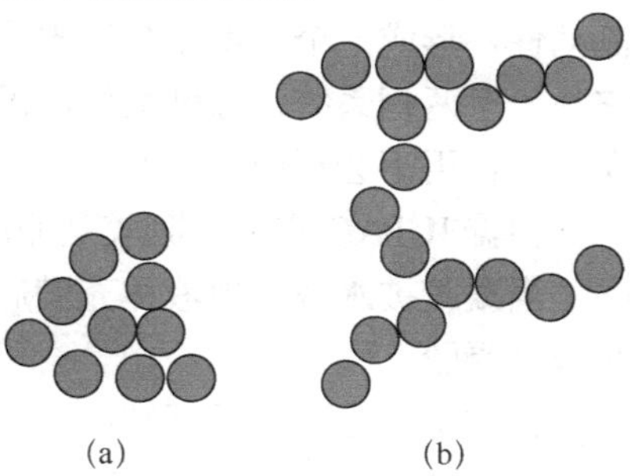


图 7-30　当颗粒之间存在净吸引力时会发生混凝（a）和絮凝（b）

第三和第四种失稳机制分别是沉淀和奶油化，其中分散的颗粒在容器中要么下沉，要么漂浮。这些不稳定性是由颗粒密度与它们分散在其中的液体密度的差异驱动的。

第五种破坏稳定的机制是聚结，发生在乳液和泡沫中。在这里，乳液液滴或气泡会合并成更大的液滴或更大的气泡。该机制基于分离液滴或气泡的薄膜的破裂，对于表面活性剂稳定的系统，聚结与表面活性剂结构有关，或者与临界堆积参数（CPP）有关。

第六种失稳机制是 Ostwald 熟化。这种失稳机制是基于这样一个事实，即小颗粒内物质的化学势或压力高于大颗粒内物质，如 Young-Laplace 所述。因此，物质将从小颗粒向大颗粒传输。

不稳定性可以表现为黏度的增加，其原因是絮凝物或凝结物包括水，因此分散相的有效体积分数变得高于原始分散体。

在一些应用中，需要颗粒彼此黏附。例如，黏土颗粒通过表面边缘机制黏附（图 7-31）。在正常 pH 下，表面带负电，而边缘带正电。通过降低离子强度使颗粒分离称为胶溶作用，这是自然界中众所周知的现象。例如，暴露在大雨中的黏土可能会由于胶溶作用而失去硬度并开始流动，从而导致滑坡。

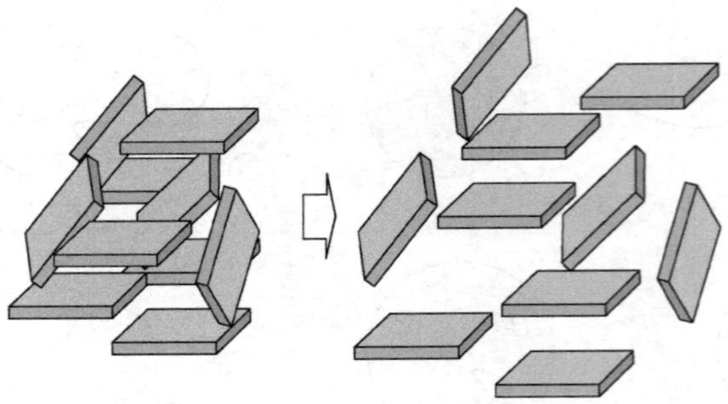

图 7-31　黏土颗粒的胶溶现象

在用去离子水稀释时，黏土颗粒之间的净吸引力降低，导致不稳定、胶溶

## 7.5 凝胶

凝胶（gel）是胶体分散系统的一种特殊形式。无论是憎液溶胶[如 $Fe(OH)_3$ 溶胶、$SiO_2$ 溶胶等]还是亲液溶胶（如明胶、天然橡胶等），在一定的条件下，胶粒或大分子在某些部位上相互连接，形成网状骨架结构，分散介质（液体或气体）充满网状结构的所有空间，使溶胶失去流动性，形成一个既不完全像固体（有一定形状，有部分固体的力学性质如弹性、强度等，但它是一个两相系统，强度很低，极易被破坏），又不完全像液体（没有流动性，包含大量液体，在外力作用下会形成液体）的中间状态。

根据 IUPAC 定义，凝胶是非流体胶体网络或聚合物网络，通过流体膨胀到整个体积。

当凝胶被水或其他液体充满后，即为水凝胶。相似的是，当凝胶被气体充满后，即为干凝胶或气凝胶。

该定义从如下方面理解：

① 凝胶具有有限的，通常相当小的屈服应力。

② 凝胶包含：(i) 共价聚合物网络，例如，通过交联聚合物链或通过非线性聚合形成的网络。(ii) 通过由氢键、结晶、螺旋形成、络合等引起的聚合物链的物理聚集形成的聚合物网络，其导致局部有序区域充当网络连接点。如果局部有序区域是热可逆的，则所产生的膨胀网络可称为热可逆凝胶。(iii) 通过玻璃状连接点形成的聚合物网络，例如基于嵌段共聚物的聚合物网络。如果连接点是热可逆的类似玻璃区域，则产生的溶胀网络也可以称为热可逆凝胶。(iv) 包括中间相的层状结构，例如皂凝胶、磷脂和黏土。(v) 颗粒无序结构，例如通常由具有大几何各向异性的颗粒组成的絮凝沉淀，例如在 $V_2O_5$ 凝胶和球状或原纤维蛋白质凝胶中。

食物凝胶比定义更容易识别。常见的例子有甜点果冻、肉冻、果酱、煮熟的鸡蛋、蛋奶沙司和酸奶。这些都是生物聚合物凝胶的例子，大多数蛋白质和一些多糖（碳水化合物）会形成这些类型的凝胶。一个共同的特点是，一旦形成（通常在容器内凝固），凝胶即使在移除容器时也能保持其形状。如果凝胶被压缩或扭曲，它会变形，弹性地储存能量，当应力消除时，它会恢复原来的形状，这些材料被称为强力凝胶。在施加的高应力下，它们可能会失效或断裂，并且在去除施加的应力后，材料仍然是碎片状的。在中等应力下，高于阈值时，某些生物聚合物凝胶可能会流动。在这种情况下，去除所施加的应力时，材料保持变形，但当再次扭曲或压缩时，低于该阈值，它们会弹性响应。这些材料通常被称为弱凝胶或液体凝胶[10,11]。

### 7.5.1 凝胶的分类

凝胶由三维网络结构和介质组成。虽然介质可以是气体，但通常是液体。这里将考虑凝胶是被液体（溶剂）溶胀的 3D 网络聚合物。凝胶的分类基于产生其 3D 网络的交联类型，它们是天然的还是人工合成的，凝胶结构的形状和大小，以及溶剂的类型。聚合物凝胶的分类方法多种多样，通常分为三类：①基于填充 3D 网络的液体的分类；②基于形成凝胶的聚合物的分类；③基于聚合物网络形成方法的分类。表 7-7 显示了相关的分类方法，图 7-32 为非均相交联凝胶形成示意图。

表 7-7 凝胶的分类[12]

| | | |
|---|---|---|
| **交联体系（半交联）** | 共价键<br>库仑力<br>氢键<br>配位键合<br>交联剂缠绕 | 交联剂化学交联<br>光辐射<br>高分子电解质<br>天然凝胶、冷冻凝胶<br>小分子离子<br>聚合度高<br>分枝，强度弱 |
| **结构聚合物** | 天然凝胶<br>杂化凝胶<br>合成凝胶 | 自然世界中的食物、蛋白质、多糖和组织；<br>医用材料、人造皮肤、人造角膜、人造胰腺模型；<br>有机聚合物、隐形眼镜、高吸水性树脂、硅胶 |
| **结构尺寸** | 微凝胶<br>宏观凝胶 | 分子内交联：不会扩大<br>分子间交联：普通凝胶 |
| **介质** | 空气<br>水<br>油 | 气凝胶、干凝胶<br>水凝胶<br>有机凝胶 |

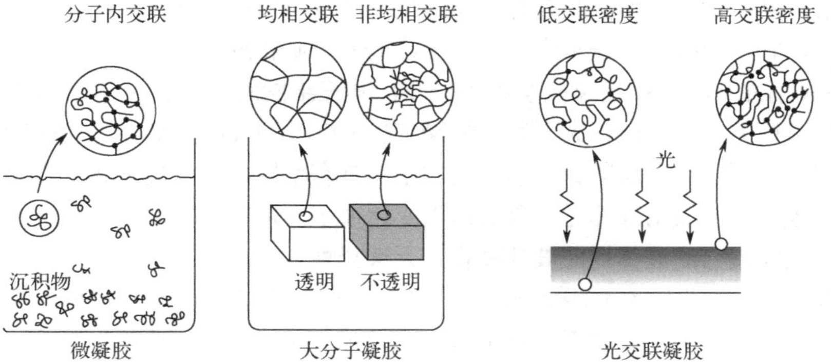


图 7-32 非均相交联凝胶形成示意图

#### （1）按交联形成的作用力分类

① 化学凝胶：在通过化学键（共价键）创建网络结构的过程中，一种方法是在聚合的同

时交联或者在线性聚合物链已经合成之后通过化学反应进行交联，另一种方法可分为在二乙烯基化合物存在下的加成聚合（自由基聚合、阴离子聚合、离子聚合等）或通过多官能化合物的缩聚形成交联结构。在加成反应中，通常使用自由基聚合。在这种自由基聚合方法中，通常使用引发剂，但也可以使用光、辐射和等离子体。通常，通过化学键合形成的凝胶不能再次溶解，因此被称为不可逆凝胶。

② 物理凝胶：可以通过使用氢键、离子或螯合物形成的聚合物网络之间的物理交联来形成凝胶。使用二次力的网络结构很容易形成，但由于温度、类型、离子强度或 pH 的变化导致的溶胶-凝胶转变，通常缺乏稳定性。溶胶-凝胶转变是指溶胶和凝胶可逆地相互转移或转移到一侧的状态（溶胶是在具有流动性的溶剂中的胶体分散体）。例如，琼脂和明胶水溶液在温度降低时会变成凝胶，但在温度升高时会再次变成溶胶。这种凝胶被称为可逆凝胶。物理凝胶实例如图 7-33。

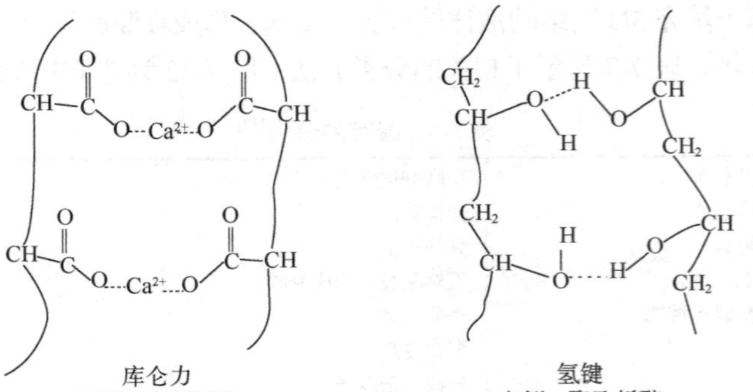


图 7-33　物理凝胶实例

**（2）按凝胶受力时的形变特征分类**

① 弹性凝胶：弹性凝胶是指具有弹性的凝胶。柔性的线性高聚物分子所形成的凝聚都属于弹性凝聚，如橡胶、明胶、琼脂、肌肉等。因为分散质点本身具有柔性，故在凝聚后使凝胶具有弹性，在一定范围内变形后能自动恢复原状。

弹性凝胶是通过冷却相当浓的亲液溶胶而获得的。分子（粒子）之间的连接是静电引力，因而弹性凝胶不是刚性的。弹性凝胶对液体的吸收具有明显的选择性。例如，橡胶能够吸收苯后自身膨胀，但它不吸收水，在水中不会膨胀，而明胶则相反。

② 脆性（刚性）凝胶：指那些坚硬的凝胶，其三维网络结构由化学键力形成，受外力很难变形，一旦破坏就难以复原。大多数无机凝胶如 $SiO_2$、$TiO_2$、$V_2O_5$ 干燥胶等是刚性凝胶。因为其质点本身和凝聚时形成的骨架活动范围小，具有刚性，一旦被破坏，自身不能复原。这种刚性凝胶在吸收或释放出液体时，自身体积变化很小，是非溶胀型的。此类干凝胶通常具有多孔性，只要能润湿它的液体均能被其吸收，无选择性。

③ 触变凝胶：有些固体状的凝胶，其胶粒之间以范德华力结合，相互作用力较弱。在外力（如搅拌、摇晃、加压和振动等）的作用下，胶粒之间的结构被破坏，变成了溶胶，呈液体状态；当外力作用停止，经静置后，被破坏的结构又可恢复成原来的凝胶状态，这种现象称为触变。如，沼泽地中的泥炭、可塑性黏土、混凝土浆料等。这种凝胶的胶粒往往是线状的，在外力的作用下，线状粒子形成的网络结构被破坏，粒子互相离散，出现流动性。当外力消除，静置后线状粒子又重新交联形成网络结构。

### （3）按物理化学性质分类

① 水凝胶

水凝胶是一种三维聚合物网络，由于其交联分子网络中存在亲水性官能团，因此可以吸收和保留大量的水。Wichterle 和 Lim 于 1960 年首次报道了水凝胶在生物医学领域的应用。水凝胶具有多种化学、物理和生物特性，它们与天然组织极为相似，因此在广泛的应用中受到了极大的关注。许多材料，包括合成材料和天然材料，都符合水凝胶的定义[13]。

在水凝胶中具有网状交联结构的水溶性高分子中引入一部分疏水基团和亲水残基，亲水残基，如—OH、—CONH—、—$CONH_2$、—COOH 和—$SO_3H$，与水分子结合，将水分子连接在网状内部，而疏水残基遇水膨胀，其所具有的三级结构如图 7-34 所示。

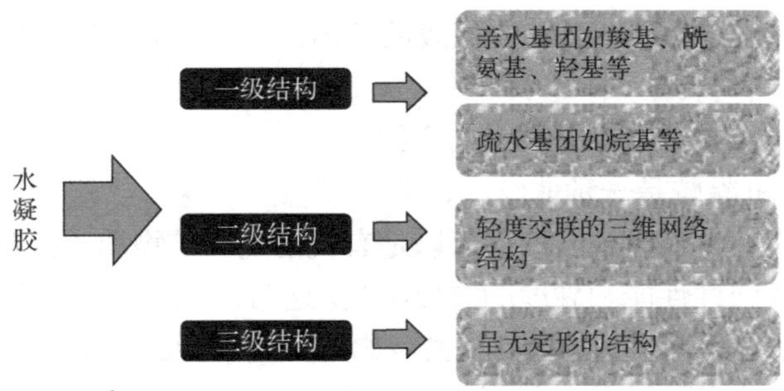


图 7-34　水凝胶结构

根据构建的聚合物性质，水凝胶可分为三类：天然的，合成的，或两者的混合物。水凝胶可以通过化学共价键、物理非共价相互作用或两种相互作用的组合进行交联。水凝胶结构内力之间的平衡源于水吸收，包括毛细管性质、渗透力或水合作用，以及由保持聚合物基质并抵抗其膨胀的交联聚合物链施加的力。

20 世纪 60 年代，Wichterle 和 Lim 成功地将水凝胶用作隐形眼镜。后来，水凝胶已被广泛用作受控药物递送系统，以实现药物的局部和持续释放。近年来，水凝胶因其在农业、食品工业、生物传感器、组织工程和许多其他生物医学应用等更广泛领域的应用而备受关注。水凝胶的生物相容性和可生物降解性在制造人造组织方面受到关注[14]。目前的水凝胶已进入智能水凝胶基质，如图 7-35 所示。

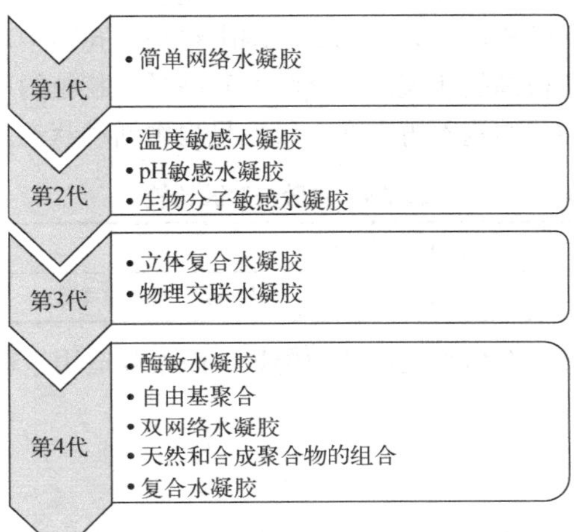


图 7-35　不同阶段的水凝胶[15]

水凝胶中的水具有如下几种形式，见表 7-8。

**表 7-8　水凝胶中的水**

| 名称 | 结合方式与物质 |
| --- | --- |
| 结合水 | 以氢键的形式与亲水基团结合 |
| 界面水（或第二结合水） | 以范德华力与疏水基团结合 |
| 游离水 | 在渗透压作用下分布于聚合物链间网络中 |

② 气凝胶　气凝胶是由胶体粒子相互聚结形成纳米多孔网络结构，并在孔隙中充满气态分散介质的一种高分散固态材料。气凝胶拥有极高孔洞率、极低的密度、高比表面积、超高孔体积率。气凝胶的应用广泛，优异的隔热保温性能使其可以作为保温材料，气凝胶可以作为吸附剂从水中吸附油和其他有毒有机物，气凝胶的低声速和高孔隙超轻质特性使其成为理想声阻耦合材料和水声、反声材料。

有关气凝胶的性质将在第 8 章进行专门介绍。

③ 有机凝胶　有机凝胶是一种非结晶、非玻璃态热可逆（热塑性）固体材料，由包裹在三维交联网络中的液态有机相组成。液体可以是有机溶剂、矿物油或植物油。交联剂的溶解度和颗粒尺寸是有机凝胶弹性性能和硬度的重要特征。通常，这些系统是基于结构分子的自组装。

④ 纳米复合水凝胶　纳米复合水凝胶也被称为杂化水凝胶，可以定义为高度水合的聚合物网络，彼此物理或共价交联和/或与纳米颗粒（或纳米结构）交联。纳米复合水凝胶由于其水合和互连的多孔结构，可以模拟天然组织性质、结构和微环境。

⑤ 干凝胶　干凝胶是由凝胶干燥形成的固体，收缩不受阻碍。干凝胶通常保留高孔隙率（15%～50%）和巨大的表面积（150～900 $m^2 \cdot g^{-1}$），以及非常小的孔径（1～10 nm）。当在超临界条件下去除溶剂时，网络不会收缩，就会产生一种被称为气凝胶的高度多孔、低密度材料。

## 7.5.2　凝胶与溶胶结构比较

胶体有两种状态，溶胶和凝胶。溶胶是液化的半流动状，近似流体的性质。

溶胶可以转变成一种有一定弹性的半固体状态的凝胶，这个过程称为凝胶作用，凝胶和溶胶在一定条件下可以相互转化，凝胶转变成溶胶的过程称溶胶作用。

引起溶胶和凝胶相互转化的主要因素是温度。当温度降低时，胶粒的动能减小，胶粒两端互相连接起来以至形成网状结构，水分子都处于网眼结构的孔隙中，这时胶体呈凝胶状态。这种特殊的网架结构赋予凝胶很高的比表面。当温度升高时，胶粒的动能增大，分子的运动速度增快，胶粒的联系消失，网状结构不再存在，胶粒呈自由活动状态，这就是溶胶（表 7-9）。

**表 7-9　凝胶与溶胶比较**

| | | |
| --- | --- | --- |
| **溶胶** | 无固定形状 | 固相粒子自由运动 |
| **凝胶** | 固定形状 | 固相粒子按一定网架结构固定不能自由移动 |

因此，溶胶适合需要流动性和快速扩散的场景，而凝胶适用于需要机械强度和固定化功能的领域。

## 7.5.3　凝胶的制备

凝胶处于大量溶剂被封闭在聚合物网络中的状态，并且聚合物网络是通过交联形成的。因此，制造凝胶无非是形成交联结构。交联结构可分为共价键或分子间物理键形成。

共价键的交联结构是由热、催化剂、光、辐射、等离子体和电场的能量形成的。存在在聚合过程中交联或在聚合后交联聚合物链的方法。前一种方法简单，可用于多种单体。通过使用后一种方法，凝胶可以加工成任何形状，例如纤维或薄膜。此外，可以在保持溶液中形成的更高阶结构或取向的同时交联聚合物。

分子间物理力形成的网络结构是由聚合物链之间的氢键、静态键、复合键、疏水键和范德华力带来的。许多天然聚合物凝胶，如多糖和蛋白质，都属于这一类。这些凝胶通常通过混合或冷却溶液来制备。溶胶-凝胶转变通过改变温度、pH 或离子强度而发生。通常，所获得的凝胶的机械强度和化学稳定性比通过共价键制备的凝胶弱。然而，通过在聚合物结构中引入可结晶的侧链，可以制备具有强 3D 网络结构的凝胶，其中微晶形成交联点。

图 7-36 显示了相应的合成方法与获得的凝胶的性质。

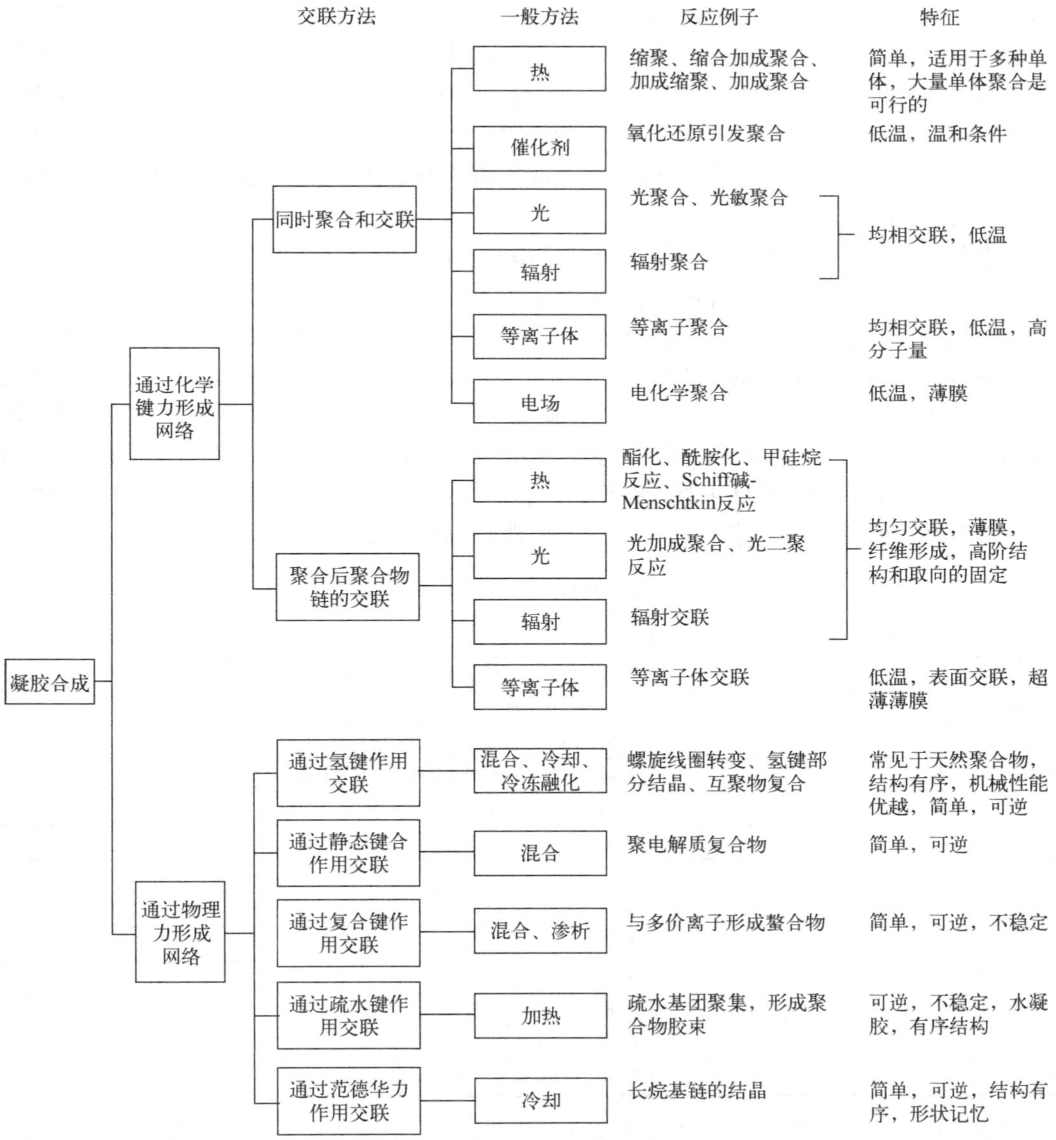


图 7-36　凝胶的合成方法及其性质

### 7.5.4 凝胶的性质和应用

在天然聚合物凝胶中，网络的形成（凝胶形成）在许多情况下是由温度和 pH 变化以及金属离子的存在导致分子间键的形成引起的。因此，发生了可逆的溶胶-凝胶转变。另外，合成凝胶由两端通过共价键或其他物理键连接的聚合物链组成。这些结构通常导致不可逆的凝胶形成。因此，这些合成凝胶的物理性质在很大程度上取决于溶剂掺入凝胶网络的程度。它们表现出类似橡胶的弹性行为，同时还具有允许以非线性方式改变形状的塑性特性。

在离子凝胶中，沿着聚合物链存在深的静态势阱。在这些阱交叉的每个交联点，都会形成更深的势阱。高吸湿性和吸附离子凝胶的金属离子的能力与这些能量阱有关。这些特性广泛用于卫生用品和离子交换树脂。凝胶的性质受到网络和溶剂的影响，溶剂不仅穿透网络链，而且决定凝胶的整体形状。凝胶可以容纳的溶剂量取决于聚合物网络的弹性以及聚合物网络原子和溶剂之间的相容性。凝胶在良好的溶剂中浸泡时会膨胀，膨胀会持续到弹性和渗透溶剂的量之间达到平衡。根据渗透溶剂的热力学性质，大多数凝胶按比例膨胀和收缩。然而，当溶剂的性质发生轻微变化时，某些凝胶可能会突然改变尺寸。例如，通过与丙烯酸共聚而部分带电的聚丙烯酰胺凝胶在达到平衡后，当其乙醇含量在乙醇-水混合溶剂中逐渐增加时，凝胶逐渐收缩。然而，在特定的组成区域，只添加少量乙醇，凝胶的体积就会突然减少到原始体积的百分之几，这种现象被称为凝胶相变。

凝胶的另一个重要特性是，由于与外部环境相互作用的开放结构，它们能够表现出相变。凝胶可以包含能量和信息，如 pH、温度、电场和化合物。它们也会改变形态，其开放系统形态允许凝胶用于物质的持续释放；此外，它们能够通过使用外部物理或化学信号来控制自己的行为。凝胶的微环境使其能够用于材料交换、分离或活性转移，以及化学反应。使用这些特性的应用包括电泳基质、离子交换树脂和培养基质。凝胶的图案形成和非线性是由特定微环境的组成引起的。因此，由于凝胶的开放系统，材料的吸收、解吸和传输都是可能的。在医学领域，水凝胶可用于临床，如，黏性水凝胶在伤口愈合、组织修复和组织再生方面有很大的前景。

表 7-10 总结了凝胶的特性以及采用这些特性的功能和应用实例。

**表 7-10 凝胶的特性、功能和应用实例[12]**

| 特性、功能 | 应用实例 |
| --- | --- |
| 吸水性与保水性 | 高吸水性材料、纸尿裤、女性用品、油水分离材料 |
| 吸湿性 | 干燥剂、防冻剂 |
| 持续释放 | 药物基质、园艺保水剂、空气清新剂 |
| 材料的吸收、渗透 | 杂质去除材料、选择性分离膜、色谱柱材料、离子交换树脂 |
| 悬浮液稳定，增加黏度 | 食品材料、化妆品、培养基 |
| 透明、光透射 | 人工晶体、光学透镜、显示材料 |
| 生物相容性 | 细胞培养物、人造皮肤、隐形眼镜 |
| 化学机械灵敏度 | 人造肌肉、驱动器、开关元件、形状记忆材料 |
| 电学性能 | 传感器、电极 |
| 减振、吸声 | 隔音墙、绝缘体、减震材料、人工关节 |
| 柔韧性、塑性变形、弹性、可漂浮性、拉伸性 | 形状变形材料、土壤浆料、包装材料 |
| 水在室温下的凝固，冰点降低 | 助消化剂、肥料添加剂、凉枕、冷却剂 |
| 溶胀 | 玩具、包装材料、天花板材料 |

凝胶色谱法，也称为凝胶渗透色谱法或凝胶过滤法，已成为根据混合物成分的分子量分离混合物的一种有价值的实验室方法[16]。

水胶炸药简单地说是在水溶液中加入古尔胶、田菁粉等多糖作为胶凝剂，采用交联技术使水胶炸药各组分均匀稳定地分布在水凝胶体系中的一种工业炸药[17]。

豆腐是蛋白质凝胶。从化学角度看，豆腐的制作过程可以分为制作溶胶和胶凝两个阶段。在制作溶胶阶段，通过加热豆浆导致大豆蛋白质分子内能增加，蛋白质分子从原有秩序的紧密规则结构变成松散的无规则状态。同时，卷曲的多肽链也会克服分子内部的范德华力而舒展扩展伸直，形成蛋白质溶胶。在凝胶阶段，随着凝聚剂（盐卤）的加入，电荷的变化导致胶粒稳定性下降，蛋白质溶胶逐渐凝结，而水被夹在由蛋白质形成的空隙中就形成了豆腐[18,19]。

## 7.6 液晶、胶束、囊泡和双层膜

还有另一类非常重要的胶体，与之前讨论的胶体有很大不同。它们的形成不是由于能量的输入，例如在换向或乳化中，而是一个自发的缔合过程，由各个单元和溶剂介质之间相互作用的能量而引起，结晶也是如此。然而，相关结构的尺寸、形状和基本性质由一系列复杂的因素控制，这些因素与结晶过程中的因素明显不同。特别是，其尺寸将比普通晶体的尺寸有限得多。这类胶体通常被称为缔合或自组装胶体。

这类缔合胶体可进一步分为几个亚组，包括胶束、囊泡、微乳液和双层膜。缔合胶体的每个亚组在胶体和表面科学的许多方面都发挥着重要作用，既作为帮助我们理解分子相互作用基本原理的理论探针，也在这些原理的许多实际应用中起作用，包括生物系统、药物、去污剂、原油回收、食品和化妆品。在讨论各种类型的缔合胶体之前，重要的是了解导致其形成的能量和结构因素。

缔合胶体的形成是由于表面活性剂或高分子物质。表面活性剂分子既具有亲液基团又具有疏液基团，其性质决定了它们通过在不同界面上的吸附而降低系统自由能的倾向。然而，当所有可用接口都饱和时，总的能量减少。

这种机制的一种物理表现是表面活性剂从溶液中结晶或沉淀，即本体相分离。另一种是形成分子聚集体或胶束，它们作为热力学稳定的分散物质保留在溶液中，其性质不同于单体溶液。

### 7.6.1 表面活性剂液晶

大多数关于溶液中表面活性剂的讨论都是在相对较低的浓度下进行的，因此系统中含有的是所谓的简单表面活性剂物种，如单体及其基本聚集体或胶束。尽管它们是研究的主体，但它们只是表面活性剂在溶液中存在的几种状态之一。对表面活性剂的全面了解（包括液晶相），对乳液和泡沫的稳定以及其他领域都很重要。

在溶剂存在下，表面活性剂的可能状态很多，从高度有序的结晶相到稀释的单体溶液都有可能。在这两个极端之间存在着各种相，其性质与表面活性剂的化学结构、总体相组成和系统的环境（温度、pH、共溶液等）密切相关，影响着我们对表面活性剂的学术理解及技术应用。

当表面活性剂从水和其他溶剂中结晶出来时，这些溶剂会与极性头紧密结合，通常结晶形式会在结晶相中保留少量溶剂。在水溶液的情况下，材料将是水合物。与头部基团相关的溶剂分子的存在允许存在几种独特的组成和形态结构，尽管它们是真正的晶体，但与干晶体的结构不同。

当水或其他溶剂添加到结晶表面活性剂中时，系统的结构将经历从高度有序的结晶状态到通常称为液晶或中间相的更大无序状态的转变。

根据理论预测，对于给定的分子组成和结构，存在多达 18 种不同的结构，但在简单的双组分表面活性剂-水体系中，仅发现了其中的四种可能性。通常与表面活性剂相关的 LC 相包括层状、六方相（正相和反转）和立方相，如图 7-37 所示。

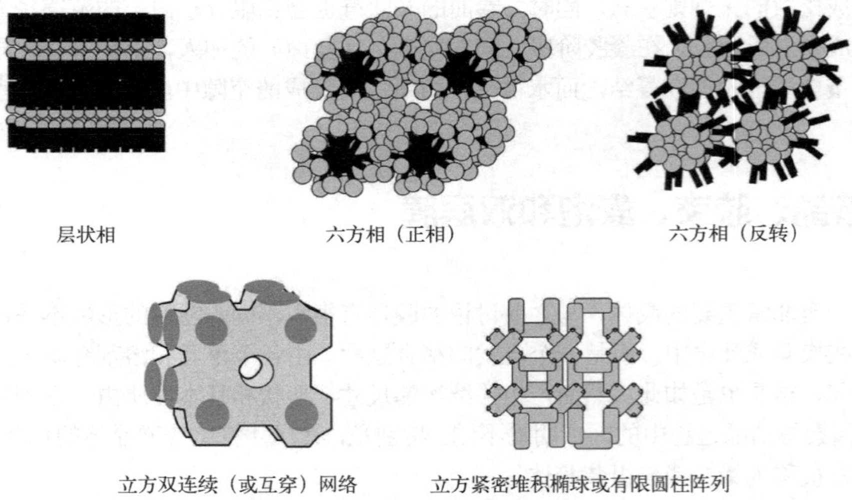


图 7-37　五种最常见于表面活性剂体系的理论上可能的液晶结构

层状液晶可视为典型表面活性剂结晶相的流动或“塑化”衍生物。这些结构中的疏水链具有明显的随机性和移动性，与结晶相不同，在结晶相中，链通常被锁定为全反式构型（对于末端取代的 *n*-烷基疏水基团）。根据具体系统，层状相的无序程度可以平稳变化或突然变化。因此，表面活性剂有可能通过几个不同的层状相。因为基本单位是双层，所以层状相通常是单轴的。层状相类似于稍后讨论的双层和多层膜，尽管它们是由于溶剂浓度的变化而不是表面活性剂的特定分子结构特征形成的。

六方相液晶是一种高黏度流体相，由轴向上理论上尺寸无限的圆柱形组件的紧密排列组成。这些结构可能是正常的（在水中），因为亲水性头部基团位于圆柱体的外表面，或是倒置的，亲水性基团位于内部。

## 7.6.2　胶束

就聚集体的结构而言，最受研究和争论的缔合胶体类型可能也是最简单的：胶束。

表面活性剂分子在水溶液（或非水溶液）中所经历的推拉作用是由复杂的混合效应引起的，包括①分子的烃部分与水的相互作用（吸引和排斥）；②分离分子上烃尾之间的吸引性相互作用；③亲水性头部基团被水溶剂化；④在离子材料的情况下，溶剂化头部基团之间的相互作用（通常是排斥性的），以及头部基团与共离子之间的相互作用；⑤源自所涉及的特定分子结构的几何约束和堆积约束。

有关胶束的形成、性质和应用参见 6.2.4.1。

## 7.6.3　缔合胶体

向水中加入一定浓度的表面活性剂后，会形成一种缔合体叫胶束。由于胶束的形成减少了疏水基与水的接触面积，从而使系统稳定。由于胶束形成的溶液称为缔合胶体（association colloid），它的大小和形状由相关分子的两亲性性质和几何形状控制。它们在动态和热力学驱动的过程中结合，可能同时是分子溶液和真正的胶体系统。

理解表面活性剂聚集现象的另一种可能在概念上更有用的方法强调了表面活性剂的分子结构和几何结构在定义聚集系统特性方面的重要性。经典的胶束化热力学模型虽然在多年来得到了很好的应用，但有一个重要的缺点，即它们不能处理更大的聚集结构，如囊泡、膜和液晶，稍后将对此进行讨论。

表面活性剂可以聚集形成一系列结构，这些基本结构的特征，如尺寸、形状、所涉及的分子数量、分散性和聚集开始时的浓度（CMC），可以随着溶液条件的改变而迅速改变。对缔合过程的简单热力学分析不足以解释观察到的转变，也不足以预测简单胶束以外的结构的形成。为了更好地理解所讨论的现象，有必要研究分子内部、组成结构的各个表面活性剂分子之间以及系统中相邻元素之间的微妙相互作用。

简单的表面活性剂体系在水溶液中形成的胶束是一个球体，其核心基本上是液体状的碳氢化合物，周围是一个含有亲水性头部基团以及相关反离子和水合水的壳。不管围绕模型的任何问题，通常假设胶束核心中不包含水分子，因为胶束形成的驱动力是水-烃接触的减少。然而，水将与胶束表面紧密相关，因此，在这两个区域之间的假定边界处或附近必须发生一些水-核接触。水-烃接触的程度将由每个头组所占的表面积和岩芯半径决定。从概念上看，胶束核心体积和表面积之间的相对比率在控制缔合过程的热力学和结构方面发挥重要作用。同样重要的是需要理解这种分子几何结构对表面活性剂在聚合过程中形成胶束、微乳液、囊泡和双层的能力的限制。

Tanford 提出了这样的观点，即存在两种控制自缔合或聚集的相反力量：有利于聚集的碳氢化合物/水相互作用（即将表面活性剂分子从水环境中拉出）和在相反意义上起作用的头基相互作用。有人认为，这两个相反的作用可以被视为一个吸引人的界面张力项，这是由烃尾的基本流体性质引起的，也是一个复杂的排斥项，取决于头部基团的性质。整个现象称为疏水效应。

Israelachvili 和其他人对 Tanford 提出的基本思想进行了量化，得出了由表面活性剂分子的平衡几何结构控制的表面活性剂缔合的概念。简言之，表面活性剂聚集的几何处理将缔合的总自由能与分子的三个关键几何特征联系起来（图 7-38）：（a）表面活性剂亲水性或头部基团占据的最小界面面积，$a_0$；（b）疏水尾部的体积，$V$；（c）在流体环境（如胶束核心）中尾部的最大延伸链长度 $l_c$。

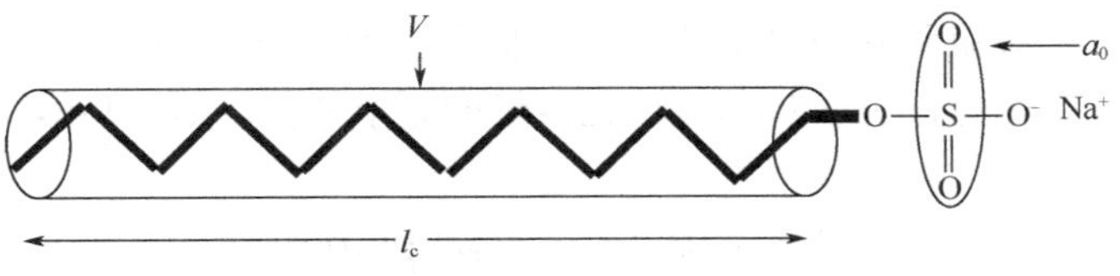


图 7-38　评价表面活性剂聚集过程的几何方法基于三个分子参数

这三个分子参数都可以在一定精度下进行测量或计算，然后可用几何方法预测聚集体的形状和大小，这将使给定的表面活性剂结构具有最小的自由能。

定义临界填充参数 $P_C$ 为：

$$P_C = \frac{V}{a_0 l_c} \tag{7-42}$$

根据 Israelachvili 的说法，只有当初始胶束的半径 $R$ 小于或等于 $l_c$ 时，表面活性剂才能形成球形胶束，因此：

$$\frac{V}{a_0 l_c} \leqslant 0.33 \tag{7-43}$$

对于 $0.33 \leqslant P_C \leqslant 0.5$ 的表面活性剂，预测将产生圆柱形或盘形胶束。

对于 $V = 0.350\ nm^3$、$a_0 = 0.62\ nm^2$ 和 $l_c = 1.72\ nm$ 的十二烷基硫酸钠（SDS），式（7-43）给出的值 $P_C = 0.33$，与球形胶束的形成一致，与实验观察结果一致。根据式（7-43），改变一个或多个临界值的溶液条件（例如，降低 $a_0$ 有效值的高盐浓度）将产生圆柱形或盘形胶束，再次与观察结果一致。表 7-11 总结了涵盖整个几何可能性范围的表面活性剂的预测聚集特性。临界堆积参数 $P_C$ 允许人们快速确定给定表面活性剂分子组成所期望的聚集体结构的一般类型。

**表 7-11　与表面活性剂临界堆积参数相关的预期聚集体特性**

| $P_C$ | 一般表面活性剂类型 | 近似分子形状 | 预期的聚合体结构 |
|---|---|---|---|
| <0.33 | 具有单链和相对较大头部基团的简单表面活性剂 |  球形或椭圆形胶束 | （正常的） |
| 0.33～0.5 | 具有相对较小头基的简单表面活性剂，或存在大量电解质的离子 |  相对较大的圆柱形或杆状胶束 |  |
| 0.5～1.0 | 具有大头部基团和柔性链的双链表面活性剂 |  囊泡和柔性双层结构 |  |
| 1.0 | 具有小头基团或刚性不动链的双链表面活性剂 |  平面扩展双层 |  |
| >1.0 | 具有小头部基团、非常大和庞大疏水基团的双链表面活性剂 |  反转或反向胶束 | （反转的） |

尽管将胶束核视为块状烃相很方便，但其密度可能不等于类似的真实块状材料的密度。然而，X 射线证据表明，胶束和其他聚集结构中表面活性剂的分子体积基本上不受聚集过程的影响。若假设胶束核心中烃链的分子体积等于正常烃的分子体积，则核心体积可以通过以下公式计算。

$$V = m'\left(27.4 + 26.9n_c'\right) \times 10^{-3} \tag{7-44}$$

式中，$m'$ 是有效胶束聚集数；$n_c'$ 是核心中每个链的碳原子数；$V$ 为核心体积，$nm^3$。一般来说，$n_c'$ 的值将比烃链中碳的总数 $n_c$ 少一个，因为头基之后的第一个碳是高度溶剂化的，可以被视为其一部分。对于具有单个烃尾部的正常表面活性剂，$m'$ 将等于聚集数 $m$，而对于具有双尾部的表面活性剂而言，$m' = 2m$。

如果假设胶束核心的中心没有孔，那么聚集物种的一个维度将受到烃链延伸到最长时的长度的限制。该最大长度可以通过假设延伸链的交替碳原子之间的距离为 0.253 nm，加上末端甲基的范德华半径（0.21 nm）和核心中第一个碳与键合到头部基团的碳之间的键距离的一半（约 0.06 nm）来计算。因此，具有 $n_c$ 个核心碳原子的正常烃链的最大延伸长度 $l_{max}$ 由下式给出：

$$l_{max} = 0.15 + 0.1265 n'_c (nm) \tag{7-45}$$

由于液态烃链从不完全延伸，因此可以定义有效链长 $l_{eff}$，该有效链长根据计算聚合物链尺寸的相同程序计算，给出统计上最可能的延伸。对于 $n'_c = 11$ 的链，$l_{max}$ 与 $l_{eff}$ 的比率约为 0.75。在胶束核中，由于碳氢化合物尾部与表面结合的头部基团的连接所施加的限制，相对于本体碳氢化合物链，链的移动性可能受到显著限制。扭结或粗链构象的存在（这可能是由包装因素造成的）将导致计算的最大值仅为理论最大值的 80%左右。由于烃链具有有限的键角和键长，对链的最大延伸的额外限制超出了前面提到的限制。例如，为了产生完美的光滑均匀表面，位于从核到壳的过渡区域的链段不能采取任意构象。因此，必须假设胶束表面有点粗糙或不规则，尽管骨架的动态性质可能会掩盖这种粗糙度的实际影响。

分子几何和聚集结构概念的扩展导致其用于预测预期的结构、预期的形状（胶束、囊泡、扩展的双层等），以及其他这样的特征。从分子结构的几何分析得出的关联“规则”如表 7-11 所示。

实验发现，对于给定表面活性剂，其产生的聚集体结构的形式也在很大程度上取决于其溶液环境。基于溶液环境对 $a_0$、$v$ 和 $l_c$ 的各种影响，几何因素解释了聚合过程中的基本过程。预期的一些重要影响可总结如下：

① 头部基团相对较小的分子，$P_C$ 值较大，通常会形成延伸的双层、大（低曲率）囊泡或倒置的胶束结构。在正常表面活性剂体系中，通过改变 pH、高盐浓度、添加多价阳离子、添加水混溶性有机材料（例如醇）和其他变量，也可以产生这样的结果。

② 具有长烃链（$\geqslant C_{16}$）的分子在环境温度下倾向于形成刚性的、几乎晶体状的结构。如果保持在高于烃链熔化温度的温度下，可能会发生增加的链运动，从而允许反式-高切链异构化，降低 $l_c$ 的有效值，并导致聚集体结构的变化。这种效应在理解温度对生物膜、脂质体和相关结构的影响时可能特别重要。

③ 通过添加络合或隐窝物种（例如冠醚）而改变阳离子的性质或溶剂化，将增加 $a_0$ 的值，并可能改变聚集结构。

虽然解释表面活性剂聚集现象的几何方法显示出巨大的前景，但它还没有进入胶束的一般思维。随着更多的实验数据变得可用，并且可以与几何规则的预测相关联，这种方法可能成为设计具有特定理想聚集特性的表面活性剂分子的基础。对于不同链长的同系物的混合物、含有潜在表面活性杂质（如醇）或盐浓度相对较高的商业表面活性剂，必须谨慎地从模型外推到实际。同样，在多种表面活性剂系统中，例如，化妆品中通常遇到的情况，需要在几何方法应用广泛之前对可能的协同作用进行大量的研究。

### 7.6.4 囊泡和双层膜

如前所述，表面活性剂和相关的两亲分子，包括天然表面活性剂或脂质，倾向于在水和非水体系中结合成各种结构。在大多数情况下，由于溶液条件（例如，浓度、溶剂组成、添加的电解质、温度变化、pH）的细微变化，这些组件可以从一个转换为另一个。控制自缔合成胶束的基本概念也适用于由囊泡、双层和膜组成的更大、更扩展的聚集体系的形成。

那些不能方便地堆积成紧密结构的两亲性材料，如水溶液中的胶束，通常会产生囊泡和扩展的双层。通常，这种材料具有相对较小的头部基团，或者更常见的是，它们的疏水基团太大，无法以正常胶束形成所需的方式填充。这种状态对于具有多于一个烃链、非常高度支化的链或产生与有效填充不相容的分子几何结构的结构单元（例如，大的平环结构，如类固醇）的分子来说尤其常见。

尽管扩展的（基本上无限的）平面双层是一些体积较大的表面活性剂或两亲分子在水溶液中缔合的热力学有利选择，但在某些条件下，形成封闭的双层系统更为有利，可以导致各种类型的膜和囊泡的产生。这种情况有两个基本原因。第一，从能量角度看，即使是大的、高度延伸的平面双层也具有边缘，沿着该边缘，结构的烃核心必须暴露于水环境，从而导致不利的能量状况。第二，从熵的角度看，无限延伸结构的形成是不利的。因此，囊泡的形成解决了这两个问题，边缘效应通过封闭系统的形成而消除，有限尺寸结构的形成减少了大部分熵损失。只要囊泡的曲率足够平缓，以允许填充的分子接近其最佳面积，囊泡将代表表面活性剂和相关材料结合的可行结构。

#### 7.6.4.1 囊泡

囊泡是层状相的一种特殊情况，其中双层膜形成封闭的单层或多层球形或椭球体结构。基于由生物物质制成的两亲性脂质的囊泡被称为脂粒。不太严格地说，“脂质体”一词经常与“囊泡”同义。图 7-39（a）显示它们由交替的脂质或表面活性剂双层构成，由大致同心圆排列的水层或隔室隔开。如果自发形成的多层囊泡受到超声或其他剧烈搅拌，复杂的多层结构可能被破坏，会产生由单层囊泡组成的单层组件，其中一部分水相被包裹在单层膜内，见图 7-39（b）。通常，这样产生的囊泡直径为 30～100 nm，属于经典胶体系统的尺寸范围。

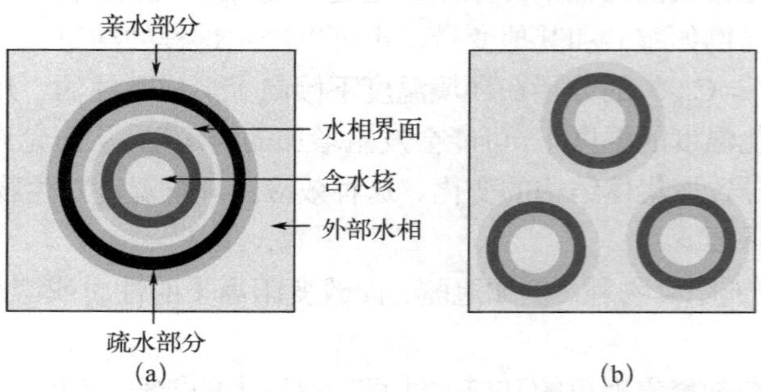


图 7-39 形成封闭双层聚集结构如囊泡的表面活性剂通常产生多层体系（a）和较小的单层囊泡（b）

形成囊泡的天然和合成两亲分子在水性系统中的溶解度有限，因此从双层交换单个分子的过程通常非常缓慢。此外，双层结构具有显著的内部稳定性，因此囊泡一旦形成，可以具有相对较长的存在时间。据报道，寿命从几天到几个月不等。长时间后，单细胞囊泡将开始融合，产生原始系统更复杂的聚集结构。

囊泡的一个有趣且潜在有用的特征是它们能够将形成时存在的水相的一部分以及相关的溶质截留在组件内。因此，它们代表了一种独特的微胶囊化技术，因为位于囊泡外部的残余溶质可以通过透析或一些其他相关的纯化技术去除。油溶性材料也可以加入囊泡系统，尽管它们随后会位于膜的疏水部分内，很像溶解在常规表面活性剂胶束中的材料。在囊泡中掺入水性和非水性添加剂的潜力使生产含有两种活性组分（例如水溶性和油溶性药物）的系统成为可能，以便同时递送。

常规囊泡的其他有趣和潜在有用的物理特性包括它们作为渗透膜的活性，它们从液晶状态到更流体状态的相变能力，以及它们对许多小分子和离子，特别是质子和氢氧化物的渗透性。由于其与天然生物膜的相似性，囊泡也有很大的潜力作为天然存在的类似物的模型，这些类似物可能难以直接操作。

#### 7.6.4.2　聚合囊泡和脂质双层

聚合囊泡中，如脂质体是含有药物的囊泡，由脂质双层构成，用于靶向给药，因为其结构与生物细胞膜相似，具有很好的生物相容性，而脂质双层本身是细胞膜的基础结构，由两层磷脂分子排列而成，是构成细胞膜的基本构件。在许多应用中使用常规囊泡的主要障碍包括：系统固有的长期不稳定性，它们与酶和血脂蛋白相互作用的潜力，以及它们对其他表面活性物质作用的敏感性。对于像控释药物递送这样的关键应用，即使是使用寿命为几个月的最稳定系统也无法达到保质期要求。

由于囊泡的潜在效用和相对较低的成本，大量的工作已经应用于聚合表面活性剂和磷脂系统的开发。在包封过程之后交联囊泡膜应产生这样一种系统，其中囊泡作为包封介质的基本性质被保留，同时增加交联聚合物结构的完整性和增加稳定性。

获得这种结构的一般方法是合成分子中含有可聚合官能团的常规囊泡形成两亲性材料、囊泡形成和随后的聚合，优选通过一些“非侵入性”手段，如辐照。原则上，可聚合官能团可位于疏水尾部末端、尾部中央或与离子或极性头部基团紧密结合（图 7-40）。优选结构的选择可能取决于系统的最终需求和所需材料的合成可用性。

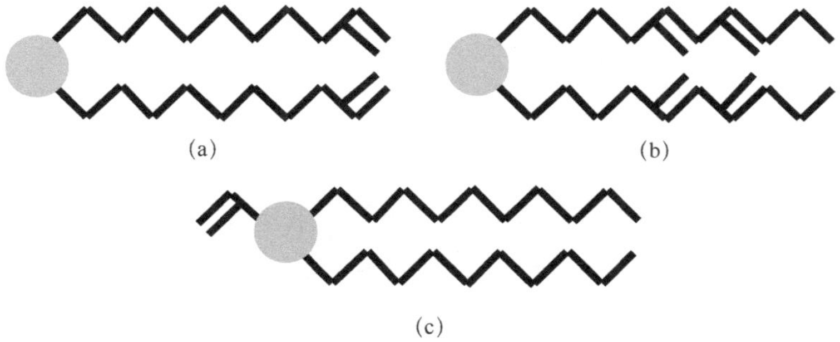

图 7-40　含有可聚合官能团的表面活性剂分子可用于生产用于微胶囊化的交联囊泡

可聚合官能团可以位于疏水性尾部的末端（a）、尾部的中部（b），或者与亲水性头部紧密结合（c）

## 参考文献

[1] Myers D. Surfaces, interfaces, and colloids: Principles and applications[M]. 2nd ed. John Wiley & Sons, 1999.

[2] Ostwald W O. An introduction to theoretical and applied colloid chemistry[M]. John Wiley & Sons, 1917.

[3] Kontogeorgis G M, Kiil S. Introduction to applied colloid and surface chemistry[M]. John Wiley & Sons, 2016.

[4] Pashley R M, Karaman M E. Applied colloid and surface chemistry[M]. John Wiley & Sons, 2004.

[5] Cosgrove T. Colloid science: Principles, methods and applications[M]. Blackwell Publishing, 2005.

[6] Tadros T F. Colloid stability: The role of surface forces[M]. John Wiley & Sons, 2007.

[7] Ohshima H. Electrical phenomena at interfaces and biointerfaces: Fundamentals and applications in nano-, bio-, and environmental sciences[M]. John Wiley & Sons, 2012.

[8] Lyklema J. Fundamentals of interface and colloid science, volume Ⅳ[M]. Elsevier, 2005.

[9] Schramm L L. Emulsions, Foams, and Suspensions: Fundamentals and applications[M]. John Wiley & Sons, 2005.

[10] Belton P. The chemical physics of food[M]. Blackwell Publishing Ltd, 2007.

[11] Katsuyoshi N. Some thoughts on the definition of a gel[J]. Progr Colloid Polym Sci, 2009, 136: 87-94.

[12] Osada Y, Kajiwara K, Yamauchi A. Gels handbook, Vol. 1: fundamentals[M]. Elsevier, 2001.

[13] Ahmed S, Ali A. Polysaccharides-based hydrogels -Synthesis characterization and applications[M]. Elsevier, 2024.

[14] Thomas S, Sharma B, Jain P, et al. Sustainable hydrogels-synthesis, properties, and applications[M]. Elsevier, 2023

[15] Thakur V K, Thakur M K. Polymer gels: Science and fundamentals[M]. Springer, 2018.

[16] Liu H P, Tanaka T, Urabe Y, et al. High-efficiency single-chirality separation of carbon nanotubes using temperature-controlled gel chromatography[J]. Nano Letters, 2013, 13(5): 1996-2003.

[17] Mahadevan E G. Ammonium nitrate explosives for civil applications: Slurries, emulsions and ammonium nitrate fuel oils[M]. John Wiley & Sons, 2013.

[18] 生活中的化学——豆腐[EB]. http://zhuanlan.zhihu.com/p/501247398.

[19] Hou J J, Yang X Q, Fu S R, et al. Preparation of double-network tofu with mechanical and sensory toughness[J]. International Journal of Food Science and Technology, 2016, 51: 962-969.

# 第 8 章

# 乳状液、泡沫和气溶胶

## 8.1 乳状液

### 8.1.1 乳状液的基本概念

乳状液（emulsion）是一种液体以直径大于 100 nm 的细小液滴形式分散在另一种互不相溶的液体中所形成的分散系统。

乳状液（有时简称为乳液）中的分散液滴被称为分散相，而周围的液体是连续相（分散介质）。从乳状液的定义看，它是两种或多种通常不混溶的液体的混合物。几乎所有的乳状液都含有水作为一个相，而有机液体作为另一个相。有机相通常被称为“油”，但它决不是这个词的正常含义中的油。碳氢化合物是乳状液中最常见的油。

乳状液是胶体的一个子类。尽管术语胶体和乳状液有时可以互换使用，但当分散和连续的两相都是液体时，应使用乳状液。

在使用乳状液的概念时，必须考虑乳状液的三个主要特性。

① 当乳状液形成时，两个液相中的哪一个是连续相，哪一个是分散相，以及可以使用什么因素来控制该结果。

② 什么因素控制系统的稳定性，也就是说，什么因素影响分散相的乳化或沉淀、液滴聚结、絮凝等。

③ 哪些因素控制乳化系统复杂的流变性，以及如何有效控制这些因素。

### 8.1.2 乳状液的类型与鉴定

#### （1）乳状液的类型

在乳状液中，若其中一相为水相，可用 W 表示，另一相为有机物质，如酯、胺、油等，通常把它们称为油相，用 O 表示。依据乳状液水相和油相的作用不同，可将其分为油包水型和水包油型两种基本类型。如果水为分散相（内相）、油为分散介质（外相），即水分散在油中，得到的是油包水型乳状液，以符号 W/O 表示，如原油、亮发油等；如果油为分散相（内相）、水为分散介质（外相），即油分散在水中，得到的是水包油型乳状液，以符号 O/W 表示，如牛奶、农药、雪花膏等。图 8-1 为 W/O 型和 O/W 型乳状液示意图。

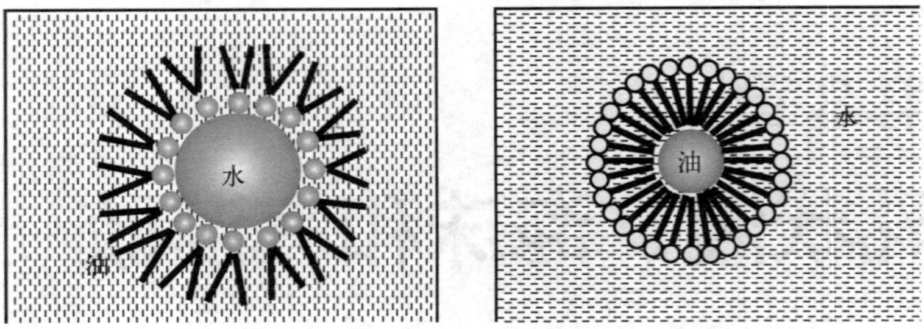


图 8-1　W/O 型和 O/W 型乳状液示意图

此外，还存在一种油包油（O/O）乳状液，它是对传统油/水乳状液的补充。它可以通过由分散在非极性油（链烷烃油）中的极性油组成的乳状液来获得，反之亦然。也存在多重乳状液，其形式可以是 W/O/W 或 O/W/O。

为了分散两种不混溶的液体，需要第三种成分，即乳化剂。乳化剂的选择对乳状液的形成及其长期稳定性至关重要。乳状液可以根据乳化剂的性质或系统的结构进行分类，如表 8-1 所示[1]。

表 8-1　乳状液类型

| 乳化剂的性质 | 系统结构 |
|---|---|
| 简单分子和离子 | 内部和外部相位的性质：O/W，W/O |
| 非离子型表面活性剂 | — |
| 表面活性剂混合物 | 胶束乳液（微乳液） |
| 离子型表面活性剂 | 粗乳液 |
| 非离子型聚合物 | 双层液滴 |
| 聚电解质 | 双重乳液和多重乳液 |
| 混合聚合物和表面活性剂 | 混合乳液 |
| 液晶相 | — |
| 固体粒子 | — |

**（2）乳状液类型的鉴定**

鉴定乳状液的类型可用稀释法、染色法和导电法等。

① 稀释法　取少量乳状液滴入水中或油中，若乳状液在水中能稀释，即为 O/W 型；在油中能稀释，即为 W/O 型。例如牛奶可被水稀释，所以其外相为水，即牛奶为水包油型。

② 染色法　在乳状液中加入少许油溶性的染料如苏丹红，经振荡后取样在显微镜下观察，若内相（分散相）被染成红色，则为 O/W 型；若外相被染成红色，则为 W/O 型。也可用水溶性染料做试验，如亚甲基蓝能溶于水相并将其染成蓝色。

③ 导电法　一般来说，水比油的导电性要强，因此，O/W 型乳状液的导电性远好于 W/O 型乳状液，测定电导即可区别其类型。但若乳状液中存在离子型乳化剂时，W/O 型乳状液也有较好的导电性。

## 8.1.3 影响乳状液类型的因素

### 8.1.3.1 乳化剂的类型与选择

大多数乳状液在热力学上是不稳定的，因此需要在界面处存在乳化剂，以防止或延迟分散相液滴的聚结并成为稳定的系统。乳状液中油-水界面的稳定可以使用小分子、嵌段共聚物（BC）或颗粒来实现。

为了形成和稳定乳状液而加入的物质称为乳化剂。

乳化剂作用原理为：在乳化过程中，乳化剂降低了混合体系中各组分的界面张力，并在微滴表面形成较坚固的薄膜或由于乳化剂呈现的电荷而在微滴表面形成双电层，阻止微滴彼此聚集，而保持均匀的乳状液。因此，乳化剂必须能够：

- 在两种液体（如油和水）之间的界面处吸附；
- 降低每种液体的界面张力，使一种液体更容易在另一种液体周围扩散；
- 形成稳定、连贯、黏弹性的界面薄膜；
- 防止或延迟乳液液滴聚结。

乳化剂通常都是表面活性剂，因为它们能吸附在界面并降低界面张力。然而，并非所有的表面活性剂都能成为良好的乳化剂，因为并非所有表面活性剂均能在界面处形成稳定的膜并防止聚结。薄膜的稳定性对于乳液的稳定性和保质期很重要。一般来说，蛋白质等大分子比卵磷脂等小表面活性剂分子形成更强的表面膜，因为它们在液滴表面上延伸的能力更强。它们还具有更大的能力与同一分子内或不同分子上的其他基团相互作用，并能够形成黏弹性表面膜。小分子通常不能自己形成稳定的界面膜，它们的作用通常是表面活性剂而不是乳化剂，因为它们降低了界面或表面张力，促进了铺展或润湿性。虽然它们不是很好的乳化剂，但它们通常被称为乳化剂。

**（1）合成表面活性剂**

是应用最多的一类乳化剂。阴离子型应用最普遍。阳离子型应用较少，其原因是价格较高，但这类活性剂除具有乳化能力外，还有杀菌作用，且不怕硬水，所以近年来也有所发展，在化妆品中使用最多。非离子表面活性剂是发展最快的一类乳化剂，它具有不怕硬水、不受 pH 限制等优点。

**（2）天然产物**

包括磷脂类（如卵磷脂）、甾类（如羊毛脂）、水溶性树脂类（如阿拉伯胶、胍胶等）和海藻胶类（如藻蛋白酸钠、鹿角菜胶等）。

这类乳化剂单独使用时，一般效率较低，常和其他乳化剂合用。它们大多数能增加乳状液的黏度，有抑制乳状液分层的作用。缺点是易水解，对 pH 敏感，易被细菌或微生物分解。

**（3）固体粉末**

许多固体粉末可用来稳定乳状液，如黏土（主要是蒙脱土）、二氧化硅、金属氢氧化物等粉末是 O/W 型乳化剂；石墨、碳黑等粉末是 W/O 型乳化剂。

用固体粉末稳定的乳状液一般液珠较大，但可以相当稳定。

选择合适的乳化剂目前主要靠经验，需要进行大量的筛选实验。对合成表面活性剂类乳化剂，HLB（hydrophile-lipophile balance）法和相转变温度（phase inversion temperature，PIT）法是很有价值的选择方法，可以避免某些盲目性。

乳化过程是如此动态和复杂，以至于几乎不可能建立准确的模型和进行理论处理。由于某些限制，可以获得液滴形成速率、表面活性剂传输和吸附速率等步骤的数量级估计。

### 8.1.3.2　乳化剂的分子结构

表面活性剂分子优先取向于油-水界面的观点不仅有助于阐明单分子膜稳定的途径，而且有助于解释吸附物种的化学结构与乳状液类型之间的关系。人们很早就认识到，用于制备乳状液的表面活性剂性质会影响所形成的乳状液类型。例如，虽然脂肪酸皂的碱金属盐通常在给定的环境下产生 O/W 乳状液，但使用二价和三价皂通常会形成 W/O 体系。使用单层机制稳定乳状液液滴需要在界面处形成相对紧密的表面活性剂膜。显然，吸附分子的几何结构必须在所获得的效果中起重要作用。从图 8-2 中可以看出，为了提高填充效率，用多价皂形成 W/O 体系几乎是不可避免的。

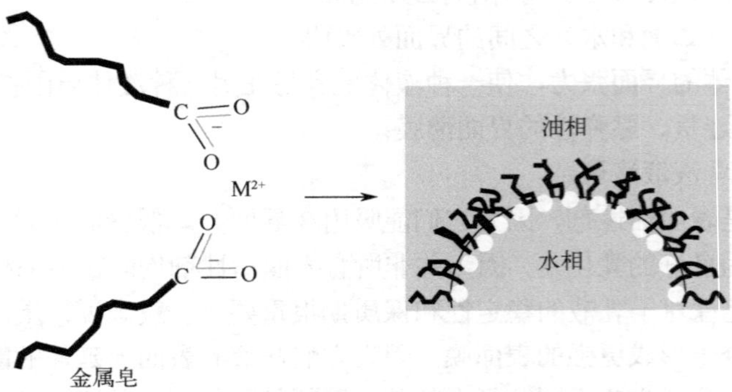


图 8-2　二价金属皂通常产生 W/O（油包水）乳状液

因此，表面活性剂要在界面上正确排列，分子结构尤其重要。乳状液液滴的油-水界面在表面活性剂维度上是相对平面的。因此，为了在该界面处获得最佳的填充，从而获得有利于乳状液稳定性的内聚性，表面活性剂应具有这样的几何形状，即极性头部的尺寸与疏水性尾部的尺寸相匹配。例如，通过观察分子模型可以很容易地看出，对于通常用作 O/W 型乳化剂的线性脂肪醇乙氧基化物，烃尾的体积远小于极性头部的体积。对于相应的烷基酚乙氧基化物，疏水性尾部的体积通常也小于极性头部的体积，但尺寸上的差异并不那么明显。因此，线性脂肪醇乙氧基化物在界面处的堆积效率低于烷基酚乙氧基物（除非这些界面强烈弯曲凸起以对抗水）。另一种观察这种差异的方式是脂肪醇乙氧基化物在界面处排列的驱动力小于烷基酚乙氧基物。

表面活性剂分子的空间要求是指表面活性剂在界面上的“定向楔”。根据这一概念形成了“经验法则”，即如果表面活性剂的亲水性头部大于尾部，则结果将是 O/W 乳状液，反之则形成 W/O 型乳状液。

基于支链醇的非离子表面活性剂比其线形对应物具有更平衡的几何形状。Guerbet 醇是一种在 $\beta$ 位上带有较长支链的脂肪伯醇。Guerbet 醇乙氧基化物已被发现在某些应用中可用作烷基酚乙氧基物的替代品。氧化醇代表另一种重要类型的支链醇。图 8-3 显示了涉及壬基酚乙氧基化物的电子供体-受体（EDA）配合物的形成。

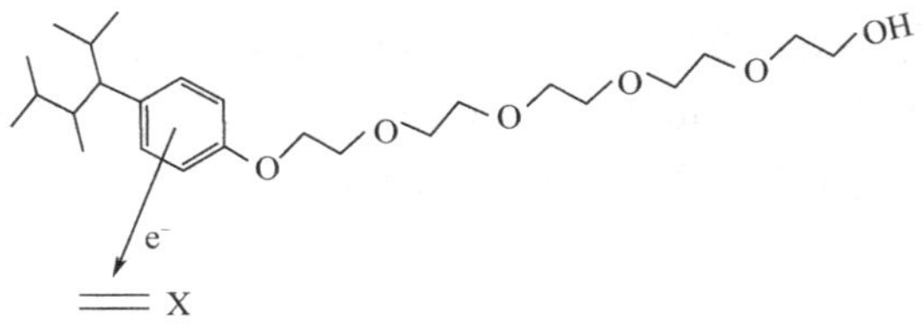

图 8-3　EDA 络合物可以在壬基酚乙氧基化物和油或固体表面的不饱和部分之间形成

壬基酚乙氧基化物和脂肪醇乙氧基化物之间的另一个区别是前者的疏水尾部存在六个 π-电子，这可能会影响这些表面活性剂和油中不饱和成分之间的相互作用。已知酚类能够在 EDA 配合物中充当供体，将 π-电子提供给合适的受体分子。可以合理地假设 EDA 配合物的形成将在烷基酚乙氧基化物与油相中的不饱和组分之间的相互作用中发挥作用。

电子效应一般不如几何填充效应明显，EDA 配合物只能与含有可作为 π-电子受体的成分的油形成。烯烃和芳烃，特别是那些含有吸电子取代基的烯烃和芳烃可以作为受体分子。食品领域和工业应用中的许多乳状液都含有不饱和成分的油。这种 EDA 配合物的形成将增强乳化剂和油相之间的相互作用。这反过来又促使人们使用聚氧乙烯链稍长的表面活性剂，较长的聚氧乙烯链意味着表面活性剂的水溶性较高。如果没有对涉及疏水尾部的相互作用的额外贡献，这种表面活性剂将过多地分配到水相中。较长的链本身是有益的，因为液滴之间的空间排斥将增强，这有助于防止聚结。

离子乳化剂通常会产生 O/W 乳状液，因为它们通常是亲水性的。然而，通过添加盐降低其亲水性将降低表面活性剂在水相中的溶解度，并迫使其进入油相中，从而形成 W/O 乳状液。温度依赖性可以忽略不计，这意味着与基于非离子表面活性剂的系统相比，加热或冷却不能用作获得相反转的方法。油的效果与非离子表面活性剂的效果相似，因为表面活性剂在油中的溶解度随着油的极性而增加。因此，为了在变为较长烷烃时保持相同的条件，需要迫使表面活性剂进入油相，例如通过添加盐，这将降低水相的溶解能力。链长超过四个碳原子的醇分配到油相中，使油的极性更强。因此，添加中链醇后，O/W 乳状液可能转化为 W/O 乳状液。

也可使用表面活性剂混合物作为乳化剂（混合乳化剂）。选择混合乳化剂时通常是使其一种组分在连续相中含量丰富，另一种组分在连续相中溶解度较低，这样可有效降低界面张力。一个例子是亲水性阴离子表面活性剂与疏水性非离子两亲物的混合物（如中等链长的醇或胺），其中后者的作用是降低界面张力。另一个例子是将阴离子表面活性剂与基于聚氧乙烯链的非离子表面活性剂混合，这就产生了一种具有优异稳定性的电稳定乳状液。如人造黄油的稳定性可能来自三个贡献：生物聚合物提供空间稳定性，脂肪晶体提供颗粒稳定性，阴离子磷脂提供静电稳定性。然而，后一种贡献很小，因为连续介质具有低介电常数。

使用表面活性剂混合物的另一个原因是产生在稳定乳状液方面性能优异的层状液晶相。当使用脂质时，通常使用混合物以防止结晶。在使用混合乳化剂时，界面处的表面活性剂组成取决于表面活性剂的组成，总表面活性剂浓度，以及油水比。

混合物的一般规则是：一种表面活性剂对水相具有显著的亲和力，而另一种对油相具有显著的亲和性；如果这两种表面活性剂对任一相都不具有良好的亲和力，则会形成表面活性剂浓度高的第三相，称为表面活性剂相；在某些情况下可以形成层状液晶相，从而使乳状液具有良好的稳定性。

Bancroft 规则：Bancroft 关于使用特定表面活性剂形成何种类型乳状液的规则可用图 8-4 解释。在该图中，乳化剂是水溶性的。通过对油和水的混合物施加剪切，油水相边界得到了扩展，如左图所示，水中有油指，油中有水指，这种情况是不稳定的。如果油指破裂，将形成 O/W 乳状液；如果水指破裂，则形成 W/O 乳状液。为了稳定新形成的液滴，无论形成的是什么类型的结构，都必须有足够的时间让乳化剂到达界面并在那里吸附，吸附量足以防止立即聚结。

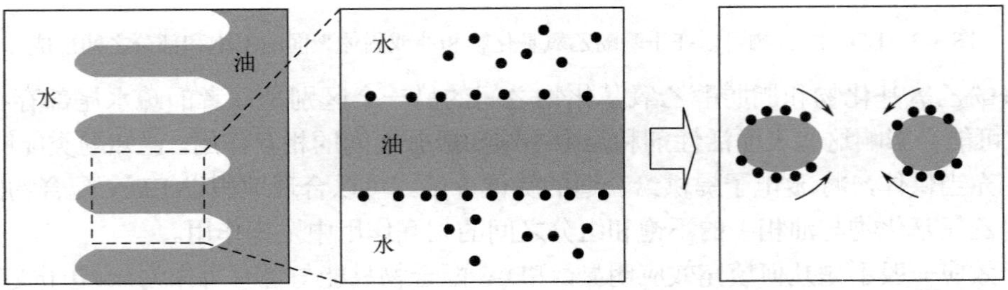


图 8-4　Bancroft 规则的动态解释[2]

点表示乳化剂分子

油指断裂后，可能会立即出现如右图所示的情况。乳化剂的界面浓度不均匀，它在顶侧和底侧较高，在液滴之间的区域较低，因为这些界面是最近形成的，乳化剂分子还没有时间到达这些位置。界面张力产生了瞬态梯度，从而通过黏性牵引导致水流向间隙，这是 Marangoni 效应的一个例子。另一个后果是，油滴会瞬间被推开，因此有足够的时间稳定下来。由界面张力梯度驱动的系统中的流体动力学是最初形成的油滴存活的原因，而不是表面活性剂降低界面张力的作用。相反，如果水指破裂，乳化剂分子就会在液滴内部，界面的覆盖率就会相等。在关键的初始阶段，没有 Marangoni 效应可以帮助分离液滴。

对乳状液形成机理的描述也解释了为什么乳化剂通常是低分子量的两亲物。乳化剂必须在溶液中快速移动，小分子比大分子扩散得更快。如前所述，乳状液配方中经常使用较大的物质，如大分子物质或疏水颗粒。然而，它们的作用不是充当乳化剂，也不是促进 Marangoni 流动。相反，这些物质将缓慢地进入界面并取代乳化剂分子。

Bancroft 规则与表面活性剂的几何结构有关。表面活性剂的几何形状决定了 O/W 还是 W/O 乳状液的形成。具有大临界堆积参数值的表面活性剂需要在油侧有更多的空间，因此，它们产生 W/O 乳状液。具有大头基团的表面活性剂有相反的要求，应该有利于 O/W 乳状液的形成。

曲率概念可以用来解释形成的乳状液类型的一个例子是在靠近 PIT（见 8.1.3.5）的油-水-表面活性剂系统中，其中表面活性剂是基于聚氧乙烯的非离子型表面活性剂。

#### 8.1.3.3　亲水亲油平衡值

提供关于小分子乳化剂类型及其稳定乳状液的信息最重要特征之一被称为亲水亲油性平衡（HLB），这是乳化剂的两种成分（即亲水和亲脂性成分）的大小和强度之间的平衡。这方面的长期目标是设计一种将表面活性剂分子的化学结构与其表面活性相关联的定量方法。实现这一目标的第一次相当成功的尝试是格里芬（Griffin），Griffin 建议根据表面活性剂的化学结构计算其 HLB 值，并将该值与要分散的油相的 HLB 值相匹配。该系统使用某些经验公式来计算分子结构的 HLB 值，在任意无量纲尺度上产生 0 到 20 之间的数。

HLB 值对非离子 SAA 作为乳化剂时影响更大。通常 HLB 为 3～6 时，利于形成 W/O 型；为 8～18 时，利于形成 O/W 型（当然需考虑到温度等外界条件的影响）。

对于一般的小分子表面活性剂，HLB 值大于 10 的乳化剂有利于形成 O/W 乳状液，而 HLB

值低于 10 的乳化剂则有利于形成 W/O 乳状液，乳化剂的 HLB 值可用于确定形成的乳状液类型。常用的两亲性小分子乳化剂，如十二烷基硫酸钠（HLB=40.0）、十二烷基苯磺酸钠（HLB=10.6）、烷基苯基聚氧乙烯醚（HLB=14.5）和聚氧乙烯失水山梨醇单油酸酯（HLB=15.0），可形成 O/W 乳状液。相反，Span 80（HLB=4.3）、甘油单硬脂酸酯（HLB=3.8）和 Span 65（HLB=2.1）有利于形成 W/O 乳状液[3]。

对于不属于非离子型 SAA 的 SAA 同系物，一般亲油性强的乳化剂易形成 W/O 型，亲水性强的则易形成 O/W 型。

关于表面活性剂的 HLB 值的计算方法在第 6 章已做介绍。

#### 8.1.3.4 内聚能与溶解度参数

原子和分子之间的相互作用是源于其原子或分子结构的各种力的结果，包括静电或电荷相互作用、空间或熵现象，以及一直存在的范德华力。其中，静电和空间相互作用可能是排斥的，因为它们的作用是迫使相互作用的单元分开，或者减小单元之间的净吸引力。另外，范德华力通常（但不总是）为吸引力。当表面活性剂作为乳状液稳定剂时，它有很强的倾向定位或吸附在液-液界面上，从而更好地形成阻挡液滴接触、絮凝和凝结的屏障。因此，具有两个明显不同分子部分的更有效的表面活性剂有能够更接近于分子两端两相的化学性质的表面活性（图 8-5）。

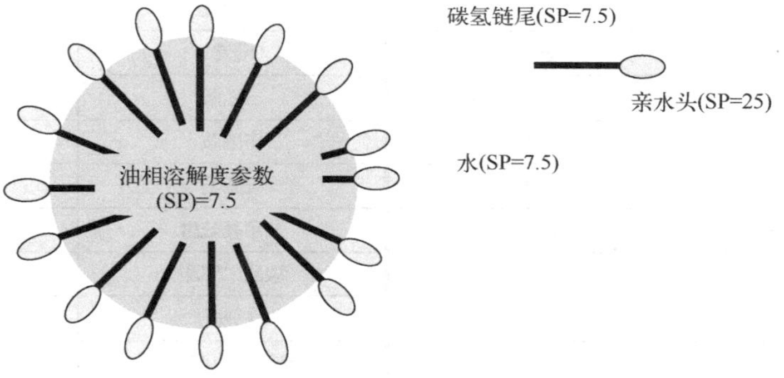


图 8-5　溶解度参数预测内聚能

当表面活性剂分子的两部分与每个相的参数紧密匹配时，表面活性剂、油相和水相之间的最佳相互作用将发生

1950 年，希尔德布兰德（Hildebrand）对非电解质溶解度的研究，使材料相互作用的分子内聚（黏在一起）性质得到了量化。Hildebrand 将材料的内聚能密度描述为一种密集性质，他称之为“溶解度参数”，通常用符号 $\delta$ 表示，单位为$(J\cdot cm^{-3})^{1/2}$。之所以选择平方根，是因为人们发现它可以计算材料混合物的平均值，并可根据其原子和官能团组成来估计材料的值（表 8-2）。

从概念上讲，这种现象可以（在分子水平上）可视化为相邻分子相互吸引并“黏”在一起的倾向。内聚能密度越高，相互作用越“黏”，这反映在较高的沸点、较高的黏度等特性上。

当将溶解度参数思想应用于混合物时，相同的基本概念允许人们根据存在的各种分子物种之间的相互作用来可视化分子情况。作为第一近似，可以估计两个不同分子之间的内聚相互作用 $E_{c(ab)}$ 作为两个溶解度参数的乘积。

$$E_{c(ab)} = \delta_a \times \delta_b \tag{8-1}$$

式中，下标 a 和 b 表示混合物的两种成分。

表 8-2　一些常见材料的溶解度参数（内聚能密度）[4]

| 材料 | 溶解度参数 $\delta/(J\cdot cm^{-3})^{1/2}$ | 材料 | 溶解度参数 $\delta/(J\cdot cm^{-3})^{1/2}$ |
|---|---|---|---|
| 烷烃 | | 醚 | |
| 正庚烷 | 15.3 | 二乙醚 | 15.8 |
| 正癸烷 | 15.8 | 二苄基醚 | 19.3 |
| 正十六烷 | 16.4 | 甲氧基苯（茴香醚） | 19.5 |
| 环己烷 | 16.8 | 芳烃 | |
| 卤代化合物 | | 苯 | 18.6 |
| 三氯甲烷 | 19.0 | 甲苯 | 18.2 |
| 三氯乙烯 | 19.0 | 萘 | 20.3 |
| 氯苯 | 19.6 | 苯乙烯 | 19.0 |
| 醛和酮 | | 含氮化合物 | |
| 乙醛 | 21.1 | 乙腈 | 24.4 |
| 苯甲醛 | 21.5 | 苯甲腈 | 19.9 |
| 2-丁酮 | 19.0 | 硝基苯 | 22.2 |
| 苯乙酮 | 21.8 | 乙醇胺 | 31.5 |
| 糠醛 | 24.4 | 吡啶 | 21.8 |
| 酯类 | | 二乙胺 | 16.8 |
| 乙酸乙酯 | 18.1 | 甲酰胺 | 36.6 |
| 乙酸正丁酯 | 17.4 | 混杂的 | |
| 邻苯二甲酸二正丁酯 | 21.2 | 二甲基硫醚 | 19.2 |
| 醇 | | 碳酸二甲酯 | 20.3 |
| 乙醇 | 26.5 | 噻吩 | 20.1 |
| 1-丙醇 | 24.5 | 磷酸三甲苯酯 | 17.2 |
| 1-丁醇 | 23.1 | 磷酸三苯酯 | 17.6 |
| 苄醇 | 23.8 | 二甲基亚砜 | 24.5 |
| 1-十二烷醇 | 20.0 | 二甲基硅氧烷 | 10～12 |
| 甘油 | 37.7 | 水 | 47.9 |

由于 Hildebrand 的早期研究是在相对简单（从化学角度讲）的材料上进行的，因此他提出的概念并不立即适用于以正常表面活性剂分子为例的高度不对称体系。分子的内聚能密度可以相对准确地分解为其组成部分的单独贡献，这通常允许人们使用表中所列的基团值计算给定化学结构的“好”（10%）值，其中一些值在表 8-3 中给出。

表 8-3　298K 下溶解度参数计算的摩尔吸引常数（基团数）[5]

| 官能团 | $F_g$ | 官能团 | $F_g$ |
|---|---|---|---|
| $-CH_3$ | 438 | 共轭 | 40～60 |
| $-CH_2-$（单键） | 272 | —H（可变的） | 160～205 |
| —CH< | 57 | —O—（醚） | 143 |

续表

| 官能团 | $F_g$ | 官能团 | $F_g$ |
|---|---|---|---|
| >C< | 190 | >CO（酮） | 563 |
| $CH_2$= | 389 | —COO（酯） | 634 |
| —CH=（双键） | 227 | —CN | 839 |
| >C= | 39 | —Cl（单个） | 552 |
| —CH≡C— | 583 | —Cl（>$CCl_2$） | 532 |
| —C≡C— | 454 | —Cl（—$CCl_3$） | 511 |
| 苯基 | 1503 | —Cl[>C(Cl)—C(Cl)<] | 497 |
| 亚苯基（邻、间、对） | 1346 | —Br（单个） | 340 |
| 萘基 | 2344 | —I（单个） | 425 |
| 五元环 | 215～235 | >$CF_2$（*n*-氟碳化合物） | 150 |
| 六元环 | 195～215 | —$CF_3$（*n*-氟碳化合物） | 274 |
| —OH | 348 | —$PO_4$（有机磷酸盐类） | 1020 |
| —S—（硫醚） | 460 | —$ONO_2$（硝酸盐） | 900 |
| —SH（硫醇） | 644 | —$NO_2$（脂肪族硝基） | 900 |

根据 25 ℃下的基团贡献估算溶解度参数的基本计算为：

$$\delta_d = \frac{\sum F_g}{V} \tag{8-2}$$

式中，$F_g$ 是每个简单单元的基团贡献；$V$ 是分子体积；溶解度参数的下标 d 表示计算的是能量密度的色散分量。使用该公式可以获得极性甚至氢键材料的合理初始估计。

许多材料，特别是表面活性剂，它们不是纯的，少量杂质会影响性能，包括内聚能密度，其程度远远超出人们的预期。此外，一些含有长柔性链的材料可以折叠或卷曲，用分子内相互作用代替分子间相互作用，从而改变了分子的表观溶解度参数的特性。由于涉及离子表面活性剂相互作用的复杂性，其溶解度参数的计算可能变得相当繁琐。表 8-4 给出了几种常见表面活性剂的溶解度参数和相应的 HLB 值。

**表 8-4　几种常见简单表面活性剂溶解度参数与 HLB 值的比较[4]**

| 表面活性剂 | $\delta/(J\cdot cm^{-3})^{1/2}$ | HLB |
|---|---|---|
| 油酸 | 16.8 | 1.0 |
| 甘油单硬脂酸酯 | 17.0 | 3.8 |
| 失水山梨醇单月桂酸酯 | 17.6 | 8.6 |
| 聚氧乙烯（20）十六烷基醚 | 18.6 | 15.7 |
| 十八酸钠（硬脂酸盐） | 19.0 | 18.0 |
| 十六烷酸钠（棕榈酸盐） | 19.2 | 19.0 |
| 十二烷酸钠（月桂酸盐） | 19.6 | 20.9 |
| 萘磺酸钠 | 21.5 | 28.5 |
| 丁二酸二辛基磺酸钠 | 25.0 | 32.0 |
| 十二烷基硫酸钠 | 28.8 | 40.0 |
| 癸基硫酸钠 | 30.0 | 40.0 |
| 辛基硫酸钠 | 32.3 | 41.9 |

在 HLB 值和 $\delta$ 之间有一个定量关系，因为这两个概念都与疏水尾部和油相、头部基团和水相之间的相互作用平衡有关。例如，Little 通过对各种表面活性剂-溶剂体系的研究得出了溶解度参数与 HLB 之间的以下关系：

$$\delta = \frac{243}{(54 - \text{HLB})} + 12.3 \tag{8-3}$$

或者，对表 8-4 中的数据进行多项式回归分析，得出以下表达式：

$$\delta = 0.0003 \times \text{HLB}^3 - 0.0096 \times \text{HLB} + 16.404 \tag{8-4}$$

几何近似是解决表面活性剂结构与乳状液配方相关问题的另一个方法。Israelachvili、Mitchell 和 Ninham 考虑了表面活性剂分子的特定分子特性所施加的几何约束，该分子特性控制聚集体的形成（例如胶束化）和其他界面相互作用，强调了分子结构对界面相互作用的控制作用。

在分析表面活性材料的聚集特性（聚集尺寸、形状、曲率等）与分子结构之间的关系时，定义几何因子 $F$：

$$F = \frac{V}{a_0 l_C} \tag{8-5}$$

式中，$V$ 是疏水基团的分子体积；$a_0$ 是头部基团面积；$l_C$ 是疏水基团临界长度。因子 $F$ 可以视为 HLB 值的一种类型，基于疏水链的体积分数而不是质量分数，以及疏水链的几何结构。

图 8-6 通过使用几何因素说明了式（8-5）预测的油-水界面处预期分子的“几何测量”。例如，如果 $F<1$，油-水界面的曲率应朝油相凹陷，从而形成 O/W 乳状液。如果 $F>1$，则相反。当 $F=1$ 时，预计会发生相反转或有利于形成多重乳状液的临界条件。

(a) $F<1$　(b) $F>1$　(c) $F=1$

图 8-6　给定表面活性剂形成的乳状液类型与分子几何因子的关系

### 8.1.3.5　相转变温度

**（1）定义**

当温度达到某一数值时，非离子表面活性剂的亲油亲水性刚好平衡，这时乳状液类型发生转变，该温度称为相转变温度（PIT）。

PIT 不仅与乳化剂的本性有关，也反映了油和水两相性质的影响。在 PIT 时，油-水界面张力最低，乳化的粒子微细，但易变形，不稳定。所以对 O/W 型乳状液，应在低于 PIT 2～4 ℃下制备，然后冷至储存温度，这样制得的乳状液细而稳定。同样原理也适用于 W/O 型乳状液的制备。

**（2）应用**

PIT 法可指导选择非离子乳化剂。对于 O/W 型乳状液，合适的乳化剂应有比乳状液储存温度高 20～60 ℃的 PIT；对于 W/O 型乳状液，则应选择 PIT 低于乳状液储存温度 10～40 ℃的乳化剂。

用作乳化剂和稳定剂的一类重要表面活性剂是非离子聚氧乙烯（POE）加合物。这类材料通过与 POE 链的氢键溶解在水中。氢键是一种温度敏感的相互作用，并且随着温度的升高而降低。因此，非离子材料通常表现出相反的温度-溶解度关系，导致许多该类材料出现浊点。对浊点已经进行过讨论，但从乳状液的角度来看，浊点的存在会产生有趣的影响。

由于表面活性剂的浊点是一种与结构相关的现象，因此它也应与 HLB、溶解度参数、CMC 值和其他参数相关。温度可以在确定表面活性剂的有效性方面发挥重要作用，水化（或氢键）是增溶的主要机制。由于这些材料的温度敏感性，它们作为乳化剂和稳定剂的活性也变得对温度敏感。特别是，它们形成和稳定 O/W 和 W/O 乳状液的能力可能在非常窄的温度范围内发生显著变化。事实上，由于温度的变化，乳状液可能会“反转”产生相反的乳状液类型。这种过程被称为相变，对于给定系统，发生相变的温度是其相转变温度（PIT）。

通常，影响非离子表面活性剂溶液特性的相同因素（其 CMC、胶束大小、浊点等）也会影响用相同材料制备的乳状液的 PIT。对于典型的聚氧乙烯非离子表面活性剂，增加 POE 链的长度将导致给定油-水相组合的 PIT 更高，见图 8-7，POE 链长度分布也会变宽。因此，用相转变温度比较评估乳状液的稳定性非常方便。

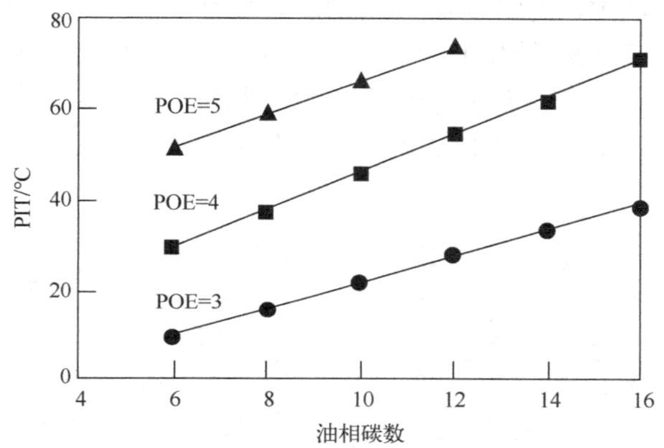


图 8-7　乳状液的相转变温度（PIT）取决于表面活性剂和油相性质的平衡

评估表面活性剂的 PIT 系统理论上仅适用于非离子材料。然而，人们经常发现，对于给定的油水系统，在相同（或更少）的表面活性剂总浓度下，两种或多种表面活性剂的组合（例如，非离子型和离子型）将比单独使用任一种表面活性剂产生更好的结果。离子表面活性剂通常具有正常温度-溶解度关系，温度越高意味着溶解度越大，在混合物中往往会抵消非离子材料的相转化效应。然而，如果离子/非离子混合物与相对高离子强度的水相一起使用，则分子的 HLB、$\delta$、$F$ 值将降低，并且相反转效应可能再次出现并再次成为有用的工具。

**8.1.3.6　影响乳状液类型的一些其他因素**

在表面活性剂浓度非常低的情况下或使用非常弱的两亲物时，形成的乳状液类型是 O/W 型还是 W/O 型由混合程序控制，而不是由表面活性剂控制。在这样的系统中，可能会遵守 Bancroft 规则，也可能不遵守。例如，如果表面活性剂浓度非常低，在 PIT 以上的温度下，将油添加到非离子表面活性剂的水溶液中可能形成水包油乳状液。然而，这些流体动力学控制的乳状液通常具有较差的稳定性，并且没有太大的实际意义。

## 8.1.4　乳状液的稳定理论

描述乳状液的稳定性可从双电层理论、相体积与几何结构、界面膜理论以及固体的稳定作用等方面考虑。

**8.1.4.1　双电层理论**

界面电荷与乳状液稳定性的关系。绝大多数稳定的乳状液界面都带电，静电斥力是液滴聚结的阻力，因而是乳状液稳定的原因之一。一般规律为：界面电荷越大，界面膜分子排列得越紧密，界面膜强度亦越大。对 O/W 型乳状液，易理解。对 W/O 型乳状液，较难想象，但也可使乳状液保持稳定。

### 8.1.4.2　相体积与几何结构

除了所用乳化剂的分子性质外，系统中两相的相对量可能会强烈影响所获得的乳状液类型。如果假设乳状液由大小相等的刚性球形液滴组成，简单的几何结构表明，可获得的分散相的最大体积分数为 74%。那么，可以推测，超过该水平的任何乳化系统都会导致相反类型的乳状液的相转化。然而，已经表明，制备分散体积分数远超过理论极限的乳状液是可能的。更仔细地观察现实情况，有可能找出几个原因使这种简单的几何方法无效。

首先，乳状液液滴不是也永远不会是完全单分散的，因此，较小的液滴有可能位于紧密堆积的较大液滴之间的空间中，见图 8-8，从而增加系统的总潜在堆积密度。此外，乳状液液滴不是刚性球体，而是高度可变形的，因此其形状可以从球形改变为各种细长或多面体形状，以满足系统的需要。当然，与球形度的大偏差通常是不利的，因为这将需要为给定的分散体积分数形成额外的界面面积。界面面积的增加可能会使吸附的乳化剂或稳定剂膜的能力应变到液滴聚结发生的点。

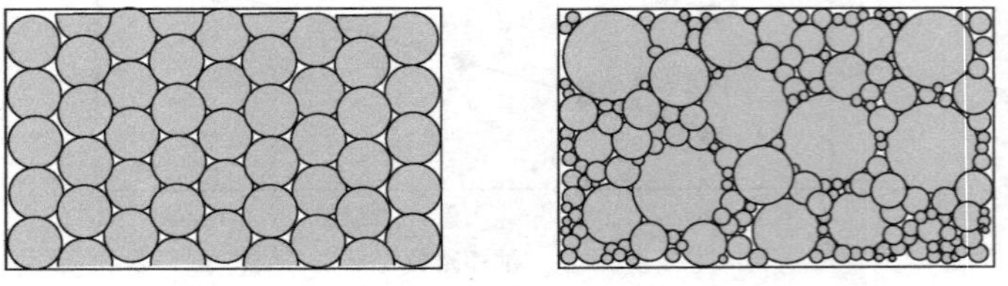

(a)　　　　(b)

图 8-8　乳状液的相体积与几何结构

尽管球体的理想六边形紧密填充预测最大分散相体积分数约为 0.74（a），但大多数乳状液的固有多分散性允许制备内部体积分数高得多的乳状液，因为较小的液滴位于较大液滴之间的间隙空间（b）

液滴大小分布的影响。如基于动力学稳定性程度对油田乳状液的分类定义如下：（i）紧密乳状液：极小的液滴，分布紧密，难以破乳。（ii）中等乳状液：典型的原油乳状液的液滴尺寸在 4～67 μm，峰值在 11 μm，这种介质乳状液将在几十分钟内分离。（iii）松散乳状液：典型的原油乳状液的液滴尺寸在 4～77 μm，峰值为 31 μm，松散的乳状液几分钟后就会分离，有时分离的水被称为自由水[6]。

对紧密乳状液，液滴之间的平均距离较小，这导致流体动力学相互作用的增加，从而导致黏度的增加，表面活性剂层厚度的重要性随着液滴尺寸的减小而变得更加显著。

### 8.1.4.3　界面膜理论

界面膜的强度和紧密程度是影响乳状液稳定性的最重要因素，其他因素都是次要的。

乳状液的类型主要依靠乳化剂的定向楔膜的类型决定。

### 8.1.4.4　固体对乳状液的稳定作用

固体颗粒对乳状液的稳定能力取决于颗粒在界面处的特定位置。固体颗粒可以产生一个坚固的刚性屏障，防止或抑制液滴的聚结（图 8-9）；它还可能产生一定程度的静电排斥，从而增强系统的整体稳定性。使用固体颗粒作为乳状液稳定剂有三个关键因素：颗粒尺寸，稳定剂颗粒分散状态，以及乳状液系统各液体组分对颗粒的相对润湿性。

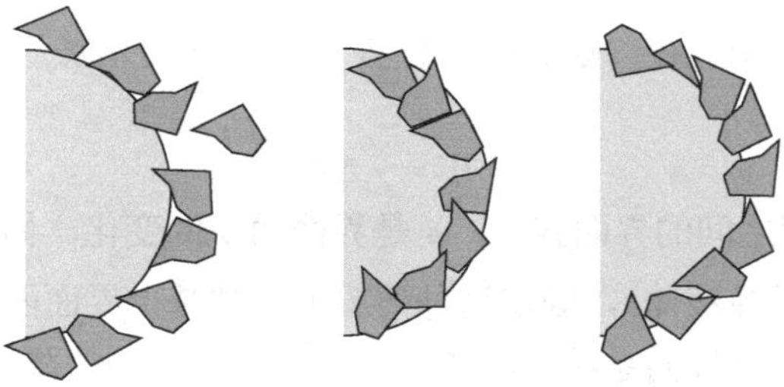


图 8-9 固体颗粒对乳状液的稳定作用

为了有效地稳定乳状液，胶体颗粒必须具有表面性质的适当平衡。如果颗粒优先被连续相润湿，则它们将很难被吸附并容易从界面解吸，并且提供很小的稳定性（a）。如果它们优先被分散相润湿，它们将不会在界面处被吸附，并且将再次提供很小的稳定性（b）。为了获得最佳效果，颗粒应被两相部分润湿，以确保其在界面处的位置（c）

在实践中发现，稳定剂颗粒与乳状液液滴的尺寸相比必须较小，并且处于初始絮凝状态；也就是说，它们在两种液体中的胶体稳定性都应该有限，否则它们定位在油-水界面的倾向将不足以“完成任务”。对于图中第三种情况，固体必须在三相（油-水-固体）接触线上表现出显著的接触角，通常通过水相测量接触角。为了获得最大效率，稳定剂通常应优先被连续相润湿（但不能过度润湿）。如果固体颗粒被两个液相中的任何一个液相过强地润湿，则不会产生所需的稳定作用。因此，通常需要通过控制系统 pH 或添加吸附在颗粒上并赋予所需表面特性的材料来密切控制这些因素。

超细的固体颗粒可用作水包油或油包水型乳化剂，这类乳状液有时被称为 Pickering 乳状液。自 20 世纪 90 年代末以来，Pickering 乳状液研究数量急剧增加[7]。超细固体颗粒可以存在于液滴的界面，从而为它们提供抗聚结或融合以及 Ostwald 熟化的能力，这种现象被称为 Pickering 乳化。

Pickering 乳状液使用的颗粒多种多样，例如疏水性 $SiO_2$、树脂粉末如聚苯乙烯、金属氧化物、黏土矿物、生物相关材料等。此外，乳状液的稳定性受到颗粒配置的影响，如球形、板状和针状配置，以及非球形 Janus 颗粒、哑铃状和橡子状粒子正在进一步发展。

在 O/O 乳状液的情况下，小分子表面活性剂的使用频率要低得多。最常见的是，O/O 界面的稳定是使用嵌段共聚物实现的，最近的是通过 Pickering 乳状液中的固体颗粒实现的。这归因于两种不混溶油（$<1 \sim 5\ mN \cdot m^{-1}$）的界面张力差异比水和油（$> 50\ mN \cdot m^{-1}$）小得多。例如，水和庚烷之间的界面张力之差为 $51.96\ mN \cdot m^{-1}$，而 DMF 和庚烷之差仅为 $2.49\ mN \cdot m^{-1}$。与界面张力降低最小的小分子表面活性剂相比，嵌段共聚物和颗粒提供了 O/O 界面的空间稳定性，从而实现热力学平衡（即完全相分离）仅在延长的时间内发生，产生稳定的 O/O 乳状液[3]。

## 8.1.5 乳化与破乳技术

### 8.1.5.1 乳状液的制备方法

制备乳状液就是使互不混溶的两液相中的一相以微粒状分散在另一相中。由于两相间存在巨大的界面面积，系统很不稳定，所以必须加乳化剂来提高其稳定性。乳化剂的种类、乳化方法和温度等皆影响乳状液的类型和性能。

乳状液的制备需要在两种不混溶液体之间形成非常大的界面面积。如果将 10 mL 油样在水中乳化以得到 0.2 μm 的液滴直径，则所得的 O/W 界面面积将增加约$10^6$倍。生成1 $cm^2$ 新界面所需的功如下：

$$W = \gamma_i \Delta A \qquad (8\text{-}6)$$

式中，$\gamma_i$ 是两个液相之间的界面张力；$A$ 是界面面积的变化。如果假定油和水之间的界面张力为52 $mN \cdot m^{-1}$（对于烃液体），则在这种情况下通过减少界面面积，进行分散过程所需的可逆功将为 2 J 量级。如果可以向系统中添加一些材料以将 $\gamma_i$ 的值降低到大约1 $mN \cdot m^{-1}$，则 $W$ 的大小将降低到 0.3 J。$W$ 大幅降低，但系统仍不稳定。只有当界面张力为零时，才能获得真正稳定的体系。

因此，热力学将是控制乳状液最终长期稳定性的因素。然而，动力学可以在短期内对乳状液的稳定性发挥重要作用，大多数有用的乳状液都是通过动力学途径获得所需的稳定性。

实际制备乳状液的过程是一门科学，也是一门艺术。给定油水系统的结果取决于所用的分散工艺、所用添加剂的特性和数量、混合温度、混合顺序和其他因素。

三种最常用的乳状液制备方法：通过液滴破裂进行物理乳化，通过相反转进行乳化，以及“一次性”乳化。后两种方法可以说是基于化学的过程，因为最终乳状液的性质将主要由系统的化学组成（添加剂的化学性质、两相的比例、温度等）控制，而在第一种方法中，它将更多地取决于过程的机械性质（例如，能量输入的量和形式），以及组分的流变学和化学性质。

乳液制备可以采用以下几种程序：简单的管流（低搅拌能量 L）；静态搅拌器和普通搅拌器（中低能量，L-M）；高速混合器，例如 Ultraturrax（M）；胶体磨和高压均化器（高能，H）；超声波发生器（M-H）。制备方法可以是连续的（C）或分批的（B）：管流和静态混合器——C；搅拌器和 Ultraturrax——B、C；胶体磨和高压均质机——C；以及超声波——B、C 等。

在所有方法中，都有液体流动：无边界和强约束的流动。在无边界流动中，任何液滴都被大量流动的液体包围（设备的限制壁远离大多数液滴）。这些力可以是摩擦的（大部分是黏性的）或惯性的。黏性力导致剪切应力作用在液滴和连续相之间的界面上（主要在界面的方向上）。

最重要的状态是层流/黏性（LV）、湍流/黏性（TV）和湍流/惯性（TI）。对于作为连续相的水，状态总是 TI。对于更高黏度的连续相（$\eta_C = 0.1\ Pa \cdot s$），状态是 TV。对于更大黏度或较小的仪器，状态为 LV。对于非常小的仪器（与大多数实验室均化器的情况一样），状态几乎总是 LV。

#### 8.1.5.2　乳化方式

除乳化剂的类型外，乳化方式和加料顺序也影响乳状液的类型和性能。

**（1）乳化剂在水中法**

乳化剂溶于水中，在激烈搅拌下将油相加入，可得 O/W 型乳状液。这样得的乳状液颗粒较粗，大小不均匀，常常需用胶体磨或匀浆器处理。

在 O/W 型乳状液中继续加油，直至变型，可制得 W/O 型乳状液。

**（2）乳化剂在油中法**

乳化剂溶于油相，再加水，直接制得 W/O 型乳状液。继续加水至变型，可制得 O/W 型乳状液。这样制得的 O/W 型乳状液粒度小，稳定性高。

**（3）轮流加液法**

将水和油交替加入乳化剂中，每次少量。制备食品乳状液可采用此法。

**（4）瞬间成皂法**

制备用皂稳定的乳状液，可将脂肪酸溶于油相，将碱溶于水相。在剧烈搅拌下将两相混合，在界面上瞬间形成脂肪酸盐（皂），从而得到稳定的乳状液。

**（5）界面复合物生成法**

采用复合乳化剂时，将亲油性强的乳化剂溶于油相，将亲水性强的乳化剂溶于水相。两相混合时，界面上两种乳化剂形成复合物，从而使乳状液稳定。

**（6）自发乳化法**

不需要机械搅拌，把油、水和乳化剂加在一起就自发地形成乳状液。例如，Hartung 和 Rice 发现，十二烷基铵盐和不饱和铵盐的混合溶液就能自动乳化二甲苯。

自动乳化的机理目前还不清楚。

#### 8.1.5.3 乳化设备

制备乳状液时只靠简单的搅拌常常不能达到需求，为提高颗粒的分散度和均匀性，必须采用一些特殊设备。

工业上常用的乳化设备除简单搅拌器外，还有胶体磨和均化器。实验室内还可用超声波乳化器来制备乳状液。

**（1）机械搅拌**

有多种类型，最简单的在桶中使用的高速螺旋桨包括一系列螺桨、刮刀、混合叶片、固定子、转子、保温套等设备齐全的单元。

搅拌方式通常有：推进式、涡轮式、浆式以及复合式等。一般来说，通过这些搅拌的合成，不仅具有分散力，而且有强有力的剪切力，其分散效果很好。

**（2）均化器**

其工作原理是将欲乳化的液体混合物在很高的压力下自一小孔挤出，经突然泄压而膨胀及高速下冲击碰撞的双重作用，将混合物料粉碎成微粒，并使其分散乳化和均匀化。

**（3）胶体磨**

工作原理：流体或半流体物料受离心力的作用，强制通过在高速相对运动下的定子与转子之间进行剪切、摩擦、高频震动，有效地进行粉碎乳化、均质、分散、混合等，最终满意地获得精细加工的物料。

定转子间的高速相对运动是使胶体磨工作获得物料微细度的主要保证。只有提高转子的线速度，才能达到良好的加工效果。但高速度运转必然会产生大量的热量，且要求各零件的制造精度都必须相当精密，还要进行冷却。

均化器获得的粒子最细（约 1～3 μm），胶体磨次之（约 3～9 μm），其他方式则在 2～8 μm。乳状液粒子的大小也与乳化剂的用量有关。

#### 8.1.5.4 乳状液的分层、变形及破乳

**（1）破乳过程**

乳状液理论中，另一个重要的问题是其分层、变形和破乳。它们是乳状液不稳定性的三种表现方式，每个过程皆代表一种不同情况，在特殊情况下它们又可能是相关的，如图 8-10 所示。

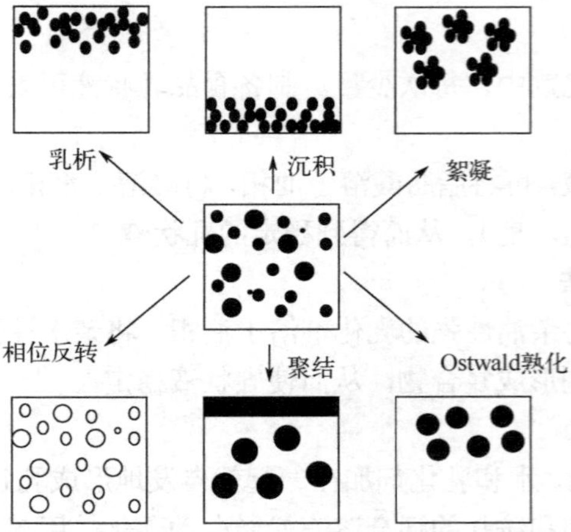

图 8-10　乳液中各种破乳过程的示意图[1,8,9]

① 乳析（creaming）和沉积　这个过程是由外力引起的，通常是重力或离心力。当这种力超过液滴的热运动（布朗运动）时，在系统中建立浓度梯度，较大的液滴更快地移动到容器的顶部（如果它们的密度低于介质的密度）或底部（如果它们的密度大于介质的密度）。在极限情况下，液滴可以在系统的顶部或底部形成紧密堆积（随机或有序）的阵列，剩余的体积由连续液相占据。

乳析是乳液的分散相在浮力的影响下漂浮在连续相上的现象。两相之间的密度差（$\Delta\rho$）在分层现象中起着关键作用，参见 Stokes 方程。

$$v=\frac{2gr^2\Delta\rho}{9\eta} \tag{8-7}$$

式中，$v$ 是分层速度；$g$ 是重力加速度；$r$ 是液滴半径；$\eta$ 是介质（连续相）的黏度。尽管当液滴尺寸变小时布朗运动占主导地位，但当液滴的漂浮速度快于其热运动时，即液滴尺寸变得大于阈值时，就会发生奶化。

② 絮凝（flocculation）　该过程是指液滴聚集（一次液滴大小没有任何变化）成更大的单位。这是范德华吸引力的结果，该吸引力在所有分散系统中都是普遍的。当没有足够的排斥力将液滴保持在范德华吸引力较弱的距离时，就会发生絮凝。絮凝可能强或弱，这取决于所涉及的吸引力的大小。

③ 聚沉（coagulation）　液滴因电荷中和会发生聚沉现象。DLVO 理论为理解胶体的稳定性提供了一个非常有用的工具。DLVO 理论考虑了电双层之间的力和通常具有吸引力的长程范德华力。在这个理论中，总势能 $V_T = V_R + V_A$。

④ Ostwald 熟化（比例失调）　这是由液相的有限溶解度引起的。被称为不混溶的液体通常具有不可忽略的相互溶解性。对于多分散的乳液，与较大的液滴相比，较小的液滴将具有更大的溶解度（由于曲率效应）。随着时间的推移，较小的液滴消失，它们的分子扩散到主体上，沉积在较大的液滴上。随着时间的推移，液滴尺寸分布向更大的值移动。

根据这一机制，Ostwald 熟化可以通过乳液液滴尺寸的均匀化和选择不易溶于水的合适油相来抑制。在极性油的情况下，由于极性油在水中的溶解度降低，少量的非极性油可以改善 Ostwald 熟化的影响。相反，醇类和多元醇的存在有助于油的溶解度增加，从而促进 Ostwald 熟化。

⑤ 聚结（coalescence）　是指液滴之间的液膜变薄和破裂的过程，其结果是两个或多个液

滴融合成更大的液滴。聚结的极限情况是乳液完全分离成两个不同的液相。聚结的驱动力是导致液滴紧密接近的表面或膜波动，由此范德华力很强，从而阻止了它们的分离。

乳液的聚结是一个不可逆的过程，两个或多个液滴在接触过程中合并形成单个子液滴。乳液聚结的驱动力是液滴之间液膜的变薄和破裂（图 8-11）。如果乳液液滴在油层、絮体或布朗扩散过程中彼此靠近，就会发生这种情况。当液滴非常接近时，它们之间的液膜会发生一些热波动，当膜厚度接近临界值时，就会发生膜坍塌，导致其破裂。较低的界面张力是表面活性剂制备乳液的重要性能之一，但会导致膜的波动。表面活性剂不仅影响整个膜的分子间相互作用，而且还会产生界面张力的梯度（Marangoni 效应）。这些梯度阻碍了膜的排水和膜上界面张力的分布，而表面活性剂分子的不均匀性随时间的变化贯穿薄膜。此外，吸附在油-水界面上的表面活性剂分子总是在油相和水相中来回移动，并且当两个液滴接触时，可能会浸入油相中，这有助于聚结。

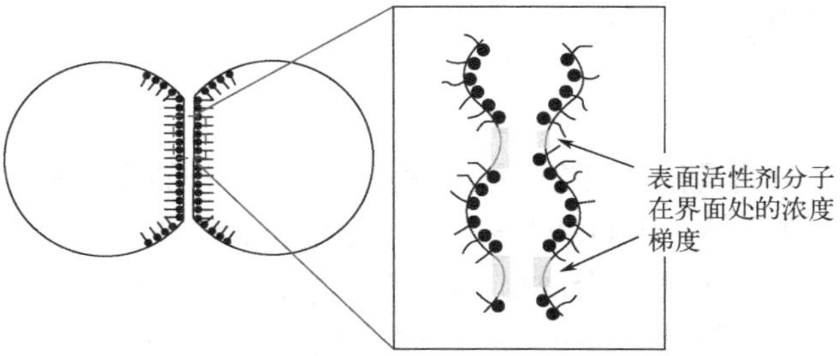


图 8-11　两个分散液滴接触时的薄层膜形成和界面状态[10]

因此，抑制聚结的有效方法是：（i）使用亲水性不太强的基团（例如羟基）的表面活性剂，该表面活性剂可微溶于油相中。（ii）应用自组装体如液晶和 α-凝胶来增强界面膜。（iii）使用有效阻止聚结的聚合物乳化剂和粉末材料。

⑥ 相反转（phase inversion）　是指分散相和介质之间发生交换的过程。例如，O/W 乳液可能随着时间或条件的变化而转化为 W/O 乳液。在许多情况下，相反转会经历过渡状态，从而产生多重乳液。

**（2）破乳技术**

工业生产中常常遇到破乳问题，例如采出的原油是 W/O 型乳状液，必须破乳脱水后才能进炼油厂加工；利用乳化分散和破乳工艺来分离脂肪酸时也会遇到破乳问题。

① 添加无机盐　在一些乳状液中添加无机盐会引起破乳作用，但对不同的乳化剂，其作用机理有所不同。例如，用离子型表面活性剂乳化的 O/W 型乳状液，用碱性皂作乳化剂时，添加 $CaCl_2$、$NiCl_2$ 等多价阳离子，碱性皂会生成不溶于水的金属皂而失去乳化作用，从而导致破乳。如果高价阳离子与乳化剂生成另一类型的乳化剂，则往往引起相位反转而不破乳。

② 温度变化　一方面，升温可以增加乳化剂的溶解度，降低它在界面上的吸附量，从而削弱保护膜；另一方面，升温可降低外相黏度，增加液滴碰撞机会，因而有利于破乳。冷冻也能破乳。用非离子型乳化剂的乳状液在 PIT 下处于不稳定状态，不充分搅拌就会破乳。

③ 添加酸　在以碱性皂作为乳化剂的乳状液中添加酸，皂变为脂肪酸而析出，失去乳化作用而破乳。

④ 过滤　用分散相易润湿的过滤材料过滤乳状液，乳化了的液滴润湿过滤材料而聚集成薄膜，从而导致乳状液的破坏。例如，W/O 型乳状液通过填充碳酸钙的过滤层，O/W 型乳状液通过塑料网时，都会引起破乳。

⑤ 电破乳　此法常用于 W/O 型乳状液的破乳。在高压电场中，极性乳化剂分子转向而降低界面膜的强度。同时，水滴极化后相互吸引排成一串。当电压升至一定强度（一般在 $2000\ V\cdot cm^{-1}$ 以上）时，小液滴瞬间聚结成大水滴而破乳。

⑥ 表面活性剂破乳　这是目前工业上最常用的破乳方法。选择能强烈吸附于油-水界面上的表面活性剂，顶走原来的乳化剂，在油-水界面形成新膜，但新膜的强度比原乳化剂形成的膜降低很多，因而容易失去稳定性而破乳，这种表面活性剂叫破乳剂。一般 O/W 型乳化剂就是 W/O 型乳状液的破乳剂，反之亦然。

除以上方法外，还有离心法、超声波法等。实际工业生产中很少采用单一的破乳方法，一般是多种方法并用。例如原油破乳时，常常是加热、电场和添加破乳剂三者同时进行，以提高破乳效率。

## 8.2 多重乳状液

多重乳状液（又称复合乳液）是将一种乳状液分散在另外的连续相中形成的多层乳状液体系，常见类型包括水包油包水（W/O/W）和油包水包油（O/W/O）。对于油包水包油（O/W/O），其中水包油乳液（O/W）分散在第二个油相中；而对于水包油包水（W/O/W），其中油包水（W/O）乳液分散在另一个水相中，如图 8-12 所示。因此，在多重乳液中，分散相或初级相包含与外部相或次级相相同的液滴组成。尽管这种系统已经被人们熟知了近一个世纪，但直到最近，它才成为化妆品、制药、控制药物输送、废水处理和分离技术中可能使用的实用系统。随着我们对此类系统物理化学理解的提高，其他有用的应用无疑将变得明显。

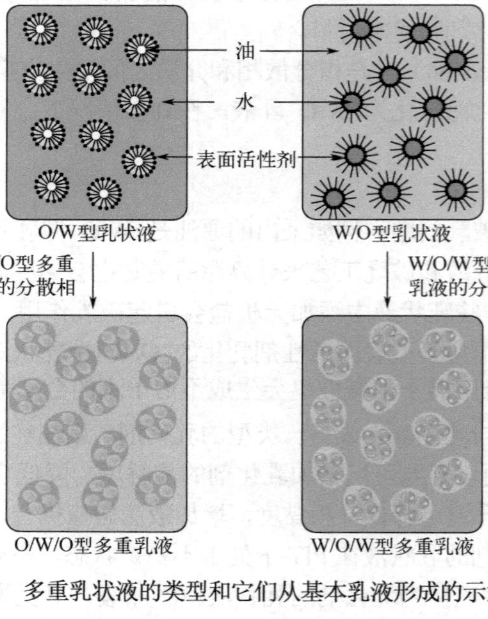


图 8-12　多重乳状液的类型和它们从基本乳液形成的示意图[10]

由于它们涉及不同的相和界面，多重乳状液具有固有的不稳定性，甚至比传统的单一乳状液更不稳定。它们的表面活性剂要求必须采用两种稳定系统，每种表面活性剂或混合物必须针对所制备的乳状液类型进行优化，但不得干扰为相反界面设计的配套系统。因此，长期稳定性需要仔细考虑各种相的特性和表面活性剂的溶解度。

### 8.2.1 多重乳状液的命名

对于复杂的多重乳状液系统，采用清晰一致的命名系统非常重要。例如，对于最终连续相为水相的 W/O/W 系统，初级乳状液是 W/O 乳状液，然后将其乳化成最终水相。用于制备初级乳状液的表面活性剂或乳化剂系统称为初级表面活性剂。为了避免关于组件或其在系统中位置的进一步模糊，可以使用下标。例如，在 W/O/W 系统中，初级乳状液的水相表示为 $W_1$，初级乳状液表示为 $W_1$/O。在初级乳状液进一步分散在第二水相 $W_2$ 中之后，整个体系可以表示为 $W_1$/O/$W_2$。在油相不同的 O/W/O 多重乳状液的情况下，符号变为 $O_1$/W/$O_2$。对于更复杂的系统，要考虑多重乳状液的顺序。

### 8.2.2 多重乳状液的制备及其稳定性

多重乳液的制备方法可分为一步法和两步法。如 W/O/W 型的多重乳液通常通过两步程序制备：将预成型的 W/O 乳液在搅拌下缓慢添加到含有亲水乳化剂的水溶液中。两步程序已被广泛使用，因为每个相中的成分组成都可以控制。在一步乳化法中，对由非离子表面活性剂或各种表面活性剂的混合物组成的乳液进行加热，这会导致相反转，从而形成多重乳液。

通过前面提到的相转化技术可以方便地制备多重乳状液。然而，这样的系统通常具有有限的持久性。它需要非常明智地选择表面活性剂或表面活性剂组合，以产生具有有用底层和稳定性特征的系统。如图 8-13 所示，制备 $W_1$/O/$W_2$ 多重乳状液的一般步骤可能包括使用适用于稳定 $W_1$/O 体系的表面活性剂形成油包水初级乳状液。通常，使用低 HLB 值（2～8）的油溶性表面活性剂。然后将初级乳状液在含有第二种表面活性剂体系的第二种水溶液中乳化，该体系适用于稳定二级 O/$W_2$ 乳状液（HLB 值为 6～16）。

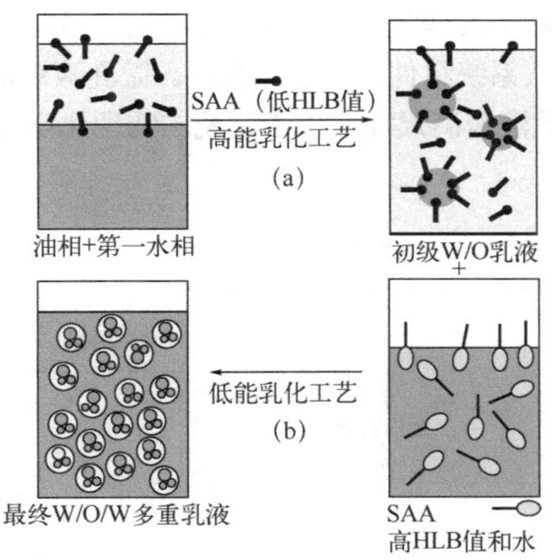


图 8-13　多重乳状液制备的两个步骤

(a) 用在第一连续相中更可溶的表面活性剂和高能乳化过程形成初级乳状液；
(b) 使用在第二连续相中更可溶的第二表面活性剂和低能量乳化方法

为了形成稳定的多重乳液，使用了许多技术，可分为两组：高剪切装置和膜乳化。为了制备多种乳液，可以应用不同的高剪切装置，包括胶体磨、超声均质器、高压均质器、高剪切混合器和微流器。这些装置都是通过空化、碰撞和湍流产生的高剪切力工作的，这会导致颗粒的分解和分散相的均匀分散。在膜乳化系统中，使用低剪切应力，这提供了更高的抗聚结稳定性，从而导致了更小的粒度分布。

# 8.3 微乳液

## 8.3.1 微乳液的定义

根据 IUPAC 定义，微乳液是由水、油和表面活性剂组成的分散体，是一种各向同性和热力学稳定的系统，分散域直径约为 1～100 nm，通常为 10～50 nm。

1943 年，Hoar 和 Schulman 首次报道了一种新的分散体系：水和油与大量表面活性剂和助表面活性剂（一般为中等链长的醇）混合能自发形成透明或半透明的体系。这种体系既可以是 O/W 型，也可以是 W/O 型。

分散相质点为球形但半径非常小，这种体系是热力学稳定的体系。因此，相当长的时间里这种体系被称为亲水的油胶团（hydrophilic oleomicelles）或亲油的水胶团（oleophilic hydromicelles）。直到 1959 年，Schulman 等才首次将上述体系称为微乳液（microemulsion），后来发现这些混合物具有纳米结构。

微乳液是含有亲水性、疏水性和两亲性组分的宏观各向同性混合物。它们的热力学稳定性和纳米结构是它们区别于热力学不稳定的普通乳液的两个重要特征。

## 8.3.2 微乳液的制备

形成小液滴以产生微乳液需要能量。这种能量可以通过高能方法从外部来源（如机械设备）获得，也可以通过低能方法从系统组件的化学势获得。微乳液液滴尺寸取决于高能方法施加的能量，而在低能方法中，微乳液液滴尺寸取决于系统的物理化学性质。图 8-14 显示了制备微乳液的方法的示意性分类。

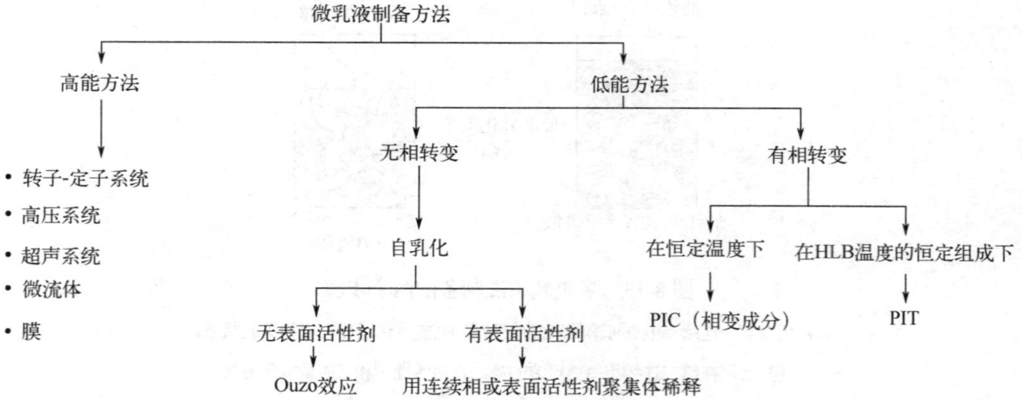


图 8-14 微乳液制备方法的示意分类[11]

在微乳液制备中，配方很重要，因为表面活性剂-油-水体系的性质，特别是微乳的形成，对其非常敏感，适当配方的微小偏差可能会导致性质的很大变化。配方也已被证明与乳液性质直接相关，如其类型、稳定性、黏度、液滴大小以及乳化方案的效率。这就是为什么在工业研发中，对配方问题进行准确的数值处理至关重要。

在给定的温度和压力下，简单的微乳液系统包含有机油相、水相和表面活性剂。这意味着至少需要五个变量来描述系统，表面活性剂的选择是决定性的。但在实践中，情况要复杂得多。水总是含有电解质。此外，油以及几乎所有商业表面活性剂都是混合物。在大多数情况下，特别是在离子表面活性剂系统中，可添加助表面活性剂（例如醇）以及其他功能助剂，以降低表面活性剂层的刚性，从而防止凝胶状中间相的形成。

### 8.3.3 微乳液的稳定性

**（1）物理化学稳定性**

微乳液的高动力学稳定性通常取决于它们的小液滴尺寸，这使它们在不沉降或产生乳析的情况下保持稳定。此外，高液滴曲率和 Laplace 压力可以防止液滴聚结和絮凝。在微乳液中观察到的主要失稳机制是 Ostwald 熟化。该过程是由渗透压梯度引起的，该渗透压梯度使分散的组分扩散通过连续相。

**（2）化学变化和生物降解**

化学降解的主要原因是大气中的氧气或其他氧化剂（氧化）或阳光的作用（光化学反应）。因此，配方中添加了抗氧化添加剂，通常使用不透明容器来防止产品降解。

微乳液制品暴露在露天环境中也可通过微生物作用引起产品降解。为了最大限度地减少生物降解，这些制品通常含有杀生物剂。

### 8.3.4 胶束、微乳液或常规乳液的区别

**（1）微乳液与常规乳液的区别**

表 8-5 显示了常规乳液与微乳液之间的差别。

**表 8-5 常规乳液和微乳液的特性差异**

| 常规乳液 | 微乳液 |
|---|---|
| 不稳定，最终会分开 | 热力学稳定 |
| 大液滴（1～10 μm） | 小团聚体（约 10 nm） |
| 静态系统 | 高度动态系统 |
| 中等大小的内表面，需要适量的表面活性剂 | 高内表面，需要大量表面活性剂 |
| 小的油/水界面曲率 | 高的油/水界面曲率 |

**（2）胶束与微乳液的区别**

在较小的尺寸范围内，许多被归类为微乳状液的系统与溶胀的胶束是无法区分的，但较大的微乳状液系统远远超过了先前定义的胶束的增溶能力。胶束会在许多情况下形成，尽管 CMC、聚集数和其他变量的具体情况可能会随着环境条件而改变。另外，微乳状液的形成已被证明具有非常特定的组成要求。这主要是由于对系统组成和各种组分的化学结构的特殊要求。

区分胶束和微乳液的另一点是，在所有关于胶束溶液中烃类、染料和其他物质增溶的文献

中，增溶分子与表面活性剂分子的比率很少超过甚至接近 2。此外，已经描述了许多微乳液系统，其分散相与表面活性剂（和助表面活性剂）的比率超过 100。由于在胶束体系中可获得的添加剂与表面活性剂的比率相对较低，因此可以认为不存在与胶束体分离的油相。然而，在许多微乳状液中，液滴的大小和高添加剂与表面活性剂的比例要求有一个分散材料的核心，该核心基本上等同于该材料的单独相。

**（3）负界面张力**

理论和实验表明，微乳体系自发形成驱动力是由于油相和水相之间存在瞬时负界面张力，两相中的一种快速通过界面转移，从而产生给定组成的最佳液滴尺寸。但应注意，负界面张力只是短暂的。

微乳液在许多实际应用中具有很好的前景。迄今为止，该领域的大多数研究都与二次和三次石油开采过程中微乳状液的形成和破坏密切相关。微乳液作为一种新型的药物递送系统，可以控制药物、生物活性成分和遗传物质的释放。微乳液非常小的液滴有利于更好地药物吸收和靶向。它们可以超越传统的乳液系统，并为其他药物的更精确设计、更好的生物利用度和准确的给药开辟新的机会，从而将副作用降至最低。

# 8.4 泡沫及其稳定性

## 8.4.1 基本概念

**（1）定义**

不溶性气体分散在连续的液相或熔融固体中所形成的分散系统称为泡沫。

连续液相中气泡之间通过称为薄片的薄膜接触。这些连续的薄膜提供了 Plateau 边界之间的连接。Plateau 边界是三个薄片的连接线。

**（2）类型**

根据连续相的特征进行分类，分为：

① 液体泡沫（泡沫） 如肥皂泡沫、啤酒泡沫。

② 固体泡沫 如泡沫塑料、泡沫橡胶和泡沫玻璃等。

在本教材中，我们仅讨论液体泡沫。液体泡沫的基本性质与乳液极为相似。

泡沫可以是精细纹理的，也可以是粗糙纹理的，这取决于泡沫的尺寸分布。也就是说，精细纹理泡沫中气泡半径的多样性较小，而粗糙纹理泡沫中的气泡半径多样性较高。从含水量（水体积分数）的角度来看，可以发现两种特定类型的泡沫：水体积分数在 26%和 37%之间的湿泡沫，以及水体积分数＜5%的干泡沫。

根据泡沫的用途进行分类：

① 结构泡沫 电器、建筑和施工、运输、海运、储罐、管道和浮选、家具、包装、食品和饮料容器。

② 柔性泡沫 床上用品和家具、包装、地毯衬垫、吸收剂、鞋类和体育用品、玩具和新奇物品、运输和纺织品。

③ 特种泡沫

（a）生物医学应用：骨骼和软骨、轻型铸件、矫形设备、组织工程和合成器官；

（b）空间应用：绝缘、涂层、先进的传感器和致动器、结构部件、宇航服和扩展结构。

**（3）结构**

液体泡沫是气体在液体中的分散体，典型的气体体积分数在 0.65 和 0.95 之间（图 8-15），其中平均直径在 0.1～3 mm 的气泡分散在连续液相中，其主要成分是水（水性泡沫）或碳氢化合物溶液（非水性泡沫）。尽管两者都是分散体，但泡沫与乳液不同。关键的区别在于分散度。也就是说，较小尺寸的液滴（范围从 100 nm 到 10 μm）使乳液呈现浑浊、均匀的一面，而泡沫更透明，经常可见气泡。液体泡沫可以表现出广泛的气泡尺寸、气体体积分数和物理化学性质，使其在石油生产、农业、消防、药品、食品和化妆品等行业中无处不在。

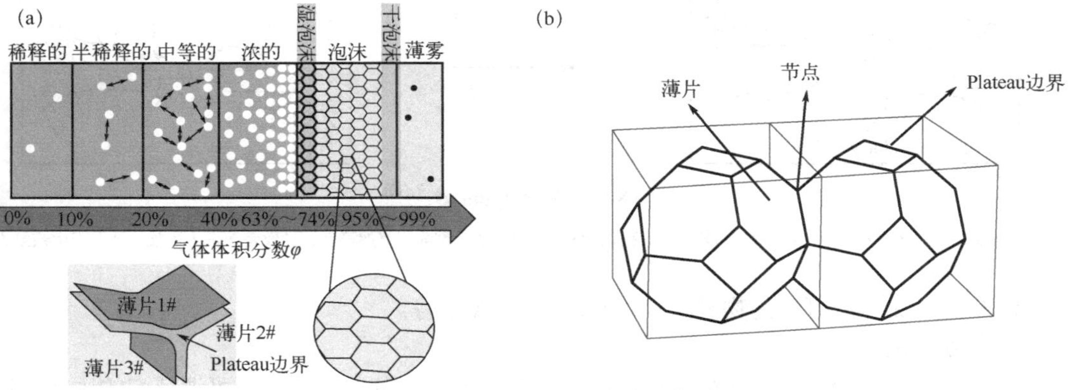


图 8-15　不同气体体积分数下的液体泡沫结构（a）和液体泡沫中液体边界的示意图（b）[12]

在干泡沫极限下，构成气泡之间界面的液膜可以理想化为无限薄的曲面，这些曲面通常不是简单的球形。这些表面构成了多面体的表面。在平衡的干泡沫中发现了许多种类的多面体，但它们受到重要的几何和拓扑限制，柏拉图（Plateau）首先指出了这一点。

Plateau 平衡规则要求干泡沫的四面体连接。它们普遍适用于液体体积分数 $\varphi$ 较小的体系，但湿泡沫可能包含超过四边（或六个单元）的连接[13]。

致密泡沫的相邻气泡通过三种类型的边界分离[图 8-15（b）]：（i）薄片，是分离两个相邻气泡的薄膜；（ii）Plateau 边界或通道，是 3 个薄片的连接；（iii）节点，4 个 Plateau 边界的交汇点。薄片的厚度通常在 10 nm 和 1μm 之间变化，其长度决定了气泡的大小。如果气泡的大小相同，则薄片以 120°的角度相遇。

在湿限条件下，气泡呈球形。在颗粒材料领域使用的理想化模型中，这种硬球填充的可能性存在一些限制。每个球体必须与至少三个其他球体接触。

真正的泡沫介于这两种理想化的极限情况之间。

## 8.4.2　泡沫的形成

泡沫总是由混合物形成的，纯液体从不起泡。为了使液体混合物发泡，必须满足两个重要条件。第一个条件是一个组分必须是表面活性的。在添加第二组分时表面张力的降低是表面活性的量度。由于与水相比，大多数有机化合物具有相对较低的表面张力，因此具有有机添加剂的水溶液相对容易发泡。第二个条件是，泡沫膜必须表现出表面弹性，也就是说，如果泡沫膜被拉伸，必须有一个力将其拉回，即 Marangoni 效应（图 8-16）。

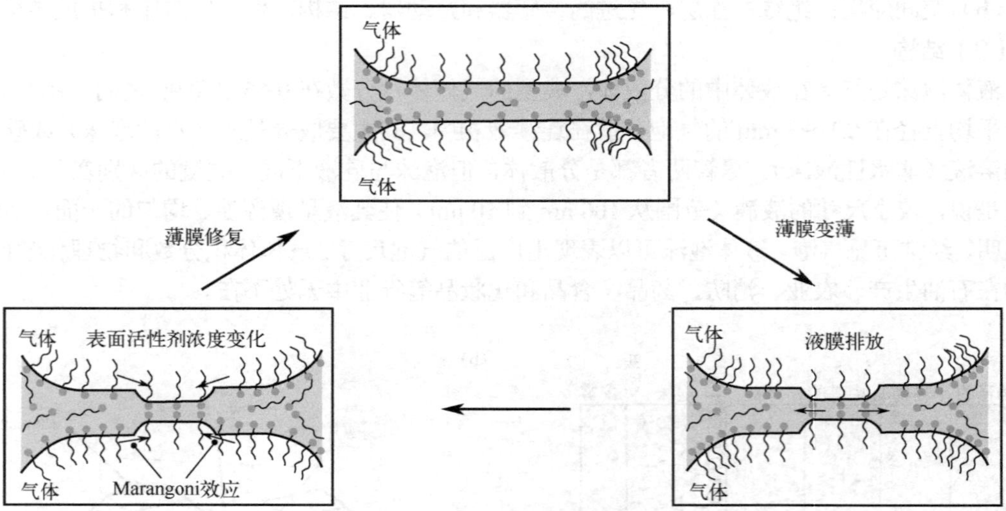


图 8-16 Marangoni 效应[12]

当泡沫薄片被机械振动或热不稳定性拉伸时，表面拉伸部分的表面活性剂浓度突然降低，导致表面张力增加，从而产生恢复力

泡沫的形成方法可分为物理法、化学法及 SAA 法等。

**（1）物理法**

① 送气法（鼓泡）：此法最常用，技术关键是通过调节送气压力即可调节泡的生成速度。

一般，送气快，则$\gamma$降低得多，气泡易生成。缺点是送气压力大小与蒸发速度矛盾，送气越多，蒸发越快。

② 溶解度降低法：例如，打开汽水瓶或啤酒瓶，即有大量气泡产生。

③ 加热沸腾法：如煮饭时的沸腾。此法的缺点是只能靠经验，对泡的大小及数量难以调节。

此外，还有工业上常用的振动、搅拌等发泡方法。

**（2）化学法**

一切用热分解而产生气体的反应都可以发泡。例如，小苏打等的加热分解及生物发酵过程中产生的气体可以发泡。

**（3）SAA 法**

无论物理法还是化学法，泡沫的生成和好的稳定性都必须保持低的表面能，而降低表面能的有效方法就是加入 SAA。

大多数泡沫的存在是由于表面活性剂或表面活性剂在界面上的存在。表面活性剂用于降低表面张力，重要的是在产生泡沫时，可稳定薄膜以防破裂。

按 SAA 的作用不同，可分为发泡剂和稳泡剂两类。

要使液膜稳定，必须加入第三种物质，即发泡剂，以降低表面张力、增强界面弹性并延缓液膜排液和破裂。当发泡剂为 SAA（如十二烷基苯磺酸钠、十二醇硫酸钠及普通肥皂等，都有良好的发泡性能）时，再在一定的条件下如搅拌、吹气等，方可有良好的发泡能力。

**（4）固体粉末的作用原理——三相泡沫**

颗粒在空气-水界面的吸附降低了总表面能，从而有助于稳定性。

与传统表面活性剂相比，使用固体颗粒形成泡沫具有一些优势。一个优点是，气泡使不稳定机制（如聚结、粗化和排水）的稳定性得到改善。

### 8.4.3 泡沫的稳定性

泡沫与乳液一样，是热力学不稳定的分散体，随着时间的推移而演变，直到完全相分离。

**（1）泡沫稳定性分类**

所有泡沫在热力学上都是不稳定的（由于界面自由能高），但为了方便起见，根据其分解动力学对其进行分类：

不稳定（短暂）泡沫：其寿命以秒计。这类泡沫通常使用温和表面活性剂生产，例如短链醇、苯胺、苯酚、松油和短链未离解脂肪酸。这些化合物中的大多数是微溶性的，并且可能产生低程度的弹性。

亚稳态（持久）泡沫：其寿命为数小时或数天。这些泡沫能够承受普通扰动（热或布朗波动），但它们可能因异常扰动（蒸发、温度梯度等）而坍塌。

亚稳态泡沫是由接近或高于临界胶束浓度（CMC）的表面活性剂溶液制备的，其稳定性由表面力的平衡决定。膜厚度与分子间作用力的范围相当，并且在没有任何外部干扰的情况下，这些泡沫可以无限期地保持稳定。它们是用蛋白质、长链脂肪酸或固体颗粒生产的。重力是直接或间接通过 Plateau 边界造成泡沫坍塌的主要驱动力。边境空气-水界面处的表面张力梯度可以对抗减薄和破坏。或者，可以通过增加液体的体积黏度（例如，通过添加甘油或聚合物）来降低排水速率。

表 8-6 给出了液体泡沫不稳定类型与相应的特征。

**表 8-6 基于稳定性的液体泡沫的分类**

| 类型 | 特征 |
|---|---|
| 不稳定 | 泡沫不断坍塌 |
| 亚稳态 | 泡沫的坍塌被阻止了 |
| 短暂的 | 泡沫的使用寿命为秒 |
| 持久的 | 泡沫的使用寿命为数小时或数天 |

**（2）泡沫稳定机理**

作用在泡沫上的力有四种，它们对泡沫的影响如表 8-7 所示。

**表 8-7 作用在泡沫上的四种力综述**

| 力 | 影响 |
|---|---|
| 重力 | 排水至泡沫基层 |
| 薄膜和 Plateau 边界的压差 | 向 Plateau 边界排水 |
| 不同大小气泡中气体的压差 | 气体从小气泡到大气泡的扩散 |
| 双电层之间的重叠 | 提高泡沫稳定性 |

第一种是重力，导致气泡之间的液体排出。重力引起的水动力排水通常是最快的，如果泡沫特别不稳定，则会在其他机制变得重要之前导致其完全坍塌。作为重力排水的模型，薄膜可以被视为两个平行壁之间厚度 $\delta$ 和宽度 $w$ 的垂直狭缝，设气泡之间的层状薄膜厚度恒定，则膜排水率将为：

$$\frac{\mathrm{d}V}{\mathrm{d}t}=\frac{g\Delta\rho w\delta^3}{12\eta} \tag{8-8}$$

式中，$g$ 是重力常数；$\Delta\rho$ 是泡沫周围液体和气体之间的密度差；$\eta$ 是液体的黏度。在现实中，狭缝或薄膜的尺寸不会恒定，将随着排水发生而减小，此时式（8-6）在数量上无效。然而，定性地说，这种关系为人们如何影响排水过程提供了线索。

第二种力为毛细力引起的毛细流动。当几个气泡接触时，特别是当泡沫已经达到或多或少稳定的多面体结构时，多气泡接触的液体区域将具有比层状膜大得多的曲率（即较小的曲率半径），层状膜几乎是平面的。这些朝向气相的高曲率区域充当毛细管“泵”，以排空气泡之间的区域。由于气泡内的气体压力必须始终相同，因此 Plateau 边界内的液体压力将低于更平行的区域。这种压力差将驱使液体进入 Plateau 边界，使薄膜变薄，并推进最终薄膜破裂的过程，如图 8-17 所示。

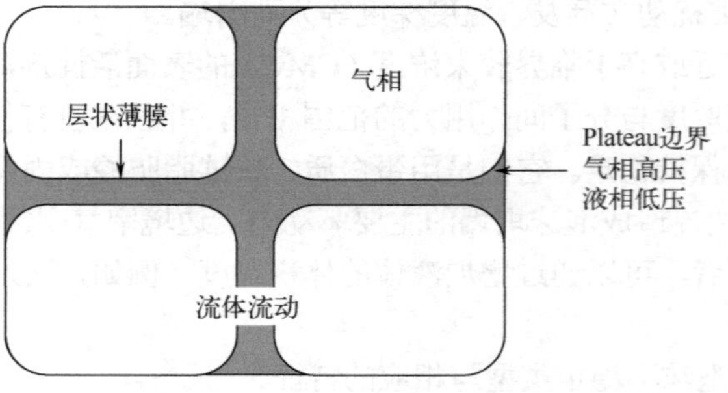


图 8-17　毛细力引起的毛细流动

液相 Plateau 边界区域的低毛细管压力导致净流进入这些区域，排出气泡之间的层状区域，并在大多数情况下导致泡沫破裂

第三种力是不同大小气泡内气体的压力不同。较大气泡中的压力为大气压 $p_0+4\gamma/R_1$，小气泡的总压力同样为 $p_0+4\gamma/R_2$。小气泡比大气泡具有更高的压力，气体将通过液体从小气泡向大气泡进行分子传输。因此，泡沫可以在没有任何薄片破裂的情况下坍塌。

气泡之间的气体扩散是液体泡沫向热力学平衡发展的一个重要现象。通过这个过程，小于平均尺寸的气泡收缩，而较大的气泡生长，导致气泡的平均尺寸随着时间的推移而增长，并且半径分布自发地向统计不变的方向演变。这种粗化或歧化类似于乳液和晶体的成熟或老化。这一过程与排水、流变和光学泡沫特性密切相关。这主要是由于平均气泡尺寸的增加，但也要注意，熟化诱导了内部动力学，这是泡沫复杂流变行为的核心。

第四种力源自界面上的表面活性剂。表面活性剂作为发泡剂的性能主要取决于其降低溶液表面张力的有效性、扩散特性、关于薄膜中的分离压力的特性以及其赋予界面的弹性特性。在给定条件下（即对于设定的功输入量），溶液中可产生的泡沫量将与发泡过程中产生的表面张力和新表面积的乘积相关。溶液的表面张力越低，通过输入给定量的功可以预期得到的表面积就越大。当疏水基团的链长增加时，由同系列表面活性剂的成员产生的泡沫量将达到最大值。这可能是由于结构性变化的冲突影响。在这种情况下，较长链的疏水性将导致表面张力的更快降低和较低的 CMC。然而，如果链长太长，低溶解度和缓慢的扩散和吸附可能会成为问题。

表面活性剂分子在界面的堆积对泡沫的稳定性至关重要。随着表面活性剂 CPP 的增加，空气-水界面上的表面活性剂堆积得更紧密，并获得更高的内聚力。这使液体薄片具有良好的强度，增加了表面弹性和黏度，从而产生高发泡性和适当的泡沫稳定性。另外，泡沫通过聚结而破裂，即破坏分离泡沫的薄液膜。泡沫膜中的热和机械波动导致形成分子大小的瞬态孔。

一旦形成孔，膜就不稳定，并且孔将穿过整个膜。空穴的形成反过来又与表面活性剂的分子结构密切相关。

当表面活性剂的 CPP 增加时，有两种抵消现象作用在泡沫上。片层内的内聚力将随着 CPP 而增加并引起更高的发泡能力，而孔形成的容易程度也将增加但引起更低的发泡能力。因此，随着 CPP 的变化，发泡能力显示出最大值，如图 8-18 所示。

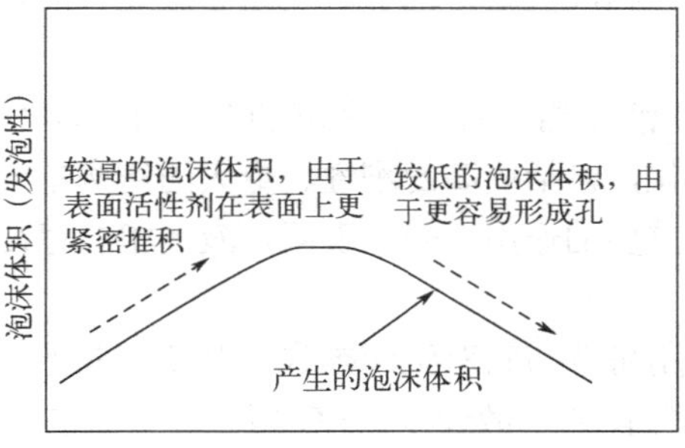


图 8-18　当系统的 CPP 改变时，作用在泡沫上的两种相反影响

离子表面活性剂有助于泡沫的形成和稳定，这是由于双电层的界面处存在。离子基团需要显著程度的溶剂化，相关溶剂分子增加了对分离压力 $\pi(\delta)$的空间（或熵）贡献。

非离子表面活性剂通常比水溶液中的离子产生更少的初始泡沫和更少的稳定泡沫。体积大、溶剂化程度高的非离子基团通常会导致较低的扩散速率和通过 Gibbs-Marangoni 效应实现的“密封”效率较低。尤其是聚氧乙烯非离子表面活性剂对 POE 链长度的发泡能力表现出强烈的敏感性。在短链长度下，材料可能没有足够的水溶性来降低表面张力并产生泡沫。而过长的链将极大地扩大容纳吸附分子所需的表面积，并降低界面弹性。

通过改变表面活性剂的胶束化特性而改变其发泡性能的添加剂可分为三大类。

① 无机电解质，对离子表面活性剂最有效；

② 极性有机添加剂，可影响所有类型的表面活性剂；

③ 高分子材料。

高分子材料可以以多种方式影响系统的发泡性能，其中一些与表面活性剂本身的表面性能无关。电解质添加剂可以通过降低离子发泡剂的 CMC 来提高发泡能力。然而过量的电解质也可能会通过降低静电引起的分离压力而大大降低泡沫的持久性。

添加剂对泡沫的稳定作用不仅与添加剂对表面活性剂 CMC 的影响密切相关，而且还与界面膜中添加剂的相对量相关。吸附在界面上的添加剂摩尔分数越大，所得泡沫越稳定。许多最稳定的泡沫体系的表面层由摩尔分数为 60%～90%的添加剂组成。

此外，对泡沫寿命有明显影响的一个因素是液体的表面黏度。液相中的高黏度阻碍了流体动力排水，并提供缓冲效果以吸收随机或诱导运动产生的冲击；高表面黏度延缓了界面之间的液体损失，并在气泡破裂之前抑制了膜变形。

① 固体颗粒与泡沫的稳定性　与表面活性剂相反，大多数颗粒虽然具有表面活性，但不是两亲性的。因此，它们在界面上的吸附对表面张力的影响相当小。几项研究报告了使用胶体颗粒作为唯一稳定剂的长效泡沫。相应的稳定机制取决于颗粒的表面化学、疏水性或亲水性、尺寸和形态。

Janus 颗粒是一类表面具有两种或两种以上不同物理化学性质的特殊纳米颗粒，具有两亲性，因此具有表面活性。这些颗粒通过在界面处形成致密层来稳定泡沫，该层成为防止气泡聚结和气体渗透的强大胶体屏障。

表面活性剂的存在增加了颗粒对泡沫稳定性影响的复杂性。颗粒会破坏表面活性剂的自然平衡，导致游离表面活性剂分子耗尽，或形成颗粒表面活性剂聚集体，这些聚集体可能作为表面活性剂载体移动到界面。因此，很难将粒子、表面活性剂和混合物吸附所涉及的自由能直接联系起来[14]。

② 液晶与泡沫稳定性　液晶相具有一定程度的有序性，相对于分子或胶束溶液的性质，系统的性质会发生实质性变化，包括更高的刚性、更大的结构单元和更少的组成波动。这种结构在发泡应用中也起着同样重要的作用。研究表明，液晶相的存在也可以作为在有机体系中生产稳定泡沫的充分条件。

液晶在稳定泡沫中的作用可能与它对泡沫损失的几个机制的影响有关，包括流体动力学排水、液膜的机械强度和截留气体的扩散速率。LC 相对膜引流的影响可以认为是双重的。相的更有序、多层性质赋予膜比正常表面活性剂单层高得多的黏度，从而防止或减缓液体排出过程。此外，已经发现液晶相倾向于聚集在 Plateau 边界区域，在那里它们的存在导致区域的尺寸增加，曲率半径更大（图 8-19），从而导致较小的 Laplace 压力迫使薄膜排水。液晶的第二个稳定功能可能与 Gibbs-Marangoni 效应有关，Plateau 边界处存在大量表面活性剂，使其能够充当表面活性剂分子的储层，以保持有助于确保泡沫稳定性的高表面压力。

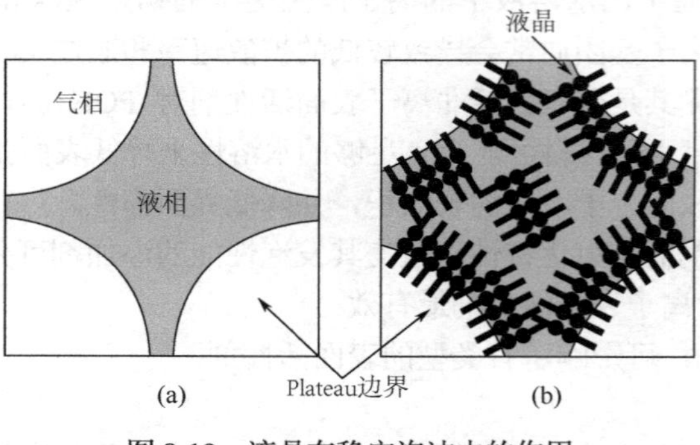


图 8-19　液晶在稳定泡沫中的作用

表面活性剂液晶的存在可以通过在 Plateau 边界区域和/或提供机械和胶体排水阻力的厚层状膜中形成半刚性结构（b）来增加正常泡沫（a）的稳定性

因为 LC 结构比正常流体更有序，可能更致密，所以气泡之间气体分子的扩散速率理论上会显著减慢。

## 8.4.4 消泡

### 8.4.4.1 利用消泡剂

利用消泡剂消泡主要有两种类型[8]：（i）添加防止泡沫形成的消泡剂；（ii）添加消除现有泡沫的消泡剂。具体途径如下。

**（1）化学消泡剂**

降低黏度和增加排水化学品会降低体积黏度并增加排水量，从而导致泡沫稳定性下降。这同样适用于降低表面黏度和弹性的材料（用过量的低黏度化合物淹没表层）。

消泡剂形成的铺展膜可以简单地取代稳定表面活性剂单层。在这种情况下，随着透镜状油滴在表面上扩散和膨胀，张力将逐渐降低到较低的均匀值。这将消除界面张力梯度的稳定作用，即消除表面弹性。

表面黏度和弹性的降低可以通过加入低分子量表面活性剂来实现，这将降低层的相干性，例如通过添加少量的非离子表面活性剂。这些效果取决于添加的表面活性剂的分子结构。其他不具有表面活性的材料也可以通过充当降低液体层中表面活性剂浓度的助溶剂来破坏膜的稳定性。

**（2）消泡的液滴和透镜状油滴**

在薄膜表面形成未溶解的油滴，可能导致薄膜破裂。如将洗涤剂的泡沫随着混合物中油滴的增加而塌陷视为溶液不再适合洗涤的指示。

油的消泡作用的一种广泛接受的机制考虑了两个步骤，即油滴进入空气-水界面，然后油扩散到膜上，导致破裂。

消泡作用可以根据进入系数 $E$ 和 Harkins 扩散系数 $S$ 之间的平衡来合理化。

$$E=\gamma_{W/A}+\gamma_{W/O}-\gamma_{O/A} \tag{8-9}$$

$$S=\gamma_{W/A}-\gamma_{W/O}-\gamma_{O/A} \tag{8-10}$$

式中，$\gamma_{W/A}$、$\gamma_{O/A}$ 和 $\gamma_{W/O}$ 是水相、油相的表面张力和油-水界面的界面张力。

Ross 和 McBain 建议，为了有效消泡，油滴必须进入空气-水界面并扩散，在原始膜的两侧形成双重膜。这导致原始膜位移，留下不稳定且容易破裂的油膜。Ross 使用扩散系数[式（8-9）]作为消泡标准。对于消泡，$E$ 和 $S$ 均应大于 0，以便于进入和扩散。

**（3）改变表面张力梯度**

一些消泡剂的作用是通过减少 Marangoni 效应来消除泡沫膜中的结构张力梯度效应。该表面张力梯度作为剪切力，可能会发生膜变薄和泡沫破裂。这可以通过含有除稳定泡沫之外的表面活性剂的固体或液体来实现。或者，含有比泡沫中存在的浓度更高的泡沫稳定剂的液体也可以通过这种机制起作用。

**（4）疏水颗粒作为消泡剂**

许多具有一定疏水性的固体颗粒已被证明会导致泡沫不稳定，包括疏水性 $SiO_2$ 和聚四氟乙烯（PTFE）颗粒。PTFE 颗粒在黏附到水性界面时表现出有限的接触角，并且已经证明，许多这样的疏水颗粒可以通过快速吸附耗尽稳定表面活性剂的膜，从而减弱膜的致密性而导致泡沫的不稳定。

对于大而光滑的颗粒（大到足以接触两个表面并且接触角 $\theta>90°$），反润湿作用可能发生。在这种情况下，颗粒附近的薄膜中的 Laplace 压力最初变为正，并导致液体从颗粒中流出，导致排水增强并形成空穴。对于含有粗糙边缘的颗粒，情况更为复杂。

**（5）疏水颗粒和油的混合物作为消泡剂**

当不溶性疏水颗粒和疏水油的混合物分散在水性介质中时，其协同消泡效果已得到充分证实。这些混合消泡剂在非常低的浓度（10～100 $\mu L \cdot L^{-1}$）下非常有效。疏水性颗粒可以是疏水化的二氧化硅，并且油是聚二甲基硅氧烷（polydimethyl siloxane，PDMS）。这种协同效应的一种可能解释是，PDMS 油的扩散系数通过添加疏水颗粒而改变。

#### 8.4.4.2 物理方法消泡

**（1）压力**

有几种机制可以通过压力破坏气泡，推测空化和气泡在压力释放时的生长是最重要的。

**（2）真空/不饱和**

真空还可以用来降低水中溶解气体的浓度，从而溶解纳米气泡。由于气体分子在水中扩散需要很长时间，因此需要在真空和/或长时间搅拌或非常小的样品量条件下。另一种更快的方法是将纳米气泡样品与预先脱气的水混合，以溶解任何气泡。另外，不同类型的纳米气泡可能对气体不饱和具有不同的抵抗力。某些类型的涂层微气泡和纳米气泡在稍微不饱和的溶液中可能具有相当长的寿命。

**（3）离心**

离心可以将浮力胶体（如气泡或油滴）与沉降胶体（如固体颗粒）分离，还可以分离不同尺寸的胶体。离心法已在医学领域中普遍用于分离不同尺寸的包衣气泡。

**（4）冻融**

分散的颗粒和乳化的油滴被排除在生长的冰之外，并积聚在剩余的液相中，在那里它们可能会聚集或聚结。纳米气泡也可能是这样，溶解的气体也会积聚在液相中，导致气泡的成核和生长[15]。

### 8.4.5 纳米气泡

纳米气泡有两种：表面纳米气泡（nanobubbles，NBs）和本体纳米气泡（bulk nanobubbles，BNBs）。前者附着在浸没在液体中的固体表面上，而后者被液体环境包围。近年来，BNBs 的研究和应用迅速发展。然而，基于气体扩散和 Laplace 压力的传统理论预测，水中的纳米级气泡应该在微秒内溶解，这在当前的纳米气泡研究中提出了一个现代悖论。此外，利用现有技术有效生产 BNBs 并确定其气体性质仍然具有挑战性。BNBs 研究的一些里程碑时间如图 8-20 所示。

图 8-20 BNBs 研究的一些里程碑[16]

关于 BNBs 稳定性的典型模型包括：薄层模型，粒子缝隙模型，铠甲气泡模型，静电排斥模型和多体模型[17,18]。

**（1）BNBs 的产生**

BNBs 形成的基本原理如图 8-21 所示。可能涉及两种途径。一种是从液相中出现新相（气泡相），它始于成核过程。自 Gibbs 在 19 世纪首次描述以来，这一过程得到了详尽的研究。另一种途径是微气泡的坍塌或收缩，其确切机制尚不清楚，仍然存在争议。

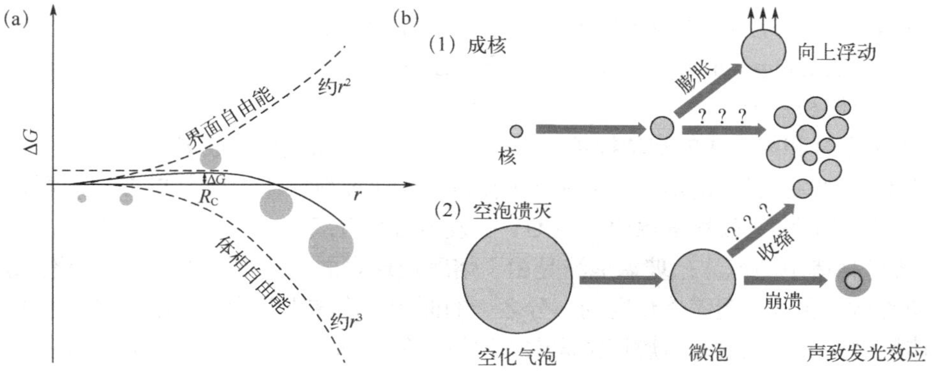


图 8-21　BNBs 生成的基本原理

(a) 气泡形成的经典成核理论；(b) 导致形成稳定的 BNBs 悬浮液的两种可能途径

**(2) 气泡成核**

在经典成核理论中，成核速率 $R$ 由形成新相的吉布斯自由能 $\Delta G$ 以指数关系 $\exp(-\Delta G/k_BT)$ 来预测，其中，$k_B$ 是玻尔兹曼常数；$T$ 是温度。在均匀成核的情况下，气体过饱和溶液中形成球形气泡核的自由能变化 $\Delta G$ 可以写成：

$$\Delta G=\frac{4}{3}\pi r^3\Delta G_{lg}+4\pi r^2\gamma \tag{8-11}$$

式中，$r$ 是核的半径；$\gamma$ 是气体-液体界面的表面张力；$\Delta G_{lg}$ 是在相同压力下，本体液体和气体核每单位体积的吉布斯自由能之差。$\Delta G_{lg}$ 总是负的，因为成核通常发生在过饱和条件下。显然，对于小半径 $r$，$4\pi r^2\gamma$ 的表面自由能项将超过 $r^3$ 的体相自由能项，从而产生正 $\Delta G$，并为泡核均匀生长创造能垒。因此，均匀成核可能非常缓慢，很少发生，溶液中气泡的形成在很大程度上被视为非均匀成核过程。通常需要一定的表面或一些杂质，它们的存在将显著降低原子核的表面积，使其远低于 $4\pi r^2$，从而将表面自由能项降低到 $\Delta G$ 以内，反过来，非均匀成核的可能性更大，成核速率更快。

**(3) BNBs 的应用**

由于时间长、比表面积高，纳米气泡在广泛的应用中发挥着重要作用，如废水处理、表面清洁、促进动植物生长和医学检查与治疗。BNBs 可以从废水中提取纳米颗粒（如贵金属渣）。NBs 溶液可以通过碰撞和新的气泡成核附着在纳米颗粒上。纳米气泡优先与较小的疏水性颗粒结合。由于表面张力，它们结合形成更大的聚集体，从而实现固液分离。BNBs 在各种表面清洁应用中显示出巨大的潜力。在表面清洁过程中使用大 BNBs 不仅减少了添加剂和清洁剂的使用，还减少了水的消耗，从而更加环保。羟基自由基（·OH）和超氧化物离子（$O_2^-$）可以在含有 BNBs 的水溶液中产生。它们可以产生生物效应，比如促进植物和鱼类的生长。此外，由于 BNBs 的高气液传质效率，水中的溶解氧含量大大增加，并且可以持续更长时间，这可以改善水质，改善鱼、虾、蟹等水产品的数量和质量，增加养殖的经济效益。

### 8.4.6 泡沫的应用

**(1) 化学和生物化学过程中的液体泡沫**

① 用于合成纳米颗粒的泡沫模板：氧化物纳米颗粒合成。与传统的合成方法相比，使用泡沫作为模板有几个优点，包括更容易扩大规模、更简单的程序、更低的温度以及不需要非常

规化学品。液体泡沫的这种能力归因于其由表面活性剂占据的大的气-液界面区域，这些表面活性剂产生类似的 Langmuir 单层，反应物离子与 Langmuir 单分子膜静电结合并发生反应，导致最终产物的成核和生长。

② 用于聚合和凝胶化的泡沫模板：使用 Pickering 泡沫模板合成多孔材料涉及干燥由可熔融加工的聚合物颗粒稳定的泡沫，而有时多孔材料应通过泡沫连续相中 Pickering 颗粒、共稳定剂、单体、交联剂和引发剂的热引发或 UV 引发聚合来合成。

③ 玻璃制造中的泡沫：玻璃泡沫是由于熔融玻璃表面的气泡聚集而形成的泡沫层，普通玻璃窑炉的泡沫层可能覆盖熔化区约三分之一的面积。泡沫中包含的气泡充当散射体的集合，该散射体反射并反向散射来自燃烧空间的入射辐射的一部分。因此，玻璃泡沫构成了从燃烧空间到原料和玻璃熔体的辐射热传递的主要阻力。这反过来又会对玻璃质量、能源效率、污染物排放和熔炉寿命产生负面影响。表 8-8 列出了玻璃熔炉中遇到的不同类型的玻璃泡沫、气体来源、气体物种、气泡大小以及每种类型的熔炉位置。图 8-22 列出了影响玻璃泡沫的各种参数。

**表 8-8　玻璃熔炉中遇到的不同类型的玻璃泡沫一览**

| 泡沫类型 | 气源 | 气体物种 | 气泡大小 | 位置 |
|---|---|---|---|---|
| 初级泡沫 | 配合料融化和精炼反应 | $CO_2$,$N_2$,CO,$SO_2$ | 小 | 围绕配合料行进 |
| 次级泡沫 | 精炼反应 | $CO_2$,$SO_2$,$O_2$,$S_2$,HCl | 大 | 精炼区 |

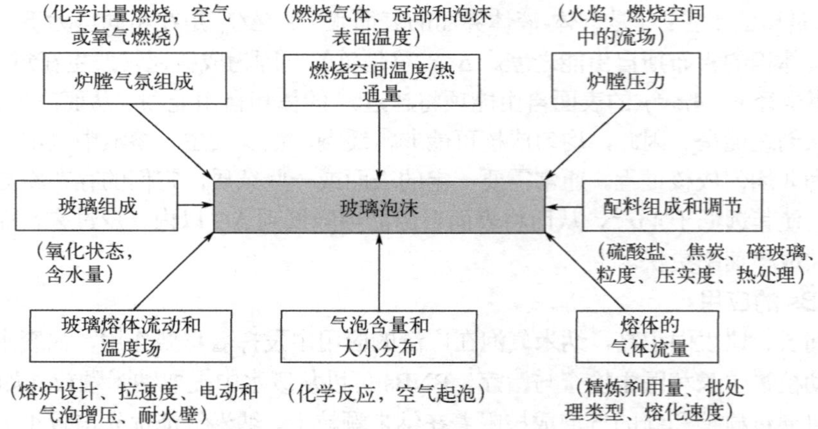


图 8-22　影响初级和次级玻璃泡沫的各种参数示意图[13]

④ 用于分离：

a．用于分馏和浮选：分馏和浮选是环境友好和温和的工艺，例如，广泛用于生物工艺、采矿、食品和纺织中的矿物和有机离子、分子、胶体颗粒和悬浮固体的分离。前者是一个化学过程，基于某些分子优先吸附到气-液界面而使其发泡；在后者中，由于其润湿性以及注入溶液的气泡的浮力和刚度的差异，颗粒组分被上升的气泡分离。

b．电泳：泡沫的液体含量可以被视为纳米流体通道的扩展网络，其大的表面积与体积比使泡沫膜能够容纳电动现象。Plateau 边界由于其相对较高的液体含量，在泡沫内部的电动质量传输中发挥着重要作用。也就是说，积聚在气-液界面的带电表面活性剂从液体内容物中吸引反离子，这导致由反离子填充的双电层（EDL）的形成，EDL 离子由于外部电场而电迁移，对主体液体施加阻力和液体内容物的电渗流（EOF）。

(2)消防泡沫

灭火泡沫应用于可燃固体或液体材料的表面，以扑灭正在发生的火灾并抑制重燃。泡沫也以防御的方式使用，以抑制蒸气并防止最初点燃。消防泡沫主要由表面活性剂在稀释水溶液中的混合物组成。由于在大多数情况下运输和储存整个泡沫溶液是不切实际的，因此消防泡沫的活性成分以浓缩物的形式提供。机械搅拌或湍流剪切在两个方面是产生泡沫的关键组成部分：泡沫浓缩物必须与水混合以形成均匀的泡沫溶液，泡沫溶液必须与具有足够剪切度的空气混合以形成最终的泡沫。

对于消防泡沫，适用于普通可燃物（A 类泡沫）和易燃液体（B 类泡沫）引起的火灾。除了燃料类型外，消防泡沫还根据其成分基础以及适用燃料是否为水溶性燃料进行分类。它们具有更好的流动性，能在碳氢化合物基液体表面快速扩散，以更快地扑灭火焰。它们在火灾后的安全性有限，并且是有毒的地下水污染物。鉴于灭火泡沫是水性配方，溶解度尤其重要，如果将某些类型的泡沫应用于具有水溶性的燃料，则会迅速降解。

(3)消费品中的泡沫

这里所说的消费品，是指家庭护理、个人护理、食品和饮料等，泡沫对产品技术性能的贡献很重要[19]。泡沫刺激和吸引感官，科学家对泡沫的好奇只是人类对泡沫着迷的一个分支。表 8-9 列出了一些消费品市场中的泡沫及作用。各种消费品都需要各种各样的泡沫生产技术，要求范围从啤酒头中微米大小的稳定单分散泡沫到泡泡浴或洗衣粉中高达一厘米的短暂泡沫。

表 8-9　消费品市场泡沫的范围[13]

| 领域 | 类型 | 市场要求 |
|---|---|---|
| 家庭护理 | 洗衣粉、餐具洗涤剂、清洗液 | 有效的产品会产生泡沫。必须遵循谨慎的配方，以在应用中产生足够的泡沫，同时不会变得难以控制 |
| 个人护理 | 洗发水、剃须凝胶/泡沫、洗手液、肥皂、泡沫浴 | 早期功能成分主要是肥皂，具有发泡效果。泡沫和功效已经相互关联。泡沫在拓展产品中起着重要作用，将产品放入泡沫中可以使所需的量与所用的量相匹配，同时也可以将其制成一种流行的物理形式。泡沫屈服应力也有助于这种方法的吸引力 |
| 食品 | 面包、慕斯、蛋糕、奶酪、冰淇淋、蛋奶酥 | 通过使用泡沫代替更昂贵或不太健康的成分，并形成新的质地，可以获得利润 |
| 饮料 | 啤酒和拉格啤酒、苹果酒、起泡酒、碳酸软饮料 | 泡沫一直是饮料的重要组成部分。一个关键的发展是创造出与更具流动性的产品相关的传统泡沫，这些产品可以在移动中或家中消费 |

泡沫的应用非常广泛，如聚合物泡沫，传统上，它们用于家用电器、汽车、建筑、运输和航空航天。然而，现代进步和材料需求促进了这些泡沫的应用领域通过涂层扩展到其他技术领域，包括储能装置和锂离子电池、压阻传感器、生物医学支架、油水分离和水修复等。这些低成本泡沫的可持续技术解决方案现在已经通过其特性的相互属性（高表面积、开孔、低密度和柔性）、许多先进材料（如碳纳米管、石墨烯和金属氧化物纳米颗粒）的可用性以及多功能和创新的涂层方法实现。

## 8.5 气溶胶与粉尘

### 8.5.1 气溶胶

(1)基本概念

分散介质为气体，而分散相为液体或固体的分散系统称为气溶胶（aerosol）。气溶胶是悬浮在空气或其他气体中的极小固体或液体颗粒。

气溶胶是环境问题的核心，如全球变暖、光化学烟雾、平流层臭氧消耗和空气质量差。关于气溶胶对气候影响的认识可以追溯到公元前44年，当时埃特纳火山爆发与凉爽的夏季和歉收有关。几个世纪以来，人们一直意识到暴露在气溶胶中对职业健康的危害。直到最近，人们才越来越意识到汽车颗粒物排放，特别是亚微米颗粒物对健康的可能影响。

19世纪，地质学家研究了与土壤形成有关的大气尘埃，在19世纪末，气象学家认识到大气颗粒物影响降雨形成的能力，以及它们对可见光和热辐射的影响。大气颗粒物长距离传输对环境的影响也得到了广泛讨论[20]。

气溶胶有多种类型，根据物理形式和产生方法进行分类。常用的术语有灰尘、烟雾、烟和雾。几乎所有关于气溶胶科学的文字描述都包含各种类别的定义。气溶胶的类型及其粒子大小如图8-23所示。

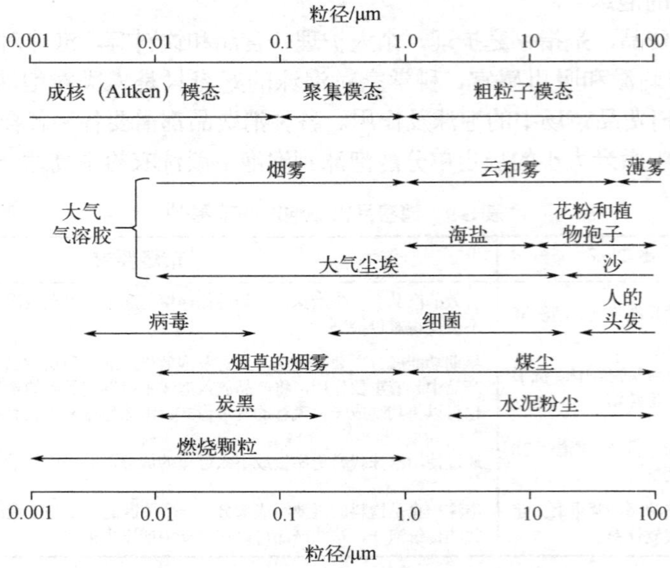


图8-23 根据常见气溶胶的大小和实例对颗粒物进行分类

图中显示，气溶胶的尺寸从100 μm到0.001 μm，跨越几个数量级，从几乎宏观到接近分子大小。气溶胶性质取决于颗粒大小，最小的气溶胶接近大气分子的大小，并具有许多相同的性质；最大的是具有牛顿物理学所描述性质的可见颗粒。

尘："灰尘是由悬浮在空气中的微粒所组成的不均匀分散体系。"

雾："固体或液体气溶胶，是过饱和蒸气不完全燃烧或冷凝的结果。大多数烟雾颗粒的大小都是亚微米。"

从早期的文献中可以清楚地看出，灰尘和烟雾不是根据颗粒大小来定义的，而是根据其形成机制来定义的。

气溶胶分初级和次级气溶胶。初级气溶胶是直接排放或注入大气的大气颗粒，而次级气溶胶是通过气相分子的原位聚集或成核（气粒转化）形成的大气颗粒。大气中的颗粒由固体颗粒、液滴和固体颗粒中所含液体成分的混合物组成。颗粒在其浓度及物理化学和形态特征方面是可变的。气体反应或冷凝到预先存在的气溶胶上产生二次气溶胶。

气溶胶成分随颗粒大小、来源和寿命而变化。事实上，单个颗粒的组成可能不均匀，但可能是多相和多组分的。固体夹杂物可以包含在液体主体内。此外，颗粒表面的组成可以与气溶胶本体的组成完全不同。随着相对湿度的变化，颗粒尺寸和成分可能会发生显著变化。这些复杂因素的结合说明了与表征大气气溶胶化学成分相关的问题。

**（2）气溶胶的制备**

除了来自于自然界中的气溶胶外，实验室与工业上也可以通过适当的方法制备气溶胶。图 8-24 示意了两种制备气溶胶的装置。

压缩空气喷雾是产生液体气溶胶液滴的最简单方法。压力为 30～250 kPa 的压缩空气从喷嘴或孔口高速排出。喷嘴出口区域的伯努利效应产生的低压将液体从储液器吸入气流中，并将液体破碎成液滴。产生的气溶胶喷雾被引导到一个表面上，在这个表面上，大颗粒因撞击而损失，小颗粒留在气流中。质量中值直径为 1～5 μm 的多分散液滴流的浓度高达$10^7$ 个颗粒·$cm^{-3}$。如果低挥发性的液体被雾化，则尺寸分布可以在几分钟内保持稳定。如果非挥发性盐溶解在挥发性溶剂中，挥发性溶剂的蒸发可能导致形成最终直径由液滴的初始体积和固体材料的体积分数决定的固体颗粒。同样，高挥发性和低挥发性液体的混合物的雾化也会产生小液滴。

对于直径大于 5 μm 的液滴，振动孔气溶胶发生器是一种替代方案。液体射流对机械扰动是不稳定的。通过对迫使液体通过小孔形成的液体射流施加规则的机械振动，可以迫使射流分解成具有单分散尺寸的液滴，该尺寸由调制振动的频率和小孔的尺寸决定。机械振动由压电晶体提供。浓度为 10～500 个颗粒·$cm^{-3}$ 时，可以很容易地实现 5～200 μm 的初始液滴直径，除非气溶胶分散在气流中，否则凝结会导致颗粒尺寸迅速增加。固体颗粒可以通过将固体非挥发性盐溶解在挥发性溶剂中而产生。

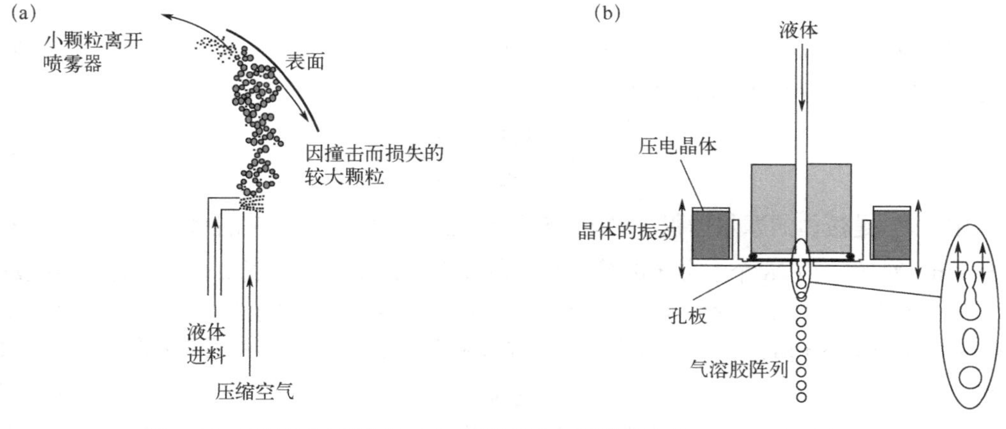


图 8-24　压缩空气喷雾器（a）和振动孔气溶胶发生器（VOAG）（b）

超声波雾化器的工作原理是将压电晶体产生的超声波聚焦在液体表面。毛细管波在表面形成，这些毛细管波破裂形成密集的气溶胶云，液滴大小与压电晶体的调制频率有关。超声波雾化器能够在比压缩空气雾化器更高的浓度下产生更大体积的气溶胶。

干粉分散的最简单方法是使用重力将粉末送入高速气流中，可以达到高达$100\ g\cdot m^{-3}$的浓度，尽管这取决于颗粒尺寸范围和形状，以及粉末的水分含量。这种方法可以分散粒径在<1 μm 到 100 μm 之间的颗粒。干燥和疏水性粉末比潮湿和亲水性粉末更容易分散。待分散粉末中的团聚可能是一个主要问题，可以通过将粉末引入由 200 μm 直径珠粒组成的流化床来克服。分

散过程中的颗粒带电会降低分散效率，导致分散气溶胶的浓度变化。

凝结法形成气溶胶：产生气溶胶的化学方法包括空气或其他气体环境中的液滴或颗粒的直接冷凝。为了使蒸气在远离临界点的条件下凝结，必须满足某些条件。如果蒸气中不含可能作为凝结成核点的外来物质，则气溶胶滴的形成将由蒸气的饱和程度控制，类似于均匀晶体形成的情况。

液滴冷凝的障碍与小液滴相对于其总自由能所具有的高表面能有关。热力学上，可以给出一个简单的论证来说明这个过程。如果认为冷凝过程为：

$$n\mathrm{A}(\mathrm{gas}, p) \rightleftharpoons A_n(\mathrm{liquid}, \mathrm{drop})$$

式中，$n$ 表示在压力 $p$ 下参与该过程的气体 A 的分子数。那么在没有表面张力效应的情况下，该过程的自由能变化将由下式给出：

$$\Delta G = -nkT\left(\frac{p}{p_0}\right) \tag{8-12}$$

式中，$p$ 是 A 在气相中的压力或活度；$p_0$ 是液相中的压力或活度。比值 $p/p_0$ 通常被称为系统的过饱和度。半径为 $r$ 的液滴的表面能等于 $4\pi r^2\gamma$，因此液滴形成时的实际自由能变化为：

$$\Delta G = -nkT\left(\frac{p}{p_0}\right) + 4\pi r^2\gamma \tag{8-13}$$

其中右边的两项都可以用液滴半径 $r$ 表示。如果 $\rho$ 是液体的密度，$M$ 是其分子量，则方程式为：

$$\Delta G = -\frac{4}{3}\pi r^3\frac{\rho}{MRT}\left(\frac{p}{p_0}\right) + 4\pi r^2\gamma \tag{8-14}$$

其中两项符号相反，对 $r$ 的依赖性不同。曲率最大的半径可定义为临界半径 $r_C$，可通过设置 d（$\Delta G$）/d$r$=0 从方程（8-14）中确定：

$$r_C = \frac{2\gamma V_m}{RT}\left(\frac{p}{p_0}\right) \tag{8-15}$$

式中，$V_m$ 是液体的摩尔体积。对于 25 ℃和过饱和度 $p/p_0$ 为 6 的水，该式预测临界半径为 0.58 nm，对应于约 28 个水分子的簇大小。很难说这么小尺寸的液滴是否具有与散装液体相同的性质。事实上，这种组件中相对较高的表面体积比可能导致实际表面张力大于 72 $\mathrm{mN \cdot m^{-1}}$ 的。如果使用更大的$\gamma$值，则 $r_C$ 值减小。随着过饱和度的增加，也会发生同样的情况。式（8-15）不加批判的定量使用可能会产生误导，因为它预测了均匀成核的临界簇大小，如果任由过程随机波动的变化，这些簇大小不太可能频繁发生。然而，定性地说，该式有助于解释在高纯度系统中通过直接冷凝形成液体气溶胶的困难。

如果结合式（8-14）和式（8-15），可以获得液滴形成临界半径的簇的自由能 $\Delta G_{max}$ 的值。

$$\Delta G = \frac{4\pi r_C^2\gamma}{3} = \frac{16\pi\gamma^3 M^2}{\left\{3\rho^2\left[RT\ln(p/p_0)\right]^2\right\}} = 16\pi\gamma^3 V_m^{2/3}\left[RT\ln(p/p_0)\right]^2 \tag{8-16}$$

**（3）尺寸和形状**

颗粒形状可分为三类：①粒子的三维大致相等，例如球形粒子；②颗粒有两个长尺寸和第三个小尺寸，例如叶子和圆盘；③颗粒有一个长尺寸和两个小得多的尺寸，例如针头和石棉。

当粒子是球形时，可以使用它们的半径或直径来描述它们的大小。然而，由于大多数粒子都不是球形的，因此必须使用其他参数。通常，直径是根据粒子沉降速度来定义的。所有沉降速度相似的颗粒都被认为是相同的尺寸，无论其实际尺寸、成分或形状如何。两个最常见的定义是：

空气动力学直径：与所讨论的粒子具有相同空气动力学特性的单位密度球体的直径。这意味着，如果沉降速度相同，任何形状或密度的颗粒都将具有相同的空气动力学直径。

Stokes 直径：与所讨论的颗粒密度相同，沉降速度与该颗粒相同的球体的直径。

Stokes 直径和空气动力学直径的不同之处仅在于 Stokes 直径包括颗粒密度，而空气动力学直径不包括。等效直径也是常用的。当通过特定技术测量颗粒尺寸时，测量通常对应于特定的物理性质。

**（4）气溶胶的胶体性质**

虽然气溶胶是典型的胶体，因为它们对已经引入的相同作用力（即静电作用和范德华相互作用）作出反应，但就分散的气体介质而言，普遍存在的特殊条件导致其与液体介质中的胶体存在明显的性质差异。前面的章节说明了由于连续相对粒子-粒子相互作用的屏蔽作用，分散介质对胶体粒子特性和相互作用的重要性。在气溶胶中，尽管基本规则保持不变，但气态介质的屏蔽效应相对变得微不足道，因此必须进行一些调整，以调和气溶胶与乳状液、溶胶和其他胶体系统之间的明显差异。

气溶胶与其他胶体之间有至少四个基本差异：浮力效应，分散介质运动的影响，未扰动条件下的颗粒流动性（即自由落体），以及中间介质对相互作用的影响。在乳状液、泡沫和溶胶中，已经发现浮力在确定系统稳定性方面非常重要（即匹配分散相和连续相的密度可以延缓乳化或沉淀）。在气溶胶中，连续相的密度总是明显小于分散颗粒的密度。

**（5）气溶胶运动动力学**

对于半径为 $R$、密度为 $\rho$ 的球形颗粒，在黏度为 $\eta$ 的介质中以速度 $v$ 移动，雷诺数 $Re$ 由下式给出。

$$Re = \frac{2vR\rho}{\eta} \tag{8-17}$$

当 $Re<1$ 时，系统称为层流；当 $Re>10^3$ 时，系统处于完全湍流状态，流动阻力由介质产生的阻力控制。

即使在理想条件下，与其他胶体相比，气溶胶的动态流动行为也可能明显不同。在静止的空气中，一个粒子在与另一个粒子碰撞之前行进的平均距离，即平均自由程 $\lambda$ 由下式给出。

$$\lambda = \left(\sqrt{8}\pi\rho_N R^2\right)^{-1} \tag{8-18}$$

式中，$\rho_N$ 是粒子数密度。对于包含$10^8$个粒子·$cm^{-3}$和半径为$10^{-4}$ cm的气溶胶，$\lambda$=0.11 cm。因此，处于随机运动中的粒子在与相邻粒子碰撞之前平均移动 0.11 cm 的距离。这种碰撞可能导致系统特性的变化——弹性碰撞时的动量变化以及非弹性（黏性）碰撞时的尺寸变化。

**（6）气溶胶中的胶体相互作用**

气溶胶中的 Hamaker 常数很大，通常在$5\times10^{-20}\sim20\times10^{-20}$ J的范围内，导致颗粒之间以及颗粒与表面之间的强烈吸引相互作用。如果使用 $kT$（玻尔兹曼常数绝对温度）作为气溶胶粒子动能的测量值，在环境温度下，该能量约为$4\times10^{-21}$ J。因此，气溶胶中的 Hamaker 常数将至少大一个数量级，表明粒子之间的吸引力几乎总是大于粒子的动能，并且几乎总是发生非弹性或黏性碰撞。

这种强相互作用的一些实际结果包括家用绒毛球，其中灰尘颗粒絮凝并形成分形状结构[均匀絮凝，图 8-25（a）]，以及气溶胶颗粒与扩展表面的黏附[非均匀絮凝，图 8-25（b）]。

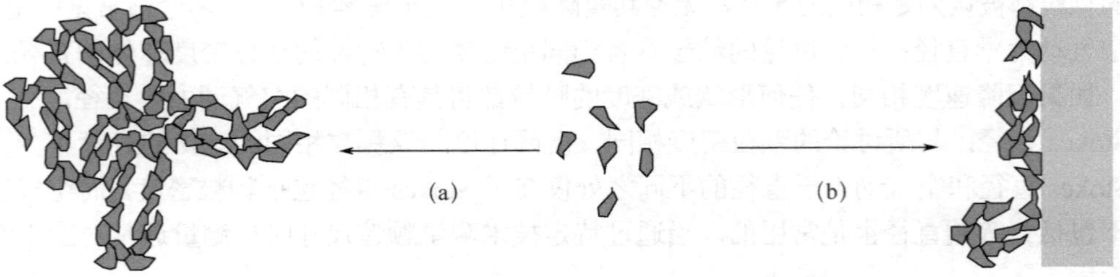


图 8-25　气溶胶颗粒之间及颗粒与表面之间的强相互作用

由于空气的低介电常数，气溶胶颗粒之间的相互作用比液体介质中的相互作用大几个数量级。一个明显结果是，出现了日常的“泡沫球”（a）和表面上的快速灰尘堆积（b）。在需要超清洁环境的技术中，由此产生的问题需要数百万美元的解决方案

当液体气溶胶液滴聚在一起时，就像在云中形成雨一样，单个液滴的身份会丢失，形成单个大液滴。如前一节所示，气溶胶滴的半径将极大地影响自由落体率。如果水滴是在相对平静的条件下形成的（例如，几乎没有垂直对流阻碍水滴下落），可能会产生小而温和的降雨。在具有快速垂直对流的云层中（如在雷暴中），不断增长的水滴将受到气流的浮力，从而为水滴的增长留出更多的时间，并导致更大更猛烈的降雨。当云的形成达到足够高的高度并且水滴被强烈的内部对流保持悬浮时，水滴可能会结冰，产生雨夹雪或冰雹。

实际上，几乎所有的气溶胶粒子都会迅速获得电荷，导致静电相互作用。由于缺乏电离溶剂，通过解离直接电离的可能性较小。也许最可能的是由于摩擦（如在干燥的冬天走过地毯并触摸门把手）而获得的电荷，由于与电离辐射碰撞而产生的电子增益或损失，以及空气中离子的吸附。

**（7）气溶胶的光学性质**

① 规律　服从 Rayleigh 公式。

通过气溶胶的透射光呈橙红色，散射光则呈淡蓝色。由于大气中常飘浮有体积较大的物质，乳光效应被浑浊现象所代替，这时的烟雾好像是乳白色的。

② 关于光化学烟雾　污染的大气层中（常常是由汽车、工厂的烟囱中排放出的氮氧化物及碳氢化合物等物质），经太阳光紫外线照射，生成的一种淡蓝色的毒性很大的气体，其中含有臭氧、醛类、过氧乙酰基硝酸酯、烷基硝酸盐、酮等物质。

**（8）气溶胶的重要性**

气溶胶，无论是液态烟雾还是固态烟雾，都具有很大的技术和自然重要性。从技术上讲，它们可用于涂装作业、消防、医疗（过敏和哮喘喷雾剂）、化学生产过程、喷雾干燥和其他程序。气溶胶的来源有工业烟囱产生的烟雾、工业和汽车产生的烟雾和雾霾、森林火灾、高空喷射轨迹、化学武器和生物武器等。然而，气溶胶的真正影响（大规模的）来自自然来源：云、烟雾和类似的自然空气颗粒。

云（自然的）是大量的水滴或冰晶在大气中移动，并通过各种力保持在一起的（松散地）。其他天然气溶胶包括：空气中的花粉，灰尘和沙子（如果大气中足够高，会导致美丽的红色日落），火山水云、硫氧化物（产生酸）和其他固体和液体物质，茂密森林地区（如美国东南部的 Smoky 山脉）植物代谢和分解产生的天然“化学雾”，以及更多。

**（9）气溶胶的破坏**

气溶胶，如空气中的雾滴、烟尘或喷雾剂，可能是有益的，也可能是有害的，具体取决于

情况。之前介绍了气溶胶形成的一些基本方面。同样或可能更重要的实际问题是抑制气溶胶的形成，破坏气溶胶，或控制气溶胶在表面上的沉积。也许解决这些问题的最佳办法是了解稳定和破坏所涉及的一些一般原则。在这种情况下，所涉及的一些破坏机制与其他胶体系统的破坏机制基本相同：絮凝和聚结。

破坏气溶胶的方法，无论是液体还是固体，都有很多种。图 8-26 显示了一些更常见的情况。从实际角度来看，最重要的一点是使用喷雾（通常是水）从气相中“冲洗”气溶胶。如前所述，对于气溶胶，几乎每一次气溶胶颗粒之间的碰撞、与容器壁的碰撞或与水滴的碰撞都会黏滞，对于两个气溶胶颗粒，结果是均聚；对于其他情况，该过程是异源凝聚。在每种情况下，其结果都将是平均颗粒的尺寸增加（除非它黏在墙壁或其他表面上），从而导致更有效地凝聚，如重力导致的更快速沉降、旋风除尘器中更有效的收集以及更容易过滤。

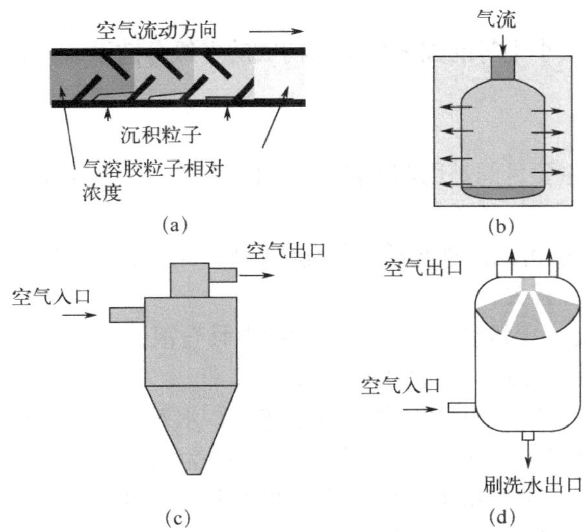


图 8-26　一些最常见的控制气溶胶排放的方法

(a) 挡板过滤器；(b) 袋式过滤器；(c) 旋风分离器；(d) 喷雾洗涤器

大多数气溶胶粒子都会快速地获得电荷，粒子上存在电荷的结果是它会在电场中移动。这样的迁移能力使得去除空气中气溶胶颗粒的一种实用且相对有效的方法成为可能，即静电沉淀。该原理涉及在施加电势的两个电极表面之间传递含有气溶胶的空气（图 8-27）。

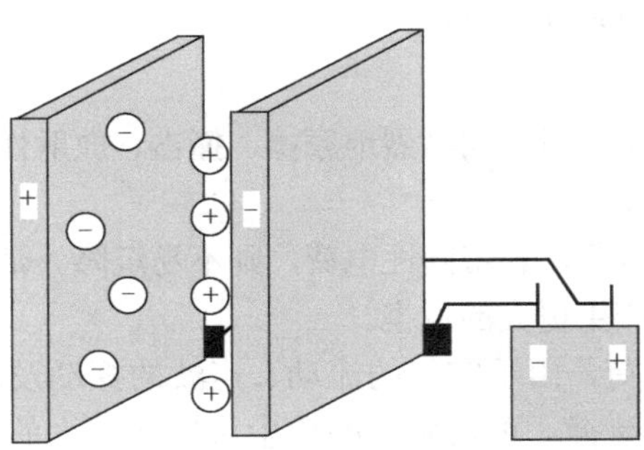

图 8-27　带电气溶胶的静电沉淀原理

空气在两个相反带电的电极之间通过，从而使颗粒被吸引并黏附到电极表面

带电气溶胶粒子在电场中的运动具有许多重要的技术应用，包括电沉积（尤其是用于汽车等金属表面的涂装）和电子照相。这对于在危急情况下的净化空气也非常重要。

### 8.5.2 粉尘

**（1）粉尘的分类**

按粉尘在静止空气中的沉降性质分类：

① 尘埃　粒子直径在 10～100 μm，在静止的空气中呈加速沉降的尘粒。

② 尘雾　粒子直径在 0.25～10 μm 的范围内，在静止的空气中，可呈现等速沉降的尘粒。

③ 尘云　粒子直径在 0.1 μm 以下，颗粒甚小，在静止的空气中不能自动地下沉，而是处于无规则布朗运动状态的浮尘。

**（2）粉尘的性质**

粉尘是由分散程度大小不等的固体粒子所构成的多级分散系统，它具有较大的比表面，表面效应仍很突出。

① 润湿性

研究粉尘润湿性的主要目的是用润湿的方法用水将其从空气中除去。影响粉尘润湿性的因素如下。

a．物质本性：粉尘的可润湿性与粉尘的化学性质（组成）、颗粒大小、带电情况、温度及接触时间的长短等因素皆有关。

b．粉尘形成的时间：一般说来，新产生的粉尘具有很强的吸附能力，它易于吸附空气中的物质粒子从而在其表面形成一层较牢固的气膜。

颗粒愈小，吸附能力愈强，所形成的气膜愈牢固，水对其润湿性愈弱，甚至使本来是亲水性的物质变成憎水性的粉尘；形成时间愈长，愈不易被润湿。

c．水滴的分散状况：由于粉尘很小，故遇到净化水幕的雾滴时，可能产生环绕作用，使粉尘不易与水滴接触。故若能提高水滴的分布密度，增加粉尘与水滴的相对运动速度皆有利于水对粉尘的润湿作用。加入 SAA 的性质可能大大改善粉尘的润湿性能。

② 粉尘沉降的速度

粉尘的沉降速度可根据斯托克斯方程计算。

$$v = 2r^2\left(\rho - \rho_0\right)g/9\eta \qquad (8\text{-}19)$$

式中，$\rho_0$ 和$\rho$分别是空气及粉尘的密度，其中前者远小于后者，故可忽略；$\eta$是静止空气的黏度，在 21 ℃时，$\eta = 1.81\times10^{-5}\ \mathrm{Pa\cdot s}$。

③ 粉尘的荷电性

粉尘产生的过程中，由于物料之间激烈地摩擦、撞击、放射性射线的照射及高压电场的影响，会使粉尘带有电荷，即荷电。

若带异性电荷，则易于沉降，若带同性电荷，则不易沉降。带电的粉尘更易黏附在人的支气管和肺泡上，对人类健康产生更大的危害。

干燥粉尘表面所带的电荷，由于空气的流动、声波的振动及磁力的作用，使粉尘处于杂乱无章的运动状态。经相互碰撞，可使微小的粉尘聚结成较大的粒子，当质量足够大时，即可沉降。这一特性对除尘的机理起着不可忽视的作用，近年来研制了新型除尘设备——静电除尘。

④ 粉尘的爆炸性

粉尘是有较大比表面的热力学不稳定系统，比大块物质具有更大的表面能，更易发生燃烧或爆炸事故。

例如，镁或碳化钙的粉尘与水接触后会引起燃烧或爆炸，故对这类粉尘不能采用湿式净化设备除尘。

发生爆炸时粉尘的最高浓度，称为粉尘爆炸的上限，同理，最低浓度称为爆炸下限。下限愈低，爆炸的危险性愈大。

铝粉、煤末、沥青、木屑、染料、萘、棉花、面粉等皆有一定的爆炸上、下限。

粉尘爆炸是悬浮在空气中的细颗粒的快速燃烧，通常发生在封闭的地方。当大气或其他氧化性气体介质（如氧气）中存在足够高浓度的分散粉末可燃材料时，可能会发生粉尘爆炸。粉尘的火焰特征如图 8-28 所示。

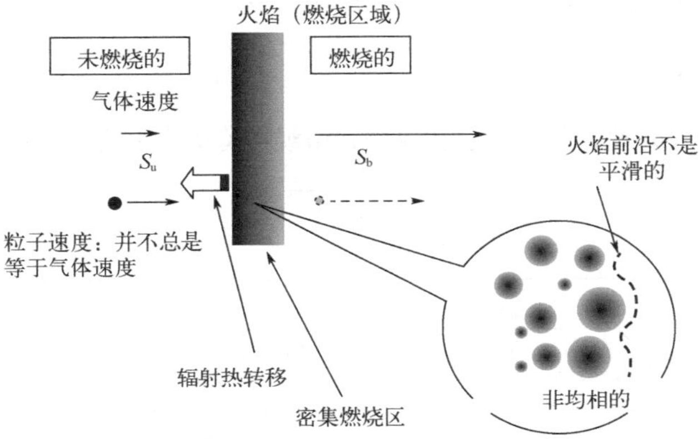


图 8-28　粉尘火焰特性

粉尘爆炸是地下煤矿、谷物提升机和其他工业环境中的常见危险。它们也被特效艺术家、电影制作人和烟火技术人员普遍使用，因为它们具有壮观的外观，并且能够在某些精心控制的条件下被安全控制。

## 8.6 气凝胶

气凝胶（aerogels，AGs）是一种高度多孔的纳米结构材料，由 Steven S.Kistler 于 1931 年发明。随后，AGs 不断被开发和制造，由各种无机、有机、杂化甚至各种复合材料制成。AGs 是通过溶胶-凝胶路线制造的，其中液相系统（溶胶）通过化学反应转化为凝胶相。通过特殊的干燥过程，溶剂与凝胶分离，并被气体替代，而不会破坏整体结构。因此，它们在纳米尺度上具有相互连接的固体构建块网络，在整个材料中产生中孔（直径 2～50 nm）和微孔（直径<2 nm），空气体积为 80%～99.8%。这种特殊的设计使它们被称为具有最佳绝缘特性的最轻固体材料。极低的折射率（1.007～1.240）和高比表面积（100～1600 $m^2 \cdot g^{-1}$）是 AGs 的其他重要特征。

$SiO_2$ 气凝胶（SA）是最常见的气凝胶，其材料与玻璃相同。SA 的第一次商业化是用于隔热的毯子。之后，世界各地的研究人员寻找气凝胶在隔热材料之外的应用。气凝胶可以是有机的、无机的，也可以是与其他材料复合的。尽管气凝胶价格昂贵，但化学家们仍在进行研究，以使其更坚韧、更便宜、危害更小[21]。

由于其突出和先进的性能，AGs在许多应用中得到了考虑，包括农业、生物医学、化学、建筑、电子和食品工业。在农业中，许多基于AGs的杀螨剂、杀菌剂、除草剂、杀虫剂、杀螺剂、杀线虫剂、灭鼠剂和杀鱼剂等配方有效控制了目标害虫。实际上，AGs增加了杀虫剂的渗透性，从而提高了有效性。AGs作为抗菌、抗病毒、生物传感和成像剂，以及在诊断、再生药物、靶点治疗剂的开发、输送和释放的生物医学应用已经得到了很好的探索。目前，AGs是建筑应用中最有前途的高性能隔热材料之一。商业产品的热导率小于13 $mW \cdot m^{-1} \cdot K^{-1}$，与传统隔热材料相比具有显著优势。此外，建筑业对太阳光谱中高透射率的可能性也很感兴趣。AGs的低折射率和介电常数为其在电气和光学设备中的应用铺平了道路。AGs可以用作食品包装中的智能组件，也可以用作营养补充剂、营养品、香料和其他添加剂的可食用输送系统。接下来介绍AGs的类型、不同的合成方法及其在不同领域的应用。

## 8.6.1 气凝胶的类型

气凝胶可以根据其外观、制备方法、成分和微观结构进行分类，如图8-29所示。

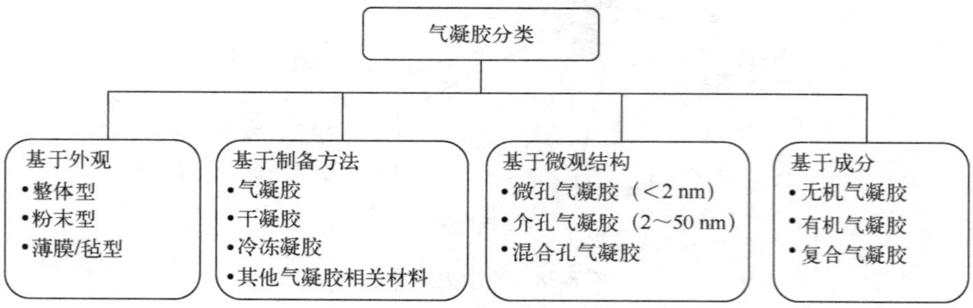


图8-29 气凝胶分类

**整体型**气凝胶通常表现出同质性，在其整体上具有一致的特征。因此，材料的延展性和成型为所需形式的能力有助于其操作，并使其能够在多个领域中使用，如建筑隔热、能源系统以及声音和污染物的吸收。

**粉末型**气凝胶经常用作填充材料，以提高各种防护服（如宇航服）以及建筑部件和电子设备的安全性和绝缘性。

**薄膜型**气凝胶通常因其在各种智能材料中的应用而受到青睐，如旨在保存能量的摩擦电纳米发电机以及可穿戴传感器。

**干凝胶（xerogel）**是通过用于湿凝胶的不同干燥方法产生的多孔材料的代表性实例。这种多孔结构与众不同的特性源于溶胶-凝胶合成方法的显著适应性和耐久性，该方法与环境干燥（干凝胶）或超临界干燥（气凝胶）结合使用。干凝胶的结构、形态和形貌都可以在合成和干燥过程中进行改变。使用纤维素、壳聚糖、海藻酸盐和果胶等生物聚合物生产干凝胶的情况有所增加。由于其前体具有生物相容性和无毒性，干凝胶适合用于各种生物应用，如组织支架、药物管理、伤口愈合和生物传感。这些所需的特性促进了药物负载，从而能够改善药物释放行为的调节。

**冷冻凝胶（cryogel）**是一类独特的水凝胶，其特征是在低于冰点的温度下发生可控聚合，导致出现被弹性连接网络包裹的大孔。20 世纪 80 年代关于聚丙烯酰胺（PAM）冷冻凝胶冷冻行为的重大发现继续影响着该领域的当代研究。由于其机械强度，冷冻凝胶在被分析物饱和时比水凝胶更稳定。冷冻凝胶宽而互连的孔结构可以促进传质，有助于病毒纯化、生物分离、支架构建和其他应用。

其他类型的气凝胶包括：chalcogel——基于硫簇化合物的气凝胶，主要由高质量的半导体材料组成，具有固有的特性，使其在各种用途中都非常有利，包括传感器、LED、光伏、光催化和电催化；SEAgel—— 一种高科技泡沫材料，它是一种很好的隔热材料，也是迄今为止发现的重量最轻的材料之一。

## 8.6.2 气凝胶的制备

溶胶-凝胶法通常用于制备无机氧化物、有机物和硫属化物气凝胶，并且总是使用有机醇盐、金属氯化物、硝酸盐、小有机分子、生物聚合物或预聚分子作为分子前体。根据所使用的前体，化学反应和凝胶化机制各不相同。

溶胶凝胶法一般由四个关键步骤组成，也可以包括额外的程序以改善凝胶的机械性能。这些步骤都会影响凝胶的结构、特性以及应用[22]。

① 溶胶的制备：将源自前体的固体纳米颗粒（NP）分散到溶剂中，形成胶体悬浮液。

② 凝胶化（溶胶向凝胶的转变）：添加碱性或酸性催化剂会导致颗粒交联和支化，从而引发聚合并形成相互连接的链结构。

③ 凝胶老化：凝胶在其母溶液中老化，以提高其机械强度。

④ 凝胶干燥：去除凝胶孔中的溶剂，以防止凝胶破裂。

由四乙氧基硅烷（TEOS）制备 $SiO_2$ 气凝胶的过程如图 8-30 所示。

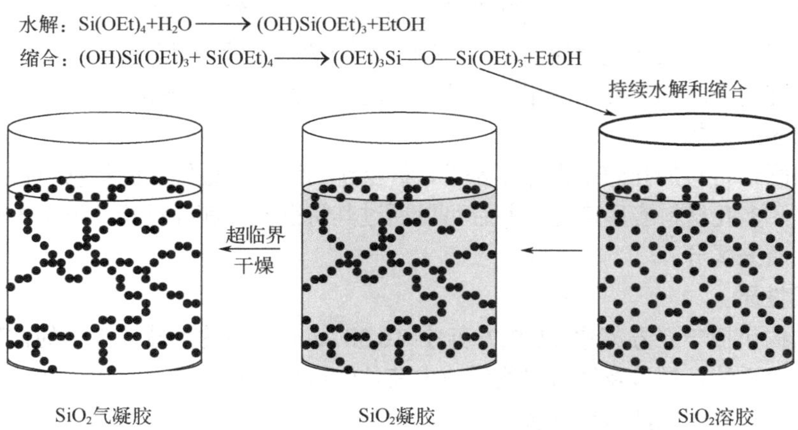


图 8-30 用于 SA 形成的溶胶-凝胶反应

为了干燥湿凝胶，有必要降低表面张力，否则表面张力可能会收缩或损坏凝胶结构。主要有三种干燥方法：超临界干燥、冷冻干燥和环境干燥，相应的相变过程分别为液体-超临界流体-气体、液体-固体-气体和液体-气体，产品分别对应于干凝胶、冷冻凝胶和气凝胶。

超临界干燥一直是气凝胶最流行的干燥方法，目前大多数气凝胶隔热材料的工业生产仍然使用 $CO_2$ 超临界干燥。环境干燥的最大缺点是气凝胶的线性收缩大，最高可达 15%～25%。由于凝胶骨架的强度较弱，对于超高孔隙率凝胶来说，线性收缩甚至可能更高。由于液→冰相变过程中的体积膨胀，裂缝的形成通常会导致产生气凝胶粉末。因此，冷冻干燥的使用仍然非常有限。但对石墨烯等二维材料制成的气凝胶，冷冻干燥已成为最常用的干燥方法。

### 8.6.3 气凝胶的特征

气凝胶的一般特征如图 8-31 所示。

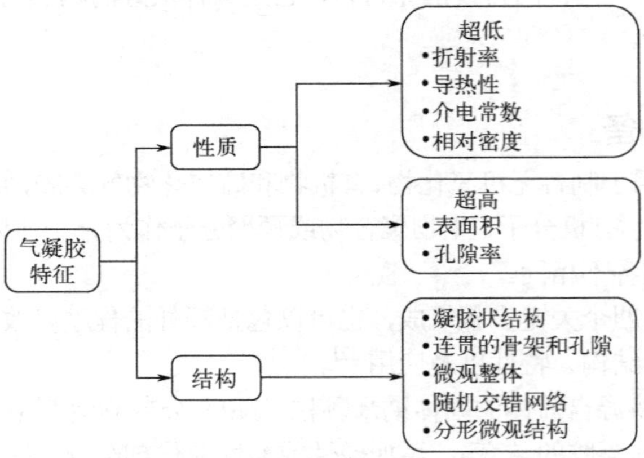


图 8-31 气凝胶的一般特征[23]

**（1）结构特征**

与有序孔结构的材料包括分子筛和 MCM 类氧化物的中孔材料不同，气凝胶不具有有序的孔结构或狭窄的孔分布，在其无序结构中由于其孔径延伸到中孔区域的较大端，并进入大孔区域，因此促进了分子扩散。此外，这些孔隙是相互连接的，能够实现多个入口和出口。因此，如果通路由于固相沉积或孔壁坍塌而堵塞，则分子传输不会受到显著影响。

气凝胶的互连无序纳米颗粒网络，其孔大小范围从微孔（$<2$ nm）到中孔（2～50 nm）再到大孔（$>50$ nm）[24]。

气凝胶为固体材料的孔隙率设定了基准，甚至作为地球上最轻的固体材料被载入吉尼斯世界纪录。通常，多孔材料应用广泛，并且可以通过其特征孔径和孔结构、框架中的有序程度和框架的化学性质来区分。

**（2）热导性质**

气凝胶结构包括一立方英寸（1 立方英寸=16.387 $cm^3$）内的足球场大小的体积和相互连接的隧道快速传输系统，是涉及纳米级物质或电荷传输应用的理想选择。出于这个原因，气凝胶材料正被研究从隔热到电池材料的各种应用。

与传统的绝缘材料相比，它们的热导率（约13 $mW \cdot m^{-1} \cdot K^{-1}$）是非常有优势的。气凝胶隔热应用的可见透明度有助于其在窗户和天窗中的使用，使工程师和建筑师能够构建新的建筑解决方案。

**（3）机械性质**

气凝胶由于其高度可渗透的三维结构而表现出较低的热导率，这也是其机械性能不显著的原因。然而，要实现 SA 的力学行为并优化其力学特性，需要对二次粒子相互作用和样品断裂进行中孔（2～50 nm）研究。可移动元胞自动机（MCA）技术是研究中孔材料力学性能的一种合适方法。

**（4）光学性能**

利用气凝胶材料的光学透射和散射性质，可将气凝胶材料制作成透明的隔热窗户，既具备常规玻璃的功效，同时起到保温隔热作用，有望在房屋、建筑物上得到广泛应用。另外，尽管存在一定程度的散射，但气凝胶的透明度和可见光透射率非常高，可用作高温观察窗口使用。此外，气凝胶有趣的外观激发了科学家和艺术家的想象力，这导致了诸如冷冻烟雾和 Rayleigh 散射之类的描述，Rayleigh 散射根据光源和背景颜色为透明系统注入了不同的颜色。

**（5）电学性能**

气凝胶的相对介电常数很低（$1<\varepsilon_r<2$），而且可通过改变其密度调节介电常数值。因此，气凝胶可被制成超低介电常数集成电路材料。

## 8.6.4 气凝胶的应用

根据气凝胶的物理性质特征，主要应用领域如图 8-32 所示。

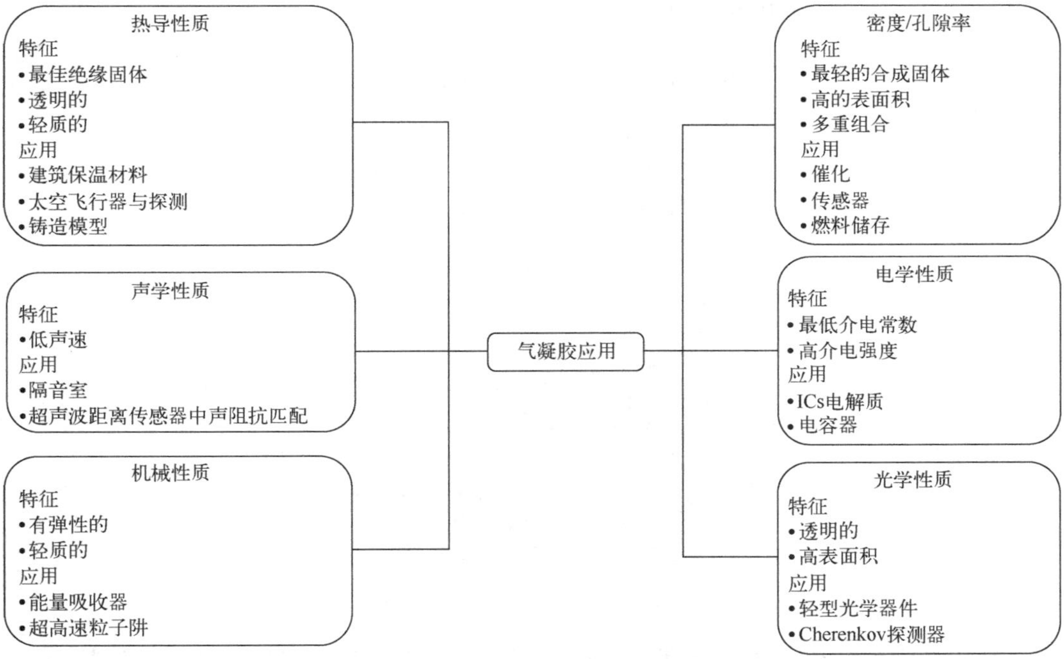


图 8-32　根据物理性质特征分类的气凝胶主要应用

AGs 也可以直接根据其应用领域进行分类，如图 8-33 所示。

① 热导材料　尽管岩石和玻璃棉是无机和有效的绝缘体，但提高性能需要更厚的材料。根据欧盟委员会资助的一项研究，在建筑中使用气凝胶作为隔热材料，预计将降低 30%的总能耗和 25%的 $CO_2$ 排放，同时保持相同的舒适度。此外，Si 是地球上最常见的化学元素之一，能源供应减少等紧迫的环境问题凸显了气凝胶使用的重要性。由于其无定形性质，这些材料不会对人类或环境健康构成威胁。这些不寻常的性质促进了它们的一些实际和潜在的应用。特别是，相对较大且相互连接的孔的存在所提供的高表面积和可接近性使这些材料成为催化和传感的优秀平台，而该结构有助于实现前所未有的低热导率和高度弹性，见图 8-34。

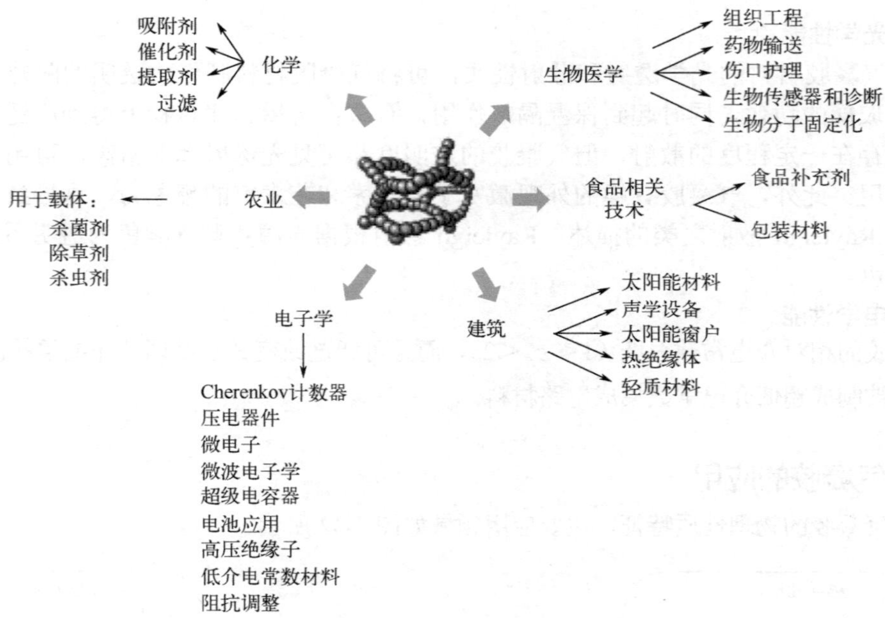


图 8-33　按应用领域分类的气溶胶应用[22]

图 8-34　气凝胶优异的绝缘性能

一朵花在一块气凝胶上，气凝胶悬浮在本生灯的火焰上，气凝胶具有优异的绝缘性能，可以保护花朵免受火焰的伤害

② 生物医学　气凝胶是一种新型的生物材料。气凝胶材料对药物递送有许多好处，包括开孔结构、高孔隙率、高表面积、低溶解度药物的更高生物利用度，改进的释放动力学和稳定性。生物基气凝胶更好的细胞相容性、生物相容性和生物降解性，有助于其在组织工程、带储存器的药物输送系统、生物医学植入设备（人工心脏瓣膜、支架、起搏器）、疾病检测、抗菌材料等的应用。

③ 宇航应用　气凝胶在航空航天工业中有多种用途，包括隔热、高速颗粒捕获、宇宙尘埃收集、低温流体密封、防火、声学、隔热等。气凝胶已经被研究用于火星任务的EVA（extravehicular activity）宇航服的隔热，只有气凝胶复合材料才能满足EVA套装的隔热需求。充气减速器经常用于进入、下降和着陆（EDL）系统，其基础隔热层经常被认为是复合气凝胶。

④ 吸附与环境保护　气体或液体可以容易地穿过多孔结构并完全渗透材料。纤维素气凝胶是一种有趣的吸油新材料，它们将气凝胶的优越特性与森林、植物、藻类等形式的生物相容性纤维素纤维的广泛可用性相结合。

⑤ 储能　必须开发清洁和可再生能源，以取代石油、天然气和铀等有限资源。燃料电池、超级电容器和太阳能电池等可以帮助我们应对这些挑战。这种装置的电极可以由有机、碳或聚合物基气凝胶制成。结构和表面官能团显著影响碳气凝胶的电化学。此外，气凝胶可用于开发热电材料，该材料可产生药物运输和储存的冷却效果。纳米纤维素基复合材料在电池和超级电容器中的主要作用包括柔性电极、电解质和隔膜。

⑥ 传感器　作为一种重要的聚合物气凝胶，纳米纤维素气凝胶已证明在感官应用方面具有优势，包括生物相容性、降解性和可再生性。应变和压力传感器在人造电子皮肤和健康诊断/监测中的广泛和有前景的应用提高了其受欢迎程度。由导电纳米材料（即导电聚合物、石墨烯、碳纳米管和金属）组成的气凝胶被认为是具有优异导电性和机械特性的有利成分。特别是干凝胶的低灵敏度使其成为用于生物传感器研究和开发的可行材料。

⑦ 催化作用　虽然粉末状活性材料通常用作多相催化剂，但纳米颗粒的快速聚集严重降低了其有效性。它们广泛使用的另一个重要障碍是纳米活性材料很容易溶解在水中。碳气凝胶作为这个问题的潜在解决方案引起了人们的兴趣。大规模多孔网络中的中孔和大孔允许在没有孔堵塞的情况下负载活性成分。此外，大的孔隙率使其产物和副产物的反应系统排水变得简单。催化性能的提高也可归因于碳气凝胶不同寻常的导电性。

## 参考文献


[1] Tadros T F. Emulsion formation and stability[M]. Wiley-VCH Verlag GmbH & Co KGaA, 2013.

[2] Lyklema J. Adsorption at solid-liquid interfaces with special reference to emulsion systems[J]. Colloids and Surfaces A, 1994, **91**: 25-38.

[3] Zia A, Pentzer E, Thickett S, et al. Advances and opportunities of oil-in-oil emulsions[J]. ACS Applied Materials & Interfaces, 2020, 12: 38845-38861.

[4] Barton A F M. CRC handbook of solubility parameters and other cohesion parameters[M]. CRC Press, 1983.

[5] Barton A F M. CRC handbook of solubility parameters and other cohesion parameters[M]. 2nd ed. CRC Press, 1991.

[6] Sousa A M, Matos H A, Pereira M J. Properties of crude oil-in-water and water-in-crude oil emulsions: A critical review[J]. Industrial & Engineering Chemistry Research, 2022, 61: 1-20.

[7] Wypych F, de Freitas R A. Clay minerals and synthetic analogous as emulsifiers of pickering emulsions[M]. Elsevier, 2022.

[8] Tadros T F. Formulation of disperse systems: Science and technology[M]. John Wiley & Sons, 2014.

[9] Sakamoto K, Lochhead R Y, Maibach H I, et al. Cosmetic science and technology——Theoretical principles and applications[M]. Elsevier, 2017.

[10] Roohinejad S, Greiner R, Oey I, et al. Emulsion-based systems for delivery of food active compounds: Formation, application, health and safety [M]. John Wiley & Sons, 2018.

[11] García-Celma M J, Homs M, Morales D, et al. Nanocolloids, chapter 11 nano-emulsions for pharmaceutical applications[M]. Elsevier, 2016.

[12] Ashrafizadeh S N, Ganjizade A. Liquid foams: Properties, structures, prevailing phenomena and their applications in chemical/biochemical processes[J]. Advances in Colloid and Interface Science, 2024, 325: 103109.

[13] Stevenson P. Foam engineering: Fundamentals and applications[M]. John Wiley & Sons, 2012.

[14] Amani P, Miller R, Javadi A, et al. Pickering foams and parameters influencing their characteristics[J]. Advances in Colloid and Interface Science, 2022, 301: 102606.

[15] Eklund F, Alheshibri M, Swenson J. Differentiating bulk nanobubbles from nanodroplets and nanoparticles[J]. Current Opinion in Colloid & Interface Science, 2021, 53: 101427.

[16] Sun L, Zhang F H, Guo X M, et al. Research progress on bulk nanobubbles[J]. Particuology, 2022, 60: 99-106.

[17] Yasui K. Mechanism for stability of ultrafine bubbles[J]. Japanese Journal of Multiphase Flow, 2016, 30: 19-26.

[18] Yasui K, Tuziuti T, Kanematsu W. Mysteries of bulk nanobubbles(ultrafine bubbles): Stability and radical formation[J], Ultrasonics Sonochemistry, 2018, 48: 259-266.

[19] Murray B S. Recent developments in food foams[J]. Current Opinion in Colloid & Interface Science, 2020, 50: 101394.

[20] Colbeck I, Lazaridis M. Aerosol science——Technology and applications[M]. John Wiley & Sons, 2014.

[21] Parwaz Khan A A, Ansari M O, Khan A, et al. Advances in aerogel composites for environmental remediation[M]. Elsevier, 2021.

[22] Rafieian F, Dufresne A, Askari G, et al. Aerogels as novel ingredients: production, properties and applications in medical, food and environmental sectors[J]. Colloids and Surfaces A: Physicochemical and Engineering Aspects, 2024,687: 133410.

[23] Khan N R, Sharmin T, Bin Rashid A. Exploring the versatility of aerogels: Broad applications in biomedical engineering, astronautics, energy storage, biosensing, and current progress[J]. Heliyon, 2024, 10: e23102.

[24] Klabunde K J, Richards R M. Nanoscale materials in chemistry[M]. 2nd ed. John Wiley & Sons, 2009.